Bauten aus Beton-
und
Stahlbeton-Fertigteilen

Ein Lehrbuch

Von

Dr.-Ing. S. Kiehne†

Nach dem Tode des Verfassers durchgesehen und ergänzt

von

Dr.-Ing. P. Bonatz

Mit 335 Abbildungen

Springer-Verlag
Berlin / Göttingen / Heidelberg
1951

ISBN-13: 978-3-642-48993-8   e-ISBN-13: 978-3-642-92550-4
DOI: 10.1007/978-3-642-92550-4

Vorwort.

Dieses Buch ist ein *systematisches Lehrbuch* über Bauten aus Beton- und Stahlbetonfertigteilen. Während ein *Handbuch* als Nachschlagewerk möglichst erschöpfend über alle Fragen Auskunft geben soll und deshalb zahlreiche Anwendungsbeispiele aus der Praxis ordnet, erläutert und kritisch betrachtet, entwickelt das *Lehrbuch* methodisch die Bauformen aus den gegebenen Notwendigkeiten heraus. Es baut die Konstruktionen folgerichtig auf und regt zum Nachdenken und Konstruieren an. Allgemeine statische Erörterungen sind nur insoweit aufgenommen, als sie zum Verständnis der besonderen Eigenart der Fertigbetonbauweise notwendig sind. Leitsatz dieses Lehrbuches ist daher: Erst konstruieren, dann berechnen. Zunächst muß der Ingenieur wissen, wie und mit welchen Hilfsmitteln er ein Bauwerk ausführen kann, erst dann soll er an die Berechnung herangehen. Für ein eingehenderes Studium ist in zahlreichen Anmerkungen auf die einschlägigen Druckwerke hingewiesen worden.

Beton- und Stahlbetonfertigteile haben im Bauwesen bereits eine umfassendere Verbreitung gefunden, als man gemeinhin annimmt, und es erscheint angezeigt, das ganze Sondergebiet der Fertigbetonbauweise zu erfassen, zu umgrenzen und systematisch zu zergliedern. Die *Systematik* nimmt daher einen breiten Raum ein, soll aber keineswegs den vorliegenden Stoff in einen starren Rahmen zwängen, sondern, ohne auf die ordnende Hand zu verzichten, auch die vielfachen Überschneidungen und Verflechtungen der einzelnen Wissenszweige und die Ausstrahlungen in die Grenzgebiete aufzeigen. Die gewählte graphische Darstellungsweise bietet dem Leser die Möglichkeit, das jeweils behandelte Gebiet mit einem Blick zu übersehen; für den entwerfenden Ingenieur und Architekten oder für den Erfinder ist sie ein System, in das er neue Gedankengänge und Planungen leicht einordnen und mit dem er Vergleiche mit verwandten Ausführungen anstellen kann. Gewiß ist es richtig, daß durch reine Systematik keine neuen Werte geschaffen werden; sie ist aber unentbehrlich, um die Grenzen des Stoffgebietes zu erkennen und die Fäden, die sich von der einen zu der anderen Systemgruppe hinüberspinnen, zu verfolgen.

Da die Bauten aus Betonfertigteilen erst in der Entwicklung begriffen sind, ist es von Wert, die Gedankengänge kennen zu lernen, die zu ihrer Gestaltung führen. Auch der *Methodik* wurde daher bisweilen ein breiterer Raum gewährt, während durch die zahlreichen angeführten Beispiele der Charakter des Lehrbuches hervorgehoben werden soll.

Ich habe mich der gestellten Aufgabe um so lieber unterzogen, als ich im Laufe meiner 38jährigen Bautätigkeit im In- und Ausland immer bemüht war, der Fertigbetonbauweise Geltung zu verschaffen. So hatte ich schon im Jahre 1917 den Entwurf eines Einfamilienhauses aus Fertigteilen aufgestellt, dessen Einzelheiten allerdings kaum den heutigen Erkenntnissen entsprochen haben würden. Das Buch bildet somit zugleich einen Längsschnitt durch mein bautechnisches Schaffen. Nur in diesem Sinne wollen auch die häufigen Zitate eigener Veröffentlichungen verstanden sein, die mir die Wiederholung der dort gemachten Ausführungen ersparen.

Das Werk beschränkt sich auf das eigentliche Gebiet der Fertigbetonbauweise, nämlich die Formung und Ausführung der Beton- und Stahlbetonfertigteile und ihre Zusammenfügung zu den Bauten und Konstruktionen. Es ist umrahmt von einer kurzen Baustoffkunde und einem Abschnitt über die Anordnung und Einrichtung der Betonfabriken.

Die Betonwaren, wie Rohre, Maste, Eisenbahnschwellen, Kanalisationszubehör u. a., für die es zahlreiche Sonderschriften gibt, sind im allgemeinen selbständige Bauteile und vereinzelt nur insoweit aufgenommen, als sie Konstruktionsglieder eines Gesamtbaues bilden.

Es ist mir eine besondere Dankespflicht, des verstorbenen Pioniers des Stahlbetonbaus, des Herrn Dr.-Ing. e. h. FRANZ SCHLÜTER zu gedenken, der meine Pläne mit lebhaftem Interesse verfolgt und mich mit seinen wertvollen Ratschlägen, besonders auf dem Sondergebiet des Bergbaus, unterstützt hat.

Dank schulde ich ferner meinem getreuen Mitarbeiter Herrn Architekt SCHMEKYES, der mir seine reichen praktischen Erfahrungen auf dem Gebiete des Stahlsaitenbetons zur Verfügung stellte und mit dem ich gemeinsam die neue Profilreihe für Deckenbalken ableitete.

Schließlich danke ich allen Fachkollegen und Bauunternehmungen, die mir in bereitwilliger Weise Unterlagen und Bildmaterial ausgeführter Bauten aus Stahlbetonfertigteilen überließen.

SIEGFRIED KIEHNE.

Leider war es dem Verfasser infolge eines allzufrühen Todes nicht mehr vergönnt, die Herausgabe seines Werkes selbst zu leiten und zu überwachen. Auf die Bitte des Verlages hin habe ich daher diese Aufgabe übernommen. Bei der Sichtung des hinterlassenen Manuskriptes zeigte es sich, daß eine Anpassung an die in der Zwischenzeit veränderten wirtschaftlichen Verhältnisse notwendig war. Durch solche und andere Verbesserungen, sowie durch Hinzufügung einiger neuer, interessanter Anwendungsbeispiele glaube ich, das Buch auf den neuesten Stand gebracht zu haben.

Frankfurt a. M., im Oktober 1950.

PETER BONATZ.

Inhaltsverzeichnis.

Inhaltsverzeichnis. IX

Seite

Einleitung.

Der Gedanke, die Bauten aus Beton- und Stahlbeton nicht in Holzschalungen monolithisch zu gießen, sondern aus fabrikmäßig hergestellten Fertigteilen zusammenzusetzen, ist in Deutschland schon während des ersten Weltkrieges verwirklicht worden. Die Mangelerscheinungen des Krieges und der Nachkriegszeit, das Fehlen von Bau- und Vorhalteholz und der das Holz verarbeitenden Facharbeiter zwangen dazu, die damals noch neuartige Bauweise anzuwenden. Vorbilder aus dem Ausland, besonders aus Amerika, Frankreich, Italien und Rußland lagen bereits vor.

Im zweiten Weltkrieg wurde die Fertigbetonbauweise durch den dringenden Bedarf umfangreicher Industrieanlagen besonders gefördert. Die rechtzeitige Fertigstellung dieser Bauten war nur durch eine weitgehende Industrialisierung möglich, um so mehr, als die Holznot und der Mangel an Zimmerleuten immer fühlbarer wurden. Schalungen und Rüstungen sind nämlich, wie LÖSER[1] mit Recht sagt, die Schmerzenskinder des Betonbaues. Obwohl nur Behelfsleistungen zur Formgebung der Betonkörper, erfordern sie z. B. bei hohen Hallen bis zu $^2/_3$ des gesamten Arbeitsaufwandes.

Das Fehlen von Bauholz wird auch die zukünftige Entwicklung der Bauwirtschaft im Sinne einer weitgehenden Anwendung der Fertigbetonbauweise beeinflussen. Holzmangel ist heute in vielen Ländern keine vorübergehende Erscheinung, kein Schlagwort mehr, sondern eine tiefernste Mahnung. Zahlen beweisen eindringlicher als alle Worte, daß eine vollständige Abwendung von den althergebrachten holzverbrauchenden Baumethoden notwendig ist. „Der gesamte Holzvorrat des deutschen Waldes betrug 1934 1,4 Milliarden fm; er beträgt heute schätzungsweise 800 Millionen fm. Im Nachkriegswirtschaftsjahr 1946 wurden 62 Millionen fm eingeschlagen, 1947 dürfte mindestens dieselbe Menge eingeschlagen worden sein. Demgegenüber steht ein jährlicher Zuwachs von 3% des Vorrats gleich 24 Millionen fm."[2]

Der jährliche Einschlag ist also heute um 38 Millionen fm größer als der Nachwuchs, d. h. mit dürren Worten, wenn der Raubbau am deutschen Wald im gleichen Umfange weiterginge, wäre schon in 20 Jahren überhaupt kein Wald mehr in Deutschland vorhanden. Die Folgen, die eine auch nur teilweise Verminderung des Waldbestandes auf die Wasserwirtschaft, das Klima, die Bodengestaltung und letzten Endes die Ernährung mit sich bringen würde, sind nicht auszudenken.

---

[1] LÖSER: Bauten aus Stahlbetonfertigteilen. Beton- und Stahlbetonbau 1944, Heft 9/14.

[2] v. HALASZ: Die Industrialisierung der Bautechnik. Neue Bauwelt 1947, H. 6.

Da das Holz für die chemische Industrie, die Papierfabriken, die Bergwerke und viele andere Zweige unentbehrlich ist, werden wir uns damit abfinden müssen, daß für die Bauwirtschaft nur wenig Holz verfügbar bleibt.

Sogar für Fenster und Türen, denen man bis heute im allgemeinen den Verbrauch von Holz zugestand, wird man vielleicht bald, ebenso wie bei Decken, Dachkonstruktionen, Fußböden usw., nach anderen Baustoffen Ausschau halten müssen.

Als Ersatz für das fehlende Holz hat uns der Krieg eine Trümmermasse von 500 Millionen cbm gebracht, bei deren Verwertung man weitgehend auf Fertigbetonbauweisen angewiesen ist.

Unsere Rohstoffbasis für die altgewohnten Baustoffe des Wohnungsbaues ist schmal geworden, da Backsteine, Klinker, Dachziegel und Steinzeug wegen des Kohlenmangels nur in sehr beschränktem Maße zur Verfügung stehen. Der Ziegelsplittbeton stellt nicht nur einen Ersatz der genannten Baustoffe dar, sondern übertrifft sie sogar in bezug auf Wärmedämmung und Formbarkeit. Dabei benötigt er nur einen Bruchteil an Kohle für den Zementanteil.

In den nachstehenden Ausführungen soll versucht werden, das gesamte Bauwesen systematisch mit dem Gedanken der Fertigbetonbauweise zu durchdringen, indem nicht nur das auf diesem Gebiet bisher Geleistete behandelt wird, sondern auch Anregungen für neue Möglichkeiten gegeben werden. Da man leicht geneigt ist, bei der Einführung neuartiger Bauweisen über das Ziel hinauszuschießen, ist jedoch eine gewisse Beschränkung und genaue Prüfung des wirtschaftlich Erreichbaren angezeigt.

Der Abschnitt A enthält die Einteilung der Bauten aus Beton- und Stahlbetonfertigteilen nach Hauptgruppen, entwickelt ihre Vor- und Nachteile und gibt schließlich eine Definition ihrer Wesensart.

Im Abschnitt B wird die je nach dem Verwertungszweck verschiedenartige Zusammensetzung des Baustoffes für die Betonfertigteile behandelt.

Gegenstand des Abschnittes C bilden die Fertigteile als Baueinheiten und die aus ihnen errichteten Bauten.

Im Abschnitt D wird schließlich ein Überblick über die Lage, Anordnung und Ausrüstung der Fabriken zur Herstellung der Betonfertigteile gegeben.

A. Einteilung, Vor- und Nachteile, Begriffsbestimmung der Bauten aus Beton- und Stahlbetonfertigteilen.

I. Einteilung.

Die Bauten aus Beton- und Stahlbetonfertigteilen werden in zwei Hauptgruppen eingeteilt, die eigentlichen Betonfertigteil-Konstruktionen und die schalungslosen Monolithbetonbauten. Als wesensverwandt kommen noch die Gleitschalungsbauten hinzu.

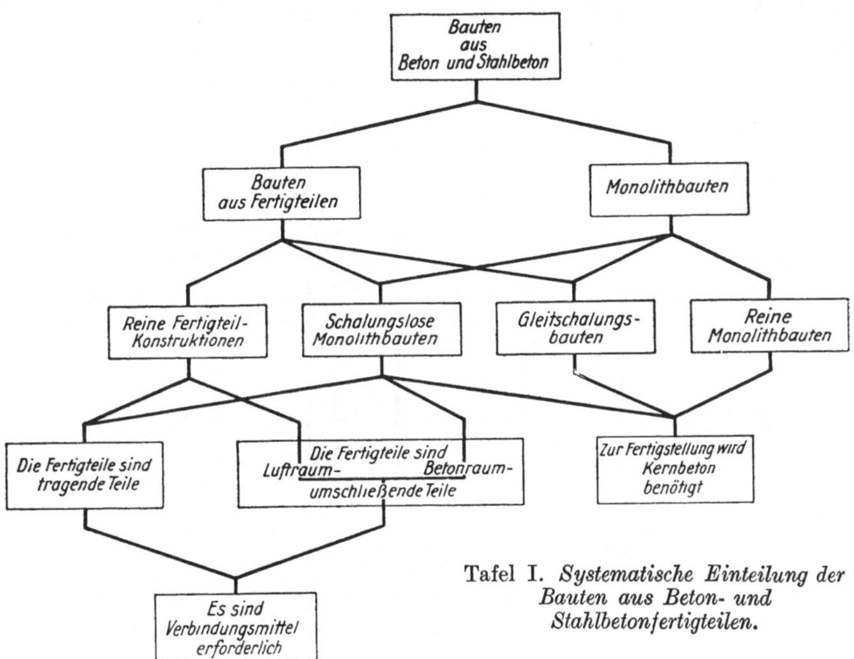

Tafel I. *Systematische Einteilung der Bauten aus Beton- und Stahlbetonfertigteilen.*

a) Eigentliche Betonfertigteil-Konstruktionen.

Die *erste Hauptgruppe* umfaßt die Betonfertigteil-Konstruktionen, die ganz oder vorwiegend aus vorfabrizierten Fertigteilen zusammengesetzt sind, wobei höchstens bei Gründungen gewisse Ausnahmen auftreten.

1*

Tafel II. *Stahlbetonfertigteile geordnet nach Einzelgewichten.*

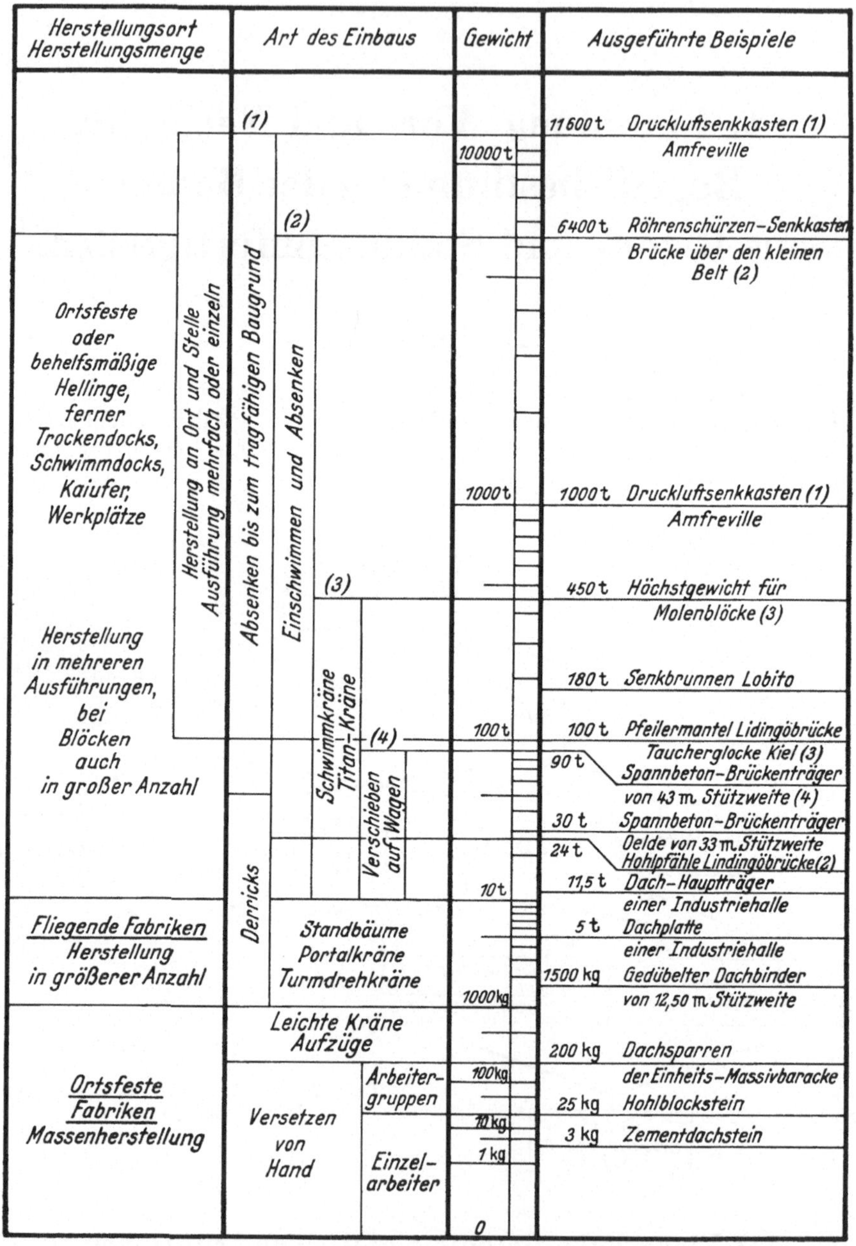

Herstellungsort Herstellungsmenge	Art des Einbaus	Gewicht	Ausgeführte Beispiele
Ortsfeste oder behelfsmäßige Hellinge, ferner Trockendocks, Schwimmdocks, Kaiufer, Werkplätze	Herstellung an Ort und Stelle. Ausführung mehrfach oder einzeln — Absenken bis zum tragfähigen Baugrund (1)	10000 t	11600 t Druckluftsenkkasten (1) Amfreville
	Einschwimmen und Absenken (2)		6400 t Röhrenschürzen-Senkkasten
			Brücke über den kleinen Belt (2)
Herstellung in mehreren Ausführungen, bei Blöcken auch in großer Anzahl		1000 t	1000 t Druckluftsenkkasten (1) Amfreville
	Schwimmkräne Titan-Kräne (3)	450 t	450 t Höchstgewicht für Molenblöcke (3)
			180 t Senkbrunnen Lobito
	Verschieben auf Wagen (4)	100 t	100 t Pfeilermantel Lidingöbrücke
		90 t	90 t Taucherglocke Kiel (3) Spannbeton-Brückenträger von 43 m. Stützweite (4)
			30 t Spannbeton-Brückenträger Oelde von 33 m. Stützweite
	Derricks		24 t Hohlpfähle Lidingöbrücke (2)
		10 t	11,5 t Dach-Hauptträger einer Industriehalle
Fliegende Fabriken Herstellung in größerer Anzahl	Standbäume Portalkräne Turmdrehkräne		5 t Dachplatte einer Industriehalle
		1000 kg	1500 kg Gedübelter Dachbinder von 12,50 m. Stützweite
	Leichte Kräne Aufzüge		200 kg Dachsparren
Ortsfeste Fabriken Massenherstellung	Versetzen von Hand — Arbeitergruppen	100 kg	der Einheits-Massivbaracke
			25 kg Hohlblockstein
	Einzelarbeiter	10 kg	3 kg Zementdachstein
		1 kg	
		0	

Wie aus Tafel II hervorgeht, richten sich Herstellungsart und -menge, Transport und Einbau nach dem Einzelgewicht der Fertigteile, das praktisch nach oben unbegrenzt ist.

In den ortsfesten Fabriken werden die Fertigteile geringen Gewichts in Massen hergestellt und auf beliebige Entfernung zur Baustelle befördert. Die kleinsten Einheiten sind die Leichtbetonvollsteine mit einem Gewicht von 3 bis 5 kg, die von dem Einzelarbeiter von Hand versetzt werden. Als günstigstes Gewicht für den Hohlblockstein, mit dem die höchste Gesamtleistung erzielt werden kann, sind etwa 25 kg ermittelt worden. Das größte Einzelgewicht von Stahlbetonbalken und dergleichen, das noch durch eine Arbeitergruppe von Hand befördert werden kann, dürfte etwa bei 200 kg liegen. Das Höchstgewicht der in ortsfesten Fabriken angefertigten Einheiten wird etwa 1 t betragen. Diese werden auf der Baustelle entweder mit leichten Kranen und Aufzügen unmittelbar versetzt oder dort zu größeren Einheiten zusammengefügt und mit den meist ohnehin vorhandenen schweren Geräten eingebaut.

Abb. 1. Montage einer Industriehalle.

Die wirtschaftliche Grenze des Gewichts von Einzelstücken, deren Fertigung in fliegenden Fabriken in unmittelbarer Nähe der Baustelle erfolgt, liegt etwa bei 10 t (Abb. 1). Lange Transportwege fallen fort, die Anzahl der Einheiten nimmt im allgemeinen ab, das Versetzen wird mittels Portal-, Turmdrehkranen oder Derricks beschleunigt.

In Häfen und auf Werften, wo Schwimmkrane zur

Abb. 2. Versetzen einer Taucherglocke aus Stahlbeton mittels Schwimmkran.

Verfügung stehen, können kleine Bauwerke[1], Senkbrunnen, Druckluft-

---

[1] Vgl. KIEHNE: Versetzen eines Bauwerkes mittels Schwimmkranes. Bauingenieur 1923, H. 21.

senkkästen, Schwimmkörper u.ä. bis zu einem Gewicht von etwa 100 t vom Herstellungsort am Kai angehoben, befördert und am Einbauort abgesetzt werden (Abb. 2). Diese schweren Bauteile stellen für die Fertigung, Scha-

Abb. 3. Einschwimmen von Druckluftsenkkästen.

lung und Bewehrung an sich schon ein Bauwerk dar, das erst mit seiner Fortbewegung und bei seinem Einbau auf der Großbaustelle den Charakter eines Stahlbetonfertigteiles annimmt. Bei der Fertigung haben

Abb. 4. Stapellauf des Röhrenschürzen-Senkkastens zur Gründung der Pfeiler der Brücke über den kleinen Belt.

sie daher nicht vollständig all die zahlreichen Vorzüge der Bauten aus Stahlbetonfertigteilen, es sei denn, daß ihre Herstellung nach den Grundsätzen der zweiten Hauptgruppe erfolgt. In diesem Falle würde die Baueinheit im eigentlichen Bauwerk die Rolle eines Stahlbetonfertigteiles 2. Ordnung einnehmen. Immerhin überwiegen meist die Vorteile der Herstellung auf einer Werft mit allen ihren Werkstätten und Einrichtungen die Nachteile des Transportes und der Fertigung auf einer vielleicht unzugänglichen Baustelle. Bei diesen Fertigteilen wird es sich stets nur um eine beschränkte Anzahl handeln.

Schwere Brückenträger aus vorgespanntem Beton werden zuweilen unmittelbar neben der Einbaustelle betoniert und auf Rollen oder Wagen über die Widerlager verschoben (vgl. Abschnitt C, II, a, 712).

Schwerste Blöcke zum Bau von Hafenmolen bis zu einem Gewicht von 450 t werden unmittelbar auf dem fertiggestellten Teil der Mole im Bereiche von Titankranen betoniert und eingebaut. Schon der Einsatz solcher kostspieligen nur für diesen Zweck brauchbaren Spezialkrane weist darauf hin, daß es sich um eine Massenherstellung handeln muß.

Übersteigt das Einzelgewicht der Fertigteile 100 t, so reicht auch die Tragfähigkeit von Schwimmkranen nicht mehr aus. Die Senkkästen — es handelt sich meist um diese — werden dann in Trocken- oder Schwimmdocks gebaut und ausgeschwommen (Abb. 3) oder auf Hellingen betoniert und vom Stapel gelassen (Abb. 4). Die Gewichtsgrenze wird gewöhnlich etwa 1000 t sein.

Abb. 5. Absenkung eines Druckluftsenkkastens im Gewicht von 11 600 t.

Aber auch damit ist noch nicht das Höchstgewicht der Stahlbetonfertigteile erreicht. Da ein Betonfertigteil immer da gegeben ist, wo eine nachträgliche Ortsveränderung eines fertigen Bauwerkes stattfindet, kann auch ein auf einer Inselschüttung betonierter Senkkasten größter

Abmessungen als solcher bezeichnet werden. Erst durch die Absenkung unter Druckluft erreicht der an freier Luft unter günstigen Voraussetzungen betonierte Senkkasten den tragfähigen Baugrund als endgültigen Einbauort. Das Oberhaupt der Seineschleuse von Amfreville sous les Monts, das auf einem Stahlbetonsenkkasten von 36×15 m ruhte und mit diesem in zwei Zeitabschnitten unter Druckluft um 18 m abgesenkt wurde, wog 11600 t (Abb. 5). Man sieht hieraus, daß es praktisch für Stahlbetonfertigteile keine Gewichtsbeschränkung gibt.

b) Schalungslose Monolithbetonbauten (Abb. 6).

Die *zweite Hauptgruppe* bedient sich der Stahlbetonfertigteile als „verlorener" oder, wenn möglich, als nutzbringend verwerteter Betonschalung, die nach ihrer Aufstellung in der üblichen Weise mit Beton ausgefüllt wird Diese Hauptgruppe reiht sich aber nur dann in die

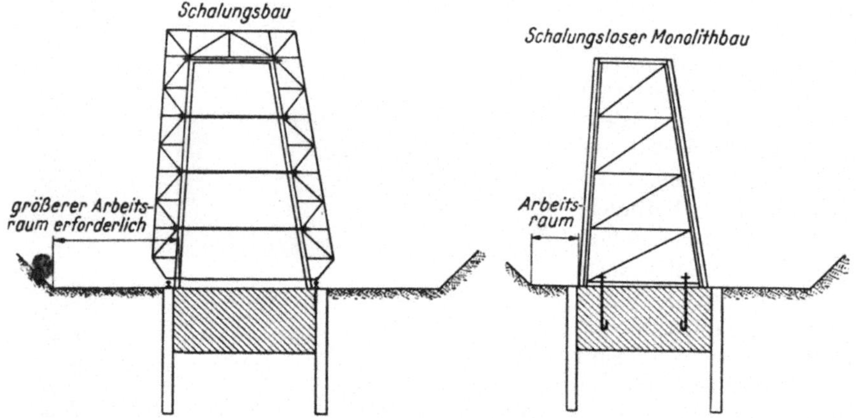

Abb. 6. Gegenüberstellung verschiedener Bauweisen.

Bauten aus Stahlbetonfertigteilen ein, wenn die den Betonkern umkleidende Betonschalung den senkrechten und waagerechten Druck des frischen Betons ohne zusätzliche äußere Abstützung und Rüstung aufzunehmen vermag, wenn also die vorzugsweise aus Stahlbetonteilen bestehende Aussteifung der Schalung im Inneren des Baukörpers liegt und mit einbetoniert wird. Erst dann kommen die hauptsächlichsten Vorzüge der Fertigteilkonstruktionen, die der ersten Hauptgruppe eigentümlich sind, auch bei der zweiten Hauptgruppe zur Geltung. Durch die Hinzunahme der schalungslosen Monolithbetonbauten wird die Bauweise mit Stahlbetonfertigteilen um ein umfassendes Anwendungsgebiet erweitert.

Kombinationen zwischen den beiden Hauptgruppen sind unter Umständen vorteilhaft.

c) Gleitschalungsbauten.

Zwischen den Bauten aus Betonfertigteilen und den reinen monolithischen Betonbauten gibt es keine scharfe Trennung. Zwischenlösungen, die zwar nicht alle Vorzüge der ersten Bauart aufweisen, aber doch viele Nachteile der zweiten vermeiden, sind durchaus möglich. Ausschlaggebend ist die Frage, ob die gewählte Zwischenlösung billiger ist als die vorbehaltlose Anwendung eines Bauverfahrens nach einer der beiden oben genannten Hauptgruppen I und II. Hierher gehört die Ausführung von Beton- und Stahlbetonbauten großer Höhenausdehnung unter Verwendung von Gleitschalungen (Abb. 7). Bei Gleitschalungsbauten wird gewissermaßen die Fabrikation der Betonfertigteile auf die Einbaustelle selbst verlegt. Sie unterscheiden sich damit in einer der Grundbedingungen von den Bauten aus Betonfertigteilen, nämlich der nachträglichen Fortbewegung des erhärteten Fertigteiles, während die meisten anderen Bedingungen erfüllt sind. Wie bei den fabrikmäßig hergestellten Fertigteilen wird die gleiche Schalung nicht nur vielfach, sondern sogar kontinuierlich wieder benutzt. Der in der Gleitschalung laufend betonierte Körper ist immer „fertig", braucht aber nicht

Abb. 7. Silobau im Gleitverfahren.

mehr transportiert zu werden, sondern befindet sich bereits an Ort und Stelle. Abstützungen und Schalgerüste sind, mit Ausnahme des Gleitschalungsgerüstes selbst, nicht erforderlich, die vollständige Erhärtung zwecks Ausschalung braucht nicht abgewartet zu werden. Schwindrisse treten der Höhe nach nicht auf, da jeder Beton durch das Eigengewicht des auf ihm lastenden Neubetons in eine Druckvorspannung versetzt wird, die die Schwindspannung ausgleicht. So vereinigen sich manche Vorzüge der Konstruktionen aus Stahlbetonfertigteilen, von denen nachstehend die Rede sein wird, auch in den Gleitschalungsbauten.

Die Bauten aus Stahlbetonfertigteilen nehmen eine eigentümliche Zwischenstellung zwischen den althergebrachten Mauerwerksbauten bzw. den Holz- und Stahlkonstruktionen einerseits und den monolithischen Beton- und Stahlbetonbauten andererseits ein und suchen die Vorzüge beider unter möglichster Ausschaltung ihrer Nachteile in sich zu vereinigen. In der Tat treten die wenigen Nachteile hinter ihren Vorzügen zurück. Ihre besonderen Eigenschaften lassen sich wie folgt zusammenfassen.

II. Vorzüge der Konstruktionen aus Stahlbetonfertigteilen.

Die Vorzüge erstrecken sich auf die Berechnung, die konstruktive Planung, die Fertigung und die Aufstellung der Konstruktionen.

a) Berechnung.

Aus den späteren Ausführungen wird hervorgehen, daß sich die Abwicklung eines Bauvorhabens grundsätzlich ändert, wenn es unter Verwendung von Stahlbetonfertigteilen ausgeführt werden soll, und zwar verschiebt sich ein großer Teil der Hauptarbeiten in das Anfangsstadium des Baues. Wenn schon die Berechnung und Planung der monolithischen Bauten oft nur unter Schwierigkeiten mit ihrer Ausführung Schritt halten konnten, so muß um so mehr bei den Konstruktionen aus Stahlbetonfertigteilen Wert auf eine schnelle Erledigung dieser Planungsarbeiten gelegt werden. Es ist deshalb als ein nicht zu unterschätzender Vorzug der Fertigteilkonstruktionen anzusehen, daß im allgemeinen statisch bestimmte Systeme zur Anwendung kommen, deren Berechnung, besonders wenn die Einzelteile genormt sind, schematisch von erfahrenen Technikern erledigt werden kann. Auf alle Fälle braucht die Berechnungsarbeit nur einmal geleistet zu werden, so daß die dafür aufgewendete Sorgfalt vielen Bauausführungen zugute kommt. Bei allen diesen Bauten ergibt sich eine klare Aufnahme und Verteilung der senkrechten und waagerechten Kräfte. Statisch unbestimmte durchlaufende Balken und Rahmen fallen in der Regel fort, die Stützen werden im Gründungskörper eingespannt. Die Einflüsse des Schwindens werden um so mehr ausgeschaltet, als die Fertigteile vor dem Einbau genügend lange ablagern können. Temperaturänderungen sind wegen der zahlreichen Fugen und Stoßstellen wirkungslos. Auch bei den schalungslosen Monolithbauten können im Füllbeton auftretende Schwind- und Temperaturspannungen bei Verwendung von vorgespannten Verblendungsplatten nach außen nicht durch Zugrisse in Erscheinung treten.

Wegen der Verwendung hochwertiger Baustoffe sowie der sorgfältigen Verarbeitung und Überwachung in den Fabriken sind höhere Spannungen als beim Monolithbau, kleinere Abmessungen und geringere Betondeckung zugelassen, die Baueinheiten werden also leichter. Das höhere Gewicht, das statisch bestimmte Konstruktionen mit sich bringen, wird infolgedessen zum Teil wieder ausgeglichen. In besonderen Fällen sind jedoch durch Anwendung biegungsfester Verbindungen auch statisch unbestimmte Systeme ausführbar.

Da die Stahlbetonfertigteile in ortsfesten oder fliegenden maschinenmäßig gut ausgerüsteten Fabriken hergestellt werden, ist eine weitgehende Anwendung des vorgespannten Betons möglich, so daß dessen Vorzüge wie Stahlersparnis, Transportfestigkeit und Rißsicherheit ausgenutzt werden können.

b) Konstruktive Planung.

Infolge der Teilung der Konstruktion in zahlreiche Einzelglieder können die Baustoffe dieser Glieder ihrem jeweiligen Bauzweck weitgehend angepaßt werden. Man wird also Schwerbeton von hoher Festigkeit für die tragenden Teile anwenden, Leichtbeton aber dort wählen, wo es auf hohe Wärmedämmung ankommt.

Die Arbeitsfugen mit ihren Mängeln fallen fort, beim schalungslosen Monolithbau werden die etwa im Füllbeton entstehenden Arbeitsfugen wirksam durch die Verblendplatten gedeckt. Da sich die Einflüsse wechselnder Temperatur in den Verbindungsstellen der Fertigteile auswirken und deren Schwinden vor dem Einbau abgeklungen ist, sind Dehnungsfugen in langgestreckten Bauwerken entweder gar nicht oder nur in großen Abständen erforderlich. Nach LÖSER[1] wurden Baukörper von etwa 100 m Länge ohne Fugen erstellt,

Abb. 8. Inneres einer zweischiffigen Halle aus Fertigteilen.

ohne daß sich Nachteile gezeigt haben. Im schalungslosen Monolithbau ist es unwahrscheinlich, daß bei Massenbetonbauten durch die Abbindewärme des Füllbetons sichtbare Spaltrisse auftreten, da diese durch die Betonschalung entweder verhindert oder gedeckt werden. Die Entwurfsbearbeitung braucht deshalb nicht durch solche Überlegungen beeinflußt zu werden.

Da Form und Größe der Betonfertigteile für den jeweiligen Bauzweck genormt werden können, wird auch die Entwurfsbearbeitung vereinfacht und beschleunigt.

Die Frage einer geeigneten Verbindung der Fertigteile ist immer zu lösen, besonders wenn die beiden Hauptgruppen in zweckentsprechender Weise miteinander kombiniert werden. Bei manchen Bauten wird die

[1] LÖSER: Bauten aus Stahlbetonfertigteilen. Beton- und Stahlbetonbau 1944, H. 9—14.

schalldämmende Wirkung der Betonfertigkonstruktionen geschätzt, da die beim monolithischen Betonbau unvermeidliche Membranenbildung abgeschwächt wird.

Wenn auch die Bauten aus Stahlbetonfertigteilen nicht den Formenreichtum der Monolithbauten aufweisen, so übt doch die klare und sachliche Anordnung der Konstruktionsglieder einen eigenen Reiz auf den Beschauer aus. Ohne Zweifel hat sich für die großen Hallenbauten bereits ein eigener Stil herausgebildet (Abb. 8).

c) Fertigung.

Die Massenerzeugung der genormten Einheiten in ortsfesten Fabriken gestattet einen stetigen Arbeitsfluß, ohne daß eine ermüdende Eintönigkeit Platz greift. Eine gleichmäßige Beschäftigung aber verringert die Anzahl der erforderlichen Arbeitskräfte. Hinzu kommt, daß nur wenige Fachkräfte erforderlich sind, zu denen besonders Schlosser und Maschinisten für die Bedienung und Unterhaltung der Maschinen gehören. Die eigentliche Fertigung kann durch angelernte Arbeiter erfolgen, die sich sehr schnell an die Maschinenarbeit gewöhnen. Die Fabrikation ist unabhängig von Jahreszeit und Witterung. Durch die Beschäftigung in der Fabrik wird ein Großteil der für ein Bauvorhaben einzusetzenden Arbeitskräfte seßhaft gemacht, für sie fallen die oft langen und mit der Baustelle wechselnden Wege zur Arbeitsstelle fort. Alle diese Umstände bedeuten eine beträchtliche Senkung der Lohnkosten gegenüber den monolithischen Betonbauten.

Lenk[1] weist noch darauf hin, daß die höhere Leistungsintensität in den Werkstätten nicht nur von den geordneteren Arbeitsbedingungen, sondern auch von der Tatsache herrührt, daß unproduktive Stunden vermieden werden.

„Unproduktive Arbeitsstunden entstehen am Bau deshalb, weil die auszuführenden Arbeiten, im allgemeinen Beton-, Schalungs- und Bewehrungsarbeiten, zu jedem Zeitpunkt in ihren Massen voneinander abhängig sind und dieses Massenverhältnis sich ständig ändert. Bei einem anderen Verhältnis der Massen, als es der Leistungsfähigkeit der Gruppen entspricht, kann nur *eine* ihre Leistungsfähigkeit ausnutzen. Die anderen beiden Gruppen kommen dann nicht auf Höchstleistung. Daher müssen immer sog. Pufferarbeiten vorhanden sein, die von den gerade nicht voll einsetzbaren Arbeitskräften zu leisten sind, die aber die Baugeschwindigkeit verzögern."

Beste maschinelle Ausrüstung der Erzeugungsstätten stellt eine saubere und maßgerechte Ausführung, besonders eine genaue Verlegung der Bewehrungsstäbe sicher, zumal die Formen fast immer liegend und daher ohne Arbeitsfugen ausgefüllt werden. Es ergibt sich infolgedessen eine glatte und wetterbeständige Außenfläche. Die Überwachung der Arbeiten in der Fabrik ist sorgfältiger als auf der Baustelle, da ausreichende Prüfeinrichtungen und eingearbeitetes Personal zur Verfügung stehen. Auch die so wichtige Nachbehandlung unterliegt einer besseren Aufsicht.

---

[1] Lenk: Spannbetonfertigteile im Brücken- und Hallenbau. Die Bauindustrie 1943, Nr. 7.

Die meist aus Stahlblech zusammengesetzten Schalungsformen lassen sich fast unbegrenzt oft wieder benutzen. Durch sorgfältige Auswahl der Zuschlagstoffe und mit Hilfe von Rüttelung und Beheizung kann ein Beton hergestellt werden, der sich in kürzester Frist entformen läßt. Wenn aber die Schalung auf diese Weise weitgehend ausgenutzt wird, kann auf ihre Herstellung und das dazu verwendete Material größere Sorgfalt verwendet werden, ohne daß die höheren Schalungskosten den Preis des Einzelstückes wesentlich beeinflussen.

Wegen der ortsfesten Lage der Fabriken werden die Rohstoffe immer von den gleichen Lieferwerken zu Großeinkaufspreisen bezogen, wodurch die Zahl der laufenden Baustoffuntersuchungen vermindert werden kann.

Bei entsprechender Normung ist eine Anfertigung auf Vorrat mit Auslieferung auf Abruf möglich.

d) Aufstellung.

Von grundlegender Bedeutung für die Wirtschaftlichkeit der Bauweise ist die Gleichzeitigkeit der Bauvorgänge auf der Baustelle und der Fertigung in der Fabrik. Zur selben Zeit, wie auf der Baustelle die Erd-, Ramm- und Gründungsarbeiten im Gange sind, läuft schon die Herstellung der Betonfertigteile in der Fabrik, während mit den Betonarbeiten sonst erst *nach* Beendigung der Gründung begonnen werden kann. Dadurch verlagert sich ein Teil der Betonarbeiten in das Anfangsstadium des Baues, das sonst keine volle Beschäftigungsmöglichkeit bietet. Die Folge dieser Verschiebung der Arbeiten ist eine Beseitigung der Spitzen in der Beschäftigtenkurve, also eine wirtschaftlich günstige Nivellierung der Arbeiterzahl, die weiterhin eine die Unkosten herabsetzende Verkürzung der Bauzeit mit sich bringt (vgl. auch Abschnitt C, II, b, 1532). Durch die Verlegung der hauptsächlichsten Betonarbeiten in die Fabrik vereinfacht sich die Baustelleneinrichtung. Die Ausrüstung der Fabrik mit erstklassigen Maschinen und Geräten findet nur einmal statt, während sonst jede Baustelle immer wieder aufs neue unter erheblichem Arbeitsaufwand eingerichtet werden muß.

Nicht minder wichtig ist die fast gänzliche Einsparung an Vorhalteholz für Rüstungen und Schalungen, an Nägeln, Schrauben, Bolzen und Klammern, einschließlich der Transport- und Ladekosten. Die Ausführung mancher Monolithbauten von großer Höhenausdehnung ist wegen des unverhältnismäßig hohen Aufwandes an Schal- und Rüstholz unwirtschaftlich.

Durch den Fortfall des vielen Holzwerkes gewinnt die Baustelle an Sauberkeit und Übersichtlichkeit. Die sonst beim Ausschalen entstehende Unordnung durch das Herumliegen der losgelösten Schaltafeln und -bretter, durch das Reinigen der Schalung mit Nägelziehen und -richten, das Zuschneiden des Brennholzes, was oft tagelang einen höchst unerfreulichen Anblick bietet, wird gänzlich vermieden und die Unfallgefahr herabgesetzt. Der Wegfall der Rüstungen gestattet die sofortige Inangriffnahme des Innenausbaues, Entschalungs- und Ausrüstungsfristen brauchen nicht abgewartet zu werden. Wie später an einem Beispiel gezeigt wird, beeinflußt gerade dieser Umstand ganz wesentlich die Gesamtbauzeit.

Die allgemeine Herabsetzung des Bauwasserbedarfes führt außerdem zu einer schnelleren Austrocknung des Baues mit der gleichen Wirkung für den Bauzeitaufwand. Der Bau wird nach Abschluß der eigentlichen Bauarbeiten schneller abgewickelt, da er, wie später ausgeführt, eigentlich „immer fertig" ist. Mit nur geringen Einschränkungen kann behauptet werden, daß er mit der Aufrichtung des letzten Baugliedes abgeschlossen ist, ohne daß noch große Wartezeiten und Aufräumungsarbeiten notwendig werden.

Wie bei der Fertigung ist auch bei der Aufstellung die Frage der Arbeitskräfte leichter zu lösen. Es werden weit weniger Fachkräfte, besonders weniger Zimmerleute gebraucht; diese werden hauptsächlich für die Beaufsichtigung der von angelernten Kräften auszuführenden Aufstellungsarbeiten eingesetzt. Auch bei der Montage ist die Beschäftigung gleichmäßiger und stetiger als beim Schalungsbau, bei dem oft an den Betoniertagen stoßweise Hilfsarbeiter vorübergehend von benachbarten Unternehmungen ausgeliehen werden müssen.

Während beim Abbruch monolithischer Schalungsbauten immer kostspielige Spreng- und Stemmarbeiten nötig sind und nur wertloser Schutt übrigbleibt, ist bei Bauten aus Stahlbetonfertigteilen eine weitgehende Wiederverwendung der Einheiten, oft sogar ein etwa erforderlicher Wiederaufbau an anderer Stelle möglich.

Es ist einleuchtend, daß wegen der Vielgestaltigkeit allen Bauens die genannten Vorteile nicht immer *alle* in einem Bau vereinigt sein können. Bei der einen Bauausführung tritt der eine Vorzug, bei der zweiten mehr ein anderer in den Vordergrund, einige fallen je nach der Wesensart des Baues sogar ganz aus. Es wird die Kunst des entwerfenden Ingenieurs sein, möglichst viele der guten Eigenschaften der neuen Bauweise auszunutzen und zur Geltung zu bringen.

III. Nachteile der Konstruktionen aus Stahlbetonfertigteilen.

Die Bauten aus Stahlbetonfertigteilen erfordern eine eingehende Planung und Baudisposition, wenn sich die beschriebenen Vorteile auswirken sollen.

Die Konstruktion der Bauten hängt von der Gestaltung der Einzelteile ab, während die Monolithbauten wegen der Anpassungsfähigkeit der Schalungen jede beliebige Form annehmen können. Da die statischen Möglichkeiten der eingespannten und durchlaufenden Balken sowie der Rahmen, von gewissen Ausnahmen abgesehen, nicht ausgenutzt werden können, sind die Betonfertigkonstruktionen in der Regel schwerer als die monolithischen Bauten.

Zum Versetzen schwerer Bauteile ist die Bereitstellung von Sonderhebezeugen erforderlich. Dafür vermindert sich der allgemeine Gerätepark an Mischmaschinen, Betonfördereinrichtungen, bei geschickter Anordnung auch an Transportfahrzeugen auf der Baustelle.

Die Konstruktionen aus Stahlbetonfertigteilen sind gegen Erschütterungen empfindlicher als die Monolithbauten, nehmen aber zwischen diesen und den Mauerwerksbauten eine Zwischenstellung ein, würden also den letzteren im Bergbausenkungsgebiet vorzuziehen sein.

Beim Verladen und Versand der Fertigteile besteht eine gewisse Bruchgefahr, die unter Umständen eine sorgfältige Verpackung erforderlich macht, jedoch im allgemeinen für Teile aus vorgespanntem Beton nicht vorhanden ist.

Möglicherweise kommen höhere Frachtsätze gegenüber den Sätzen für die Beförderung der losen Baustoffe des Monolithbaues in Ansatz, für fliegende Fabriken scheidet dieser Einwand jedoch aus. Im übrigen hängt die Frachtbelastung der Fertigteile von der Lage des Betonwerkes zur Baustelle ab.

Vorläufig sind Bauten aus Beton- und Stahlbetonfertigteilen noch teurer als Holzbauten und manchmal auch als Stahlbauten.

IV. Begriffsbestimmung der Bauten aus Beton- und Stahlbetonfertigteilen.

Die Bestimmungen des Deutschen Ausschusses für Stahlbeton, Ausgabe 1943, Teil E (DIN 4225) geben in § 1 folgende Begriffsbestimmung für Fertigbauteile aus Stahlbeton:

„Es sind solche Stahlbetonteile, die erst nach dem Erhärten verlegt oder zusammengebaut werden. Man unterscheidet
a) Fertigbauteile, die im Freien, in der Regel auf der Baustelle und
b) Fertigbauteile, die in geschlossenen Räumen werkmäßig hergestellt werden.“

Für die aus Fertigbauteilen zusammengesetzten Bauten bedarf es einer Erweiterung dieser Begriffsbestimmung. Wenn man zu diesem Zwecke aus der Fülle der dargestellten Eigenschaften die wesentlichen, die Fertigbauweise kennzeichnenden Merkmale herausgreift, so sind es die folgenden:
a) Die Fertigbetonbauweise verlegt die Formung der Bauteile bewußt von der Baustelle in die „Fabrik“. Die Fertigteile werden also an einer für die Fabrikation günstigeren Stelle als am Einbauort hergestellt und dorthin fortbewegt. Diese Ortsveränderung entspringt dem reinen Nützlichkeitsprinzip, mag es sich darum handeln, die kleineren Bauteile sorgfältiger und fabrikmäßig in Massen, solche von mittlerem Gewicht billiger und in Serien anzufertigen oder größere Einheiten, z. B. Druckluftsenkkästen, an Land unter Ausnutzung der zweckmäßigeren Transport- und Hebeeinrichtungen von Werften zu bauen und sie dann schwimmend an Ort und Stelle zu bringen oder schließlich überhaupt die Möglichkeit zu haben, den tragfähigen Baugrund auf wirtschaftliche und zuverlässige Weise zu erreichen, indem man Einzelcaissons größten Ausmaßes auf dem natürlichen Gelände oder auf einer künstlichen Insel-

schüttung betoniert und absenkt. Immer wird also eine *Fortbewegung* des Betonfertigteiles stattfinden.

b) Die Bauweise verspricht nur dann einen wirtschaftlichen Erfolg, wenn die Baueinheiten, aus denen sich die Konstruktionen zusammensetzen, genormt sind. Eine *Normung* setzt wiederum voraus, daß die genormten Teile eine möglichst vielfache Anwendung finden, so daß die zur Herstellung erforderliche Schalung so oft wie möglich wieder benutzt werden kann. Es ist einleuchtend, daß mit der Zunahme der Größe der Einzelteile deren Anzahl abnimmt, der Schalungsaufwand aber wächst. Druckluftsenkkästen von größten Abmessungen kommen meist nur einmalig zur Ausführung und erfordern den vollen Schalungsaufwand, wenn es nicht gelingt, eine fabrikmäßig angefertigte Betonschalung nach Hauptgruppe II zu verwenden.

c) Das wichtigste Kennzeichen aber, das die Bauten aus Beton- und Stahlbetonfertigteilen von den Monolithbetonbauten unterscheidet, besteht darin, daß sie „*immer fertig*" sind, also sich in jedem Bauabschnitt selbst tragen, daß sie außer etwaiger zur Aufstellung nötiger Hilfsgerüste keiner Rüstung, Schalung und Abstützung bedürfen und daß sie das Abwarten von Ausschalungs- und Erhärtungsfristen unnötig machen, mögen die Baueinheiten selbst aufbauend — tragend oder raumabschließend — wirken oder nur als im Bauwerk verbleibende Schalung den Betonraum umgrenzen.

B. Die Baustoffe der Beton- und Stahlbetonfertigteile.

Es soll und kann nicht Aufgabe des vorliegenden Lehrbuches sein, eine Baustoffkunde des Betons zu geben. Hierfür gibt es zahlreiche einschlägige Werke, von denen nur die Arbeiten von GRAF, GRÜN, das „Beton-ABC" von HUMMEL, die Lehrbücher von MÖRSCH, der Betonkalender und schließlich die in den DIN-Blättern festgelegten amtlichen Bestimmungen genannt sein mögen, deren Studium alle gesuchten Auskünfte vermittelt.

Ich befasse mich vielmehr mit den besonderen Bedingungen, die an den Beton der Fertigteile zu stellen sind und zuweilen von den im monolithischen Betonbau üblichen abweichen. Schon die Tatsache, daß die Fertigteile nach ihrer Erhärtung bewegt und befördert werden, ist bei der Auswahl der Betonart zu berücksichtigen.

Bei der Zusammensetzung künstlicher Baustoffe müssen die physikalischen und chemischen Einflüsse auf die vom Beton je nach dem Bauzweck verlangten Eigenschaften sorgsam gegeneinander abgewogen werden. Es gibt zahlreiche Fälle, wo ein Kompromiß geschlossen werden muß, der die sich bietenden Vorteile ausnutzen will, gleichzeitig aber die sich aufzwingend n Nachteile in Kauf nehmen muß. An Stelle der von HUMMEL gewählten Bezeichnung „Kompromiß" möchte ich das

Bild des „Abwägens" setzen, das diese besondere Ingenieurarbeit besser zu kennzeichnen scheint. Belastet man die eine Waagschale mit den günstigen, die andere mit den ungünstigen Eigenschaften, so ist das Optimum dann erreicht, wenn sich die Waage am meisten nach der Seite der günstigen Eigenschaften neigt. Die Kunst des erfahrenen Ingenieurs besteht nun darin, den abstrakten „Imponderabilien" das Geheimnis des Unwägbaren zu entlocken und ihr gedachtes „Gewicht" richtig abzuschätzen, sei es dem Gefühl nach, sei es in konkreten Zahlenwerten. Diese Ingenieurtätigkeit kann sich auf die Wertschätzung technischer Entwürfe überhaupt ausdehnen[1].

Wenn es nun gelungen ist, die „Gewichte" der einzelnen Forderungen und Eigenschaften mit mehr oder weniger großer Genauigkeit zu ermitteln, dann gibt es nur eine einzige optimale Lösung. Wie aber alles Bauen nicht nur schönheitlichen Zeitforderungen unterworfen, sondern auch in rein technischer Beziehung zeitbedingt ist, so kann die einmal ermittelte optimale Lösung einer Bauaufgabe nicht für alle Zeiten Gültigkeit haben. Das „Gewicht" der abstrakten Begriffe, zu denen nicht zuletzt die Kostenfrage gehört, richtet sich nach der allgemeinen Wirtschaftslage. Wenn ich im Jahre 1927 für die Ausbesserung eines Trockendocks in Kiel[2] doppelt gebrochenen gedrungenen Basaltsplitt aus dem Siebengebirge in Eisenbahnwagen bezog, der in Verbindung mit holsteinischem Grubenkies einen für den genannten Bauzweck besonders geeigneten Beton ergab, im Gegensatz zu dem aus holsteinischen Findlingen gebrochenen Granit oder Syenit, so wurde damals das „Gewicht" der günstigen Eigenschaften dieses Basaltsplitts höher eingeschätzt als der teurere Eisenbahntransport von einer weit entfernten Gewinnungsstätte. Zu manchen Zeiten gibt es indessen zahlreiche neue „Gewichte", wie Kohlennot, Energiemangel oder das Fehlen von Beförderungsmitteln, die oft höher zu bewerten sind als etwaige technische Vorzüge des Materials. Der sich aus solchen abwägenden Überlegungen ergebende Gewichtsausgleich würde dann sicherlich ein anderes Bild ergeben wie damals.

In solchen Zeiten muß man sich also mit den heimischen Rohstoffen abfinden und Mittel und Wege suchen, daraus den für den jeweiligen Bauzweck besten Beton herzustellen. In den zerstörten Städten sind es die unübersehbaren Trümmermassen, die, man mag sich zu dem Problem der Trümmerverwertung stellen wie man will, zu einem großen Teil zu Schwer- oder Leichtbetonen verarbeitet werden müssen. Im Westen Deutschlands wird man neben den Bimsbaustoffen auf die natürlichen Sandvorkommen z. B. des Rheins zurückgreifen, um daraus Gas- oder Schaumbeton zu bereiten, wenn sich auch seine Herstellung heute noch ziemlich teuer stellt. In Norddeutschland wird auch zum Beispiel ein neuer Leichtbeton aus einem Gemisch von Zement, fein-

---

[1] KIEHNE: Die Wertschätzung technischer Entwürfe. Z. Archit. u. Ing.-Wes. 1921, S. 3.

[2] Vortrag des Verfassers auf der 32. Hauptversammlung des Deutschen Beton-Vereins in Berlin am 8. III. 1929. Die Instandsetzung und Verlängerung des Trockendocks VI der Deutschen Werke, Kiel, Aktiengesellschaft.

geschnittenem Heidekraut und Sand im Verhältnis von 1:1:2 gewonnen, der einen doppelt so hohen Wärmedurchlaßwiderstand wie Bims besitzt[1].

Der Ingenieur muß zugleich abwägender Kaufmann sein. Besitzt er diese Eigenschaften, so kann er den großen Gewinn für sich buchen, der mit dem sicheren Auffinden der einzig richtigen, nämlich der optimalen Lösung verbunden ist. Das ist aber der unbestreitbare Vorzug eines jeden Kompromisses, daß es bei richtiger Einschätzung der Werte nur *eine* Wahl gibt. Hätten die Baustoffe nur gute oder schlechte Eigenschaften, so würde die Wahl entschieden schwerer werden, denn das Extrapolieren ist immer unsicherer als das Interpolieren. Das gegenseitige Abwägen sich widerstreitender Eigenschaften des Betons wird in den nachfolgenden Ausführungen öfters wiederkehren, sei es um einen Ausgleich zwischen der Wärmedämmung von Leichtbeton mit seiner geringen Festigkeit einerseits und mit seiner Saugfähigkeit andererseits zu schaffen, oder mag es sich um den Gegensatz von Verarbeitbarkeit und Festigkeit bei der Bemessung des Wasserzusatzes oder um das Dilemma Gewicht und Schalldämmung von Wohnhausdecken, um die Formung von Rammpfählen oder schließlich um die günstigste Transportlage eines Betonwerkes handeln.

Die Betonart, aus der Beton- und Stahlbetonfertigteile hergestellt werden, wird im allgemeinen nach dem *Raumgewicht* unterschieden. Die Hauptgruppen sind *Schwergewichtsbeton, Schwerbeton* und *Leichtbeton.*

Im *Schwergewichtsbeton* wird ein möglichst großes Raumgewicht angestrebt, wobei die Festigkeit in den Hintergrund tritt. Der Beton soll allein durch sein Gewicht wirken, sei es im schalungslosen Monolithbau bei Schwergewichtsmauern, die um so kleinere Abmessungen erhalten, je schwerer der Füllbeton ist, sei es im Wasserbau, wo bei den unter Wasser liegenden, dem Wellenstoß ausgesetzten Betonteilen ein hohes Raumgewicht besonders wirksam ist.

Beim gewöhnlichen Beton, der meist *Schwerbeton* genannt wird, soll eine *möglichst große Festigkeit und Dichtigkeit* erreicht werden. Das durch die Zuschlagstoffe eindeutig bestimmte hohe Raumgewicht des Schwerbetons wird nicht gesucht, sondern nur in Kauf genommen. An und für sich ist es wegen der hieraus entstehenden hohen Belastung des Baugrundes und wegen des höheren Eigengewichtsanteiles der tragenden Einheiten nicht erwünscht. Wie aus der Tafel III hervorgeht, ist die Raumgewichtsspanne wegen des feststehenden spezifischen Gewichtes der Natursteine nicht groß. Man kann also durch eine geeignete Zusammensetzung der Zuschlagstoffe, durch den günstigsten Zement- und Wassergehalt die Festigkeit des Betons nicht unerheblich steigern, ohne gleichzeitig sein Raumgewicht wesentlich zu erhöhen.

Der *Leichtbeton* wird in *tragenden* und *isolierenden* Beton unterteilt. Bei dem ersteren soll ein *möglichst geringes Raumgewicht* bei ausreichender Festigkeit erzielt werden, um die Wärmedämmung zu erhöhen und den Baugrund zu entlasten. Bei dem isolierenden Leichtbeton wird ohne Rücksicht auf die Festigkeit nur eine große Wärmedämmfähigkeit gesucht.

---

[1] MINETTI: Trümmerverwertung und andere technische Wiederaufbauprobleme in deutschen Großstädten. Hamburg 11: Verlag Br. Sachse.

Tafel III. *Haupteigenschaften und Verwendungszweck der nach ihrem Raumgewicht unterschiedenen 3 Betonarten.*

Vergleichbarer natürlicher Baustoff	Betonart			Raumgewicht kg/m³	Festigkeit		Wärmeleitzahl λ	Gefüge	Haupteigenschaften	Verwendungszweck
					Druck kg/cm²	Biegezug kg/cm²				
—	—	Schwergewichtsbeton	Schwere Zuschlagstoffe	5000 — 2750	—	—	—	geschlossen	Hohes Raumgewicht	Belastungsgewichte, Fertigteile im Wasserbau
			Gewöhnliche Zuschlagstoffe Grobkorn	2400	—	—	—	geschlossen	Hohes Raumgewicht	Massenbeton
Konglomerate, Breccien	Beton B 600 bis 300	Schwerbeton			600 —160	75 —20	0,5 —1,4	geschlossen	Festigkeit, Dichtigkeit	Tragende Fertigteile
Sandstein	Beton B 225/160				160 — 50	20 — 6				
Ziegelstein	Ziegelsplittbeton			1900						
Bimsstein Lavakrotze Holz Kork	Schlackenbeton Blähton-Beton Bimsbeton Hüttenbimsbeton Holzbeton Schaumbeton Gasbeton Porenbeton	Leichtbeton	Tragender Leichtbeton	1200	120 bis 40	—	0,3 —1,0	geschlossen	Niedriges Raumgewicht, Festigkeit	Tragende Fertigteile, Fundamentbeton
				800	80 —20	—	0,2 —0,5	porig	Wärmedämmung, beschränkte Festigkeit	Hohlsteine, Platten
Kork	Porenbeton		Isolierender Leichtbeton	300	20 —10	—	0,1 —0,3	porig	Wärmedämmung	Füllsteine, Isolierplatten

2*

In der Tafel III sind die drei durch ihr Raumgewicht unterschiedenen Betonarten nach ihren Haupteigenschaften und ihrem Verwendungszweck zusammengestellt und mit den natürlichen Baustoffen verglichen worden. Tafel IV gliedert die drei Betonarten nach ihrer Kornzusammensetzung und nach ihrem Gefüge auf.

Tafel IV.

Einteilung der Betonarten nach ihrer Kornzusammensetzung und ihrem Gefüge.

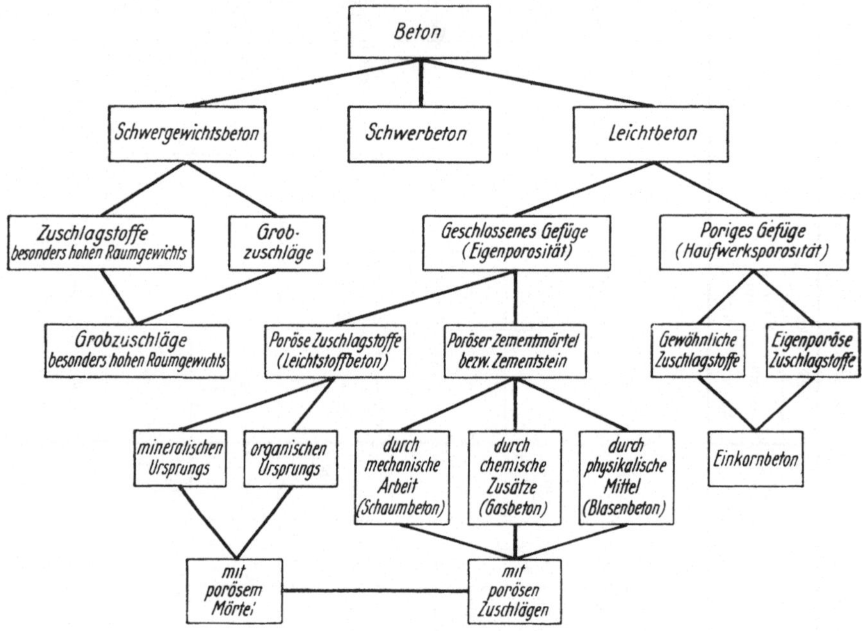

I. Schwergewichtsbeton.

Der Schwergewichtsbeton soll in einem abgemessenen Raum eine möglichst große Masse vereinigen. Dieses Ziel wird auf zwei Wegen erreicht, einmal durch die Wahl besonders schwerer Zuschlagstoffe, zweitens durch eine allein auf die Gewichtsvermehrung abgestimmte Kornabstufung der Zuschlagstoffe.

a) Schwergewichtsbeton aus besonders schweren Zuschlagstoffen.

Wenn es sich nur um kleinere Betonmengen handelt, z. B. um Gegengewichte bei Brücken, Kranen, Baggern, Belastungsgewichte an Bergwerksmaschinen, Pressen und sonstigen Maschinen, für Stellböcke von Weichen usw., so wird das Raumgewicht des Betons am wirksamsten durch Zusatz von Eisen- und Stahlschrott erhöht, wobei Raumgewichte von 5,0 t/m³, also mehr als das Doppelte des gewöhnlichen Schwerbetons, erreichbar sind. Die Erzeugung billigen Schrotts, z. B. von Stanzabfällen aus Nietlöchern, ist jedoch zu gering, als daß er für eigentliche Bauzwecke z. B. des Wasserbaues als Zuschlagstoff anwendbar wäre.

Als ein ausgesprochenes Schwergestein wird im Spessart, Odenwald, Harz und an anderen Orten der Schwerspat (Bariumsulfat) in beträchtlichen Mengen gewonnen. Das spezifische Gewicht des Schwerspats beträgt je nach Herkunft und Reinheit 3,5 bis 4,5 t/m³, das durchschnittliche Raumgewicht des mit Schwerspat hergestellten Betons 3,0 bis 3,5 t/m³*. Die Körnung ist verschieden von 0 bis Faustgröße, jedoch werden bei Gewichtsblöcken von 10 bis 30 t auch größere Stücke von Schwerspat verwendet. Außer für die oben genannten Gegengewichte wird der Schwerspatbeton noch zum Belasten von Schiffen benutzt.

Im Bauwesen wird Schwergewichtsbeton wohl nur im Wasserbau benötigt (vgl. Abschnitt C, II, a, 541). Da Schwerspat jedoch ein Sulfat ist, dürfte er gipsähnliche Eigenschaften besitzen und daher für den genannten Bauzweck ausscheiden.

Dagegen ist im Nordseegebiet ein von der Norddeutschen Affinerie in Hamburg erzeugter Kupferschlackenstein mit einem spezifischen Gewicht von 3,5 bis 4,0 t/m³ sowohl als Stückschlacke für Steinschüttungen als auch als Zuschlagstoff für Betonblöcke im Wasserbau verwertet worden. Bei diesem Zuschlagstoff handelt es sich um eine Schlacke, die beim Schmelzen von Kupfererzen im Flammofen oder Schachtofen anfällt und etwa folgende Zusammensetzung hat: [2]

Schlacke aus Kupferöfen

Eisen	35 %
Kieselsäure	33 %
CaO	6—8 %
CuO	2—3 %
Al_2O_3	4 %
Cu	0,4 %

Das hohe Raumgewicht rührt also in der Hauptsache von dem Gehalt an Eisen her, das nur unter ganz bestimmten Bedingungen in Eisenhüttenwerken aus dieser Kupferschlacke gewonnen werden könnte. Da nämlich der Schmelzpunkt der Schlacke erheblich niedriger ist als der der Hochofenschlacke, könnte dem Eisenerzmöller im Eisenhochofen nur ein gewisser Hundertsatz an Metallschlacke zugesetzt werden, um Störungen im Hochofenbetrieb zu vermeiden. So kommt die Schlacke zwecks Gewinnung des Eisens im allgemeinen nicht wieder zur Verhüttung.

Der Kupferschlackenstein hat eine dunkelrotbraune Färbung, muscheligen Bruch, nimmt wenig Wasser auf und ist durch Meerwasser chemisch unangreifbar. Der aus ihm hergestellte Schwergewichtsbeton hat ein Raumgewicht von 3,0 bis 3,2 t/m³.

---

* Angaben der Deutschen Schwerspat G. m. b. H., Neuß a. Rhein.
[2] Angaben der Norddeutschen Affinerie Hamburg.

Für den stofflichen Aufbau des Schwergewichtsbetons wählt man sinngemäß eine Kornabstufung, die zu einem möglichst dichten Beton führt, wobei Feinstkorn zu vermeiden ist. Zur Herstellung von Gegengewichten oder als Zuschlag zu nichttragendem Füllbeton genügt ein Mischungsverhältnis von 1:10 nach Raumteilen bei möglichst geringem Wasserzusatz. Bei Fertigteilen für Wasserbauten richten sich der stoffliche Aufbau, die Konsistenz und die Verarbeitung des Schwergewichtsbetons nach den für Schwerbeton gültigen Grundsätzen.

Da rasch bindende schwere Zemente mehr Wasser beanspruchen als langsam bindende leichte Zemente (Hochofenzement, Tonerdezement), wird man schon mit Rücksicht auf das für Wasserbauten am Meere günstigere chemische Verhalten die letzteren bevorzugen.

„Schwergewichtsbeton soll langsam abbinden. Wird das Wasser nicht sofort in ganzer Menge, sondern zunächst nur teilweise zugesetzt und nach dem Vermischen der Rest zugegeben, und wird dann nochmals gemischt, so ergibt sich eine langsamere Abbindung. Hat man schnellbindenden frischen Zement und will diesen langsam bindend machen, so kann man durch Beimischen von lange gelagertem Zement die Abbindung verzögern, man muß aber beide vorher miteinander vermahlen."[1]

b) Schwergewichtsbeton aus gewöhnlichen Zuschlagstoffen mit besonders abgestimmter Kornabstufung.

Das spezifische Gewicht (Reinwichte) des Portlandzements ist 3,0 bis 3,1 kg/dm³, das der Hüttenzemente etwa 3,0 kg/dm³, das des Hochofenzements 2,9 bis 3,0 kg/dm³

Die als Betonzuschlagstoffe hauptsächlich benutzten Natursteine haben folgende spezifischen Gewichte: Basalt, Basaltlava und Melaphyr 3,0 bis 3,15 kg/dm³, Diabas 2,85 bis 2,95 kg/dm³, Diorit, Gabbro 2,85 bis 3,05 kg/dm³, Granit, Syenit 2,6 bis 2,85 kg/dm³, sonstige Gesteine (Kalksteine, Quarzporphyr, Grauwacke) 2,6 bis 2,9 kg/dm³. Nach VIESER[2] bildet 1 kg Zement mit 0,11 kg Hydratwasser einen Zementstein von 0,47 l, der somit ein spezifisches Gewicht von $\frac{1,11}{0,47} = 2,34$ kg/dm³ besitzt.

„Zur Mischung ist aber 0,25 kg Wasser nötig. Damit ergibt sich folgende Gleichung:
1 kg Zement + 0,25 kg Wasser = 0,47 l Zementstein + 0,14 l Wasser = 0,61 l.
Auf 1 l dieses Gemenges von Zementstein und Wasser — im frischen Zustand Zementleim — entfällt somit 1,64 kg trockener Zement und 0,41 l Wasser."

Da also der Zementstein ein erheblich geringeres spezifisches Gewicht hat als der Naturstein, ist es angezeigt, den Zementgehalt des Betons herabzusetzen, um so mehr als dadurch Baustoffkosten und Kohlen zur Herstellung des Zements gespart sowie die Schwindneigung und die

---

[1] PROBST: Handbuch der Betonsteinindustrie. Halle a. S.: Carl Marhold 1943.
[2] VIESER: Zweckmäßige Betonbildung. Berlin: Zementverlag 1944.

Abbindewärme des Betons gesenkt werden. Dieser Erfolg wird am gründlichsten erreicht, wenn man die Abmessungen des Grobkorns der Zuschlagstoffe vergrößert.

„Beim Bau. des Hooverdammes sind Grobzuschläge bis 23 cm Korngröße mitgemischt worden. In Deutschland hat insbesondere B. WIDMANN in Firma Dyckerhoff & Widmann Pionierarbeit in der Entwicklung des Rüttel-Grobbetons geleistet und praktisch Grobzuschlagstoffe bis 300 mm Korn erfolgreich verarbeitet.“

„Schon bei der Verwendung dieses Größtkornes sind Betonraumgewichte von 2,72 kg/dm³ erreicht worden, ein Wert, der bei Feinbeton aus den üblichen Naturgesteinen unbekannt ist. Dieser Wert liegt bereits sehr dicht beim Soll-Raumgewicht (bei vollkommener Frischbetonverdichtung), das sich bei einem Mischungsverhältnis nach Gewichtsprozenten von Zement:Zuschlagstoff:Wasser $= 1:14:0,15$ und den spezifischen Gewichten von 3,10 für den Zement und 2,25 für das Hartgestein zu 2727 kg/m³ errechnet. Der folgerichtig beschrittene Weg des Grobbetons kann also zu einer Umwälzung auf dem Gebiete der Massenbetonerzeugung führen, die zu den besten Hoffnungen berechtigt.“[1]

Zu den bereits erwähnten Vorzügen eines aus Grobzuschlägen hergestellten Schwergewichtsbetons kommt die Ersparnis an Baukosten durch Herabsetzung der Bauwerksabmessungen, die im Wasserbau bei den unter Wasser liegenden Bauteilen (künstlichen Blöcken, Trockendocksohlen) beträchtlich ist (vgl. auch Abschnitt C, II, a, 541), aber auch im schalungslosen Monolithbau bei ausgesprochenen Schwergewichtsmauern (Talsperren, Ufermauern) eine erhebliche Rolle spielt.

II. Schwerbeton (gewöhnlicher Beton).

Der *Schwerbeton* ist der eigentliche Bereich der tragenden Beton- und Stahlbetonfertigteile. Sein Raumgewicht, das in den Grenzen von 1,9 bis 2,5 kg/dm³ schwankt, ist durch das im großen und ganzen unabänderliche spezifische Gewicht der als Zuschlagstoff dienenden Gesteinstrümmer naturgegeben und muß neben den für den jeweiligen Bauzweck günstigen Eigenschaften des Betons in Kauf genommen werden.

Sinn und Zweck der Fertigteilkonstruktionen ist es nun, deren Teile in Fabriken oder an für die Fertigung günstigen Plätzen herzustellen und sie nach ihrer Erhärtung zur Einbaustelle zu befördern und dort aufzurichten. Diese nachträgliche Ortsveränderung zwingt dazu, das Stückgewicht der Teile so niedrig wie möglich zu halten, indem man hochwertigen Beton verarbeitet.

Nach § 5 der DIN 4225 werden für Fertigbauteile aus Stahlbeton folgende Güteklassen des Betons unterschieden.

B 160 mit einer Würfelfestigkeit W_{28} von mindestens 160 kg/cm²
B 225 „ „ „ W_{28} „ „ 225 „
B 300 „ „ „ W_{28} „ „ 300 „
B 450 „ „ „ W_{28} „ „ 450 „
B 600 „ „ „ W_{28} „ „ 600 „

wobei sich die Würfelfestigkeit auf Würfel von 20 cm Kantenlänge bezieht.

---

[1] HUMMEL: Das Beton-ABC. 2. bis 10. Aufl. Berlin: Wilhelm Ernst & Sohn 1948.

VON HALASZ[1] beweist an Beispielen, die aus der Praxis entnommen sind, daß die Anwendung von B 600 gegenüber B 300 für reine Biegung bei einem um 10% geringeren Stahlbedarf und gleichbleibender Steifheit zu einer Gewichtsersparnis von rund 60% führt. Bei reinem Druck bringt B 600 unter Ausnutzung der zulässigen Spannungen gegenüber B 300 eine Gewichts- und Stahlersparnis von je 30%. Die Gewichtssenkung der Fertigteile durch Verarbeitung hochwertiger Baustoffe und durch neuzeitliche Herstellungsverfahren wirkt sich aber nicht nur in den Beförderungskosten, sondern auch im Eigengewicht der Bauwerke selbst und den davon abhängigen Gründungskosten aus. Auch aus Gründen der Fertigung ist es vorteilhaft, wie VON HALASZ weiter ausführt, nur besonders hochwertigen Beton anzuwenden.

„Einfache und kleine Bauteile aus B 600 können nämlich sofort nach dem Rütteln, noch bevor der Abbindevorgang begonnen hat, ausgeschalt werden, wenn dem Beton genau vorbestimmte Eigenschaften gegeben werden, die sich nur bei sehr hochwertigen Betongüten erzielen lassen. Die Vorteile des schnellen Ausschalens liegen auf der Hand. Jede Form kann am Tage oftmals verwendet werden."

Wenn schon das Streben allgemein dahin geht, die Betoneigenschaften zu verbessern, so gilt dies in verstärktem Maße für die Betonfertigteile. Je kleiner und zierlicher deren Form ist, desto größere Anforderungen sind an die Güte des Betons zu stellen.

Diese Forderungen erstrecken sich auf die *Festigkeit* des Schwerbetons und seine *Widerstandsfähigkeit* gegen die verschiedenen *äußeren Einflüsse*.

a) Festigkeit des Schwerbetons.

1. Druck- und Biegedruckfestigkeit, Zug- und Biegezugfestigkeit.

Von der Druck- und Zugfestigkeit der Baustoffe hängt die Tragfähigkeit und der Bestand des Bauwerkes ab, wird die Festigkeit überschritten, so wird das Bauwerk zerstört und bricht zusammen. Der Berechnung der Bauten werden deshalb zulässige Spannungen der Baustoffe zugrunde gelegt, die einen der gewählten Sicherheit entsprechenden Teil der Festigkeitswerte ausmachen.

Die Festigkeit des Baustoffes wird durch Versuche ermittelt. Am sichersten ließe sich die Belastungsgrenze im Augenblick der Zerstörung an einem Versuchsobjekt von entwurfsmäßigen Abmessungen feststellen, durch die Gegenüberstellung der Bruchlast und der tatsächlichen Nutzlast würde dann der Sicherheitsgrad mit größter Genauigkeit gefunden werden. Ein solcher Versuch kommt besonders bei neuartigen Baukonstruktionen in Betracht, wobei er allerdings nur nachträglich die Berechnung bestätigen kann.

Soll der Versuch *vor* der eigentlichen Bauausführung stattfinden, so müßten wohl, wie üblich, mindestens 3 Tragwerke den Versuchsbedingungen unterworfen werden. Die erforderlichen Geldmittel und vor allem die nötige Zeit stehen jedoch für solche kostspieligen Versuche

---

[1] VON HALASZ: Bauten aus Stahlbetonfertigteilen der Preußischen Bergwerks- und Hütten A.-G. Bautechn. 1945, H. 1/8.

selten zur Verfügung. Um Grundlagen für die Ausführung von Spannbetonträgern zu gewinnen, hatte die Firma Wayss & Freytag A.-G.[1] gleichlaufend auf ihrem Werkplatz in Frankfurt a. M. und in der Versuchsanstalt der Technischen Hochschule Dresden zwei Versuchsträger von je 18,50 m Stützweite prüfen lassen, die trotz ihrer bedeutenden Abmessungen nur im Modellmaßstab 1:3 hergestellte Verkleinerungen wirklicher Träger waren. Die Versuche ergaben die gewünschten Aufschlüsse über das Verhalten des Spannbetons hinsichtlich der Elastizitätszahl E, über den Wert n, die Riß- und Bruchsicherheit, die Höhe der nach Schwinden und Kriechen verbleibenden Vorspannung und den Zusammenhang zwischen Würfel- und Bauwerksfestigkeit.

Die Theorie der Modelle auf den unmittelbaren Vergleich der Festigkeiten der Baustoffe auszudehnen, ist jedoch schwierig und kaum durchführbar. Es ist deshalb allgemein üblich, die Festigkeit des Baustoffes an kleinen Probekörpern in den Prüfwerkstätten zu ermitteln. Je nach der Form der Prüfkörper ergeben sich dabei verschiedene Festigkeitswerte. Es mußten deshalb bestimmte *Vereinbarungen* über die anzuwendende Form getroffen werden, die in den Stahlbetonbestimmungen niedergelegt sind. Die vorgeschriebenen Mindestdruckfestigkeiten beziehen sich z. B. auf Würfel von 20 cm Kantenlänge. Mit abnehmender Würfelgröße nehmen die Würfeldruckfestigkeiten desselben Betons zu. Nach DIN 1048 muß die Festigkeit gleich alter Würfel von 10 cm Kantenlänge 15% größer, die von Würfeln mit 30 cm Kantenlänge jedoch 10% kleiner sein als die von Würfeln mit 20 cm Kantenlänge.

In England und Amerika werden für die Prüfung der Druckfestigkeit statt der Würfel Zylinder mit einem Durchmesser von 15,25 cm und einer Höhe von 30,5 cm benutzt.

Nach Hummel unterscheidet man allgemein die Würfeldruckfestigkeit, die Säulendruckfestigkeit und die Plattendruckfestigkeit, zwischen denen die in Tafel V angegebenen Beziehungen bestehen.

Tafel V. *Beziehung zwischen Prismendruckfestigkeit und Würfeldruckfestigkeit.*

Verhältnis $\dfrac{h}{a}$	Verhältnis $\varkappa = \dfrac{\text{Prismendruckfestigkeit}}{\text{Würfeldruckfestigkeit}}$	Festigkeitsart
0,5	1,4 —1,5	Plattenfestigkeit
1,0	1	Würfelfestigkeit
2,0	0,85—0,95	} Säulenfestigkeit
4,0	0,75—0,85	

Mit weiter zunehmendem h/a nähert sich $\varkappa$ dem Grenzwert 0,6 bis 0,7. Die Abhängigkeit der Druckfestigkeit von dem Verhältnis h/a ist auf den verschiedenen Einfluß der Reibung an den Druckflächen der Proben zurückzuführen, die die Querdehnung an diesen Einspannstellen verhindert.

Die Biegedruckfestigkeit und Biegezugfestigkeit werden an Balken $70 \times 15 \times 10$ cm oder Prismen $56 \times 10 \times 10$ cm bei einer Stützweite von

---

[1] Oppermann: Grundlagen für die Ausführung von Spannbetonträgern. Beton u. Eisen 1940, H. 11.

60 bzw. 50 cm festgestellt und weichen von der Würfeldruckfestigkeit bzw. der Zerreißfestigkeit nicht unerheblich ab.

Von besonderer Bedeutung ist die Beziehung zwischen der Würfeldruckfestigkeit D und der Biegezugfestigkeit B des Betons, die sich in der Gleichung $B = D^x$ ausdrückt, worin der Exponent x jeweils von den Abmessungen der Probekörper abhängt. So schwankt der Wert x für Balken $70 \times 15 \times 10$ cm und Würfel von 20 cm Kantenlänge zwischen 0,62 und 0,70 und liegt im Mittel bei 0,66 (Abb. 9). Für Probekörper anderer Formen ändert sich der Exponent x.

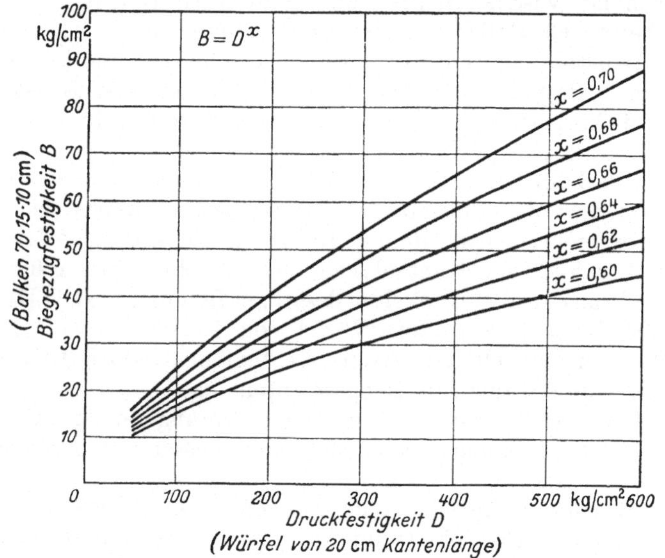

Abb. 9. Beziehung zwischen Würfeldruckfestigkeit und Biegezugfestigkeit des Betons.

Damit ist die naturgegebene Wechselbeziehung zwischen Druck- und Zugfestigkeit erwiesen. In diesem Zusammenhang soll auf folgende grundsätzliche Erkenntnis hingewiesen werden: Die Zerstörung eines Baustoffes, sei es durch Druck (Zerquetschen), durch Zug (Zerreißen) oder durch Schub (Abscheren), kann nur durch eine *Trennung* seiner Teile voneinander (der groben Bestandteile und der molekularen Kleinstteile), also durch Überwindung seiner Zugfestigkeit in irgendeinem Sinne eintreten. Druck-, Schub- und Scherfestigkeit müssen sich daher letzten Endes auf die Zugfestigkeit zurückführen lassen. Zur Beurteilung der Festigkeitswerte ist also die Zugfestigkeit eines Baustoffes als primäre Eigenschaft anzusehen.

Das Zerdrücken eines Probewürfels erfolgt bekanntlich durch die Überschreitung der Zugfestigkeit des Betons infolge der Querdehnung. Enthält der Beton Poren, so kann durch die Druckbeanspruchung auch eine innere Verschiebung der festen Bestandteile in die Hohlräume, also wiederum eine Trennung infolge Überschreitung der Zugfestigkeit eintreten. Schließlich ist die Festigkeit des Stoffes von der Beweglichkeit der molekularen Bestandteile abhängig. Wird die Elastizitäts- und Streck- oder Stauchgrenze überschritten, so wird der Zusammenhalt der Moleküle aufgehoben, mag es sich um eine Zug- oder Druckbeanspruchung handeln.

Auf diese Erscheinung gründet sich auch die HEIMsche Gebirgsdrucktheorie. Ein in großer Tiefe eingeschlossener Gesteinsteil erleidet von allen Seiten einen hohen Druck, der die „Druckfestigkeit" bei weitem überschreitet. Da jedoch zu einer Totaltrennung kein freier Raum vorhanden ist, kann infolge des Druckes auch kein Bruch eintreten. Das Gestein ist also in dieser Tiefe bei etwa auftretendem einseitigem Drucküberschuß ohne Bruch deformierbar.

Die *Bedeutung der Zugfestigkeit* des Betons wird daher in der letzten Zeit immer mehr hervorgehoben; die *Gründe*, die für eine hohe Zugfestigkeit sprechen, sind mannigfacher Art.

Es ist bekannt, daß früher die in den „Vorläufigen Bestimmungen der Eisenbahndirektion Berlin für das Entwerfen und die Ausführung von Ingenieurbauten in Eisenbeton"[1] niedergelegten LABESschen Forderungen nach Rissefreiheit im Beton den Fortschritt der Stahlbetonbauweise lange Zeit aufgehalten hatten. Um das Eindringen der Lokomotivrauchgase bis zu den Stahleinlagen zu verhüten, waren die Stahlbetontragwerke von Brücken unter Berücksichtigung der Zugspannungen im Beton in der Weise zu berechnen, daß sie je nach der Bettungshöhe den 1,5- bis 2,5ten Teil der Zugfestigkeit nicht überstiegen. Mir selbst war einmal vor dem ersten Weltkriege die Aufgabe gestellt worden, eine Straßenbrücke aus Stahlbeton über die Berliner Ringbahn nach diesen Bestimmungen zu entwerfen. Die sich ergebende Bauhöhe der Brücke überschritt bei weitem den zur Verfügung stehenden Raum, so daß Stahlbeton als Baustoff ausschied und eine Stahlkonstruktion gewählt wurde. Bei genügend hoher Zugfestigkeit des Betons hätten sich die Forderungen wohl erfüllen lassen.

In allen Fällen, wo heftige Erschütterungen oder außergewöhnliche, Beanspruchungen von Stahlbetonfertigteilen eintreten, sollte zugfester Beton bevorzugt werden. Das ist der Fall bei Rammpfählen, weniger im Hinblick auf den eigentlichen Rammvorgang als auf die Beförderung und das Unter-die-Ramme-Bringen der Pfähle, Vorgänge, bei denen oft hohe Biegungsbeanspruchungen unvermeidlich sind. Aber auch alle übrigen Stahlbetonfertigteile unterliegen beim Verladen, beim Transport, beim Abladen und schließlich beim Einbau unvorherzusehenden Biegebeanspruchungen. Zur Verminderung des Bruchverlustes ist deshalb zugfester Beton sehr erwünscht.

Nach den Erfahrungen der Betontechnologie sind die *Mittel* zur Beeinflussung der Druck- und Zugfestigkeit des Betons im allgemeinen die gleichen. Durch geeignete Zusammensetzung des Betons gelingt es, die Biegezugfestigkeit zu steigern, nach HUMMEL liegt das zur Zeit erreichbare Höchstmaß bei etwa 120 kg/cm². Je höher die Eigenfestig-

---

[1] Zbl. Bauverw. 1906, S. 327 ff.

keit des verwendeten *Zementes* ist, desto höher fallen Druck- und Zugfestigkeit aus. Von gleichem Einfluß ist die *Kornzusammensetzung der Zuschlagstoffe* auf die Festigkeitseigenschaften, sie wirkt sich wiederum auf den Zementbedarf, den Wasserbedarf und damit auf die Festigkeit aus. Ein geringer Zusatz an Feinstteilen zum Betonzuschlag begünstigt die Druckfestigkeit, besonders aber die Zugfestigkeit. Ganz allgemein hängt die Druck- und Zugfestigkeit von dem Dichtigkeitsgrad des Betons ab. Stets ist auf die Verarbeitbarkeit des Frischbetons Rücksicht zu nehmen, gegen die die Festigkeit oft zurücktreten muß. Ein abwägender Ausgleich zwischen beiden Eigenschaften ist deshalb anzustreben.

Betonmischungen aus rundlichen Zuschlagstoffen sind verdichtungswilliger als solche aus Splitt und Brechsand. Bei erdfeuchter Konsistenz verlangt ein Splittbeton mehr Wasser als Kiesbeton. Wenn auch der höhere Wasserzusatz bei dem ersteren nachteilig für die Festigkeit ist, so überwiegt doch der bessere innere Verband des Splittbetons zugunsten einer Steigerung der Zugfestigkeit. Wird jedoch der Beton sehr weich angemacht, so ist der Splittbeton unterlegen.

Wichtig für die Zugfestigkeit eines Betons ist ferner die Oberflächenrauhheit der Zuschlagstoffe, die den inneren Verband verbessert. Kommt noch eine gewisse Wasserabsaugefähigkeit des Gesteins dazu, so sinkt der Wasser-Zement-Faktor, wodurch wieder die Festigkeit gesteigert wird. So stellt HUMMEL fest, daß Beton aus schlechtem Porphyr meist zugfester ist als solcher aus hartem Basalt.

Da mit einer Erhöhung des Zementzusatzes zwar die Zugfestigkeit, aber auch das Schwindmaß zunimmt, ist ein sorgfältiges Abstimmen beider Eigenschaften erforderlich. Durch geeignete Kornzusammensetzung soll der Hohlraum und damit der Zementzusatz so klein wie möglich gehalten werden. Je kleiner aber der Zementgehalt im Verhältnis zu den Zuschlagstoffen ist, desto größer ist der Wasserbedarf, um eine angemessene Verarbeitbarkeit zu erzielen. Eine Erhöhung des Wasser-Zement-Faktors verringert wiederum die Festigkeit des Betons. Es ist deshalb nötig, auch den Wasserzusatz einzuschränken. Dies ist jedoch nur angängig, wenn eine gründliche Rüttelung des Frischbetons vorgenommen wird. Die Verwendung erdfeuchten Betons gewinnt deshalb um so mehr an Bedeutung, als dadurch eine wirtschaftliche Fertigung infolge der Möglichkeit sofortigen Ausschalens gewährleistet wird. Es ist einleuchtend, daß eine gründliche Verdichtung des Frischbetons nicht nur die Druckfestigkeit, sondern auch die Zugfestigkeit steigert. Im allgemeinen besitzt auf gewöhnlichem Wege verdichteter Beton eine Zugfestigkeit von 20 kg/cm², Rüttelbeton eine solche von 35 kg/cm² und Schleuderbeton von 45 kg/cm² (PROBST)[1].

Alle die genannten Faktoren, also Wahl des Zementes, Zusammensetzung der Zuschlagstoffe (am besten gedrungener Splitt aus wasserabsaugendem Gestein mit Quarzsand), Wasserzusatz und Art der Verarbeitung werden zweckmäßig vor Aufnehmen der Fabrikation durch

---

[1] Vgl. Fußnote 1 S. 22.

sorgfältige Versuche mit den wirtschaftlich in Betracht kommenden Baustoffen gegeneinander abgewogen.

Bei den üblichen Baustoffen und Verarbeitungsweisen wird in gewissen Grenzen mit der Erhöhung der Zugfestigkeit auch eine Steigerung der Druckfestigkeit gleichlaufen.

Neuere Bestrebungen gehen daher mehr darauf aus, das *Verhältnis* der Zug- zur Druckfestigkeit des Betons günstiger zu gestalten, etwa wie aus dem körnigen, wenig zugfesten Gußeisen der sehnige Stahl entwickelt wurde, dessen Druck- und Zugfestigkeit gleich sind.

Nach HUMMEL haben die üblichen Zuschlagstoffe Druckfestigkeiten von 800 bis 4000 kg/cm² und Zugfestigkeiten von 40 bis 120 kg/cm², der sie verbindende Zementstein Druckfestigkeiten von 100 bis 700 kg/cm² und Zugfestigkeiten von 20 bis 60 kg/cm². Da die Festigkeiten der natürlichen Zuschlagstoffe unveränderlich sind, aber die des Zementsteines übertreffen, kann durch eine Verbesserung der Güte des Zementsteines, also besonders des Zementes, eine Angleichung an die Festigkeiten des Natursteines erreicht werden.

Von größerer Bedeutung für die Zugfestigkeit des Betons dürfte jedoch eine Veränderung des Betongefüges sein. In Nachahmung des Zellenaufbaues der Pflanze, besonders des Holzes, sollte für einen zugfesten Beton die Stoffzusammensetzung nicht körniger, sondern mehr filzig-faseriger Natur sein. Es ist allerdings zu bedenken, daß die Beimischung derartiger Stoffe, wenn sie in dem genannten Sinne von Wirkung sein soll, einen mörtelartigen Beton zur Grundlage haben muß. Ein solcher feinkörniger Beton hat aber einen höheren Wasserbedarf als ein grobkörniger, so daß die absoluten Festigkeiten sinken. Der Ausgleich zwischen Druck- und Zugfestigkeit würde sich also von beiden Seiten her, nämlich durch Senkung der Druckfestigkeit und Erhöhung der Zugfestigkeit um so schneller vollziehen. Asbestzement besitzt z. B. nach PROBST[1] eine Zugfestigkeit von etwa 430 kg/cm², kommt aber nur für bestimmte Zwecke, z. B. Asbestzementplatten zur Eindeckung von Dächern, für Dachrinnen und Abfallrohre in Betracht. In Italien sind mit Erfolg Versuche angestellt worden, Streifen von Asbestzement als Zugeinlage an Stelle von Rundstahl zu verwenden.

Einen besseren Erfolg im Sinne der Theorie und Praxis des Stahlbetons verspricht eine Beimischung von Stahl *in Faserform,* deren Herstellung möglich ist.

Schon vor dem ersten Weltkrieg sind von HOTOPP, Hannover, Versuche mit Feineiseneinlagen angestellt worden, die allerdings nach meinen Versuchen[2] räumliche Formen haben müßten, um ein wirkliches Durchdringen des Zementmörtels in allen Richtungen zu bewirken. Dabei ist der Feineisenzuschlag nicht als statische Bewehrung des Fertigteils gedacht, sondern nur als eine Vergütung des Werkstoffes „Beton" im Hinblick auf eine größere Zugfestigkeit. Die statische Rundstahlbewehrung bleibt davon unberührt. Ein Feineisenzuschlag könnte

---

[1] Vgl. Fußnote 1 S. 22.

[2] KIEHNE: Über die Behandlung und Anordnung der Arbeitsfugen im Beton. Berlin: Zementverlag 1929.

von Bedeutung werden, wenn es gelingt, geeignete billige Abfälle zu finden.

Am sichersten wird die Zugfestigkeit des Betons erhöht, wenn man eine Druckvorspannung anbringt, wodurch man den Ausgangszustand des Meßvorganges verschiebt. Beim spannungslosen Beton geht man von der Spannung 0 aus, der Spannbeton verlegt den Ausgangspunkt der Messung in den Druckbereich, so daß die Summe der Druckvorspannung und der tatsächlichen Zugfestigkeit des Betons seine rechnungsmäßige „Zugfestigkeit" ergibt. Von diesem Mittel wird in den letzten Jahren immer mehr Gebrauch gemacht; wir werden seiner praktischen Verwendung noch oft begegnen.

Die zulässigen Beton- und Stahlspannungen für Stahlbetonfertigteile sind ausführlich in einer in DIN 4225 enthaltenen Tafel zusammengestellt. Bei Ausnutzung der dort angegebenen zulässigen Betonspannungen ergeben sich, besonders bei nur auf Biegung beanspruchten Fertigbauteilen, häufig ungeeignete Querschnitte, zu nachgiebige Bauteile und ein zu hoher Stahlverbrauch. Es empfiehlt sich daher in der Regel, die Fertigbauteile mit kleineren Betonspannungen zu bemessen.

Bei einer Beschränkung der Stahlkontingente wird die Einsparung von Stahl für die Stahlbetonbauten zur Pflicht. Gerade in der Fertigbauweise sind Sparmöglichkeiten um so eher gegeben, als vorgespannte Stäbe und Saiten aus hochwertigstem Stahl wegen der dazu erforderlichen Einrichtungen vorwiegend in ortsfesten oder fliegenden Fabriken zur Anwendung kommen. Für den Stahlsaitenbeton werden unlegierte hochvergütete Stahldrähte mit einer Zugfestigkeit von 18 000 bis 24 000 kg/cm² benutzt, die mit 9000 bis 12 000 kg/cm² vorgespannt werden, zuzüglich eines Zuschlages von 1500 kg/cm² für Spannungsverluste durch Schwinden und Kriechen. Erst im vorgespannten Beton kann diese hohe Festigkeit der Stahldrähte voll ausgenutzt und dadurch ein wirtschaftlicher Vorteil durch Stahlersparnis erzielt werden. Mit der Verbesserung der Stahleigenschaften muß aber auch die Betongüte Schritt halten, damit der Beton die erheblichen durch die Vorspannung und ihre Verankerungen hervorgerufenen Druckspannungen aushält. Der mit vorgespannten Stahlsaiten bewehrte Beton hat eine Druckfestigkeit von 600 bis 1000 kg/cm², die durch Verwendung ausgewählter Zuschlagstoffe und hochwertigen Zementes und durch sorgfältigste Verarbeitung im Rüttelverfahren erzielt wird. Der Stahlsaitenbeton ist dadurch zu einem hochelastischen, der Gefahr der Rissebildung nicht ausgesetzten homogenen Werkstoff geworden. Die Stahlsaiten stellen darin keine eigentliche Bewehrung im Sinne der Stahlbetonkonstruktionen dar, sie dienen vielmehr ausschließlich der Erzeugung der Vorspannung, maßgebend für die Berechnung des Gebrauchszustandes sind also allein die Betonquerschnitte im Druck- und Zugbereich. Da der Gesamtumfang der dünnen Stahlsaiten im Verhältnis zu ihrem Querschnitt sehr groß ist, sind keine Endhaken erforderlich, sondern die Haftfestigkeit genügt in den meisten Fällen allein, um die Spannungen auf den Beton zu übertragen.

Allerdings haben die glatten runden Einlagedrähte bei stoßweiser

Belastung oder bei Dauerschwingungen, wie sie z. B. bei Eisenbahnschwellen auftreten können, das Bestreben, sich vom Beton zu lösen.
Auch ist die Haftlänge der Drähte beschränkt, so daß in den Zulassungsbedingungen eine Mindestlänge der Fertigteile von 3,00 m vorgeschrieben
wurde. Man ging daher zur Verwendung von 2- und 3-drahtigen Litzen
über, weil man sich von der unregelmäßigen Oberfläche der Litzen eine
bessere Haftfestigkeit der Einlagen versprach. Diese ist auch zweifellos
gegeben, jedoch ist nicht zu verkennen, daß sich Einzeldrähte leichter
verarbeiten lassen als die Litzen und daß bei ihnen eine größere Draht-
oberfläche vom Beton umschlossen wird als bei Litzen, solange mit
gleichem Drahtdurchmesser gearbeitet wird.

Als günstigste Stahleinlage für Stahlsaitenbeton ist demnach der
Einzeldraht mit einer unregelmäßigen Oberfläche anzusehen. So hat die
Firma Felten & Guilleaume, Carlswerk, Eisen und Stahl A.-G., Köln-
Mülheim, z. B. einen Spezialdraht für Betonbewehrung herausgebracht.
Es handelt sich um einen in seiner Längsachse verdrillten Profildraht
„Neptundraht‘‘ genannt, der zum DP. angemeldet wurde. In Tafel VI
sind die Festigkeitswerte der verschiedenen Sorten des „Neptundrahtes‘‘
zusammengestellt.

Tafel VI.

Abmessungen	2,8 × 1,8	2,3 × 1,4	2,25 × 0,90	1,8 × 1,1	mm
F	4,9	3,2	2,0	1,8	mm²
σ_{max}	180—200	190—210	200—220	200—220	kg/mm²
$\sigma_{0,2}$ kg/mm²	90	90	90	90	% v. σ_{max}
$\sigma_{0,03}$ kg/mm²	70	70	70	70	% v. σ_{max}
Kriechgrenze $\sigma_{0,005}$ kg/mm²	65	65	65	65	% v. σ_{max}

Je nach dem vorgesehenen Verwendungszweck können die Drähte
mit einer Ganghöhe der Verdrillung von 20 bis 80 mm bezogen werden.

Der Neptundraht soll eine sichere Haftung auf kurze Längen auch
bei ungünstigen Betondruckfestigkeiten bieten. Selbst wenn er sich durch
Erschütterungen oder stoßweise Beanspruchung vom Beton lösen sollte,
kann er im Gegensatz zum Runddraht infolge der Schraubenform nicht
gleiten. Die Überleitung der vollen Vorspannung auf den Beton ist
beispielsweise beim Neptundraht schon mit einer Haftlänge von 20 bis
25 cm möglich, wo bei sonst gleichen Verhältnissen beim Runddraht
eine Haftlänge von 50—60 cm benötigt wird. Die Einführung dieses
Sonderdrahtes stellt eine wesentliche Verbesserung des Stahlsaitenbetons dar.

2. Schub- und Scherfestigkeit.

Reine Schubspannungen kommen in einem auf Verdrehung bean-
spruchten Zylinder vor. Drehungsversuche haben ergeben, daß der
Bruch durch Überwinden der Zugfestigkeit des Betons in schräger
Richtung infolge der Hauptzugspannungen eintritt.

„Die aus dem Drehungsversuch errechnete Schubfestigkeit wird daher beim Beton und den natürlichen Bausteinen, wo die Druckfestigkeit viel größer ist als die Zugfestigkeit, mit der letzteren gleichbedeutend sein müssen."[1]

Auch bei einem auf Biegung beanspruchten Balken treten Schubspannungen auf, die sich mit den Normalspannungen zu den Hauptzugspannungen zusammensetzen.

Ein zugfester Beton ist also zur Aufnahme der Schubspannungen am geeignetsten.

Über die Scherfestigkeit des Betons vgl. die Ausführungen im Abschnitt C, I, c, 3121.

3. Kanten- und Transportfestigkeit.

Die Kanten- und Transportfestigkeit bezieht sich weniger auf den Baustoff der Stahlbetonfertigteile als auf deren bauliche Durchbildung.

Die Bestimmungen des Deutschen Ausschusses für Stahlbeton 1943, Teil E, DIN 4225 führen darüber in § 11, 3 folgendes aus:

„Fertigbauteile sind in ihrem Querschnitt und ihrer Bewehrung so auszubilden, daß sie gegen Beschädigungen beim Befördern und Verlegen genügend gesichert sind. Hierzu ist stets eine ausreichende Bewehrung der Druckzone erforderlich. Bei größeren Fertigbauteilen ist diese Bewehrung rechnerisch nachzuweisen. Hierbei ist die ungünstigste Beanspruchung beim Befördern und Verlegen und bei ungünstigen Bauzuständen zu berücksichtigen. Mindestens ist aber ein Stab von 5 mm Durchmesser einzulegen. Auch diese Bewehrung muß Endhaken erhalten.

Außerdem müssen die Fertigbauteile eine genügende Seitensteifigkeit haben, damit sie nicht bei unbeabsichtigter Seitenlage während des Beförderns und Verlegens beschädigt werden oder im Bauwerk seitlich ausweichen."

Wenn man verhüten will, daß die Betonwerkstücke durch örtliche Beschädigungen der Kanten unansehnlich werden, muß eine gewisse *Kantenfestigkeit* vorhanden sein. Aber auch in statischer Beziehung ist es nachteilig, wenn die Kanten verletzt werden, da sich, besonders bei kleinen Stücken, eine Kerbwirkung bemerkbar macht, die zum Bruch führen kann.

Um die Kantenfestigkeit zu erhöhen, sind vor allem scharfe Ecken und Kanten zu vermeiden, die Eckwinkel sollen 90° nicht unterschreiten. Aber auch dieser Winkel ist nur bei größeren Abmessungen angebracht, z. B. bei Rammpfählen. Sonst wird man allgemein bei Winkeln von 90° und darunter die Kanten brechen, rechteckige Querschnitte werden dann zu Achtecken mit einem Eckwinkel von 135°, dreieckige Querschnitte zu Sechsecken mit einem Eckwinkel von 120°.

Rein stoffliche Maßnahmen tragen nicht minder zur Erhöhung der Kantenfestigkeit bei. Wenn die Oberfläche der Fertigteile glatt und geschlossen gehalten wird, entfällt oft schon der Anlaß zu äußeren Verletzungen der Kanten.

Die *Transportfestigkeit* steigt mit der Zugfestigkeit des Betons, deshalb sind vorgespannte Fertigteile besonders transportsicher. Vermöge ihrer Druckvorspannung sind sie unempfindlicher gegen Biegezug und

---

[1] MÖRSCH: Der Eisenbetonbau, I. Bd., 1. Hälfte. Stuttgart: Konrad Wittwer 1923.

widerstehen außergewöhnlichen Beanspruchungen, wie sie beim Abladen von Lastkraft- und Eisenbahnwagen vorkommen, ohne Risse zu erhalten.

4. Verschleißfestigkeit (Abnutzungswiderstand).

Um stark begangene und befahrene Betonfertigteile, z. B. Treppenstufen, Bahnsteigkanten u. ä., gegen Abnutzung widerstandsfähig zu machen, werden sie mit einem Belag oder Überzug aus Hartbeton versehen, für den das Normenblatt DIN 1100 maßgebend ist. Hartbeton enthält Zuschlagstoffe von besonders hoher Eigenverschleißfestigkeit wie Stahlspäne, Korund u. a. Der Abnutzungswiderstand wird auf der Schleifscheibe von BÖHME geprüft. Nach HUMMEL[1] kann als derzeit mögliche geringste Abnutzungsziffer auf der Schleifscheibe von BÖHME angesetzt werden:

für gewöhnlichen Beton . . . . $5 \ cm^3/50 \ cm^2 = 0{,}1 \ cm^3/cm^2$

für Hartbeton unter Verwendung von Hartstoffzuschlägen . . . . $0{,}5 \ cm^3/50 \ cm^2 = 0{,}01 \ cm^3/cm^2$

5. Elastizität und Plastizität.

Hinsichtlich der Elastizität und Plastizität sowie hinsichtlich des Schwindens und Kriechens ist der Beton der Fertigteile den gleichen Bedingungen unterworfen wie der Beton monolithischer Bauten. Es wird deshalb auf das bereits erwähnte Schrifttum verwiesen.

b) Widerstandsfähigkeit des Betons gegen Witterungs- und sonstige physikalische Einflüsse.

1. Dichtigkeit.

Der Dichtigkeitsgrad des Betons ist das Verhältnis seines Raumgewichtes zu seinem spezifischen Gewicht. Sind beide gleich, Hohlräume also nicht vorhanden, so ist die Dichtigkeit gleich 1,0. Je größer die Hohlräume im Beton sind, desto niedriger ist der Dichtigkeitsgrad.

Der Poreninhalt eines Betons setzt sich aus demjenigen der Zuschlagsstoffe und dem des Zementsteins zusammen. Bei gleicher Zusammensetzung des Frischbetons und gleicher Erhärtungszeit vereinigt der dichteste Beton, also der Beton mit dem größten Raumgewicht, alle von einem Tragbeton geforderten Eigenschaften in sich. Für die „sehr guten" und „brauchbaren" Körnungen wird die größte Dichtigkeit bei gewöhnlicher Verarbeitung dann erreicht, wenn der Frischbeton schwach plastisch angemacht ist. Je gründlicher die Verdichtung durch Rütteln vor sich geht, ein desto geringerer Wasserzusatz ist erforderlich. Jeder Wasserüberschuß im Zementleim erzeugt nach der Austrocknung *Wasserporen* im erhärteten Zementstein. Um auch die Bildung von *lufteinschließenden Poren* im Beton zu verhindern, ist vorgeschlagen worden, die Betonbereitung in einem stark luftverdünnten Raum (Misch-

---

[1] HUMMEL: Das Beton-ABC. Berlin: Verlag Tonindustrie.

maschine) vorzunehmen[1], praktische Erfahrungen sind jedoch bisher nicht bekannt geworden. Gelänge es, einen solchen porenarmen Beton auf ·wirtschaftliche Weise herzustellen, so böten sich gerade auf dem Gebiet der Fertigbetonbauweise mannigfache Anwendungen, z. B. für Rammpfähle und unter Wasser- oder Luftdruck stehende Bauteile.

2. Wasserundurchlässigkeit.

Die Wasserundurchlässigkeit eines Stoffes ist nicht gleichbedeutend mit seiner Dichte.

Ein·wasserdurchlässiger und nicht dichter Körper, wie er in der Natur vorkommt, ist der *Schwamm*. Seine zahlreichen lufthaltigen Poren machen ihn zu einem undichten Stoff; der Umstand, daß diese Poren miteinander in Verbindung stehen, bewirkt, daß er zugleich wasserdurchlässig ist, sobald er sich so weit vollgesaugt hat, daß die Luft in den Poren durch Wasser ersetzt ist.

Nicht dicht, aber dabei wasserundurchlässig ist der *Kork*, der aus einer großen Anzahl *Luftsäckchen* besteht, die durch den Korkstoff luft- und wasserdicht umschlossen sind. Dieses Gefüge des Korkholzes erklärt es, daß es sich in heißem Wasser stark aufbläht, weil die warm werdende Luft aus den Poren nicht entweichen kann[2].

Durch geeignete Kornzusammensetzung und eine richtige Wasserzumessung ist es möglich, praktisch wasserundurchlässigen Beton herzustellen.

3. Wasseraufsaugefähigkeit, Frostbeständigkeit.

Über die Wasseraufsaugefähigkeit des Betons vgl. die Ausführungen unter Leichtbeton im Abschnitt B, III, c, 2.

Natürliches Gestein verwittert, wenn das in den kapillaren Hohlräumen eingeschlossene Wasser gefriert und infolge der damit verbundenen Ausdehnung das Gestein zersprengt. Aus dem gleichen Grunde ist ein Beton, der viel kapillare Poren enthält, also sandreicher Beton, weniger frostbeständig als Beton bester Kornzusammensetzung.

4. Luftundurchlässigkeit.

Über die Durchlässigkeit des Betons gegen Druckluft hat WALZ[3] eingehende Versuche angestellt. „Voraussetzung für Undurchlässigkeit ist nicht entmischender, zuverlässig verdichtbarer Beton; weiter muß der Beton an sich durch seinen Aufbau eine größtmögliche Dichte gewährleisten. Für die Praxis wird empfohlen, den Zementgehalt mindestens zu 350 kg/m³ zu wählen. In gut zugänglichen Schalungen, oder

---

[1] RHODE, S.: Porenarmer Beton. Bauindustrie 1937, Nr. 31.
[2] KIEHNE: Über die Behandlung und Anordnung der Arbeitsfugen im Beton. Zement 1929, 16—18, 20.
[3] WALZ: Fortschritte und Forschungen im Bauwesen, Reihe A. Heft 14. Berlin: Otto Elsner.

wenn Rüttler wirkungsvoll eingesetzt werden können, soll dabei ein Ausbreitmaß von etwa 35 cm nicht überschritten werden."

Luftundurchlässiger Beton wird bei der Herstellung von Druckluftsenkkästen gebraucht.

5. Geschlossene Oberfläche.

Für alle Fertigteile aus Schwerbeton wird eine dichte und geschlossene Oberfläche angestrebt, um die sich an der Schalung bildende Zementhaut als Schutzmittel gegen die Einflüsse der äußeren Angriffe, besonders der Witterung auszunutzen. Durch hohen Zementzusatz und ausgewählte Zuschlagstoffe werden die Bedingungen für eine geschlossene Oberfläche meist erfüllt. Je verdichtungswilliger das Betongemisch ist, desto glatter fällt die Oberfläche aus. Vorteilhaft ist die Anwendung von Stahlschalung.

III. Leichtbeton.

a) Allgemeine Abwägung seiner Eigenschaften.

Während beim *Schwerbeton* eine hohe Festigkeit angestrebt wird, die nur durch eine große Dichte und damit ein hohes Raumgewicht erreicht werden kann, tritt beim Leichtbeton die Druckfestigkeit hinter der Forderung eines niedrigen Raumgewichtes zurück. Da die Fertigteile aus Leichtbeton, im Gegensatz zu den tragenden Baueinheiten aus Schwerbeton, hauptsächlich zum Aufbau und zur Füllung raumumschließender Wände und Decken dienen, wird der Baugrund um so mehr entlastet, je niedriger das Raumgewicht des Leichtbetons ist. Die einzelnen Füllsteine können größere Abmessungen erhalten, so daß die Bauausführung beschleunigt wird und damit Zeit und Lohn erspart werden.

Da nun das spezifische Gewicht (Reinwichte) der Zuschlagstoffe und der Bindemittel nur in geringen Grenzen schwankt, kann ein niedriges Raumgewicht (Rohwichte) des Leichtbetons nur durch einen hohen Luftgehalt, also durch Porigkeit erzielt werden. Der Luftporengehalt aber ergibt die wichtigste Eigenschaft des Leichtbetons, seine *Wärmedämmfähigkeit*, die im umgekehrten Verhältnis zum Raumgewicht steht. Die *Luftschalldämmung* von Wänden hingegen nimmt mit wachsendem Gewicht zu. An weiterer Eigenschaften des Leichtbetons sind noch

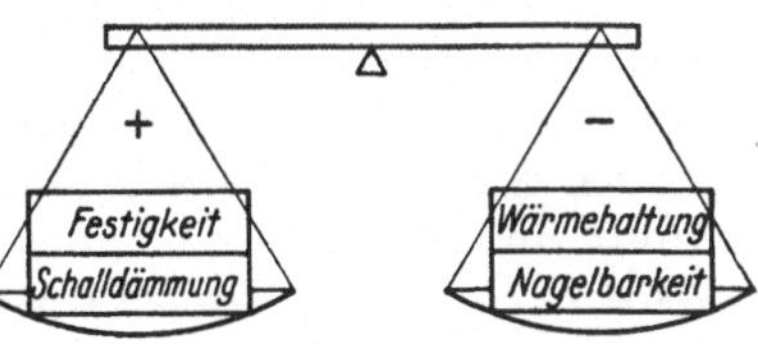

Abb. 10. Abwägung der Eigenschaften des Leichtbetons.

wichtig die *Trockenhaltung* und die *Nagelfestigkeit*. Während die Trockenhaltung mehr von der Form und Anordnung der Hohlräume als vom Raumgewicht des Leichtbetons abhängt, nimmt im allgemeinen die Nagelbarkeit und Nagelfestigkeit bis zu einer gewissen Grenze mit sinkendem Raumgewicht zu. Bei der Auswahl des Leichtbetons hat man demnach seine Eigenschaften nach Abb. 10 sorgfältig gegeneinander abzuwägen.

b) Die verschiedenen Leichtbetonarten.

Wie aus der Tafel III hervorgeht, unterscheidet man dem *Raumgewicht* nach zwischen *tragendem* und *isolierendem* Leichtbeton. Das Raumgewicht des tragenden Leichtbetons liegt in den Grenzen 800 bis 1200 bis 1900 kg/m³, das des isolierenden Betons zwischen 300 bis 800 kg/m³.

Dem *Gefüge* nach gibt es nach Tafel IV zwei Hauptgruppen, Leichtbeton mit geschlossenem Gefüge (Eigenporosität) und Leichtbeton mit porigem Gefüge (Haufwerksporosität).

1. Leichtbeton mit geschlossenem Gefüge (Eigenporosität).

Das Gefüge dieses Leichtbetons enthält keine größeren Hohlräume zwischen den Zuschlagstoffen, ist also in sich geschlossen. Dagegen weisen entweder die gröberen Zuschlagstoffe oder der sie verkittende Zementmörtel oder beide eine Eigenporosität auf. Leichtbetone mit geschlossenem Gefüge werden für stahlbewehrte Fertigteile herangezogen, da sie den notwendigen Rostschutz des Stahles gewährleisten.

11. Leichtbeton aus porigen Zuschlagstoffen (Leichtstoffbeton).

Die porigen Zuschlagstoffe sind entweder mineralischen oder organischen Ursprungs.

111. Zuschlagstoffe mineralischen Ursprungs.

An *natürlichen* Zuschlagstoffen sind zu nennen der *Naturbims*, der um den Laacher See und im Neuwieder Becken gewonnen wird sowie die *Lavaschlacke* oder *Lavakrotze*, eine basaltische Schaumlava, die im Laacher Seegebiet in Blöcken gewonnen und gebrochen wird. Das Raumgewicht der Blöcke schwankt zwischen 0,75 und 1,5 t/m³.

Ein *künstlich* gewonnener Zuschlagstoff ist *Synthoporit*, das durch Aufblähen einer feuerflüssigen Kalziumsilikatschmelze gewonnen wird. Die Raumgewichte der Körnungen 3 bis 40 mm halten sich, lose eingefüllt, zwischen 0,5 und 0,7 kg/dm³ (HUMMEL).

Ferner gehören hierher die durch Granulation oder durch Schäumen der feuerflüssigen Hochofenschlacke erzeugte *Schaumschlacke*, *Hüttenbims* oder *Kunstbims*. Das Raumgewicht dieser Zuschläge ist je nach Herkunft und Zusammensetzung der Schlacke sehr schwankend.

Wird ungeformter Ton mit Wasser gemischt und schnell gebrannt, so bläht er stark auf und ergibt den sog. *Blähton*, der besonders auch im Schiffbau Anwendung gefunden hat.

Ziegelsplitt, aus den Trümmern der zerstörten Städte gewonnen, steht an der Grenze zwischen schweren und leichten Zuschlagstoffen.

Als Abfallerzeugnis hat die *Kesselschlacke* weite Verbreitung als Zuschlag zu Leichtbeton gefunden. Bei der Verwendung der Kesselschlacke müssen verschiedene Vorschriften in bezug auf ihre Zusammensetzung und ihre Behandlung beachtet werden, auf die hier nicht eingegangen werden kann.

112. Zuschlagstoffe organischen Ursprungs.

Die Betonzuschläge organischen (pflanzlichen) Ursprungs bestehen aus Zellstoff, dessen stoffliches Gerüst ein geringeres spezifisches Gewicht hat als ein Gestein, in sich aber noch zahlreiche kleinste pflanzliche Zellen birgt, die ihn besonders porös und leicht machen.

Zuschlagstoffe pflanzlichen Ursprungs sind Holz in Form von Sägemehl und Hobelspänen, Holzwolle, Kork, ferner Heidekraut und Papier.

Holz muß vor dem Anmachen des Betons durch Tränkung mit Kalkmilch, Zementbrühe, Wasserglas, Bittersalz oder Chlorkalzium verkieselt oder versteint werden. (Näheres hierüber bei PROBST, Handbuch der Bauindustrie.)

Je nach Zementgehalt und der Menge an steinigen Zugaben hat der Holzbeton ein Raumgewicht von 500 bis 700 kg/m³, das aber bis 1000 kg/m³ anwachsen kann. Das niedrigste Raumgewicht besitzen die als Dämmstoff gegen Kälte und Wärme, Schall und Erschütterung benutzten Korksteine mit 150 bis 250 kg/m³.

Nach MINETTI[1] wird ein neuer Leichtbeton aus einem Gemisch von Zement und fein zerschnittenem Heidekraut und Sand im Verhältnis von 1:1:2 gewonnen. Da in Norddeutschland Heidekraut und Sand in reichen Mengen vorhanden sind, kann auch dieser Leichtbeton in Zukunft größere Bedeutung erlangen.

Da beim Leichtstoffbeton der die gröberen Zuschläge verkittende Zementmörtel bzw. Zementstein im allgemeinen eine größere Festigkeit aufweist als die porösen Zuschläge, wird man den Mörtel selbst ohne Einbuße an der Betonfestigkeit ebenfalls porös gestalten und so den Beton noch leichter machen können.

Bei den nachstehend kurz behandelten Leichtbetonarten besteht der Beton im allgemeinen ausschließlich aus einem homogenen Zementmörtel, der durch verschiedene Hilfsmittel mit zahlreichen lufthaltigen Poren durchsetzt wird. Die gleichen Verfahren sind jedoch auch anwendbar, wenn dem Zementmörtel noch Leichtstoffe gröberen Korns zugesetzt werden.

12. Leichtbeton aus porösem Mörtel.

Nach dem Vorhergesagten ist die Bezeichnung „Mörtel" für einen solchen Leichtbeton zutreffender. Die einzelnen Leichtbetonarten dieser Gattung unterscheiden sich nach der Art, wie die Auflockerung der Mörtelmischung unter Porenbildung erfolgt[2].

121. Durch mechanische Arbeit (Schaumbeton).

Beim *Zellenbeton* (Christiani & Nielsen, Hamburg) wird eine mit einer Peitschmaschine zu Schaum geschlagene seifenartige Flüssigkeit

---

[1] MINETTI: Trümmerverwertung und andere technische Wiederaufbauprobleme in deutschen Großstädten. Hamburg 11: Br. Sachse.

[2] Vgl. FRENKEL: Grundsätzliches zum Gas- und Schaumbeton. Fortschritte und Forschungen im Bauwesen, Reihe A, H. 12.

(Schlagsahne vergleichbar) dem im Mischer bereits vorgemischten Mörtel beigemengt, nochmals durchgearbeitet und in Formen gegossen.

Das *Iporitverfahren* der I. G. Farbenindustrie bedient sich eines schnellaufenden Rührwerkes unter Verwendung eines Schaumstoffes „Iporit".

122. Durch chemische gasbildende Zusätze (Gasbeton).

Die gasbildenden Zusätze blähen den Mörtelbrei auf und durchsetzen ihn mit allseitig umschlossenen Makroporen. Als Treibmittel dient entweder Aluminiumpulver, das mit dem freien Kalk in Wechselwirkung tritt und Wasserstoffgas frei werden läßt oder Wasserstoffsuperoxyd, das durch Chlorkalkmilch zur schnelleren Abgabe von Sauerstoff angeregt wird. Der letztgenannte Gasbeton wird in Sonderheit mit Porenbeton bezeichnet.

Beim Zusatz von Aluminiumpulver tritt die Gasentwicklung nach einigen Minuten ein, Wasserstoffsuperoxyd und Chlorkalk reagieren sofort.

Ein Zusatz von einigen Gramm Saponin zur Mischung regelt die Oberflächenspannung, hält die bereits im Mischer entstehenden Gasblasen zurück und verhindert Gasverluste.

Der Vorgang des Auftreibens setzt eine zähflüssige Konsistenz der Zementsandmischung voraus. Sie soll einerseits derart sein, daß die stürmische Gasentwicklung nicht zu konzentrierten Gasausbrüchen führt, wodurch eine gleichmäßige Verteilung der Gasblasen in der Mischung verhindert werden würde, andererseits darf die Gasentwicklung durch allzu große Steife der Mischung nicht überhaupt in Frage gestellt werden. Dem in den meisten Kulturstaaten patentierten *Siporex-Leichtbeton* der Skanska-Zement A. B., Schweden, liegt folgender Gedankengang zugrunde:

Die feinen Sandbestandteile des Mörtels erfordern einen hohen Wasserzusatz, so daß der Wasser-Zementwert ansteigt und die Festigkeit sinkt. Um die letztere zu erhöhen, müßte mehr Zement beigemischt werden, wodurch wieder die Schwindneigung wächst. Mahlt man jedoch einen Teil des Quarzsandes auf Zementfeinheit und setzt man die aufgegangene und abgebundene Mischung einer Dampfhärtung mit einem Druck von 8 kg/cm² und einer Temperatur von 170° C aus, so geht der ungebundene Kalk des Zementes mit der Kieselsäure des Feinstsandes eine chemische Bindung ein. Bei diesem Vorgang verhält sich also ein Teil des Zuschlages, nämlich der Feinstsand, wie ein zusätzliches Bindemittel. Man kann demnach den bereits auf diese Weise gebundenen Zement wieder ersetzen, d. h. fetter mischen, ohne die Schwindgefahr zu vergrößern.

Außer diesem Vorteil bringt aber die Behandlung im Dampfhärtekessel eine bedeutende Festigkeitssteigerung, schnelle Austrocknung und eine Beschleunigung des Abbindevorganges mit sich (vgl. die weiteren Ausführungen im Abschnitt D, II, c).

Durch die Kornfeinheit der Zuschlagstoffe fallen die Trennwände zwischen den einzelnen Poren sehr dünn aus und ergeben ein niedriges Raumgewicht bei ausreichender Festigkeit.

123. Durch physikalische Mittel (Blasenbeton).

Luftporen lassen sich auch durch Beimischung fester Körper in feinverteilter Menge schaffen, die sich entweder nach dem Abbinden im Wasser lösen oder durch Wärme schmelzen oder durch Austrocknung schrumpfen und Poren von genau bestimmbarer Größe und Anzahl zurücklassen. Die Hohlräume werden gewissermaßen bis zum Abbinden der Masse eingeschalt und nach ihrem Erhärten wieder ausgeschalt.

Man hat nach PROBST[1] Eisstückchen oder Schnee, vorsichtsweise auch mit Gips ummantelt, beigemischt, ohne jedoch einen gleichmäßig porösen und genügend festen Leichtbeton zu erhalten. Der Gips gefährdet den Bestand, die Kälte der Eisteilchen stört das Abbinden des Betons. Auch sind Versuche mit wasserlöslichen Salzkörnern ohne praktisches Ergebnis gemacht worden.

Paraffinstückchen, die durch Wärme schmelzen, sind teuer.

Ein gangbarer Weg scheint im *Algenbeton* gefunden zu sein. Seetang wird trocken auf feinste Körnung (Stecknadelkopfgröße) pulverisiert, dann in Wasser 12 Stunden lang gelagert, wodurch die Teilchen etwa auf 7fache Größe aufquellen. In diesem Zustand werden sie mit Sand und Zement gemischt. Durch Schrumpfung beim Austrocknen hinterlassen sie die gewünschten Poren (PROBST).

Wie nun der Leichtstoffbeton zur Verbindung der porösen Zuschlagstoffe statt mit gewöhnlichem Mörtel auch mit porösem Mörtel (Sand und Zementleim) bereitet werden kann, so ist es auch möglich, dem zu Schaum-, Gas- oder Blasenbeton verarbeiteten porösen Mörtel porenhaltige leichte Zuschlagstoffe beizumischen, wodurch die Porosität gesteigert wird. So nähern sich beide getrennt behandelten Leichtbetonarten einander wieder, wie in der Tafel IV angedeutet worden ist.

2. Leichtbeton mit porigem Gefüge (Haufwerksporosität).

Der grundsätzliche Unterschied zwischen Leichtbeton mit geschlossenem Gefüge und porigem Gefüge besteht darin, daß bei ersterem die Zwischenräume zwischen den einzelnen meist rundlichen Poren oder den porigen Zuschlagstoffen geschlossen sind, die Oberfläche der Poren also konvex gekrümmt ist, während bei dem letzteren die Poren durch die Zwischenräume und Zwickel zwischen den Zuschlagkörnern gebildet werden, ihre Oberfläche also konkav gekrümmt ist. Zuschlagkörner und Poren vertauschen also gewissermaßen ihre Rolle.

Bei Leichtbeton mit Haufwerksporosität unterscheidet man *gemischtkörnigen Beton* und *Einkornbeton*, wie er von HUMMEL benannt worden ist.

21. Gemischtkörniger Leichtbeton.

Sieht man in dem zur Bereitung des Betons bestimmten Haufwerk das Feinkorn 0 bis 0,5 mm oder 0 bis 1 mm aus und beschränkt gleichzeitig den Zementzusatz, so werden die Zwickel zwischen den Zuschlagkörnern nicht mehr ausgefüllt. Es entstehen lufthaltige Hohlräume, durch die das Raumgewicht des Betons verringert wird. Der Zement-

---

[1] Vgl. Fußnote 1 auf S. 22.

zusatz muß so bemessen sein, daß die einzelnen Körner nur mit einer dünnen Zementsteinschicht gewissermaßen „überzuckert" sind und sich nur punktweise oder in mehr oder weniger großen Schmiegeflächen berühren. Je mehr solcher Berührungsstellen vorhanden sind und je größer die Schmiegeflächen sind, desto größer wird die Festigkeit des Betons. Die Anzahl der Berührungsstellen hängt von dem Grad der Verdichtung, die Größe der Schmiegeflächen von der Form des Zuschlagkornes ab.

Bei nur loser Einfüllung der ausgesiebten Zuschlagstoffe ist das Raumgewicht des Leichtbetons und seine Festigkeit gering, in eingerütteltem Zustand hingegen steigen Raumgewicht und Festigkeit. Je nachdem, ob mehr Wert auf ein geringes Raumgewicht oder auf ausreichende Festigkeit gelegt wird, ist der Verdichtungsgrad zu bestimmen. Da eigenporöse Zuschlagstoffe durch heftige Stampfarbeit leicht zerstört oder beschädigt werden, ist das Rüttelverfahren vorzuziehen. Über den zweckmäßigen Wasserzusatz führt HUMMEL[1] folgendes aus: „Bei fehlendem bzw. nahezu fehlendem Feinstkorn und mageren Mischungen entstehen sperrige Massen, welche ein Mehr an Wasser nicht mehr zurückhalten, sondern abgeben und daher nicht mehr weichere Konsistenz erlangen. Die Steigerung des Wasserzusatzes wird hier zwecklos, unter Umständen nachteilig; sie führt bei Leichtbeton mit der charakteristischen punktweisen Verkittung zum Absacken des allzu flüssigen Zementleims in die Hohlräume. Die verarbeitungstechnisch zweckmäßige Beschränkung des Anmachwasserzusatzes begegnet sich mit dem Wunsche, aus Gründen baldiger Austrocknung Zurückhaltung in der Wasserzugabe zu üben."

Was die *Form* des Zuschlagkornes anbetrifft, so ist die Schmiegefläche bei kugeligen Körnungen am kleinsten, sie nimmt bis zu einem gewissen Grad zu, wenn die Kornform sich mehr einem Ellipsoid nähert, also mehr plattig ist. Rundliche Zuschlagstoffe sind verdichtungswilliger als splittige, bei letzteren ist auch die Größe der Berührungsfläche nicht vorauszusehen.

Über die günstigste Porengröße geben die Ausführungen im Abschnitt B, III, c, 2 Aufschluß.

Das Raumgewicht von Leichtbeton aus Naturbims mit Haufwerksporigkeit bewegt sich zwischen 0,7 und 1,0 kg/dm³.

22. Einkornbeton.

Während beim gemischtkörnigen Leichtbeton sich noch zahlreiches Zwischenkorn in das Hauptkorn einfügt und die Hohlräume zum Teil ausfüllt, so ist beim Einkornbeton das Korn durchweg gleich oder nahezu gleich groß. Die Hohlräume erreichen daher ihr Maximum.

Nimmt man für das Korn des Feinkornbetons die Kugelgestalt an, die der Wirklichkeit ziemlich nahe kommt, so sind drei Lagerungsarten möglich[2].

---

[1] HUMMEL: Das Beton-ABC. Berlin: Verlag Tonindustrie 1944
[2] KIEHNE: Kornzusammensetzung von Mörtelsanden. Tonind.-Ztg. 1917, Nr. 28/29.

221. Die kubische Lagerung (Abb. 11).

Bei dieser bilden die Mittelpunkte der Kugeln die Ecken eines Würfels. Die Kugeln sind hierbei im labilen Gleichgewicht (47,6% Hohlräume).

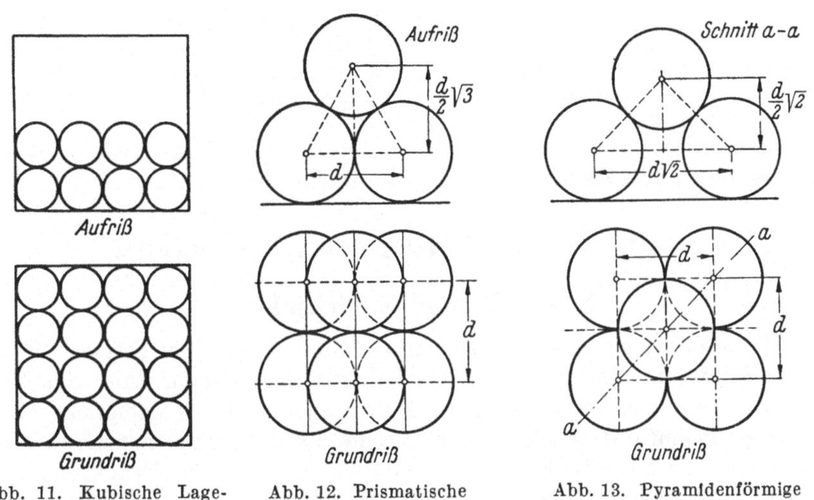

Abb. 11. Kubische Lagerung von Kugeln gleicher Größe.

Abb. 12. Prismatische Lagerung von Kugeln gleicher Größe.

Abb. 13. Pyramidenförmige Lagerung von Kugeln gleicher Größe.

222. Die prismatische Lagerung.

Denkt man sich zwei Seitenflächen des Würfels in Abb. 12 um ihre Grundkanten zwischen den rechtwinklig dazu stehenden Seitenflächen gedreht, so fallen die Kugeln in die Zwischenräume der darunterliegenden Kugeln. Die Kugeln befinden sich noch im labilen Gleichgewicht (39,5% Hohlräume).

223. Die pyramidenförmige Lagerung.

Werden nunmehr die beiden anderen Seitenflächen des Würfels um ihre Grundkanten gedreht, so sinken die Kugeln noch weiter herab und lagern sich nach Abb. 13 (vierseitige Pyramide) oder, was denselben Hohlraumanteil ergibt, nach Abb. 14 (Tetraeder). Die Kugeln befinden sich jetzt im stabilen Gleichgewicht (25,9% Hohlräume).

Der Hohlrauminhalt ist unabhängig von der Größe der Kugeln.

Abb. 14. Tetraedrische Lagerung von Kugeln gleicher Größe.

In der Praxis sind nun die Korngrößen nur angenähert gleich groß und setzen sich aus dem Korn zusammen, das zwischen zwei benachbarten Sieben liegenbleibt. HUMMEL führt als Beispiel zwei Natursande aus rundlichem Korn vom Durchmesser 1 bis 1,5 mm oder 5 bis 7 mm aus einem Gestein vom spezifischen Gewicht 2,60 kg/dm³ an, die ein Raumgewicht, lose eingefüllt, von 1,43 kg/dm³ und, eingerüttelt, von 1,65 kg/dm³ haben. Die Hohlraumgehalte sind daher:

$$\text{lose eingefüllt} \ . \ . \ \left(1 - \frac{1,43}{2,60}\right) \cdot 100\% = 45\%,$$

$$\text{eingerüttelt} \ . \ . \ . \ \left(1 - \frac{1,65}{2,60}\right) \cdot 100\% = 37\%.$$

Einkornbeton aus Natursand 1 bis 3 mm wiegt etwa 1,70 bis 1,75 kg/dm³, aus Ziegelbruch 1 bis 3 mm 1,15 kg/dm³.

c) Die Eigenschaften des Leichtbetons.

1. Druck- und Zugfestigkeit.

Während Wärme- und Schalldämmfähigkeit in einer gesetzmäßigen Beziehung zum Raumgewicht des Leichtbetons stehen, kann das Verhältnis der Druckfestigkeit zum Raumgewicht durch geeignete Maßnahmen beeinflußt werden. Man spricht deshalb von einer Güteziffer, die einen um so höheren Wert annimmt, je höher die Druckfestigkeit im Verhältnis zum Raumgewicht ist. Im Gegensatz zum Schwerbeton hängt die Gesamtdruckfestigkeit des Leichtbetons im allgemeinen nicht von der Festigkeit des Zementsteines oder des Zementmörtelgerüstes ab, da die Eigenfestigkeit der porigen Zuschlagstoffe gewöhnlich geringer ist. Aus der Tafel III gehen die Werte für einige Leichtbetonarten hervor. Mit abnehmendem Raumgewicht sinkt auch die Druck- und Zugfestigkeit. Will man daher aus einem niedrigen Raumgewicht Nutzen ziehen, so muß man bis an die Grenze der zulässigen Beanspruchungen gehen. Der Festigkeitsbereich des Leichtbetons liegt etwa zwischen 20 und 120 kg/cm².

2. Wärmedämmfähigkeit, Trockenhaltung, Frostbeständigkeit.

Die *Wärmedurchlaßzahl* Λ in $\dfrac{\text{kcal}}{m^2 \cdot h \cdot °C}$ kennzeichnet die Wärmemenge in kcal, die durch einen Bauteil je m² in einer Stunde hindurchfließt, wenn die Oberflächen des Bauteiles einen Temperaturunterschied von 1° aufweisen.

Die *Wärmeleitzahl* λ in $\dfrac{\text{kcal}}{m \cdot h \cdot °C}$ bezieht sich bei sonst gleichen Bedingungen auf einen Stoff oder Bauteil von 1 m Dicke.

Die Wärmedämmfähigkeit eines Leichtbetons steht nach RAISCH in einer gesetzmäßigen Abhängigkeit von seinem Raumgewicht (Abb. 15) und damit auch von seiner Druckfestigkeit.

Die Wärmehaltung wird dabei außerdem von dem Feuchtigkeitsgehalt des Leichtbetons beeinflußt, der wiederum von seiner Wasseraufsaugefähigkeit abhängt. Diese wird aber durch die Größe der Poren bestimmt. Je kleiner der Porendurchmesser ist, desto mehr macht sich die Kapillarwirkung bemerkbar.

Da nach CAMMERER die Wärmeleitzahl eines Baustoffes geradlinig mit dem Porendurchmesser wächst, sind Wärmedämmfähigkeit und Wasseraufsaugefähigkeit in bezug auf den Porendurchmesser gewisser-

maßen Gegenspieler (Abb. 16). Kleine Poren wirken günstig auf die Wärmedämmung, ungünstig auf die Trockenhaltung, große Poren begünstigen die Trockenhaltung, benachteiligen jedoch die Wärmedämmung. Nach HUMMEL bewirken mittelgroße Poren von etwa 0,3 bis 1 mm Durchmesser einen Ausgleich zwischen beiden sich widerstreitenden Eigenschaften.

HUMMEL stellt fest, daß die *Frostbeständigkeit* des Leichtbetons nicht nur von seiner Festigkeit, sondern auch von seiner Elastizität abhängt. Sehr nachgiebige Leichtbetone, d. h. solche mit niederem *E* (Gasbeton, Bimsbeton), sind frostbeständiger.

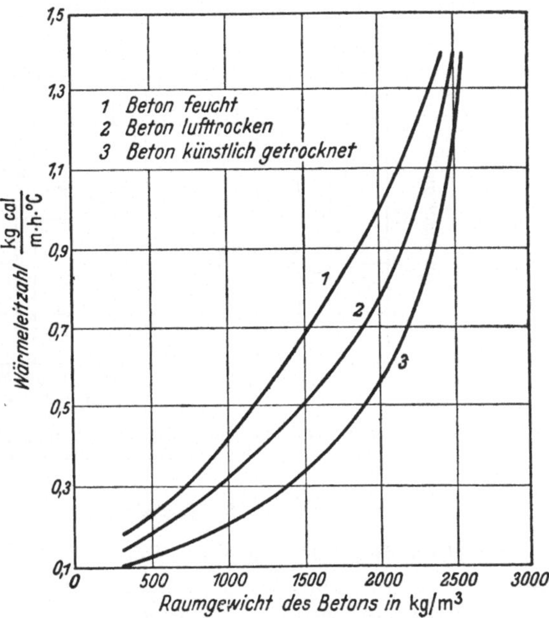

Abb. 15. Beziehungen zwischen Wärmedämmfähigkeit und Raumgewicht des Leichtbetons.

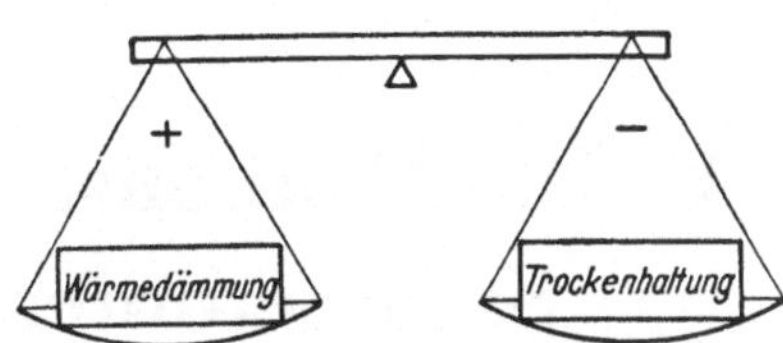

Abb. 16. Wärmedämmung und Trockenhaltung in Abhängigkeit vom Porendurchmesser.

3. Schalldämmung.

Wie in DIN 4109 ausgeführt, wird der Luftschall bei dichten Wänden durch Biegeschwingungen übertragen. Die Wand wird durch den auftreffenden Schall zu Schwingungen angeregt und die Luft auf der der Schallquelle abgelegenen Wandseite durch die schwingende Wand in Schwingungen versetzt. Die Schalldämmung von einschichtigen Wänden (Einfachwände) ist im wesentlichen vom Wandgewicht (dem Massenwiderstand, der der Erregung durch den Schalldruck entgegengesetzt wird) abhängig. Die Abhängigkeit der Schalldämmung vom Wandgewicht ist durch das BERGERsche Gesetz (Abb. 17) gegeben.

Wände aus Leichtbeton sind also der Schalldämmung abträglich. Will man die Schallübertragung von Wänden verringern, so muß man diese als Mehrfachwände ausführen. Die Schalldämmung von Mehrfach-

wänden ist nämlich bei geeigneter Ausführung höher als die Schalldämmung, die sich aus der Summe der Gewichte der einzelnen Schichten
nach Abb 17 ergibt.

Beiderseitiger Putz, auf die Außenseiten der Doppelwände aufgetragen, verbessert die Schalldämmung.

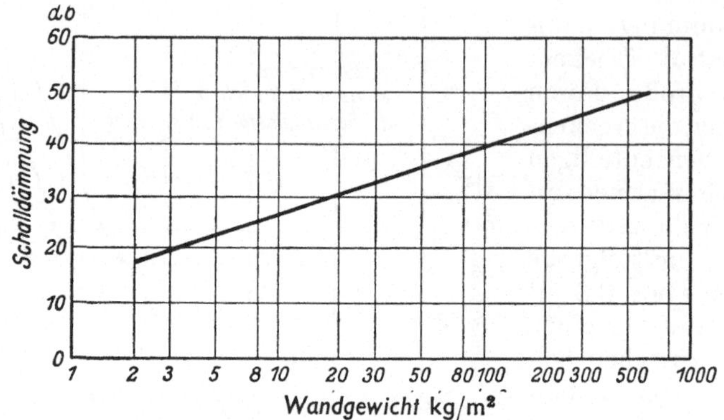

Abb. 17. Beziehungen zwischen Wandgewicht und Schalldämmung (BERGER sches Gesetz).

4. Nagelbarkeit.

Hierüber führt HUMMEL im Beton-ABC folgendes aus: ,,Die Nagelbarkeit geht bei Beton im allgemeinen bei Druckfestigkeiten größer als
70 bis 80 kg/cm² verloren. Eine gewisse Ausnahme machen die Leichtbetone, die nur aus Feinststoffen oder organischen Stoffen bestehen.
Diese bleiben mitunter bei Druckfestigkeiten von über 100 kg/cm² noch
nagelbar.''

C. Die Baukonstruktionen aus Stahlbetonfertigteilen.

Nach Herstellung aus der zweckentsprechenden Betonart bilden die
Fertigteile in den verschiedensten Formen die *Baueinheiten* und werden
mit geeigneten Verbindungsmitteln zu den *Bauten aus Stahlbetonfertigteilen* zusammengefügt.

I. Die Beton- und Stahlbetonfertigteile als Baueinheiten und ihre Verbindung.

Die Beton- und Stahlbetonfertigteile gliedern sich in *tragende Teile*,
die das feste Gerüst der Baukonstruktion bilden, und in *raumumschließende Teile*, die nur als Füllkörper dienen und den für den jeweiligen
Bauzweck zu schaffenden Luft- oder Betonraum abgrenzen.

a) Tragende Teile.

Wir unterscheiden *biegungsfeste* Stahlbetonfertigteile, *Druck-* und *Zugg*lieder. Meist sind zwar mehrere dieser Eigenschaften gleichzeitig vorhanden, doch ist gewöhnlich eine vorherrschend und bestimmt damit den Charakter des Fertigteiles.

1. Biegungsfeste Stahlbetonfertigteile.

Als solche werden hier nur die Balken und Träger aus Stahlbeton betrachtet. Die ebenfalls biegungsfesten Platten zählen wir zu den raumabschließenden Fertigteilen, und die Stützen, obwohl sie oft auch auf Biegung beansprucht sind, zu den Druckgliedern.

11. Dach- und Deckenbalken.

Die Gestaltung der Profile für Dach- und Deckenbalken ist von dem Gesichtspunkt der Typung geleitet, die einen Teil der Normung darstellt. Mit ihr werden festgelegt und erfüllt: Die möglichst zu beschränkende *Anzahl* oder die *Staffelung* der Profile, die *konstruktiven* Belange, die sich nach der Art der Decke und nach der Fertigungsweise (Schalung) richten und die *allgemeine Form* der Deckenbalken ergeben, und schließlich die *statischen Belange*, die neben ausreichender Tragfähigkeit eine möglichst weitgehende Gewichtseinschränkung fordern und die *besondere Form* mit allen Einzelmaßen bestimmen.

111. Die Staffelung der Balkenprofile.

Wie im Stahlbau müssen auch für die Bauten aus Stahlbetonfertigteilen *Regelprofile* der Deckenbalken festgelegt werden, die man am besten nach den aufnehmbaren Biegungsmomenten staffelt. Eine solche Regelprofilreihe muß beispielsweise für alle praktisch vorkommenden Fälle des Hochbaues ausreichen. Dieser Bereich liegt zwischen den Biegungsmomenten 0,2 bis 4,0 tm und kann z. B. nach Abb. 18 von

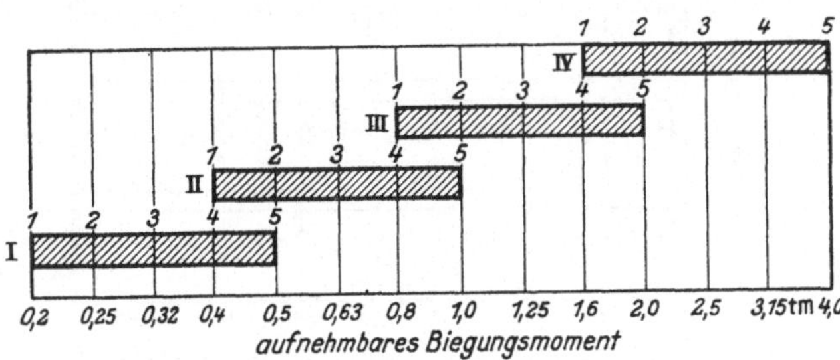

Abb. 18. Bereich der aufnehmbaren Biegungsmomente für eine Typenträger-Reihe.

4 Typenträgern ausgefüllt werden, wobei das größte von den einzelnen Trägern aufnehmbare Biegungsmoment jedesmal doppelt so groß ist wie das größte Biegungsmoment des in der Reihe vorhergehenden Trägers. Innerhalb eines Profils wird man eine weitere Abstufung dadurch

erreichen, daß man die Bewehrung variiert. Zweckmäßigerweise wird man die Stufen gegenseitig etwas übergreifen lassen, so daß man sich im Grenzbereich je nach den Erfordernissen für das eine oder andere

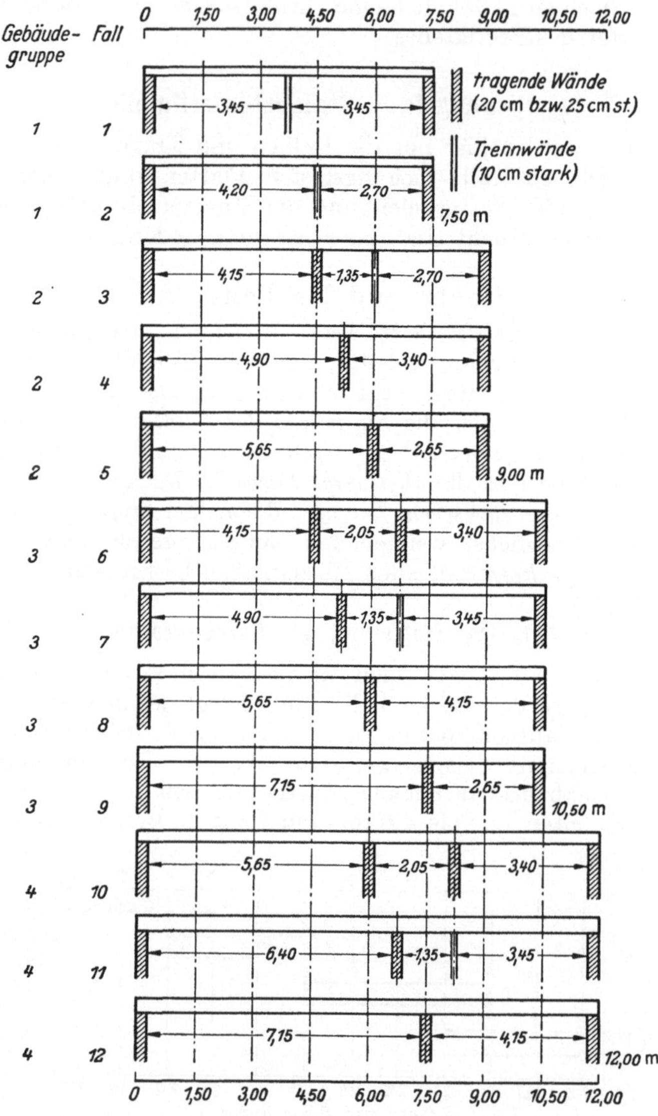

Abb. 19. Ableitung der Trägerlängen aus der Gebäudetiefe.

Profil entscheiden kann. Für einen gewissen Bereich bleibt also grundsätzlich die Betonumrißform wegen der feststehenden Schalungsform unveränderlich und nur die Bewehrung wird gestaffelt.

Daß eine solche Typeneinteilung auch den praktischen, durch die Grundrißform der Gebäude gegebenen Belangen entspricht, soll im folgenden nachgewiesen werden. Durch die Festlegung einheitlicher Gebäudetiefen wird es möglich, für die jeweilige Gebäudegruppe durchlaufende Balken mit konstanter Länge zu verlegen. Verschiedene Außenwanddicken, die bei Verwendung verschiedener Baustoffe oft nicht zu vermeiden sind, haben dann keinen Einfluß mehr auf das Baumaß der Decke oder des Daches, sondern wirken sich lediglich in der Änderung der Auflagerlängen aus.

Die Außenmaße der Gebäudetypen werden zweckmäßig unter Zugrundelegung des 1,50 m-Rasters wie folgt festgelegt:

Tafel VII. *Einteilung der Wohngebäude nach der Gebäudetiefe.*

Gruppe	Gebäudetiefe m	Verwendungszweck des Gebäudes
1	7,50	Kleinsiedlungen, Stadt- und Dorfrandsiedlungen.
2	9,00	Größere Siedlungsbauten, Geschoßbauten, Volkswohnungen, Eigenheime
3	10,50	Städtische Wohnbauten, Mehrfamilienhäuser, größere Einzelhäuser
4	12,00	Büro- und Geschäftsbauten, Schulen, Krankenanstalten

Die für die Gebäudetiefen der obigen Gebäudegruppen möglichen Raumtiefen sind in der Abb. 19 zusammengestellt. Da die Außenwanddicken gebietsweise und je nach den verwendeten Baustoffen und nach der Geschoßhöhe schwanken, ist zur Ermittlung der größten Raumtiefen das kleinste Maß für die Außenwanddicke mit 0,25 m und für die tragende Innenwand mit 0,20 m angenommen worden. Die größten Raumtiefen der vier Gebäudegruppen ergeben sich dann nach der Tafel VIII.

Tafel VIII. *Ermittlung der größten Raumtiefen.*

Gebäudegruppe	Fall	Raumtiefe bis			
		4,00 m	5,00 m	6,00 m	7,15 m
1	1	3,45	—	—	—
	2	—	4,20	—	—
2	3	—	4,15	—	—
	4	—	4,90	—	—
	5	—	—	5,65	—
3	6	—	4,15	—	—
	7	—	4,90	—	—
	8	—	—	5,65	—
	9	—	—	—	7,15
4	10	—	—	5,65	—
	11	—	—	—	6,40
	12	—	—	—	7,15
Größte Raumtiefe		3,45	4,90	5,65	7,15

Für die Berechnung der größten auftretenden Biegungsmomente werden nun folgende Annahmen gemacht:

Trägerabstand 0,75 m,

Feldmoment $\quad M = \dfrac{q\,l^2}{9}$.

Dann ergeben sich bei reichlich bemessenem Eigengewicht der Decke die in der Tafel IX berechneten maximalen Biegungsmomente.

Tafel IX. *Berechnung der maximalen Biegungsmomente.*

Profil	Träger-höhe	Raum-tiefe	Stütz-weite	Deckenlasten			Träger-last	Biegungs-moment
				Eigen-gewicht	Nutz-last	Gesamt-last		
	cm	m	m	kg/m²	kg/m²	kg/m²	kg/m	kgm
1	16	3,45	3,57	250	200	450	338	480
2	20	4,90	5,02	280	200	480	360	1006
3	25	5,65	5,80	350	300	650	488	1830
4	32	7,15	7,30	400	500	900	675	4000

Das Ergebnis zeigt, daß die in Abb. 18 angenommene Staffelung der Balkenprofile zweckmäßig ist.

112. Die konstruktiven Belange.

Die allgemeine Form der Deckenbalken richtet sich nach dem gewählten Deckensystem. Wie aus dem Abschnitt C, II, a, 13123 hervorgeht, werden die schalungslosen Massivdecken aus Stahlbetonfertigteilen in zwei Hauptgruppen eingeteilt, die Fertigbetonbalkendecken mit Füllkörpern und die Fertigbetonrippendecken mit an Ort und Stelle betonierter Druckplatte.

Bei der ersten Gruppe haben die im bestimmten Achsabstand zu verlegenden Balken allein die gesamte Decken- und Nutzlast aufzunehmen. Die statisch günstigste Form ist das I-Profil, das in Einzelsträngen oder -formen mit seitlich zu entfernenden Schalungstafeln hergestellt wird (Abb. 20).

Bei der zweiten Gruppe sollen die Deckenbalken allein zunächst nur ihr Eigengewicht, das Gewicht der Füllkörper und der frisch betonierten Druckplatte sowie die Verkehrslasten während der Herstellung, z. B. Fördergefäße für Mörtel und Beton tragen. Sie müssen im allgemeinen bis zur Erhärtung der Druckplatte in Feldmitte vorübergehend

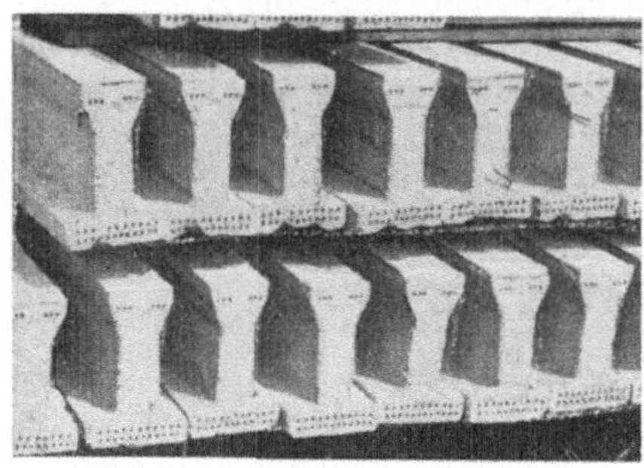

Abb. 20. Stapel von I-Balken aus Stahlsaitenbeton.

Abb. 21. Stapel von T-Balken aus Stahlsaitenbeton.

unterstützt oder aufgehängt werden. Die Fertigbalken bilden Untergurt und Steg des endgültigen Tragwerkes, während der Obergurt durch die nachträglich aufbetonierte Druckplatte dargestellt wird, die mit den Balken schubfest verbunden ist. Für diese Art Deckenbalken ist die einfache T-Form die zweckmäßigste. Sie können in feststehenden Sammelschalungen betoniert werden, aus denen sie in einfacher Weise herauszuheben sind (vgl. Abschnitt D, IV, b, 3). Abb. 21 zeigt einen Stapel solcher Balken.

113. Die statischen Belange.

Die Formgebung im einzelnen hat zum Ziele, die verwendeten Baustoffe bis zur Grenze der zulässigen Spannungen auszunutzen, so daß das Gewicht der Balken so niedrig wie möglich wird, wodurch sowohl die Herstellung und Verladung als auch der Transport und das Versetzen erleichtert und verbilligt werden. Je nachdem, ob vorgespannter Beton oder gewöhnlicher Stahlbeton als Baustoff gewählt wird, steht die Gestaltung der Balkenprofile auch unter dem Einfluß der Herstellungsweise.

Da beim vorgespannten Beton der volle Betonquerschnitt des Balkens zum Tragen herangezogen wird, es sich also um einen homogenen Querschnitt handelt, ist die Formung des Balkens einfacher. Es sollen deshalb zuerst Deckenbalken aus Stahlsaitenbeton betrachtet werden.

1131. Deckenbalken aus Stahlsaitenbeton. Die Stahlsaitenbetonprofile werden in 75 bis 100 m langen Bahnen und durchgehenden Schalungen betoniert (vgl. Abschnitt D, IV, b, 3). Die einzelnen Balken müssen deshalb auf ihre ganze Länge den gleichen Querschnitt haben, so daß sie in dieser Hinsicht den Walzprofilen aus Stahl ähneln. Mit dieser Eigenschaft ist der Vorteil der Massenanfertigung in beliebigen Längen verbunden, demgegenüber der Nachteil zurücktritt, daß der Querschnitt des Balkens nicht den Biegungsmomenten und Querkräften angepaßt werden kann, wie es bei Einzelanfertigungen und -schalungen möglich ist.

11311. Das I-Profil. Es sind zunächst die Mindestabmessungen festzulegen. Der Steg soll mindestens 3 cm, der Druckflansch an der Wurzel mindestens 5 cm dick sein. Da der Träger auf dem Kopf stehend gefertigt wird und die im Beton enthaltene Luft beim Verdichten entweichen soll, muß die Unterkante des oberen Flansches gegen die Waagerechte um mindestens 20° geneigt sein. Die Breite des oberen Flansches soll möglichst gleich der des unteren Flansches sein, wird jedoch bei den kleineren Profilen schmaler sein müssen, damit für den einzuschwenkenden Füllkörper noch mindestens 3 cm Auflager verbleiben. Die Dicke des unteren Flansches wird durch die Anzahl der Drahtlagen bestimmt. Der lichte Abstand der Stahlsaiten soll mindestens 10 mm, die Betondeckung der Stahlsaiten an der waagerechten Außenseite der Flanschen mindestens 15 mm, im übrigen nicht weniger als 10 mm betragen. Wenn als Bewehrung 2 Drahtlagen erforderlich sind, darf also die Flanschdicke 35 mm nicht unterschreiten. Die Breite des Unterflansches ist für das 20 cm hohe Profil mit 12 cm als gerade ausreichend anzusehen. Für die anderen Profile wird sie entsprechend größer oder kleiner angenommen.

Im folgenden wird nun versucht, eine Profilreihe gemäß den angegebenen maximalen Biegungsmomenten und unter Anstrebung eines symmetrischen I-Trägers aufzustellen. Dabei ist darauf Rücksicht zu nehmen, daß die Balkenhöhen im Rahmen der üblichen Deckenstärken bleiben. Von allen bisher für Wohnungsdecken hergestellten Trägern ist der 20 cm hohe Träger mit einem $M_{zul} = 1000$ kgm am meisten verwendet worden. Dieses Profil soll daher den Ausgangspunkt der nachfolgenden Untersuchungen bilden. Seine Abmessungen sind in Abb. 22 unter Berücksichtigung der oben erläuterten allgemeinen Gestaltungsgrundsätze wiedergegeben. Der Formbeiwert[1] ist $\varphi = 0{,}605$. Es liegt nun nahe, zunächst einmal eine Profilreihe aufzustellen, deren verschiedene Profile den gleichen Formbeiwert besitzen. Die aufnehmbaren Biegungsmomente und damit auch die Widerstandsmomente eines jeden Querschnittes der Reihe sind immer doppelt bzw. halb so groß wie die

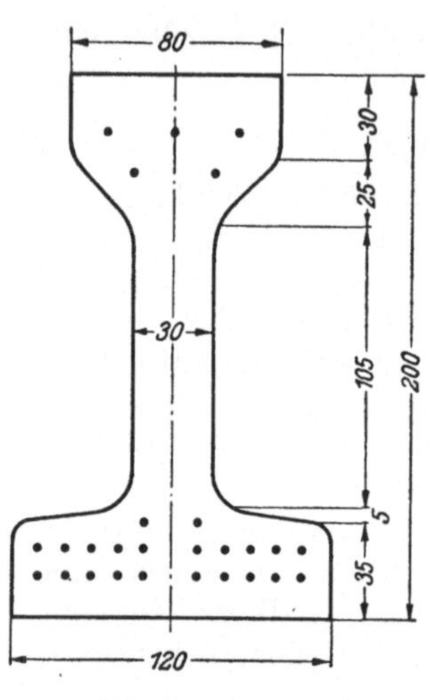

Abb. 22. I-Profil aus Stahlsaitenbeton.

des vorhergehenden Querschnittes. Da das Widerstandsmoment in der dritten Potenz steht, ergibt sich nach der Modelltheorie die Vergrößerungs- bzw. Verkleinerungszahl aller linearen Abmessungen zu

$$\sqrt[3]{2} = 1{,}26 \ \text{ bzw. } \ \frac{1}{1{,}26}, \ \text{ für die Fläche zu } \ \sqrt[3]{2^2} = 1{,}59 \ \text{ bzw. } \ \frac{1}{1{,}59}.$$

Durch eine solche Umwandlung erhält man die in Abb. 23 dargestellte Profilreihe A.

Mit Ausnahme der Trägerhöhe bedürfen die Abmessungen dieser Profile noch einer leichten Abänderung, die durch praktische Rücksichten bedingt ist. Man erhält dann die endgültige Profilreihe B.

Im einzelnen handelt es sich um folgende Änderungen:

Profil I—1.

Die Breite des Steges ist auf das Mindestmaß von 30 mm zu verstärken. Mit Rücksicht auf das Einlegen der Füllkörper ist die obere Flanschbreite auf 60 mm zu vermindern. Infolge dieser Maßnahmen steigt der Formbeiwert auf 0,680, das Gewicht erhöht sich um ein Geringes auf 19,7 kg/m.

Profil I—3.

Eine Verringerung der Stegdicke auf 35 mm ist möglich. Die Ausnutzung der Querschnittsfläche wird günstiger, wenn man die Dicke

---

[1] Der Begriff „Formbeiwert" wird im Abschnitt C, I, a, 241 erläutert.

des oberen Flansches bei gleichzeitiger Verbreiterung etwas abschwächt. Da die Stahlsaiten im unteren Flansch in zwei Lagen untergebracht werden können, ist die Flanschdicke mit 40 mm ausreichend. Der Formbeiwert verringert sich auf 0,597, das Gewicht auf 40,6 kg/m.

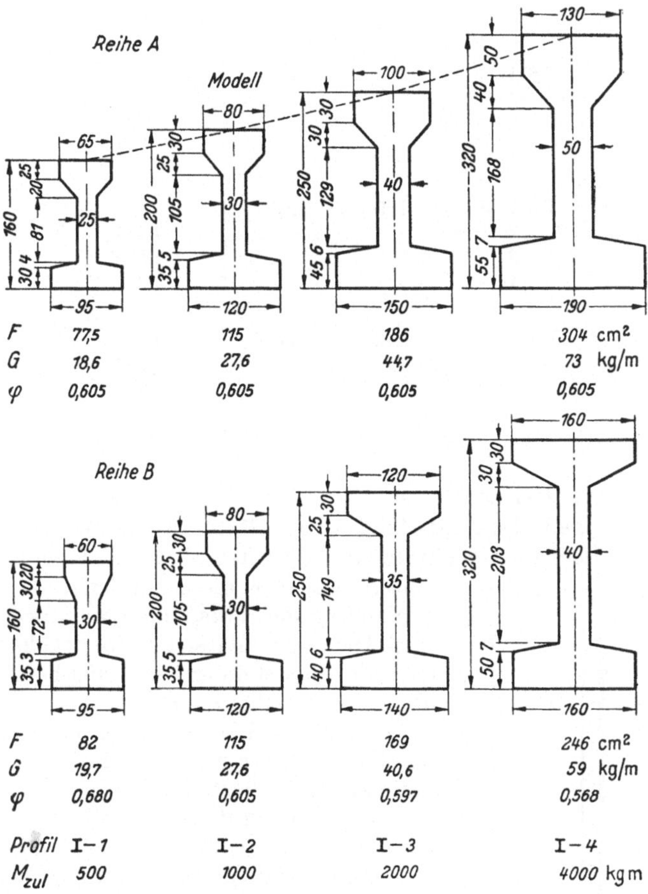

Abb. 23. Profilreihen für I-Balken aus Stahlsaitenbeton.

Profil I—4.

Die Stegdicke genügt mit 40 mm. Die Flanschbreiten sind gleich und mit 160 mm ausreichend, zumal die Neigung zur seitlichen Ausbiegung bei den größeren Profilen nicht mehr so groß ist. Der Formbeiwert ist nur noch 0,568, das Gewicht fast um 15 kg/m kleiner als bei der errechneten Profilreihe *A*.

Die statischen Werte der endgültigen I-Profile sind in der Tafel X zusammengestellt.

Tafel X. *Vorschlag für eine Typisierung* I-*förmiger Deckenbalken aus Stahlsaitenbeton.*

Bezeichnung	Fläche cm²	Gewicht kg/m	Aufnehmbares Biegungsmoment kgm
I 1/1	82	19,7	200
/2			250
/3			320
/4			400
/5			500
I 2/1	115	27,6	400
/2			500
/3			630
/4			800
/5			1000
I 3/1	169	40,6	800
/2			1000
/3			1250
/4			1600
/5			2000
I 4/1	246	59,0	1600
/2			2000
/3			2500
/4			3150
/5			4000

11312. Das T-Profil. In Abb. 24 ist ein oft verwendetes Profil eines T-förmigen Deckenbalkens aus Stahlsaitenbeton dargestellt[1]. Der Flansch liegt im Gegensatz zum üblichen Plattenbalkenquerschnitt unten, da hier die zahlreichen Drähte zur Erzeugung der Vorspannung unterzubringen sind. Die hohe zulässige Betondruckspannung und die Ausdehnung des Druckbereiches auf die ganze Balkenhöhe lassen den Verzicht auf den oberen Flansch zu. So ergibt sich das im Stahlbetonbau ungewohnte Bild eines umgekehrten Plattenbalkens.

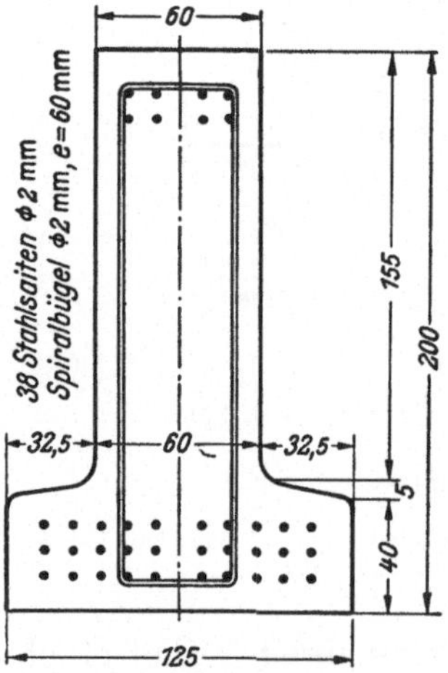

Trotzdem muß festgestellt werden, daß der die Gesamtlast allein tragende Balken mit umgekehrtem T-Profil nicht sehr wirtschaftlich ist, sowohl im Hinblick auf den Stahlaufwand als auch auf die Verlegearbeit. So ist der Formbeiwert des Querschnittes der Abb. 24 mit 0,783 wesentlich größer als bei den I-Profilen (vgl. auch Abb. 26). Bestimmend für die Wahl dieses Querschnittes ist die Möglichkeit der Massenerzeugung in breiten Wannen, in denen bis zu 25 Balken nebeneinander Platz finden und nach der Erhärtung ohne Veränderung der Schalung herausgehoben werden können.

Abb. 24. T-Profil aus Stahlsaitenbeton.

---

[1] Deutsche Bau-Aktiengesellschaft, Berlin.

Die genannten Nachteile des T-Balkens verschwinden, wenn er nur das zunächst allein tragende Glied einer Decke mit aufbetonierter Druckplatte ist; denn dann bildet in der endgültigen Decke die breite Platte den eigentlichen Druckquerschnitt. In der Tat liegen dann nach Abb. 26 die Transport- und Verlegegewichte der Deckenbalken noch unter denjenigen gleichwertiger Holzbalken.

Wirtschaftliche T-Profile lassen sich am einfachsten durch Abschneiden des Obergurtes der Querschnitte der Reihe *A* oder *B* der Abb. 23 ausbilden, wobei dann der spätere Druckquerschnitt durch die etwa ebenso bemessene Druckplatte dargestellt wird. Der Vorzug des T-Profils, nämlich der einer einfachen Auflagerungsmöglichkeit für die Deckenfüllkörper, wird auf diese Weise nicht durch wirtschaftliche Nachteile eingeschränkt. Der Verbund zwischen Fertigbalken und Druckplatte wird durch die in die Druckplatte eingreifende Bügelbewehrung bewirkt. Die DIN 4225 schreibt vor, daß für derartige Decken je ein Spannungsnachweis für den Zustand beim Zusammenbau und nach dem Erhärten der Decke zu führen ist. Die Balken müssen demnach das gesamte Eigengewicht der Decke (einschließlich des Frischbetongewichtes der Druckplatte) und die bei ihrer Herstellung auftretenden Montagelasten ohne Überschreitung der zulässigen Spannungen allein tragen können. Wird jeder Deckenbalken während der Herstellung der Decke und bis zu ihrer Erhärtung in Feldmitte ausreichend unterstützt, so kann auf den doppelten Spannungsnachweis verzichtet werden. Wie die Abstützung ausgeführt werden kann, ohne daß sie die Benutzung des unter der Decke befindlichen Raumes hindert, wird später ausgeführt (vgl. Abschnitt C, II, a, 131231).

Grundsätzlich ist bei den Balken aus vorgespanntem Beton zu beachten, daß die Staffelung der Bewehrung innerhalb eines bestimmten Profils nur die Betondruckspannung beeinflußt, wobei die stärkste Bewehrung dann vorhanden ist, wenn die höchstzulässige Druckspannung des Betons voll ausgenützt wird. Genügt eine schwächere Bewehrung, so kann unter Umständen auch die Betongüte entsprechend herabgesetzt werden.

1132. Deckenbalken aus Stahlbeton. Im Gegensatz zu den Deckenbalken aus Stahlsaitenbeton sind die Balken aus Stahlbeton bereits bei der Herstellung in sich abgeschlossene Konstruktionen mit Stabaufbiegungen, Haken, Bügeln usf. Da sie außerdem gewöhnlich in Einzelschalungen hergestellt werden, ist ihre Form wandlungsfähiger, eine Eigenschaft, die sich besonders bei hohen Trägern (vgl. Abschnitt C, I, a, 132) wirtschaftlich günstig auswirkt.

Die kleineren Profile für Deckenbalken und Dachsparren besitzen im allgemeinen einen auf die ganze Balkenlänge gleichbleibenden Querschnitt.

Herstellungsmäßig am einfachsten, aber statisch am ungünstigsten ist der aus Gründen der einfachen Entschalung leicht trapezförmig ausgebildete Rechteckquerschnitt, wobei die schmälere Parallelseite in Anlehnung an die Plattenbalkenform des Stahlbetonbaues unten liegt Abb. 25a). Statisch sehr günstig ist der aufrecht stehende T-Quer-

schnitt (Plattenbalken) nach Abb. 25b, der hauptsächlich für Dachsparren verwendet wird. Die Balken für Wohnungsdecken erfordern meist
konstruktive Rücksichten, die durch die Auflagerung der Deckenfüllkörper und -platten bedingt sind. Zwei
solche Querschnitte sind in den Abb. 25c u. d
dargestellt, weitere Formen werden mit den
Wohnungsdecken im Abschnitt C, II, a, 13123
behandelt.

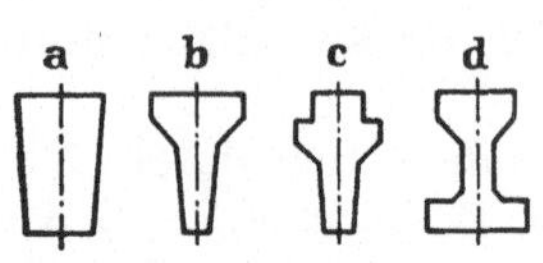

Abb. 25. Verschiedene Formen
für Deckenbalken aus Stahlbeton.

Bei Balken mit festliegendem Betonquerschnitt kann in Ausnahmefällen auch die
Zuhilfenahme einer Druckbewehrung gerechtfertigt sein, wodurch sich die rechnungs-
mäßige Druckfläche erheblich vergrößern läßt. Weitere Anpassungs-
möglichkeiten bestehen in der Veränderung der Betongüte und der
Stahlgüte.

114. Gewichtsvergleich der Fertigbetonbalken mit Holzbalken und Stahlträgern.

Die Bauten aus Stahlbetonfertigteilen mit oder ohne Vorspannung
haben mit den monolithischen Stahlbetonbauten den Baustoff, mit den
Stahl- und Holzkonstruktionen die Zusammensetzung aus fertigen Baueinheiten gemeinsam und wollen die Vorteile beider Bauweisen möglichst
in sich vereinigen. So ist das Streben verständlich, hinsichtlich des
Einzelgewichtes von fertigen Balken und Trägern mit Holzbalken und
Walzträgern aus Stahl in Wettbewerb zu treten. Abb. 26 zeigt eine
Gegenüberstellung der Gewichte von Balken aus Stahlsaitenbeton, Holz
und Stahl für die verschiedenen zulässigen Biegungsmomente, wobei als
zulässige Spannungen für Stahlsaitenbeton normalerweise 200 kg/cm²,
für Holz 100 kg/cm², für Stahl 1200 kg/cm² zugrunde gelegt wurden.
Es ergibt sich, daß das Verlegegewicht eines T-förmigen Balkens aus
Stahlsaitenbeton mit später aufbetonierter Druckplatte dem eines Holzbalkens von gleichem zulässigem Biegungsmoment mindestens gleichkommt, das Gewicht eines Stahlträgers jedoch noch um ein geringes
übersteigt. Hierbei ist allerdings zu berücksichtigen, daß der Fertigbetonbalken für sich allein nicht die volle Tragfähigkeit besitzt, sondern
diese erst nach der Ergänzung durch die Druckplatte erhält.

Es soll nachstehend untersucht werden, ob Möglichkeiten bestehen,
einen für sich tragfähigen Stahlsaitenbetonbalken herzustellen, dessen
Gewicht das eines Holzbalkens oder gar eines Stahlträgers von gleichem
zulässigem Biegungsmoment nicht übersteigt.

Die Bedeutung derartiger Überlegungen liegt in der Möglichkeit des
Exportes; denn, wenn Stahlsaitenbetonbalken ebenso schwer sind wie
Holzbalken, sprechen alle Gründe dafür, industrielle Erzeugnisse aus
heimischen Rohstoffen, die durch die menschliche Arbeitskraft veredelt
sind, an Stelle der Rohstoffe selbst auszuführen, zumal die vorgespannten
Balken neben dem geringen Transportgewicht eine hohe Transportfestigkeit besitzen. Eine Gewichtsverringerung läßt sich durch *Herauf-*

setzung der *zulässigen Betondruckspannung* oder durch *Herabsetzung des Formbeiwertes* erreichen.

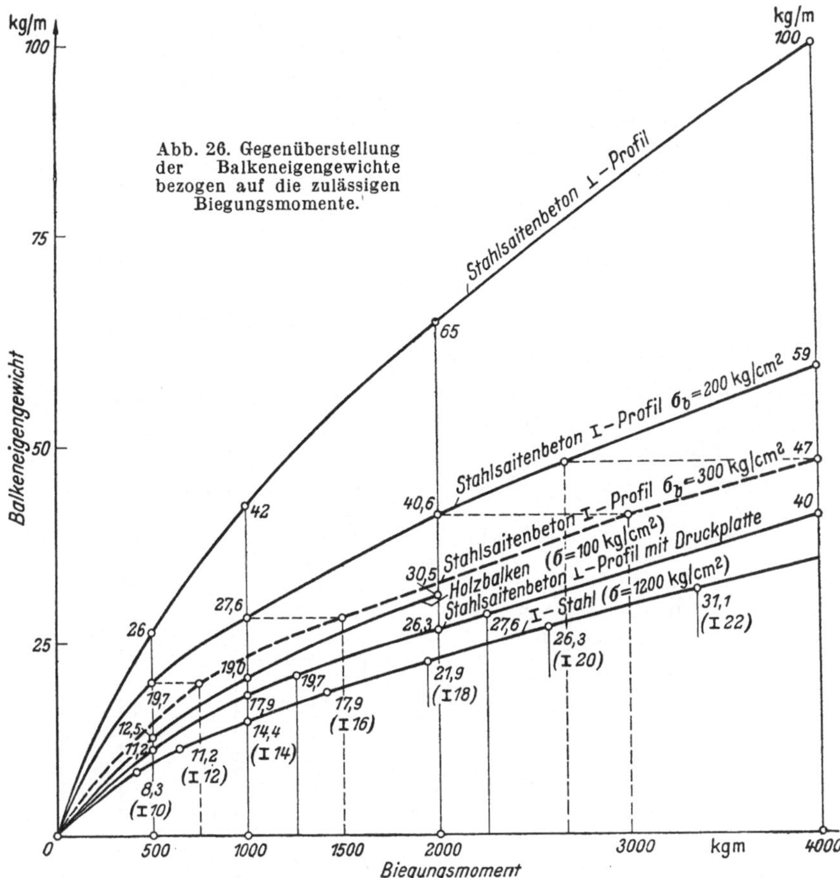

1141. Vergleich mit dem Holzbalken. 11411. Gewichtsverringerung durch Heraufsetzung der Betondruckspannung.

Wenn die Abmessungen für einen Formbeiwert von z. B. 0,60 (vgl. Abb. 22) und eine zulässige Betondruckspannung von 200 kg/cm² festliegen, ergeben sich beim gleichen Formbeiwert für eine Spannung von 300 kg/cm², d. h. bei einer Erhöhung auf das 1,5fache, die neuen Abmessungen durch Multiplikation mit $\dfrac{1}{\sqrt[3]{1,5}} = \dfrac{1}{1,143} = 0{,}874$ (Abb. 27a). Die Gewichte vermindern sich um das $\sqrt[3]{1,5^2} = 1{,}31$fache und entsprechen mit Ausnahme des kleinsten Profils etwa denen des Holzbalkens von gleicher Tragfähigkeit, wie aus der nachstehenden Tafel XI und aus Abb. 26 hervorgeht. Für die Holzbalken wurden hierbei die genormten Querschnittsabmessungen zugrunde gelegt, bei gleicher Höhe ist das Ergebnis für die Stahlsaitenbetonbalken noch günstiger.

Tafel XI.

| M | Holzbalken | | Stahlsaitenbetonbalken | |
kg m	Abmessungen cm	Gewicht kg/m	h cm	Gewicht kg/m
500	12/16	12,5	14	15,1
1000	16/20	20,8	17,5	21,1
2000	18/26	30,4	22	31,0
4000	—	—	28	45,0

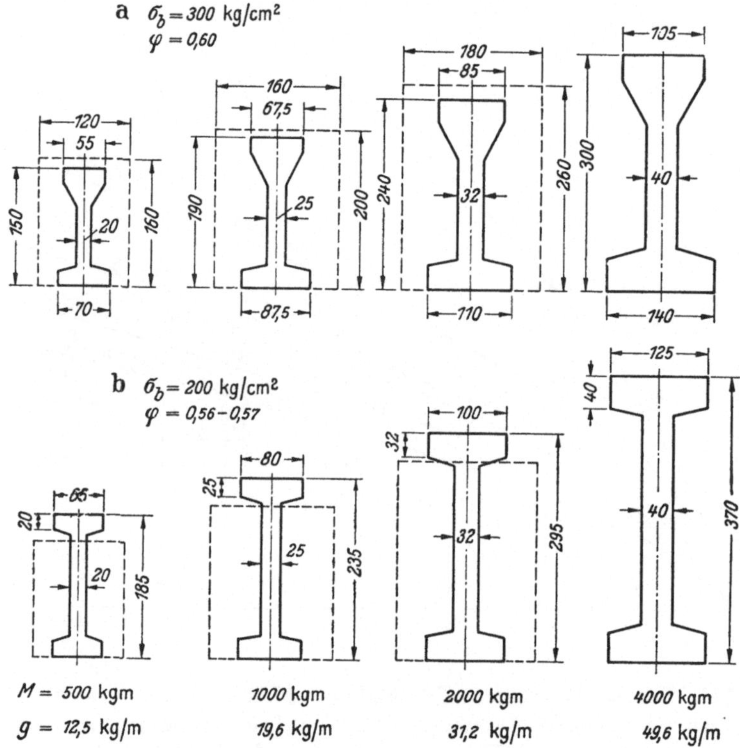

Abb. 27. Stahlsaitenbetonträger und Holzbalken gleicher Tragfähigkeit und gleichen Eigengewichts.

11412. Gewichtsverringerung durch Herabsetzung des
Formbeiwertes. Eine Herabsetzung des Formbeiwertes eines Profils
ist nur möglich durch Verringerung der Steg- und Flanschdicken bei
gleichzeitiger Vergrößerung der Profilhöhe. Unter Beibehaltung der
seither üblichen größten zulässigen Betondruckspannung von 200 kg/cm²
erhält man die Werte der Tafel XII und die Abb. 27b.

1142. Vergleich mit dem Stahlträger. 11421. Gewichtsverringerung durch Herabsetzung des Formbeiwertes auf denjenigen
der Stahlträger. Es ist zu untersuchen, welche Abmessungen ein

Tafel XII.

M	Holzbalken		Stahlsaitenbetonbalken	
	Abmessungen	Gewicht	h	Gewicht
kgm	cm	kg/m	cm	kg/m
500	12/16	12,5	18,5	12,5
1000	16/20	20,8	23,5	19,6
2000	18/26	30,4	29,5	31,2
4000	—	—	37	49,6

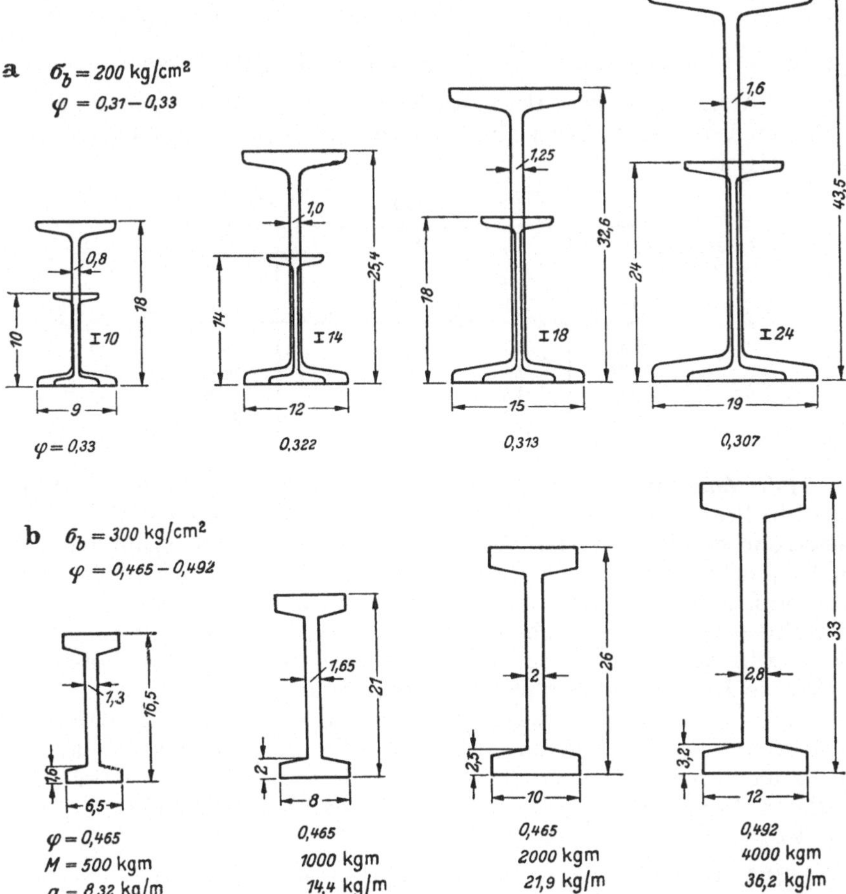

Abb. 28. Stahlsaitenbetonträger und Stahlträger gleicher Tragfähigkeit und gleichen Eigengewichts.

Stahlsaitenbetonträger erhalten würde, der denselben Formbeiwert wie
ein Stahlträger und dieselbe Tragfähigkeit besitzt. Nimmt man zunächst
einmal an, daß auch das Gewicht das gleiche bleiben soll wie das des
Stahlträgers, so vergrößert sich die Querschnittsfläche im Verhältnis

der Raumgewichte beider Stoffe, also im Verhältnis $\frac{7,85}{2,40} = 3,27$. Alle linearen Abmessungen werden demnach $\sqrt{3,27} = 1,81$ mal größer, das Widerstandsmoment vergrößert sich um das $\sqrt{3,27^3} = 5,95$ fache, die Spannung vermindert sich auf den 5,95 ten Teil, d. h. auf $\frac{1200}{5,95} =$ rund 200 kg/cm². Das ist aber zufällig die seither übliche größte zulässige Betondruckspannung für Stahlsaitenbeton. Die sich daraus ergebenden Abmessungen sind in Abb. 28a dargestellt. Der Formbeiwert liegt zwischen 0,31 und 0,33.

11422. Gewichtsverringerung durch Heraufsetzung der Betondruckspannung. Die Querschnittsfläche muß wieder im Verhältnis der Raumgewichte $\frac{7,85}{2,40}$ vergrößert werden. Die Einzelabmessungen der Abb. 28b für eine Betondruckspannung von 300 kg/cm² ergeben sich durch Probieren. Das Ergebnis ist außerdem in Tafel XIII zusammengestellt.

Tafel XIII.

M	h		g
	Stahl	Stahlsaitenbeton	
kgm	cm	cm	kg/m
500	10	16,5	8,32
1000	14	21	14,4
2000	18	26	21,9
4000	24	33	36,2

1143. Zusammenfassende Beurteilung. 11431. Vergleich mit dem Holzbalken. Es liegt im Bereich der Möglichkeit, durch weitere Verbesserung des Rüttelverfahrens die zulässige Betondruckspannung auf 300 kg/cm² zu erhöhen. Daher lassen sich auch Stahlsaitenbetonbalken von praktisch möglichen und brauchbaren Abmessungen herstellen, die dasselbe Gewicht wie Holzbalken gleicher Tragfähigkeit besitzen. Allerdings wäre darauf zu achten, daß in Anbetracht der kleineren Profilhöhe dabei die Durchbiegungen nicht zu groß werden.

Für $\sigma_b = 200$ kg/cm² wäre die Herstellung von Stahlsaitenbetonträgern mit gleichem Gewicht und gleicher Tragfähigkeit zwar praktisch noch möglich, die Trägerhöhe würde jedoch mit Rücksicht auf die dadurch bedingte Vergrößerung der Deckenhöhe zu unwirtschaftlich werden.

11432. Vergleich mit dem Stahlträger. Bei einer zulässigen Betondruckspannung von 200 kg/cm² ergibt sich zufällig der gleiche Formbeiwert wie für Stahlträger. Die Abmessungen sind jedoch so gering, daß sie in Stahlsaitenbeton nicht auszuführen sind, auch würden die Träger unwirtschaftlich hoch ausfallen.

Für eine zulässige Betondruckspannung von 300 kg/cm² würden die Stahlsaitenbetonbalken praktisch eben noch herzustellende Abmessungen erhalten; die Trägerhöhen wären annehmbar.

12. Schwere Träger.

Unter schweren Trägern sollen die Trägerprofile verstanden werden, die sich hinsichtlich ihrer Tragfähigkeit an die Reihe der Profile für Dach- und Deckenbalken anschließen. Zu ihnen gehören besonders Unterzüge, Kranbahn- und Brückenträger als freiverlegte Tragkonstruktionen sowie die zur Herstellung geschlossener Decken, also zur Einbetonierung bestimmten Träger.

121. Unterzüge, Kranbahn- und Brückenträger.

Zu unterscheiden sind vollwandige Träger und Fachwerkträger.

1211. Vollwandige Träger. 12111. Stahlsaitenbeton. In den Abb. 29 und 30 sind zwei Trägerprofile dargestellt, die von der Deutschen Bau-A.-G. hergestellt wurden Das Stahlsaitenbetonwerk Heidewaldburg

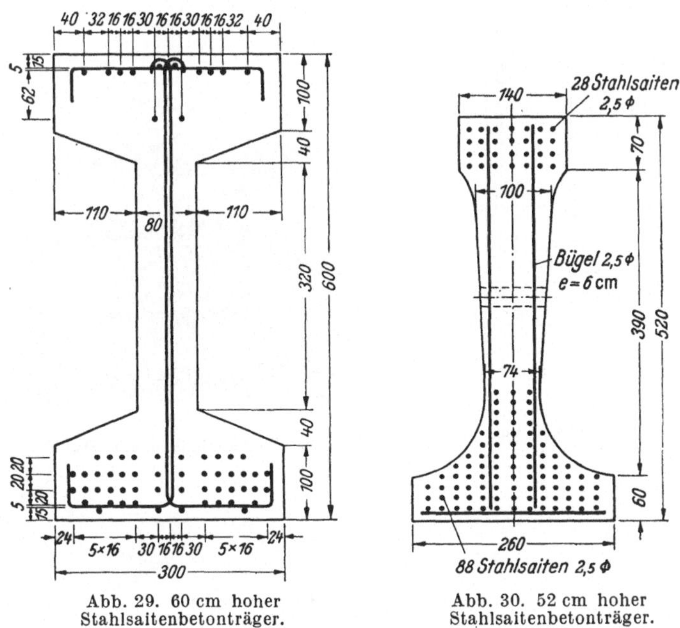

Abb. 29. 60 cm hoher
Stahlsaitenbetonträger.

Abb. 30. 52 cm hoher
Stahlsaitenbetonträger.

der gleichen Firma lieferte für eine Schiffswerft Träger für eine Verladebrücke, die durch die hohe Vorspannkraft von 200 t bemerkenswert sind (Abb. 31 und 32). Vgl. auch Abschnitt C, II, a, 711.

Im Anschluß an die Profilreihe (Abb. 23) für Deckenbalken werden nachstehend Vorschläge für eine Normung der schweren Profile gemacht, Da die Träger frei verlegt werden, kommt als wirtschaftlichste Form allein der symmetrische I-Querschnitt in Betracht. Die Höhe des ersten Profils der Tafel XIV für ein zulässiges Biegungsmoment von 8,0 tm wird unmittelbar aus dem 32 cm hohen Profil I—4 der Abb. 23 durch Multiplikation mit 1,26 abgeleitet und ergibt sich zu 40 cm. Dieses 40 cm hohe Profil, dessen Einzelabmessungen aus Abb. 33 hervorgehen, dient

Tafel XIV. *Profilreihe für schwere Stahlsaitenbetonträger.*
(Beton B 600 mit $\sigma_{zul} = 200\,\text{kg/cm}^2$.)

Profil	M_{zul} tm	W cm³	h cm	b cm	d cm	F cm²	Formbeiwert φ
1	8,0	4000	40	20	5	402,5	0,582
2	16,0	8000	50	25	6,3	640	0,582
3	32,0	16000	63	31,5	8	1018	0,582
4	64,0	32000	80	40	10	1619	0,582

nun als Modell für das nächsthöhere mit $M_{zul} = 16{,}0$ tm, in dem die Einzelabmessungen mit 1,26 und die Querschnittsfläche mit 1,59 multipliziert werden (vgl. S. 50). Der Formbeiwert aller Querschnittsflächen ist 0,582.

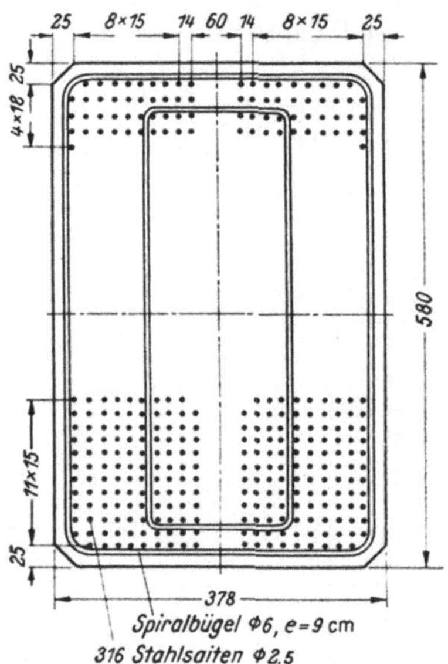

Abb. 31. Brückenbalken aus
Stahlsaitenbeton.

Abb. 32. Brückenbalken aus Stahlsaitenbeton.

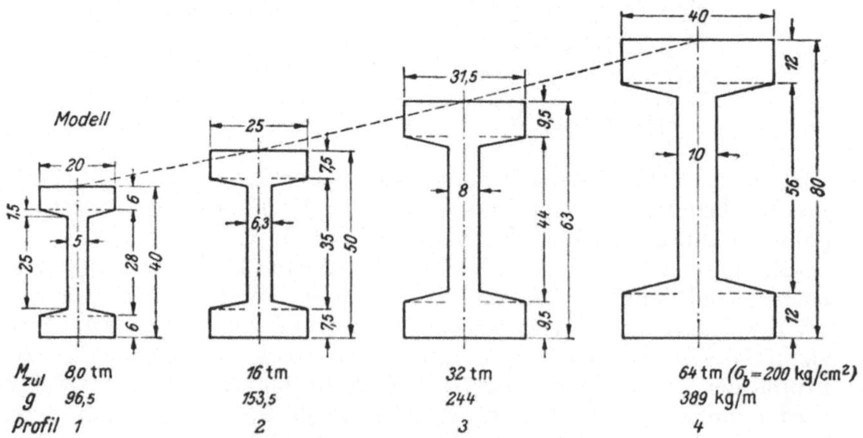

Abb. 33. Profilreihe für schwere Stahlsaitenbetonträger.

12112. **Stahlbeton.** Bei der Normung ihrer Balkenquerschnitte hat sich die Dyckerhoff & Widmann K.-G.[1] an die im Stahlbetonbau bewährte Form des Plattenbalkens gehalten (Abb. 34). Je nach der verwendeten Stahl- und Betongüte bewegt sich das aufnehmbare Moment für die 45 cm hohen Balken bei $F'_e = 0,5$ cm² zwischen 4,2 und 6,6 tm und die aufnehmbare Querkraft zwischen 5,0 und 6,0 t, für die 65 cm hohen Balken bei $F'_e = 1,5$ cm² zwischen 14,7 und 24,5 tm bzw. 11,0 und 13,0 t und für die 85 cm hohen Balken bei $F'_e = 2,5$ cm² zwischen 33,3 und 55,0 tm bzw. 19,0 und 23,5 t. Die Brücke vom einen zum anderen Profilwert kann durch Verstärkung der Druckbewehrung geschlagen werden.

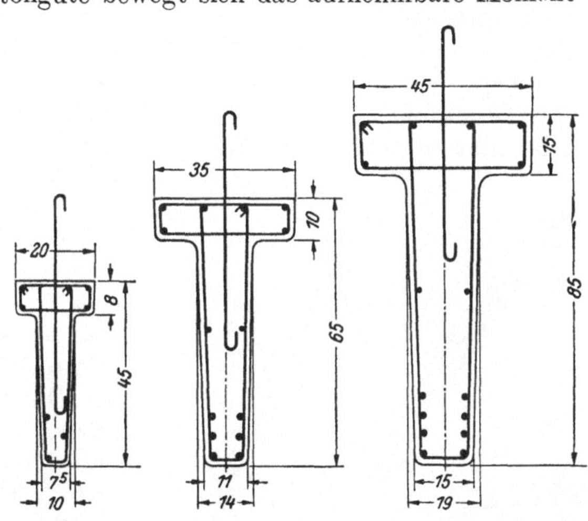

Abb. 34. Profilreihe für T-förmige Balken aus Stahlbeton.

Alle Werte sind in einem Normblatt listenmäßig erfaßt. Zweifellos bietet die Plattenbalkenform manche konstruktiven Vorteile, indem z. B. bei einer Verwendung für Unterzüge die schmalen Balkenstege in geschlitzte Säulen eingeführt und dort in einfacher Weise gestoßen werden können (vgl. Abschnitt C, II, a, 212).

Die Balken aus Stahlbeton sind, da sie in Einzelschalungen betoniert werden, gestaltungsfähiger als die in langen Spannbahnen mit gleichbleibendem Querschnitt hergestellten Stahlsaitenbetonbalken. v. Halasz[2] hat z. B. einen Balken auf zwei Stützen entworfen, der aus Gründen der Gewichtsersparnis bei geringem Stahlverbrauch aus Beton B 600 so ausgebildet ist,

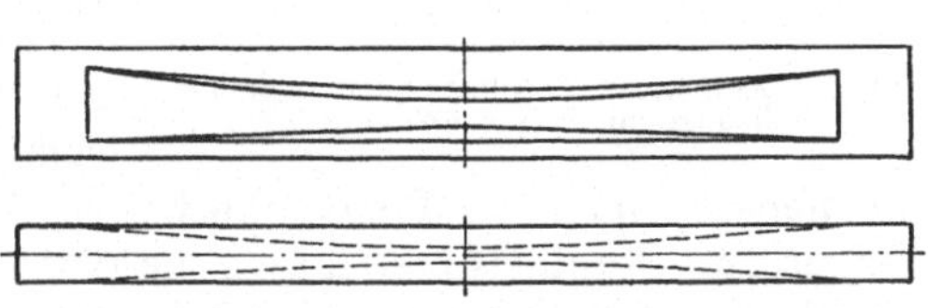

Abb. 35. I-Balken aus Stahlbeton mit gleichmäßiger Ausnutzung der Druck- und Schubspannungen.

daß die zulässigen Druck- und Schubspannungen in allen Querschnitten annähernd gleichmäßig ausgenutzt sind. (Abb. 35). „Das Gestalten der herstellungsmäßig, statisch und wirtschaftlich günstigsten Form sei eine nicht immer leichte Aufgabe, in allen Fällen lohne sich aber ihre theoretische Lösung, da doch das einmal durchgebildete Stück in Massen angefertigt würde." Auf jeden Fall stellt ein

<hr>

[1] Rüsch: Gedanken und Beispiele zum Bauen mit Fertigteilen aus Stahlbeton. Bautechnik 1944, H. 37/42.

[2] v. Halasz: Bauten aus Stahlbetonfertigteilen der Preußischen Bergwerks- und Hütten A.-G. Bautechn. Bd. 23 (1945) H. 1/8.

deraıt bis ins kleinste ausgefeiltes Tragwerk die höchste Vervollkommnung des Fertigbaugedankens für vollwandige Konstruktionen dar.

1212. **Fachwerkträger.** Bei allen auf Biegung beanspruchten Bauteilen drängt der Stoff nach einer Loslösung von der Nullinie und zu
einer Anreicherung an den Querschnittsrändern. „Gewisse Grenzen sind
dieser Materialverlagerung durch die Notwendigkeit der Aufnahme der
Schubspannungen und der Sicherung des Zusammenwirkens von Zug-
und Druckzonen gezogen."[1] Die Möglichkeit einer Stofferparnis ist
daher nur in einer Durchbrechung der Balkenstege unter Anpassung
an den Verlauf der Spannungs-
trajektorien gegeben. Eine solche
Aufgliederung bringt nicht nur
eine in sich selbst bedingte Stoff-
und Gewichtsersparnis mit sich,
sondern verstärkt diese noch insofern, als durch die Verringerung
des Eigengewichts eine Herabsetzung des Biegungsmomentes
und damit in zweiter Ordnung
eine Einsparung erfolgt. Darüber
hinaus kann in besonderen Fällen
die so gewonnene Gewichtsersparnis Einfluß auf die Abmessungen
der Stützkonstruktionen bis hinab
zu den Gründungskörpern nehmen.
Da aber gerade bei massiven Bauteilen ein verhältnismäßig großer
Anteil der zur Verfügung stehenden
Aufnahmefähigkeit für Biegespannungen durch das Eigengewicht aufgezehrt wird, wären, vom

Abb. 36. Aufgelöste Fahrbahnquerträger bei
der Brücke St. Pierre du Vauvray.

rein stofflichen und statischen Gesichtspunkt aus gesehen, durch-
brochene Formen der Tragwerke wie Strebenfachwerke und Vierendeel-
Tıäger für Stahlbetonfertigteile besonders geeignet. Nun hängt aber
die Wirtschaftlichkeit eines Bauteiles und überhaupt eines ganzen Bauwerkes nicht allein von statischen Überlegungen ab, sondern, besonders
im Montagebau von seiner Fertigung, also der Arbeitsweise, den Schalungen, der Bewehrungsart, der Massenauflage und anderen Einflüssen.
Die Forderungen der Statik und der Fertigung sind also in ihrer
äußersten Ausnutzung widerstrebende Faktoren, die eines Ausgleiches
bedürfen.

Der Lohn- und Stoffaufwand für Schalung wäre so bei parallelgurtigen Fachwerkträgern kleinerer Abmessungen oft größer als der
wirtschaftliche Vorteil der Stoffeinsparung. Für Unterzüge, Kranbalken

---

[1] BIELICK: Über die Formgebung massiver Bauwerke. Berlin: Zementverlag
1928.

und Brückenträger wird deshalb der vollwandige Balken bevorzugt, zumal die Anwendung der Vorspannung des Betons und die Wahl hochwertiger Baustoffe schon eine ausreichende Herabsetzung des Gewichtes mit sich bringen. Erst wenn die Stege des Tragwerkes aus konstruktiven Gründen zu hoch werden (Dachbinder), sind durchbrochene Ausbildungen angezeigt.

Bei dem Visintini-Balken, wohl dem ältesten Fachwerkbalken, handelt es sich mehr um ein Bauglied, das nicht als Einzelträger auftritt, sondern durch Aneinanderreihung eine plattenartige Raumüberdeckung, als Gebäudedecke oder als Brückenfahrbahn, ergibt[1].

Die Fahrbahnquerträger der Straßenbrücke von St. Pierre du Vauvray (Abb. 36) wurden als leichte Fachwerkbalken ausgeführt, um die Belastung des weitgespannten Bogens durch das Eigengewicht der angehängten Fahrbahn nach Möglichkeit herabzusetzen.

122. Einbetonierte Träger.

Der einbetonierte Träger hat als Fertigteil drei Aufgaben zu erfüllen. Er muß die Last des Frischbetons aufnehmen, er muß allein oder in Verbindung mit Zwischenplatten die Schalung für den Frischbeton

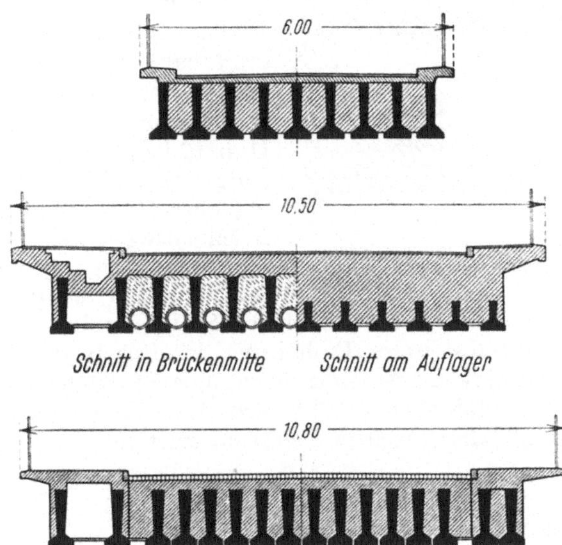

Abb. 37. Verschiedene Brückenquerschnitte mit einbetonierten Spannbetonträgern.

bilden und schließlich muß er die Rolle des Untergurtes der endgültigen erhärteten Betondecke übernehmen. Die erste Aufgabe erfordert einen Balkenquerschnitt genügender Tragfähigkeit und beliebiger Form, die zweite die Möglichkeit, den Füllbeton in einfacher Weise einzubringen

---

[1] KLEINLOGEL: Fertigkonstruktionen im Beton- und Eisenbetonbau. Berlin: W. Ernst & Sohn 1929.

bei ebener Untersicht der fertigen Decke und die dritte verlangt eine innige Verbindung des Fertigbalkens mit dem nachträglich aufgebrachten Deckenbeton.

Diese Bedingungen werden am besten durch einen Querschnitt von T- oder Schienenform mit breitem Unterflansch erfüllt (Abb. 23). Die Balken liegen entweder mit ihren Flanschen dicht an dicht oder haben einen gewissen Abstand voneinander, der durch zwischengelegte Platten überbrückt wird. Bei höheren Profilen ist es vorteilhaft, im Balkensteg Öffnungen vorzusehen, durch die zur Herstellung eines guten Verbundes Rundstahlstäbe gezogen werden (vgl. Abb. 30). Besonders geeignet sind für solche Zwecke Spannbeton- oder Stahlsaitenbetonträger, da sie einmal eine erhebliche Stahlersparnis mit sich bringen, zweitens ihre Form von vornherein den gestellten Aufgaben am besten entspricht.

Einbetonierte Fertigbetonbalken haben vielfach Anwendung gefunden. Ein Vorschlag für die Eindeckung der Berliner Untergrundbahn mit solchen Balken an Stelle der bisher verwendeten Stahlträger wird im Abschnitt C, II, b, 17 beschrieben. Abb. 37 zeigt einige von der Firma Wayss & Freytag ausgeführte und projektierte Brückentragwerke, bei denen Spannbetonträger in der angegebenen Weise Verwendung fanden.

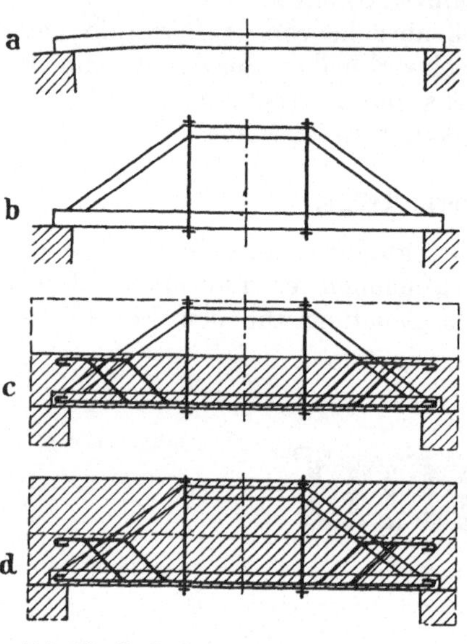

Abb. 38. Gerüstlose Ausführung schwerer Betondecken.

Bei größeren Spannweiten lassen sich Stahlsaitenbetonfertigteile an der Einbaustelle selbst unter Einhaltung der Regeln der Fertigbetonbauweise zu Tragwerken zusammenfügen, indem fortschreitend mit dem Aufbau deren Tragfähigkeit erhöht wird (Überlagerungsverfahren). In der Abb. 38 sind die einzelnen Belastungszustände schematisch dargestellt.

Erster Belastungszustand (Abb. 38 a).

Tragwerk: Einfacher Stahlsaitenbetonbalken.
Belastung: Eigengewicht der Balken.
   Zwischenplatten für eine ebene Untersicht der Decke.
   Nutzlast durch den Baubetrieb.
Es ist eine geschlossene Decke geschaffen, die ungehindertes Arbeiten gestattet.

Zweiter Belastungszustand (Abb. 38 b).

Tragwerk: Einfacher Stahlsaitenbetonbalken.
Belastung: Eigengewicht der Balken.
   Zwischenplatten.
   Eigengewicht des Sprengwerkes.
   Nutzlast durch den Baubetrieb.

Dritter Belastungszustand (Abb. 38 c).

Tragwerk: Sprengwerk.
Belastung: Eigengewicht des Sprengwerks nebst Zwischenplatten.
Frischer Deckenbeton auf halbe Deckenhöhe.
Nutzlast durch den Baubetrieb.

Vierter Belastungszustand (Abb. 38 d).

Tragwerk: Stahlbetondecke von halber Höhe, verstärkt durch das Sprengwerk.
Belastung: Frischer Beton der zweiten Deckenhälfte.
Nutzlast durch den Baubetrieb.

Fünfter Belastungszustand (Abb. 38 d).

Tragwerk: Fertige Decke.
Belastung: Eigengewicht der fertigen Decke. Nutzlast.

13. Tragwerke.

Unter Tragwerken werden auf Biegung beanspruchte Baueinheiten von mittlerer und großer Stützweite verstanden, die in einem Stück hergestellt oder aus mehreren Teilen zusammengefügt und dann versetzt werden. Im allgemeinen ist im Bauwesen das Streben zur Bildung größerer Einheiten unverkennbar, denn je größer die Bauteile sind, desto geringer wird ihre Stückzahl, und die Stückzahl ist es, die maßgebenden Einfluß auf die Bauzeit und die Montagekosten hat. Da die Baustelle ohnehin mit Hebegeräten ausgerüstet ist, spielt es bezüglich des Zeitaufwandes keine Rolle, ob z. B. an einen Kran ein leichteres oder schwereres Stück angeschlagen und gehoben wird. Es kommt also allein auf die *Anzahl* der zu versetzenden Stücke an. Über den Begriff der Stückgewichtsziffer vgl. Einleitung des Abschnittes C, II.

Die aus Stahlbetonfertigteilen ausgeführten Tragwerke sollen eingeteilt werden in Dachbinder mittlerer Spannweite, in Großtragwerke für Brücken und Dächer und in einbetonierte Tragwerke für schwerbelastete Decken.

131. Dachbinder mittlerer Spannweite.

„Brauchbare, vor allem auch wirtschaftlich tragbare, holzfreie Steildächer entwickeln zu wollen, wird vergebliche Liebesmühe sein. Eisenbetonmontageteile nach Art von Holzkonstruktionen werden zu schwerfällig und zu kompliziert, die Verbindungen zu schwierig, das Konstruktionssystem zu starr."
„So wie der hölzerne Dachstuhl ganz natürlich auf das Steildach weist, legt der Eisenbeton, auch wenn es sich um montierbare Teile handelt, aus seiner statischen Grundgesetzlichkeit und seinen anderen Grundeigenschaften heraus das flache, d. h. flachgeneigte Dach nahe"[1].

Diese weit verbreitete Ansicht wirft das Problem „Steildach-Flachdach" in seiner Grundsätzlichkeit auf. Daß das Flachdach für die meisten Industriebauten, Hallen und Werkstätten das Gegebene ist, unterliegt keinem Zweifel. Die Neigung solcher Dächer ist auch bereits mit 5% genormt. Steile Dächer würden für solche Bauten unnötigen Luft- und Heizraum beanspruchen. Es liegt deshalb nahe, den umbauten Raum unmittelbar über dem lichten Kranprofil mit dem Dach abzu-

---

[1] SCHMIDT: Forderungen an Bau- und Baustoffindustrie. Bauen und Wohnen, 4—5. Ravensburg: Otto Maier 1946.

grenzen. Zur Unterhaltung und Reinigung etwa vorhandener Oberlichter ist eine leichte Begehbarkeit erwünscht. Schließlich wäre bei Steildächern die Ausführung der Dachhaut zu kostspielig. So wird, von Ausnahmen für besondere Zwecke abgesehen, das flache Massivdach den Industriebau beherrschen. Die geeignete Form des massiven Tragwerkes für flache Dächer ist der vollwandige Dachbinder.

Was die *Wohnbauten* anbetrifft, so dominiert im Landschaftsbild südlich der Alpen das Flachdach, nördlich der Alpen das Steildach. Unter dem ewig blauen Himmel Italiens, wo die nordischen Dauerregen zur großen Seltenheit gehören, ist es nicht nötig, den Abfluß des Regenwassers durch Anlage steiler Dächer zu erleichtern. Das Flachdach gestattet den Vollausbau des obersten Stockwerkes und die Anlage eines Dachgartens, auf dem die Bewohner nach der Hitze des Tages Erfrischung in den Abendstunden suchen.

In unserem kühleren Klima mit seinen häufigen Regenfällen und Stürmen hat sich die Dachform dieser Witterung angepaßt. Der Regen wird auf schnellstem Wege durch das steile Dach abgeleitet. In den sturmdurchwehten Teilen Nordwestdeutschlands duckt sich das fast bis zum Boden herabgezogene Steildach unter den Schutz hoher Bäume. Die Landschaft bestimmt den Charakter, den Aufbau und die Raumeinteilung des Wohnhauses. Versuche, das Flachdach in Deutschland allgemein heimisch zu machen, werden immer an diesen grundsätzlichen Fragen scheitern. Die Abdichtung eines flachen Daches ist schwierig, zumal die einzig zuverlässigen Dichtungsstoffe, Bitumen und Asbest, eingeführt werden müssen. Die Unterhaltung eines ziegelgedeckten Steildaches ist einfacher, da auftretende Schäden sofort erkennbar und leicht zu beseitigen sind. Wenn auch das ausgebaute Dachgeschoß nicht vollwertig ist, so ist doch die Wärmehaltung beim Steildach weit günstiger. Wird das Dachgeschoß nicht ausgebaut, so kommt es den Bewohnern als Trockenraum zugute. Ein Dachgarten könnte auch in den vom Klima etwas mehr begünstigten Lagen nur selten und nur in wenigen Monaten des Jahres seinem Zwecke dienen. Somit ist die Aufgabe gestellt und muß gelöst werden, ein brauchbares massives Steildach für Wohnbauten zu entwerfen. Die geeignete Form des Tragwerkes für das Steildach ist der massive Fachwerkbinder.

Wir haben somit zu unterscheiden zwischen den *vollwandigen Dachbindern*, die hauptsächlich für Industriebauten, und den *Fachwerkbindern*, die hauptsächlich für Wohnbauten bestimmt sind.

1311. Vollwandige Dachbinder. Für flachgeneigte Dächer ist in statischer und konstruktiver Hinsicht der vollwandige Dachbinder auch der wirtschaftlichste. Da bei Satteldächern die Bauhöhe des Binders bei waagerechter unterer Begrenzung durch die Dachneigung nach der Mitte zunimmt, ist dort eine besonders gute Anpassung an den Momentenverlauf vorhanden. Als Querschnittsform werden entweder der T-förmige Plattenbalken oder der I-Träger, letzterer besonders für Stahlsaitenbeton bevorzugt. Nach dem Auflager zu wird der Querschnitt entsprechend der zunehmenden Querkraft verbreitert, wodurch gleichzeitig ein genügend breites Auflager geschaffen wird, um den Auflagerdruck auf das Mauerwerk zu verteilen und ein Kippen des Binders zu verhüten. In der Tafel XV sind Fertigbeton-Bindernormen wiedergegeben, wie sie vom Ammoniakwerk Merseburg aufgestellt worden sind[1] (vgl. auch Abb. 8).

Tafel XV. *Bindernormen des Ammoniakwerkes Merseburg.*

Stützweite m	Traufenhöhe cm	Firsthöhe cm	Gewicht t	Stahlverbrauch kg
3,00	22	32	0,28	19
4,50	25	41	0,72	50
5,50	30	50	1,10	86
7,00	30	55	1,70	136
8,00	30	58	1,85	165
10,00	30	65	2,50	234
12,00	35	77	3,30	401
14,00	35	80	4,75	619

LÖSER[2] bringt die in Abb. 39 wiedergegebene Zeichnung eines solchen Binders.

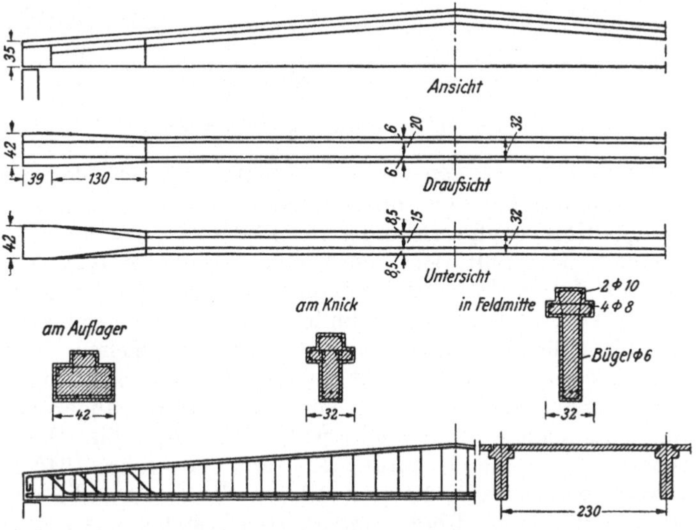

Abb. 39. Vollwandiger Dachbinder.

Die Vollwandbinder werden zu einfachen parallelgurtigen Balken, wenn es sich um ein Pultdach, also z. B. um die Überdachung des Seitenschiffes einer Industriehalle handelt (Abb. 1). Für derartige Balken sind im vorigen Abschnitt bereits die Grundlagen für eine Normung gegeben.

Auch in Stahlsaitenbeton lassen sich Dachbalken mit veränderlicher Höhe ausführen, wobei allerdings die meist schwache Vorspannbewehrung im Obergurt bis zur Erhärtung des Betons durch Rollen umgelenkt werden muß.

---

[1] NECKEL: Industriehalle in Fertigbetonbauweise. Bauindustrie 1943, Nr. 7.
[2] LÖSER: Bauten aus Stahlbetonfertigteilen. Beton- u. Stahlbetonbau 1944, H. 9—14.

1312. Fachwerkbinder. Für steile Dächer würden freitragende vollwandige Dachbalken auf zwei Stützen zu schwer werden. An ihre Stelle treten deshalb in leichte Stabgitter aufgelöste Fachwerkbinder. Grundsätzlich ist dabei zu unterscheiden zwischen Dachbindern, die in ganzer Ausdehnung oder in größeren Teilen in ortsfesten Fabriken fertig hergestellt und zur Baustelle befördert werden, zwischen solchen, deren einzelne Stabglieder in der ortsfesten Fabrik in Massen gefertigt und erst auf der Baustelle mit geeigneten Verbindungsmitteln zusammengefügt und im ganzen hochgezogen werden und schließlich solchen, die auf der Baustelle selbst in einem Stück betoniert und verlegt werden.

13121. **Fabrikmäßig hergestellte Fachwerkbinder.** Mit hochwertigem Beton können außerordentlich leichte Binder hergestellt werden. Je größer ihre Spannweite ist, desto sperriger und empfindlicher werden sie jedoch für Lagerhaltung, Verladung und Transport. Binder

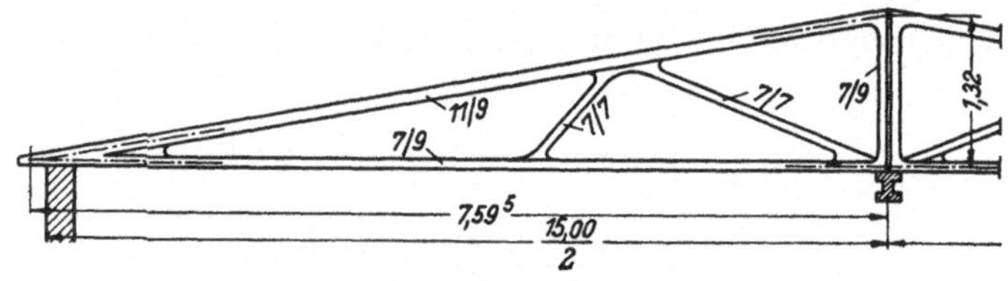

Abb. 40. Zweiteiliger Fachwerkbinder.

von größeren Abmessungen werden deshalb in zwei oder drei Teile zerlegt, die auf der Baustelle miteinander verbolzt werden. In Abb. 40 ist ein zweiteiliger Fachwerkbinder für 15,0 m Spannweite mit Mittelunterstützung dargestellt, der nach Abb. 41 sowohl für Barackenbauten als auch für Industriebauten geeignet ist. (Betonwerk Fallersleben G. m. b. H.) Abb. 42 zeigt einen ähnlichen Dachbinder aus Stahlsaitenbeton im Lichtbild. v. HALASZ[1] ermittelt die bei solchen Fachwerken infolge der Knotenpunktssteifigkeit auftretenden Nebenspannungen nach dem Momentenausgleichsverfahren von CROSS. In der angezogenen Abhandlung sind noch weitere Fachwerkbinder dargestellt. Die dort beschriebenen Bauarten Fwb. 10 und 12,5 aus dem Jahre 1942 bestehen aus Fachwerkbindern von 10 und 12,5 m Stützweite, die in 1,25 m Abstand verlegt werden. Binder und Platten bestehen aus Beton B 600. Die Fachwerkbinder von 10 m Stützweite setzen sich aus drei Teilen zusammen, die je 130 kg wiegen, so daß also das Gewicht des ganzen Binders 390 kg beträgt. Der Stahlbedarf für Binder und Platten zusammen beträgt 4,8 kg/m² Dachfläche.

13122. **Auf der Baustelle aus Einzelstäben zusammengesetzte Fachwerkbinder.** Die Fertigbetonbauweise kann sich erst dann weitreichende Geltung verschaffen, wenn sie *alle* sich bietenden Vorteile ausschöpft. Dazu gehört unstreitig die Massenerzeugung gängiger Profile in ortsfesten Fabriken. Schwere und sperrige Fertigkonstruktionen erfordern in der Fabrik besondere Krananlagen größerer Trag-

---

[1] v. HALASZ: Bauten aus Stahlbetonfertigteilen der Preußischen Bergwerks- und Hütten A.-G. Bautechn. 1945, H. 1/8.

kraft zu ihrer Anfertigung, Beförderung und Lagerung. So sehr man auf der Baustelle die Abmessungen und Gewichte der Einzelteile nach Möglichkeit zu vergrößern trachtet, um die ohnedies vorhandenen

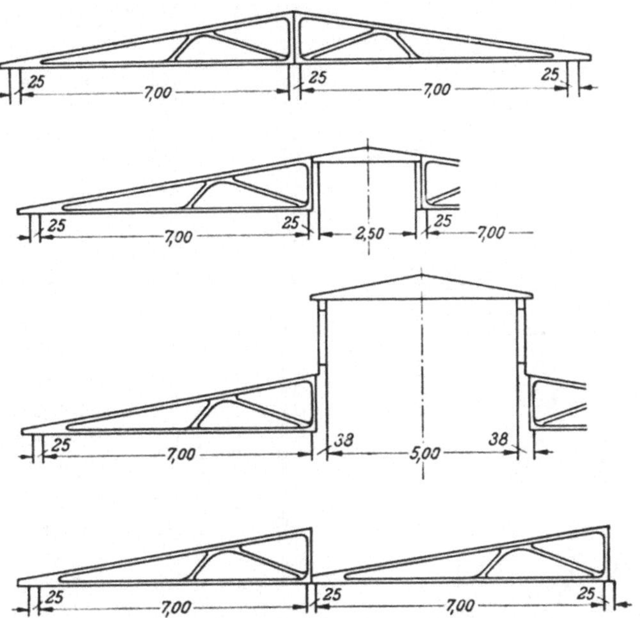

Abb. 41. Verschiedene Verwendungsmöglichkeiten des Dachbinders der Abb. 40.

schweren und hochreichenden Hebezeuge auszunützen, so wenig gilt dies für die Fabrik. Hier zielt man im Gegenteil darauf ab, die Fertigungs-

Abb. 42. Fachwerkbinder aus Stahlsaitenbeton.

hallen, schon wegen der Heizung, so niedrig wie möglich zu halten. In der Fabrik strebt man also geringes Stückgewicht an, um die Tragfähigkeit und Abmessungen der Krane zu beschränken und die Bewegung der

Erzeugnisse in den Hallen und auf den Lagerplätzen zu erleichtern. Einfache und gängige Profile erfordern auch weit kleinere Fertigungs- und Lagerflächen, die Bruchgefahr wird gegenüber sperrigen Konstruktionen weit geringer. Mit einem Wort, es muß eine Angleichung an die Massenfertigung der Walzprofile in der Stahlindustrie vorgenommen werden. Wenn es gelingt, die Fertigbetoneinheiten in genormten Längen auf der Baustelle zu verbinden, sei es durch Verbolzung oder gar durch eine der Vernietung ähnliche Verdübelung, so wäre wohl der Idealzustand geschaffen: Fertigung leichter, stoßunempfindlicher Stäbe in Fabriken und Zusammenbau auf der Baustelle zu möglichst großen Einheiten, die im ganzen montiert werden. Eine solche Lösung würde der Anlage gleichmäßig verteilter ortsfester Fabriken den Weg bereiten. Dabei würde es unbenommen bleiben, je nach der vorliegenden Konstruktion Teile davon schon in der Fabrik zu verbinden und zur Baustelle zu befördern, um dort die Vorbereitungsarbeit zu vermindern, also wie im Stahlbau gewissermaßen Werkstattnietung von der Baustellennietung zu trennen.

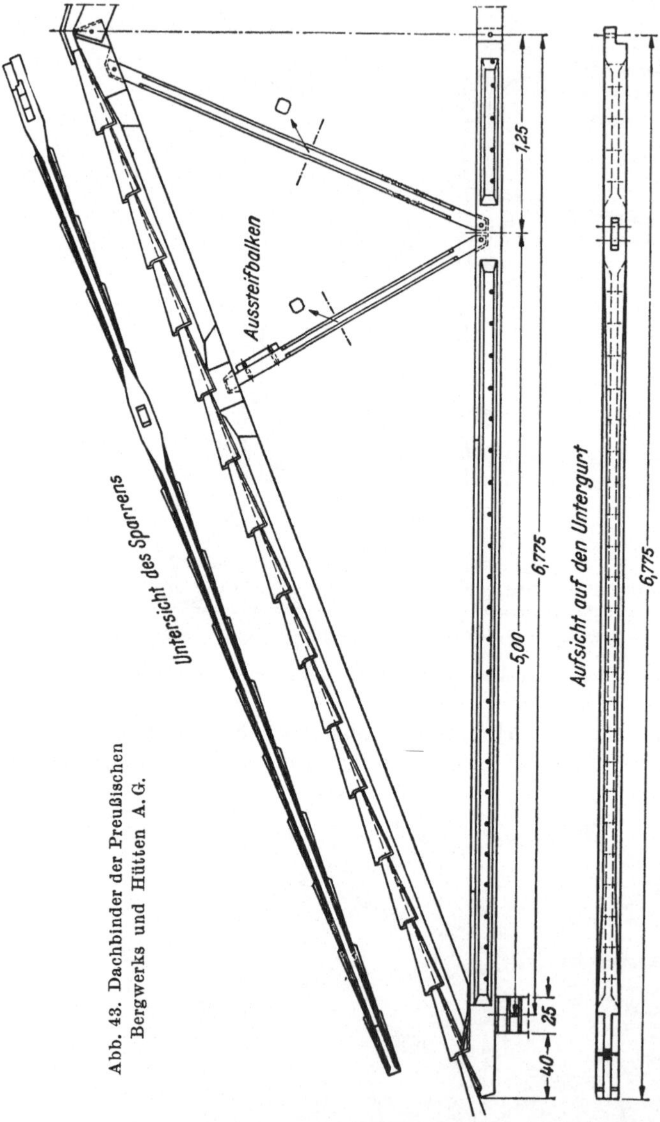

Bei dem in Abb. 43 dargestellten Dachbinder der Preußischen Bergwerks- und Hütten A.-G.[1] handelt es sich um Fachwerkbinder von 12,5 m Spannweite, die in 1,25 m Abstand verlegt werden. Die Dachneigung beträgt 40%. Die einzelnen Fachwerkstäbe werden auf der

Abb. 43. Dachbinder der Preußischen Bergwerks und Hütten A.G.

<hr>

[1] v. Halasz: Zit. S. 68.

Baustelle durch einfaches Verbolzen zusammengeschlossen. Das Gewicht der gesamten Dacheindeckung beträgt 140 kg/m², der Stahlbedarf 5,5 kg/m² und der Zementbedarf 30 kg/m² Dachfläche.

Der Dachbinder der Abb. 44 besteht aus brettförmigen Stäben und Knotenplatten aus Stahlsaitenbeton und wird nach Art der stählernen Fachwerke mittels werkstoffgerechter Betondübel[1] „vernietet", über deren Ausbildung und Berechnung Einzelheiten unter dem Abschnitt C, I, c „Verbindungsmittel" wiedergegeben sind. Diese Bauweise soll die als Vorbild dienende Stahlkonstruktion nicht schematisch nachahmen, sondern sich ihr unter Beachtung der andersgearteten Baustoffeigenschaften anpassen, wobei vor allem eine für bewehrten Beton völlig neuartige Fertigungsmethode Platz greift.

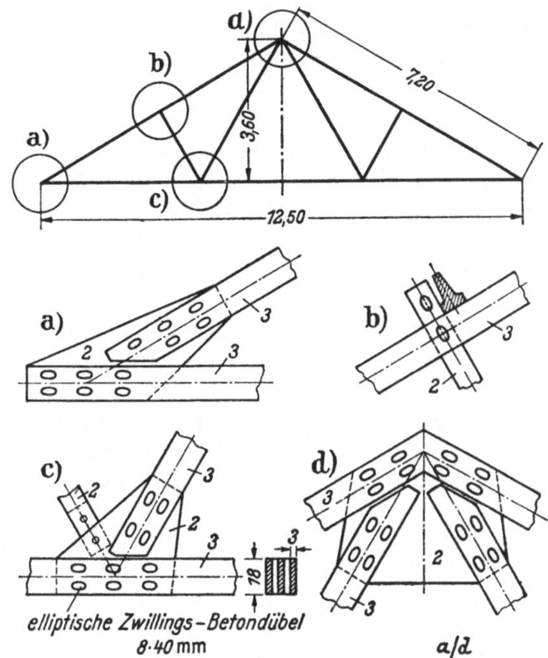

Abb. 44. Verdübelter Dachbinder von 12,50 m Spannweite.

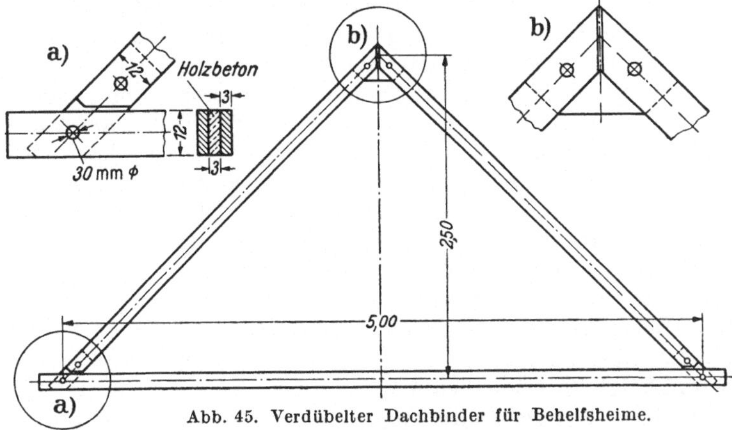

Abb. 45. Verdübelter Dachbinder für Behelfsheime.

Der Dachbinder hat eine Stützweite von 12,50 m bei einem Achsabstand von 3,75 m. Die aus 3 Stahlsaitenbetonbrettern 20×3 cm

---

[1] Vom Verfasser zum DP. angemeldet.

zusammengesetzten Obergurtstäbe sind durch vierschnittige Betondübel an die Knotenplatten angeschlossen. Der Untergurt und die Wandglieder werden durch je 3 bzw. 2 Bretter gebildet. Bretter und Knotenplatten sind durchweg 3 cm dick.

Die verwendeten Dübel 80×40 mm besitzen einen elliptischen Querschnitt von 25 cm² und haben, wie später genauer nachgewiesen wird, eine Tragfähigkeit von je $4 \cdot 25$ cm² $\cdot 40$ kg/cm² $= 4000$ kg. Der Dachbinder enthält 0,65 m³ Beton und wiegt 1510 kg, der Stahlbedarf beträgt 55 kg. Dies ergibt ein Gewicht von 28 kg/m² und einen Stahlbedarf von 1 kg/m² Dachfläche. Die Dacheindeckung kann entweder mit Pfetten, Sparren und großformatigen Dachplatten (vgl. Abschnitt C, I, b, 2112) oder mit von Binder zu Binder gespannten Rippenplatten erfolgen.

Der in Abb. 45 dargestellte Dachbinder hat zur Überdachung von Behelfsheimen Verwendung gefunden; die Stäbe sind durch Betondübel kreisförmigen Querschnitts verbunden. Die Begründung und Beschreibung der Binderform wird im Abschnitt C, II, a, 112 gegeben.

13123. Auf der Baustelle betonierte Fachwerkbinder. Da es sich hierbei gewöhnlich um Fachwerke größerer Spannweiten handelt, wird auf den folgenden Abschnitt 1322 verwiesen.

132. Großtragwerke für Brücken und Dächer.

1321. Brücken. Nachdem E. FREYSSINET 1936 seine Schrift „Une révolution dans les techniques du béton" veröffentlicht hatte, fand seit 1937 der „Spannbeton" genannte neue Baustoff auf Grund durchgreifender Versuche der Wayss & Freytag A.-G. auch in Deutschland Eingang[1]. Die durch die Verwendung hochvergüteter Stähle und die wirtschaftliche Herstellung eines rasch erhärtenden hochdruckfesten Betons erzielte Gewichtsverringerung führte zu immer größeren Abmessungen der meist als Fertigteile ausgeführten Tragwerke. Ihre Rissefreiheit machte sie auch für Brücken über Eisenbahnen besonders geeignet, da die Beeinträchtigung der Bewehrungseinlagen durch die Lokomotivrauchgase ausgeschaltet wurde (vgl. Abschnitt B, II, a, 1). Da der Beton in der Zugzone infolge der Druckvorspannung auch unter der größten äußeren Belastung zugspannungsfrei bleibt, kann er ohne Rissebildung der Dehnung auch höchstwertiger Stähle folgen und läßt die Stahlersparnis besonders bei großen Stützweiten voll zur Geltung kommen. Werden außer der Hauptbewehrung auch die Bügel vorgespannt, so erlaubt die Ausschaltung der schiefen Hauptzugspannungen die Ausbildung sehr dünner Stege. Man erreicht damit besonders niedere Eigengewichte und vermeidet alle weiteren Maßnahmen für die Schubsicherung. Zusammenfassend kann gesagt werden, daß erst der Spannbeton die Ausführung von Großtragwerken für Brücken und Dächer als Stahlbetonfertigteile ermöglichte.

Der in Abb. 46 dargestellte Trägerquerschnitt wurde für die 33,0 m weitgespannte Brücke über die Reichsautobahn bei Oelde i. Westf. gewählt.

---

[1] LENK: Die Entwicklung des Spannbetons. Beton- u. Stahlbetonbau 1943, H. 19/20.

„Zur Erzielung der Vorspannung wurden die Stahldrähte auf einen eisernen, im Querschnitt kastenförmigen Spannbalken aufgespannt. Dieser ist aus einzelnen stumpf gestoßenen Abschnitten zusammengesetzt; die Art ihrer Zusammenfügung ermöglicht in gewissen Grenzen eine Einstellung auf die verschiedenen Trägerlängen. Auf der Oberseite sind in regelmäßiger Folge nasenförmige Vorsprünge, sog. Spannocken, aufgeschweißt, die zur zeitweiligen Verankerung der mit besonders ausgebildeten Spannpressen paarweise aufgespannten Bewehrungseisen dienen; die Anordnung dieser Nocken erlaubt jede praktisch vorkommende Abstufung der Eisen entsprechend dem späteren Momentenverlauf. Die Betonierung erfolgte getrennt für Untergurt einerseits und Steg und Obergurt andererseits, im übrigen je nach Wunsch der Länge nach abschnittsweise zwecks Schalungsersparnis. Da nämlich im Beton eines Spannbetonträgers in allen Belastungsfällen nur Druckspannungen auftreten, stellen im Gegensatz zu den Verhältnissen beim gewöhnlichen Stahlbetonträger die *Arbeitsfugen in keiner Weise schwache Stellen der Konstruktion dar.* So wurden bei der Brücke Oelde der Untergurt in 2 bis 3 Abschnitten, der Steg und der Obergurt in 5 Abschnitten betoniert. Die Schalform des Untergurtes, der zuerst betoniert wurde, besteht aus einzelnen 50 cm langen Abschnitten, die auf dem Spannbalken sitzen. Nach Aufstellung der Schalung wurden die Bewehrungsbügel nach oben herausstehend eingesetzt, dann wurde der Beton eingebracht, gerüttelt und anschließend mittels eingelegter Druckwasserschläuche unter hohem Druck verdichtet. Dabei entweicht das überschüssige Wasser durch die schmalen Fugen zwischen den einzelnen Formelementen. Hierauf wird der Beton zwecks rascher Erhärtung beheizt. Auf das Entschalen des Untergurtes folgt das Betonieren des Steges und des Obergurtes. Die Form besteht auch hier aus 50 cm langen Abschnitten. Die Obergurtschalform besitzt der Höhe nach verstellbare Seitenteile, womit wenn gewünscht — wie bei der Oeldebrücke — eine Änderung der Trägerhöhe vom Ende des Trägers nach der Mitte zu bewirkt werden kann. Nach dem Einbringen und Rütteln des Betons wird die Form

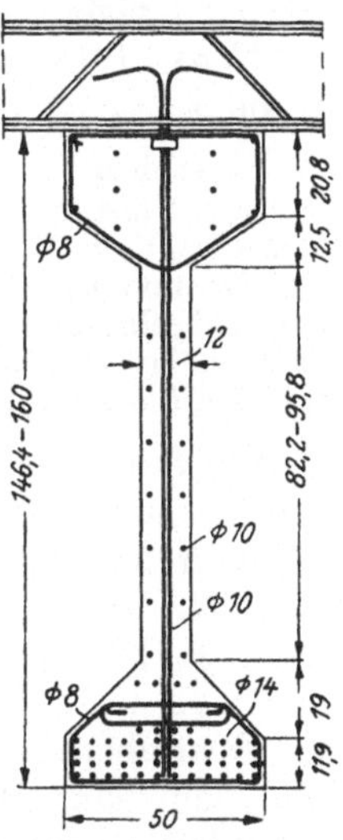

Abb. 46. Querschnitt eines Brückenträgers aus Spannbeton.

mittels eines Deckels, der mit geeigneten Vorrichtungen für das Anspannen der Bügel versehen ist, oben verschlossen. Den Bügeln erteilt man nunmehr unter Anwendung besonderer an deren oberen Enden angreifender Druckpressen gleichfalls ihre rechnerisch festgelegte Vorspannung. Den Gegendruck hat dabei der frische Beton aufzunehmen, der so gleichzeitig seine entsprechende Verdichtung erfährt. Wieder schließt sich die Beheizung des Betons an. Wenn dann der Spannbetonträger ausgeschalt ist, wird der Spannbalken, der bis dahin die Vorspannung der Hauptbewehrung aufnahm, mit Hilfe einer Keilvorrichtung in Trägermitte entspannt, wodurch die Vorspannkräfte in voller Größe sofort auf den Trägerbeton übergeleitet werden.“[1]

Der ohne Berücksichtigung der Stahleinlagen nur für den reinen Betonquerschnitt errechnete Formbeiwert des Trägerquerschnittes ist 0,553, würde man den $(n - 1)$-fachen Stahlquerschnitt der Gurtungen hinzufügen, so würde er noch günstiger ausfallen.

Der von der Wayss & Freytag A.-G. hergestellte Versuchsträger von 18,50 m Stützweite nach Abb. 47 wurde bei dem Materialprüfungsamt Dresden von Prof. Dr.-Ing. GEHLER längeren Beobachtungen unterworfen und im März 1938 bis zum Bruch belastet. Es handelt sich um ein Modell im Maßstab 1:3 für einen großen Hallenbinder von 55,5 m

---

[1] Die obigen Ausführungen wurden den „Technischen Blättern“ der Wayss & Freytag A.-G., Frankfurt a. M., 1939, entnommen.

Stützweite nach einem Entwurf von Freyssinet. Die Querschnitts-
aufteilung der Bewehrung und manche Einzelheiten der Abmessungen,
insbesondere die geringe Betondeckung der Eisen, sind durch die maß-
stäbliche Verkleinerung bedingt. Die Herstellung der Träger und die
Belastungsversuche sind von Oppermann[1] eingehend beschrieben.

Der Formbeiwert des Trägerprofils in Trägermitte, wieder unter Ver-
nachlässigung der Stahleinlagen, ist noch günstiger als der des Oelder
Brückenträgers, nämlich 0,456.

Lenk[2] führt noch weitere Beispiele für Großtragwerke aus Spannbeton an:

„Anschließend an den Brückenbau von Oelde wurden 1168 m Träger für
schwere Belastung mit 16 m Länge für einen Molenbau ausgeführt. Im Jahre 1939
kam die gleiche Form zur Herstellung von Trägern für zwei Industriehallen zum
Einsatz, und zwar für sechs Träger mit 21 m und sieben Träger mit 26,5 m Stützweite (Abschnitt C, II, a, 2221). Im Jahre 1941 gelangte eine neue Form mit 2,60 m
Balkenhöhe, aber gleicher Bauweise zur Verwendung, die es ermöglicht, Träger
bis 45 m Länge auszuführen.“

Der Bau einer Flußbrücke, bestehend aus 14 je 90 t schweren Trägern
von 42,2 m Stützweite, die in der Nähe des Bauwerkes hergestellt wurden,
ist im Abschnitt C, II, a, 712 beschrieben.

1322. Dächer. Wenn die Dachbinder eine größere Stützweite erhalten
als etwa 12 m, werden vollwandige Balken auf zwei Stützen im allgemeinen zu schwer und erfordern zu viel Stahl, es sei denn, sie werden
aus Spannbeton unter Verwendung höchstwertigen Stahles hergestellt.
Man zieht dann Bogenbinder oder Fachwerkbinder aus Stahlbeton oder
Spannbeton vor. Löser[3] bringt die Zeichnung eines 19,50 m weit gespannten Fachwerkbinders einer Halle in Crotone mit 3 m Binderabstand. Dieser Dachbinder wiegt 3,6 t (1,3 m³ Beton) und enthält
570 kg Stahl. Auf 1 m² Hallengrundfläche ergibt dies 62 kg Gewicht
und 9,7 kg Stahl.

Ein weiterer dort abgebildeter Fachwerkbinder einer Halle in Mailand
hat bei einer Spannweite von 14,60 m und 6 m Binderabstand ein
Gewicht von 6,5 t oder 72 kg/m² Grundfläche.

Die Preußische Bergwerks- und Hütten A.-G., Rüdersdorf[4], dehnt
den schon früher hervorgehobenen Grundsatz der werkmäßigen Herstellung von Stahlbetonfertigteilen in ortsfesten Fabriken auf Tragwerke großer Spannweite aus, indem sie diese in kleinere Einheiten
zerlegt, die mit solchen stählernen Verbindungsstücken zusammengeschraubt werden, daß Momente, Längs- und Querkräfte weitergegeben
werden können. Verbindungen dieser Art vereinigen die einzelnen Teile
zu einem starren biegesteifen Tragwerk. Die gleiche Firma hat vollwandige, 26 m weitgespannte Dachbinder für eine Stahlwerkshalle ent-

---

[1] Oppermann: Grundlagen für die Ausführung von Spannbetonträgern. Beton
u. Eisen 1940, S. 11.

[2] Lenk: Die Entwicklung des Spannbetons. Beton- u. Stahlbetonbau 1943,
H. 19/20.

[3] Löser: Bauten aus Stahlbetonfertigteilen. Beton- u. Stahlbetonbau 1944,
S. 9—14.

[4] v Halasz: Zit. S. 68.

worfen und ausgeführt, die statisch als Balken auf zwei Stützen wirken und in der Mitte nur 1,8 m hoch sind. Die Binder bestehen aus vier erst auf der Baustelle zu verbindenden Teilen, die 3,5 bis 3,8 t wiegen bei einem Gesamtgewicht der Träger von 15 t einschließlich Laterne. Der Binderabstand ist 5 m. Die Preußag fertigt weiterhin Zweigelenkrahmenbinder, die aus 5 Teilen bestehen und erst auf der Baustelle zusammengefügt und aufgerichtet werden. Auf diese Weise vereinigen sich die statischen Vorzüge monolithisch hergestellter biegefester Rahmen mit den gewichtsmäßigen Vorzügen der Fertigbetonbauweise.

„Der für die Verbindung notwendige Stahlbedarf wird in Kauf genommen, weil auf diese Weise die Ausnutzung hoher Betonspannungen möglich ist und die durch Gewichtsverringerung erzielte Stahlersparnis den Mehrbedarf für die Verbindungen mehr als ausgleicht."

133. Fachwerkträger für weitgespannte schwerbelastete Decken.

Im vorausgegangenen Abschnitt 122 wurden bereits einbetonierte Vollwandträger behandelt, die an der Einbaustelle so

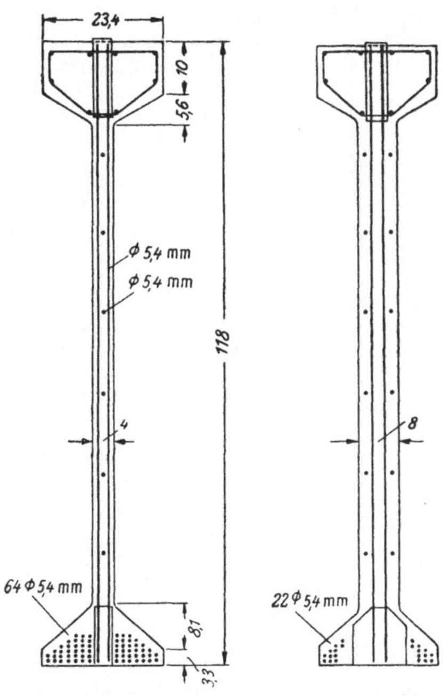

Abb. 47. Querschnitte eines Versuchsträgers aus Spannbeton.

zur Wirkung gelangen, daß sich die Lastaufnahme in dem Maße steigert, als sich die Decke aus weiteren Konstruktionsteilen aufbaut und nach und nach vollendet. Hier soll kurz auf Fachwerkträger hingewiesen werden, die auf der Baustelle als Fertigteile betoniert, nach ihrer Erhärtung eingebaut und durch einen aufgebrachten Frischbeton zu einer Massivdecke ergänzt wurden. Wenn auch die frühere Zweckbestimmung solcher Decken hinfällig geworden ist, so wäre der Fall doch denkbar, daß sie später einmal wieder für physikalische Forschungen, z. B. der Höhenstrahlung, anwendbar wären. Auf jeden Fall interessieren sie als beachtenswerte Ingenieurleistungen. Die Spannweiten schwankten zwischen 15 und 30 m; das Eigengewicht der Betondecke betrug 6 bis 10 t/m². Die den Biegungsmomenten angepaßte Form der Träger gab gewissermaßen dem amorphen Beton eine wohlgegliederte widerstandsfähige Struktur. Da die Höhe der Träger meist ihren künftigen Achsabstand überschritt, außerdem eine waagerechte Beförderung von einem abseits gelegenen Werkplatz aus bis zur Einbaustelle tunlichst zu vermeiden war, wurden die Träger unmittelbar unterhalb der Einbaustelle stehend betoniert und nach ihrer Erhärtung hochgezogen und versetzt. Zur Verwendung kamen Fachwerkträger mit parallelen Gurtungen, trapezförmig abgeschrägten Endfeldern und nach der Trägermitte zu steigenden Druckstreben. Die auf Zug beanspruchten Vertikalen bestanden aus Rundstahlstäben. Belastungsversuche an einem unter Berücksichtigung der steifen Knotenpunkte vielfach statisch unbestimm-

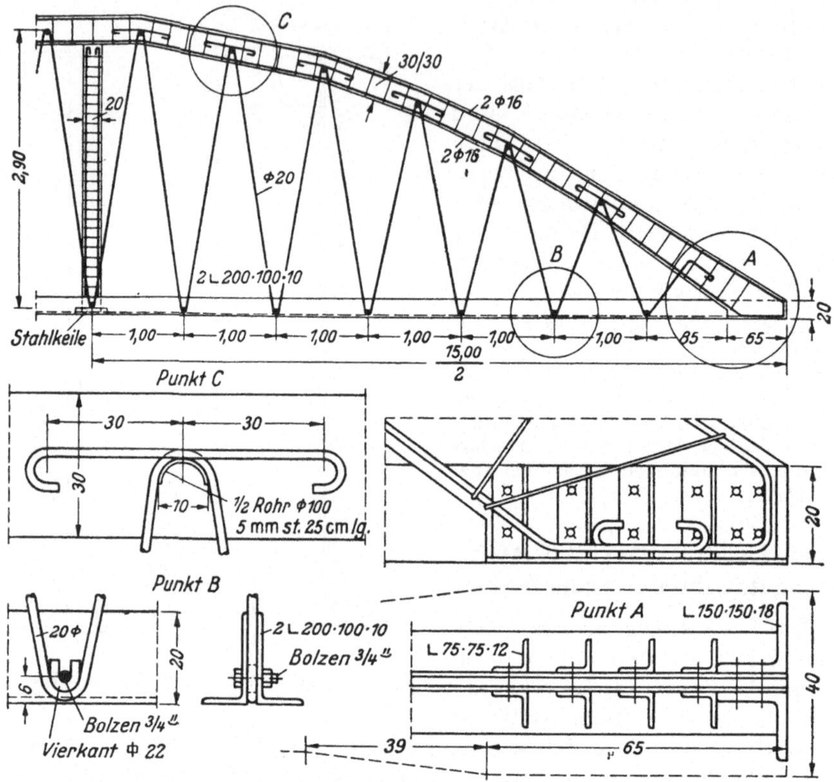

Abb. 48. Bogenbinder als primäres Tragelement massiver Decken.

ten Fachwerkträger, wobei die Wasserdruckpressen in den Knotenpunkten angesetzt wurden, ergaben gute Übereinstimmung mit der Rechnung.

Ferner wurden verschiedentlich durchbrochene Vollwandbalken sowie Fachwerkträger aus Spannbeton ausgeführt. Besonderer Wert wurde dabei auf eine innige Verbindung und Durchdringung mit dem Deckenbeton und seiner Bewehrung gelegt.

Interessant ist die von der Baugesellschaft Franz Brüggemann, Duisburg-Hamborn, ausgeführte Binderform (Abb. 48), die der bekannten Bogenbrücke bei Castelmoron[1] nachgebildet ist. Durch die Anordnung von schrägen Hängestangen war es möglich, die Biegungsmomente in den Bogen derart zu ermäßigen, daß die Normalkräfte die Abmessungen des Bogens bestimmten.

---

[1] KIEHNE: Französische Eisenbetonbrücken. Bauingenieur 1938, H. 1/2.

2. Druckglieder.

Als Druckglieder werden abgeschlossene Grundkörper und stabförmige Stahlbetonfertigteile bezeichnet, die in der Hauptsache auf Druck beansprucht werden, mehr oder weniger aber auch Biegemomente aufzunehmen haben.

21. Grundkörper.

Das statische System der Bauten aus Stahlbetonfertigteilen erfordert in den meisten Fällen eine Einspannung der Stützen und Säulen in den Fundamenten. Da die letzteren nicht nur senkrechte Lasten, sondern auch Momente aus den waagerechten Windkräften aufzunehmen haben, erhalten sie oft erhebliche Abmessungen. Bei der Wahl der zweckmäßigsten Gründungsform ist weiter von Bedeutung, ob durchlaufende Bankette aus irgendwelchen Gründen notwendig sind oder ob Einzelfundamente genügen.

Wenn die Grundkörper an Ort und Stelle betoniert werden, muß die Baustelle nur der Fundamente wegen mit Mischmaschinen und anderem Betoniergerät ausgerüstet werden. Für den Zusammenbau der Fertigteile genügt aber meist ein einfacher Mörtelbereiter oder ein kleinerer Mischer. Es ist deshalb angezeigt, auch die Grundkörper als Fertigteile auszubilden.

Die später beschriebene Einheitsmassivbaracke sieht z. B. diese sparsame und einfache Gründungsform vor. Wird bei bindigen Böden die zulässige Bodenpressung von $2,0\,\text{kg/cm}^2$ überschritten, so wird die Gründungsfläche durch vorher in die Fundamentlöcher eingebrachten Magerbeton vergrößert. Der Grundkörper für die Barackenstiele besteht nach Abb. 49 aus einer Grundplatte und einem kastenartigen Schaft. Nach dem Hinterfüllen der Fundamentgruben wird mit Hilfe einer Feinmessung die genaue Höhe durch Aufbringen eines Magerbetonbettes in den Hohlraum des Schaftes festgelegt.

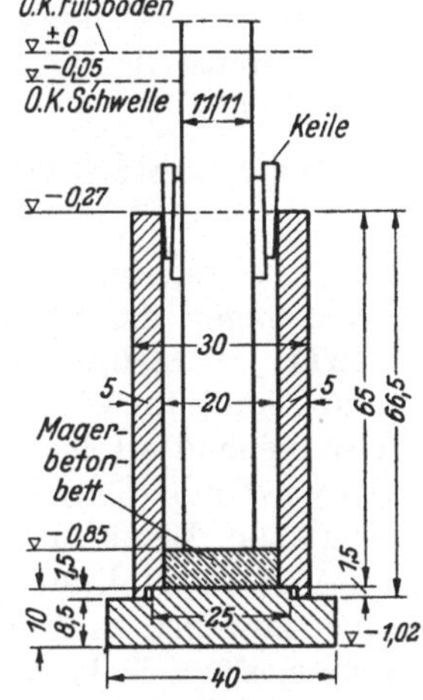

Abb. 49. Grundkörper für die Stiele der Einheits-Massivbaracke.

„Die Fundamente wirken statisch wie eine Pfeilergründung bei teilweiser Mitwirkung des aktiven Erddruckes des Hinterfüllungsbetons. Es ist daher notwendig, den Boden neben den Fundamentschäften durch Stampfen oder Einschlämmen gut zu verdichten"[1].

Größere Grundkörper müssen zur Gewichtsersparnis weitgehend aufgelöst und kräftig bewehrt werden. KLEINLOGEL[2] gibt einen solchen Körper wieder, der für ein Lagerhaus und eine Eisenkonstruktionswerkstätte der Grün & Bilfinger A.-G. im Industriehafen Mannheim

---

[1] Die Einheitsmassivbaracke. Schriftenreihe „Zu-gleich". Berlin: Otto Elsner 1944.

[2] KLEINLOGEL: Fertigkonstruktionen. Berlin: W. Ernst & Sohn 1929.

ausgeführt wurde und eine Grundplatte von $2,2 \times 1,8$ m aufwies. Das Gewicht betrug etwa 4,5 t. LÖSER[1] bringt eine ausführliche Berechnung solcher Gründungskörper. Die Sohle unter der Aussparung wird als eine kreuzweis bewehrte, allseitig eingespannte Platte behandelt. Zur Aufnahme der waagerechten Kräfte wird der hohle Aufbau als geschlossener Rechteckrahmen ausgebildet.

22. Stützen und Säulen.

Nach DIN 4225 (Teil E der Bestimmungen des Deutschen Ausschusses für Stahlbeton) müssen die kleinsten Querschnittsseiten freistehender Säulen mindestens 15 cm lang, ihre Längseinlagen mindestens 10 mm dick sein. Säulen für untergeordnete Zwecke (z. B. Fenstersäulen und Säulen für eingeschossige Baracken) und andere Druckglieder und ihre Längseinlagen dürfen schwächer sein, wenn sie werkmäßig hergestellt werden. Ferner enthält die DIN 4225 Zahlentafeln über die Knickzahlen für quadratische und rechteckige Säulen sowie Säulen mit beliebigem Querschnitt bei einfacher Bügelbewehrung. Für die Berechnung von Säulen und Druckgliedern ist die Prismenfestigkeit K_b bei Beton B 450 zu 300 kg/cm², bei Beton B 600 zu 360 kg/cm² anzunehmen. Im übrigen ist Teil A, § 27 der Stahlbetonbestimmungen maßgebend.

Je nach Abmessungen und Gewicht werden die Stützen in einem Stück im Werk oder auf der Baustelle als Stahlbetonfertigteile hergestellt, befördert und aufgerichtet (Fertigteile nach Hauptgruppe I) oder unter Verwendung von im Betonwerk angefertigten Schalsteinen auf der Baustelle stehend betoniert (Fertigteile nach Hauptgruppe II).

221. In einem Stück im Werk oder auf der Baustelle hergestellte Stützen (Hauptgruppe I).

Das Herstellungsverfahren richtet sich nach der Form und den Abmessungen der Stützen.

2211. Herstellung in Schalformen aus Holz oder Stahl. Die Herstellung kann im Werk bei nicht zu großen Längen auch in der üblichen Weise stehend erfolgen, gegebenenfalls unter Verwendung einer Grube. Meist wird man die Säulen jedoch in liegenden Formen stampfen, rütteln oder gießen. Wenn die Abmessungen sowohl mit Rücksicht auf die Beförderung als auch auf die Aufstellung zu groß werden, so werden die Säulen zuweilen in Einzelstücken gefertigt und auf der Baustelle zusammengefügt. So hatte z. B. die Philipp Holzmann A.-G. zur Aufnahme der Lasten der Dachbinder einer Industriehalle von 23,84 m Breite und der Kranträger für einen 12 t-Kran je eine Säule vorgesehen, die nach dem Versetzen durch einen Betonsteg zu einem zusammenhängenden I-förmigen Querschnitt verbunden wurden (Abb. 50). Die für diesen Steg erforderlichen Anschlußstäbe wurden bei der Herstellung der Säulen in

---

[1] LÖSER: Bauten aus Stahlbetonfertigteilen. Beton- u. Stahlbetonbau 1944, H. 9—14.

diese eingelegt. Die Tragsäulen für die Dachbinder wurden wegen ihrer großen Länge von rund 10 m in zwei Teilen hergestellt und an der Stoß-stelle durch zwei behelfs-mäßige und eine endgültige Lasche miteinander ver-bunden. Zu dieser Auftei-lung der Stützen war man deswegen gekommen, weil eine fertige Stütze 9,7 t wog, als Hebezeug aber nur ein 3 t-Demagzug zur Verfügung stand (Abb. 51). Der Mittenabstand der Säulen betrug 5,45 m.

Abb. 52 bis 54 zeigen eine von der Deutschen Bau-Aktiengesellschaft, Stahl-saitenbetonwerk Heide-waldburg, in Stahlsaiten-beton ausgeführte Mittel-stütze einer Werkstatthalle mit seitlichen Konsolen für die Kranbahnen. Die Stütze wiegt 1,5 t und ist für Biegemomente von $M_x = \pm 6,9$ tm und $M_y = \pm 1,3$ tm sowie eine Querkraft von $\pm 1,8$ t berechnet. Wie im Ab-schnitt C, I, a, 2423 näher begründet, läßt sich die zulässige Betondruckspan-

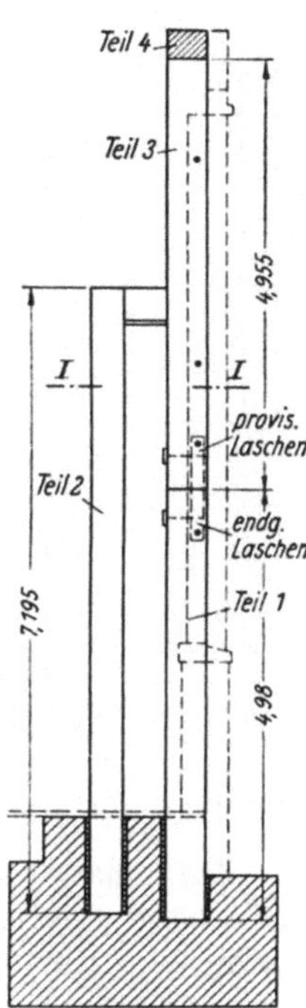

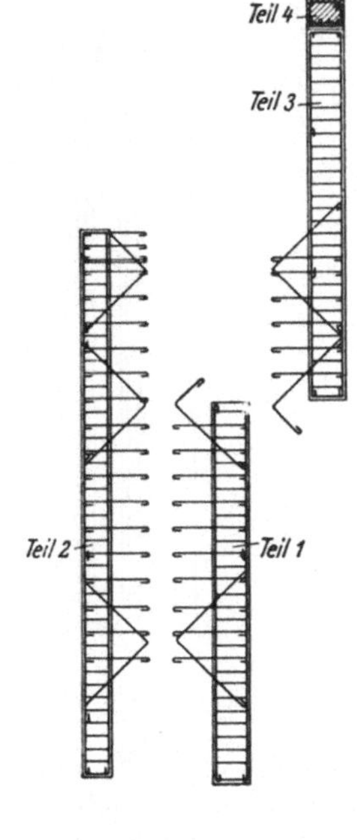

Abb. 50. Zusammengesetzte Stütze einer Industriehalle.

nung bei Bauteilen aus Stahlsaitenbeton nur unvollkommen aus-nützen, wenn diese ab-wechselnd in der einen und der anderen Rich-tung auf Biegung be-ansprucht werden.

2212. Herstellung im Schleuderverfahren. Das eigentliche An-wendungsgebiet des

Abb. 51. Aufstellung der Stützen nach Abb. 50.

Schleuderverfahrens ist außer der Herstellung von Rohren die fabrikmäßige Fertigung freistehender Maste für Beleuchtung, Straßen-

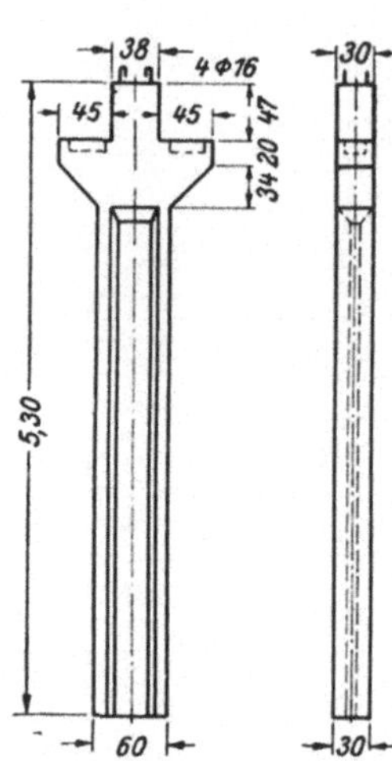
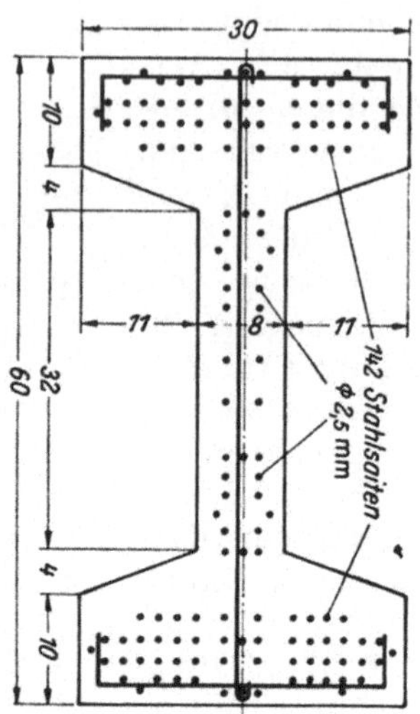

Abb. 52. Schwere Mittelstütze aus Stahlsaitenbeton.

bahnen und Freileitungen. Man hat hierbei bereits große Längen
(bis 36 m) erreicht. Der sich beim Schleudern zwangsläufig bildende
mittlere kreisförmige Hohlraum wird zur
Unterbringung der Zuführungsleitungen
ausgenutzt. Maste gehören nach den ein-
führenden Bemerkungen als abgeschlossene Baueinheiten nicht zu den konstruk-

Abb. 53. Stütze nach Abb. 52 auf
dem Transport.

Abb. 54. Endflächen-Ansicht der
Stütze nach Abb. 52.

tiven Fertigbetonteilen im Sinne der gegebenen Begriffsbestimmung
und sollen hier nicht weiter behandelt werden. Aber auch für Säulen hat
das Schleuderverfahren weitgehend Anwendung gefunden, zumal der
hohle Querschnitt die günstigste Stoffausnutzung gewährleistet, um

der Knickgefahr zu begegnen. Kommt es jedoch bei kürzeren, schwerbelasteten Stützen mehr auf einen ausreichenden Druckquerschnitt an, so wird der Hohlraum mit bewehrtem Beton ausgefüllt.

Im Schleuderverfahren können Stützen mit kreisförmigem und polygonalem Querschnitt ausgeführt werden. Kreis- und Vieleckquerschnitte kommen hauptsächlich für freistehende Stützen in Betracht, quadratische und rechteckige Säulen hingegen werden zum Einbinden in durchgehende Wände oder als Eckpfosten herangezogen. Schlitze und Öffnungen zum Einschieben von Wandriegeln, Unterzügen und sonstigen Verbindungsgliedern werden vor dem Schleudern eingeschalt und ausgespart.

Infolge der Fliehkraft ist die Verdichtung des Frischbetons vollständig, die Bewehrung wird auf das wirksamste in das Betongefüge eingebettet. Auch vorgespannte Bewehrungsstäbe und Stahlsaiten sind anwendbar.

Schleudermaste eignen sich wegen ihrer großen Länge und hohen Festigkeit besonders zur gleichzeitigen Verwendung als Gründungspfähle und aufgehende Jochpfeiler von Brücken. Als Beispiel seien die Pfahljoche der von Dyckerhoff & Widmann ausgeführten Brücke über den „Langen Grund" bei Klingenberg genannt[1].

2213. Herstellung im Wickelverfahren. Neben Rohren werden auch Stützen und Säulen im Betonwerk nach dem Zisseler-Verfahren oder nach dem Wickelverfahren (Siegwart) hergestellt. (Näheres hierüber bei Probst, Handbuch der Betonsteinindustrie.)

222. Unter Verwendung von Betonschalsteinen auf der Baustelle betonierte Stützen (Hauptgruppe II).

Will man den Transport schwerer Stützen vom Werk zur Baustelle oder ihre Herstellung auf dem Werkplatz der Baustelle vermeiden, so stellt man nach dem früher erläuterten Verfahren der Hauptgruppe II (schalungslose Monolithbauten) im Werke Schalformen aus Stahlbeton her, setzt diese auf der Baustelle zusammen und betoniert sie aus. Man nutzt auf diese Weise alle Vorteile der Fertigbetonbauweise aus, ohne den Nachteil der Beförderung zu schwerer Einheiten in Kauf nehmen zu müssen. Die Schalsteine sind entweder ringförmig geschlossen oder auch noch radial gegliedert. Sie unterteilen die Stützen in der Längsrichtung in einzelne Schüsse, wobei die ersteren mit waagerechten Mörtelfugen, die letzteren außerdem im Verband versetzt und nach Einbringen einer Längsbewehrung mit Beton ausgefüllt werden.

2221. Geschlossene Ringe oder Kästen. Die Schalsteine bestehen für voll ausbetonierte Stützen aus kreisrunden oder vieleckigen, ring- oder kastenförmigen Hohlkörpern. Hat die Stütze einen größeren Querschnitt bei entsprechender Höhe, so kommen gegebenenfalls zwei ineinandergestellte Schalsteine verschiedener Größe zur Verwendung, wobei nur der Zwischenraum zwischen den beiden Schalsteinen bewehrt und mit Beton ausgegossen wird. Die Schalsteine sind meist so be-

---

[1] Reisinger: Beton u. Eisen 1926, H. 10.

messen, daß sie, bevor der Füllbeton erhärtet ist, das Eigengewicht der Decken vorübergehend allein zu tragen vermögen. Nach seiner Erhärtung kommt der Füllbeton für die Deckennutzlast zum Mittragen unter gleichzeitiger Erhöhung des Sicherheitsgrades.

2222. Radiale Formsteine. Die röhren- und kastenförmigen Schalsteine sind, besonders bei größeren Abmessungen, sehr sperrig für den Transport. Man ist deshalb dazu übergegangen, sie noch weiter in einzelne stabförmige Einheiten aufzuteilen, die nicht nur leichter herzustellen, sondern auch einfacher zu lagern, zu verladen und zu befördern sind. Abb. 55 zeigt eine aus dem Handbuch der Betonsteinindustrie von PROBST entnommene sinnreiche Lösung. Die Anordnung des als Schalung dienenden Betongerüstes entspricht einem Vorbilde der Natur, nämlich dem Querschnitt eines Schachtelhalmes[1], der sich aus dem I-trägerförmigen Traggerüst und den dazwischen liegenden saftleitenden Zellen zusammensetzt. Beim Querschnitt der Abb. 55 besteht nur der Unterschied, daß Betonschalung und Füllbeton vereint dem Zwecke der Festigkeit dienen, während der innere Längshohlraum gegebenenfalls zur Aufnahme von Leitungen — z. B. bei Beleuchtungsmasten — bereit wäre.

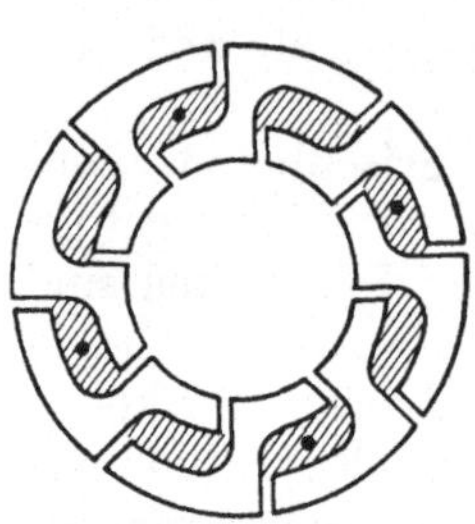

Abb. 55. Runde Säule aus Betonschalsteinen und Füllbeton.

Mit Hilfe von sog. L-Steinen läßt sich nach Abb. 56 auch ein quadratischer Hohlquerschnitt zusammenstellen.

Es ist auch der Fall denkbar, daß man die vom Werk angelieferten Schalsteine erst auf dem Werkplatz der Baustelle zu fertigen Säulen vereinigt, ehe man diese als Betonfertigteil 2. Ordnung im ganzen versetzt. Bei einer größeren Anzahl von Säulen könnte diese Herstellungsart wirtschaftlicher werden. Man hätte also auch hier das erstrebenswerte Ziel erreicht: Anfertigung leichter Teile im ortsfesten Werk, Zusammenbau zu größeren Einheiten auf der Baustelle und Versetzen mit den dort ohnehin vorhandenen schweren Hubgeräten.

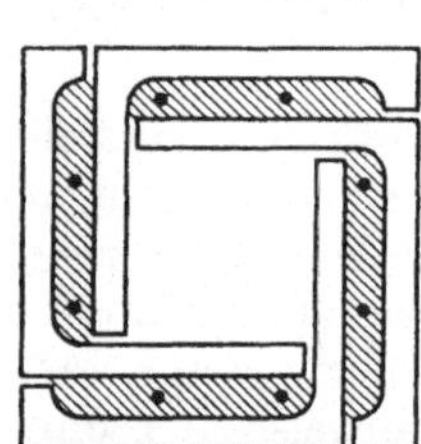

Abb. 56. Quadratische Säule aus Betonschalsteinen und Füllbeton.

23. Rammpfähle.

Jede Bauform erwächst aus Bauaufgabe, Baustoff und Bauausführung. Die *Bauaufgabe* der Rammpfähle ist die Übertragung der Baulast auf den tragfähigen Baugrund, die teils durch die Mantelreibung, teils durch den Spitzenwiderstand bewirkt wird. Überwiegt der Einfluß des Spitzenwiderstandes, so ist der *prismatische Rammpfahl* der geeignetere; wo in der Hauptsache die Mantelreibung ausgenutzt werden soll, ist der *Schraubenrammpfahl* vorzuziehen. Die Betrachtungen über die For-

---

[1] KIEHNE: Die Biotechnik des Bauens. VDI-Nachr. 1927, Nr. 18.

mung der Rammpfähle haben also stets zwischen beiden Pfahlarten zu unterscheiden. Auf Grund der stofflichen Eigenschaften des Stahlbetons und Stahlsaitenbetons werden neue Bauformen entwickelt, die nicht unwesentlich von den bisher gebräuchlichen Querschnittsformen für Stahlbeton abweichen, für den vorgespannten Stahlsaitenbeton überhaupt erstmalig in Vorschlag gebracht werden. Auch die *Bauausführung*, also die Art der Herstellung der Rammpfähle, die in einem besonderen Abschnitt behandelt wird, beeinflußt die Gestaltung der Rammpfähle.

231. Formung der Rammpfähle.

2311. Prismatische Pfähle. 23111. Stahlbeton mit Bügelbewehrung. In meiner Abhandlung über den Schraubenrammpfahl[1] habe ich nachgewiesen, daß das Dreieck unter allen regelmäßigen Vielecken gleichen Flächeninhalts das größte Trägheitsmoment und den größten Umfang besitzt und deshalb als Querschnittsform für Rammpfähle vorzuziehen ist. Die Herstellung des dreikantigen Pfahles ist einfacher als die des vierkantigen und erfordert einen geringeren Schalungsaufwand. Gegen den Dreiecksquerschnitt wird ins Feld geführt, daß das kleinste Widerstandsmoment des Dreiecks um 7% kleiner sei als das des Quadrates gleichen Flächeninhalts, wodurch der Dreikantpfahl beim Aufnehmen größeren Biegespannungen ausgesetzt sei. Für Querschnitte mit ungebrochenen Ecken ist dieser Einwand wohl stichhaltig, nicht aber für solche mit abgestumpften Ecken, wie sie zum Schutz gegen örtliche Beschädigungen meist vorgesehen werden.

Es ist deshalb zu untersuchen, um welches Maß die Ecken des Dreiecks zweckmäßig gebrochen werden. Aus Abb. 57 geht hervor, wie das gleichseitige Dreieck durch immer stärkeres Brechen der Ecken über das regelmäßige Sechseck wieder in ein Dreieck von halber Seitenlänge übergeht. Zunächst wurden für den Querschnitt eines Grunddreiecks mit der Seitenlänge $a = 10$ die Werte F, J, U, W_1 und W_2 für allmählich zunehmendes Abschrägmaß $b = 0$ bis $b = a/2$ ermittelt und durch die gestrichelten Linien dargestellt. Für einen mühelosen Vergleich, d. h. für die Feststellung der wirtschaftlichsten Querschnittsform, genügen diese Linien noch nicht. Hierzu müssen die bei gleichem Stoffaufwand geltenden Zahlenwerte, nämlich die Werte für glcichbleibenden Querschnitt bekannt sein. Zu diesem Zwecke sind die Werte für J im Verhältnis der Quadrate der Flächeninhalte, die Werte für U im Verhältnis der Quadratwurzeln der Flächeninhalte und schließlich die Werte für W im Verhältnis der Quadratwurzeln aus der dritten Potenz der Flächeninhalte umzurechnen. Man erhält so die in Abb. 57 ausgezogenen Linien für F, J, U, W_1 und W_2.

Wir erkennen, daß die Linie für J zunächst nach oben konvex verläuft, d. h. daß die Werte für J mit der Zunahme des Abschrägmaßes nur allmählich kleiner werden. Beim regelmäßigen Sechseck tritt ein Minimum ein.

---

[1] Kɪᴇʜɴᴇ: Der Schraubenrammpfahl. Bautechn. 1942, H. 21/22.

Die Linie für U ist nach oben konkav geformt und fällt infolgedessen schon zu Beginn schneller ab. Auch hier ergibt sich beim regelmäßigen Sechseck ein Minimum.

Besondere Beachtung verdient die gestrichelte Linie für W_2. Obgleich F durch das Abschrägen der Ecken kleiner wird, steigt zunächst W_2

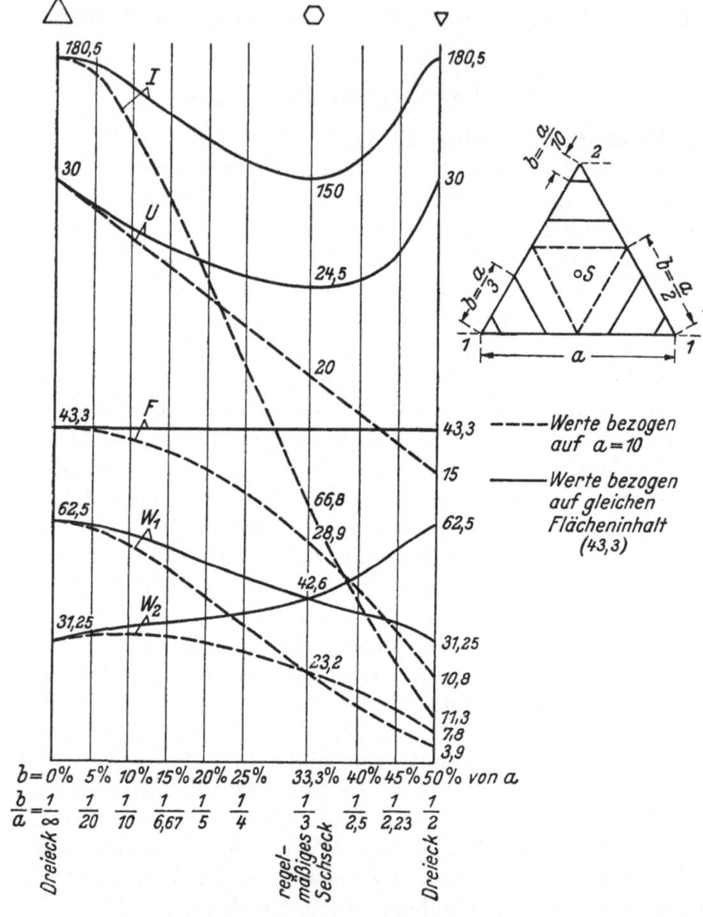

Abb. 57. Querschnittswerte gleichseitiger Dreiecke mit gebrochenen Ecken.

und erreicht ein Maximum bei einer Abschrägung von 1/10 der Seitenlänge des Dreiecks. Die Linien für W_1 und W_2 schneiden sich, sobald das Dreieck durch die Vergrößerung der Abschrägung die Form des regelmäßigen Sechsecks angenommen hat. Jenseits dieses Sechseckquerschnittes vertauschen sich die Rollen von W_1 und W_2. Während zuerst W_2 der kleinere Wert war, wird es jetzt W_1. Legt man gleichen Flächeninhalt zugrunde, so ändert sich das Bild. Mit zunehmender Abschrägung steigt die Linie für W_2 stetig an, ohne nach einem Maximum wieder abzusinken. Beim regelmäßigen Sechseck erreicht das kleinere Widerstandsmoment seinen Größtwert.

Zur Ermittlung des günstigsten Abschrägungsmaßes für die Kanten eines Dreikantpfahles bestimmen wir in Tafel XVI die prozentuale Ab- oder Zunahme von J, U und $W_{\min}$ bei gleichbleibendem F.

Tafel XVI.

Abschrägungs-maß	J	ΔJ %	U	ΔU %	$W_{\min}$	$\Delta W_{\min}$ %
0	100,0	0	100,0	0	100,0	0
$\frac{1}{20}$	99,0	$-1,0$	95,4	$-4,6$	106,6	$+6,6$
$\frac{1}{10}$	96,0	$-4,0$	91,4	$-8,6$	111,0	$+11,0$

Da man sich möglichst wenig von dem günstigen Dreiecksquerschnitt entfernen will, wird man sich bei der Wahl des Abschrägungsmaßes allein von praktischen Überlegungen leiten lassen und es so klein wie möglich

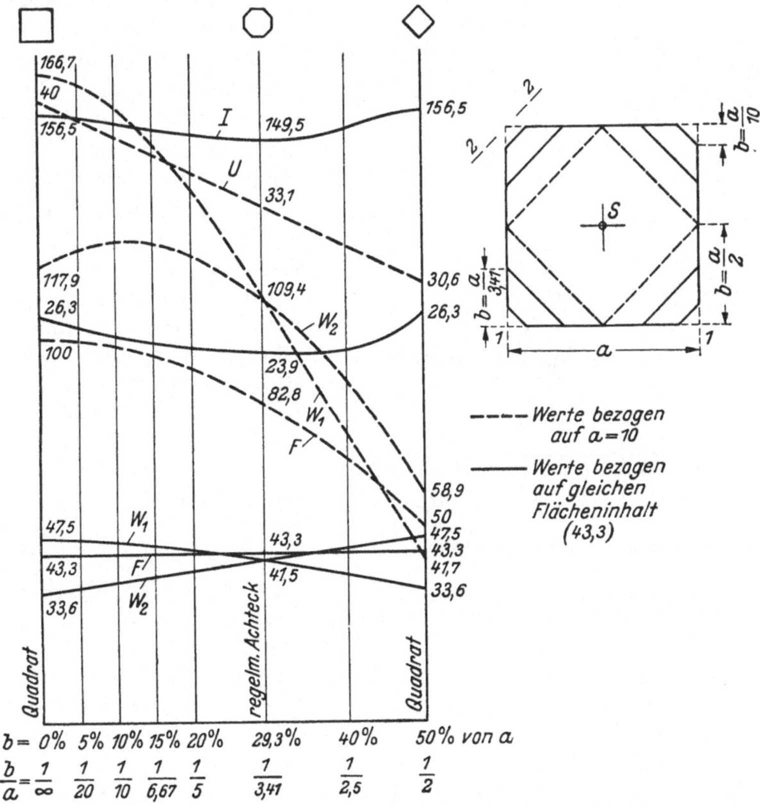

Abb. 58. Querschnittswerte von Quadraten mit gebrochenen Ecken.

annehmen. Eine Abschrägung von 4 cm dürfte die Gewähr bieten, daß keine Kantenbeschädigungen eintreten. Bei einer Seitenlänge des Drei- ecks von 40 cm beträgt dann die Abschrägung 1/10, bei einer Seitenlänge von 50 cm 1/12,5. Man wird also eine Abschrägung von etwa 1/10 der Seitenlänge als praktisch zweckmäßig ansehen. Dabei haben J und U nur wenig abgenommen, die Vergrößerung von W_{min} um 11% ist aber sehr willkommen.

In Abb. 58 sind die gleichen Untersuchungen für den quadratischen Querschnitt durchgeführt und in Schaulinien dargestellt. Um einen Vergleich mit dem Dreiecksquerschnitt zu ermöglichen, wurden die Werte für konstanten Querschnitt nicht auf den Querschnitt 100, der dem Grundquadrat entspricht, sondern auf den Querschnitt 43,3 des Grunddreiecks bezogen.

In Abb. 59 ist dann der Verlauf der auf flächengleiche Querschnitte F bezogenen Werte U, W_{min} und J für Dreieck und Quadrat zusammen aufgetragen. Der Vergleich läßt die eindeutige Überlegenheit des Dreiecksquerschnittes mit 1/10 Eckenbrechung hinsichtlich des Trägheitsmomentes erkennen, während W_{min} etwa gleich dem des nicht abgeschrägten Quadrates ist. Da es bei prismatischen Pfählen vor allem auf den Spitzenwiderstand ankommt, tritt U an Bedeutung zurück, J hingegen ist sowohl für die Rammung als auch für den endgültigen Bauzustand wichtig. Deswegen ist das abgeschrägte Dreieck mit 1/10 Abschrägmaß für bügelbewehrte Stahlbetonpfähle der günstigste Querschnitt.

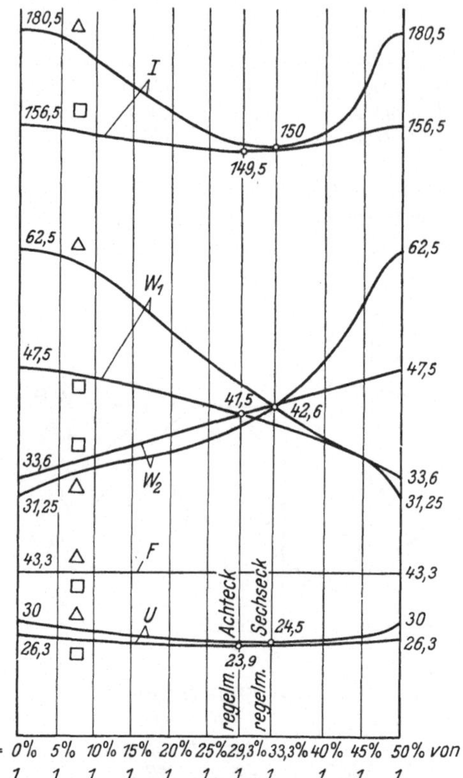

Abb. 59. Vergleich der Querschnittswerte von Dreiecken und Quadraten mit gebrochenen Ecken.[1]

23112. Spiralbewehrter Stahlbeton und Stahlsaitenbeton. Für spiralbewehrte Stahlbeton- oder Stahlsaitenbetonpfähle ist der Dreiecksquerschnitt ungeeignet, weil die dem einbeschriebenen Kreis angepaßten Spiralen nur etwa 60% des Betonquerschnittes fassen. Für spiralbewehrte Rammpfähle wurde daher von mir ein *Dreispitzquerschnitt mit nach außen gekrümmten Seiten*[1] entwickelt, bei dem der einbeschriebene Kreis je nach dem gewählten Krümmungshalbmesser einen entsprechend größeren Querschnittsanteil umfaßt. Durch die Wahl eines

---

[1] Prioritätsrecht angemeldet.

geeigneten Halbmessers muß auch hier ein Ausgleich der einander widerstrebenden Eigenschaften (Trägheitsmoment, Durchmesser des einbeschriebenen Kreises, Eckwinkel) geschaffen werden, der den Belangen der Rammpfähle am besten entspricht. In Abb. 60 sind die verschiedenen Möglichkeiten dargestellt.

Das gleichseitige Dreieck bildet den einen Grenzfall, der Wölbungshalbmesser der Seiten ist unendlich groß.

Wird der Wölbungshalbmesser mit $\varrho = 2\,a \cdot \cos 15° = 1{,}9318\,a$ angenommen, so schließen die an die Kreisbögen gelegten Tangenten einen Eckwinkel von 90° ein. Wir nennen diese geometrische Figur einen

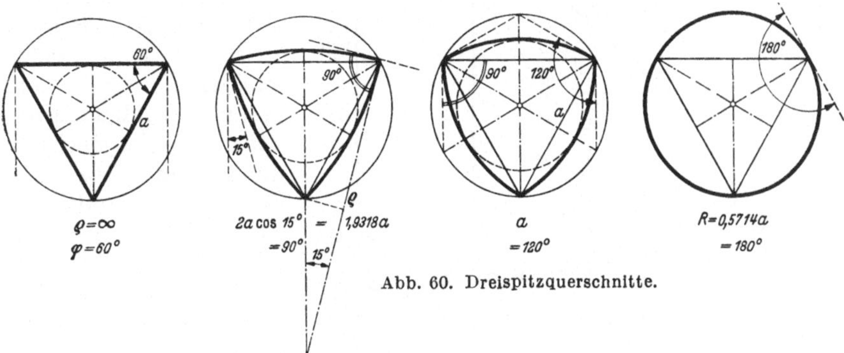

Abb. 60. Dreispitzquerschnitte.

„*rechtwinkligen Dreispitz*". Die Vorzüge des Dreiecks (hohes Trägheitsmoment, großer Umfang) werden also hierbei mit denen des Quadrates (rechter Winkel) in einer Figur vereinigt. Eine Brechung der Ecken ist nicht erforderlich. Dreikantpfähle werden mit der Spitze nach unten in feststehenden Schalungen hergestellt. Damit sie noch aus der Schalung herausgehoben werden können, dürfen die nach unten weisenden Tangenten an den beiden oberen Eckpunkten höchstens senkrecht stehen. Im vorliegenden Falle beträgt der Winkel, den diese Tangenten mit den Lotrechten einschließen, 15°.

Vermindert man den Wölbungshalbmesser ϱ weiter, bis er gleich der Dreiecksseite a wird, so betragen die Eckwinkel 120° wie beim regelmäßigen Sechseck. Wir bezeichnen diese Figur als „*stumpfwinkligen Dreispitz*", dessen Winkelsumme 360° beträgt, also doppelt so groß ist wie die des Dreiecks. Die nach unten weisenden Tangenten an den beiden oberen Eckpunkten stehen senkrecht. Der fertige Pfahl kann also gerade noch aus der Schalung gehoben werden. Diese Dreispitzfigur ist in der Geometrie als REULEAUXsche Figur[1] bekannt Gibt man einem Pfahle als Querschnitt die Form einer REULEAUXschen Figur, so lassen sich auf der entstandenen Walze Lasten wie auf einer kreisrunden Zylinderwalze weiterrollen, ohne daß sie sich heben oder senken. Allerdings muß zum Unterschied vom Zylinder der Schwerpunkt der Walzen abwechselnd gehoben und gesenkt werden, wozu Arbeit, wenn auch nicht in dem Maße wie beim dreikantigen Prisma, zu leisten ist. Eine

---

[1] Von dem Mathematiker REULEAUX im Jahre 1875 gefunden.

praktische Ausnutzung, etwa zum Abrollen auf dem Pfahllager, ist deshalb nicht gegeben.

Der andere Grenzfall ist der *Kreis*, dessen Halbmesser gleich dem des umschriebenen Kreises ist.

Die praktische Anwendung beschränkt sich auf den Bereich zwischen dem „rechtwinkligen" und dem „stumpfwinkligen Dreispitz". Es ist noch zu untersuchen, welchem der beiden Fälle der Vorzug zu geben ist oder ob der günstigste Querschnitt zwischen beiden liegt. Zu diesem Zwecke sind die Querschnittswerte flächengleicher Dreispitze mit verschiedenen Eckwinkeln einschließlich der Flächeninhalte der umbeschriebenen und einbeschriebenen Kreise in Abb. 61 graphisch aufgetragen, und zwar bezogen auf den Flächeninhalt des Dreiecks von 10 cm Seitenlänge mit 1/10 Eckenbrechung. Eine Gegenüberstellung der Werte für den Dreispitz mit einem Eckwinkel von 90° und 120° gibt die Tafel XVII.

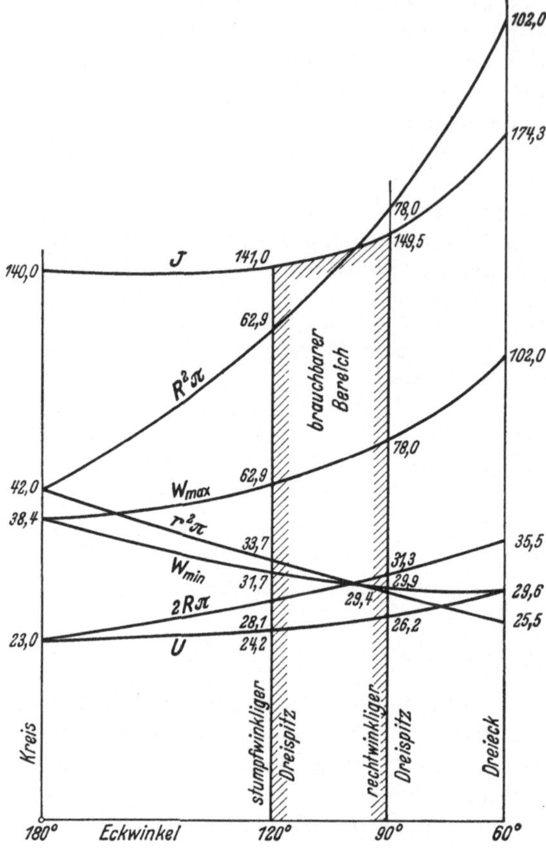

Abb. 61. Querschnittswerte flächengleicher Dreispitze mit verschiedenen Eckwinkeln.

Tafel XVII.

Eckwinkel	J	ΔJ %	W_{min}	ΔW_{min} %	U	ΔU %	$r^2 \cdot \pi$	$\Delta r^2 \cdot \pi$ %
120°	141,0	—	31,7	—	24,2	—	33,7	—
90°	149,5	+6,0	29,9	−5,7	26,2	+8,3	29,4	−12,8

Aus Abb. 61 ist zu ersehen, daß bei einem Eckwinkel von 120° das Trägheitsmoment fast noch denselben Wert wie beim Kreis besitzt. Hinsichtlich J würde also bei der Wahl dieses Eckwinkels einer der Vorteile, die das Dreieck gegenüber dem Kreise hervorheben, nahezu aufgehoben. Für den Eckwinkel 90° ist J wenigstens um 6% größer, U um 8,3% größer als für 120°. Der Abfall von $r^2 \pi$ bei 90° gegenüber

120° um 12,8% ist demgegenüber nicht von ausschlaggebender Bedeutung. Auch das Absinken von W_{min} um 5,7% ist für die Wahl weniger wichtig, zumal der ins Auge gefaßte Querschnitt hauptsächlich für spiralbewehrte Pfähle, besonders für Stahlsaitenbeton, gedacht ist, bei denen die Rißsicherheit größer und somit die Rißgefahr beim Aufnehmen der Pfähle an sich geringer ist.

Wir kommen also zu dem Ergebnis, daß es vorteilhaft ist, sich nicht allzu weit vom Dreiecksquerschnitt zu entfernen, und wählen infolgedessen vorzugsweise den *rechtwinkligen* Dreispitz als Pfahlquerschnitt.

2312. Schraubenrammpfähle. Bei der Wahl eines zweckmäßigen Querschnittes für den Schraubenrammpfahl ist nicht nur das Trägheitsmoment J, das Widerstandsmoment W_{min}, der Umfang U und der Halbmesser des einbeschriebenen Kreises r von Wichtigkeit, sondern vor allem auch Fläche und Umfang des umbeschriebenen Kreises mit dem Halbmesser R.

23121. Regelmäßiger Querschnitt. Von allen flächengleichen regelmäßigen Vielecken weist das Dreieck den größten Inhalt und Umfang des umbeschriebenen Kreises auf. Der Flächeninhalt des dem gleichseitigen Dreieck umbeschriebenen Kreises ist 2,41 mal, der Umfang 1,21 mal so groß wie der des Dreiecks selbst. Ein grundsätzlicher Unterschied zwischen prismatischen Pfählen mit

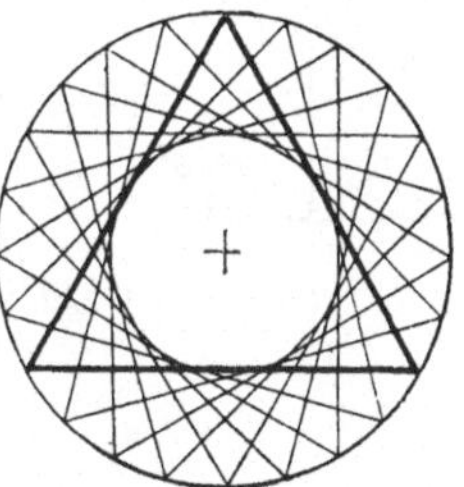

Abb. 62. Umbeschriebener und einbeschriebener Kreis des Schraubenrammpfahles mit dreieckigem Querschnitt.

aufgelegten schraubenförmigen Rippen und verdrillten Pfählen besteht nicht. Die in den Abb. 62 und 63 wiedergegebene Bildwirkung verdrillter Pfähle läßt sich auch erzielen, wenn man ein aus steifem Papier ausgeschnittenes Dreieck um seine Schwerpunktachse in schnelle Drehung versetzt.

Für den Schraubenrammpfahl bietet der Dreispitzquerschnitt die gleichen Vorteile gegenüber dem Dreieckquerschnitt wie für den prismatischen Rammpfahl. Wenn schon beim prismatischen Rammpfahl die Wahl einem Eckwinkel von 90° zuneigt, so wird sie für den Schraubenrammpfahl noch mehr bekräftigt, da Inhalt und Umfang des umbeschriebenen Kreises gegenüber dem Dreispitz mit einem Eckwinkel von 120° sehr stark zunehmen (Abb. 61). Der rechtwinklige Dreispitz ist also auch für den Schraubenrammpfahl der geeignete regelmäßige Querschnitt.

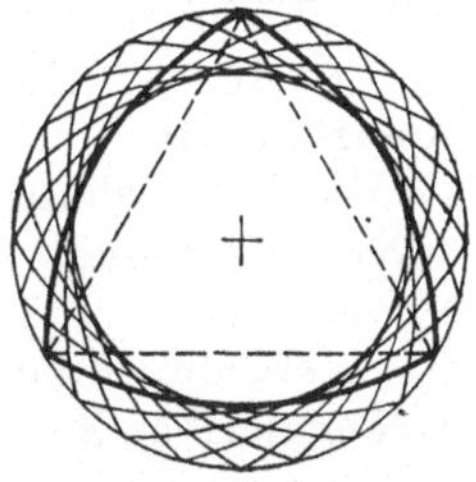

Abb. 63. Umbeschriebener und einbeschriebener Kreis des Schraubenrammpfahles mit Dreispitzquerschnitt.

23122. Querschnitt mit zwei Symmetrieachsen. In den Fällen, wo es vor allem auf die Mantelreibung ankommt, also für schwebende Gründungen, sucht man den Durchmesser des dem Pfahlquerschnitt umschriebenen Kreises noch mehr zu vergrößern. Neben dem Rechteck kommt der Zweispitz als Querschnitt in Betracht (Abb. 64).

Die stoffliche Linie (Abb. 64a) bildet den einen Grenzfall, der für die

Praxis aber natürlich ausscheidet. Das Verhältnis der großen zur kleinen Achse ist unendlich groß.

Der rechtwinklige Zweispitz (Abb. 64b) begrenzt den Bereich der praktischen Brauchbarkeit nach der einen Richtung. Bei einem Eckwinkel $\varphi = 90°$ ist der Krümmungshalbmesser der beiden Seiten $\varrho = \dfrac{a}{2}\sqrt{2} = 0{,}707\,a$, das Verhältnis der großen zur kleinen Achse $\dfrac{a}{b} = 2{,}42$.

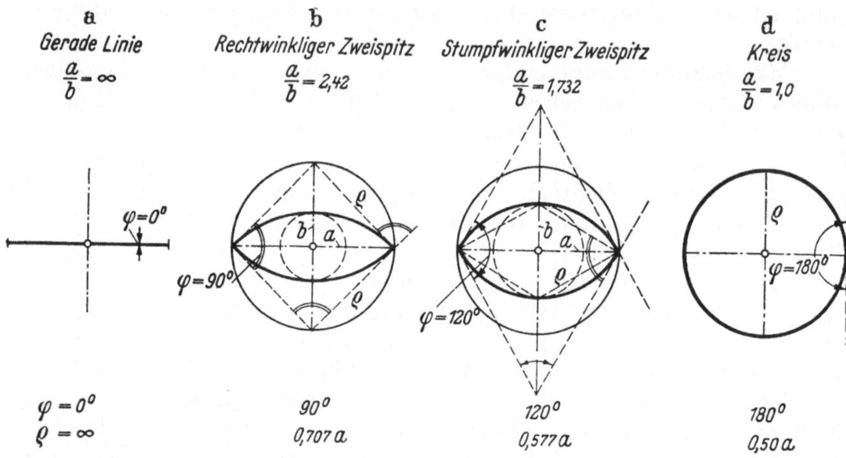

Abb. 64. Zweispitzquerschnitte.

Der *stumpfwinklige Zweispitz* (Abb. 64c) ist bis zu einem Eckwinkel $\varphi = 120°$ brauchbar, darüber hinaus nähert sich seine Gestalt zu sehr dem Kreise. Für diesen Eckwinkel ist $\varrho = a \cdot \mathrm{tg}\,(\varphi - 90°) = 0{,}577\,a = b$. Das Verhältnis der großen zur kleinen Achse ist $\dfrac{a}{b} = \dfrac{a}{0{,}577\,a} = 1{,}732$.

Der Kreis (Abb. 64d) mit $\varrho = \dfrac{a}{2}$ und $\dfrac{a}{b} = 1{,}0$ stellt den anderen Grenzfall dar.

Die Querschnittswerte flächengleicher Zweispitze sind in Abb. 65 durch Schaulinien einander gegenübergestellt, wobei sämtliche Werte wieder auf den Flächeninhalt des Dreiecks mit 10 cm Seitenlänge und 1/10 Eckenbrechung bezogen sind. Die Tafel XVIII gibt einen Vergleich flächengleicher Zweispitze mit einem Eckwinkel von 90° und 120°.

Tafel XVIII.

Eckwinkel	U	ΔU %	J_{min}	ΔJ_{min} %	W_{min}	ΔW_{min} %
120°	24,4	—	82,0	—	28,1	—
90°	28,0	+14,8	66,0	--19,5	25,3	- 10,0

Eckwinkel	$r^2\,\pi$	$\Delta r^2\,\pi$ %	$R^2\,\pi$	$\Delta R^2\,\pi$ %	$2\,R\,\pi$	$\Delta\,2\,R\,\pi$ %
120°	26,7	—	81,5	—	31,9	—
90°	21,4	--19,9	126,0	+54,6	39,7	+24,4

Die Bedeutung von J_{min}, W_{min}, $r^2\pi$ (Kernquerschnitt) tritt beim Schraubenrammpfahl etwas zurück. Für den Knickwiderstand beim Rammen und im eingebauten Zustande werden noch andere Einflüsse wirksam, da bei schwebenden Gründungen neben dem Kernquerschnitt die windschiefen Flächen der Schraubenwindungen zum Tragen kommen. Aus diesem Grund sind Inhalt und Umfang des umbeschriebenen Kreises von größerer Wichtigkeit. Bei richtiger Abwägung der Bedeutung der verschiedenen Querschnittswerte hat der *rechtwinklige Zweispitz* das Übergewicht.

23123. Querschnitt mit einer Symmetrieachse. Der Schraubenrammpfahl mit Dreieck- oder Dreispitzquerschnitt kann mit einer *dreigängigen* Schraube, der Pfahl mit Zweispitzquerschnitt mit einer *zweigängigen* Schraube verglichen werden. Man könnte nun auch auf den Gedanken kommen, dem Pfahl die Gestalt einer *eingängigen* Schraube zu geben, indem man einen „Einspitzquerschnitt", d.h. einen unregelmäßigen Querschnitt, bestehend aus einem Kreis mit angesetzter Spitze zugrunde legt. In Anbetracht der großen Ganghöhe des Schraubenrammpfahls würde sich jedoch die Unsymmetrie des Querschnittes schädlich auf den Rammvorgang auswirken.

Damit die gesamte windschiefe Mantelfläche des Schraubenrammpfahles zum Tragen kommt, muß je nach dem gewählten Querschnitt auf die ganze Pfahllänge mindestens ein bestimmter Verdrillungswinkel vorhanden sein. Er muß nämlich mindestens gleich dem Zentriwinkel sein, der in einem Querschnitt durch die Verbindungslinien zweier benachbarter Ecken des Vielecks mit dessen Schwerpunkt gebildet wird. Ein Pfahl mit Einspitzquerschnitt würde also einen Verdrillungswinkel von mindestens 360° erfordern. In Abb. 66 sind auch für die anderen Vielecke die kleinsten Verdrillungswinkel aufgetragen. Bei der Anwendung wird man auf Grund der praktischen Erfahrungen einen Zuschlag von 15 bis 20% zum Verdrillungswinkel machen, da das Gewinde des Pfahles beim Beginn des Rammens nicht sogleich in dem die Schraubenmutter bildenden Erdreich „faßt", am oberen Ende somit ein Nacheilen eintritt.

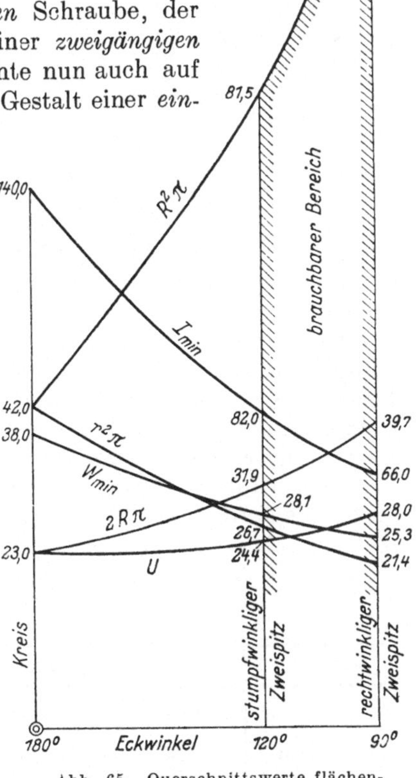

Abb. 65. Querschnittswerte flächengleicher Zweispitze mit verschiedenen Eckwinkeln.

Die Überlegungen über die Formung der Rammpfähle können wie folgt zusammengefaßt werden.

Statisch und herstellungsmäßig ist der Dreiecksquerschnitt der vorteilhafteste. Da die Ecken des gleichseitigen Dreiecks mit 60° zu spitz sind, werden sie gebrochen. Das günstigste Abschrägungsmaß beträgt 1/10 der Dreiecksseite. Dieser Querschnitt ist für prismatische Rammpfähle mit Bügelbewehrung geeignet.

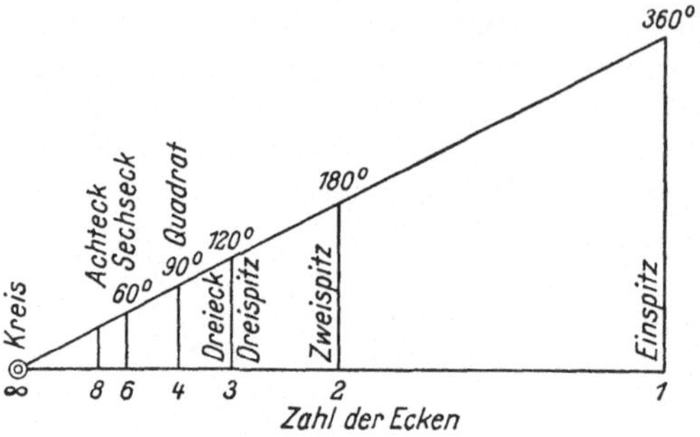

Spiralbewehrte prismatische Rammpfähle aus Stahlbeton und Stahlsaitenbeton erfordern einen größeren Kernquerschnitt. Zu diesem Zwecke werden die Seiten des Dreiecks nach außen gekrümmt. Der zweckmäßigste Querschnitt ist der rechtwinklige Dreispitz.

Abb. 66. Kleinste Verdrillungswinkel verschiedener Schraubenrammpfähle.

Für den Schraubenrammpfahl soll der Durchmesser des dem Pfahlquerschnitt umbeschriebenen Kreises besonders groß sein. Bei Schraubenrammpfählen aus Stahlbeton ist zwischen stehender und schwebender Gründung zu unterscheiden. Für erstere genügt der rechtwinklige Dreispitz. Für schwebende Gründungen hingegen wird der rechtwinklige Zweispitz bevorzugt, bei dem der Flächeninhalt des umbeschriebenen Kreises den des Pfahlquerschnittes um das Dreifache übertrifft. Das verhältnismäßig kleine Trägheitsmoment J_{min} beeinträchtigt infolge der Verdrillung weder den Rammvorgang noch die Tragfähigkeit des Pfahles.

Vorgespannte Schraubenrammpfähle erfordern einen möglichst großen, spiralumschnürten Kernquerschnitt. Hierfür kommt nur der rechtwinklige Dreispitz in Frage.

Tafel XIX gibt eine zusammenfassende Übersicht.

Tafel XIX.

Baustoff	Prismatischer Rammpfahl		Schraubenrammpfahl	
Stahlbeton	Bügelbewehrung	Abgestumpftes Dreieck	Stehende Gründung	Rechtwinkliger *Dreispitz*
	Spiralbewehrung	Rechtwinkliger Dreispitz	Schwebende Gründung	Rechtwinkliger *Zweispitz*
Stahlsaitenbeton	Rechtwinkliger Dreispitz		Rechtwinkliger Dreispitz	

232. Herstellung der Pfähle.

Alle Erwägungen über die Formung des wirtschaftlichsten Pfahlquerschnittes und die Feststellung einer gewissen statischen Überlegenheit dreiecksförmiger Querschnitte über den stoffgleichen quadratischen haben aber nur dann einen praktischen Wert, wenn der Dreikantpfahl zumindest nicht teurer wird als der gleichwertige Vierkantpfahl. Tatsächlich ist der prismatische Dreikantpfahl aber auch in der Fertigung überlegen.

Die Herstellung von Schraubenrammpfählen ist selbstverständlich komplizierter als die der prismatischen, aber auch sie ist noch wirtschaftlich möglich, wenn ihre technischen Vorzüge entsprechend bewertet werden. Diese liegen hauptsächlich in ihrer größeren Tragfähigkeit und ihrer besonderen Eignung als Zugpfähle.

2321. Prismatischer Rammpfahl. 23211. Stahlbeton. Meine vergleichenden Betrachtungen[1] über die Herstellung von Dreikant- und Vierkantpfählen sollen hier nicht wiederholt werden. Die Herstellung der Dreikantpfähle ist einfacher. Während bei der Ausführung von Vierkantpfählen die Schalung immer wieder beseitigt und neu aufgestellt werden muß, liegt die Schalung der Dreikantpfähle ein für allemal fest.

232111. *Einzelbetonierung.* Die Einschalformen bestehen für den reinen Dreiecksquerschnitt meist aus Holz. Der Beton wird durch Oberflächen- oder Tauchrüttler oder auf dem Rütteltisch verdichtet. Die obere Seitenfläche des Pfahles wird von Hand abgezogen Zur Aussparung der abgeschrägten Ecken werden an der Oberfläche zwei durch hölzerne Spangen verbundene Dreikantleisten eingesetzt, die bald nach der Betonierung herausgenommen werden können. Der fertige Pfahl wird an den einbetonierten Ösen mit Hilfe eines Kranes aus der Schalung gehoben. Nach Reinigung und Ölung der Schalflächen ist die Schalung sofort wieder zur Herstellung eines neuen Pfahles bereit.

Die Schalung der Pfähle mit Dreispitzquerschnitt besteht aus leicht formbaren Baustoffen, vorzugsweise aus Stahl und Beton. Die freie Oberfläche des Betons wird mit einer gekrümmten Schablone abgezogen. Die Bogenhöhe beträgt bei einer Seitenlänge des Dreiecks von 50 cm und einem Eckwinkel von 90° nur 3,3 cm. Der Querschnitt entspricht in diesem Fall demjenigen eines Quadrates von 38 cm Seitenlänge.

232112. *Sammelbetonierung.* Unter Sammelbetonierung soll das Ausbetonieren einer Reihe nebeneinander liegender, in einer langgestreckten Wanne untergebrachter Schalungen mittels Straßenfertiger verstanden werden. Diese Art von Betonierung ist nur für Rammpfähle von Dreieck- oder dreieckähnlichem Querschnitt mit Erfolg durchzuführen, wobei die Schalungen unverrückbar festliegen und vielfach wieder verwendet werden. Außerdem verlangt diese Fertigungsart eine ebene Betonoberfläche, damit der Straßenfertiger wie bei der Herstellung einer Betonstraße arbeiten kann. Wenn die Oberfläche der einzelnen Pfähle mit Wölbung ausgeführt werden muß, also bei den Pfählen mit Dreispitzquerschnitt, muß der Beton zunächst etwas höher aufgebracht werden. Nach der Verdichtung durch den Fertiger wird eine entsprechend profilierte Schablone über den Beton hinweggezogen.

23212. Stahlsaitenbeton. Auf die zahlreichen, bei der Herstellung des Stahlsaitenbetons zu beachtenden Einzelheiten soll hier nicht näher

---

[1] Kiehne: Der Schraubenrammpfahl. Bautechn. 1942, H. 21/22.

eingegangen werden. Ich beschränke mich vielmehr auf allgemeine Grundsätze, die im besonderen für die Fertigung von Rammpfählen gelten. Die günstigste Länge der Spannbahnen beträgt etwa 100 m; bei geringerer Länge ist der auf den einzelnen Pfahl entfallende Abfall an Stahlsaiten und der Kosten- und Zeitaufwand für die Verankerung der Drahtenden zu groß. Spannbahnen über 100 m Länge erschweren die Verständigung zwischen den an beiden Enden tätigen Arbeitern, die dann nur noch durch Fern- oder Lautsprecher möglich ist, auch wird mit der Zunahme der Länge die Handhabung der langen Drahtbündel immer schwieriger. Einzelschalungen, bei denen der Beton durch Beklopfen der Seitenschalungen mit Rüttelhämmern verdichtet wird, bestehen aus Holz oder Stahlblech. Weit vorteilhafter sind Gruppenschalungen aus Stahl, deren Hohlräume für die Fortleitung von Heizdampf ausgenützt werden können. Die Verdichtung des Betons erfolgt durch Straßenfertiger. Betonschalungen sind für Dreikantpfähle ebenfalls anwendbar, sie können aber nicht beheizt werden. Die Schalungen für die Pfahlspitzen werden als Trennscheiben ausgebildet, durch die die Stahlsaiten hindurchgeführt und nach dem Entspannen in dem frei bleibenden Raume abgeschnitten werden. Geschlitzte Trennscheiben sind einfacher zu handhaben als gelochte, da das umständliche und zeitraubende Einfädeln der Drähte wegfällt. Die Stahlsaiten werden bei der Trägerherstellung entweder einzeln durch Gewichte gespannt und verkeilt bzw. mit Blei vergossen oder mit Klemmplatten in ganzen Bündeln gefaßt. Beide Festhaltevorrichtungen sind auch bei der Anfertigung von Rammpfählen anwendbar. Bei der ersteren hat man die Gewähr, daß jeder Draht die genaue Vorspannung erhält, auch ist infolge der parallelen Führung der Drähte der Abfall geringer. Die Klemmplatten machen es notwendig, daß die Drähte an den Enden in schräger Richtung zusammengeführt werden. Bei nicht genau gleicher Länge der Drähte treten Spannungsunterschiede auf, die jedoch bei großer Gesamtlänge der Drähte (100 m) unerheblich sind. Die schräg abgelenkten Drahtenden können nicht ausgenutzt werden und sind Abfall.

2322. Schraubenrammpfahl. Für den Schraubenrammpfahl kommt als Querschnitt der Dreispitz und der Zweispitz in Betracht. Die Herstellung solcher Schraubenrammpfähle in Beton erscheint zunächst schwierig. Es fragt sich also, ob diese Schwierigkeiten so groß sind, daß sie die technischen und wirtschaftlichen Vorteile dieser Pfähle gegenüber den prismatischen Pfählen überwiegen. Dahingehende Untersuchungen zeigen, daß nur die einmalige Beschaffung der Stahlschalung einen höheren Aufwand verursacht, der jedoch auf fast unbegrenzte Pfahlmengen umgelegt werden kann. Die laufende Herstellung hingegen verteuert sich nur unwesentlich, bei entsprechender Einarbeitung kann die gleiche Tagesleistung mit derselben Arbeiteranzahl erreicht werden.

23221. Stahlbeton. 232211. *Dreispitz.* Da die Schalungsformen während des Betonierens gedreht werden müssen, kommt nur Einzelbetonierung der Pfähle in Betracht. Die stählernen Schalungen sind in kreisrunde Scheiben aus Holz oder Stahl eingebettet, die in der Längsrichtung einen Abstand von 2,50 bis 3,00 m haben. Beim Dreispitzquerschnitt beträgt der Verdrillungswinkel wie beim Dreieck mindestens 120°. Wir teilen diesen Winkelbereich nach Abb. 67 in zwei Teile, von denen also jeder einen Bereich von 60° umfaßt. Die Schalform muß nun im ersten Betonierungsabschnitt eine solche Lage einnehmen, daß die freie Betonoberfläche am äußersten Pfahlende um 30° nach rechts geneigt ist, so daß der Beton infolge seiner plastischen Beschaffenheit gerade nicht abgleiten kann. In Pfahlmitte neigt sich dann die Betonoberfläche um ebensoviel nach links (Stellung I). Nach dem Betonieren wird die bisher offene Seite des Pfahles im ersten Betonierabschnitt mit einem passenden Blech maßgerecht abgedeckt und geschlossen. Darauf wird die Schalform um 60° in die Stellung II gewälzt, wodurch sich die zweite Pfahlhälfte in der gleichen Betonierungslage befindet wie zuvor die erste Hälfte (Betonierabschnitt II). Die zweite Pfahlhälfte erfordert keine abnehmbare Schalung, und der eingebrachte Beton erhärtet an freier Luft.

Bei der Fertigung von größeren Mengen legt man wie bei prismatischen Pfählen mehrere Formen nebeneinander. Nimmt man die Länge der Dreiecksseite zu 0,50 m an, so ist der Durchmesser des umbeschriebenen Kreises 0,577 m. Der Durchmesser der Wälzscheiben sei zu 0,75 m angenommen, dann ist bei einer Drehung um 60° die Abwälzlänge $0,75 \cdot \pi \cdot \dfrac{60°}{360°} = 0,39$ m. Die

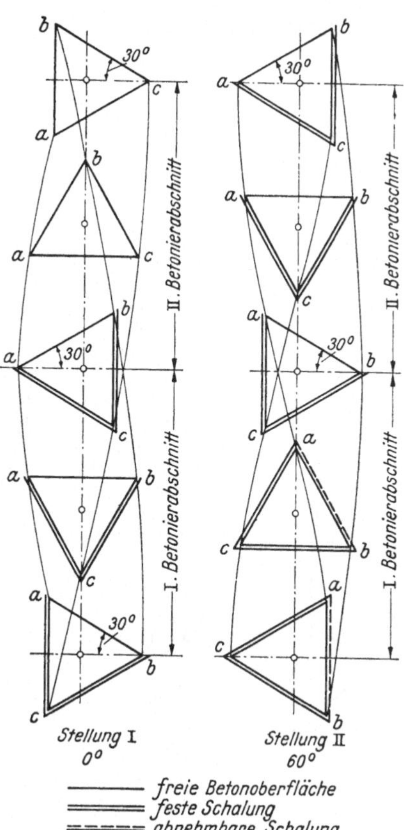

Abb. 67. Betonierabschnitte und Schalung für Schraubenrammpfähle mit Dreiecksquerschnitt.

Mindestbreite der Betonierbahn setzt sich aus diesem Maß, aus der Summe der Pfahlbreiten und aus einem Maß zusammen, das gleich der Pfahlanzahl mal der Differenz zwischen Wälzscheiben- und Pfahlhalbmesser ist. Dabei wurde stillschweigend vorausgesetzt, daß die Wälzscheiben nebeneinander liegender Pfähle versetzt angeordnet werden. Da auch bei der Reihenbetonierung prismatischer Pfähle ein Zwischenraum zwischen den Pfahlformen erforderlich ist, ergibt sich die Gesamtbreite der Betonierbahn bei Schraubenrammpfählen kaum größer.

232212. *Zweispitz.* Da die Mindestverdrillung eines Pfahles mit Zweispitzquerschnitt 180° beträgt, muß die Pfahllänge für die Herstellung unter den obigen Voraussetzungen in drei gleich lange Abschnitte unterteilt werden. Die Herstellung vollzieht sich dann nach Abb. 68 in drei Betonierabschnitten. Der Abwälzwinkel beträgt $180° - 60° = 120°$, also doppelt soviel wie beim Dreispitzquerschnitt, so daß das Arbeitsplanum zunächst um $2 \cdot 0{,}39 = 0{,}78$ m verbreitert werden muß. Hinzu kommt, wie oben, der von den Wälzscheiben beanspruchte Platz.

23222. **Stahlsaitenbeton.** Nach dem früher Gesagten kommt für die Ausführung in Stahlsaitenbeton nur der Dreispitzquerschnitt in Betracht. Da die Schalform des Schraubenrammpfahles während der Herstellung gedreht werden müßte, sind die langen durchgehenden Spannbahnen nicht anwendbar. Die Pfähle müssen deshalb in Einzelformen betoniert werden, wobei nur eine Einzeldrahtspannung möglich ist. Praktische Erfahrungen liegen noch nicht vor. Die Verdichtung des Betons würde wohl am besten auf langen schwach geneigten Rütteltischen erfolgen, so daß der Beton das Bestreben hat, nach dem tiefer gelegenen Ende zu wandern. Mit fortschreitender Betonierung wird dann die Schalform fortlaufend nach dem höher gelegenen Ende zu geschlossen. Die Herstellung auf Rütteltischen geht schnell vonstatten und dürfte daher mit den gebräuchlichen Ausführungsarten Schritt halten.

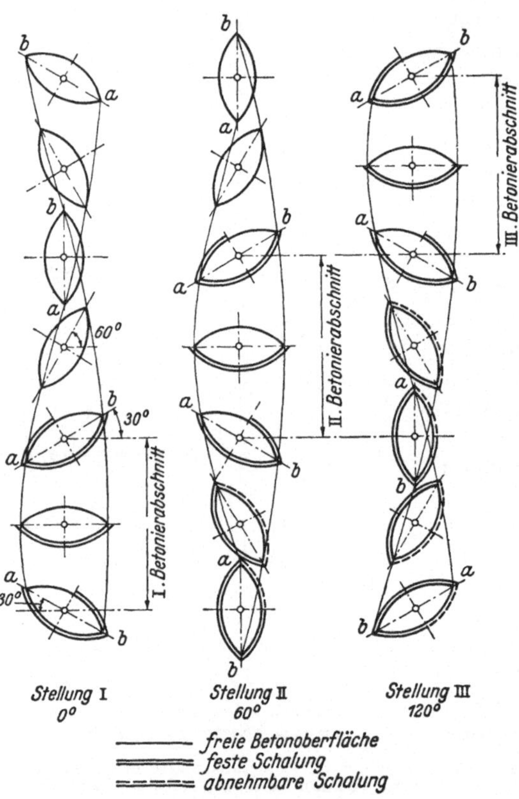

Abb. 68. Betonierabschnitte und Schalung für Schraubenrammpfähle mit Zweispitzquerschnitt.

24. Spundbohlen.

241. Allgemeines, Ableitung des Formbeiwertes.

Zur zahlenmäßigen Kennzeichnung der verschiedenen Querschnittsformen von Stahlspundwänden hat man den Begriff des *„Güteverhältnisses"* W/G eingeführt, das das Widerstandsmoment dem Gewicht, bezogen auf die Längeneinheit der Spundwand, gegenüberstellt. Diese Festsetzung des Güteverhältnisses beruht lediglich auf einer Vereinbarung, die für Spundbohlen aus Stahl getroffen wurde. Selbst wenn man den Begriff des Güteverhältnisses verallgemeinert, indem man statt des Gewichtes G den Flächeninhalt F des Querschnittes einsetzt, so ist das Verhältnis W/F als Werturteil noch nicht eindeutig. Die Größe W/F besitzt eine Dimension, nämlich $cm^3/cm^2 = cm$; sie ist daher nicht allein von der Flächenverteilung im Querschnitt, sondern mehr noch von der Höhe des Querschnittes abhängig, da F bei konstanter Breite nur linear mit der Höhe, W aber mit dem Quadrat der Höhe ansteigt. W/F muß also notwendigerweise mit der Höhe des Profils zunehmen, ganz gleich, ob dessen Flächenverteilung günstig oder ungünstig ist. Die verschiedenen Spundwand-*Formen* können also mit Hilfe des Güteverhältnisses nicht miteinander verglichen werden. Es ist der Fall möglich, daß eine Querschnittsform mit ungünstiger Stoffverteilung, aber größeren Abmessungen, das gleiche Güteverhältnis besitzt wie ein Querschnitt mit günstigerer Stoffverteilung, aber kleineren Abmessungen. (Nur wenn man zwei verschiedene Querschnitte *gleichen* Widerstandsmomentes miteinander vergleicht, zeigt das Güteverhältnis eindeutig den Querschnitt mit dem geringeren Stoffaufwand an.)

Da die „Form" eines Querschnittes dimensionslos ist, darf auch der Ausdruck, mit dem der Wert der Form gekennzeichnet werden soll, keine Dimension besitzen. Ein solcher Ausdruck ist der „Formbeiwert" φ, der sich wie folgt ergibt:

Wir vergleichen den Querschnitt F der Spundwand mit einem Rechteck, das bei derselben Grundbreite b das gleiche Widerstandsmoment $W' = W$ aufweist wie der zu untersuchende Spundwandquerschnitt. Dieses Rechteck habe den Flächeninhalt F', dann erhält man durch Division beider Werte den „Formbeiwert"

$$\varphi = \frac{F}{F'}.$$

Für das Vergleichsrechteck ist:

$$F' = b \cdot h, \quad W' = \frac{b \cdot h^2}{6} = W,$$

somit

$$h = \sqrt{\frac{6W}{b}}$$

und

$$F' = b \cdot \sqrt{\frac{6W}{b}} = \sqrt{6Wb}.$$

Der Formbeiwert ergibt sich damit zu

$$\varphi = \frac{F}{\sqrt{6Wb}}.$$

Es gilt nun folgendes: Jede Querschnittsform einer Spundwand hat einen bestimmten Formbeiwert.

Je niedriger der Formbeiwert eines Querschnittes ist, desto besser ist seine Stoffausnutzung.

Wenn zwei verschiedene Querschnittsformen den gleichen Formbeiwert besitzen, so sind sie hinsichtlich des Stoffaufwandes gleichwertig.

242. Formung der Spundbohlen.

Wie die Form der Rammpfähle, so wird auch die Form der Spundbohlen durch die Bauaufgabe, den Baustoff und dessen Bearbeitung bestimmt. Die *Bauaufgabe* einer Spundwand besteht in dem dichten Abschluß wasserführenden Erdreiches gegen einen Luftraum oder einen wassergefüllten Raum, wobei sie oft gleichzeitig senkrechte Lasten aufzunehmen hat. Die Spundwand besteht demgemäß im allgemeinen aus parallel besäumten biegungs- und knickfesten gespundeten Dielen, die senkrecht derart in den Boden gerammt werden, daß durch das Ineinandergreifen der Spundung die Dichtung herbeigeführt wird. Legt die gestellte Bauaufgabe die *allgemeine* Gestalt der Spundwand fest, so wird die *besondere*

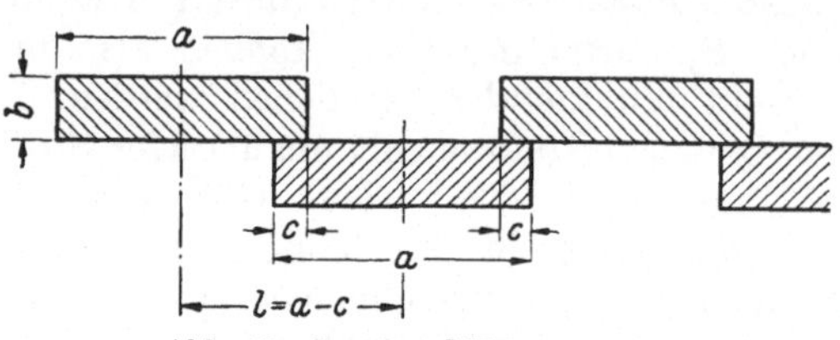

Abb. 69. Gestülpte Holzrammdiele.

Form der einzelnen Spunddielen aus dem gewählten *Baustoff* und dessen Bearbeitungsweise abgeleitet. Bevor ich die Form der Spundbohlen aus Stahlbeton und Stahlsaitenbeton entwickle, sollen die dabei zu beachtenden Gesichtspunkte aus den bekannten Formen der Holz- und Stahlspundbohlen herausgearbeitet werden.

2421. Holz. Die verhältnismäßig geringe Festigkeit des Holzes bedingt eine flächige Form der Rammdiele; ihre Bearbeitung durch die Säge führt zwangsläufig zum rechteckigen Querschnitt. Ursprünglich erreichte man eine wenn auch unvollkommene Dichtigkeit der Spundwand durch Stülpung der Rammdielen (Abb. 69).

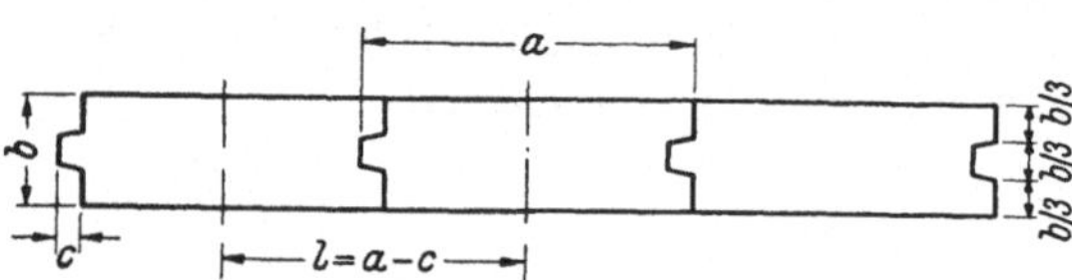

Abb. 70. Gespundete Holzrammdiele.

Bezeichnet a die Breite der Diele, c den Überstand der Stülpung, so entspricht dem Aufwand einer Stülpbohlenbreite a eine nutzbare Länge der Stülpwand von $l = a - c$, der Ausnutzungsgrad ist also $\eta = \dfrac{a - c}{a}$ (abgesehen vom Sägeschnittverlust).

Bei einer gespundeten Holzbohle kommt nach Abb. 70 einem Holzaufwand a ebenfalls eine nutzbare Länge $l = a - c$ und ein Ausnutzungsgrad $\eta = \dfrac{a - c}{a}$ zu. Für $c = \dfrac{a}{3}$ ist $\eta = \dfrac{2}{3} = 66,7\%$, für $c = \dfrac{a}{6}$ ist $\eta = \dfrac{5}{6} = 83,3\%$.

2422. Stahl. Im Gegensatz zum Holz vermag der Stahl hohe Druck-, Zug- und Biegebeanspruchungen aufzunehmen. Der Querschnitt der Stahlspunddiele wird deshalb zur stofflichen Linie, die sich leicht so formen läßt, daß das Widerstandsmoment bei gegebenem Stoffaufwand möglichst groß wird. Die Stahlspundwand ist demnach ein Walzerzeugnis, das die wirtschaftlichste Ausnutzung des Baustoffes gewährleistet. Im folgenden soll die Form der Stahlspundbohlen unabhängig von der tatsächlichen geschichtlichen Entwicklung allein aus den an sie zu stellenden Bedingungen abgeleitet werden.

24221. **Einwandige Form.** Die einfachste, aber am wenigsten widerstandsfähige Form ist die ebene Blechtafel mit Stülpüberdeckung.

Abb. 71. Stahlspundwand aus ebenen und aus gewölbten Blechen mit Stülpung.

Werden die Bleche mehr oder weniger stark gewölbt, so erhöht sich bei gleichem Stoffaufwand das Widerstandsmoment (Abb. 71).

Einer Stülpwand vergleichbar ist die aus I-förmigen Walzstahleinheiten zusammengesetzte Stahlwand (Abb. 72). Infolge der starken Stoffanhäufung in der Schwerachse ist der Stahlaufwand im Verhältnis

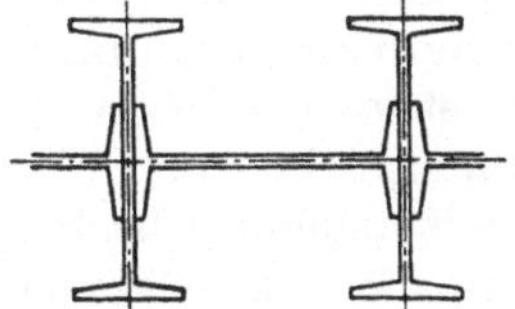

Abb. 72. Stahlspundwand aus I-Trägern.

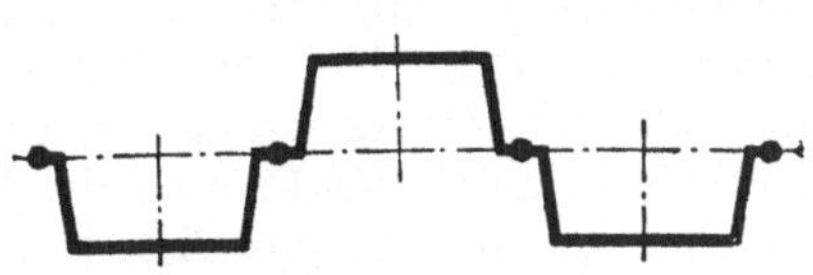

Abb. 73. LARSSEN-Spundwand.

zum erzielten Widerstandsmoment hoch. Der Formbeiwert für eine derartige aus Trägern I 30 zusammengesetzte Wand beträgt 0,384, während dieser Wert für einen einzelnen Träger I 30 nur 0,32 ist. Bei dieser Berechnung ist angenommen, daß die Stülpwand als einheitlicher Querschnitt wirkt, eine Annahme, die wohl trotz der Brückenbildung im Erdreich zulässig ist.

Da die Stülpung keine einwandfreie Dichtung ergibt, wurden zuerst an den Verbindungsstellen der einzelnen Bohlen Schlösser an-

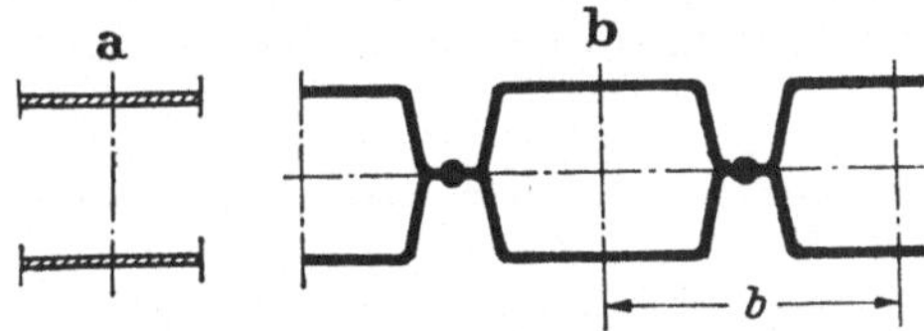

Abb. 74. Entwicklung des einwandigen Kastenprofils.

genietet, später wurden die Schlösser unmittelbar angewalzt. Auf diese Weise entstand die *Larssen-Wand der Dortmunder Union* (Abb. 73). Zur Erhöhung des Widerstandsmomentes wird der Baustoff hauptsächlich in den beiden Gurtungen untergebracht, während die Verbindungsstege möglichst schwach gehalten werden. Durch Versuche ist nachgewiesen worden, daß die in den Schlössern auftretenden Schubkräfte durch die Schloßreibung aufgenommen werden, so daß die beiden Wellenhälften als ein einheitlicher Querschnitt angesehen werden können.

Dieses Wellenprofil läßt sich auch auf andere Weise gedanklich herleiten. Die Hauptanteile des Stoffes werden nach Abb. 74a zu beiden Seiten der Schwerachse in möglichst großer Entfernung von dieser

7*

angeordnet. Da wir zunächst nur die einwandige Form betrachten wollen, kann das Verbindungsschloß nur in die Schwerachse verlegt und mit den Gurtungen durch je ein Stegpaar verbunden werden (Abb. 74 b). Es ergibt sich ein *Kastenquerschnitt*, der wegen der doppelten Stege nur bei hohen Anforderungen wirtschaftlich ist. Für kleinere Widerstandsmomente, z. B. für das halbe Widerstandsmoment, denkt man sich für die gleiche Breite *b* je einen der beiden Gurte samt Anschlußstegen weggelassen (Abb. 75) und erhält so wieder die *Wellenform* der Abb. 73.

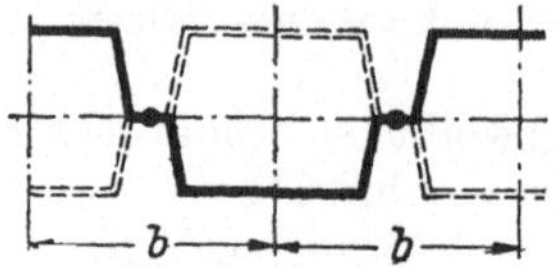

Abb. 75. Entwicklung des Wellenprofils.

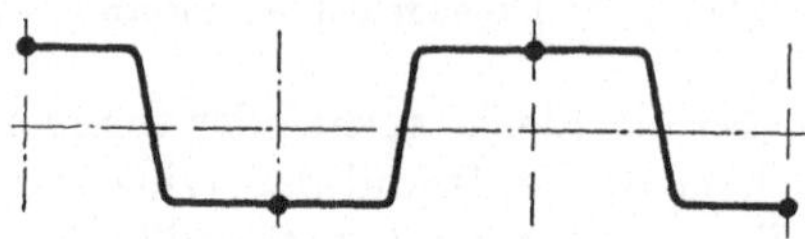

Abb. 76. Normale Z-förmige Stahlspundwand.

Den Stoffaufwand der Schlösser kann man für das Widerstandsmoment nutzbar machen, indem man sie in den Gurtungen unterbringt (LAMP, KLÖCKNER, HOESCH, KRUPP). Man findet so die Z-Form (Abb. 76), die nach wie vor einwandig ist. Ein Zusammenrücken der Wellen zur Kastenform zwecks Erhöhung des Widerstandsmomentes ist hier unter Beibehaltung der Einwandigkeit nicht mehr möglich. Dagegen kann man sich die Z-Form auch nach Abb. 77 mit verbreiterten Gurtungen oder aus I-Trägern mit schrägem Steg hergestellt denken, ohne daß die Einwandigkeit beeinträchtigt wird.

24222. **Doppelwandige Form.** Rückt man die Wellen der Z-Form nach Abb. 77 zusammen, bis sich die Gurtungen berühren, und werden diese durch Schlösser miteinander verbunden, so ergibt sich die doppelwandige Spundwand nach Abb. 78 (Peiner Kastenspundwand). Durch das Zusammenrücken der Z-Form auf die halbe Breite wird das Wider-

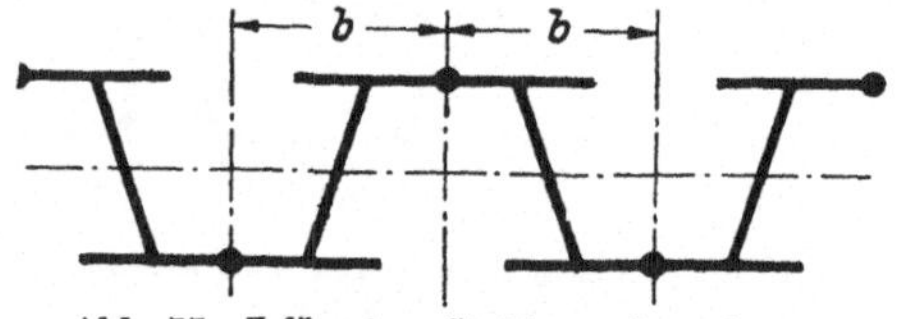

Abb. 77. Z-förmige Stahlspundwand aus schiefen I-Profilen.

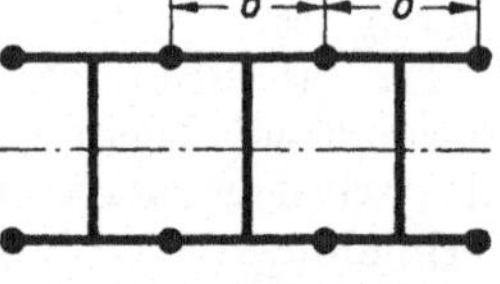

Abb. 78. Doppelwandige Kastenspundwand.

standsmoment der Wand auf das Doppelte erhöht. Die zweiwandige Form ist wegen der beiderseitigen Schlösser dichter als die einwandige Form. Die Dichtigkeit kann nach Entfernung des Erdpfropfens durch Ausbetonieren des entstandenen Hohlraumes noch weiter gesteigert werden.

Der Formbeiwert der bekannten Stahlspundwände liegt etwa zwischen 0,20 und 0,30.

2423. Stahlbeton und Stahlsaitenbeton. Die beiden Baustoffe Stahlbeton und Stahlsaitenbeton reihen sich hinsichtlich ihrer Eignung für Spundwände zwischen die Baustoffe Holz und Stahl ein. Diese Rangfolge ist jedoch nicht auf die Festigkeitseigenschaften, sondern auf die dem Holze überlegene Bildsamkeit des Betons zurückzuführen. In der Tat erreicht ja die zulässige Biegedruckspannung des Stahlbetons mit 40 bis 80 kg/cm² nicht die des Holzes mit etwa 100 kg/cm². Die zulässige Biegedruckspannung des vorgespannten Stahlsaitenbetons ist zwar wegen der ausgesuchten Zuschlagstoffe, der hochwertigen Bindemittel und der bestmöglichen Verarbeitung mit 150 bis 200 kg/cm² an sich höher als die des Holzes, es ist jedoch folgendes zu bedenken:

Balken aus Stahlsaitenbeton, die nur einseitige Biegungsmomente aufzunehmen haben, erhalten im Druckgurt nur eine schwache Bewehrung zur Aufnahme zufälliger Zugspannungen beim Transport usf. Im Zuggurt hingegen wird durch eine entsprechend starke Bewehrung die volle zulässige Druckvorspannung erzeugt. Infolge der unsymmetrischen Vorspannung sind daher diese Bauglieder im nicht belasteten Zustande auf der Biegezugseite leicht konkav gekrümmt. Bei Vollbelastung richten sie sich infolge der Durchbiegung wieder gerade, wobei der Druckgurt seine rechnungsmäßige volle Biegedruckbeanspruchung erhält.

Spundwände sollen nun im allgemeinen zweiseitige Biegemomente aufnehmen, auch dürfen sie keinesfalls bei der Rammung gekrümmt sein. Aus diesen Gründen müssen die Spundbohlen aus Stahlsaitenbeton eine symmetrische Vorspannbewehrung erhalten. Infolge der Vorspannung allein darf die Druckspannung dann aber nur die *halbe* zulässige Druckbeanspruchung erreichen. Bei Vollbelastung erhöht sich die Beanspruchung des Druckgurtes von der halben auf die ganze zulässige Biegedruckspannung, während die Vorspannung des Zuggurtes auf 0 abnimmt. Spunddielen aus Stahlsaitenbeton können daher nur mit einer Biegespannung von 75 bis 100 kg/cm² ausgenutzt werden, die der des Holzes gleichkommt. Da sich also die zulässige Beanspruchung des Stahlbetons und Stahlsaitenbetons der Größenordnung nach kaum von

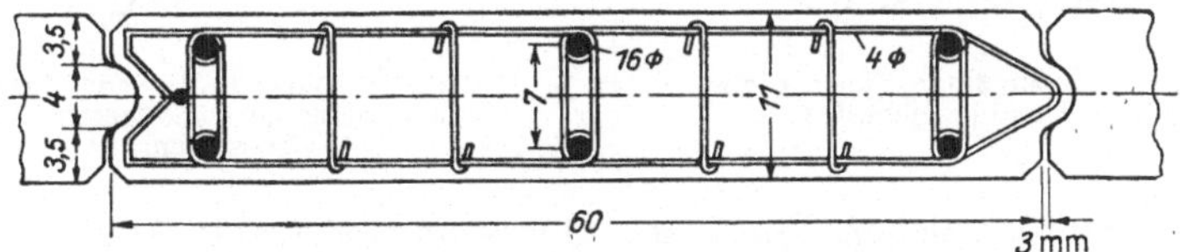

Abb. 79. Stahlbeton-Spundwand mit Nut und Feder.

der des Holzes unterscheidet, so wird man auch den Querschnitt einer Spundbohle aus Stahlbeton und Stahlsaitenbeton mehr oder weniger flächig formen. Die hohe Bildsamkeit des Betons ermöglicht jedoch, verglichen mit dem Holz, eine weit günstigere Anordnung der Flächenteile im Querschnitt, die wieder dem Ziele dient, bei geringstem Stoffaufwand ein möglichst großes Widerstandsmoment zu erreichen.

24231. Einwandige Form. 242311. *Stahlbeton.* Der einfachste Querschnitt ist in Nachahmung der Holzspunddiele das Rechteck mit Nut und Feder mit dem Formbeiwert von 1,00 (Abb. 79). Da der Stoffaufwand für die Feder durch die Aussparung der Nut wieder eingebracht wird, tritt ein Verlust an Baustoff nicht ein. Während die Breiten der hölzernen Spunddielen durch die Abmessungen der Baumstämme und durch die unvermeidliche Verformung beim Austrocknen beschränkt sind, hängt die Breitenabmessung der Stahlbetondielen nur von deren Rammbarkeit ab.

Es erhebt sich nun die Frage, ob außer dem Rechteck noch eine andere Flächenform mit günstigerem Formbeiwert in Frage kommt. Die nachstehenden Ausführungen beziehen sich nur auf die reinen Betonquerschnitte ohne Berücksichtigung der Stahleinlagen, durch die sich

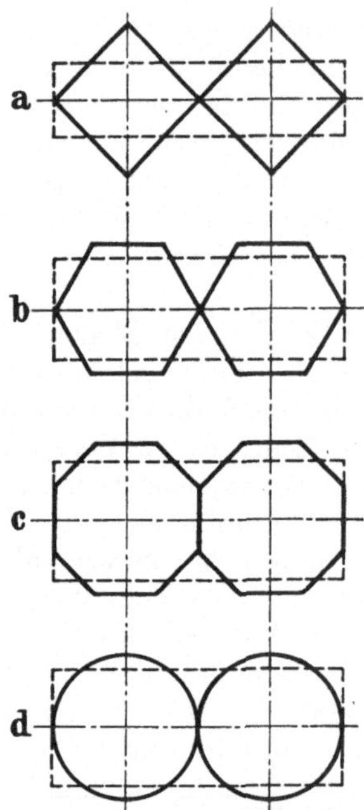

Abb. 80. Regelmäßige Vielecke als Spundwandquerschnitte.

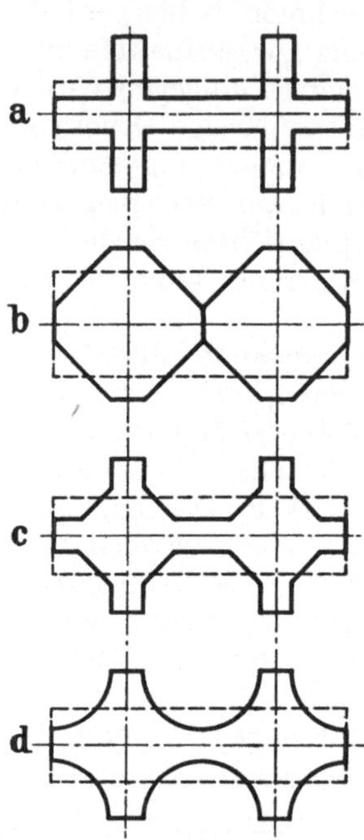

Abb. 81. Querschnitte von Betonspundbohlen mit günstigeren Formbeiwerten.

an der grundsätzlichen Form des Querschnittes nichts ändert. Beim Stahlbeton wird zur endgültigen Berechnung des Spundwandquerschnittes der n-fache Stahlquerschnitt hinzugefügt, beim Stahlsaitenbeton kann der verhältnismäßig kleine Querschnitt der Stahleinlagen vernachlässigt werden.

Für einwandige Spundwandprofile ist die Bedingung zu stellen, daß der Wandschluß in der Schwerachse der Spundwand erfolgt, um die Rammbarkeit nicht zu beeinträchtigen.

In der Abb. 80 sind zunächst einige regelmäßige Vielecke dem Rechteck gegenübergestellt. Das auf *der Spitze stehende Quadrat* (Abb. 80a) hat einen Formbeiwert von 1,00 entsprechend dem liegenden Quadrat. Das Sechseck (Abb. 80b) hat einen Formbeiwert von 0,95, es ist also theoretisch etwas günstiger als das entsprechende Rechteck. Praktisch verschwindet der geringe Vorteil durch die Notwendigkeit der Schloßausbildung. Achteck (Abb. 80c) und Kreis (Abb. 80d) sind etwas unvorteilhafter als das Rechteck.

Da der Zusammenhang der einzelnen Bohlen in der Schwerachse gewahrt werden muß, bleibt nur die Möglichkeit übrig, durch einzelne stegartige Verstärkungen einen kleineren Formbeiwert zu erzielen. In

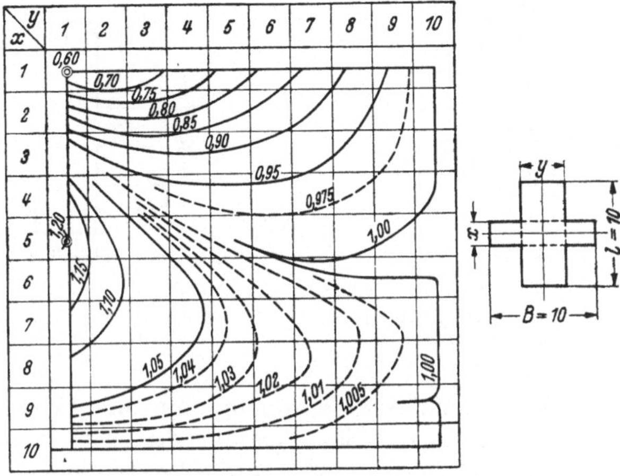

Abb. 82. Formbeiwerte der Kreuzquerschnitte.

der Abb. 81 sind verschiedene Möglichkeiten dargestellt. Der vorteilhafteste Querschnitt ist der reine Kreuzquerschnitt ohne Eckaussteifungen nach Abb. 81a mit $\varphi = 0{,}790$.

Dieser *Kreuzquerschnitt* soll etwas näher untersucht werden. Es ist einleuchtend, daß die in der Wandachse liegende Rippe des Kreuzes so dünn wie möglich zu wählen ist, damit die Hauptflächenteile des Querschnittes möglichst weitab von der Schwerachse zu liegen kommen. Der Einfluß der Breite des senkrecht zur Wandachse liegenden Schenkels des Kreuzes läßt sich von vornherein nicht übersehen. In Abb. 82 sind deshalb die Formbeiwerte für Kreuzquerschnitte mit gleichen Schenkellängen, aber verschiedenen Schenkeldicken in einer Art von Höhenlinien aufgetragen worden. Man kann die Werte über 1,00 als „Gebirge", die Werte unter 1,00 als „Meerestiefen" auffassen. Als größte „Berghöhe" ergibt

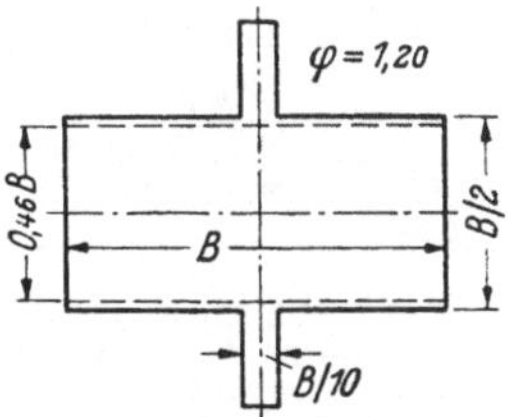

Abb. 83. Theoretisch ungünstigster Kreuzquerschnitt.

sich in den angenommenen Grenzen der Formbeiwert 1,20 und auf derselben y-Linie der tiefste Punkt mit dem halben Formbeiwert von 0,60. Der hohe Formbeiwert von 1,20 rührt beim Querschnitt der Abb. 83 daher, daß das Trägheitsmoment der breiten waagerechten Rippe durch den Zuwachs für die schmalen Stege proportional um weniger zunimmt als der Randabstand. Das gestrichelt eingetragene Vergleichsrechteck mit gleichem Widerstandsmoment ist daher sogar kleiner als die waagerechte Rippe. Der kleinste Formbeiwert, immer in den vorgesehenen Grenzen, kommt nach Abb. 84 einem gleichschenkligen Kreuz mit schmalen Schenkeln zu. Beide Querschnitte scheiden für die Praxis aus. Zu erwähnen ist noch, daß der Formbeiwert eines gleichschenkligen Kreuzes, dessen sämtliche Schenkel halb so breit wie lang sind, 1,00 beträgt, also dem des Quadrates gleichkommt.

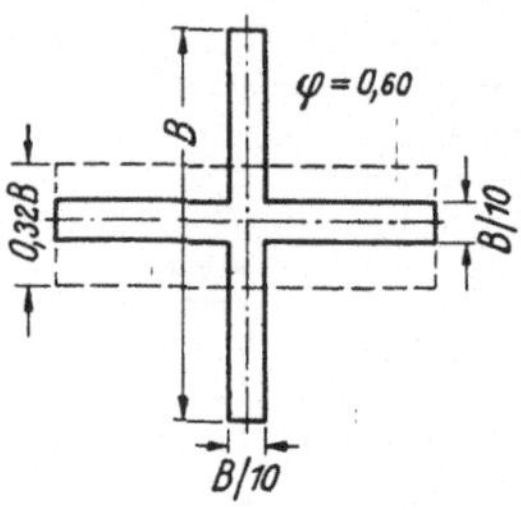

Abb. 84, Theoretisch günstigster Kreuzquerschnitt.

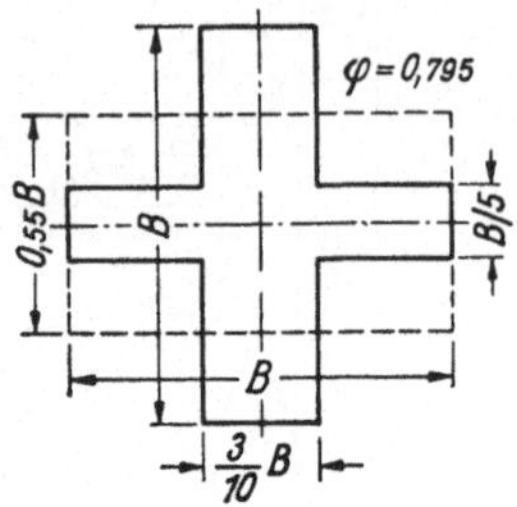

Abb. 85. Praktisch günstigster Kreuzquerschnitt.

Von wirtschaftlichem Vorteil dürften nur die Profile sein, deren Formbeiwert kleiner als 0,80 ist. Wie aus der Abb. 82 hervorgeht, ist der Bereich dieser Profile sehr beschränkt. Bei dem Versuch, einen zweckmäßigen Kreuzquerschnitt für die praktische Ausführung auszuwählen, ist darauf zu achten, daß trotz weitmöglicher Einschränkung der Dicke der Längsrippe genügend Stoff zur Ausbildung des Schlosses

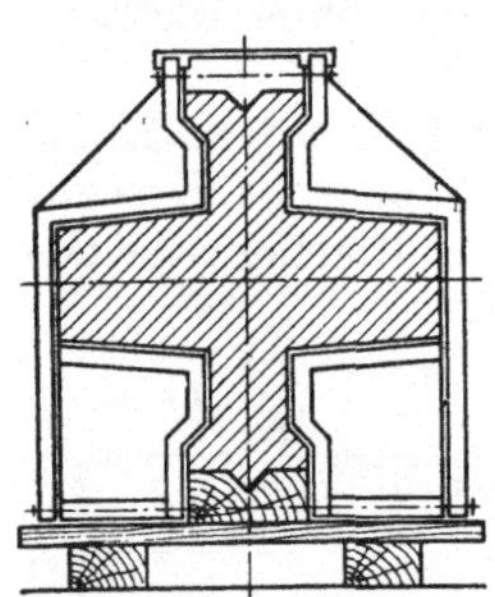

Abb.86. Tatsächliche Ausführungsform des Kreuzquerschnittes nach Abb.85.

vorhanden bleibt. Auch die Querrippe darf, um den Rammschlag gut aufnehmen zu können, nicht zu schmal ausgebildet werden. Unter Berücksichtigung dieser praktischen Belange kommt nur ein Kreuz mit $y = \frac{3}{10} B$ und $x = \frac{2}{10} B$ mit einem Formbeiwert von 0,795 in Betracht (Abb. 85).

An diesem theoretischen Profil müssen für die Praxis noch leichte Änderungen vorgenommen werden. Das Schloß ist zu verbreitern, der Hauptgurt erhält einen leichten Anzug, damit die Schalung leicht entfernt werden kann und der eingebrachte Beton keine Hohlräume ansetzt (Abb. 86).

Die Herstellungskosten der am besten aus Stahlblech bestehenden Schalung treten an Bedeutung zurück, da diese sich in der Werkstatt bei geeigneter Behandlung derart oft wieder verwenden läßt, daß der Abschreibungssatz für eine Spundbohle hinter den Stoff- und Lohnkosten zurücktritt. Wenn man also in den vollen Genuß der Ersparnis an Stoffkosten gelangen will, dürfen die Lohnkosten gegenüber dem Rechteckquerschnitt nicht höher ausfallen.

242312. *Stahlsaitenbeton.* Der Kreuzquerschnitt nach Abb. 86 streift die Grenze der in Stahlbeton ausführbaren aufgelösten Profile. Will man eine noch günstigere Ausnutzung des Baustoffes erzielen, so ist der

Querschnitt noch weiter aufzuteilen. Dafür kommt aber nur noch der Stahlsaitenbeton mit seiner einfachen vorgespannten Bewehrung und seiner hohen Betonfestigkeit in Betracht. Da ein einheitliches Kreuzprofil zu unhandlich und sperrig ausfallen würde, zerlegt man es nach Abb. 87 in ein leicht formbares I-Profil und eine rechteckige Rammdiele.

Auf diese Weise läßt sich ein hohes Widerstandsmoment bei niedrigem Formbeiwert erreichen.

Die Wand wird entweder in der Reihenfolge I—III—II oder I—II—III gerammt. Abb. 87 zeigt die Ausbildung für die Rammfolge I-III-II. Die Diele II erhält an beiden Seiten eine Nut, die sich beim Rammen über die vorspringenden Federn der zuerst gerammten Träger I und III

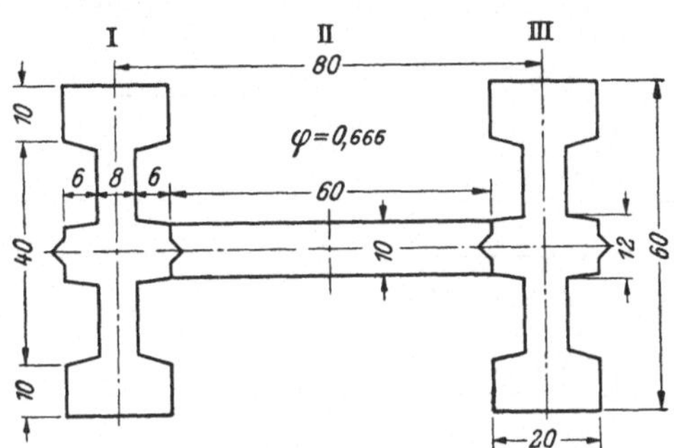

Abb. 87. Zweiteiliger Kreuzquerschnitt für Spundbohlen aus Stahlsaitenbeton.

schiebt. Wählt man hingegen die Rammfolge I—II—III, so ist darauf zu achten, daß immer die Feder zuerst gerammt wird, um eine Verdichtung des Erdreiches in der Nut zu verhindern, die die Rammung erschweren würde. Teil I würde also rechts eine Feder erhalten, Teil II links eine Nut und rechts eine Feder, Teil III ebenso links eine Nut und rechts eine Feder. Die günstigste Reihenfolge müßte durch Proberammungen festgestellt werden. Bei großen Tiefen dürfte die Rammfolge I—III—II auf Schwierigkeiten stoßen, da sie eine genau senkrechte und parallele Rammung der Bohlen I und III voraussetzt.

Der Formbeiwert der Spundwand nach Abb. 87 ist 0,666.

Für den Stahlsaitenbeton gilt wie für alle hochwertigen Baustoffe die Regel: Je kostbarer der Baustoff ist, desto mehr muß daran gespart werden. Hieraus darf man nun nicht schließen, daß die erzielte Ersparnis an Masse durch die höheren Stoffkosten wieder ausgeglichen würde, so daß

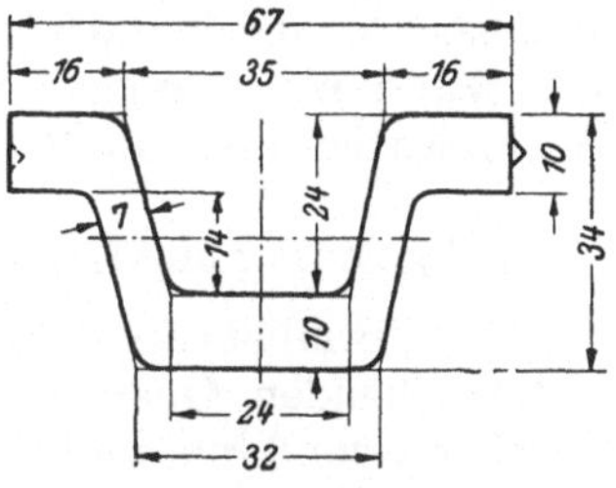

Abb. 88. Wellenförmige Spundbohle aus Stahlsaitenbeton.

es überflüssig wäre, einen hochwertigen Baustoff mit niedrigem Formbeiwert anzustreben. Man muß sich vielmehr vor Augen halten, daß in jedem Falle die Güte des Baustoffes wegen seiner längeren Haltbarkeit, seiner Wetterbeständigkeit, Wasserdichtigkeit, Seewasserbeständigkeit usw. dem Bauwerk selbst zugute kommt.

Auch die Wellenform, die einen Übergang zwischen der einwandigen und doppelwandigen Form darstellt, läßt sich unter gewissen Voraussetzungen in Stahlsaitenbeton verwirklichen. Abb. 88 zeigt ein Ausführungsbeispiel mit einem Eigengewicht von 211,5 kg/lfd.m Bohle. Das Widerstandsmoment einer Bohle von 67 cm Breite beträgt 6400 cm³, der Formbeiwert ist 0,55. Der Steg ist mit 7 cm möglichst dünn gehalten. Sowohl die Rammfähigkeit wie die Unterbringung der Spiralbewehrungen bedingen eine Mindestdicke der Gurtungen von 10 cm.

24232. **Doppelwandige Form.** In Abb. 89 sind einige theoretische Profile mit doppelten Wänden dargestellt. Die Formbeiwerte wären hier weit niedriger als bei den einwandigen Profilen. Die doppelwandige Form ist jedoch in Stahlbeton oder Stahlsaitenbeton aus folgendem Grunde nicht durchführbar.

Beim Rammen der Peiner Kastenspundwand ist die Reibung der eingeschlossenen Erde an den Innenwänden so groß, daß der Erdpfropf mit dem Pfahl hinuntergetrieben wird, wobei er sich immer mehr verdichtet und einen Seitendruck auf die einschließenden Kastenwände ausübt. Wenn die Schlösser der Peiner Kastenspundwände keine Zugkräfte aufnehmen könnten, würden die einzelnen Bohlen beim Rammen infolge des im Kasteninnern auftretenden Erddruckes auseinandergetrieben werden, so daß ein dichter Schluß der Wand nicht mehr möglich wäre. Die Ausbildung eines zugfesten Schlosses ist aber in Beton nicht möglich.

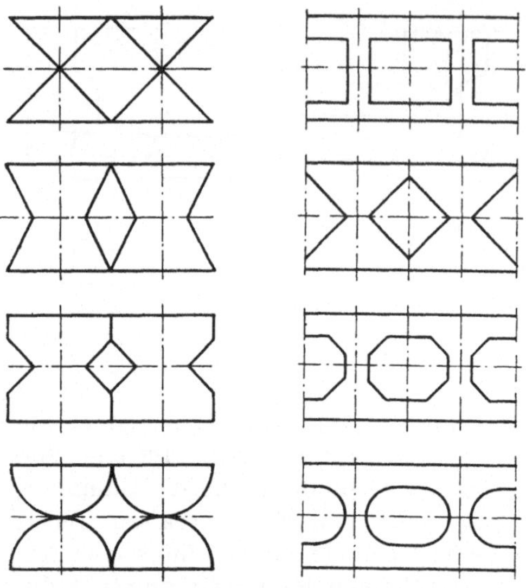

Abb. 89. Entwicklung doppelwandiger Spundwandquerschnitte aus Beton.

243. Zusammenfassende Bemerkungen über den Formbeiwert.

Der Formbeiwert drückt das Verhältnis des Flächeninhaltes des zu untersuchenden Querschnittes zum Flächeninhalt des Rechteckes von gleicher Grundlinie und gleichem Widerstandsmoment aus, er zeigt an, ob die einzelnen Flächenteilchen innerhalb des Spundbohlenquerschnittes für das Widerstandsmoment günstig oder ungünstig angeordnet sind. Ist der Formbeiwert niedrig, so deutet dies auf eine vorteilhafte Verteilung der Flächenelemente hin.

Theoretisch könnte der Formbeiwert jede Größe von 0 bis unendlich annehmen. Bei der Ausführung ist man jedoch an gewisse Mindestabmessungen des Spundwandprofils gebunden, um die Rammfähigkeit zu gewährleisten, so daß sich die nachstehenden praktischen Grenzen des Formbeiwertes ergeben:

Holz: 1,00 (abgesehen vom Verschnitt)
Stahl: 0,20 bis 0,30
Stahlbeton: 0,80 bis 1,00
Stahlsaitenbeton: 0,50 bis 1,00.

Der Beiwert ist sehr empfindlich und spricht auf die geringsten Eigentümlichkeiten der Querschnittsform an. Unter „Form" wird dabei nicht nur die allgemeine Gestalt des Querschnittes, sondern der Querschnitt mit allen Einzelabmessungen verstanden, gleichgültig in welchem Maßstabe er aufgetragen und ausgeführt wird.

244. Anwendungsbereich.

Die Anwendung der Spundwände überhaupt umfaßt zwei Hauptgebiete: die vorübergehenden Baugrubeneinfassungen und die Dauerbauwerke.

Die hölzernen Spundwände sind heute bei größeren Tiefen fast durchweg durch Stahlspundwände verdrängt worden, die sich leicht wieder ziehen lassen.

Für Dauerbauwerke tritt der Baustoff Stahlbeton nur dann mit Stahl in Wettbewerb, wenn die Spundwände außer der Biegebeanspruchung noch hohe senkrechte Lasten aufzunehmen haben. In dieser Beziehung ist die Peiner Kastenspundwand gleichwertig, da der eingeschlossene verdichtete Erdkern oder eine Betonfüllung zum Tragen herangezogen wird.

Die Stahlbetonspundbohlen besitzen eine lange Lebensdauer, vorausgesetzt, daß bei ihrer Herstellung und der Auswahl der Baustoffe etwaigen schädlichen Einflüssen chemischer Natur, z. B. durch das Meerwasser, Rechnung getragen ist.

In sandigem Boden wird man, wie bei Rammpfählen überhaupt, ohne Spülung nicht auskommen. Über die hierbei zu beachtenden Gesichtspunkte vgl. Betonkalender 1944, S. 41.

3. Zugglieder.
31. Allgemeine Betrachtungen über Zugstäbe aus Stahlbeton.

Die fachgemäße Ausbildung von Zuggliedern aus Stahlbeton ist von großer Bedeutung für die Entwicklung der Bauten aus Stahlbeton-

Abb. 90. Straßenbrücke über die Seine bei St. Pierre du Vauvray.

fertigteilen, da erst einwandfrei rißsichere Zugglieder die Ausführung von Fachwerken und ähnlichen Tragwerken zulassen. Die nachstehenden

Betrachtungen knüpfen an das Verhalten der Hängestangen an, mit denen die Fahrbahn der bekannten Straßenbrücke über die Seine bei St. Pierre du Vauvray an den beiden Brückenbögen aufgehängt war.

Die Bogenbrücke bei St. Pierre du Vauvray [Génie Civil 83 (1923), S. 417ff.] wurde von FREYSSINET-LIMOUSIN erbaut und im Jahre 1923 dem Verkehr übergeben (Abb. 90). Die Stützweite des zweiteiligen eingespannten Bogens beträgt 131,80 m. Die Hängestangen sind aus Stahlbeton mit einem Querschnitt von 14×14 cm hergestellt und mit 40 Rundeisen von 10 mm Durchmesser bewehrt (Abb. 91), deren mit Haken versehene Enden im Bogen und in den Querträgern der Fahrbahn einbetoniert sind. Der französische Ingenieur ist kein Anhänger der nach seiner Meinung dem Stahlbeton wesensfremden Ausbildung der Hängestangen aus starken Rundstählen, die mit Gewinde, Muttern und Platten im Beton

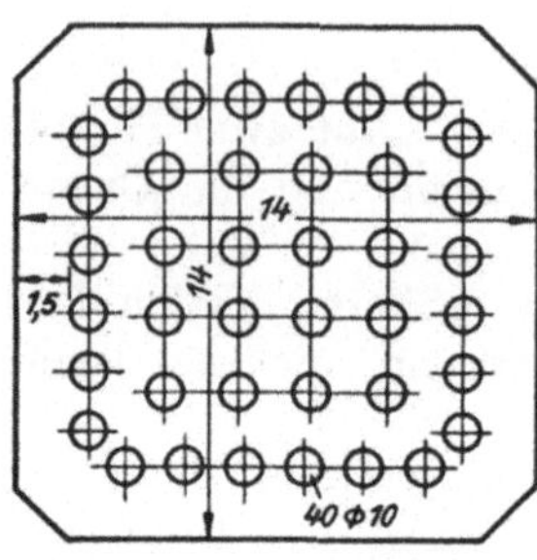

Abb. 91. Querschnitt der Hängestangen der Brücke nach Abb. 90.

verankert werden[1], er will den Stahlbetonbau nicht mit Stahlkonstruktionen, die durch Anstrich unterhalten werden müssen, kombinieren, sondern ihn kompromißlos nach den für ihn geltenden Grundsätzen behandeln. Daß dieser Gedanke bei rein auf Zug beanspruchten Gliedern aus Stahlbeton nur unter bestimmten Voraussetzungen mit Erfolg verwirklicht werden kann, soll auf Grund der an der Brücke von St. Pierre du Vauvray gemachten Erfahrungen entwickelt werden.

An den Hängestangen der Brücke traten im Laufe der Zeit Querrisse auf, durch die das an den Stangen herablaufende Regenwasser und der Schlagregen eindrang. Die Verkehrserschütterungen bewirkten, daß diese Risse sich öffneten und schlossen und das Wasser nebst dem Sauerstoff der Luft und der in ihr enthaltenen Kohlensäure gewissermaßen in das Innere des Betons pumpten, bis es an die Stahleinlagen gelangte und diese zum Rosten brachte.

Die besonders im unteren Teil der Hängestangen aufgetretenen Schäden wurden zuerst dadurch behelfsmäßig beseitigt, daß man den brüchigen Beton abstemmte und durch frischen Beton ersetzte. Dieser Beton bot jedoch keinen Schutz mehr. Das Wasser trat durch zahlreiche neu entstandene Risse ein und bewirkte schließlich die Bildung von *Blätterrost*, der auf Abb. 92 zu erkennen ist.

Abb. 92. Beginnende Zerstörung der Hängestangen.

---

[1] KIEHNE: Französische Eisenbetonbrücken. Bauingenieur 1938, H. 1/2.

Über das Wesen des Blätterrostes seien einige Bemerkungen eingeschaltet: Ist der die Stahlbewehrung umgebende Beton dicht und rissefrei, so zehren die kolloidalen alkalischen Neubildungen des Zementes den etwa angesetzten Rost [Eisenoxydhydrat $= Fe_2O_3(H_2O)_x$] allmählich auf. Man hat bekanntlich beim Abbruch von Stahlbetonbauten die Oberfläche der Stahleinlagen blank und rostfrei wiedergefunden. Wenn jedoch die Stahleinlagen durch Zugrisse bloßgelegt sind, so frißt sich der zuerst oberflächlich auftretende Rost immer tiefer in den Kern hinein; denn im Gegensatz zu den Oxydschichten an der Oberfläche von Kupfer und Aluminium wirkt die Rostschicht des Eisens nicht isolierend gegen weitere Einwirkungen der Luft und des Wassers, es bildet sich vielmehr Blätterrost, der von innen heraus Schale um Schale nach außen treibt und dabei eine durch die Raumvergrößerung bedingte starke Sprengwirkung ausübt.

Der Zustand der Hängestangen wurde schließlich so besorgniserregend, daß man sich entschloß, sie mit einem starken Mantel aus Stahlbeton zu umkleiden, der die Hängestangen deutlich als massive Zugglieder kennzeichnete. Durch diese Maßnahmen konnten jedoch die Schäden nur verhüllt, nicht aufgehalten oder beseitigt werden. Der Schutz wäre deshalb wohl nur von kurzer Dauer gewesen, wenn die Straßenbrücke von St. Pierre du Vauvray nicht das Schicksal anderer berühmter Stahlbetonbogenbrücken über die Seine (Conflans-Fin d'Oise, La Roche-Guyon) hätte teilen müssen, indem sie bei den kriegerischen Ereignissen im Jahre 1940 gesprengt wurde.

Eine Untersuchung über die Ursache der Schäden an den Zugstangen dieser Brücke dürfte im Hinblick auf die Wichtigkeit von Zuggliedern für die Stahlbetonfertigkonstruktionen einen über dieses Brückenbauwerk hinausgehenden allgemeinen Wert besitzen. Die Ursachen sind teils statisch, teils dynamisch bedingt.

311. Statisch bedingte Zerstörungsursachen und Abhilfemaßnahmen.

3111. Bewehrung ohne Vorspannung. Über die Art der Ausführung der Hängestäbe der Brücke von St. Pierre du Vauvray ist zwar im Schrifttum wenig gesagt, es ist aber technisch unwahrscheinlich, daß ihre Bewehrung ohne jegliche Vorspannung eingebaut werden konnte. Trotzdem soll diese Möglichkeit kurz behandelt werden.

Die Elastizitätsziffer des Stahles sei zu $E_e = 2\,100\,000$ kg/cm², die des Betons zu $E_b = 210\,000$ kg/cm² angenommen. Bei gleicher Zugbeanspruchung dehnt sich also der Beton 10mal mehr aus als der Stahl. Wenn nun Beton und Stahl zu dem Verbundkörper Stahlbeton vereinigt sind, so ist für das Vorhandensein des Zustandes I allein die Zugfestigkeit des Betons maßgebend. Bis diese erreicht ist, erleidet der Stahl, da Beton und Stahl unlösbar miteinander verbunden sind, bei gleicher Gesamtdehnung die 10fache Beanspruchung des Betons. Sobald aber der Beton gerissen ist, tritt der Zustand II ein, bei dem die gesamte Zuglast durch die Stahleinlagen aufgenommen wird. Auf die Hängestangen der Brücke von St. Pierre du Vauvray angewendet, ergibt sich folgendes: Die Hängestangen sind sicherlich nach Zustand II berechnet worden. Die Stahleinlagen besitzen einen Querschnitt von $F_e = 40 \cdot 0{,}785 = 31{,}4 \text{ cm}^2$. Unter der Annahme einer zulässigen Beanspruchung von 1200 kg/cm² beträgt die Zugkraft in der Hängestange also $Z_1 = 31{,}4 \cdot 1200 = 37\,700$ kg. Der Betonquerschnitt ist ohne Abzug des Stahlquerschnittes $F_b = 190 \text{ cm}^2$, das Bewehrungsverhältnis $\mu = F_e/F_b \cdot 100\% = 16{,}5\%$. Im Zustand I würde sich bei Vollast eine Zugbeanspruchung des Betons ergeben von

$$\sigma_b = \frac{37\,700}{190 + 9 \cdot 31{,}4} = \text{rd. } 80 \text{ kg/cm}^2,$$

gleichzeitig eine Stahlspannung von

$$\sigma_e = 10 \cdot 80 = 800 \text{ kg/cm}^2.$$

Eine solche Betonzugfestigkeit kann vorläufig noch nicht erreicht werden, Risse sind also im Beton unausbleiblich.

Würde man nun bei gleichem Betonquerschnitt einen Stahl mit einer zulässigen Zugbeanspruchung von 1800 kg/cm² wählen, so würde sich unter Annahme der gleichen Zugkraft der Stahlquerschnitt auf $F_e = \frac{37\,700}{1\,800} = 22{,}1 \text{ cm}^2$, das Bewehrungsverhältnis μ auf $100\% \cdot \frac{22{,}1}{190} = 11{,}6\%$ vermindern.

Im Zustand I wäre dann:

$$\sigma_b = \frac{37\,700}{190 + 9 \cdot 22{,}1} = 96{,}5 \text{ kg/cm}^2,$$

$$\sigma_e = 10 \cdot 96{,}5 = 965 \text{ kg/cm}^2.$$

Hieraus folgt, daß bei Anwendung von hochwertigem Stahl die Risse im Beton sogar breiter als bei gewöhnlichem Stahl ausfallen würden, wodurch auch die Rostgefahr noch erhöht würde.

3112. Bewehrung mit Vorspannung. 31121. Erzeugung einer Druckvorspannung im Beton der Hängestangen durch eine der Ständigen Last und der Verkehrslast entsprechende Last. Es sei der zunächst theoretische Fall angenommen, daß die Stahleinlagen der Hängestangen mit $\sigma_{ev} = 1200$ kg/cm² vorgespannt und dann unter genügender Verankerung an ihren Enden frei entspannt würden. Dann ergibt sich im Beton eine Druckvorspannung von

$$\sigma_{bv} = \frac{\mu}{1 + n \cdot \mu} \cdot \sigma_{ev} \quad \text{oder} \quad \sigma_{bv} = \frac{\mu}{1 + (n-1) \cdot \mu} \, \sigma_{ev},$$

je nachdem, ob man den Betonquerschnitt F_b mit oder ohne Abzug des Querschnittes der Stahleinlagen ermittelt. In beiden Fällen bedeutet

$$\mu = \frac{F_e}{F_b}$$

die Bewehrungsziffer. Rechnet man mit der erstgenannten Formel, so ist im Fall der Hängestangen der Brücke St. Pierre du Vauvray die Bewehrungsziffer sogar

$$\mu = \frac{31{,}4}{190 - 31{,}4} = 0{,}198, \quad \text{d. h. } 19{,}8\% \,.$$

Für diese hohe Bewehrungsziffer berechnet sich nach Abb. 93 die Druckvorspannung zu $\sigma_{bv} = \mathbf{80\ kg/cm^2}$. Wird dieser vorgespannte Stab wieder bis zur zulässigen Grenze von $\sigma_e = 1200\ \text{kg/cm}^2$ belastet, dann wird auch die Betonvorspannung wieder auf Null zurückgeführt.

Da wir angenommen haben, daß Ständige Last + Verkehrslast einschließlich Erschütterungszuschlag im Stahl der Hängestangen höchstens eine Zugspannung $\sigma_e = 1200\ \text{kg/cm}^2$ hervorrufen sollen, wäre also der Fall denkbar, daß man die Hängestangen auf folgende Weise eingebaut hat: Die beiden Brückenbögen werden auf einem hölzernen Lehrgerüst betoniert, wobei die Bewehrung der Hängestangen mit einem Ende in die Bögen eingebaut wird. Nach Entfernung des Lehrgerüstes für die

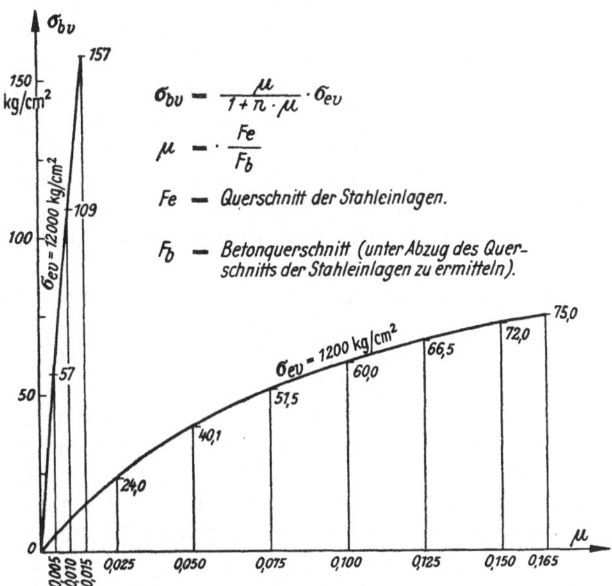

Abb. 93. Abhängigkeit der Druckvorspannung σ_{bv} von Zuggliedern von der Bewehrungsziffer μ.

Bögen wird ein besonderes Gerüst für die Fahrbahn errichtet. Nach Ablassen dieses Gerüstes hängt die Fahrbahnlast an der Bewehrung der Hängestangen. Man belastet nun die Fahrbahn mit einer der späteren Verkehrslast entsprechenden Nutzlast, bis die zulässige Zugspannung im Stahl von $\sigma_e = 1200\ \text{kg/cm}^2$ erreicht wird. Unter dieser Vorspannung werden die Hängestangen mit Beton umhüllt. Dann wäre also die Betonspannung der Hängestangen unter dem Gewicht der Fahrbahn und der Verkehrslast gleich Null. Unter der Ständigen Last allein entstünde jedoch im Beton der Hängestangen eine der Verkehrslast entsprechende Druckvorspannung.

31122. Erzeugung der Druckvorspannung durch eine vorübergehend erhöhte Nutzlast. Geht man nun weiter und erteilt der Fahrbahn vor dem Betonieren der Hängestangen eine erhöhte Belastung entsprechend einer Beanspruchung der Stahleinlagen von

z. B. 1600 kg/cm², dann würde $Z_2 = 31,4 \cdot 1600 = 50\,300$ kg betragen. Unter dieser Belastung müßten die Stahleinlagen einbetoniert werden. Geht dann die Last auf das zulässige Maß von $Z_1 = 37\,700$ kg (Ständige Last + Verkehrslast) zurück, so erleidet der umhüllende Beton eine Druckspannung von

$$\sigma_b = \frac{50\,300 - 37\,700}{190 + 9 \cdot 31,4} = \frac{12\,600}{472,6} = 26,7 \text{ kg/cm}^2,$$

während die Stahlspannung um $n \cdot 26,7 = 10 \cdot 26,7 = 267$ kg/cm² auf 1333 kg/cm² zurückgeht.

Wir haben hier die bekannte Art vorgespannter Bauteile aus Stahlbeton vor uns, deren Bewehrungsstäbe mittels Haken, und zwar im vorliegenden Falle im Brückenbogen und in der Fahrbahn, verankert sind. Es besteht nur der Unterschied, daß die vorgespannten Einlagen weniger weit entspannt werden, da die Ständige Last stets wirksam bleibt und deshalb nur ein Teil der Zugvorspannung im Stahl als Druckvorspannung auf den Beton übertragen wird. Das Endergebnis ist jedoch das gleiche, wie wenn der Stab im vorgespannten Zustande als Fertigteil eingebaut worden wäre, durch die Belastung aus Fahrbahngewicht und Verkehrslast würde die Betondruckvorspannung auf denselben Endwert absinken.

In den bis hierher angestellten Betrachtungen ist der Einfluß des *Schwindens* und des *Kriechens* noch nicht berücksichtigt worden. Jeder auf Druck beanspruchte Stahlbetonkörper ist in der ersten Zeit diesen beiden Formänderungen ausgesetzt. Durch die Verkürzung des Betons kommt er dem Bestreben der Stahleinlagen, sich ebenfalls zu verkürzen, entgegen. Die Folge davon ist, daß ein Teil der Vorspannung verlorengeht. Dieser Spannungsverlust durch Schwinden und Kriechen wird im allgemeinen zu 1500 kg/cm² angenommen. Es folgt daraus, daß eine Vorspannung von St 37 auf 1200 kg/cm² zu keinem bleibenden Ergebnis führen kann, da sie durch Schwinden und Kriechen allein schon aufgezehrt wird. Unter den auftretenden Belastungen infolge Ständiger Last und Verkehrslast treten also die im Stahlbetonbau unvermeidlichen Risse auf.

Auch bei der Verwendung eines Stahles von $\sigma_{e_{zul}} = 1800$ kg/cm² wären Risse mit ziemlicher Sicherheit eingetreten. Man mag also die Hängestangen der Brücke von St. Pierre du Vauvray mit oder ohne Vorspannung ausgeführt haben, die entstandenen Zugrisse sind allein durch statische Wirkungen erklärt.

31123. **Vorgespannte Fertigteile aus Stahlbeton oder Stahlsaitenbeton.** Es soll untersucht werden, auf welche andere Weise man die Zugrisse in den Hängestangen hätte vermeiden können.

Der Begriff der Vorspannung ist seit langem bekannt und angewandt worden. Betrachten wir z. B. eine Staumauer (Abb. 94), wo das Eigengewicht der Mauer bei nicht gefülltem Becken eine Druckvorspannung in der Mauersohle erzeugt. Durch die Füllung des Staubeckens werden zusätzliche Biegemomente in den waagerechten Mauerschichten hervorgerufen, die Zugspannungen im Mauerwerk zur Folge hätten, wenn diese nicht durch die bereits vorhandenen Druckvorspannungen aufgehoben würden. Beim Spannbeton ändert sich nur die Art, wie die Vorspannung in den Werkstoff eingetragen wird. Die Entwicklung des Vorspanngedankens ist etwa folgende (Abb. 95):

1. Mit einem Gewicht belasteter Stab (Sperrmauer).

2. Außerhalb des Stabes angebrachte Zugstangen übertragen mittels einer Verankerungsplatte Druckkräfte auf den Beton.

3. Die Zugstange befindet sich frei beweglich innerhalb des Stabes.

4. Die vorgespannten Zugstangen werden einbetoniert. Nach MÖRSCH[1] ist es „durchaus wahrscheinlich, daß die Haftung auch bei den verankerten Stäben zu einem gewissen Grade wirksam wird und die Pressungen an den Ankerkörpern vermindert".

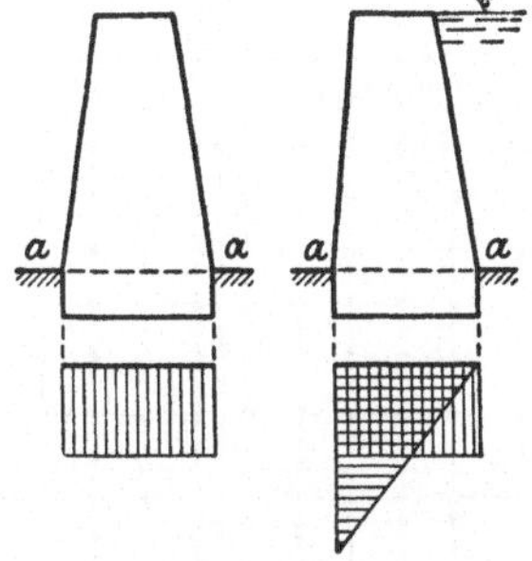

Abb. 94. Druckvorspannung in einer Staumauer durch Eigengewicht.

5. Der HOYERsche Stahlsaitenbeton ist gekennzeichnet „durch viele stark vorgedehnte Drähte aus höchstwertigem Stahl, die infolge ihres Bestrebens, in ihren spannungslosen Zustand zurückzukehren, in das Innere des Betons äußere Kräfte entlang der Drähte unmittelbar einleiten und den Beton dadurch unter zusätzlichen, dauernd wirkenden Flächendruckspannungen halten"[2].

Die Verwendung von Stahlsaitenbeton wäre bei den Hängestangen der Brücke von St. Pierre du Vauvray etwa wie folgt möglich gewesen:

Die zulässige Betondruckspannung ist nach den Zulassungsbedingungen $\sigma_{bv} = 150\ \mathrm{kg/cm^2}$, die zulässige Zugspannung der Stahlsaiten $\sigma_{ev} = 12000\ \mathrm{kg/cm^2}$. Für Schwinden und Kriechen wird ein Zuschlag von 1500 kg/cm² gemacht, so daß die eingeleitete Vorspannung im Stahl $\sigma_{ev_0} = 13500\ \mathrm{kg/cm^2}$ beträgt.

Die Zugkraft, unter der die Druckspannung im Beton auf Null abnehmen soll, betrage wie

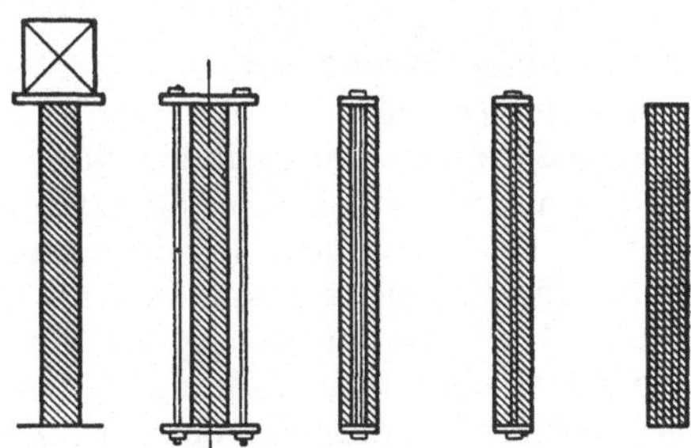

Abb. 95. Entwicklung des Vorspanngedankens.

oben $Z_2 = 50300\ \mathrm{kg}$, wobei diese Last in Wirklichkeit nicht auftritt. Da außerdem im endgültigen Zustand nie eine volle Entlastung eintritt, soll eine geringere Sicherheit zugelassen und die zulässige Betondruckspannung infolge Vorspannung allein mit $\sigma_{bv} = 180\ \mathrm{kg/cm^2}$ angenommen werden.

Dann ist die erforderliche Vorspannbewehrung

$$F_e = \frac{Z_2}{\sigma_{ev}} = \frac{50300}{12000} = 4{,}19\ \mathrm{cm^2}$$

____

[1] MÖRSCH: Der Eisenbetonbau, I. Bd., 1. Hälfte. Stuttgart: Konrad Wittwer 1923.
[2] HOYER: Der Stahlsaitenbeton. Berlin: Otto Elsner.

und der erforderliche Betonquerschnitt

$$F_b = \frac{Z_2}{\sigma_{bv}} - (n-1) \cdot F_e = \frac{50300}{180} - 9 \cdot 4,19 = 241 \text{ cm}^2.$$

Das Bewehrungsverhältnis beträgt

$$\mu = \frac{F_e}{F_b} \cdot 100\% = \frac{4,19}{241} \cdot 100\% = 1,74\%.$$

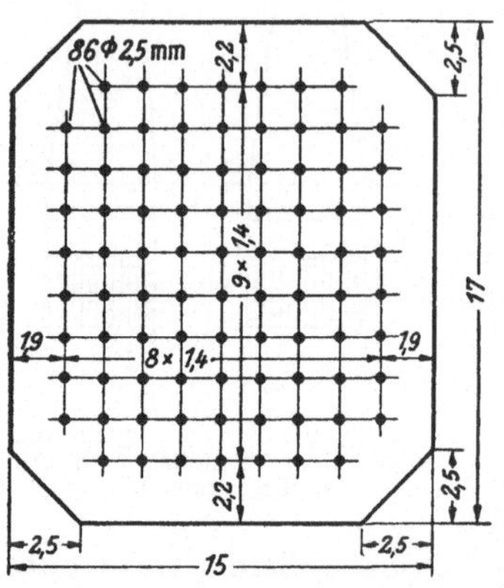

Abb. 96. Querschnitt einer Hängestange aus Stahlsaitenbeton.

Gewählt wird ein Betonquerschnitt 15 · 17 cm mit je 2,5 cm Kantenbrechung und 86 Stahldrähte ∅ 2,5 mm (Abb. 96).

Die Stahlspannung nach dem Entspannen berechnet sich zu

$$\overline{\sigma_{ev}} = \sigma_{ev} - n \cdot \sigma_{bv} = 12000 - 10 \cdot 180$$
$$= 10200 \text{ kg/cm}^2.$$

Unter der Belastung von $Z_2 = 50300$ kg steigt diese Spannung auf 12000 kg/cm² an, während die Betondruckspannung von 180 kg/cm² auf Null abnimmt. Unter der Ständigen Last und der Verkehrslast, d. h. unter einer Zugkraft von $Z_1 = 37700$ kg, ergeben sich folgende Spannungen in dem Verbundquerschnitt:

$$\sigma_b = 180 - \frac{37700}{241 + 9 \cdot 4,19} = 180 - 135 = 45 \text{ kg/cm}^2 \text{ (Druck)},$$

$$\sigma_e = 10200 + 10 \cdot 135 = 11550 \text{ kg/cm}^2 \text{ (Zug)}.$$

Die obige Berechnung hat zur Voraussetzung, daß die volle Vorspannung *vor* dem Einbau der Hängestangen erzeugt wird, diese also als *Fertigteile* zur Anwendung kommen. Um die Übertragung der Zug- und Druckspannungen auf den Beton der Hängestangen sicherzustellen, werden die Betonenden der Fertigteile in den Beton der Bögen und der Fahrbahn mit eingelassen. Im anderen Falle könnten an den Anschlußstellen Haarrisse auftreten, die dort eine Mitwirkung des Betons ausschließen und das Stadium II herbeiführen würden. Die aus den Fertigteilen herausstehenden Drahtenden können mit Hilfe von Biegevorrichtungen gewellt werden, um ein sicheres Haften im Beton der Bögen und der Fahrbahn zu gewährleisten. Wir haben damit den Nachweis erbracht, daß als Fertigteile ausgeführte Hängestangen aus Stahlsaitenbeton allen technischen Anforderungen entsprechen würden.

312. Dynamisch bedingte Zerstörungsursachen und Abhilfemaßnahmen.

3121. Bewehrung ohne Vorspannung. Die Erschütterungen durch den Wagenverkehr auf der Brückenfahrbahn erzeugen in den Hängestangen Longitudinalschwingungen und Beanspruchungen durch Stoßwirkung.

Macht man die extreme Annahme, daß die Verkehrslast urplötzlich in voller Höhe auftritt, so entsteht eine Longitudinalschwingung, deren größter Ausschlag dem doppelten Werte der Gleichgewichtsdehnung der Hängestangen infolge der Verkehrslast entspricht, so daß die durch den Verkehr erzeugte Stabspannung die doppelte Gleichgewichtsspannung erreichen kann. Die Verkehrslast verursacht eine zusätzliche Dehnung der Hängestange und macht mitsamt der Ständigen Last den Weg der Dehnung mit. Elastische Longitudinalschwingungen, wenn auch von geringem Ausschlage, sind die Folge. Diese dynamischen Beanspruchungen werden zusammen mit den durch die Fahrzeuge hervorgerufenen Stößen im allgemeinen durch eine „Stoßziffer" als Zuschlag zur Verkehrslast oder durch Herabsetzung der zulässigen Spannungen berücksichtigt.

Um die Größenordnung dieser Längungen der Zugstangen zu ermitteln, sei gemäß Unterabschnitt 3111 die zulässige Zugspannung im Stahl zu 1200 kg/cm² angenommen, dann ist die Gesamtdehnung $\Delta l = \dfrac{\sigma_e \cdot l}{E}$. Legt man eine größte Länge der Hängestangen von 20,00 m zugrunde, so wird, nach Stadium II gerechnet,

$$\Delta l = \frac{1200 \cdot 2000}{2\,100\,000} = 1{,}14 \text{ cm.}$$

Bei Annahme des Stadiums I, d. h. für einen ungerissenen Beton, wäre

$$\Delta l = \frac{80 \cdot 2000}{210\,000} = 0{,}76 \text{ cm.}$$

Diese Dehnungen werden im Gleichgewichtszustande durch Ständige Last und Verkehrslast hervorgerufen. Unter der Verkehrslast *allein* beträgt die Dehnung nur einen Bruchteil. Die Schwingungsausschläge unter der Verkehrslast, besonders für die kürzeren Hängestangen, bewegen sich also in der Größenordnung von wenigen Millimetern bis zu Bruchteilen von Millimetern. Es ist daher nicht anzunehmen, daß bei der Brücke St. Pierre du Vauvray die auftretenden elastischen Schwingungen einen besonders ungünstigen Einfluß auf die Hängestangen ausgeübt haben.

Es erhebt sich noch die Frage, ob die durch den Verkehr hervorgerufenen *Stöße* die Zerstörung der Hängestangen begünstigt haben und schuld daran sind, daß die Beschädigungen vorzugsweise im *unteren Teil* der Zugglieder aufgetreten sind. Ein Stoß tritt auf, wenn die Masse eines ungefederten Fahrzeuges über ein Hindernis plötzlich herabfällt und mit der Masse der Fahrbahn in Berührung kommt. Die dadurch in einer Hängestange hervorgerufene Formänderung erstreckt sich nicht plötzlich über ihre ganze Länge, „sondern sie pflanzt sich mit der zwar großen, aber doch nicht unendlich großen Schallgeschwindigkeit in ihr fort, so daß unter Umständen die der Stoßstelle ferner liegenden Teile erst in Bewegung kommen, wenn die ‚erste Stoßperiode‘ an der Aufschlagstelle vielleicht schon ganz abgelaufen ist"[1]. Da Einzelheiten über die Ausbildung des Fahrbahnbelags nicht bekannt sind, läßt sich ein solcher Vorgang rechnerisch nicht verfolgen.

---

[1] FÖPPL: Dynamik. 8*

3122. Bewehrung mit Vorspannung. Für die Beurteilung des Werkstoffes von Zugstäben ist der Begriff der *Formänderungsarbeit* von Wichtigkeit. Für Werkstoffe, die dem HOOKEschen Gesetz folgen, ist die Formänderungsarbeit

$$A = \frac{V}{2} \cdot \frac{\sigma^2}{E} .$$

Dies ist die Arbeit, die erforderlich ist, um einen prismatischen Stab vom Rauminhalte V aus dem spannungslosen Zustand langsam in den Zustand einer überall gleichen Spannung zu versetzen. In der nachstehenden Tafel XX ist die Verlängerungs- und Verkürzungsarbeit, welche prismatische Stäbe aus verschiedenem Stoff ertragen können, vergleichend zusammengestellt. Die Arbeiten sind für 1 ccm Rauminhalt, also für $V = 1$, berechnet. Es ist also $A = \frac{1}{2}\frac{\sigma^2}{E}$, worin $\sigma = \sigma_z$ bzw. σ_d zu setzen ist (Spannung an der Elastizitätsgrenze).

Tafel XX. *Formänderungsarbeit $\frac{\sigma^2}{2E}$ bis zur Elastizitätsgrenze für 1 cm³.*

Stoff	σ_z kg/cm²	σ_d kg/cm²	E kg/cm²	Verlängerungs-arbeit $\frac{1}{2}\frac{\sigma_z{}^2}{E}$ cmkg/cm³	Verkürzungs-arbeit $\frac{1}{2}\frac{\sigma_d{}^2}{E}$ cmkg/cm³
Gußeisen	600	1600	1 000 000	0,18	1,28
Flußstahl	1 600	1600	2 000 000	0,64	0,64
Gußstahl	4 500	4500	2 200 000	4,60	4,60
Stahlsaitendraht . . .	13 000	—	2 150 000	39	—
Holz	210	140	100 000	0,22	0,10
Glas	340	1450	1 000 000	0,058	1,05
Kautschuk	20	—	10	20	—

Hieraus geht das große Aufnahmevermögen der hochfesten Stahlsaiten für Formänderungsarbeit hervor, die selbst dem Kautschuk überlegen sind.

Natürliche und künstliche Steine, also auch Beton, folgen dem HOOKEschen Gesetz nicht, eine eigentliche Streckgrenze ist also nicht gegeben. Ich beschränke mich deshalb darauf, nicht vorgespannten und vorgespannten Beton hinsichtlich ihres Aufnahmevermögens für Formänderungsarbeit zu vergleichen. Ich gehe dabei von den zulässigen Druck- und Zugspannungen für einen Beton B 600 aus, die zu 200 bzw. 25 kg/cm² angenommen werden mögen. Dann ist für *nicht vorgespannten* Beton

$$\text{die Verlängerungsarbeit} \quad A = \frac{\sigma^2}{2E} = \frac{25^2}{2 \cdot 215\,000} = 0{,}0015 \text{ cmkg/cm}^3,$$

$$\text{die Verkürzungsarbeit} \quad A = \frac{200^2}{2 \cdot 215\,000} = 0{,}093 \text{ cmkg/cm}^3.$$

Bei *vorgespanntem Stahlbeton* muß bei der Verlängerung erst die Druckvorspannung von 200 kg/cm² aufgebraucht werden, ehe die Zugspannung von 25 kg/cm² in Anspruch genommen wird, für die Verlängerung kann also mit einer Spannung von $200 + 25 = 225\,\mathrm{kg/cm^2}$ gerechnet werden. Die Verlängerungsarbeit ist dann

$$A = \frac{225^2}{2 \cdot 215\,000} = 0{,}12\ \mathrm{cmkg/cm^3}\,.$$

Somit ist bei Zuggliedern aus vorgespanntem Beton die aufnehmbare Formänderungsarbeit $\frac{0{,}12}{0{,}0015} = 80$mal größer als bei nicht vorgespanntem Beton. Diese Eigenschaft macht den vorgespannten Beton besonders wertvoll als Werkstoff für Bauteile, die Erschütterungen und Stößen ausgesetzt sind.

Ergebnis.

Eine rissefreie Übertragung von Zugkräften durch Stahlbetonfertigteile ist nur bei Verwendung von vorgespanntem Stahlbeton möglich. Erst hier können hochfeste Stähle voll ausgenutzt und dadurch wirtschaftliche Vorteile durch Stahlersparnis erzielt werden. In den vorgespannten Zuggliedern wird die unzulässig große Dehnung der hochwertigen Stähle auf die normale Dehnung des Betons zurückgeführt. Beträgt die Stahlersparnis bei Verwendung des HOYERschen Stahlsaitenbetons für auf Biegung beanspruchte Fertigteile schon etwa 60 bis 70%, so steigt sie für reine Zugglieder bis auf 90% an.

32. Verschiedene Formen und Anwendungen.

321. Mauerwerksanker.

Zweck, Eigenschaften und Form sowie Einbau der Mauerwerksanker aus Stahlsaitenbeton werden im Abschnitt C, II, a, 1322 näher behandelt.

Die Berechnung der dort dargestellten Mauerwerksanker gestaltet sich wie folgt:

Die Stahlsaitenbetonanker werden mit $\sigma_{bv} = 150\,\mathrm{kg/cm^2}$ vorgespannt. Die zulässige Zugspannung des Stahles ist $\sigma_{ev} = 12\,000\,\mathrm{kg/cm^2}$. Der Betonquerschnitt beträgt unter Berücksichtigung des Nietabzuges

$$F_b = (20 - 5{,}4) \cdot 3 = 44\ \mathrm{cm^2}.$$

Dann berechnet sich der erforderliche Stahlquerschnitt zu

$$F_e = F_b\,\frac{\dfrac{\sigma_{bv}}{\sigma_{ev}}}{1 - n\,\dfrac{\sigma_{bv}}{\sigma_{ev}}} = 44\,\frac{\dfrac{150}{12\,000}}{1 - 10 \cdot \dfrac{150}{12\,000}} = 0{,}63\ \mathrm{cm^2}.$$

Gewählt werden 12 $\varnothing$ 2,5 mm mit $F_e = 0{,}59\ \mathrm{cm^2}$.

Aus Sicherheitsgründen soll nun die Betonvorspannung nicht vollständig aufgezehrt werden, sondern es soll ein Rest von 60 kg/cm² verbleiben. Durch die Ankerzugkraft werden also von der Druckvorspannung nur

$$\sigma_z = 90\ \mathrm{kg/cm^2}$$

in Anspruch genommen.

Tafel XXI.

Stahl					Stahlsaitenbeton						Vergleichszahlen		
Äußerer Durchmesser		Kern-		Gewicht	Zugkraft ($\sigma = 1040$ kg/cm²)	Beton-			Stahl-			Gewichtsverhältnis		Verhältnis der Durchbiegungen
		durchmesser	querschnitt			querschnitt $\sigma_b = 150$ kg/cm²		gewicht	querschnitt $\sigma_e = 12000$ kg/cm²		gewicht einschl. Bügel	Beton / Stahl	Stahl / Stahlsaiten	Stahl / Beton
engl. Zoll	mm	mm	cm²	kg/m	kg	cm	cm²	kg/m	Anzahl der Drähte	cm²	kg/m			
1	25,40	21,33	3,573	4,00	3716	8/3	24,0	5,76	8 ⌀ 2,5	0,39	0,36	1,44	11,1	4,26
1 1/8	28,57	23,93	4,498	5,05	4678	10,5/3	33,5	8,04	10 ⌀ 2,5	0,49	0,44	1,59	11,5	5,4
1 1/4	31,75	27,10	5,768	6,25	5999	13,5/3	40,5	9,72	12 ⌀ 2,5	0,59	0,53	1,56	11,8	7,75
1 3/8	34,92	29,50	6,835	7,55	7108	15,5/3	46,5	11,15	14 ⌀ 2,5	0,69	0,62	1,48	12,2	8,5
1 1/2	38,10	32,68	8,388	8,95	8723	19,5/3	58,5	14,05	18 ⌀ 2,5	0,88	0,80	1,57	11,2	11,2
1 5/8	41,27	34,77	9,495	10,50	9875	16,5/4	66,0	15,85	20 ⌀ 2,5	0,98	0,89	1,51	11,8	6,2
1 3/4	44,45	37,94	11,310	12,20	11762	19,5/4	78,0	18,75	24 ⌀ 2,5	1,18	1,06	1,54	11,5	8,2
1 7/8	47,62	40,40	12,820	14,00	13333	18/5	90,0	21,60	26 ⌀ 2,5	1,27	1,15	1,55	12,2	6,1
2	50,80	43,57	14,91	16,00	15506	18/6	108,0	25,90	32 ⌀ 2,5	1,57	1,37	1,62	11,7	5,5

Eine Ankerhälfte nimmt damit eine Zugkraft von

$$Z = [F_b + (n - 1) F_e] \cdot \sigma_z = 49,3 \cdot 90 = 4450 \text{ kg},$$

das Ankerpaar eine solche von 8900 kg auf.

Die Zugkraft ist mittels der Knaggen auf das Mauerwerk zu übertragen. Die wirksame Druckfläche der Knaggen ist für eine Hälfte
$$f = 2 \cdot 20,0 \cdot 4,0 = 160 \text{ cm}^2,$$
das Mauerwerk wird also mit

$$\sigma_d = \frac{4450}{160} = 28 \text{ kg/cm}^2$$

auf Druck beansprucht.

An Betondübeln sind vorhanden 4 ⌀ 5,0 cm, die Scherfläche ist $4 \cdot 19,6 = 78,4$ cm², die Scherspannung im Beton somit

$$\tau = \frac{4450}{78,4} = 57 \text{ kg/cm}^2.$$

Diese Scherspannung ist auf Grund von Versuchen zulässig.

322. Ankerstangen von Uferwänden.

Uferwände aus Holz- oder Stahlspundwänden werden im allgemeinen durch Rundstahlstangen mittels Rückhalteplatten oder Pfahlböcken im Erdreich verankert. Da diese Rundstahlanker dem Rosten ausgesetzt sind, versieht man sie gewöhnlich nicht nur mit einem bitumenhaltigen Anstrich, sondern umwickelt sie noch mit öl- oder teergetränkten Spinnstoffen. Lange Anker müssen, um allzu großes Durchhängen zu vermeiden, ein oder mehrere Male durch kürzere Rammpfähle unterstützt werden. Zur einwandfreien Kraftübertragung werden Spannschlösser eingeschaltet, die vor der Hinterfüllung der Uferwand angezogen werden.

Wenn es bei Verwendung von Stahlankern angezeigt war, die Oberfläche der Stangen wegen der Rostgefahr so klein wie möglich zu halten und deshalb dem Kreisquerschnitt den Vorzug zu geben, so braucht diese Rücksicht bei Ankern aus Stahlsaitenbeton nicht genommen zu werden. Sowohl die Anschlußmöglichkeit als auch die Einschränkung der Durchbiegung weisen auf den hochkant gestellten brettförmigen Rechteckquerschnitt hin.

In der Tafel XXI sind die Zahlenwerte von Ankerstangen aus Stahl und Stahlsaitenbeton einander gegenübergestellt. Das Stahlgewicht der Ankerstangen aus Stahl übersteigt das der Anker aus Stahlsaitenbeton um das 11- bis 12fache, während das Gesamtgewicht der letzteren nur etwa 1,5mal so groß ist wie das der Stahlanker. Der Umfang des Betonquerschnittes ist etwa 3mal so groß wie der Umfang der runden Stahlanker. Die Durchbiegungen sind direkt proportional dem Gewicht und umgekehrt proportional der Elastizitätsziffer und dem Trägheitsmoment. Die Durchbiegung der Rundstahlanker schwankt daher je nach den Abmessungen zwischen dem 4- bis 12fachen der Durchbiegung der gleichwertigen Anker aus Stahlsaitenbeton.

Die brettförmigen Anker aus Stahlsaitenbeton werden wie die T- oder I-förmigen Balken in langen Bahnen flachliegend hergestellt. Die Schalung besteht zweckmäßig aus Holz.

323. Zugstäbe von Fachwerken.

Die Ausbildung der Zugstäbe von Fachwerken entspricht derjenigen der Ankerstangen der Uferwände. Da in den Fachwerken keine Spannschlösser erforderlich sind, wird man sie nicht nur als Einzelstab, sondern je nach der Anzahl der Knotenplatten paarweise oder auch zu 3 oder 4 Flachstäben nebeneinander anordnen (vgl. Abb. 44).

33. Zugstangen aus Stahlsaitenbeton als Bewehrungsstäbe.

Wir haben im Abschnitt C, I, a, 122 gesehen, daß Balken aus Stahlsaitenbeton als Zugbewehrung schwerer Betondecken verwendet werden können, und wollen nun die Frage prüfen, ob die üblichen Rundstahleinlagen in ähnlicher Weise durch vorgespannte Stäbe aus Stahlsaitenbeton zu ersetzen sind. Im Gegensatz zum eigentlichen Stahlsaitenbeton bestehen dann die Betonplatte und ihre Bewehrung — in den durch die verschiedene Betonzusammensetzung gegebenen Grenzen — aus dem gleichen Baustoff mit nahezu gleichem Elastizitätsmodul. Bei der Durchbiegung dehnen sich beide Teile gleichmäßig, nur sind die der Dehnung entsprechenden Zugspannungen infolge der durch die Druckvorspannung der Bewehrung bedingten Phasenverschiebung verschieden. Während die Betonplatte selbst auf Zug beansprucht ist, muß die Druckvorspannung der Bewehrung erst aufgezehrt sein, ehe darin Zugspannungen auftreten. Wenn die Platte infolge der Dehnung bereits gerissen ist, bleibt die vorgespannte Bewehrung noch unversehrt, obwohl sie die gleiche Dehnung erfahren hat.

Welche Unterschiede bestehen nun gegenüber der Rundstahlbewehrung? Da der Querschnittsumfang der wiederum rechteckig gewählten Einlagen aus Stahlsaitenbeton größer ist als der des gleichwertigen Rundstahles, verringern sich die Haftspannungen, so daß auf die beim Rundstahl üblichen Haken verzichtet werden kann. Während beim Stahlbeton die Gefahr besteht, daß die aufgetretenen Zugrisse bis zu den Stahleinlagen durchgehen und zum Rosten Anlaß geben können, bleiben die Stahlsaiten dauernd durch den vorgespannten Beton ihrer Umgebung geschützt. Eine zusätzliche Betondeckung der Einlagen aus Stahlsaitenbeton erübrigt sich, so daß sich die Verlegung vereinfacht.

Für die Bemessung der einfach bewehrten Betonplatten dienen bekanntlich folgende Formeln:

$$\frac{n \cdot \sigma_b}{\sigma_e} = \frac{x}{h - x}, \tag{1}$$

$$\sigma_b = \frac{2\,M}{b \cdot x\left(h - \dfrac{x}{3}\right)}, \tag{2}$$

$$\sigma_e = \frac{M}{f_e\left(h - \dfrac{x}{3}\right)}. \tag{3}$$

Unter σ_e sei hier die Zugspannung der Einlage aus Stahlsaitenbeton verstanden, deren größtzulässiger Wert mit 150 kg/cm² angenommen wird. Das Verhältnis $E_e/E_b = n$ sei im vorliegenden Falle gleich Eins angenommen, $\sigma_{b_{zul}}$ sei mit 40 kg/cm² angesetzt.

Unter Zugrundelegung dieser Zahlenwerte kann man aus Gleichung (1) schließen, daß die Größe x nicht erheblich von dem für einen entsprechenden Stahlbetonquerschnitt geltenden Wert abweichen wird, da sowohl σ_e als auch n etwa um das 10fache kleiner geworden sind. Demzufolge geht aus Gleichung (2) hervor, daß auch die Größe h bei gleicher Betondruckspannung σ_b etwa ebenso groß ausfallen wird wie beim Vergleichsquerschnitt aus Stahlbeton. Nur f_e vergrößert sich etwa um das 10fache nach Gleichung (3), da h und x sich kaum geändert haben, σ_e aber etwa den zehnten Teil der zulässigen Stahlspannung ausmacht. Für die gebräuchlichen Maximalspannungen ergeben sich die in Tafel XXII zusammengestellten Bemessungswerte:

Tafel XXII. *Bemessungswerte für Einlagen aus Stahlsaitenbeton bzw. Stahl.*

Zugspannung in den Einlagen aus Stahlsaitenbeton bzw. Stahl	$\sigma_e = 150$ bzw. 2200 kg/cm²		$\sigma_e = 200$ bzw. 2400 kg/cm²	
Betondruckspannung	$\sigma_b = 40$ kg/cm²	$\sigma_b = 30$ kg/cm²	$\sigma_b = 40$ kg/cm²	$\sigma_b = 30$ kg/cm²
h { Stahlsaitenbeton .	$0{,}507\ \sqrt{M}$	$0{,}652\ \sqrt{M}$	$0{,}560\ \sqrt{M}$	$0{,}720\ \sqrt{M}$
h { Stahl	$0{,}501\ \sqrt{M}$	$0{,}646\ \sqrt{M}$	$0{,}518\ \sqrt{M}$	$0{,}668\ \sqrt{M}$
f_e { Stahlsaitenbeton .	$1{,}420\ \sqrt{M}$	$1{,}085\ \sqrt{M}$	$0{,}940\ \sqrt{M}$	$0{,}715\ \sqrt{M}$
f_e { Stahl	$0{,}0977\ \sqrt{M}$	$0{,}0746\ \sqrt{M}$	$0{,}0864\ \sqrt{M}$	$0{,}0659\ \sqrt{M}$

(*M* ist in mkg einzusetzen.)

In der Tafel XXII sind zum Vergleich die zulässigen Stahlspannungen für Betonstahl III und IV gewählt worden, da diese mit $n = 15$ etwa die gleiche Plattendicke ergeben wie die entsprechenden Zugspannungen des Stahlsaitenbetons. Die Ersparnis an Stahl ist naturgemäß bei Ausnutzung so hoher Stahlspannungen auch schon beträchtlich. Gewöhnlich wird man jedoch mit den Stahlspannungen nicht so hoch gehen, da die Zugrisse im Beton zu weit klaffen würden. Ein wirtschaftlicher Vergleich ist daher nur zutreffend, wenn man Stahl mit einer zulässigen Spannung von etwa 1400 kg/cm² Einlagen aus Stahlsaitenbeton mit einer Druckvorspannung von 150 kg/cm² gegenüberstellt.

Unter diesen Voraussetzungen wird für Stahlbeton mit $\sigma_b = 40\,$kg/cm²

$$h = 0{,}430\sqrt{M}, \quad f_e = 0{,}184\sqrt{M},$$

für Beton mit Einlagen aus Stahlsaitenbeton, wie in Tafel XXII

$$h = 0{,}507\sqrt{M}, \quad f_e = 1{,}42\sqrt{M}.$$

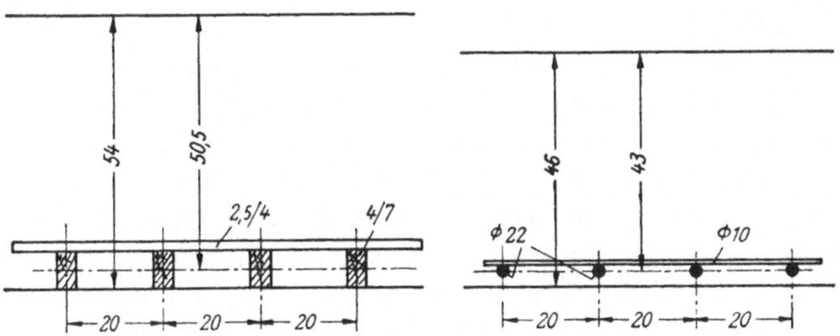

Abb. 97. Vergleich zwischen Platten mit Bewehrung aus Stahlsaitenbetonstäben und aus Rundstahl.

Angenommen sei als Beispiel $M = 10\,000$ kgm, dann wird für Stahlbeton:

$$h = 0{,}430 \cdot 100 = 43 \text{ cm}; \quad f_e = 0{,}184 \cdot 100 = 18{,}4 \text{ cm}^2$$
$$(5 \,\varnothing\, 22 \text{ mit } f_e = 19{,}0 \text{ cm}^2),$$

für Beton mit Einlagen aus Stahlsaitenbeton:

$$h = 0{,}507 \cdot 100 = 50{,}7 \text{ cm}; \quad f_e = 1{,}42 \cdot 100 = 142 \text{ cm}^2.$$

Der eigentliche Stahlquerschnitt in den Stahlsaitenbetonstangen berechnet sich zu

$$F_e = 142 \cdot \frac{\dfrac{150}{12\,000}}{1 - 10 \cdot \dfrac{150}{12\,000}} = 142 \cdot 0{,}0143 = \mathbf{2{,}03 \text{ cm}^2}.$$

Die Stahlersparnis gegenüber Stahlbeton ist daher fast 90%, der Mehraufwand an Beton jedoch nach den Abmessungen der Abb. 97

$$\left(\frac{54}{46} - 1\right) \cdot 100\% = 17\%.$$

Bei einfach bewehrten Platten ist es in den meisten Fällen nicht nötig, für die Schub- und Haftspannungen den rechnerischen Nachweis zu führen. Aus diesem Grunde sind Bügel, Stabaufbiegungen und Endhaken überflüssig.

Einlagen aus Stahlsaitenbeton kommen für schwere Betonsohlen und Gründungsplatten, besonders im Bergbausenkungsgebiet, in Betracht, wo eine Vergrößerung der Plattendicke keine große Rolle spielt, die Stahlersparnis und die einfache Verlegung aber sehr zugunsten des Stahlsaitenbetons sprechen (vgl. Abschnitt C, II, a, 51).

34. Die Materialästhetik des Spannbetons.

Die Bedeutung der Zugstäbe aus vorgespanntem Stahlsaitenbeton greift über ihren Anwendungsbereich in den Fertigbetonkonstruktionen hinaus in das Gebiet der allgemeinen Materialästhetik über. Natürliche, von der Natur ohne künstliche Veredelung dargebotene Hauptbaustoffe sind Stein und Erde als anorganische Stoffe und Holz als organischer Baustoff. Die Erforschung ihrer naturgegebenen Festigkeitseigenschaften hat uns den Weg zu ihrer zweckentsprechenden Verwendung im Bauwesen gezeigt. Der Stein ist ein Baustoff von körnigem Gefüge, dessen Druckfestigkeit seine Zugfestigkeit bei weitem überwiegt. Die aus ihm hergestellten Bauwerke nutzen daher hauptsächlich seine Druckfestigkeit aus (druckfeste Mauerwerkskörper, Bogenbrücken), dort wo der Stein auch auf Biegung beansprucht wird, ist die Spannweite beschränkt (Architrav des Poseidon-Tempels). Beim Holz sind Druck- und Zugfestigkeit längs der Faser etwa gleich groß, sein Anwendungsbereich ist daher vielseitiger. In den Pfahlbauten wird bei den Pfählen die Druckfestigkeit der Baumstämme herangezogen; die Holzbalken widerstehen den auf sie wirkenden Biegungsmomenten. Die Urform der Ketten und Kabel einer Hängebrücke ist die von Ufer zu Ufer gespannte Liane. Die aus der Erkenntnis der Festigkeitseigenschaften der natürlichen Baustoffe hervorgegangenen Bau- und Kunstformen lassen das Kräftespiel fühlen und erkennen.

Gußeisen und Stahl sind aus natürlichen Rohstoffen durch chemische Umwandlung erzeugte künstliche Baustoffe. Erst durch ihren handwerklichen Gebrauch lernte man ihre Gütemerkmale kennen, um sie schließlich auch als Material selbständiger Bauwerke heranzuziehen. Da die Erfahrung lehrte, daß Gußeisen zerbrechlich ist und keine hohen Biegungsspannungen erträgt, findet man in den ersten gußeisernen Brücken ausschließlich die Bogenform wieder, die sich auf die höhere Druckfestigkeit des Gußeisens stützt. Aus der Vergütung des Roheisens im Gebläseofen erwuchs durch Umbau des Molekulargefüges die sehnige Kraft des Stahles, die in den weitgespannten Tragwerken der Brücken und Hallen klar und unverhüllt zutage tritt. Eben weil die Güteeigenschaften des Stahles dem Beschauer geläufig geworden sind, rufen die Stahlkonstruktionen ein Gefühl der Sicherheit hervor.

Über die Materialästhetik des Stahlbetons sind die Meinungen geteilt. JORDAN lehnt z. B. die umbetonierten Hängestangen an Stahlbetonbögen als dem Wesen des Betons widersprechend ab[1], da der Beton keine Zugspannung verträgt. Verschiedene Bogenbrücken aus

---

[1] RUKWIED: Brückenästhetik. Berlin: Wilhelm Ernst & Sohn 1933.

Stahlbeton weisen in der Tat Hängestangen aus nichtummanteltem Rundstahl auf. Wenn man aber reine Zugglieder aus Stahlbeton als nicht materialecht bezeichnet, müßte man folgerichtig auch alle auf Biegung beanspruchten Bauteile aus Stahlbeton und somit das Verbundprinzip des Stahlbetons überhaupt einbeziehen. Es gibt in der Tat Baukünstler, die den Stahlbeton als den materialästhetischen Grundsätzen widerstrebend bezeichnen. Dem statisch nicht vorgebildeten Beschauer, folgern sie, biete sich an einem Stahlbetonbau nur die äußere Gestaltung dar, die aus künstlichem Stein, dem Beton, besteht, von dem man weiß, daß er trotz seiner einsteinigen Fugenlosigkeit nur eine geringe Zugfestigkeit besitzt. Bei einem Laien könne nicht vorausgesetzt werden, daß er das Vorhandensein der Stahleinlagen ahne oder sie gleichsam mit Röntgenaugen da suche, wo sie nötig sind. Stahlbeton sei kein einheitlicher Baustoff wie Stein, Holz oder Stahl, sondern eine zusammengesetzte Konstruktion, die erst durch den dem Auge verhüllten Konstruktionsgedanken ihre Tragfähigkeit erhält. Die Gegner dieser Ansicht berufen sich auf die fortschreitende technische Ausbildung der Menschheit, die im Laufe der Zeit so viel statisches Gefühl erlerne, daß sie die verdeckte Wirkung der Stahleinlagen spüre und in sich aufnehme. Mag der eine oder andere Teil recht haben, fest steht wohl auf jeden Fall, daß die Ansichten noch immer geteilt sind.

Der vorgespannte Beton scheint geeignet zu sein, eine Klärung der Meinungen herbeizuführen. Im Spannbeton ist zwar nicht, wie beim Gußeisen, die Struktur des Betons verbessert, aber der Spannungszustand verändert worden. Vorgespannter Beton ist ein einheitlicher, unter dauerndem Druck gehaltener, spannungsgeladener Werkstoff. Wer einmal die springfedernde Kraft einer Stahlsaitenbetonbohle gesehen hat, dem wird sich die eigenartige Natur dieses neuen Werkstoffes unauslöschlich in das Gedächtnis einprägen. Wenn sich aber die Kenntnis von der Natur des vorgespannten Betons immer mehr durch eine häufige Anwendung verbreitet, wird auch niemand mehr einen Widerspruch zwischen der steinähnlichen Oberfläche und der durch die Vorspannung begründeten Aufnahmefähigkeit für Zug- und Biegespannungen finden. Der vorgespannte Beton wird eine Zukunft haben und durch seine Verbreitung in Form von Platten, Brettern, Bohlen und Trägern eine Umbildung und Erweiterung des Gebietes der Materialästhetik mit sich bringen, ähnlich wie der Stahlbau sich durch die besonderen Eigenschaften seines Werkstoffes einführte und seine Welt eroberte. Wenn der vorgespannte Beton auch im reinen Monolithbau Anwendung finden kann, so wird sein Hauptgebiet doch die Stahlbetonfertigkonstruktion bleiben, zu deren Aufbau er in der Hauptsache die auf Zug und Biegung beanspruchten Fertigteile liefert.

b) Raumumschließende Teile.

Die raumumschließenden Baueinheiten gliedern sich in die Füllkörper, die im wesentlichen auf *Druck* beansprucht werden, und die *biegungsfesten Platten*.

1. Auf Druck beanspruchte Füllkörper.

Je nachdem, ob es sich um die eigentlichen Fertigbetonkonstruktionen (I. Hauptgruppe, Abschnitt A, I, a) oder um die schalungslosen Monolithbauten (II. Hauptgruppe, Abschnitt A, I, b) handelt, dienen die Füllkörper dazu, den Luftraum oder den Betonraum zu umschließen.

11. Luftraumumschließende Füllkörper.

Das den Luftraum umschließende Bauwerk setzt sich aus der seitlichen Raumbegrenzung und der Raumüberdeckung zusammen. Die seitliche Begrenzung wird durch selbsttragende oder durch Skelettwände, die Überdeckung durch die tragenden Deckenkonstruktionen dargestellt. Wände und Decken werden aus den auf Druck beanspruchten Füllkörpern aufgebaut oder durch sie ausgefüllt.

111. Wandfüllkörper.

Da hier nur die auf Druck beanspruchten Wandfüllkörper behandelt werden, ist die Beschränkung auf die von Hand zu versetzenden Mauereinheiten gegeben.

Größe und Form der Ziegelsteine sind durch die Herstellung im Brennofen und durch die Forderung der leichten Versetzbarkeit von Hand bestimmt, während sich die Gestaltung der natürlichen Steine aus ihrer meist geringen Wärmedämmfähigkeit und der Art der Bearbeitung ergibt. Bei beiden Baustoffen ist man also in der Formgebung gebunden.

Betonsteine hingegen können sowohl hinsichtlich ihrer Form und ihrer Abmessungen als auch ihrer Baustoffeigenschaften (Festigkeit, Wärmedämmung usw.) den an sie gestellten Anforderungen weitgehend angepaßt werden. Grundsätzlich will man sich von der handwerklichen Bauweise lösen, da man bei der Fülle der vorliegenden Bauaufgaben in der Hauptsache auf angelernte Arbeitskräfte angewiesen ist. Das Gewicht der Betonsteine wird nach dem Optimum der Wirtschaftlichkeit bestimmt, aus der Baupraxis hat sich ergeben, daß das günstigste Gewicht der Einheit bei 25 kg liegt.

Die Entwicklung geht von dem im Verband gemauerten Mauerstein (Vollstein) im Regelformat 25×12 cm aus, wobei sich die Steinhöhe entsprechend dem geringeren Raumgewicht des Baustoffes vergrößert. Weiterhin führt sie vom Leichtbetonformstein zum Hohlblockstein, die beide die ganze Wanddicke einnehmen und wie die Vollsteine in Mörtel versetzt werden. In dem Bestreben, die Mauerarbeit noch weiter zu vereinfachen, werden schließlich die Hohlblocksteine trocken versetzt und die ausgesparten Fugen nachträglich vergossen.

Da die auf diesem Gebiete ausgearbeiteten Neuerungen viel zu zahlreich sind, können an Hand von Beispielen nur grundsätzliche Fragen erörtert werden, zumal sich die Füllkörper schon von den eigentlichen Fertigteilen entfernen und sich den Betonwaren nähern. Weitere Einzelheiten können in jedem Handbuch der Betonsteinindustrie und in den Baukalendern nachgeschlagen werden.

1111. Mauersteine (Vollsteine). Unter Hinweis auf den Betonkalender und die entsprechenden Normenblätter wird in der Tafel XXIII eine Zusammenstellung verschiedener Mauersteinarten gegeben. Je geringer das Raumgewicht der Steine ist, desto größer sind die Ersparnisse an Fracht, Fuhrlohn und Gründungskosten. Die 14,2 cm hohen Steine entsprechen zwei Ziegelsteinschichten einschließlich Fuge, eignen sich also zur gleichzeitigen Verwendung mit Ziegelsteinen als Verblendung.

Tafel XXIII. *Vollsteine (Mauersteine) aus Leichtbeton.*

Steinart	DIN	Abmessungen	Raum-gewicht	Einzel-höchst-gewicht	Druckfestigkeit	
					im Mittel	Einzel-stein
		cm	kg/dm³	kg	kg/cm²	kg/cm²
Schwemmstein aus Naturbims	1059	25 × 12 × 10,4 / 25 × 12 × 14,2	0,80	2,50 / 3,41	20	16
Sonder-Schwemm-stein		25 × 12 × 10,4 / 25 × 12 × 14,2	0,85	2,65 / 3,62	30	24
Hütten-Schwemm-stein	399	25 × 12 × 10,4 / 25 × 12 × 14,2	1,00	3,12 / 4,26	20	16
Sonder-Hütten-schwemmstein		25 × 12 × 10,4 / 25 × 12 × 14,2	1,20	3,74 / 5,11	30	24
Schlackenstein	400	25 × 12 × 10,4 / 25 × 12 × 14,2	1,20	3,74 / 5,11	30	24
Sonder-Schlacken-stein		25 × 12 × 10,4 / 25 × 12 × 14,2	1,40	4,37 / 5,96	50	40
Ziegelbetonstein	4161	25 × 12 × 6,5 / 25 × 12 × 10,4	1,30	2,50 / 4,00	20	16
Vollziegel	105	25 × 12 × 6,5	1,60 bis 1,80	3,12 bis 3,50	100	80

Die zum Vermauern erforderliche Arbeitszeit ist im wesentlichen von der Höhe der Steine und deren Gewicht abhängig. Auf einer Berliner Lehrbaustelle[1] wurde die Abhängigkeit der Maurerleistung von der Form, der Größe und dem Gewicht der Mauerziegel, vom Mauerwerksverband und von anderen Einflüssen praktisch erprobt. Bis zu einer Höhe von 9,2 cm wurde volltugiges Mauerwerk erzielt, darüber hinaus war keine Gewähr mehr für einwandfreie Arbeit gegeben. Die Maurer lehnten die hohen Steine, besonders die mit 14,2 cm Höhe, ab. Der geringste Zeitaufwand war für porosierte und gelochte Tuho-Ziegel 25 × 12 × 11,1 cm erforderlich, die ein Gewicht von 3,33 kg hatten. An Form und Gewicht nähern sich diesem Format die Leichtbetonmauersteine von 10,4 cm Höhe, von denen der Höhe nach 2 Steine auf 3 normalformatige Mauerziegel gehen. Ein Vollziegel im Reichsformat wiegt bei einem Raumgewicht von 1,6 kg/dm³ 3,12 kg.

---

[1] Fortschritte und Forschungen im Bauwesen, Reihe A, H. 12. Berlin: Otto Elsner.

Zahlreich sind die Versuche, die Steinform so zu gestalten, daß auch in verhältnismäßig dünnen Mauern geschlossene Hohlräume angeordnet werden können, um die Wärmedämmfähigkeit zu erhöhen. Die Steine nehmen dann mehr Plattenform an, erwähnt seien die in Abb. 152 dargestellten sog. Furko-Platten mit den Abmessungen $49 \times 24 \times 9$, $24 \times 24 \times 9$ und $35,5 \times 24 \times 9$ cm, die sich zur Zusammenstellung einer 24 cm dicken Mauer mit Hohlräumen eignen.

Einen Schritt weiter gehen die Aerokret-Gasbetonformsteine[1], deren geringe Dicke wegen der hohen Wärmedämmfähigkeit des Gasbetons schon die ganze Wanddicke darstellt. „Der Aerokret-Gasbetonformstein besitzt ein Raumgewicht von 1,05 t/m³ und wird im Format $60 \times 33,3$ cm oder auch in Teilstücken mit einer Dicke von 7, 10, 14,6 und 20 cm fabrikmäßig hergestellt. Aerokretaußenwände werden mit isolierenden und wasserabweisenden Fugen vermauert, die Fugen werden durch eingelegte durchtränkte Korkstreifen unterbrochen und mit einem wasserdichten Mörtel verstrichen."

1112. Leichtbetonformsteine und Hohlblocksteine. Die vorgenannten Gasbetonformsteine deuten schon die Richtung an, in der sich die Gestaltung der Leichtbetonformsteine vollenden will. Wenn auch der Stein selbst aus einem Baustoff besteht, der keine Feuchtigkeit durchläßt, so sind es doch die durchgehenden Lagerfugen und ein Teil der Stoßfugen, die diese Wirkung beeinträchtigen. Das Mittel, den Mörtel der Lager- und Stoßfugen in der Mitte zu unterbrechen, ist nun beim gewöhnlichen Mauerwerksverband nicht anwendbar, da die Festigkeit und der Zusammenhalt des Mauerwerks darunter leiden würden. Nimmt dagegen der Formstein die ganze Mauerdicke ein, so überbrückt er eine Trennung der Mörtelschicht ohne nachteilige Folgen für den Bestand des Mauerwerks. Hand in Hand hiermit geht eine allgemeine Vergrößerung des Steinformats, um die Anzahl der Fugen zu verringern und die Verarbeitung zu beschleunigen. Der Aufwand an Mörtel und Arbeitszeit wird also vermindert.

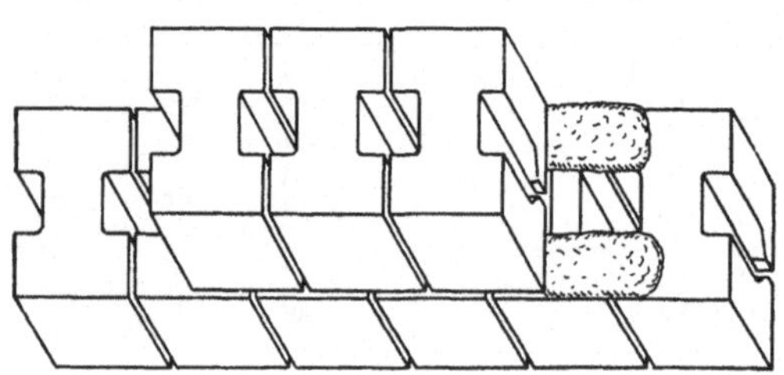

Abb. 98. Verband von Leichtbeton-Vollsteinen mit seitlichen Nischen.

Abb. 98 zeigt den Verband und die Vermauerung von solchen Vollblocksteinen mit seitlichen Nischen. Eine ähnliche Wirkung ergibt sich bei den Z-förmig ausgebildeten Steinen, die zwecks Erhöhung der Wärmedämmung und Verringerung des Gewichtes bereits Hohlräume aufweisen (Abb. 99).

In Abb. 100 ist der T-Schwemmstein dargestellt. „Er besitzt in beiden Stoßfugenflächen stellenweise Aussparungen, die indessen so angeordnet sind, daß die Grundrißform ungeschmälert bleibt. Durch die

---

[1] Beton-Kalender 1944 II, S. 95.

vorteilhaften Aussparungen entstehen im fertigen Mauerwerk kleine allseitig geschlossene Hohlräume mit ruhenden Luftschichten. Das geringe

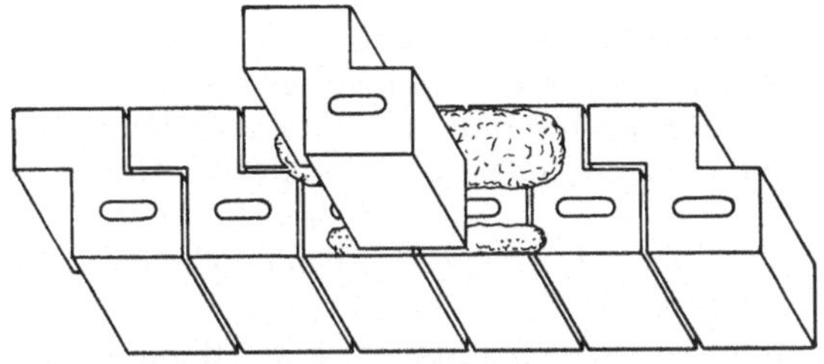

Abb. 99. Verband von Z-Steinen.

Eigengewicht sowie die günstige Form dieses Großformatsteines ermöglichen die Verarbeitung mit einer Hand, während die andere die
Kelle führt"[1]. Nach den Angaben des Beton-Kalenders wird nach praktisch erprobter Ausführung
gegenüber Schwemmstein-
mauerwerk 40 bis 43%, ge-
genüber Ziegelsteinmauer-
werk 58 bis 62% weniger
Arbeitszeit benötigt.

Von diesen Steinen führt
der Weg zu dem Rheini-
schen Bimsbeton-Einheits-
hohlblockstein nach DIN 4152
(Abb. 101). Dieser Stein ist
zur Verminderung seines Gewichtes mit 5 seitig geschlossenen glockenförmigen Hohl-

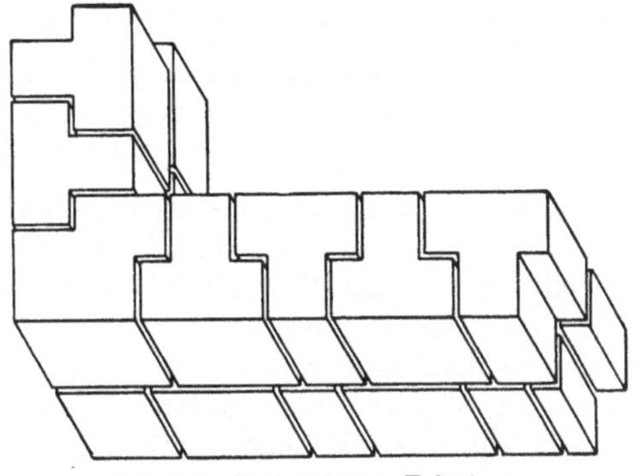

Abb. 100. Verband von T-Steinen.

räumen versehen, die nach Lage und Ausdehnung so angeordnet sind,
daß eine vollkommene Druckübertragung von Steg auf Steg im Mauer-

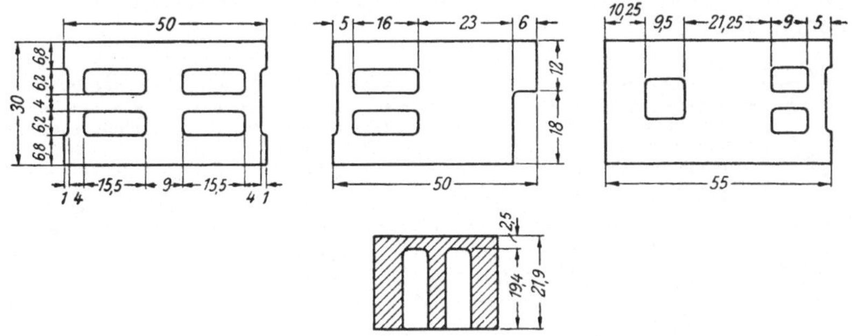

Abb. 101. Hohlblocksteine aus Naturbimsbeton mit 30 cm Stärke.

werk stattfindet und der volle stoffliche Querschnitt statisch ausgenützt
wird. In der Ansichtsfläche im Mauerwerk mißt der Stein 50×21,9 cm.

---

[1] Beton-Kalender 1944 II, S. 94.

Eine Steindicke (20 cm, 25 cm bzw. 30 cm) ergibt jeweils die ganze Mauerdicke. Die Steinhöhe von 21,9 cm entspricht 3 Backsteinschichten des Reichsformates.

Die Bimsbeton-Hohlblocksteine haben die gleichen stofflichen Eigenschaften wie der Schwemmstein, nämlich Leichtigkeit, Porosität, Wärmedämmfähigkeit, gute Mörtelbindung und Putzhaftung, Frostbeständigkeit, Nagelbarkeit. Die besonderen Merkmale des Hohlblockmauerwerks sind:

Geringster Fugenanteil, infolgedessen Mörtelersparnis und Verringerung der Baufeuchtigkeit.

Rascheste Hochführung des Mauerwerks, dadurch Verkürzung der Bauzeit, Lohn- und Zinsersparnisse.

Einfachste Art der Vermauerung ohne Kenntnis der Regeln des Mauerverbandes.

Für Rheinischen Bimsbeton ist das Raumgewicht der Steine mit maximal 1,0 t/m³ anzusetzen. Danach beträgt das Höchstgewicht eines Steines 50×21,9 cm für die verschiedenen Mauerdicken:

Dicke.	20	25	30 cm
Steingewicht . . .	17	22	22,5 kg

Form und Abmessungen der Bimsbeton-Hohlblocksteine machen sich also eine praktisch erprobte Erfahrung zunutze, wonach ein Stückgewicht von 25 kg die höchste Wirtschaftlichkeit beim Vermauern ergibt. Zu beachten ist, daß nach den baupolizeilichen Bestimmungen bei statischen Berechnungen mit einem Raumgewicht des Mauerwerks von 1,1 t/m³ gerechnet werden muß.

Die durchschnittliche äquivalente Wärmeleitzahl des Hohlblockmauerwerks beträgt $0,30 \dfrac{kcal}{m\,h\,°C}$ bei 10° C Mitteltemperatur. Unter Zugrundelegung dieser Wärmeleitzahl ergeben sich die Wärmedurchlaßwiderstände für die verschiedenen Dicken der Einheits-Hohlblockwände mit beiderseitigem Putz, außen und innen 1,5 cm stark, aus der nachfolgenden Tafel XXIV.

Tafel XXIV. *Wärmedämmwirkung des Bimsbeton-Einheitshohlblock-Mauerwerks.*

Dicke des Mauerwerks ohne Putz cm	Wärmedurchlaßwiderstand der Bimshohlblockmauer mit beiderseitigem Putz	Wärmedurchgangszahl K	Dämmwert der Bimshohlblockmauer gegenüber der Normalwand	Wärmedurchlaßwiderstand der Normalwand (38 cm Ziegelwand beiderseitig verputzt)
20	0,71	1,07	129%	
25	0,88	0,91	160%	0,55
30	1,04	0,79	189%	

Für Hohlblocksteine aus Hüttenbims, Schlackenbeton und Ziegelsplittbeton sind folgende Normblätter maßgebend:

DIN 4153 Hohlblocksteine und T-Steine aus Hüttenbimsbeton.

DIN 4154 Hohlblocksteine aus Schlackenbeton.

DIN 4155 Hohlblock- und T-Steine aus Ziegelsplittbeton.

Wenn auch durch die beschriebenen Formen der Hohlblocksteine Fachkräfte und Arbeitszeit erspart werden, so erfordert doch der Gebrauch der Maurerkelle noch eine gewisse Handfertigkeit. Diese handwerkliche Betätigung fällt fort, wenn man die Hohlblocksteine trocken aufeinandersetzt und in halber oder ganzer Stockwerkshöhe von oben vergießt. In den Hohlblöcken der Imbeg, Industrie-Montagebaugesellschaft, G. m. b. H., Haardt (Rheinpfalz), (Abb. 102) sind senkrechte

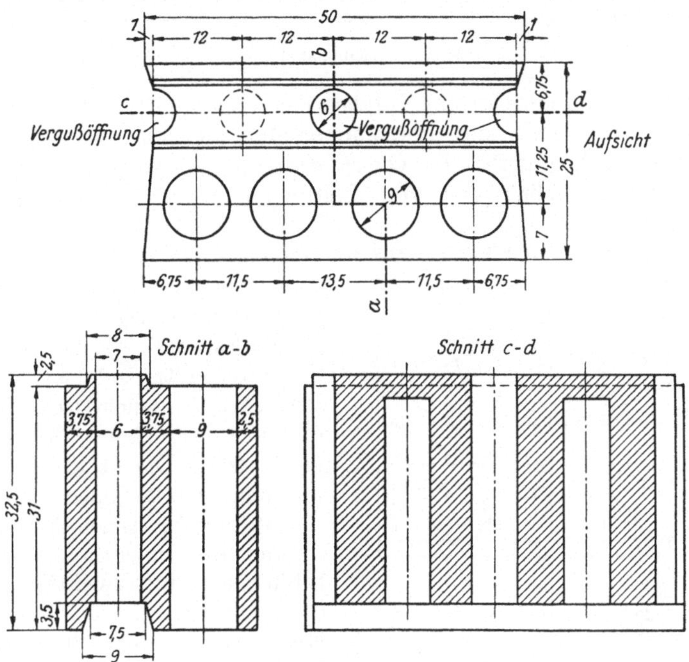

Abb. 102. Hohlblockstein der Imbeg.

Vergußöffnungen für die Stoßfugen sowie waagerechte Auslaufrinnen für die Lagerfugen vorhanden. Diese Bauart der Blöcke bringt noch weitere konstruktive Vorteile für den Hausbau mit sich, die im Abschnitt C, II, a, 131223 behandelt werden.

112. Deckenfüllkörper.

Mit den Deckenfüllkörpern soll der Zwischenraum zwischen den Deckenbalken ausgefüllt und geschlossen werden, sie grenzen also den Luftraum nach oben ab. Die Stützweite der Deckenfüllkörper entspricht dem Abstand der Deckenbalken, der gewöhnlich 0,50 bis 0,75 m von Achse zu Achse beträgt. Wegen dieser geringen Stützweite werden sie mit Recht unter die Luftraum umschließenden und nicht unter die tragenden Teile aufgenommen. Immerhin bilden sie, für sich betrachtet, kleinste Tragwerke, deren Form schon wegen der Gewichtsersparnis nach statischen Grundsätzen ausgebildet wird. Vorzugsweise wählt man aufgelöste Konstruktionen ohne Stahleinlagen.

Die Deckenfüllkörper werden nach der Richtung unterschieden, in der die Aussparungen und Hohlräume angeordnet sind.

1121. Aussparungen quer zur Balkenachse. Aus den bewehrten dünnen Betonplatten entstanden die in Abb. 103 dargestellten, leicht be-

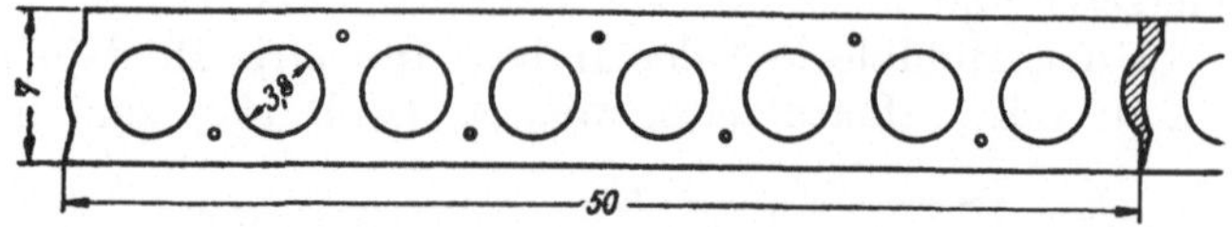

Abb. 103. Rippenhohlplatte.

wehrten Rippenhohlplatten. Infolge der vorteilhaften Verteilung des Baustoffes innerhalb des Plattenquerschnittes sind die Rippenhohlplatten statisch günstig, die Queranordnung der Hohlräume verbietet jedoch die Unterbringung von Leitungen der verschiedenen Hausinstallationen.

1122. Aussparungen längs zur Balkenachse. Bei der Gronauer-Decke verspannen sich unbewehrte Betonplatten als scheitrechte Bogen zwischen die besonders ausgebildeten Balkenköpfe. In gleicher Weise sind die unteren Querplatten ausgebildet. Die Gronauer-Decke ist also eine ausgesprochene Doppeldecke (Abb. 164). Die Rohre der elektrischen Installationen können auf den unteren Platten verlegt werden.

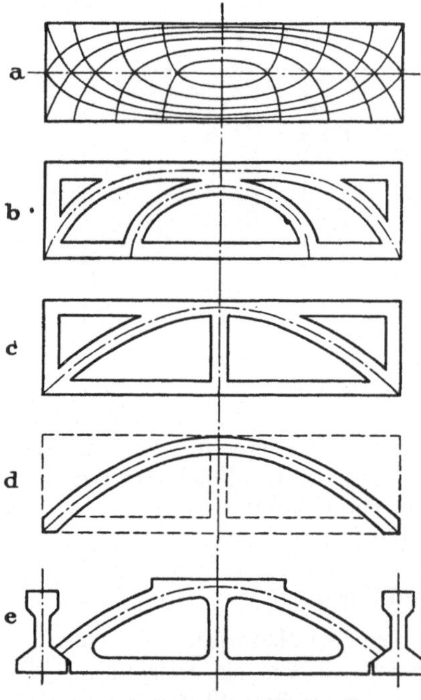

Abb. 104. Ableitung der Form der Deckenfüllkörper.

Bei den eigentlichen Deckenfüllkörpern aus Leichtbeton wird der Stoff nach Abb. 104 dem Verlauf der Druckspannungstrajektorien angepaßt. Das Drängen nach einer Vergrößerung der Aussparungen und möglichster Klarheit der Kraftübertragung führt zum Bogen mit Zugband (Abb. 104c)[1]. Schließlich kommen noch die beiden oberen Ecken in Wegfall, da der durch sie eingenommene Raum zum Verguß des Füllkörpers mit den Deckenbalken gebraucht wird. Da der Leichtbeton nur geringe Zugspannungen aufzunehmen vermag, Stahleinlagen aber vermieden werden sollen, tritt die Bestimmung des unteren Teiles des Füllkörpers als Zugband zurück. Nach Abb. 104d bleibt ein Zweigelenkbogen mit angehängter unterer Platte als statisches System übrig.

---

[1] Vgl. Fußnote S. 62.

Abb. 104e stellt eine praktische Ausführungsform dar, aus der die reine Bogenwirkung des Füllkörpers hervorgeht. Die Hohlräume sind ausreichend groß, um Rohrleitungen und Kabeln Platz zu bieten. Auch kann eine Fußboden- bzw. Deckenheizung mit Warmluft, die zur Erzielung der so wichtigen Fußwärme dient, nur mit Hilfe weiträumiger Längshohlräume in den Deckenkörpern eingebaut werden.

12. Den Betonraum als Verblendung umgrenzende Füllkörper.

Es handelt sich um Beton- und Stahlbetonfertigteile, die geeignet sind, ohne Verankerung nach innen oder Abstützung von außen, allein durch ihr Eigengewicht oder mit Ausnutzung des Gewichtes des frischen Betons die senkrechten Außenflächen von Monolithbetonbauten zu verblenden mit dem Ziele, Holz- und Stahlschalungen, Gerüste und Ausschalungsfristen zu ersparen.

Je nach der besonderen Zweckbestimmung der Verkleidung wird der Baustoff für die Fertigteile ausgewählt. Verlangt man einen Schutz des Bauwerks gegen Witterungseinflüsse oder gegen die Einwirkungen des Meerwassers, so wählt man für die Verblendkörper einen dichten Schwerbeton. Der eigentliche Füllbeton des Bauwerks kann dann einen geringeren Zementzusatz erhalten als die Verblendung, ohne daß die Güte und die Dauerhaftigkeit des Gesamtbauwerks beeinträchtigt wird. Sind mehr schönheitliche Gesichtspunkte maßgebend, so kommt ein Beton aus ausgewählten Zuschlagstoffen (Granitsplitt, Muschelkalk), gegebenenfalls mit werksteinmäßiger Bearbeitung, in Betracht. Sind wärmedämmende Eigenschaften erwünscht, so wendet man einen porigen Leichtbeton an.

Durch richtige Formgebung der Schalungssteine soll erreicht werden, daß sie nicht als toter Ballast am fertigen Bauwerk hängen, sondern sich organisch mit diesem verbinden und statisch mittragen. Die Voraussetzungen hierzu sind aber nur dann gegeben, wenn die Verblendung früher ausgeführt wird als der Kernbeton. Ein nachträgliches Ansetzen mit Zementmörtel gibt niemals einen dauerhaften Anschluß, wie das später beschriebene Beispiel des Trockendocks VI in Kiel zeigt (vgl. Abschnitt C, II, b, 1511).

Der bei Explosionen auftretende Luftsog hat so manche mangelhafte Arbeit an Putzbelägen und Plattenverkleidungen ans Tageslicht gebracht; denn Sog ist nichts anderes als der frei werdende Überdruck der in Fehlstellen eingeschlossenen Luft gegenüber dem als Folge der Explosion aufgetretenen Unterdruck der Außenluft. So erklären sich die Absprengungen ganzer Verblendungsflächen.

Nicht verankerte, nur durch ihr Gewicht wirkende Schalungskörper werden bei Bauwerken von großer Grundfläche benutzt, z. B. bei Talsperren und sonstigen Beckenmauern, bei denen die Steigegeschwindigkeit des Betons nicht zu groß ist. Die Steigegeschwindigkeit ist von wesentlichem Einfluß auf die Größe des in Rechnung zu stellenden Schalungsdruckes. Dieser beträgt für flüssigen und weichen Beton (ein solcher Beton kommt nur in Betracht) bei ununterbrochener Füllung, wie bei einer reinen Flüssigkeit, $p = 2\,h$ in t/m² (vgl. Abschnitt C, II, b, 1522). Der Seitendruck nimmt geradlinig mit der Zeit ab und ist nach 8 bis 12 Stunden Ruhezeit auf Null gefallen. Setzt man die Betonierung nach 8 bis 12 Stunden fort, so tritt im zuvor betonierten Absatz keine Erhöhung des Seitendruckes ein. Eine Ausnutzung der Seitendruckminderung infolge Anziehens des Betons ist kaum möglich. Nimmt man z. B. an, daß zwei Blöcke von je 200 m² Grundfläche abwechselnd zu betonieren sind, so ergibt sich bei dem Einsatz eines Mischers von 40 m³

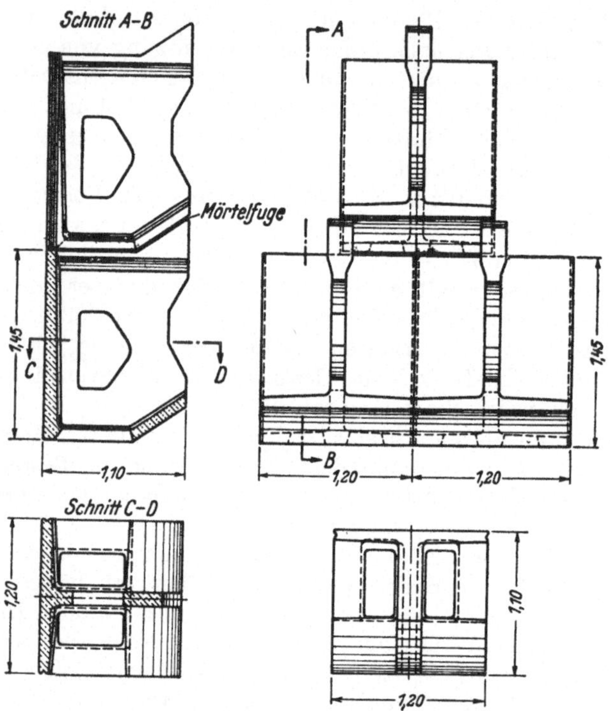

Abb. 105. Verblendsteine für den Hochspeicher Herdecke.

stündlicher Leistung für jeden Block eine Steigegeschwindigkeit von $\dfrac{40\ \text{m}^3/\text{Std.}}{200\ \text{m}^2} = 0{,}20$ m/Std. Die Höhe der Verblendungsmauer wird man aus wirtschaftlichen Gründen auf 1,50 m beschränken, damit ihre Dicke nicht zu groß wird. Die Hinterfüllung einer solchen Mauer mit Beton würde $\dfrac{1{,}50\ \text{m}}{0{,}20\ \text{m}/\text{Std.}} = 7{,}5$ Stunden erfordern, die noch unterhalb der Grenze für das beginnende Anziehen des Betons läge.

Wenn auch sofort nach dem Einbringen des letzten Betons mit dem Vermauern des nächsten Verblendungsabschnittes begonnen werden kann, so beansprucht doch diese Arbeit ebenso wie die notwendige Erhärtung des Mörtels eine geraume Zeit und macht eine längere Unterbrechung des Betonierens notwendig. Die Bildung einer waagerechten

Arbeitsfuge, die allerdings durch die Verblendung gedeckt werden kann, ist also unvermeidlich.

Günstiger liegen die Verhältnisse, wenn statt der Vollsteine aufgelöste Körper nach Art der Winkelstützwände gewählt werden, bei denen das Gewicht des frischen Betons zur statischen Mitwirkung herangezogen wird. Diese Körper können sofort nach dem Versetzen hintergossen werden. Betonformsteine dieser Art wurden für die Verkleidung der Beckenmauer des Hochspeichers Herdecke in Vorschlag gebracht[1]. Die Wände des Steines sind durchbrochen, um eine durchgreifende Verbindung mit dem Kernbeton sicherzustellen (Abb. 105).

Die in Abb. 106 dargestellten Schalsteine System Hannewald haben folgende Wirkungsweise: Durch die senkrecht durchgehenden, röhrenförmigen Aussparungen wird eine Zementmörtelsäule geschaffen, die den Zusammenhang der Schalwand sichert, besonders wenn Rundeisen eingelegt werden. Die um die kreisförmigen Öffnungen herumgelegten

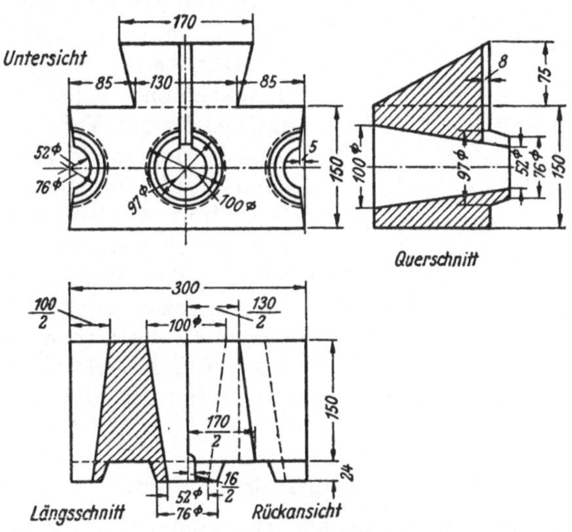

Abb. 106. Schalstein System Hannewald.

Randleisten verhüten ein Verschieben in waagerechter Richtung. Der schwalbenschwanzförmige Ansatz verankert den Schalstein im Füllbeton. Die schräge Unterschneidung ist günstig für die Standsicherheit des Schalsteines. Die in den Schwalbenschwänzen vorgesehenen Rillen gestatten das Einlegen einer Rundeisenverankerung, falls es sich um größere Höhe der Schalwand und um flüssigen Beton handelt. In der Ansichtsfläche ergibt sich ein Läuferverband aus 30 cm langen und 15 cm hohen Steinen, entsprechend $2^1/_2$ Ziegelsteinen vom Reichsformat. Anwendungsbeispiele werden im Abschnitt C, II, b, 18 gezeigt.

---

[1] BUTZER, H.: Bautechnische Mitteilungen der Bauunternehmung; ferner KIEHNE: Über Materialechtheit im Betonbau. Zement 1934, Nr. 9/10.

Sich selbst tragende Verblendkörper sind auch die Schalsteine der Förderungsgesellschaft für Montagebau (Abb. 107). Die Hauptaufgabe des Schalsteines besteht darin, die Schalung für Kellerwände und Fundamente zu sparen. Für die Herstellung des Schalsteines kann aufbereiteter Trümmerschutt verwendet werden. Die Schalsteine werden in der Regel im 1/2-Verband versetzt, zur Ergänzung ist nur noch ein halber Schalstein erforderlich. Als Eckstein dient ein normaler Wandblock, der auf der einen Seite eine glatte Stirnwand aufweist.

Falls keine hohen Belastungen auftreten, kann das Füllgut trocken eingebracht und durch Kalk oder Zementschlempe gebunden werden. Ferner besteht durchaus die Möglichkeit, bei starkem Trümmerschuttanfall auch ganze Kleinhäuser aus Schalsteinen zu erstellen, wenn eine genügend wärmedämmende Füllung eingestampft wird, wie z. B. Schlakken, Lehm oder sonstige Stoffe.

Die aus wärmedämmendem Leichtbeton gefertigten Säulensteine, die zur Verbindung und zur Aussteifung und Verstärkung der Hauswände mit bewehrtem Beton ausgefüllt werden, wurden bereits auf S. 126 erwähnt.

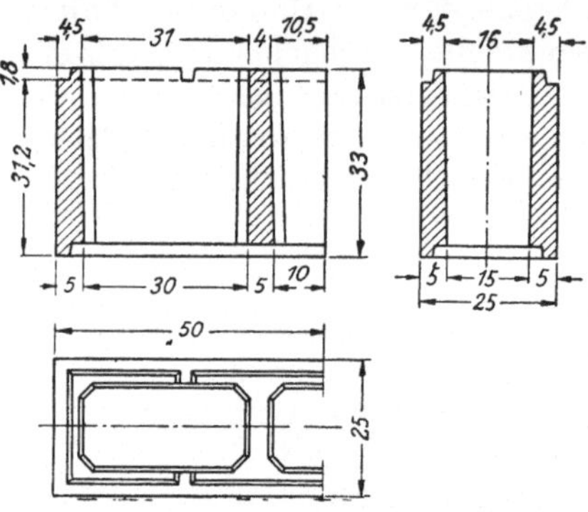

Abb. 107. Doppelwandige Schalsteine.

Zum Abschluß der Randbalken von Wohnhausdecken werden winkelförmige Schalsteine aus Leichtbeton herangezogen (vgl. Abb. 174).

Winkelförmige Betonsteine werden auch dazu verwendet, um den Holm einzuschalen, der zur Bekrönung von Bohlwerken aus Stahlbetonspundwänden dient und alle Ungenauigkeiten der Rammung ausgleicht (vgl. Abschnitt C, II, b, 22).

2. Biegungsfeste Platten.

Es wird wieder unterschieden zwischen luftraumumschließenden Dach- und Wandplatten und zwischen Schalungsplatten, die einen Betonraum umgrenzen.

21. Luftraumumschließende Dach- und Wandplatten.

211. Dachplatten.

2111. Dachsteine. Die zementgebundenen Dachsteine bilden schon seit langem eine gesuchte Ergänzung und Erweiterung der Erzeugung von gebrannten Dachziegeln, denen sie in Form und Größe gleichkommen. Die gewaltigen Kriegsschäden an den Dächern zwingen zu einer weiteren Steigerung der Herstellung, zumal damit erhebliche Kohlenersparnisse erzielt werden. Die Zementdachsteine haben aber auch andere unmittelbare Vorzüge gegenüber den Tonziegeln, da sie eine hohe Paßgenauigkeit aufweisen, während die letzteren sich beim Brennen leicht verziehen und Risse erhalten. Die Tonziegel werden allerdings auf die Dauer kaum verdrängt werden, da sie wegen ihres geringen Raumgewichtes, hervorgerufen durch eine gewisse Porigkeit, handlicher und leichter sind und einen besseren Wärme- und Kälteschutz gewähren. Einen gewissen Vorsprung besitzt der Zementdachstein besonders in sandreichen, aber tonarmen Gegenden.

Da die Dachsteine wasserundurchlässig, wetterfest und bruchsicher sein müssen, ist auf die Auswahl, die Zusammensetzung und Verarbeitung der Baustoffe besonders großer Wert zu legen. Scharfkörniger Sand erhöht die Zugfestigkeit des Betons, die vor allem für die Beförderung der Dachsteine erforderlich ist. Die Dachsteine werden entweder gestampft, gerüttelt oder gepreßt. Durch eine Glättung der Oberfläche wird die Lebensdauer der Dachsteine verlängert. Will man die eintönige graue Zementfarbe des Daches vermeiden, so kann man geeignete Mineralfarben in Rot, Schwarz oder Grün bei der Fabrikation aufpudern und einreiben[1].

2112. Großformatige Dachplatten. Die Abmessungen des kleinformatigen Tonziegels beruhen auf der niedrigen Festigkeit des gebrannten Tones einerseits und der geringen Formbarkeit des Holzes andererseits. Aus der letzteren entspringt die weitgehende Aufteilung der Dachfläche in sich winkelrecht kreuzende stabförmige Hölzer, nämlich die Dachlatten, die Sparren, die Pfetten und die Dachbinder. Auf Grund ihrer Materialeigenschaften sind die Bauten aus Stahlbetonfertigteilen an diese Rücksichten nicht gebunden, sondern streben nach einer Vergrößerung der Einheiten und einer Vereinfachung des Aufbaues. Die Ausschaltung der Dachlatten führt zu den großformatigen Dachplatten, die Gestalt und Anordnung mit den Dachziegeln gemeinsam haben, sich aber unmittelbar von Sparren zu Sparren oder von Dachbinder zu Dachbinder spannen. Sie vereinigen in sich Dachziegel und Dachlatten, wobei die letzteren durch die Rippenverstärkung der Dachplatten ersetzt werden.

Für die großformatigen Dachplatten gibt es zahlreiche Ausführungsformen, von denen eine von der Deutschen Bau-A.-G. Berlin zum Patent angemeldete Ausbildung als Beispiel dargestellt werden möge. Sie gehört zu der mit „Mönch und Nonne" bezeichneten Dachdeckungsweise, die sich aus Grund- und Deckplatten zusammensetzt, die in der Längsrichtung abwechselnd übereinandergelegt werden und sich in Richtung der Dachneigung dachziegelförmig übergreifen. Während nun Grund- und Deckplatte im allgemeinen eine verschiedene Form besitzen, ist die Dachplatte der Deutschen Bau-A.-G. so ausgestaltet, daß eine Platte als Grund- und als Deckplatte verwendet werden kann. Die Platten können also mit Hilfe einer einzigen Schalform hergestellt werden, beim Anliefern, Lagern und Verlegen der Platten treten keine Verwechslungen ein, die besonders bei hohen Dächern unangenehme Arbeitsverzögerungen mit sich bringen können. Dieses Ziel wird dadurch

---

[1] Ausführliche Angaben über Baustoffe, Verarbeitung, Form und Fabrikation der Zementdachsteine sind im Handbuch der Betonsteinindustrie von PROBST, sowie in dem „Merkblatt für die Herstellung und Prüfung von Zementdachsteinen" von HUMMEL enthalten. Berlin: Max Lipfert.

erreicht, daß die Dachplatte trapezförmig derart gestaltet ist, daß die parallel zueinander verlaufenden Kanten in der Längsrichtung des zu deckenden Daches liegen. Bei der Verlegung greifen die leistenartigen Verstärkungen der schrägen Kanten der Dachplatten so ineinander, daß ein Verrutschen, auch unter Berücksichtigung der Dachneigung, nicht eintreten kann, obwohl irgendwelche besonderen Vorsprünge oder Aussparungen nicht vorgesehen sind. Durch diese Maßnahme wird auch eine vollkommene Dichtigkeit des Daches gegen Schlagregen erreicht, und zwar selbst an den Kreuzungspunkten, an denen vier Platten aneinanderstoßen.

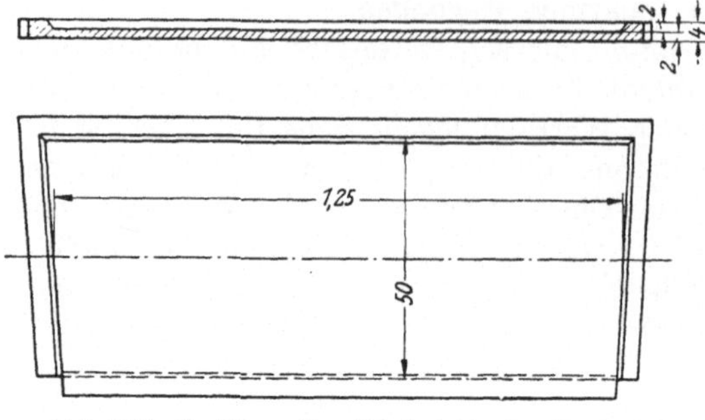

Abb. 108. Großformatige Dachplatte der Deutschen Bau-A.-G.

Abb. 108 zeigt eine einzelne Dachplatte, Abb. 109 die Eindeckung eines Daches. In jedem zweiten Sparrenfeld sind die Platten als Grund-

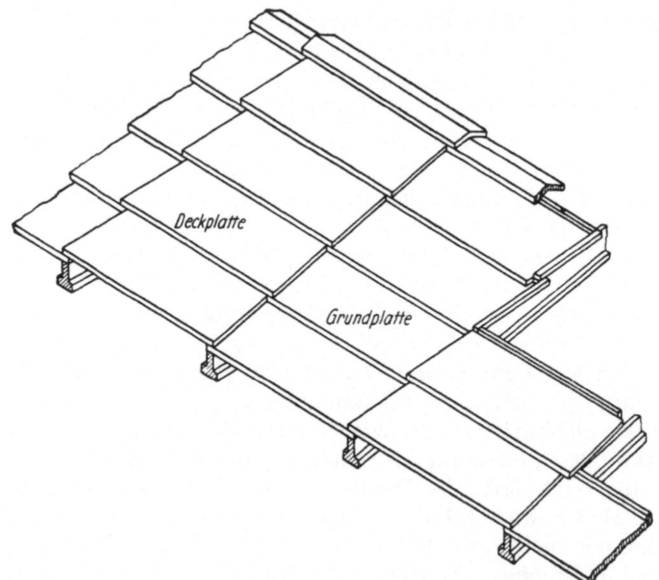

Abb. 109. Dacheindeckung mit großformatigen Dachplatten.

platten, in den dazwischenliegenden Feldern, um 180° gewendet, als Deckplatten verlegt. Die Länge der Dachplatte ist so gewählt, daß die zwischen den parallel liegenden Seiten der Platte verlaufende Mittellinie, gerechnet von Innenkante bis Innenkante der begrenzenden Verstärkungsleisten, gleich dem Sparrenabstand von 1,25 m ist. Dadurch

wird eine besonders sichere Auflage der Platte auf den Sparren gewährleistet, und zwar eine bessere Auflage, als sie bei rechteckigen Platten
vorhanden wäre, da ja infolge der Trapezform der Platte deren obere
Parallelseite größer ist als die genannte Mittellinie.

Die Platte ist 2 cm, die Verstärkungsrippe 4 cm dick, das Gewicht
der Platte beträgt 45 bis 50 kg. Als Bewehrung dient Baustahlgewebe.
Die Firstkappen sind in beliebiger Bauart vorgesehen.

Die trapezförmigen Platten verleihen der Dachfläche eine gewisse
Abwechslung, ohne infolge der großen Abmessungen unruhig zu wirken.

Nach den Lastannahmen im Hochbau (DIN 1055) wiegt das gewöhnliche Mönch- und Nonnendach einschließlich Latten 100 kg/m², in voller
Mörteldeckung 115 kg/m², wobei das Gewicht für 1 m² geneigte Dachfläche ohne Pfetten und Dachbinder, jedoch einschließlich der in 1 m
Abstand angenommenen Sparren 12 × 16 cm gilt.

Bei einem Grundmaß der großformatigen Stahlbetonplatten von
125 × 50 cm ergibt sich als Gewicht des Daches

$$\text{Platte} \ldots \ldots \frac{48\ \text{kg}}{0{,}625\ \text{m}^2} = 76{,}5\ \text{kg/m}^2$$

$$\text{Sparrenanteil} \ldots \frac{30\ \text{kg/m}}{1{,}25} = 24\quad \text{kg/m}^2$$

$$\overline{100{,}5\ \text{kg/m}^2}$$

Das Dachgewicht der großformatigen Stahlbetonplatten liegt also
durchaus im Rahmen der üblichen Gewichte.

2113. Platten für ebene Eindeckung von Dächern und Böden. Die
schuppenartige Überdeckung der einzelnen Dachplatten, die in der
Pflanzenkunde[1] mannigfache Vorbilder hat, erspart eine selbstdichtende
Dachhaut als Überzug, ist aber an gewisse Grenzen der Dachneigung
gebunden, die nicht unterschritten werden dürfen, soll nicht der Schlagregen unter die Dachplatten treten und das Dach undicht werden.

Zur Eindeckung flacherer Dächer dienen Platten, deren Oberfläche
in einer Ebene liegt, wobei die Dichtung entweder durch einen aufgebrachten Estrich mit bituminösem Anstrich oder durch eine oder
mehrere Lagen Teer- oder Asphaltpappe gebildet wird. Auch bei den
ebenen Dachplatten steuert die Entwicklung dahin, alle Zwischenunter-
stützungen wie Dachlatten, Sparren und Pfetten auszuschalten und der
Dachplatte selbst deren Funktion zuzuerteilen, wobei ihre Dimensionen
immer mehr anwachsen. Das angestrebte Ziel sind raumumschließende
und zugleich tragende Dachplatten größter Abmessung, die sich von
Binder zu Binder spannen. Die Entwicklung geht von den gewöhnlichen
Stahlbetondielen aus möglichst leichtem Beton aus, die sich auf die
Sparren auflegen. Spannweiten bis zu 3,00 m werden von den stahl-
bewehrten Bimsbetonplatten überbrückt, nämlich von Stegplatten oder
Hohldielen (Abb. 110), von Kassettenplatten (Abb. 111) und von Stegkassettenplatten (Abb. 112). Sämtliche Platten besitzen eine Breite von
50 cm und spannen sich entweder zwischen die Dachpfetten oder

---

[1] GIESSLER: Biotechnik.

unmittelbar zwischen die Dachbinder. Nach Angabe der Friedr. Remy Nachf. A.-G., Neuwied/Rhein, sind die Gewichte der Bimsbetonplatten der verschiedenen Bauarten, geordnet nach der Plattendicke, folgende:

Tafel XXV.

Plattenart	Gewicht in kg/m² für eine Plattendicke in mm von									
	50	60	70	75	80	85	90	100	110	120
Stegplatten	55	64	71	75	78	80	83	91	100	107
Kassettenplatten.	—	—	62	65	68	73	77	85	—	—
Stegkassettenplatten . . .	—	—	—	69	72	77	81	89	95	98

Das niedrigste Gewicht weisen die Kassettenplatten auf, bezüglich der Wärmedämmfähigkeit sind sie aber hinter den Hohlräume enthaltenden Steg- und Stegkassettenplatten einzureihen.

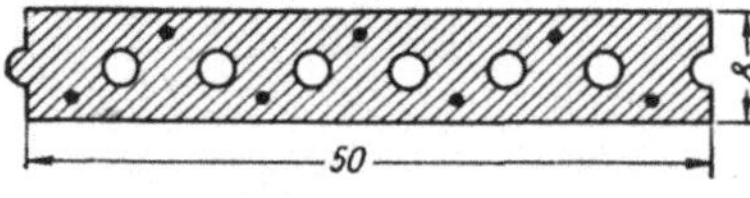

Abb. 110. Stegplatte aus Bimsbeton.

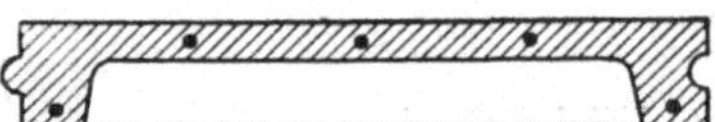

Abb. 111. Kassettenplatte aus Bimsbeton.

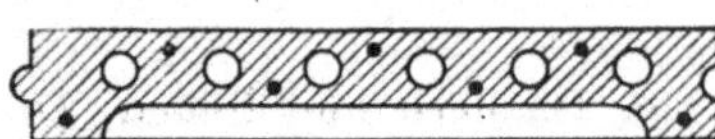

Abb. 112. Stegkassettenplatte aus Bimsbeton.

Die Deutsche Bau-A.-G. stellt die in Abb. 113 abgebildeten Kassettenplatten aus Stahlsaitenbeton mit einer Spannweite von 5,00 m her, die an ihrer Unterseite eine wärmedämmende Verkleidung aus Heraklithplatten tragen. Die Art ihrer Fertigung wird im Abschnitt C, II, b, 3 beschrieben.

Weiter interessieren hier die vorgespannten Leichtbetonplatten nach dem System Schäfer, die bei 16 cm Dicke den in Abb. 114 dargestellten Querschnitt haben. „Sie bestehen im Kern aus Bimsbeton, an der oberen und unteren Fläche aus Deckschichten von Feinbeton. Im Bimsbeton befinden sich durchgehende

Abb. 113. Kassettenplatten aus Stahlsaitenbeton mit 5.00 m Spannweite.

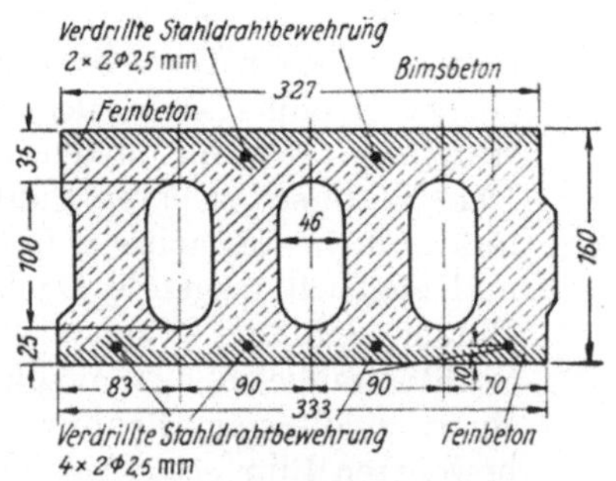

Abb. 114. Querschnitt einer Schäfer-Platte.

Hohlräume. Im Feinbeton der Zugzone der Platten liegen vier oder mehr Stahleinlagen aus verdrillten Drahtpaaren, die mit 8000 kg/cm² vorgespannt sind. In der Druckzone befinden sich ein oder zwei ebenfalls vorgespannte Drahtpaare zur Verhütung von Rissen bei der Beförderung der Platten. Die Dicke der Platten beträgt bis 20 cm; die Breite der Platten kann bis zu 1 m gewählt werden[1]."

2114. Großplatten. Die Firma Dyckerhoff & Widmann K.-G.[2] geht noch weiter und hat für die Eindeckung ebener Flächen Rippenplatten mit einer genormten Spannweite von 5,00 m und einer Regelbreite von 2,50 m bei einem Rippenabstand von 0,50 m entwickelt. Die Dicke der Druckplatte schwankt zwischen 3 und 5 cm, die Bauhöhe von 23 bis 25 cm. Das Einbaugewicht der Rippenplatten beträgt 1,90 bis 2,50 t.

Für großräumige Hallen hat die gleiche Firma Schalengewölbe als Fertigteile verwendet, die 5×5 m, 5×10 m oder 3,75×15 m groß sind.

212. Wandplatten.

Die Wandplatten dienen zum Aufbau nichttragender Zwischenwände und als wandbildendes Element zur Ausfüllung des Tragskelettes von Außenwänden.

2121. Zwischenwände. Die Zwischenwände sollen, da ihr Gewicht oft von der darunter befindlichen Decke getragen werden muß, leicht und außerdem wärme- und schalldämmend sein. Geringes Eigengewicht und Wärmeschutz ergänzen einander, während der Schallschutz von Einfachwänden mit dem Wandgewicht zunimmt.

Da die Schalldämmung durch geeignete Maßnahmen, wie z.B. beiderseitigen Putz, gefördert werden kann (S. 43), verringert sich ihr Einfluß auf die Wahl des *Baustoffes* der Wände. Man wird also für die Zwischenwände auf jeden Fall einen passenden Leichtbeton aussuchen. Es kommen nach dem Beton-Kalender 1944, II hierfür in Betracht: unbewehrte oder bewehrte Bimszementdielen 100×33 cm in einer Dicke von 5, 6, 7, 8 und 10 cm ebenso wie Hüttenbimszementdielen. Ferner werden Platten aus Aerokret und Zellbeton verwandt. Kombinationsplatten im Format 200×50 cm mit einer sehr geringen Wärmeleitzahl werden aus einem Leichtbeton in Verbindung mit einem Dämmstoff hergestellt.

Schließlich kommen Leichtbauplatten aus organischen Stoffen, besonders aus Holzwolle, Sägespänen usw. in Vereinigung mit mineralischen Bindemitteln zur Verwendung. Ihre Dicke wechselt nach DIN 1101 von 1 bis 10 cm bei einer Flächenausdehnung von 50×200 cm.

Die *Form* der Wandplatten wird durch die Art ihrer Zusammensetzung bestimmt. Eine Zwischenwand nimmt zwar keine zusätzlichen senkrechten Belastungen auf, muß aber imstande sein, sich selbst zu tragen, vor allem aber gegen waagrechte Beanspruchungen gesichert sein. Bei größeren Wandflächen legt man deshalb entweder in die waagrechten Fugen Rund- oder Flachstähle ein, die in die angrenzenden

---

[1] GRAF u. WEIL: Ergebnisse von Versuchen mit vorgespannten Platten nach dem System Schäfer. Fortschritte u. Forschungen im Bauwesen, Reihe B, H. 5. Berlin: Otto Elsner.

[2] RÜSCH: Gedanken und Beispiele zum Bauen mit Fertigbauteilen aus Stahlbeton. Bautechn. 1944, H. 37/42.

Querwände einbinden, oder man spannt senkrechte Einlagen zwischen Fußboden und Decke oder schließlich verstärkt man die Zwischenwand durch Stahleinlagen in beiden Richtungen.

Für die waagrechte Einspannung eignen sich alle Vollplatten und Platten mit Längshohlräumen (Abb. 115) sowie Hohldielen nach DIN 4028. Die einzelnen Platten werden im Verband versetzt. Für die Einspannung in senkrechter Richtung können Hohldielen nach DIN 4028 herangezogen werden, die bereits bewehrt sind, besonders für Zwischenwände ohne Türöffnungen.

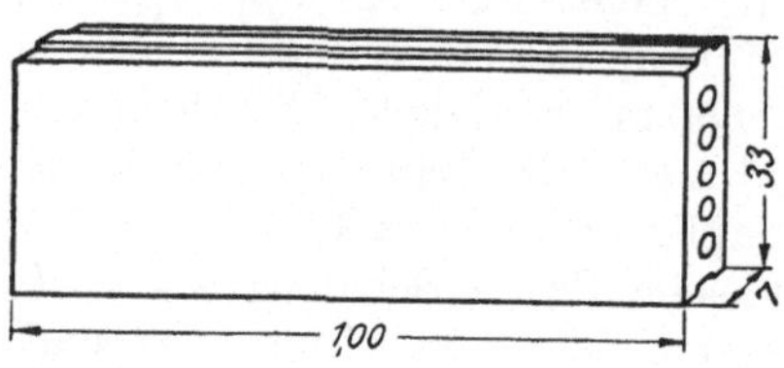

Abb. 115. Wandplatten mit Längshohlräumen.

Für breite und hohe Zwischenwände sind die in Abb. 116 dargestellten Platten mit Querhohlräumen geeignet. Diese Anordnung der Hohlräume gestattet eine Teilung in Viertel-, Halb- und Dreiviertelsteine, so daß kein Bruchverlust eintritt, da die Steine für den erforderlichen Verband nicht zugehauen werden müssen. Da die senkrechten Hohlräume der einzelnen Steine stets übereinander zu liegen kommen, können sie zur Verstärkung bewehrt und mit Mörtel vergossen werden. Die Dicke der Platten beträgt im allgemeinen 8 cm. Sollen an der Wand Vorgelege und Transmissionen angebracht werden, so wählt man 12 cm dicke Platten. Da deren Hohlräume 75 mm breit sind, können die Stahleinlagen verhältnismäßig weit nach außen rücken, so daß die Zwischenwand statisch als Stahlbetonrippenwand angesprochen werden kann. (Abb. 117). Durch waagrechte Bandstahleinlagen kann die Wand noch zusätzlich bewehrt werden.

2122. Außenwände. Die bisher beschriebenen Wandplatten können auch zur Ausfüllung von Außenwänden benutzt werden, wenn die Übertragung der senkrechten

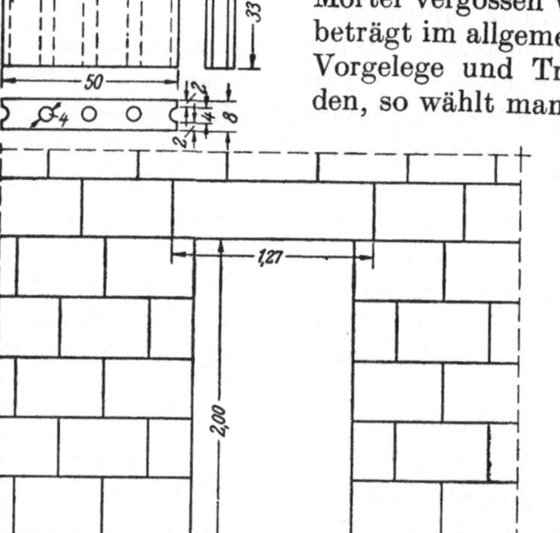

Abb. 116. Wandplatten mit Querhohlräumen.

Lasten aus dem Decken- und Dachgewicht durch ein Traggerüst aus monolithischem Stahlbeton oder aus Stahlbetonfertigteilen erfolgt. Im allgemeinen wird aus wärmetechnischen Gründen eine einfache Außenverkleidung mit Platten nicht genügen, man wird vielmehr auch an der Innenseite eine Verschalung aus wärmedämmenden Holzbetonplatten anbringen, die wie die Außenplatten das Gerüst umschließen und unsichtbar machen. Der verbleibende Luftraum wirkt wärmeisolierend und kann auch mit wärmehaltenden Stoffen ausgefüllt werden.

Wie in anderen Zweigen der Fertigbetonbauweise, besonders im Industriebau, sind schon lange Bestrebungen im Gange, auch den Wohnhausbau zu industrialisieren und die Baueinheiten für die Wände und Decken immer mehr zu vergrößern. Die Entwicklung ging von den Einheiten im Ziegelsteinformat über die Betonhohlblöcke zu immer umfangreicheren plattenartigen Einheiten bis zum Versetzen ganzer Hauswände mittels besonders dazu konstruierter Portalkrane, die das ganze Hausprofil umrahmen. Die Handarbeit wird bei diesem Montagebau fast vollständig ausgeschaltet. Die Aufstellung der fertig vorbereiteten größeren Bauelemente geht nicht nur schneller vor sich, sondern erfordert auch weniger Fugenmörtel und weniger Bauwasser, so daß die Austrocknungs- und Bauzeit verkürzt wird.

Als erster führte wohl MAY in Frankfurt a. M. die Großplattenbauweise ein[1]. Als Zuschlag für die 20 cm dicken Leicht-

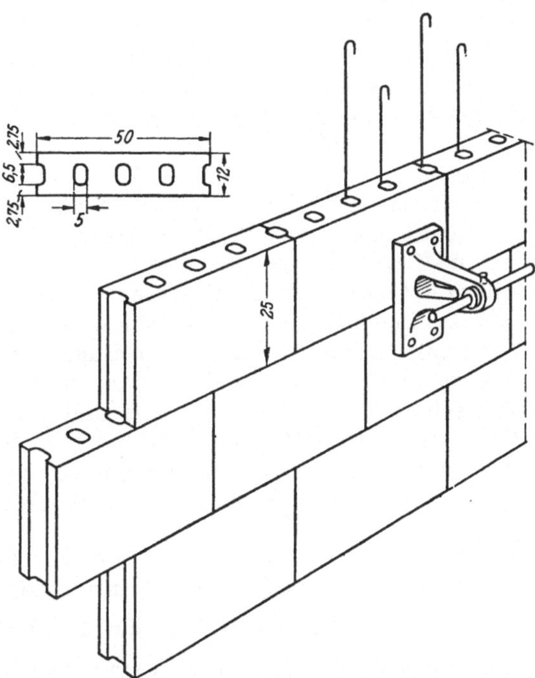

Abb. 117. Stahlbetonrippenwand aus 12 cm starken Wandplatten.

betonplatten diente rheinischer Bimskies, die Abmessungen waren 3,00×1,10 m. Die Dicke der mit Bimsmörtel ausgefüllten Fugen betrug 4 cm. Die Platten wurden so verlegt, daß sich alle 1,10 m eine waagrechte Lagerfuge ergab, die Stoßfugen waren versetzt. KLEINLOGEL[2] berichtet weiter über diese Bauweise, daß infolge der Rauhigkeit der Plattenoberfläche eine Art von natürlicher Verzahnung entstand. Als wichtig habe MAY das gleichartige Verhalten von Fugen und Platten gegen Feuchtigkeits- und Temperatureinflüsse hervorgehoben.

Zu den Großwandplatten gehören auch die für die Seitenwände von Baracken und Behelfsheimen und sonstigen einstöckigen Gebäuden hergestellten Platten aus Gasbeton mit einer Dicke von 15 cm, die in

---

[1] Mechanisierung des Wohnungsbaues in Frankfurt a. M. Bauwelt 1928, H. 45, S. 1085.

[2] KLEINLOGEL: Fertigkonstruktionen im Beton- und Eisenbetonbau. Berlin: Wilhelm Ernst & Sohn 1929.

der Längsausdehnung eine Stockwerkshöhe einnehmen und in einer Breite von 50 cm nebeneinander aufgestellt werden (Abb. 157).

Die Okzidentbauweise schuf sogar großflächige Einheiten von der Größe einer ganzen Zimmerwand mit allen Fensteröffnungen. Mit diesem Extrem dürfte die Grenze der Flächengröße der Platten jedoch erreicht sein, da mit der Flächenausdehnung die Konstruktions-, Beförderungs- und Montageschwierigkeiten zunehmen. Wenn die Wandteile nicht mehr in einer ortsfesten Fabrik, sondern auf der Baustelle in Wind und Wetter hergestellt werden, sinken außerdem die Aussichten auf eine Wirtschaftlichkeit der Bauweise.

Die anzustrebende optimale Lösung des Wandproblems dürfte gefunden sein, wenn man, losgelöst von allen bisherigen Überlieferungen, den etwa als würfelförmig anzunehmenden Zimmerraum in allen seinen 6 Flächen mit plattenförmigen Einheiten von begrenzter Breite und etwa gleichem Stückgewicht umgibt und diese miteinander verbindet. Diese Aufbaumöglichkeit strebt SCHÄFER mit seinen bereits beschriebenen in Massen hergestellten und beliebig abzulängenden Platten an. Selbstverständlich sind bei diesem Bauverfahren die Zwischenwände als aussteifende Bauteile eingeschlossen. Die Übertragung der Deckenlasten auf die Wände und die Ableitung auf den Baugrund ist denkbar einfach, die Belastung nahezu gleichmäßig. Die Platten weisen alle Eigenschaften auf, die an Wände und Decken eines Wohnhauses zu stellen sind: ebene Wandflächen und Deckenuntersichten, geringes Gewicht, gute Wärme- und Schalldämmung, kleinster Mörtel- und Wasserverbrauch, einfache Montage, kurze Bauzeit, geringe Baukosten.

22. Betonraum umgrenzende Schalungsplatten (sog. verlorene Schalung).

221. Allgemeines über die Ausführung der Platten.

Wenn schon die Schalplatten einen nicht unbeträchtlichen Aufwand an Arbeitslohn und Material bedingen, die jedoch, wie später ausgeführt, durch Verringerung der Unkosten und Abkürzung der Bauzeit ausgeglichen werden können, so muß um so mehr gefordert werden, daß sie sich unlöslich mit dem Kernbeton verbinden und diesen in statischer Beziehung voll ergänzen. Wie ich an anderer Stelle[1] durch Versuche nachgewiesen habe, ist es durch eine geeignete Behandlung der Oberfläche des Betons möglich, die Zugfestigkeit in der Arbeitsfuge gleich der des durchgehenden Betons zu machen. Auch hinsichtlich der Schubspannungen dürfte dann keine Gefahr bestehen. Da die Verkleidungsplatten an der Oberfläche liegen, die Schubspannungen aber z. B. bei reiner Biegung parabelförmig von der Außenseite nach der neutralen Achse von Null auf den Höchstwert anwachsen, sind die Schubspannungen an der Innenfläche der Schalplatten noch sehr niedrig. Es ist also wichtig, die betonseitige Oberfläche der Schalplatten zweckentsprechend vorzubereiten, ähnlich wie es in § 9 der Bestimmungen für Ausführung von

---

[1] KIEHNE: Über die Behandlung und Anordnung der Arbeitsfugen im Beton. Berlin: Zementverlag 1929.

Bauwerken aus Stahlbeton 1943 (DIN 1045) von den Arbeitsfugen verlangt wird. Danach wäre die Anschlußfläche der Schalplatten bei der Herstellung nach dem Erstarren aufzurauhen und nach dem Einbau vor dem Einbringen des Kernbetons gründlich zu nässen. Für größere Platten sind außerdem vorspringende Rippen und Drahthaken vorzusehen.

.Schalplatten werden entweder mit der Ansichtsfläche nach oben oder nach unten betoniert. In ersterem Falle wird eine trockene Sandschicht als Bett benutzt, in der die Drahthaken Platz finden. Durch den Sand wird gleichzeitig die Rückseite der Platte genügend aufgerauht. Sieht man jedoch auf der Rückseite Betonrippen vor, so müssen die Platten auf einem entsprechend profilierten Holz- oder Betonboden betoniert werden, wobei die vorstehenden Haken umgebogen und nach dem Erhärten wieder geradegerichtet werden. Eine wirksame Aufrauhung wird durch das Contex-Verfahren[1] erzielt, das darin besteht, „daß die beim Betonieren sich absondernde Zementmörtelhaut unmittelbar nach ihrer Entstehung mit einem Mittel in Berührung gebracht wird, das das Abbinden und Erhärten dieser Haut bis zum Zeitpunkt des Ausschalens verhindert, so daß sie in Gestalt eines losen, nicht erhärteten Sand-Zement-Gemisches leicht entfernt werden kann".

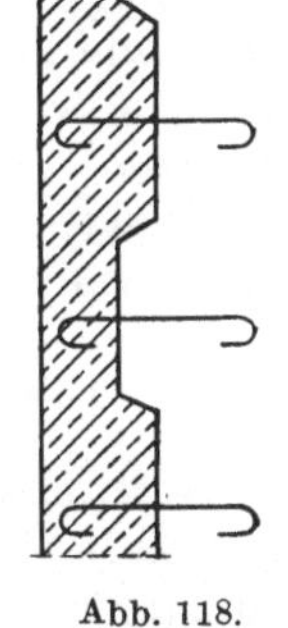

Abb. 118.
Verblendplatte aus Stahlbeton.

Die oben liegende Ansichtsfläche wird glatt abgezogen, wobei man allerdings Gefahr läuft, daß sich beim Hochtreten des Anmachwassers an der Oberfläche Zement anreichert und die bekannten feinadrigen Schwindrisse auftreten.

Betongerechter ist es, die Schalplatten mit der Ansichtsfläche nach unten auf einem glatten Holzboden zu betonieren, wo sich eine genügend dichte Zementhaut von selbst bildet. Es ist allerdings zuzugeben, daß das Abziehen der Rippen auf der Oberseite wegen der herausragenden Drahthaken umständlich ist, dafür wird aber das Aufrauhen erleichtert. Zu beachten ist, daß die seitlichen Kanten der Rippen nach Abb. 118 abzuschrägen sind, um beim Einbringen des Kernbetons eine satte Verbindung ohne Bildung von Nestern zu sichern. Man ordnet die Rippen stets winkelrecht zur Schubkraft an.

Es ist zu unterscheiden, ob die Platten zum Einschalen einer senkrechten oder geneigten Wand oder aber einer waagrechten Decke dienen.

222. Platten zur Verkleidung senkrechter oder geneigter Wände.

2221. Baustoff. Bei den Plattenverkleidungen senkrechter Wände handelt es sich meist darum, der Außenfläche des Bauwerks durch Anwendung fetterer Mischungen und hochwertigerer Zuschlagstoffe bessere Eigenschaften zu verleihen, als man sie der Hauptmasse des

---

[1] MEISENHELDER: Das Contex-Verfahren zur Behandlung von Betonflächen. Dtsch. Bauztg. 1927, Nr. 63.

Betons aus Gründen der Wirtschaftlichkeit zubilligen kann. Diese Eigenschaften sind Wetter- und Meerwasserbeständigkeit, Wasserundurchlässigkeit, Vermeidung sichtbarer Arbeitsfugen und der durch sie verursachten Kalkaustritte, glatte, saubere und gleichmäßige Oberfläche, die sich in einem ausgesprochenen Schwerbeton mit hohem Zementgehalt bei gründlicher Verdichtung vereinigt finden. Im Gegensatz hierzu wird der Kernbeton, nur mit dem erforderlichen Raumgewicht und gerade ausreichender Festigkeit, hergestellt.

2222. Abmessungen der Platten. Flächenausdehnung, Dicke, Gewicht und Bewehrung der Einzelplatten richten sich nach den statischen Beanspruchungen, die bei ihrer Beförderung, bei der Belastung durch den frischen Beton und im endgültigen Bauwerk auftreten. Für die zweitgenannte Beanspruchung sind Art und Abstand der Abstützung von wesentlichem Einfluß. Wasserundurchlässigkeit, in besonderen Fällen auch Luftundurchlässigkeit, bedingen eine gewisse Mindestdicke der Platten. Die allgemeine Tendenz geht dahin, die Flächeneinheiten so groß wie möglich zu machen, um die Anzahl der Fugen zu verringern. Grenzen sind durch die Möglichkeit der Beförderung und des Einbaues gegeben; zuweilen wird die Flächenausdehnung durch die notwendige Ausschaltung von Schwindrissen beschränkt. Praktische Beispiele sind im Abschnitt C, II, b, 1 eingehender behandelt.

223. Platten zur Verkleidung waagrechter Decken.

Während die seitlichen Schalungsplatten nur im unteren Teil des jeweils betonierten Abschnittes den vollen Flüssigkeitsdruck des Betons aufzunehmen haben, tragen die waagerecht gespannten Schalplatten auf ihrer ganzen Ausdehnung die volle Last des Betons. Die Dicke der Platten richtet sich nach ihrer Belastung. Für dünnere Decken reichen

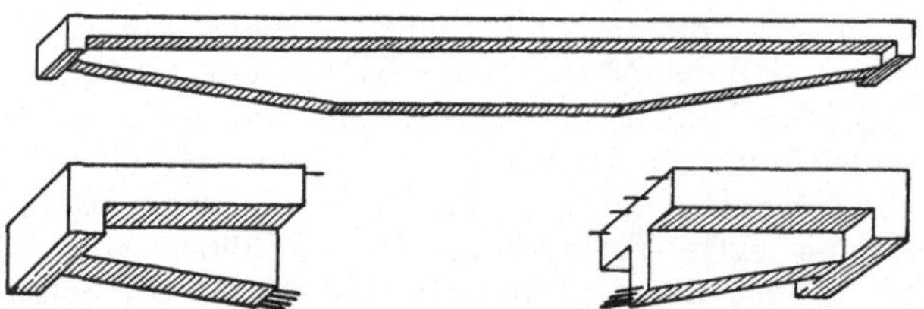

Abb. 119. Plattenbalken als Schalungsträger.

schwache Verkleidungsplatten rechteckigen Querschnittes aus, bei größeren Belastungen geht man zwecks Gewichtsersparnis zur Plattenbalkenform über. Bei einer ausgeführten schweren Decke von 3,50 m Dicke wurden die in Abb. 119 dargestellten Plattenbalken veränderlichen Querschnittes als Schalungsträger verlegt.

Befindet sich, wie im vorliegenden Fall, die ebene Begrenzung der Schalungskörper oben, so kann eine statische Mitwirkung der Stahlbetonschalung im endgültigen Tragwerk wegen der unsicheren Übertragung der Schubkräfte nicht angenommen werden. Greift jedoch der Steg solcher mit dem Flansch nach unten verlegter T-Profile in den

Kernbeton hinein, so werden die Stahleinlagen der Schalung gewöhnlich mit zum Tragen herangezogen. Wir haben jedoch dann den Fall der einbetonierten Träger, der bereits im Abschnitt C, I, a, 122 behandelt wurde.

Bei einseitig aufgelagerten Kragdecken, wie sie bei nachträglichen Brückenverbreiterungen Verwendung finden, liegt die Stahlbetonschalung im Druckgurt, wo man sie unter genügender Schubsicherung durch Aufrauhen und Drahtschlingen in den endgültigen Querschnitt einbeziehen kann (vgl. Abschnitt C, II, b, 18).

c) Die Verbindung der Stahlbetonfertigteile.

Die Verbindung der Stahlbetonfertigteile soll werkstoffgerecht sein, d. h. sie soll sich in bezug auf Baustoff, Festigkeit und Bearbeitung dem Werkstoff der zu verbindenden Teile anpassen. Da der Werkstoff der Fertigteile aus Beton oder Stahlbeton besteht, spricht man auch von einer „betongerechten" Verbindung. Über die Auslegung dieses Begriffes bestehen verschiedene Meinungen. In den nachfolgenden Ausführungen soll versucht werden, eine einheitliche und zutreffende Begriffsbestimmung zu finden, indem die zahlreichen Verbindungsarten systematisch geordnet und kritisch betrachtet werden.

Das Ziel der Untersuchungen besteht darin, zwei oder mehrere Betonfertigteile so fest und sicher miteinander zu vereinigen, daß der entstehende Baukörper den Bedingungen des monolithischen Stahlbetonbaues entspricht. Es handelt sich also, ganz allgemein betrachtet, um das vielerörterte Problem der *Arbeitsfugen* im Beton.

Im monolithischen Betonbau trennt die Arbeitsfuge einen bereits abgebundenen oder erhärteten Betonteil von einem frisch aufgebrachten Teil, der im allgemeinen die gleiche Beschaffenheit besitzt. Wie solche Arbeitsfugen zu behandeln und anzuordnen sind, habe ich in der untenstehenden Schrift[1] an Hand von Versuchen ausführlich dargelegt.

Im Fertigbetonbau hingegen sind sämtliche Betonteile bereits vollständig erhärtet, ehe sie vor oder nach dem Einbau miteinander druck-, zug- und schubfest und, wenn möglich, auch biegefest

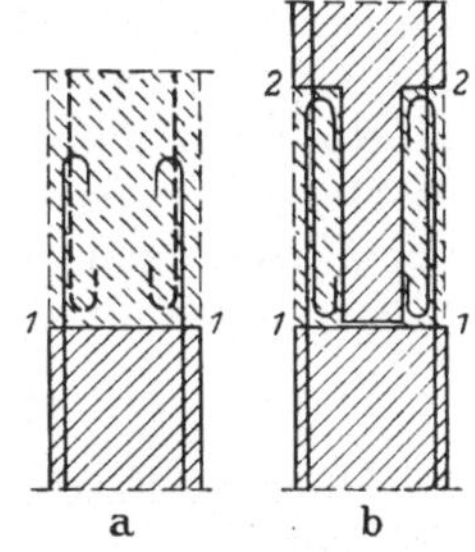

Abb. 120. Arbeitsfugen im monolithischen Betonbau und im Fertigbetonbau.

verbunden werden. Wird als Zwischenglied Mörtel oder Beton gewählt, so entstehen zwangsläufig je *zwei* Arbeitsfugen ähnlich den Arbeitsfugen im monolithischen Betonbau, nur mit dem Unterschied, daß die Fertigteile selbst unter besonders günstigen Bedingungen, z. B. in ortsfesten Fabriken, hergestellt werden, während der Beton der Arbeitsfuge meist erst auf der Baustelle unter wesentlich anderen Voraussetzungen eingebracht werden kann. Abb. 120 zeigt als Beispiel a) eine Arbeitsfuge im monolithischen Betonbau und als Beispiel b) Arbeitsfugen im Fertig-

---

[1] KIEHNE: Über die Behandlung und Anordnung der Arbeitsfugen im Beton. Berlin: Zementverlag 1929.

betonbau. Die Behandlung der entstehenden beiden Arbeitsfugen im Fertigbetonbau erfolgt am zweckmäßigsten in gleicher Weise wie beim Monolithbau.

Beton ist ein künstliches Gestein ohne oder mit Stahlbewehrung. Es liegt also nahe, Vorbilder für eine werkstoffgerechte Verbindung fertiger Betonsteine oder Betonfertigteile zuerst im *Steinbau* und im *monolithischen Betonbau* zu suchen. Aber auch die beiden anderen großen Baugebiete zeigen viele Beispiele von Verbindungen, nach denen sich die Fertigbetonbauweise richten kann, nämlich der *Holzbau* und der *Stahlbau.* Ein Vorbild soll aber nicht zu einer kritiklosen Nachahmung verleiten, sondern nur dazu anregen, den allgemeinen Konstruktionsgedanken sinngemäß auf den veränderten Baustoff zu übertragen.

1. Der Steinbau als Vorbild.

11. Druckfeste Verbindungen.

111. Vorbild.

Die Vermörtelung der Lager- und Stoßfugen im Mauerwerksverband der natürlichen und künstlichen Steine dient zum Ausgleich der Unebenheiten ihrer Oberfläche und damit zur besseren Druckübertragung. Die leichteren Ziegelsteine werden unmittelbar im Mörtelbett verlegt, während die schweren Werksteine aus Naturstein zunächst mit Stahlkeilen unterfangen und die entstehenden Lagerfugen mit Mörtel ausgegossen werden. Erst nachdem der Mörtel erhärtet ist, werden die Keile entfernt.

Die Dicke der Lagerfugen im Ziegelsteinverband ist durch die Normen festgelegt und beträgt 12 mm. Russo[1] macht darauf aufmerksam, daß bei Untermauerungen und Wiederherstellungsarbeiten die Dicke der Mörtelfugen nicht mehr als 5 mm betragen soll, da die Setzung des Mörtels unter der Last im Verhältnis zum Stein erheblich ist. Der Anteil der Mörtelfugen an der Mauerwerkshöhe ist also in diesem Falle möglichst zu verringern.

112. Anwendung auf Betonfertigteile.

Über die Festigkeit des Vergußmörtels schreibt die DIN 4225 folgendes vor:

„Zementmörtel für Lagerfugen und zum Vergießen muß eine Würfelfestigkeit $W_{28} \geqq 120$ kg/cm², gemessen an Würfeln von 10 cm Kantenlänge, haben. Bei großen Auflagerkräften muß die Würfelfestigkeit wesentlich größer sein" (§ 5).

„Für den an Stoßstellen von Fertigbauteilen auf der Baustelle eingebrachten Beton dürfen höchstens die für Beton B 300 festgesetzten zulässigen Spannungen eingesetzt werden, wenn die kleinste Abmessung der Betonfuge mindestens 10 cm ist, bei Abmessungen von mindestens 3 cm höchstens die für Beton B 225 zugelassenen Spannungen. Betonfugen mit weniger als 3 cm Dicke dürfen nur bis zu 50 kg/cm² auf Druck und bis zu 3 kg/cm² auf Schub beansprucht werden" (§ 17, 2 u. 3).

---

[1] Russo, Christoforo: Schäden an Bauwerken. München u. Berlin: R. Oldenbourg 1932.

Ein solcher Vergußbeton kann bis zu den Hohlblocksteinen herunter Anwendung finden. Es gibt beispielsweise Hohlblocksteine, die trocken versetzt und nachträglich vergossen werden, wobei besondere senkrechte, als Trichter wirkende Öffnungen den Verguß erleichtern (vgl. Abb. 102).

Die waagrechten Lagerfugen werden, falls der Hohlblockstein die ganze Mauerdicke einnimmt, zuweilen in der Mitte unterbrochen, damit nicht durch den Mörtel Feuchtigkeit in das Innere des Gebäudes treten kann. Wie auf S. 141 ausgeführt, ist es angebracht, für den Fugenmörtel den gleichen Grundstoff wie für die Mauereinheiten zu wählen. Im Bergbau (vgl. Abschnitt C, II, a, 62) werden elastisch nachgiebige Fugen durch Einlagen von Quetschhölzern geschaffen.

Die Druckübertragung zwischen mauersteinförmigen oder beispielsweise balkenförmigen Betonfertigteilen durch eine Mörtelfuge ist betongerecht, da sie als flächiges Zwischenglied eine gleichmäßige Verteilung der Kräfte gewährleistet.

12. Schubfeste Verbindungen.

Zug- und biegefeste Verbindungen kommen im Steinbau kaum vor, dagegen ist es oft erforderlich, die seitliche Verschiebung der Werksteine in den Stoß- und Lagerfugen zu verhindern. Hierzu dienen die schubfesten Verbindungen.

121. Vorbild.

Wenn die Ausfüllung der Stoß- und Lagerfugen mit Mörtel nicht ausreichend gegen seitliche Verschiebung der Werksteine erscheint, sieht man Verzahnungen und schwalbenschwanzförmige Verzapfungen vor, die ein Ineinandergreifen der benachbarten Steine bewirken (Abb. 121).

Ein viel angewendetes Mittel, die Werksteine in der Lagerfuge festzulegen, sind in den Stein eingelassene stählerne Dollen, Klammern, Bänder und Laschen, die mit Zementmörtel vergossen werden.

Im Altertum·und Mittelalter legte man zuweilen eichene Balken als Anker in die dicken Mauern der Festungstürme, um das Mauerwerk mit zugfesten Organen zu

Abb. 121. Werksteinverband am Grabmal Theodorichs des Großen in Ravenna.

durchsetzen. Bei tragenden Zwischenwänden werden in den Fugen des Mauerwerks Bandstahleinlagen vorgesehen, die durchlocht sind, um eine innige Verbindung mit dem Mörtel zu erzielen.

122. Anwendung auf Betonfertigteile.

Die leichte Formbarkeit und Anpassungsfähigkeit der Leichtbetonformsteine und Hohlblocksteine ermöglicht eine weitgehende Sicherung gegen seitliches Verschieben in den Stoß- und Lagerfugen (vgl. Abb. 98 bis 102). Auch der Streckenausbau im Bergbau sieht eine schubsichere Verbindung der Formsteine vor (vgl. Abschnitt C, II, a, 623).

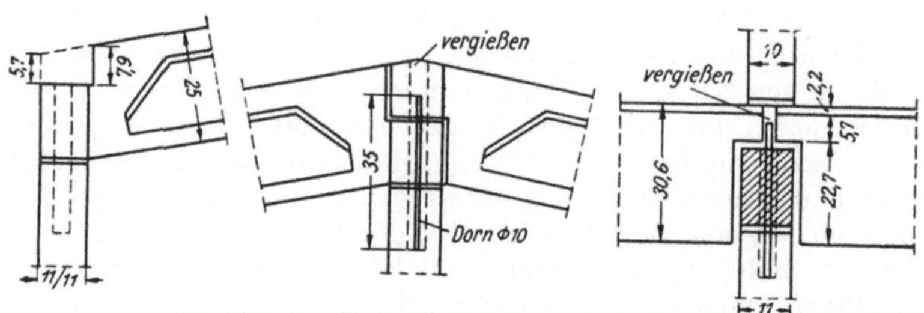

Abb. 122. Schubfeste Verbindungen mit Stahldornen.

Als betongerechtes Mittel der schubfesten Verbindung zweier Stahlbetonfertigteile wurden aus dem Steinbau die stählernen Dollen und Bolzen übernommen. In den Fertigteilen werden entsprechende Aussparungen gemacht, die die Verankerungen aufnehmen und mit Zement-

mörtel vergossen werden. Die Stahlbewehrung wird also gewissermaßen nachträglich eingebaut, wobei sie werkstoffgerecht mit Beton oder Mörtel umgeben wird, der seinerseits wieder in einer Arbeitsfuge an den erhärteten Beton der zu verbindenden Fertigteile anschließt.

In Abb. 122 ist dargestellt, wie die Sparren

Abb. 123. Stoß und Auflagerung von Unterzügen auf einer Stütze.

Abb. 124. Auflagerung von Dachbalken auf der Stoßstelle von Unterzügen.

der Einheitsmassivbaracke mit den Stützen durch 10 mm dicke Dorne schubfest vereinigt werden.

Abb. 123 zeigt den Stoß der Unterzüge einer Industriehalle über einer Säule und Abb. 124 die Auflagerung der Dachbalken auf den

Unterzügen, wie sie beim Ammoniakwerk Merseburg zur Anwendung gekommen sind. Die Verankerungsbolzen wurden mit versenkten Muttern verschraubt, um durch Verguß der Hohlräume mit Zementmörtel jeder Korrosionsgefahr vorzubeugen[1]. Es ist nicht zu leugnen, daß die herausstehenden Bolzen, besonders bei weiten Transporten und öfterem Umladen, leicht Gefahr laufen, verbogen zu werden.

Weitere Verbindungen sind in den Abb. 196 und 199 wiedergegeben.

Voraussetzung für die werkstoffgerechte Verwendung derartiger Stahlbolzen ist, wie gesagt, die rostsichere Umkleidung mit Beton oder Zementmörtel, wie sie ja dem Stahlbetonbau grundsätzlich zu eigen ist. Deshalb wird eine Ausbildung des Knotenpunktes am First eines Güterschuppens nach der Abb. 125 und 126, in dem die Fertigteile durch offen liegende Bolzen, Laschen und Bänder zusammengehalten sind, nicht befriedigen. Die dargestellte Lösung ging von dem an sich verständlichen Gedanken aus, gängige Balkenprofile ohne

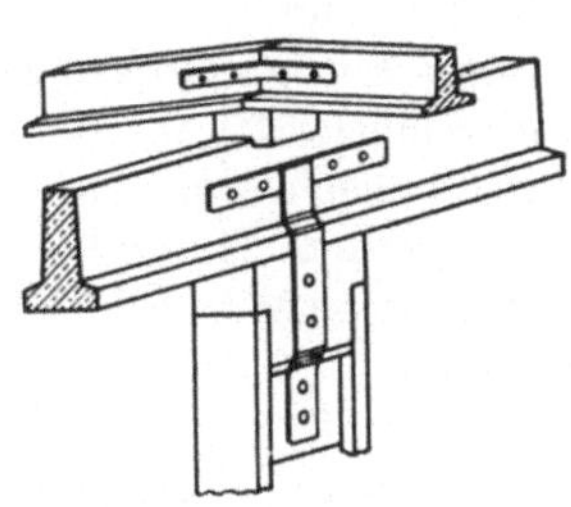

Abb. 125. Knotenpunkt am First
eines Güterschuppens.

Abb. 126. Knotenpunkt am First eines Güterschuppens.

besondere Bearbeitung der Balkenenden in einem Knotenpunkt zusammenzufassen. Will man, wie es notwendig ist, die stählernen Verbindungsmittel betongemäß sichern, so müssen sie einbetoniert werden, dazu sind aber entsprechende Vorkehrungen an den Balkenenden unerläßlich.

Die Längsverbindung von Dachplatten aus Schwer- oder Leichtbeton durch eingelegte Drahtstifte gehört ebenfalls hierher.

Zur schubsicheren Verbindung der schweren Betonblöcke massiver Wellenbrecher dienen an Stelle stählerner Dollen durch die Blöcke hindurchgehende senkrechte Hohlräume, die mit bewehrtem Beton ausgefüllt werden. Diese Stahlbetondollen erhalten wulstartige Verstärkungen, die auch ein Abheben und Kippen der Blöcke infolge des Wellenstoßes verhüten sollen (vgl. Abschnitt C, II, a, 543). Zum gleichen Zwecke sind einbetonierte Eisenbahnschienen benutzt worden. Eine geeignete Anordnung der Blockfugen ist unter Umständen besonders wichtig (vgl. Abschnitt C, II, a, 544).

---

[1] NECKEL: Industriehallen in Fertigbetonbauweise. Bauindustrie 1943, H. 7.

2. Der Holzbau als Vorbild.

21. Ältere Zimmerer-Verbände.

211. Vorbild.

Die althergebrachten Holzverbände hängen mit der handwerksmäßigen Bearbeitung des Holzes zusammen. In den Sägewerken werden die Baumstämme zu Balken, Bohlen und Brettern von rechteckigem Querschnitt geschnitten. Mit seinem Handwerkszeug, der Säge, dem Stechbeitel und dem Bohrer bearbeitet der Zimmermann die Balkenenden, um sie paßgerecht miteinander vereinigen zu können. Die Ausgestaltung der Verbindung ist also aufs engste mit der Balkenform, dem Baustoff und seiner Verarbeitung verknüpft[1] und nur durch *Wegnahme* von Material aus dem vollen Balkenprofil durchzuführen.

Die zulässigen Spannungen für Holz sind in der DIN 1052 festgelegt, sie sind für Druck und Zug in der Faserrichtung nahezu gleich, dagegen fallen sie für Druck rechtwinklig zur Faserrichtung und auf Abscheren in der Faserrichtung stark ab. Auf diese Spannungsverhältnisse hat die Form und Abmessung der Verbindung Rücksicht zu nehmen. Am einfachsten ist die Druckverbindung im stumpfen Stoß und in der sog. Aufklauung. Die Übertragung einer Zugkraft in einem Knotenpunkte ist nur durch vorherige Umwandlung in Druck- und Scherkräfte möglich, wie dies z. B. das in Abb. 127 dargestellte schwalbenschwanzförmige Blatt zeigt. Eine ähnliche Verbindungsform ist das gerade Hakenblatt (Abb. 128) und der Stoß mit eingesetztem Hakenstück (Abb. 129).

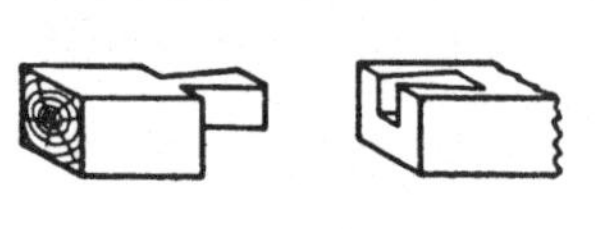
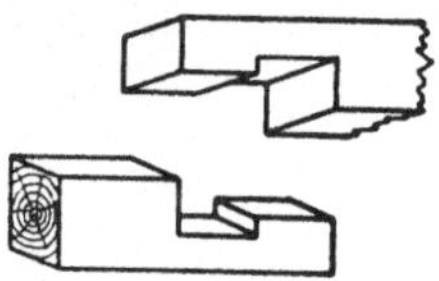
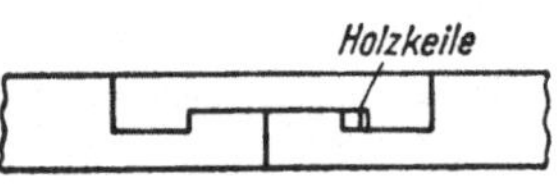

<table>
<tr><td>Abb. 127. Schwalbenschwanz-
förmiges Blatt.</td><td>Abb. 128. Gerades
Hakenblatt.</td><td>Abb. 129. Stoß mit eingesetztem
Hakenblatt.</td></tr>
</table>

Da die zulässige Scherspannung längs der Faser nur gering ist, ergibt sich eine große Länge des Verbindungsstückes. Holznägel oder Stahlbolzen dienen nur zur Sicherung des Zusammenhaltes.

212. Anwendung auf Betonfertigteile.

Während die Holzverbindungen an die Form der Holzeinheiten gebunden bleiben, ist die Vereinigung der Betonfertigteile weit wandlungsfähiger, da ja einem Betonfertigteil und seiner Verbindung jede beliebige Form gegeben werden kann, wenn nur die Grenzen der Wirtschaftlichkeit nicht überschritten werden. Stoßverbindungen von Holzbalken, wie die gerade und schräge Überblattung, das schwalbenschwanzförmige Blatt, das gerade und schräge Hakenblatt, die Verkämmung, kehren unver-

---

[1] KIEHNE: Baustoffe und ihre Veredelung. Technisches Blatt der Frankfurter Zeitung 1920, Nr. 20.

ändert im Betonbau wieder. Neu hinzu kommt und sehr beliebt ist der *Hammerkopf* als Verbindungsform der Stahlbetonfertigteile, bei dem, wie beim Schwalbenschwanz, eine Umsetzung der Zugkraft in eine Druck- und Scherkraft erfolgt (Abb. 130). Ausführungsbeispiele sind im Abschnitt C, II, a, 52 und 552 beschrieben. Eine einfache und betongerechte Druckverbindung zwischen den Stäben eines Dachbinders zeigt Abb. 43, eine Überblattung Abb. 131. Zur Sicherung der so gestalteten Knotenpunkte lassen sich auch im Fertigbetonbau dünnere Schraubenbolzen nicht vermeiden.

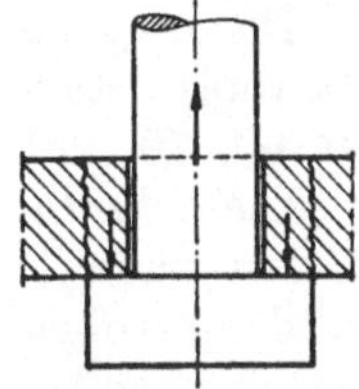

Abb. 130. Wirkungsweise der Hammerkopfverbindung.

Im allgemeinen werden, entsprechend dem Holzbau, Druckverbindungen bevorzugt, da die Umlei-

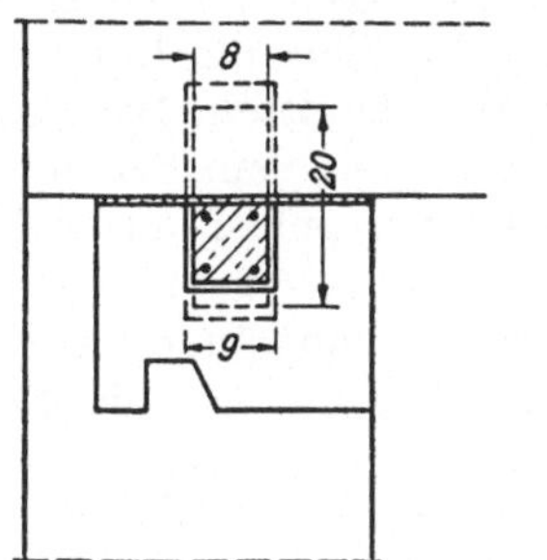 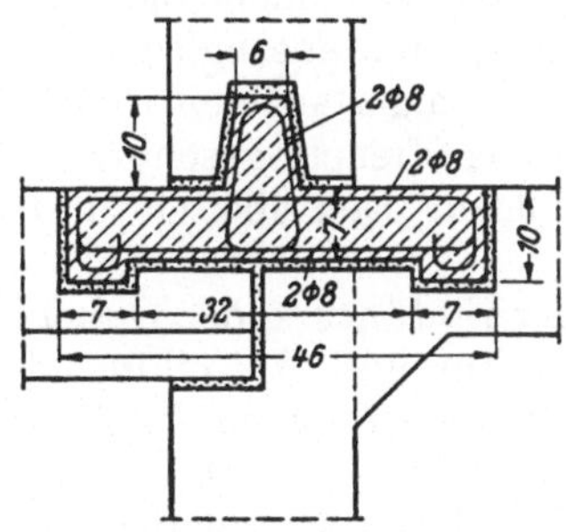

Abb. 131. Stoß von Betonfertigteilen mit eingesetztem Hakenblatt.

tung und Umsetzung von Zugkräften viel Konstruktionsraum erfordert. In den Fachwerken werden deshalb möglichst nur Druckstreben angeordnet, während etwaige Zugstangen zuweilen aus Rundstahl in den Verband eingefügt werden.

22. Neuzeitliche Holzverbindungen.

221. Vorbild.

Von den neuzeitlichen Holzverbindungen kann nur eine bestimmte Gruppe als Vorbild für die Verbindungen von Stahlbetonfertigteilen dienen. Die Leim- und Nagelverbindung ist allein dem Baustoff Holz eigen. Die Schraubenbolzenverbindungen sind weder im Holz- noch im Fertigbetonbau als werkstoffgerecht anzusehen, da die Festigkeit des Stahlbolzens zu erschieden von der Festigkeit der zu verbindenden Teile ist.

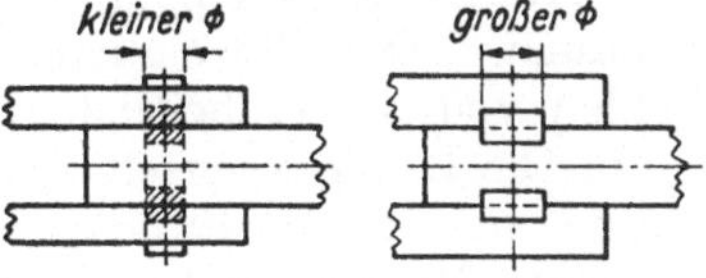

Abb. 132. Biegedübel und Scherdübel.

Im Gegensatz hierzu sind die zahlreichen Dübelverbindungen des Holzbaues Schrittmacher auch für die Ausbildung von Verbindungen im Stahlbetonfertigteilbau. Nach Abb 132 werden Biegedübel und Scherdübel unterschieden. Diese Unterscheidung ist jedoch weniger grundsätzlicher als vielmehr größenmäßiger Natur. Bei den Biegedübeln überwiegt die Biegebeanspruchung, bei den Scherdübeln die Beanspruchung auf Abscheren. Die Biegedübel werden zur Verbindung schmalerer Bretter und Dielen, die Scherdübel zur Verbindung der breiteren Halbhölzer, Zangen und Balken verwendet.

Die *Biegedübel* des Holzbaues sind bolzenartige, zylindrische Teile aus Hartholz (Eiche, Buche, Bongossi) und haben Durchmesser von 40, 50, 60, 70 und 80 mm.

Die *Scherdübel* sind als *Zimmermannsdübel* rechteckig ausgebildet und dürfen nach DIN 1052 nur als Längsdübel aus Hartholz verwendet werden, wobei die Länge mindestens das 5fache der Einschnittiefe betragen soll.

Die verschiedenen Scheibendübel, Ring- und Einpreßdübel sollen die auf sie entfallende Last auf eine möglichst große Holzfläche verteilen, um die Verschiedenheit der Festigkeit zwischen dem Dübel und den Holzeinheiten auszugleichen. Sie sind, vor allem die Einpreßdübel, mehr oder weniger auf den Baustoff Holz zugeschnitten. Die Ringdübel bestehen aus offenen, geschlitzten Stahlringen, die dem Schwinden des Holzes folgen. Einzelheiten und Abmessungen gehen aus DIN 1052 hervor.

Mit der Einführung der Dübel als Holzverbindung ändert sich grundsätzlich Form und Aufteilung des Holzfachwerks. Da die Dübel in gleicher Weise Druck- und Zugkräfte übertragen können und das Holz längs zur Faser etwa die gleiche Druck- und Zugfestigkeit besitzt, werden im Gegensatz zu den älteren Holzkonstruktionen Zugstreben, also für Balken auf 2 Stützen zur Mitte des Tragwerks fallende Streben, bevorzugt, da ihre Querschnittsabmessungen wegen der Ausschaltung der Knickgefahr kleiner werden.

222. Anwendung auf Stahlbetonfertigteile.

Trocken eingesetzte Betondübel nach Art des Vorbildes aus dem Holzbau haben verschiedentlich Anwendung gefunden.

Die Franzosen, die immer wieder durch ebenso neuartige wie kühne Konstruktionen im Stahlbetonbau überraschen, haben auch auf dem Gebiete der Dübelverbindungen bahnbrechend gewirkt. In geradezu souveräner Weise hat der Architekt DENEUX nach einem Bericht des Architekten Dipl.-Ing. PETER MEYER in der „Schweizerischen Bauzeitung“, wiedergegeben von KLEINLOGEL[1], die Wiederherstellung des Dachstuhles der Kathedrale von Reims im Jahre 1924 in Angriff genommen. „Die Einzelglieder der DENEUX-Konstruktion sind Betonbohlen von der einheitlichen Breite von 20 cm und einer Dicke von 4 cm. Die Länge wechselt zwischen 2 und 3 m, alle Glieder sind gleichmäßig mit 12 mm Rundeisen samt den nötigen Bügeln armiert. Die einzelnen Bohlen werden von vornherein mit Zapfen und Zapfenlöchern versehen, sie werden von ungelernten Arbeitern nach Bedarf zusammengestellt, wobei eine Klammer oder Schleife aus Eisendraht oder Keile aus Eichenholz die Verbindung sichern. Wo stärkere Querschnitte nötig

---

[1] Vgl. Fußnote S. 77.

sind, werden zwei bis vier Einheiten zusammengeschraubt, so z. B. für die großen Binder des Hauptdaches, die 16 m Spannweite bei 19 m Profilhöhe besitzen" (Abb. 133). Es ist wohl anzunehmen, daß die einzelnen Knotenpunkte „trocken" zusammengefügt wurden. Nach unseren Anschauungen dürfte jedoch ein Mörtelbett nötig sein, um die Kräfte mit Sicherheit zu übertragen; denn eine wirklich paßrechte Lochung der Einzelteile wird in Anbetracht des gegebenen Baustoffes kaum möglich sein.

Von einer gewissen geschichtlichen Bedeutung ist die Anwendung von Stahlbetonklammern zur Verbindung der schweren Stahlbetonfertigteile bei dem Bau eines Güterschuppens im Jahre 1917 durch die Firma Grün & Bilfinger A.-G., Mannheim (vgl. Abb. 195). Diese 46 cm langen Klammern mit einem Querschnitt von 7/8 cm dienten zur Verbindung der Wandrahmen mit den Zwischenbalken und Dachbalken und wurden in Abb. 129 bzw. 131 mit einer Verbindung im Holzbau, nämlich dem Stoß mit eingesetztem Hakenblatt verglichen. Die Lasche erhielt in der Mitte der oberen Seite noch einen Höcker, so daß sie neben der Aufnahme der Längszugkräfte noch Schubkräfte zu übertragen hatte, die im Holzbau erforderlichen Keile werden im Fertigbetonbau durch einen Zementmörtelverguß ersetzt.

v. Halasz[1] weist mit Recht darauf hin, daß die Verbindung der Kranbalken untereinander und mit den Kranbahnstützen bisher im Fertigbau nur unbefriedigend gelöst sei, da sich die Verbindungen bei starkem Kranbahnbetrieb lockerten. Bei der Befestigung von Kranschienen[2] auf Beton sind nun vom Verfasser ausgezeichnete Erfahrungen mit Asbestdübeln (Deutsche Asbestonwerke A.-G., Köln) gemacht worden. „In der Betonlangschwelle werden viereckige, nach unten sich erweiternde Löcher von entsprechender Tiefe aus-

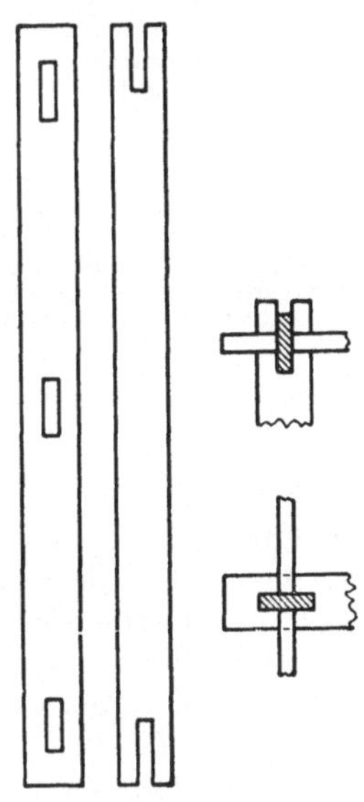

Abb. 133. Betonbohlen und -dübel im Dachstuhl der Kathedrale von Reims.

gespart und mit einer angemachten Mischung von Asbestfasern und Zement ausgefüllt. Nach einigen Tagen ist die Masse so weit erhärtet, daß sie mit einem gewöhnlichen zylindrischen Spiralbohrer vorgebohrt werden kann. In die vorgebohrten Löcher wird dann in der üblichen Weise eine gewöhnliche Schwellenschraube eingeschraubt." Das Verfahren scheint geeignet, auch zur Verbindung von Kranbahnbalken mit ihrer Unterstützung herangezogen zu werden. Nach Abb. 134 werden in den Kranbahnstützen Aussparungen von quadratischem Querschnitt frei gelassen, die in der beschriebenen Weise mit einem Asbestmörtel ausgefüllt und nach dessen Erhärtung vorgebohrt werden. Die Kranbahn-

---

[1] v. Halasz: Bauten aus Stahlbetonfertigteilen der Preußischen Bergwerks- und Hütten-A.-G. Bautechn. 1945, H. 1/8.
[2] Kiehne: Die Befestigung von Kranbahnschienen. Bautechn. 1927, H. 19.

balken werden sodann aufgelegt und mit Schwellenschrauben befestigt. Der verbleibende Hohlraum wird im unteren Teile mit Zementmörtel oder Asbeston ausgestampft. Die zähe faserige Beschaffenheit des Asbestmörtels gewährleistet eine feste, aber zugleich elastisch nachgiebige Vereinigung der beiden Teile, die gleichzeitig die Vorzüge des Holzes (Elastizität) und des Betons (Festigkeit, Ausschaltung der Fäulnis) besitzt.

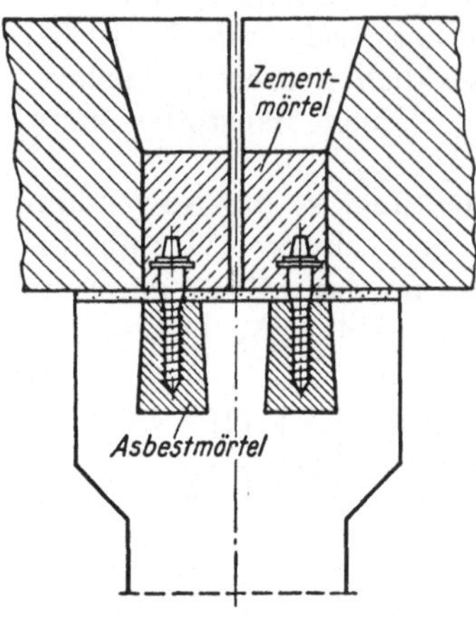

Abb. 134. Dübel aus Asbestmörtel zur Verbindung von Kranbahnträgern mit den Stützen.

3. Der Stahlbau als Vorbild.

Da der Stahl gleiche Druck- und Zugfestigkeit besitzt, von der auch die Schub- und Scherfestigkeit nur verhältnismäßig wenig abweicht, sind die Verbindungen der Stahlkonstruksionsteile auf diese Eigenschaften abgestimmt. Neben den behelfsmäßigen Verschraubungen sind es die Niet- und Schweißverbindungen, die als Vorbild für den Fertigbetonbau dienen.

31. Nietverbindungen.

311. Vorbild.

Ein Niet wird in weißglühendem Zustande in das Nietloch eingeführt und dann der Schließkopf angestaucht. Beim Erkalten des Nietes tritt in doppeltem Sinne eine Schrumpfung ein, einmal verkürzt sich die Länge des Nietschaftes, wodurch die Nietköpfe mit großer Kraft an die zu verbindenden Teile angepreßt werden, andererseits vermindert sich aber auch der Durchmesser des Nietes, und zwar für $100°$ um das 0,0011fache, für $500°$ also um das 0,0055fache. Das macht bei einem Durchmesser von z. B. 20 mm allerdings nur $0,0055 \times 20 = 0,11$ mm aus. Dieses Maß ist zwar nicht groß, hat aber immerhin beiderseits des Nietes einen Luftraum von der halben Dicke einer Rasierklinge zur Folge, so daß der Schaft nicht mehr unmittelbar am Lochrande anliegt. Die Kraftübertragung des Nietes wird also hauptsächlich durch die Reibung der Nietköpfe an der Außenfläche der Teile, hervorgerufen durch den Schrumpfdruck des Nietschaftes in seiner Längsrichtung, bewirkt. Das Beklopfen des Nietes nach dem Erkalten hat den Zweck, festzustellen, ob dieser Druck noch überall vorhanden ist.

312. Anwendung auf Betonfertigteile.

Die bisher im Fertigbetonbau angewendeten Betondübel wurden entweder trocken eingesetzt (Kathedrale von Reims, Abb. 133) oder in ein Mörtelbett eingeführt, das entsprechend dick angelegt werden mußte. In einem Falle ist die gleichmäßige Kraftübertragung nicht sichergestellt, im anderen Falle wird ein Zwischenglied eingeschaltet, dessen Festigkeit gegenüber den Fertigteilen stark herabgemindert ist.

Für die werkstoffgerechte „Vernietung" der Stahlbetonfertigteile ist es zunächst wichtig, die Scherfestigkeit des Betons und des Natursteins durch Versuche festzustellen und dann eine geeignete Form und Anwendungsweise der Betondübel abzuleiten, die den Anforderungen an die Festigkeit und Wirtschaftlichkeit entsprechen.

3121. Versuche über die Scherfestigkeit des Betons und des Natursteins. 31211. Beton. Über die Scherfestigkeit von Beton heißt es bei MÖRSCH[1]:

„Bei spröden und körnigen Baustoffen wie Kies, Eisen, insbesondere aber bei Beton und natürlichen Steinen, ergibt sich die Scherfestigkeit ziemlich größer als die Zugfestigkeit und zwischen dieser und der Druckfestigkeit liegend."

Im Institut für Bauforschung und Materialprüfungen des Bauwesens an der Technischen Hochschule Stuttgart wurden zahlreiche Versuche über die Scherfestigkeit des Betons durchgeführt. Dabei fand sich die Scherfestigkeit im Mittel zu $^1/_5$ bis $^1/_4$ der Würfelfestigkeit des Betons, vorausgesetzt, daß der Beton bei der Prüfung nicht im Austrocknen begriffen, sondern entweder feucht oder lange Zeit trocken gelagert war.

Dasselbe Institut hat weiterhin auf Veranlassung der Deutschen Bau-A.-G. Berlin umfassende Sonderversuche über die Scherfestigkeit von Betondübeln angestellt[2]. Um die vorhandenen Formen und Versuchseinrichtungen benutzen zu können, wurden prismatische Probekörper mit $4 \times 4 \times 16$ cm Kantenlänge in waagrechter Lage hergestellt. An den Prismen wurde die Biegezugfestigkeit und Scherfestigkeit und an den Reststücken die Druckfestigkeit ermittelt. Es wurde die günstigste Kornzusammensetzung bei einem Größtkorn von 5 bzw. 7 mm, der Einfluß der Zementart, das günstigste Mischverhältnis (1:2), der vorteilhafteste Wasserzusatz, die zweckmäßigste Art der Verdichtung durch Rüttelung, auch mit federnder Auflast, ermittelt.

Im Mittel fanden sich bei höherwertigem Portlandzement nach 14 Tagen Druckfestigkeiten von 800 bis 900 kg/cm² (im Höchstfalle 1000 kg/cm²) und Scherfestigkeiten von 200 bis 250 kg/cm² (im Höchstfalle 300 kg/cm²). Im Durchschnitt betrug die Scherfestigkeit $^1/_4$ der Druckfestigkeit.

Unter den auf diese Weise gefundenen günstigsten Bedingungen wurden sodann Dübel von 3 cm Durchmesser hergestellt und auf ihre Scherfestigkeit geprüft. Der Mörtel wurde im Mischungsverhältnis 1:2 angemacht, der Sand hatte folgende Kornzusammensetzung:

0—0,2	0,5	1	3	5 mm
2	15	25	68	100%

Der Wasserzementwert wurde verschieden groß gewählt, um die günstigste Steife zu ermitteln.

Die Probekörper wurden teils mit Auflast und freischwingendem Anpreßdruck, teils ohne Auflast verdichtet. Der Rütteltisch war stets

---

[1] MÖRSCH: Der Eisenbetonbau. 6. Aufl., I. Bd., 1. Hälfte, S. 79.

[2] KAUFMANN: Grundsätzliche Feststellung über die Verwendung von Rütteltischen zum Verdichten von Mörtel und Beton. Forschungen und Fortschritte im Bauwesen, Reihe A, H. 15.

so eingestellt, daß bei 3000 Schwingungen eine Schwingbreite von 2,8 mm entsprechend einer Beschleunigung von 14,5 · g entstand. Die Probekörper wurden in einfachen Formen hergestellt, bei der Verwendung einer Auflast mit Anpreßdruck wurde die Versuchsanordnung entsprechend Abb. 135 gewählt. Die Prüfeinrichtung zeigt Abb. 136. Die Versuche ergaben, daß der Zementmörtel bei den zylindrischen Dübeln wegen der Reibung an den Wänden der Form etwas weicher angemacht werden muß als bei den Prismen $4 \times 4 \times 16$ cm. Der günstigste Wasserzementwert lag je nach Auflast und Anpreßdruck zwischen 0,28 und 0,34. Bei ausreichender Verdichtung sind verhältnismäßig hohe Scherfestigkeiten entstanden, die bei einer Versuchsreihe

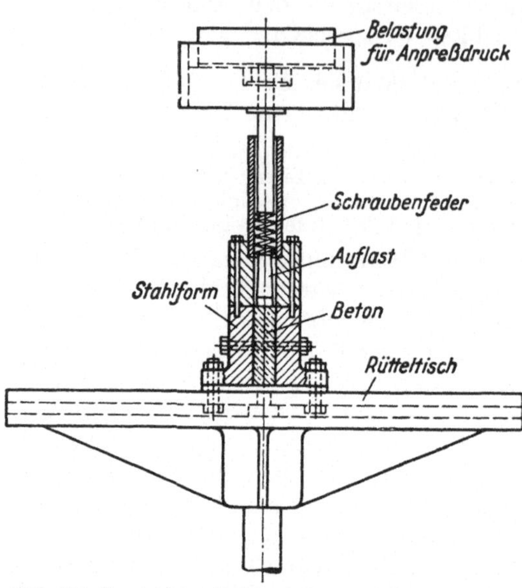

Abb. 135. Vorrichtung für Herstellung von Betondübeln durch Rütteln mit federnder Auflast.

nach 14 Tagen sämtlich über 250 kg/cm² lagen. Bei einer Lagerung in warmem Wasser von 65° C ergaben sich bereits im Alter von 4 Tagen Scherfestigkeiten von über 250 kg/cm². Da die Ergebnisse im allgemeinen ziemlich stark streuten und die Betondübel im Bauwerk zusätzliche Biegespannungen erleiden können, wird man den Sicherheitsgrad für die Scherspannungen verhältnismäßig hoch, z. B. zu 5, die zulässige Scherspannung also zu 40 bis 50 kg/cm² annehmen.

31212. Naturstein. Beton wird bekanntlich dadurch hergestellt, daß man auf natürlichem oder künstlichem Wege zerkleinerte Natursteine mit Zementmörtel vermischt und das Gemisch erhärten läßt. Da die Druckfestigkeit der Eruptivgesteine höher ist als die des Zementmörtels, ist die Druckfestigkeit des Betons von der des

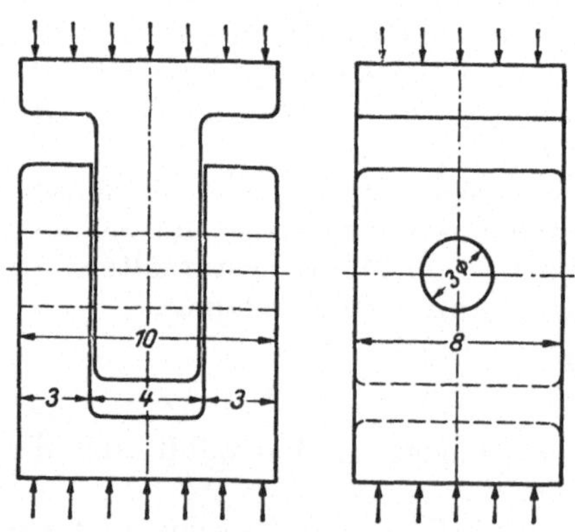

Abb. 136. Prüfvorrichtung für Scherversuche.

Zementmörtels abhängig. Die hohe Druckfestigkeit des Natursteins wird also nicht ausgenutzt.

Wenn es nun gelänge, eine Form der Dübel zu finden, die durch

einfache Bearbeitung des Natursteins eine wirtschaftliche Herstellung gewährleistet, so könnte auch Naturstein zur Herstellung von Dübeln herangezogen werden.

Für drei Schwarzwälder Granitarten fand sich folgende Scherfestigkeit[1]:

beim Raumünzacher Granit	105 kg/cm²
beim Saßbachwaldener Granit	125 kg/cm²
beim Waldulmer Granit	104 kg/cm²

Im Mittel war die Scherfestigkeit 8,7% der Druckfestigkeit und 95% der Biegezugfestigkeit.

An anderer Stelle[2] sind folgende Richtzahlen angegeben:

Gesteinsarten	Scherfestigkeiten
1. Granit (Granulit)	100 bis 150 kg/cm²
2. Quarzporphyr	130 „ 180 „
3. Basalt	100 „ 150 „
4. Diabas	130 „ 200 „
5. Kieselige Schichtgesteine	
a) Quarzitische Sandsteine u. Grauwacken	80 „ 120 „
b) Gewöhnlicher Sandstein	20 „ 60 „
6. Kalksteine	
a) Marmor und polierbarer Kalkstein . .	50 „ 100 „
b) Gewöhnlicher Kalkstein	30 „ 70 „
c) Travertin	60 „ 80 „
7. Vulkanischer Tuffstein	15 „ 40 „

Das Institut für die Materialprüfungen des Bauwesens Stuttgart hat Sonderversuche mit verschiedenen Natursteinen in Prismenform 4×4×16 cm durchgeführt, bei denen sich folgende Scherfestigkeiten ergaben:

	Scherfestigkeit
Basalt	381 kg/cm²
Porphyr	356 „
Granit A	235 „
Granit B	347 „
Diabas	219 „
Falkenheimer Marmor	184 „

Die Scherfestigkeiten liegen also entsprechend der größeren Druckfestigkeit der Natursteine im allgemeinen höher als beim Beton. Die natürlichen Spaltflächen dürfen dabei jedoch nicht in die Scherebene fallen.

Schließlich hat das Materialprüfungsamt der Technischen Hochschule Dresden den in Abb. 137 im Querschnitt dargestellten Natursteindübel auf Abscheren geprüft. Die Dübel wurden mit der breiten Fläche aufgelagert und an den Enden eingespannt. Auf diese Weise war sichergestellt, daß durch die in der Mitte angreifenden Preßstempel in den beiden Trennflächen nur Scherspannungen ohne Biegung erzeugt wurden. Bei den Versuchen zeigte es sich, daß die

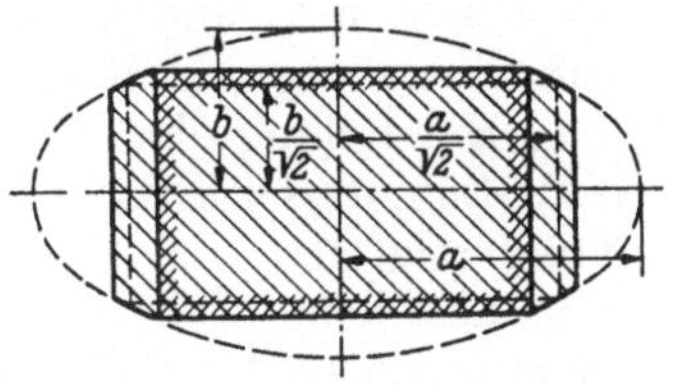

Abb. 137. Querschnitt eines Natursteindübels.

---

[1] Bauingenieur 1929, H. 20/21, S. 360.
[2] Baumarkt 1938, H. 33, S. 984.

nicht aufliegenden abgeschrägten Querschnittsteile abplatzen, ehe die höchste Abscherlast erreicht wird. Im vorliegenden Versuchsfall kann also für die Ermittlung der Scherfestigkeit nur die in Abb. 137 hervorgehobene Rechteckfläche herangezogen werden. Immerhin ist die Annahme unsicher, maßgebend bleibt die erreichte Gesamtabscherlast. Da der Dübel im Bauwerk einzementiert ist, kann dort wahrscheinlich die gesamte Querschnittsfläche als wirksam in Rechnung gestellt werden, so daß die Abscherlasten höher als beim Versuch ausfallen dürften. Das Versuchsergebnis ist in Tafel XXVI zusammengestellt.

Tafel XXVI. *Scherfestigkeit von Natursteindübeln nach Dresdner Versuchen.*

Bezeichnung der Proben	Abmessungen des wirksamen Scherquerschnittes cm	Wirksame Fläche F cm²	Abscherlast S kg	Ermittelte Scherfestigkeit $\dfrac{S}{2\,F}$ kg/cm²
1. Schwarzer Granit aus Schweden	$4{,}90\times2{,}80$ $4{,}90\times2{,}86$	13,70 14,00	23300 25300	853 ⎫ 905 ⎭ 879
2. Schwarzer Granit aus Schweden	$2{,}85\times2{,}26$ $2{,}85\times2{,}27$ $2{,}85\times2{,}25$	6,45 6,45 6,40	5900 7100 6200	457 ⎫ 551 ⎬ 497 484 ⎭
3. Heller Labrador aus Norwegen	$4{,}91\times2{,}89$ $4{,}93\times2{,}89$	14,20 14,30	17000 11700	598 ⎫ 409 ⎭ 504
4. Grüner Porphyr aus Bayern	$2{,}91\times2{,}23$ $2{,}90\times2{,}24$	6,50 6,50	6300 6700	485 ⎫ 516 ⎭ 500

31213. **Schmelzbasalt.** Bei den Natursteindübeln ist man zur Erleichterung der Bearbeitung an eine einfache Form gebunden, während die Betondübel beliebig ausgestaltet werden können.

Durch Guß der Basaltlava in feuerflüssigem Zustande könnte die hohe Festigkeit dieses Gesteins mit der leichten Formbarkeit des Betons in Einklang gebracht werden. Zahlen über die Scherfestigkeit des Schmelzbasaltes liegen nicht vor, auch kann über die Wirtschaftlichkeit des Verfahrens vorerst nichts gesagt werden.

3122. Ableitung der zweckmäßigsten Dübelform. Das Mißverhältnis zwischen Druck- und Scherfestigkeit des Betons und des Natursteins kann durch folgende Mittel ausgeglichen werden:

1. Herstellung der Dübel aus besonders gutem Beton oder aus Naturstein, dessen Druckfestigkeit größer ist als die der zu verbindenden Betonfertigteile.

2. Längliche, z. B. elliptische Querschnittsform der Dübel zur Vergrößerung der Scherfläche bei gleichbleibender Lochleibungsdruckfläche.

3. Mehrschnittigkeit der Verbindung.

Wenn man vorläufig eine gleichmäßige Verteilung der Lochleibungsdruckspannungen unter dem Dübel annimmt, so gilt für zweischnittige Verbindungen (Abb. 138) und kreiszylindrische Dübel:

$$2\,\frac{d^2\cdot\pi}{4}\cdot\tau = d\cdot b\cdot\sigma_l \tag{1}$$

oder für Dübel beliebigen Querschnittes

$$2\,\alpha \cdot d^2 \cdot \tau = d \cdot b \cdot \sigma_l \,. \tag{2}$$

In Gl. (2) ist α von der Form des Dübelquerschnittes abhängig. Für den Kreis ist $\alpha = \pi/4$, für die Ellipse mit $a = 2\,b$ ist $\alpha = \pi/2$.

Mit
$$n = \frac{\sigma_l}{\tau} \tag{3}$$

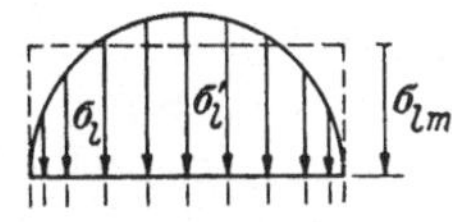

wird
$$d = \frac{n}{2\,\alpha} \cdot b \,. \tag{4}$$

Der Durchmesser der Dübelverbindung nimmt also bei gleicher

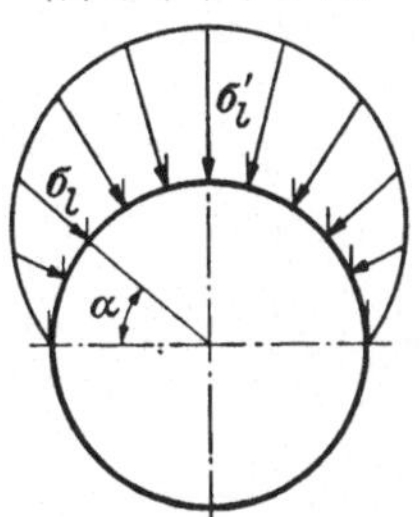

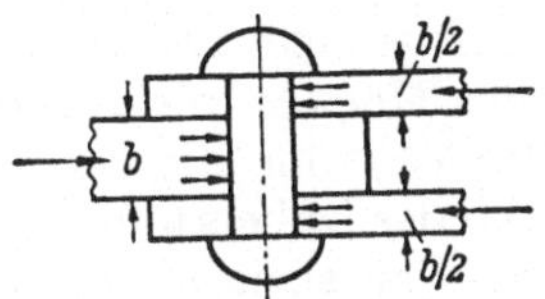

Abb. 138. Beanspruchung einer Nietverbindung.

Abb. 139. Verteilung des Lochleibungsdruckes quer zum Dübel.

Sicherheit gegen Zerdrücken infolge Lochleibungsdruck und gegen Abscherung linear mit der Dicke der zu verbindenden Teile zu.

Nimmt man nun die Lochleibungsspannungen unter den Bolzen angenähert nach einem Halbkreis als sinusförmig verteilt an (Abb. 139), d. h. $\sigma_l = \sigma_l' \cdot \sin\alpha$, so wird der größte Wert $\sigma_l' = \dfrac{4\,\sigma_{lm}}{\pi} = 1{,}27\,\sigma_{lm}$, wenn σ_{lm} den Mittelwert der Lochleibungsspannungen bedeutet.

Aus Gl. (2) wird in diesem Fall

$$2\,\alpha \cdot d^2 \cdot \tau = d \cdot b \cdot \sigma_{lm} = \frac{d \cdot b \cdot \sigma_l'}{1{,}27} \tag{5}$$

und mit
$$n = \frac{\sigma_l'}{\tau} \tag{6}$$

geht die Gl. (4) über in

$$d = \frac{n}{2{,}54\,\alpha}\,b \,. \tag{7}$$

Sind die zulässigen Spannungen beispielsweise $\sigma_l' = 250\ \text{kg/cm}^2$ und $\tau = 50\ \text{kg/cm}^2$, so erhält man also mit $n = 5$ und bei elliptischer Querschnittsform des Dübels ($a = 2\,b$) und zweischnittigen Verbindungen:

$$d = \frac{5 \cdot 2}{2{,}54 \cdot \pi} \cdot b = 1{,}25\,b \,.$$

Hat man so die Abmessungen des Dübels ermittelt, so findet man ihre Anzahl, indem man die zu übertragende Kraft durch die Tragfähigkeit eines einzelnen Dübels teilt.

3123. Entwicklung des Zwillings-Betondübels. 31231. Dübel. 312311 *Allgemeine Beschreibung*. Die bisher geübte Art, Betondübel in Zementmörtel einzubetten, bot keine Gewähr dafür, daß alle Hohlräume ausgefüllt wurden, auch mußte der Zwischenraum zwischen Dübel und Fertigbetonteil zu breit angelegt werden, wenn die Festigkeit der Verbindung nicht durch den weniger festen Mörtel Schaden erleiden sollte.

Durch die nachstehend beschriebene Ausbildung des Zwillings-Betondübels[1] soll dieser Mangel beseitigt werden (Abb. 140). Dieser Betondübel besteht im allgemeinen aus zwei Teilen a und b, die getrennt von beiden Seiten der zu verbindenden Betonwerkstücke in das Dübelloch mit Spielraum kolbenartig eingeführt werden. Der entstehende Druck preßt den vorher in das Dübelloch eingebrachten Zementmörtel in alle Hohlräume. Die beiden Dübelteile weisen eine durchgehende Öffnung auf, die zur Aufnahme eines dünnen stählernen Zugankers c bestimmt ist, der ihre Lage sichert. Die Dübel sind an ihrem äußeren Ende mit je einem Kopf versehen, der das Austreten des Mörtels verhindern soll. Um eine gewisse Mindestgröße des Spaltes zwischen der Mantelfläche des Dübels und der Innenleibung des Dübelloches zu sichern, sind auf der Mantelfläche des Dübels Längsrippen angebracht, die an der inneren Leibung des Dübelloches anliegen können, zwischen sich aber Hohlräume zur Ausfüllung mit Zementmörtel offen lassen.

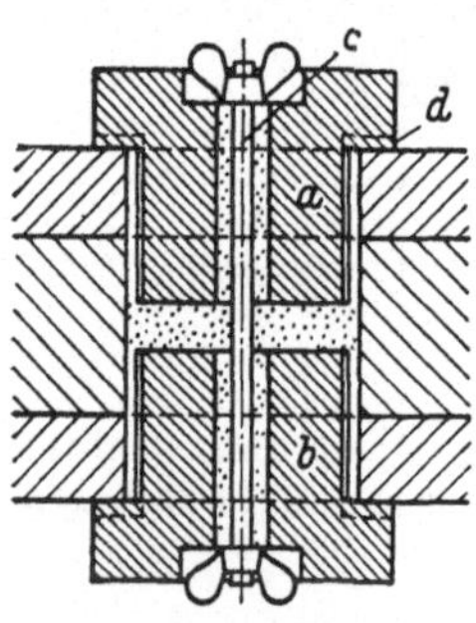

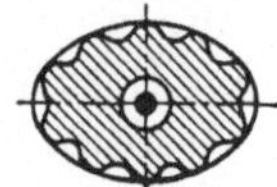

Abb. 140. Zwillings-Betondübel mit Kopf.

Man setzt nun von der einen Seite den Dübelteil a mit dem stählernen Zuganker in das Dübelloch ein, von der anderen Seite füllt man eine entsprechende Menge Zementmörtel in das Dübelloch. Wenn nun der Dübelteil b kolbenartig über den Stahlbolzen c eingeschoben wird, so wird der Zementmörtel unter Druck gesetzt, so daß er sich in den Spalt zwischen Dübel und Lochleibung sowie in die durchgehende Öffnung des Dübels preßt, bis er schließlich aus den Öffnungen d der Dübelköpfe heraustritt. Die letzteren sind möglichst klein gehalten, damit sie das Austreten des Mörtels nur unter Druck gestatten. Abschließend wird auf den Stahlbolzen auch am freien Ende eine Flügelmutter aufgesetzt und fest angezogen. Nachdem der Mörtel erhärtet ist, können beide Flügelmuttern entfernt werden, um an anderer Stelle wieder Verwendung zu finden. Die heraustretenden Teile des Schraubenbolzens werden später mit Zementmörtel bedeckt. Je nach der Lage der Scherfugen zwischen den Fertigbetonteilen erhalten die beiden Dübelteile a und b gleiche oder verschiedene Längen.

312312. *Bedingungen für die Dübelform im einzelnen.* Die an die Dübelform zu stellenden Bedingungen sind folgende:

Abschluß nach außen, um das Austreten von Zementmörtel zu verhindern;

Sicherung eines Mindesthohlraumes zwischen der Mantelfläche des Betondübels und der inneren Leibung des Dübelloches;

Vermeidung hervortretender Teile des stählernen Zugbolzens.

---

[1] Vom Verfasser zum DP. angemeldet.

312313. *Ausführungsformen. Dübel mit Betonkopf* (Abb. 140). Der Betonkopf, die Aussparung für die wieder zu entfernende Schraubenmutter innerhalb dieses Kopfes sowie die Notwendigkeit, den zylindrischen Mantel des Dübelschaftes mit Rillen zu versehen, die den Mindestabstand von den Lochleibungen halten, verteuern die Herstellung.

Konischer Dübel (Abb. 141 und 142). Der Betonkopf kann dadurch entbehrlich gemacht werden, daß man den Dübel konisch ausbildet, und zwar in der Weise, daß beim Einführen des Dübels in das Dübelloch

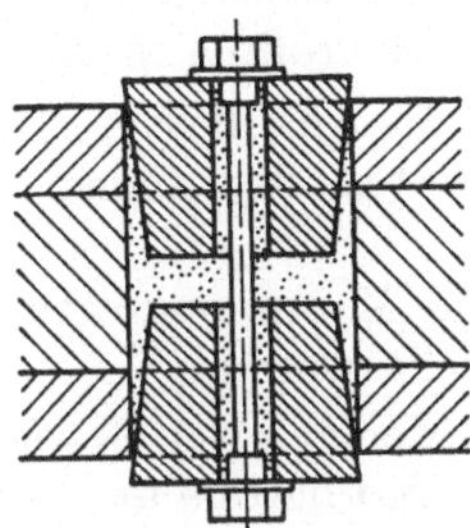

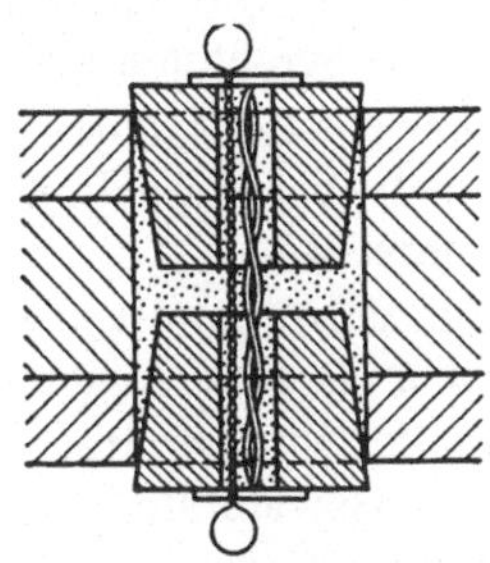

Abb. 141. Konischer Zwillings-Betondübel.   Abb. 142. Konischer Zwillings-Betondübel.

nach außen ein dichter Abschluß hergestellt wird. Eine Führung innerhalb des Dübelloches ist durch den Stahlbolzen gegeben, so daß die Rillen in dem Mantel des Dübels nicht mehr erforderlich sind. Die Aussparung innerhalb des früheren Betonkopfes kann durch eine Stiftschraube mit Unterlagscheibe vermieden werden, die den freien Spalt zwischen der Mantelfläche des Zugankers und der Mittelbohrung des Dübels überdeckt. Ein solcher Dübel läßt sich auf dem Rütteltisch in einer einfachen Form herstellen, wobei für das durchgehende Loch ein Kern vorzusehen ist. Nach dem Rütteln wird der Beton im allgemeinen so fest sein, daß er sofort ausgeschalt werden kann. Ist dies nicht der Fall, so wäre eine Verlangsamung der Herstellung die Folge oder die Notwendigkeit, unverhältnismäßig viele Formen bereitzustellen. Eine verlorene Schalung aus dünnem Stahlblech würde eine innige Verbindung des Betondübels mit dem umgebenden Mörtel verhindern. Eine Hülle aus feinem Stahldrahtgewebe hingegen hält die Form und läßt gleichzeitig den Mörtel durchtreten, so daß sich eine griffige Oberfläche bildet.

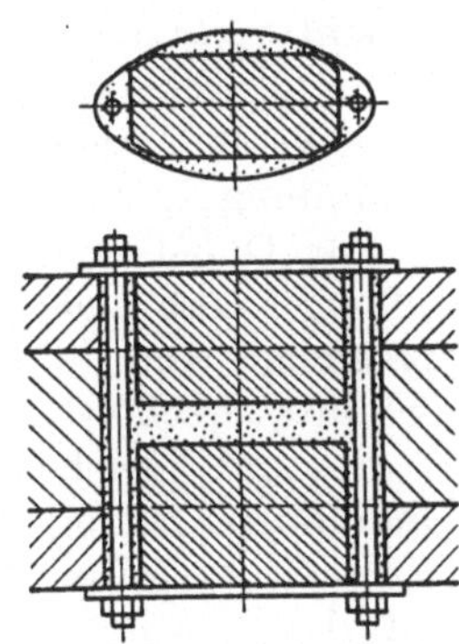

Abb. 143. Zwillings-Betondübel ohne Bohrung.

Einfacher als der Zuganker ist eine Rödelung mit weichem Bindedraht, wobei der evtl. außen entlang geführte Rödeldraht die beiden Dübelhälften während der Erhärtung zusammenhält, während diese Aufgabe nach dem Erhärten ein vorher eingesetzter verdrillter Stahldraht übernimmt.

Zylindrischer oder prismatischer Dübel ohne Bohrung (Abb. 143). Wenn man statt des mittigen Stahlbolzens deren zwei außerhalb des

Dübels anordnet, so kann schließlich auch die Bohrung innerhalb des Dübels gespart werden. Als Abschluß nach außen dient eine abnehmbare Blechplatte, an deren einer Seite federnde Klammern zum Festhalten des Dübels bis zur Erhärtung des Mörtels befestigt sind. Zur Führung innerhalb des Dübelloches erhält der Dübel einen rechteckigen Querschnitt mit leicht abgeschrägten Kanten. Die Form des Dübels ist nun so einfach geworden, daß er sich ohne zusätzliche Bearbeitung auch aus Naturstein aussägen läßt.

Sind nach Abb. 137 die Abmessungen des elliptischen Dübelloches gegeben, so berechnen sich die Kantenlängen des größten in die Ellipse eingeschriebenen Rechtecks zu $a\sqrt{2}$ und $b\sqrt{2}$. Aus diesem Rechteck ergibt sich bei Annahme abgeschrägter Kanten der eingezeichnete Dübelquerschnitt.

31232. **Einsetzen der Dübel.** Über die Zusammensetzung des *Vergußmörtels* sind folgende Versuche angestellt worden.

Bei einer Spaltbreite von 2 mm wurde der Mörtel aus 1 Gewichtsteil Zement, 1 Gewichtsteil Sand von 0,2 bis 1 mm Korngröße und 0,46 Gewichtsteilen Wasser angemacht. Der Mörtel hatte dann eine sahnige Beschaffenheit.

Verwendet man Sand in der Korngröße 0 bis 0,2 mm mit einem Wasserzementwert $w = 0,56$, so fällt der Mörtel flüssiger aus.

Brauchbare Ergebnisse zeitigte auch eine zum Umhüllen des Dübels verwendete Zementschlämme aus 1 Gewichtsteil Zement und 0,39 Gewichtsteilen Wasser. Diese Schlämme war etwas steifer als der Mörtel beim vorausgegangenen Versuch.

Bei einem weiteren Versuch mit $w = 0,41$ und einer Spaltbreite von nur 1 mm war die Zementschlämme wesentlich flüssiger. Durchweg sind mit reinem Zement etwas geringere Festigkeiten erzielt worden als mit Zementmörtel.

Im allgemeinen sind bei den Versuchen die Scherfestigkeiten bei den Dübeln mit Umhüllung etwas kleiner gewesen als bei den Dübeln ohne Umhüllung.

Für Dübel von 30 mm Durchmesser mit einer 2 mm dicken Umhüllung ergab sich im Mittel eine Höchstscherlast von 3880 kg entsprechend einer durchschnittlichen Scherfestigkeit bezogen auf den Gesamtquerschnitt von 214 kg/cm² bei zweischnittiger Beanspruchung.

Bei den gleichen Dübeln mit 30 mm Durchmesser, jedoch ohne Umhüllung, betrug die Höchstscherlast im Mittel 3860 kg, die Scherfestigkeit im Mittel 273 kg/cm². Hiernach ist die eigentliche *Tragfähigkeit* des Betonquerschnittes durch die Umhüllung nicht wesentlich geändert worden.

Bei genügender Einarbeitung der Betonhandwerker kann mindestens die gleiche Arbeitsgeschwindigkeit wie beim Nieten eines Stahltragwerkes erreicht werden. Die Betonfertigteile und ihre Verbindungsstücke (Knotenplatten) werden ähnlich wie beim Stahlbau durch hölzerne oder stählerne Zwingen während der Verdübelung und bis zur Erhärtung des Mörtels vorübergehend in der richtigen Lage zusammengehalten.

Zur Ausgleichung von Unebenheiten an den Verbindungsstellen kann zwischen die Fertigteile Pappe gelegt werden.

31233. Dübellöcher. Die Fertigbetonbauweise erfordert nicht nur eine Massenerzeugung der Einzelteile in den Betonwerken, sondern auch eine genaue maßgerechte Arbeit, die den Voraussetzungen des Stahlbaues nur wenig nachstehen darf. Diese Forderung muß vor allem für die Anlage der Dübellöcher gestellt werden.

Es ist folgendes zu beachten:

1. Man zieht statisch bestimmte Fachwerke vor, da dann nachträgliche Längenänderungen infolge Schwindens und Kriechens keine primären Nebenspannungen erzeugen.

2. Die zu erwartenden Längenänderungen können vorher genau berechnet werden. Insbesondere bei vorgespannten Tragteilen sind dabei zwei Maßangaben zu unterscheiden, einmal die Länge für die Herstellung, zweitens für den Einbau, also nach Abklingen der Wirkung der Vorspannung, des Schwindens und des Kriechens. Bei den im allgemeinen verwendeten geringen Längen der Fertigteile bewegen sich jedoch die Längenänderungen in den Grenzen von 1 bis 2 mm, so daß auf den Zeichnungen eine doppelte Maßangabe meist nicht erforderlich wird.

3. Man wird die einzelnen Fertigteile eines Tragwerkes aus der gleichen Fertigung entnehmen, so daß sie den gleichen Längenänderungen durch Schwinden im Laufe der Zeit unterworfen sind.

4. Die Dübellöcher werden in den zu verbindenden Fertigteilen mit Hilfe von Schablonen angelegt.

5. Zwischen den Dübeln und Dübellöchern ist ein später mit Mörtel auszufüllender, möglichst schmaler Spielraum vorhanden, der als Ausgleich benutzt werden kann.

Als Kernform für die Herstellung der Dübellöcher haben sich Sandkerne, wie sie in Gießereibetrieben benutzt werden, bewährt. Nach dem Erhärten des Betons feuchtet man die Kerne stark an, wodurch sie zerfallen und leicht entfernt werden können.

Wie früher ausgeführt, ist es notwendig, die örtlichen Verformungen infolge des Lochleibungsdruckes so klein wie möglich zu halten, damit der Betondübel keine Biegungsspannungen erleidet. Die Dübellöcher werden deshalb ringsum mit einer Stahldrahtbewehrung versehen.

Anwendungen für die „Vernietung" von Stahlbetonfertigteilen zeigen die Abb. 44 und 45.

32. Schweißverbindungen.

Bei den Schweißverbindungen handelt es sich um zweiteilige, nach den Grundsätzen der Stahlkonstruktion mit beliebigen Mitteln, z. B. Schrauben, Dollen, Bolzen und Gelenken vereinigte Zwischenglieder, die an ihren rückseitigen Enden starr mit der Bewehrung der Fertigteile vor deren Betonierung verschweißt werden. Die Verbindungsstücke sind also eine Fortsetzung der Betondruckfläche und der Stahlbewehrung der Fertigteile und als solche durchaus betongerecht, zumal sie mit dem Fertigteil ohne jede Arbeitsfuge zusammengefügt sind. Der eigentliche Zusammenhang zwischen den Stahlbetonfertigteilen wird durch eine

Stahlkonstruktion hergestellt, die Vereinigung der stählernen Zwischenglieder mit den Stahleinlagen der Fertigteile durch Schweißen erfolgt jedoch gemäß den Gesetzen des Stahlbetons. Das ist aber das Wesentliche; denn würde man, so führt v. Halasz[1] zu den von ihm herausgebrachten Verbindungen aus, „eine biegefeste Verbindung etwa durch an Ort und Stelle einzubringenden Beton herbeiführen, in den die herausstehende Bewehrung hineinreicht, dann würden sich die zulässigen Spannungen an dieser Stelle nicht nach dem hochwertigen Rüttelbeton der Fertigteile, sondern nach dem Baustellenbeton der Verbindungsstellen zu richten haben". Einwände gegen diese Bauweise, daß sie nicht „betonmäßig" sei, sind also unbegründet. Schweißverbindungen von Bewehrungsteilen — und um solche handelt es sich — gehören mit Recht in das Gebiet des Stahlbetonbaues.

Hoyer unterteilte die Gesamtkonstruktion an beliebigen Stellen unter Verwendung besonderer Verbindungsstücke und Stoßbeschläge aus Eisen oder Stahl. Er stellte selbst die Einheiten aus Fertigteilen her und ermöglichte so den Zusammenbau auch weitgespannter Konstruktionen ohne feste Rüstung. Eine Maschinenhalle für das Dieselmotorenkraftwerk Hennigsdorf bei Berlin der Märkischen Elektrizitätswerke wurde auf diese Weise ausgeführt[2].

Die Preußische Bergwerks- und Hütten-A.-G. verbindet die Teile biegungsfester Rahmen untereinander durch Zusammenschrauben der Stahlstücke nach Abb. 144. „Die Verbindungsstücke sind so beschaffen, daß sie die Momente, Längs- und Querkräfte aufnehmen und weitergeben können. Die Bewehrungen sind angeschweißt, die Druckspannungen des Betons werden durch besondere Druckauffangbleche aufgenommen, vor denen der Druckspannungskeil des Betons durch gehörige Verbügelung zweckmäßig ausgebildet ist. Verbindungen dieser Art stellen den Zusammenhang der einzelnen Teile zu einem starren biegefesten Tragwerk her, sie haben sich bisher ohne einen einzigen Versager bewährt."

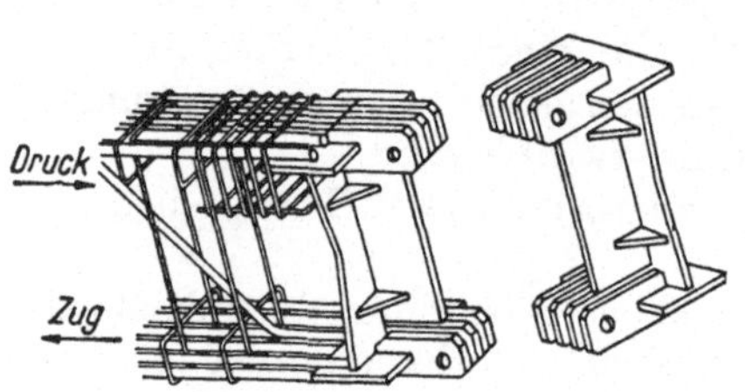

Abb. 144. Biegefeste Verbindung von Betonfertigteilen.

In den Abb. 203 bis 206 und 208 ist eine Kraftwagenhalle, bestehend aus Dreigelenkbogen, dargestellt, deren Scheitelgelenke aus Gußstahl mit den Bogenenden verschraubt sind, während an den Auflagern Stahlschuhe eingebaut sind, die den Betonbogen umfassen und die Kraft des stählernen Zugbandes übertragen. (Ausführung Löser, K.-G., Dresden.) Einzelheiten der Verbindungspunkte an den Kämpfern zeigt die Abb. 145.

Über die Berechnung biegefester Verbindungen schreiben die DIN 4225, § 15, 1 u. 2 folgendes vor:

---

[1] Vgl. Fußnote 1 auf S. 153.
[2] Kleinlogel: Beton u. Eisen Bd. 28 (1929) H . 5, S. 96—99.

„Werden Fertigbauteile im Bauwerk biegefest miteinander verbunden und wird diese Verbindung in der statischen Berechnung berücksichtigt, so ist je ein Spannungsnachweis für den Zustand vor und nach der biegefesten Verbindung zu führen und die Überlagerung der Spannungen zu beachten. Die Wirksamkeit der biegefesten Verbindung der einzelnen Teile ist rechnerisch nachzuweisen. Bei Zweifeln ist der Nachweis durch Versuche zu erbringen.

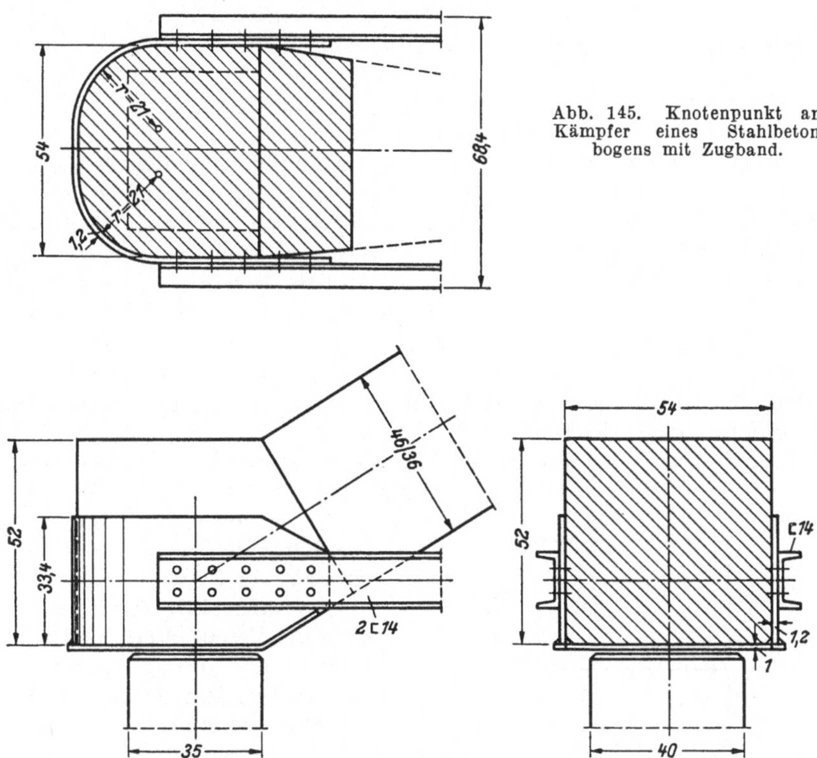

Abb. 145. Knotenpunkt am Kämpfer eines Stahlbetonbogens mit Zugband.

Werden Fertigbauteile durch biegefeste Verbindungen zu rahmenartigen Tragwerken verbunden, so können durch das Kriechen des Betons Spannungsumlagerungen entstehen. Sind diese bedeutend, z. B. beim Überwiegen der ständigen Last, so sind sie rechnerisch nachzuweisen.“

4. Der monolithische Betonbau als Vorbild.

Der geschichtlichen Entwicklungsreihe der Bauweisen aus Stein, Holz, Stahl schließt sich als letzte Stufe der Beton- und Stahlbetonbau an. Es liegt nichts näher, als die Beton- und Stahlbetonfertigteile nach denselben Methoden und durch den gleichen Baustoff zu verbinden, aus dem sie selbst bestehen. Dabei ist zu unterscheiden zwischen einer endgültigen Verbindung der Teile nach der Hauptgruppe I (vgl. S. 3) und einer vorläufigen Zusammenfügung der Schalungsteile nach der Hauptgruppe II, bis die endgültige monolithische Vereinigung von Schalbeton und Füllbeton mit der Erhärtung des letzteren erfolgt.

41. Endgültige Verbindungen nach Hauptgruppe I.

Wie auf S. 145 ausgeführt, sind diese Verbindungen durch die Einschaltung eines Übergangsstückes aus Baustellenbeton gekennzeichnet, das die Bildung von zwei Arbeitsfugen zwischen einem bereits erhärteten und dem frischen Beton zur Folge hat. Ein den Fertigteilen gleichwertiger Fugenbeton läßt sich auf der Baustelle wohl nur dann erzeugen, wenn an die Fertigteile selbst nicht allzu große Anforderungen gestellt werden. Im anderen Falle ist die Güte der Gesamtanordnung gemäß S. 164 nur von der Festigkeit des Baustellenbetons und nicht von der der Fertigteile abhängig.

Für auf reinen Druck beanspruchte Verbindungen genügt der Mörtelverguß von Großraumfugen. So werden die Säulen von Industriehallen in die Aussparungen der Grundkörper eingelassen und zunächst behelfsmäßig durch Holzkeile in der planmäßigen Stellung gehalten. Der Zwischenraum zwischen Grundkörper und Säule wird sodann mit erdfeuchtem Zementmörtel geschlossen, so daß sich also zwei Arbeitsfugen bilden. CAQUOT[1] hat vorgeschlagen, die Knotenpunkte der Fachwerkbinder hölzerner Lehrgerüste mit Beton auszufüllen, eine ähnliche Verwendung des Betons ist natürlich auch als Verbindungsmittel von Betonfertigteilen denkbar.

Zur Übertragung von Zugkräften ist es erforderlich, Anschlußstäbe aus den Fertigteilen herausstehen zu lassen, die sich übergreifen und im Verein mit dem sie umhüllenden Beton die Zusammenwirkung sichern (Abb. 120).

Im Abschnitt C, II, a, 712 wird die Vereinigung der Druckstützen und Hängestangen mit den an Ort und Stelle betonierten Stahlbetonbogen einer Rohrbrücke gezeigt werden.

Auch aus Abb. 50 geht die Bildung zweier Arbeitsfugen bei dem Zusammenschluß einer Gebäudestütze und einer Kranbahnsäule hervor, der durch zahlreiche hervorstehende Anschlußstäbe gesichert ist.

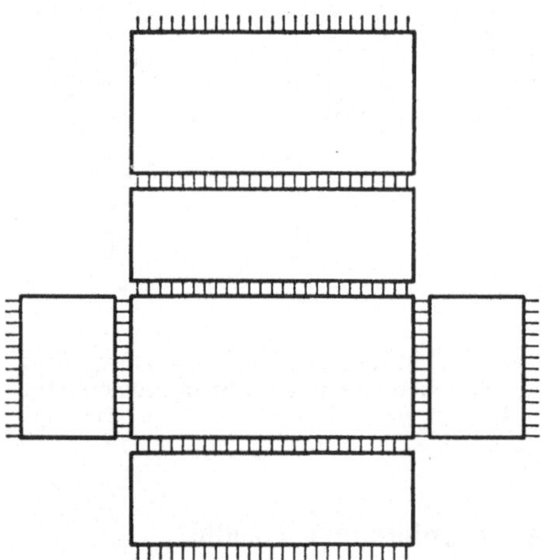

Abb. 146. Herstellung eines Schwimmkörpers aus Stahlsaitenbeton.

Eine ebenso eigenartige wie geschickte Verbindungsart vorgespannter Stahlsaitenbetonplatten hat HOYER bei dem Bau von Schwimmkästen durchgeführt. Um die schwierige und unsichere Umleitung der vorgespannten Stahlsaiten an den gebrochenen Kanten der kastenförmigen Betonkörper zu ver-

---

[1] DEININGER: Grundsätzliches zum Bau von Lehrgerüsten für weitgespannte massive Bogenbrücken. Fortschritte und Forschungen im Bauwesen, Reihe A, H. 6. Berlin: Otto Elsner.

meiden, hat er die Flächen abgewickelt und in einer Ebene ausgebreitet, so daß die Stahlsaiten in zwei sich senkrecht kreuzenden Richtungen vorgespannt werden konnten. Beim Betonieren der verschiedenen Flächen wurden die Kanten frei gelassen. Nach dem Erhärten und Entspannen wurden die einzelnen Betonplatten umgelegt, wobei sie nur noch durch die sie verbindenden Stahlsaiten zusammenhielten. Die Kanten wurden dann austorkretiert. Durch das Torkretieren wurde die Güte des Fugenbetons der der Fertigteile gleichgestellt (Abb. 146).

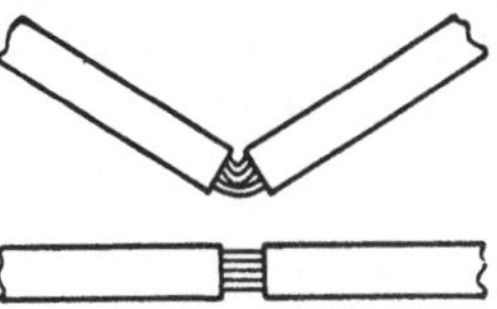

Abb. 147. Durchgehende Bewehrung in den Stößen von Stahlsaitenbeton-Fertigteilen.

In ähnlicher Weise ist es auch sonst zur Verbindung von Einheiten aus Stahlsaitenbeton unter Umständen angezeigt, die in den Zwischenräumen zwischen den Trennscheiben freiliegenden Stahlsaiten beim Ausheben aus der Schalung nicht zu durchschneiden, sondern als Bewehrung der Großraumfuge zu belassen. Nach Festlegen der gegenseitigen endgültigen Stellung der benachbarten Fertigteile kann diese dann entweder ausgegossen oder zutorkretiert werden (Abb. 147).

42. Verbindungen zwischen Stahlbetonfertigteilen nach Hauptgruppe I mit Monolithbeton nach Hauptgruppe II.

Wenn Stahlbetonfertigteile mit monolithischem Beton verbunden werden, ergibt sich nur *eine* Arbeitsfuge, die durch das Einbinden der aus dem Fertigteil herausragenden Anschlußstäbe in den Monolithbeton gesichert wird. Die Zusammenfassung der Köpfe von Stahlbetonpfählen mit der Gründungsplatte bildet ein bekanntes Beispiel (vgl. Abschnitt C, II, a, 561 und C, II, b, 23).

In ähnlicher Weise wird der Zusammenhalt zwischen einer Wohnhausdecke und dem aufgehenden Mauerwerk durch den nachträglich betonierten Randbalken bewirkt, der somit neben seinem lastausgleichenden Zweck gleichzeitig die Rolle eines Verbundelementes übernimmt (Abb. 174, 188 und Abschnitt C, II, b, 21).

Im Abschnitt C, II, b, 2 sind einige Fälle dargestellt, in denen schalungsloser Monolithbau (Hauptgruppe II) als Zwischenglied zwischen Konstruktionen aus Stahlbetonfertigteilen eingeschaltet wird und deren feste und dauerhafte Vereinigung herstellt. Sieht man ihn aber gewissermaßen als Großraumfuge an, so führen auch diese Konstruktionen zum vorhergehenden Abschnitt C, II, a zurück.

43. Vorläufige Verbindung der Stahlbetonfertigteile mit späterem Verguß nach Hauptgruppe II.

Während bisher der Mörtelverguß ein selbständiges Konstruktionsglied darstellt, bedient sich der schalungslose Monolithbau des Füllbetons, um die vorläufigen Verbindungen der aus Betonfertigteilen bestehenden inneren Aussteifungen und Gerüste einzubetten und endgültig zu festigen, nachdem sie ihren Zweck erfüllt haben. Da die Gerüste nur eine ruhende Belastung durch den frischen Beton erfahren und

mit dem Steigen des Betons innerhalb der Verblendplatten Fach um
Fach ihre Daseinsberechtigung verlieren, genügt es, einen geringeren
Sicherheitsgrad zugrunde zu legen, insbesondere die Fachwerksglieder
nur „trocken", ohne jeden Verguß miteinander zu verklammern. Beim
Furnierbeton (vgl. Abschnitt C, II, b, 11) werden die einander gegenüberliegenden Pfosten und Platten durch Rundstahlanker verbunden,
die in Drahtösen eingehakt werden. Auch die Rödelung ist eine
ebenso einfache wie wirksame Veranke-
rung (Abb. 148).

Für die Knotenpunkte einbetonierter
Gerüste sind überhaupt alle bisher behandelten Verbindungen in Behelfsform
anwendbar, wie Bolzen, Keile, Stahl-
und Betondübel, Hammerköpfe, Beton-
gelenke usf.

Aus den vorstehenden Ausführungen
ergibt sich folgende Begriffsbestimmung:

Die Verbindung von Beton- oder Stahlbetonfertigteilen ist dann *werkstoffgerecht*,
wenn sie mit Mitteln und Baustoffen, die
dem Stahlbetonbau entsprechen, die von
den Fertigteilen eingeleiteten Kräfte in
klarer Lenkung ohne Schwächung übertragen.

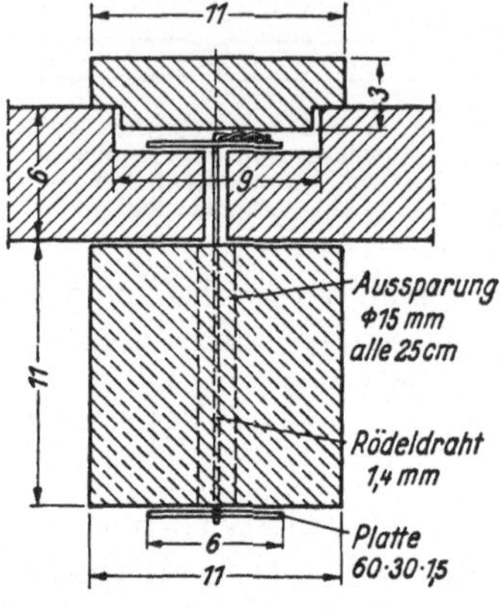

Abb. 148. Rödelung als Verbindung
von Fertigteilen.

Die vorstehenden Abschnitte können nur einen Überblick über die
zahlreichen Möglichkeiten der Verbindung von Stahlbetonfertigteilen
geben, der durch weitere Beispiele ergänzt werden könnte, die sich in
unser System eingliedern lassen. Eine vorteilhafte und wirtschaftliche
Lösung der Frage der Verbindung wird den Anwendungsbereich der
Fertigbetonbauweise erweitern und ihre Anwendung immer mehr ver-
breiten.

II. Die Bauten aus Beton- und Stahlbetonfertigteilen.

In den vorhergehenden Abschnitten ist gezeigt worden, aus welchen
Baustoffen sich die Beton- und Stahlbetonfertigteile zusammensetzen
und wie sie im einzelnen gestaltet und miteinander verbunden werden.
Aufgabe des Bauingenieurs und Architekten ist es nun, die Fertigteile
zu einem sinnvollen Ganzen, nämlich den *Bauten* aus *Beton-* und
Stahlbetonfertigteilen zusammenzufügen.

Wie aus der Tafel II hervorging, können die Stückgewichte der
Fertigteile zwar jede beliebige Größe annehmen, es ist aber nicht gleich-
gültig, aus welchen Gewichtsstufen sich ein Bauentwurf zusammensetzt.
Seine Wirtschaftlichkeit hängt wesentlich von der Anzahl und dem
Stückgewicht der Fertigteile ab.

Jeder Stahlbetonbau enthält dem Bauzweck und den statischen
Anforderungen entsprechend eine bestimmte Betonmenge, die wohl je
nach der Spannweite der auf Biegung beanspruchten Bauglieder in

gewissen Grenzen schwankt, im großen und ganzen aber eine bestimmte Größenordnung einhält. Das Gesamtgewicht dieser Betonmenge setzt sich aus den Stückgewichten der einzelnen Fertigteile zusammen. Je schwerer die Stückgewichte sind, desto geringer ist die Anzahl der Fertigteile. Die Lohnkosten für Förderung und Aufstellung hängen nun, wenn die Baustelle gut mit entsprechenden Geräten ausgerüstet ist, weniger von dem Stück*gewicht* als von der Stück*zahl* ab. Das Streben nach einer Erhöhung der Stückgewichte hat deshalb seine volle Berechtigung, zumal damit auch die Anzahl der notwendigen Verbindungen der Fertigteile sinkt. Das Höchstgewicht ist durch die zur Verfügung stehenden Lade- und Aufstellungsgeräte, oder, wenn es sich um reine Handarbeit handelt, durch die Grenzen der menschlichen Arbeitskraft festgelegt.

Wenn das Höchstgewicht des Einzelstückes abgegrenzt ist, bedeuten alle Einzelstücke von geringerem Gewicht eine Vergrößerung ihrer Anzahl

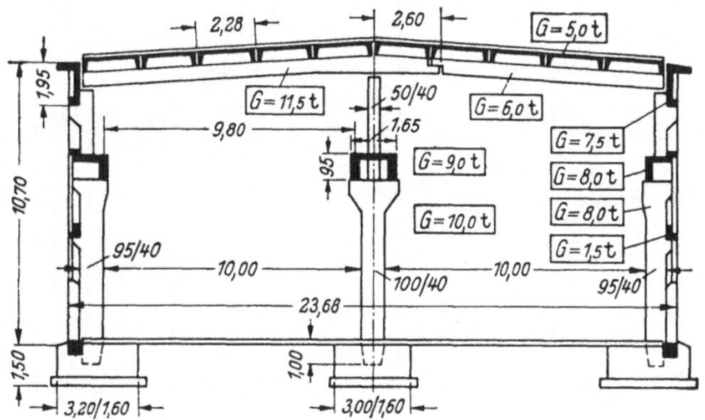

Abb. 149. Zweischiffige Industriehalle.

und eine ungenügende Ausnutzung der bereitgestellten Geräte. Wenn alle Einzelteile das Höchstgewicht besäßen, wäre ihre Anzahl am geringsten und die wirtschaftliche Ausnutzung der Geräte und überhaupt die Wirtschaftlichkeit der Bauausführung vollkommen. Die Baubedingungen sind jedoch meist zu vielseitig, als daß man sich einer solchen Vollkommenheit zu sehr nähern könnte. Der Grad dieser Annäherung wird durch die „Stückgewichtsziffer" eines Baues aus Stahlbetonfertigteilen ausgedrückt. Sie gibt das Verhältnis des Durchschnittsgewichtes der Fertigteile zu ihrem Höchstgewicht oder auch das Verhältnis der gedachten Anzahl der Fertigteile bei Annahme des Höchstgewichtes für alle Teile zu ihrer wirklich vorhandenen Anzahl an. Je größer die Stückgewichtsziffer ist, desto günstiger ist die Gewichtsverteilung, ihr Höchstwert ist 1,0. Die Stückgewichtsziffer sei an einem Binderfeld der in Abb. 149 dargestellten zweischiffigen Halle erläutert. In Abb. 150 ist auf der Abszissenachse die Anzahl der Einzelstücke aufgetragen, während die Ordinaten die verschiedenen Stückgewichte, geordnet nach ihrer Größe, darstellen. Mit Dachplatten von 5 t Einzelgewicht beträgt das Durchschnittsgewicht der Fertigteile 6,21 t, das Höchstgewicht 11,5 t, die Stückgewichtsziffer demnach $\frac{6,21}{11,5} = 0,54$. Wäre es theoretisch möglich, das durch die umrandete Fläche ausgedrückte Gesamtgewicht von 136,5 t ausschließlich aus Fertigteilen von 11,5 t auszuführen, so wären hierzu 11,9 Stück erforderlich. Da die wirkliche Anzahl 22 Stück beträgt, ist die Stückgewichtsziffer wieder $\frac{11,9}{22} = 0,54$. Da der Idealwert von 1,0 stets dann erreicht wird, wenn die Teile alle das gleiche Stückgewicht aufweisen, wie groß dieses auch sei, muß zur Kennzeichnung eines Baues aus Stahlbetonfertigteilen außer der Stückgewichtsziffer stets noch das Höchstgewicht angegeben

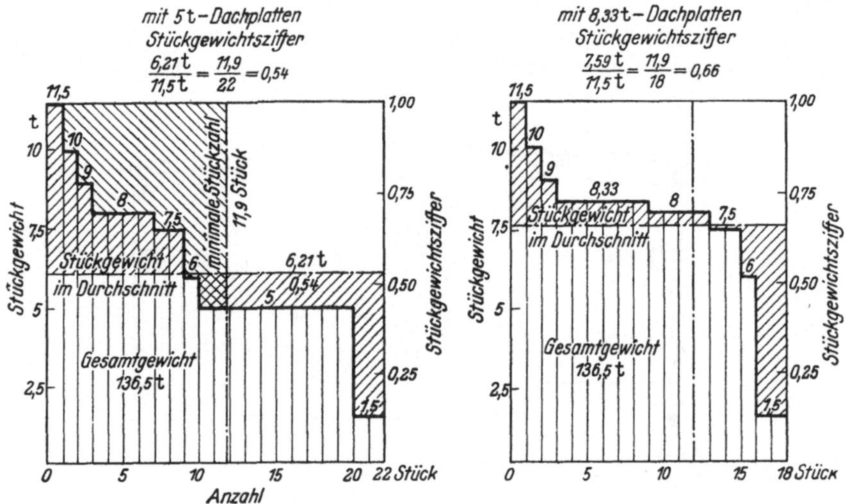

Abb. 150. Ermittlung der Stückgewichtsziffer für die Halle nach Abb. 149.

werden, das von dem zur Verfügung stehenden Aufstellungsgerät abhängt. Wie sich der Verlauf der Stückgewichtsstaffel schon erheblich verschiebt, wenn die Anzahl der Dachplatten durch Vergrößerung ihrer Grundfläche von 10 auf 6 herabgesetzt, ihr Gewicht also von 5,0 t auf 8,33 t erhöht wird, geht aus der rechten Seite der Abb. 150 hervor. Die Stückgewichtsziffer steigt dann von 0,54 auf 0,66 bei gleichem Höchstgewicht von 11,5 t. Weitere Stückgewichtslinien sind in den Abb. 154, 186 und 207 wiedergegeben.

Die praktische Anwendung der Fertigteile aus Beton und Stahlbeton entsprechend den früher abgegrenzten beiden Hauptgruppen erstreckt sich auf alle Zweige des Bauwesens. Zahlreiche Kombinationen, Übergänge und Überschneidungen unter diesen Hauptgruppen sind möglich.

Wir unterscheiden nach S. 3:

a) die eigentlichen Betonfertigteil-Konstruktionen (I. Hauptgruppe),
b) die schalungslosen Monolithbauten (II. Hauptgruppe),
c) die wesensverwandten Gleitschalungsbauten.

Innerhalb dieser Gruppen soll versucht werden, eine möglichst umfassende Darstellung der Anwendungsmöglichkeiten im Bauwesen zu geben, die sich jedoch wegen der Fülle des vorliegenden Stoffes nur auf richtungweisende Beispiele beschränken kann.

a) Eigentliche Betonfertigteil-Konstruktionen (I. Hauptgruppe).

1. Wohngebäude.

11. Behelfsheime und Kleinsthäuser.

Mit den während des Krieges erbauten Behelfsheimen sollten Notunterkünfte für die wohnungslos gewordene Bevölkerung geschaffen werden mit dem Ziele, sie nach dem Kriege durch vollwertige Wohnungen zu ersetzen. Baugröße und Baustoffe waren durch die Notwendigkeit bestimmt, mit den vorhandenen Rohstoffen und Arbeitskräften möglichst viele, wenn auch noch so beschränkte Wohngelegenheiten so schnell wie möglich zu schaffen. Gedacht war dabei an eine weitgehende Selbsthilfe der Siedler. Geldliche Unterstützung durch den Staat und großzügige Behandlung der Baugesuche durch die Baupolizei waren zugesichert. Diesen Kleinsthäusern haftete jedoch allzusehr das Behelfsmäßige an, sie waren schlecht zu heizen und wegen der fehlenden Unterkellerung fußkalt. Der äußerst eingeengte Wohnplatz veranlaßte die Bewohner, unschöne Erweiterungen aus allen möglichen zusammengesuchten Baustoffen anzuflicken. Die hygienischen Einrichtungen ließen oft zu wünschen übrig.

In der heutigen Zeit dürfen wir es uns nicht leisten, wertvolle Baustoffe für Behelfsbauten festzulegen, die für die später vorgesehenen endgültigen Bauten doch nur zum Teil wiedergewonnen werden können. Es ist auch nicht der Sinn der Behelfsheime, daß sie, wie es die Zeit nach dem ersten Weltkrieg gelehrt hat, dauernd als solche in Benutzung bleiben, bis sich ihre Unterhaltung nicht mehr lohnt. Wenn wir uns schon aufs äußerste einschränken müssen, so wollen wir doch unsere Kleinsthäuser von vornherein so gestalten, daß sie zum dauernden Aufenthalt von Familien geeignet sind; denn nur dann sind Baustoffe und Arbeitskräfte am wirtschaftlichsten angesetzt. Die Wärmehaltung sollte der einer Vollwohnung entsprechen. Größe und Einteilung der Räume sowie die hygienischen Einrichtungen sollen ein bescheidenes, aber gesundes Wohnen gestatten.

Einige für den Bau von Kleinsthäusern aus Betonfertigteilen zu beachtende bautechnische Gesichtspunkte sollen nachstehend beleuchtet werden.

111. Wände der Kleinsthäuser.

Anzustreben ist eine solche Mindestdicke von Außenwänden für Gebäude mit Räumen zum dauernden Aufenthalt von Menschen, daß ihr Wärmeschutz in der normalen Zone einem 38 cm starken Ziegelmauerwerk mit beidseitigem Putz entspricht, d. h. einen Wärmedurch-

laßwiderstand von $\dfrac{1}{\varLambda} \geqq 0{,}55 \ \dfrac{m^2\,h\,°\mathrm{C}}{\mathrm{kcal}}$ besitzt[1]. Ähnliches gilt für Trenn-
decken und Dachdecken.

Die Wandausbildung des Behelfsheimes der Deutschen Bau-A.-G.
Berlin entspricht diesem Grundsatze nicht ganz, sondern macht von
den für Behelfsheime zugelassenen Vergünstigungen vollen Gebrauch.
Dafür bieten die Wände den Vorzug, daß sie in wenigen Stunden von
ungelernten Arbeitern ohne Gebrauch von Mörtel aufgestellt werden
können. Nachteilig für die Fertigung in den Betonwerken ist die Vielzahl
der verschiedenen Fertigteile (Abb. 151). Die Haupteck- und Zwischenstützen bestehen entweder aus einem Stück bewehrten Leichtbetons

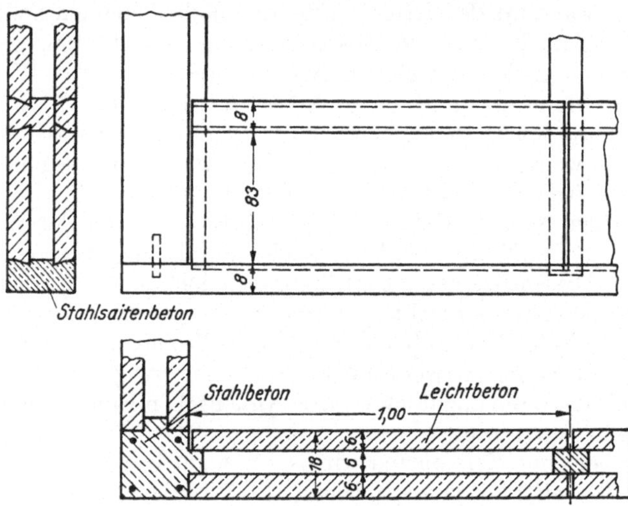

Abb. 151. Wandausbildung von Behelfsheimen.

(z. B. Schlackenbeton) oder aus einzelnen Hohlkörpern, die aufeinandergesetzt und später mit Beton ausgegossen werden. Schwellen, Rähme
und Nebenstützen 6/8 cm werden aus Stahlsaitenbeton hergestellt. Der
Bauweise eigentümlich sind die Leichtbetonriegel, die einmal die Aufgabe haben, die Wandplatten in ihrer Lage festzuhalten, zum anderen
die zwischen den Platten vorhandenen Lufträume in waagrechte Schichten aufzuteilen und dadurch eine Luftumwälzung in senkrechtem Sinne
zu verhindern. Für die Außenplatten wählt man einen wetterfesten
Leichtbeton, z. B. Ziegelsplittbeton, für die Innenplatten einen ausgesprochenen Leichtstoffbeton von großem Wärmedurchlaßwiderstand
oder Holzwolle-Leichtbauplatten. Die Praxis hat ergeben, daß eine ohne
Mörtel aufgebaute Wand nicht winddicht ist. Man tut deshalb gut, wenn
irgend möglich, die Baueinheiten doch leicht zu vermörteln.

Für gemauerte Wände kommen nur solche Steinformen in Betracht,
die ohne besondere Vorkenntnisse verarbeitet werden können, das sind

---

[1] SITTEL: Winke zum Wärmeschutz für Behelfsunterkünfte. Eberswalde:
Verlagsges. R. Müller.

besonders die großen Steinformate, z. B. Hohlblocksteine. Auch die in Abb. 152 dargestellten plattenförmigen Jurko-Steine mit den Abmessungen $49 \times 24 \times 9$ cm, $24 \times 24 \times 9$ cm und $35,5 \times 24 \times 9$ cm ergeben wärmetechnisch günstige Hohlwände, vorausgesetzt, daß sie aus einem besonders leichten Beton (Bimsbeton, Porenbeton) hergestellt werden.

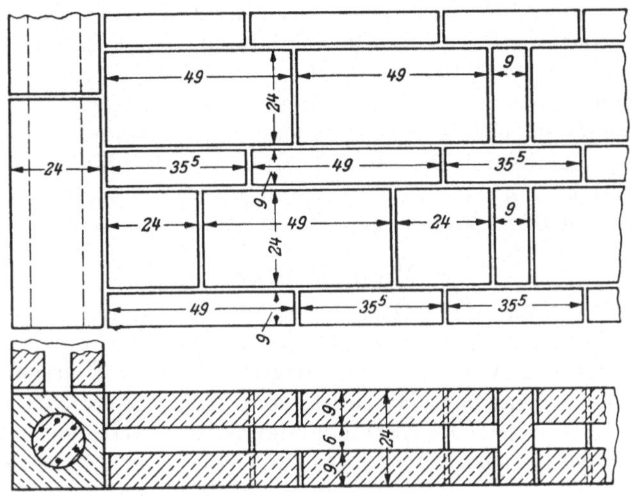

Abb. 152. Jurkoplatten.

Das eigenartige Fugenmuster belebt das eintönige Grau der Betonflächen, besonders wenn die Fugen eine andere, z. B. weiße Farbtönung aufweisen.

Behelfsheime lassen sich auch in der später für Massivbaracken beschriebenen Plattenbauweise nach Abb. 157 ausführen.

112. Dächer.

1121. Pultdach. Das flachgeneigte Pultdach dient zugleich als Raumdecke und wird durch Sparren aus Stahlbeton oder Stahlsaitenbeton und ebene Dachplatten gebildet. Zum Regenschutz läßt man das Pultdach gerne einseitig weit auskragen. Zur besseren Wärmehaltung werden zwischen die Unterflanschen der Sparren Dämmplatten aus Holzfaserstoff, Holzbeton oder Leichtbeton eingeschoben. Eine Dichtung der Dachfläche durch einen Zementestrich hat nur vorübergehende Wirkung, da der Mörtel schwindet und reißt und gegenseitige Verschiebungen der Dachplatten infolge Temperaturänderungen unvermeidlich sind. Aufgeklebte Papplagen oder bituminöse Anstriche sind daher vorzuziehen.

1122. Satteldach. Solange die Werkstoffe für die Dachdichtung (Pappe, Bitumen, Teer) schwer erhältlich waren, mußte man mehr und mehr das flache Pultdach zugunsten des Satteldaches verlassen. Die größere Neigung des Satteldaches ermöglicht die Eindeckung mit Zementdachsteinen. Der gewonnene Dachraum kann zur Unterstellung von

Geräten und dergleichen benutzt werden und bietet einen besseren Kälteschutz als das nur aus einer Decke bestehende Pultdach. Das steile Satteldach erfordert einen leichten Dachbinder. Aus einem Stück betonierte Dachbinder sind jedoch für die Beförderung und Lagerung sehr sperrig. Abb. 45 zeigte einen Dachbinder, der auf der Baustelle aus fertig angelieferten brettförmigen Stahlsaitenbeton-Werkteilen mit Hilfe von Betondübeln zusammengesetzt wird. Jeder Stab besteht aus je zwei Brettern von 12×3 cm Querschnitt, die eine 3 cm starke Leichtbau- oder Holzbetonplatte umschließen, an der die Dachlatten und die aus beliebigen Stoffen bestehende Zimmerdecke durch Nägel befestigt werden. Die Nagellöcher werden in den aus Stahlsaitenbeton bestehenden Dachlatten ausgespart. Der Achsabstand der Dachbinder ist 1,00 m. Ein Dachbinder enthält 82 l Beton und wiegt 200 kg. Der Bedarf an Stahlsaiten und Bügeldraht ist 11,5 kg, an Zement sind 37 kg erforderlich.

12. Massivbaracken.

Obgleich während des letzten Krieges die Notwendigkeit des Baues von Massivbaracken klar erkannt wurde, war die Ausführung wohl nicht rechtzeitig genug organisiert worden. Man griff deshalb immer wieder zu dem bequemen Hilfsmittel der Holzbaracke, die zweifellos viele Vorteile aufweist. Die Wärmedämmung ist ausreichend; die Anzahl der Einzelteile ist beschränkt, das Gewicht dieser Teile nicht sehr verschieden. Die Aufstellung, zu der allerdings gelernte Zimmerleute unentbehrlich sind, geht schnell vonstatten. Mahnend erhob sich aber immer wieder die Forderung, den Holzverbrauch für Bauzwecke einzuschränken, hinzu kam die große Feuersgefahr, ganze Barackenstädte sind ein Raub der Flammen geworden.

Als man schließlich im Jahre 1944 die Einheitsmassivbaracke herausbrachte, waren Stahl und Zement sowie die Arbeitskräfte und Werkstätten immer knapper geworden. So konnte sich die Massivbaracke nicht mehr in dem Maße einführen, wie es der Bedarf gefordert hätte.

Es hat den Anschein, daß die heutige unermeßliche Wohnungsnot wiederum dazu zwingt, auf die Baracke als Massenunterkunftsraum zurückzukommen. Leider muß man dabei beobachten, daß das Holz wieder als Aushilfsbaustoff herangezogen wird, obgleich die Kapazität der Baustoffindustrie und der Herstellungsstätten für Betonfertigteile nicht ausgenützt ist. Wenn auch die Brandgefahr nicht mehr die gleiche ist wie während des Krieges, so sollte man doch heute endgültig das Holz u. a. auch als Baustoff für Baracken ausschalten, da es nützlicheren Zwecken vorbehalten bleiben muß. Nachstehend schildern wir verschiedene Möglichkeiten, die Betonfertigteile bieten, und unterziehen sie einer eingehenden Beurteilung.

121. Die Einheitsmassivbaracke als Beispiel der Skelettbauweise (Abb. 153).

Die Einheitsmassivbaracke besteht aus dem tragenden Gerippe und den raumabschließenden Platten. Das Gerippe setzt sich aus Betonfertigteilen, nämlich den Gründungskörpern, den Pfosten, den Dachsparren und den zur Längsverstrebung dienenden Rähmen zusammen. Die biegungsfesten Pfosten sind in den Hohlfundamenten eingespannt und nehmen außer den senkrechten Dachlasten die waagrechten Windkräfte auf. Die Wände werden mit einfachen oder doppelten Bauplatten von voller Stockwerkshöhe und 1,24 m Breite ausgefacht. Die Dachplatten spannen sich zwischen die unmittelbar auf den Stützen ruhenden Sparren, die einen Achsabstand von 1,25 m haben.

Das Gerippe der Normalbaracke mit einem Grundriß von $10 \times 25 = 250 \text{ m}^2$ besteht aus 455 einzelnen Stücken, die jedoch nur 11 verschiedene Formen haben, das Dach aus 400 Platten mit 5 verschiedenen Formen. Die Wandausfachung beansprucht außerdem 470 Stück Wandplatten. Insgesamt setzt sich also die Normalbaracke aus 1325 Einzelteilen zusammen.

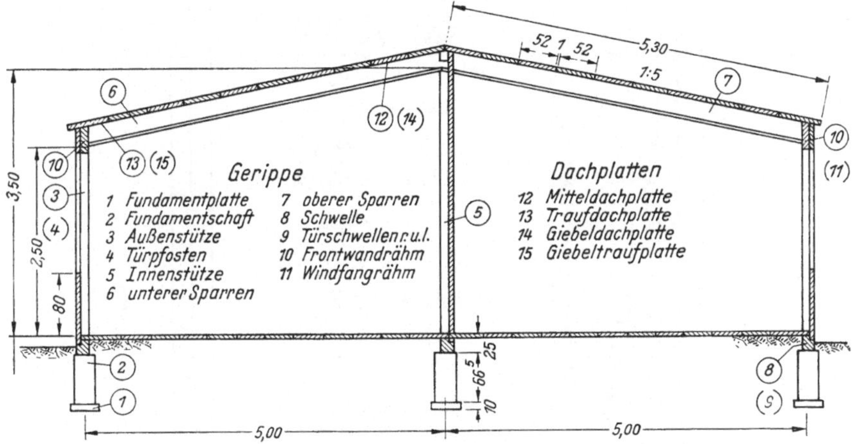

Abb. 153. Querschnitt der Einheitsmassivbaracke.

Die Wandplatten werden an 819 Rödelstellen mit 1638 Rödelplättchen und 500 m Rödeldraht nach Abb. 148 befestigt.

Die Mittelflurbaracke hat einen Grundriß von $12,50 \times 50 = 625 \text{ m}^2$ und besteht sinngemäß aus insgesamt 2957 Einzelstücken mit 1912 Rödelstellen. Hinzugekommen ist über den Stützen der Innenlängswände ein Querbalken, dessen obere Begrenzung der Dachneigung folgt, sein Gewicht beträgt 124 kg.

Da die Einzelteile der Einheitsmassivbaracke genormt sind, ist die Fertigung der wenigen Einzelformen in den Fabriken sehr erleichtert. Es ist daher nicht erforderlich, daß sämtliche Einzelstücke durch die Baustelle von einem einzigen Lieferwerk abgerufen werden, sondern man wird, vielleicht sogar mit Vorteil, die Lieferung getrennt nach Gerippeteilen, Wand- und Dachplatten vergeben. Für die Bauleitung wird es jedoch nicht einfach sein, die in die Tausende gehenden Einzelstücke auseinanderzuhalten und geordnet zu lagern.

Um das Auf- und Abladen in der Fabrik und auf der Baustelle durch vier Arbeiter ohne Hebezeuge zu ermöglichen, ist das Höchstgewicht eines Einzelstückes mit 209 kg begrenzt. Dieses Gewicht besitzen die Dachsparren, außerdem sind noch Einheiten mit 165, 142, 133, 126, 113 kg vorhanden, alle anderen Stücke wiegen weniger als 100 kg. Das Durchschnittsgewicht der Skeletteile beträgt 88 kg, das der Wand- und Dachplatten 50 kg, das größte Wandplattengewicht ist dem Höchstgewicht der Dachsparren von rund 200 kg anzupassen.

Bei einem Gesamttransportgewicht der Normalbaracke von rund 81 500 kg beträgt das Durchschnittsgewicht des Einzelstückes

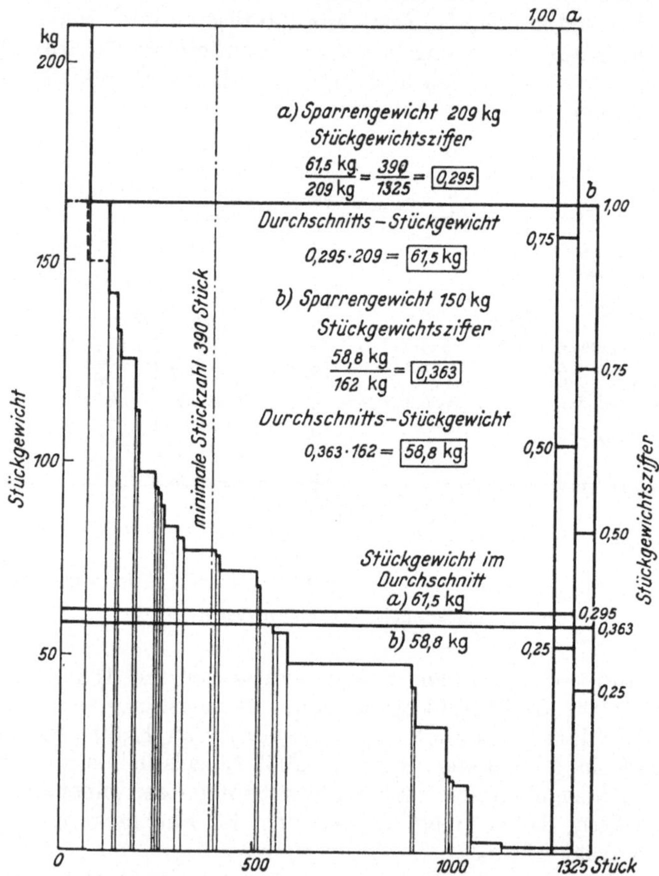

Abb. 154. Ermittlung der Stückgewichtsziffer für die Einheitsmassivbaracke.

$\dfrac{81\,500}{1325} =$ rund 61,5 kg. Der Stückgewichtswert ist also $\dfrac{61,5}{209} = 0,295$ (Abb. 154). Der Grundsatz, daß alle Stücke von einer gleichbleibenden Arbeitergruppe von 2 oder 4 Mann bewegt werden können, ist zwar gewahrt, die Stückgewichtszahl ist jedoch ungünstig. In Abb. 154 ist als Fall b eine Variante untersucht, bei der lediglich das Sparrengewicht auf 150 kg reduziert wurde. Die Stückgewichtsziffer wird hierbei mit 0,363 sofort günstiger.

Für den *Aufbau* des Skelettes genügt ein Standbaum mit Schwenk-
fahne oder dergleichen.

Der Stahlbedarf für die Dachkonstruktion beträgt 5,26 bzw. 5,01 kg/m²
der Grundfläche. Der Gesamtstahlbedarf der Normalbaracke stellt sich
auf etwa 2,4 t, der der Mittelflurbaracke auf etwa 5,7 t.

122. Die gemauerte Massivbaracke.

Die Anzahl der Baueinheiten ist zwar bei der gemauerten Massivbaracke noch größer als bei der Einheitsbaracke, bei den Betonformsteinen handelt es sich jedoch um eine gängige Marktware, die beliebig
ausgetauscht und gelagert werden kann. Zudem hat es sich heraus-
gestellt, daß das Vermauern der großformatigen Steine im einfachen
Verband schnell erlernt wird. Nachteilig ist der immer noch verhältnismäßig hohe Mörtelverbrauch. Meist wird eine Mauerdicke von 25 cm
zugrunde gelegt, die bei der Wahl eines geeigneten Leichtbetons und
einer zweckentsprechenden
Steinform eine ausreichende
Wärmedämmung gewährlei-
stet. Als Tür- und Fensterstürze sind besondere bewehrte
Formsteine vorgesehen.

Hinsichtlich der Dachaus-
bildung ist man bei gemauerten Wänden recht freizügig,
der Sparrenabstand kann beliebig gewählt, ein Stoß über
der Mittelmauer vermieden
werden, indem man die Sparren der beiden Felder gegeneinander versetzt. In Abb. 155
ist eine allen Ansprüchen auf

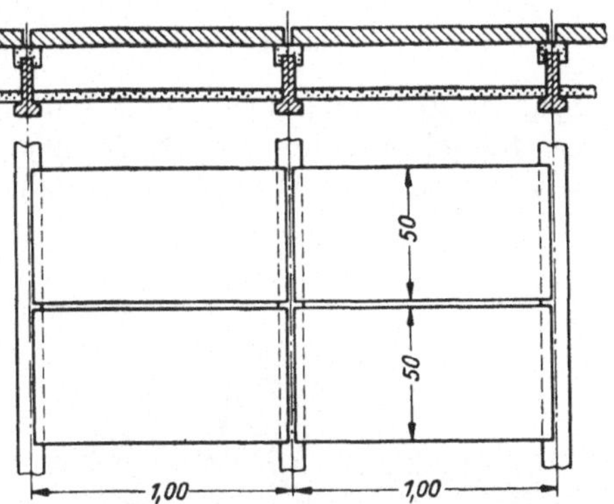

Abb. 155. Dacheindeckung unter Verwendung von
Sparrenreitern.

Wärmedämmung gerecht werdende Dachkonstruktion dargestellt. Als
Sparren dient ein Stahlsaitenbetonträger I-2 mit einem Gewicht von
27,6 kg/m und einem Stückgewicht von 147 kg (vgl. Abb. 23). Bei
Verwendung von 1,25 m langen Dachplatten aus Leichtbeton von verhältnismäßig hohem Raumgewicht werden zweckmäßig Sparrenreiter
aus Leichtbeton aufgelegt, die einmal die Bildung einer Kältebrücke
über den Sparren verhindern, andererseits die Auflagerfläche der Platten
vergrößern. Es ist vorgekommen, daß derartige Platten durch den Luftdruck leicht angehoben und verschoben wurden, so daß sie in den
Raum abstürzten. Durch die Wahl von 2,50 m langen Platten, deren
Stöße über den Sparren versetzt angeordnet werden, erhält jede Platte
3 Auflagerpunkte. Bei einer etwaigen Verschiebung, die durch den
gegenseitigen Versatz weitgehend vermieden wird, bleiben stets zwei
Stützpunkte übrig (Abb. 156). Ein Sparrenreiter wird überflüssig, sofern
die Dachplatten die Bedingung ausreichender Wärmedämmung allein
erfüllen. Der Stückgewichtswert des Daches beträgt, abgesehen von den
unteren Wärmedämmplatten aus Holzwolle, für die Eindeckung mit

1,25 m langen 6 cm dicken Platten mit einem Raumgewicht von 1500 kg/m³ nebst Sparrenreiter 0,24, für die Eindeckung mit 2,50 m langen Platten ohne Sparrenreiter 0,45.

Die erstrebenswerte Stückgewichtsziffer 1,00 für das Dach wird erreicht, wenn man großflächige Platten verwendet, die die gesamte

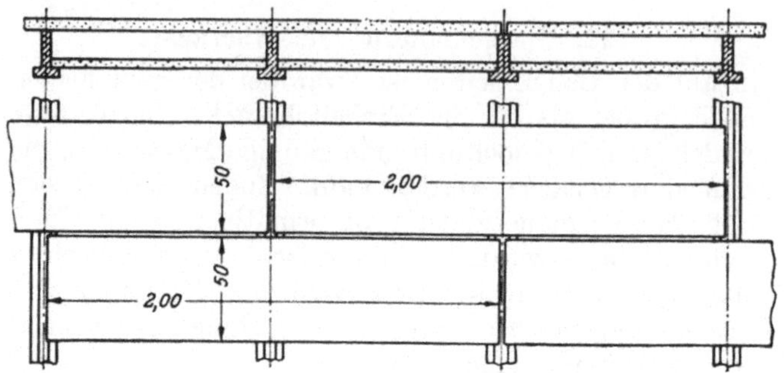

Abb. 156. Dacheindeckung mit 2,00 m langen Platten.

Spannweite von 5,30 m ohne Dachsparren überbrücken. Eine solche bei Barackenbauten um Berlin eingebaute Kassettenplatte aus Stahlsaitenbeton ist in Abb. 113 dargestellt. Bei der Fertigung in 50 m langen Spannbahnen dienten die wärmedämmenden Heraklitheinlagen als untere Begrenzung der nur 3 cm dicken Stahlsaitenbetonplatte, während als seitliche Schalung Holzleisten angebracht waren (vgl. Abschnitt D, IV, b, 3).

123. Die Plattenbaracke.

Obgleich die im folgenden geschilderte Bauweise eigentlich bereits in das Gebiet der Fertighäuser gehört, führen wir sie hier als Beispiel für die dritte Art von Baracken aus Fertigteilen an.

Die Bauunternehmung Josef Hebel, Memmingen, stellt in ihrem Werk Emmering Platten aus Porenbeton in einer Länge von 2,50 m ohne Stahleinlagen her, die nach Abb. 157 senkrecht aufgestellt werden. Die Breite der Platten beträgt 50 cm. Die Wärme-

Abb. 157. Baracke aus Porenbetonplatten.

durchlässigkeit der 15 cm dicken Wandplatte entspricht derjenigen einer Backsteinmauer von 50 bis 60 cm Dicke. Der Porenbeton kann wie Holz mit einfachen Werkzeugen, wie Säge, Bohrer, Hobel usw., bearbeitet

werden. Die Fugen zwischen den einzelnen Platten werden mit Zementmörtel im Mischungsverhältnis 1:2 oder 1:3 ausgegossen. Das Raumgewicht der Porenbetonplatten ist 0,6 bis 0,7 kg/dm³. Der dampf-
gehärtete Porenbeton schwindet
nur sehr wenig, er ist frost- und
feuerbeständig, nicht kapillar,
die Druckfestigkeit beträgt etwa
30 kg/cm².

Abb. 158 zeigt die Ausbildung
eines Fffensturzes.

13. Wohn- und Geschäfts-
häuser.

Die nachstehenden Ausfüh-
rungen betreffen den Neubau von
Wohn- und Geschäftshäusern und
die Wiederherstellung beschädigter und ausgebrannter Häuser,
die beide eine gesonderte Behandlung erfordern, da sie sich in vielen Punkten grundsätzlich voneinander unterscheiden.

131. Neubau von Wohn- und
Geschäftshäusern.

Für die Anwendung der Fertigbetonbauweise auf den Neubau

Abb. 158. Ausbildung des Fenstersturzes bei
der Plattenwandbauweise nach Abb. 157.

von Wohn- und Geschäftshäusern bedarf es zunächst der Klärung einiger
grundlegender allgemeiner Begriffe.

**1311. Allgemeines. 13111. Begriff der Normung und Typung
in Anwendung auf den Neubau von Wohn- und Geschäftshäusern.** Über die Auslegung des Begriffes der *Normung* und *Typung*
gibt es verschiedene Ansichten. PROBST[1] nennt eine „Norm" die gleiche
Lösung einer sich wiederholenden Aufgabe, bezieht sich die Normung
auf „Arten" und „Größen", so ist sie eine Typung. „Typ" ist ein Ding,
das nach Art und Größe festgelegt ist. Durch Typung entstehen „genormte Typen". Es sei also falsch, von „Normung" *und* „Typung" zu
sprechen, da die Normung auch die Typung umfaßt. PROBST faßt zusammen: „Normung" ist ein umfassender Begriff für die Regelung einer
Vielzahl von Erscheinungen, um eine möglichst eindeutige und sinnvoll
abgestimmte Ordnung zu erreichen.

SCHMIDT[2] hingegen versteht im weitesten Sinne unter „Typung"
eine Verbindlicherklärung von in Grundriß und Aufriß für alle einzelnen
Maße festgelegten „*Baumustern*" und unter „Normung" eine Verbindlicherklärung von zahlreichen Einzelmaßen einzelner Baukonstruktionen

---

[1] PROBST: Handbuch der Betonsteinindustrie, 5. Aufl. Halle a. d. S.: Carl Marhold 1943.

[2] SCHMIDT, OTTO: Industrialisiertes Bauen und Städtebau. Bauindustrie 1943,
Nr. 2.

oder Bauteile, gibt aber gleichzeitig einen Bauplan an, bei dem ein Typ lediglich im Sinne des Begriffes „*Grundform*“, d. h. als Grundriß- und Aufriß*schema* und nur für das *grundsätzlich* Wesentliche festgelegt wird.

Es kommt nun weniger auf die richtige Auslegung eines Fremdwortes als auf die Abgrenzung des Begriffes selbst an. Wenn man davon spricht, daß eine bestimmte Hausform „typisch“ für eine Landschaft sei, so will man offenbar nach der letzten Definition die Grundform des Hauses kennzeichnen, ohne auf Einzelheiten einzugehen. Ein Wohnhaustyp bezeichnet demnach die Grundform des Hauses, die in den einzelnen Maßen variieren kann, wenn nur der allgemeine Charakter gewahrt bleibt. Wenn dann in die Aufeinanderfolge der Räume und ihre Abmessungen im Grundriß und Aufriß durch genormte Einzelteile dieses Wohnhaustyps ein gewisses System hineingebracht wird, das eine fabrikatorische Herstellung der Einzelteile gestattet, so ist der Gedanke der Normung erfüllt. Durch die Normung soll also keinesfalls das freie gestalterische Wirken des Architekten beeinträchtigt werden, ihm bleibt nach wie vor die Möglichkeit offen, sich bei seinem Entwurf den besonderen Wünschen des Auftraggebers nach Größe und Anzahl der Räume anzupassen, wenn er sich nur an gewisse „Normen“, die die Grundlage jeder Massenherstellung bilden, hält. Die Normen sind an die Einhaltung von Grundmaßen oder eines „Rasters“ gebunden, ohne die eine Vereinheitlichung des Bauens vergebliche Mühe wäre. In der Fabrik sollen also nicht fertige Häuser, die verpönten „Wohnmaschinen“, wie sie SCHMIDT nennt, bestellt und abgerufen werden, sondern fertige genormte Bauelemente, mit denen Wohnhaustypen beliebiger Art aufgebaut werden können, wenn nur auf die nach einem Raster gestaffelten Maße in Grundriß und Aufriß Rücksicht genommen wird.

Aus solchen Überlegungen geht auch hervor, daß die Fertigbetonbauweise im Hausbau keine Sonderstellung in bezug auf architektonische Behandlung einnehmen will, sondern von der handwerklichen Bauweise jede Bauform zu übernehmen geeignet ist. Wenn durch die Normung der Baueinheiten die Einhaltung gewisser Grundmaße notwendig ist, so könnte an sich die gleiche Forderung im handwerklichen Bau erhoben werden, ohne daß sie Einfluß auf die allgemeine baukünstlerische Gestaltung hätte. Die Fertigbetonbauweise bleibt also im Rahmen der Überlieferung der gegebenen Landschaft wandlungsfähig und verfolgt den einzigen Zweck, durch weitgehende Normung den handwerklichen Ziegelbau zu ersetzen, ihn in der Güte des Baustoffes, hinsichtlich der Kosten, der Kohlen- und Holzersparnis zu übertreffen, an Stelle menschlicher Arbeitskraft und Geschicklichkeit billige Maschinenarbeit treten zu lassen, die Bauzeit zu vermindern, die Baufeuchtigkeit auf ein Mindestmaß zu beschränken, die Wärme- und Schalldämmung zu erhöhen, das Gewicht des Baues im Interesse der Bodenbelastung und der Beförderungskosten herabzusetzen.

Künstlerisch-gestalterische Gedanken sollen hier nicht entwickelt werden, zumal sie von der besonderen Eigenart des Architekten abhängen, nur die konstruktiven Maßnahmen bilden den Gegenstand der nachfolgenden Ausführungen.

13112. **Die Fertigbetonbauweise ist keine Ersatzbauweise.** Mit Nachdruck und endgültig muß eine immer noch weitverbreitete Ansicht bekämpft werden, die in der Fertigbetonbauweise nur eine Ersatzbauweise sieht. Wenn in einer Veröffentlichung[1] die folgenden Ausführungen enthalten sind, so kann man sie wohl nur auf die ausgesprochenen Behelfs- und Kriegsbauten, die „Schnell- und Einfachbauweisen" beziehen, die der eigentlichen Fertigbetonbauweise fremd sind.

„Besonders geeignet erscheint der Bau mit Betonfertigteilen bei Wohn- und Geschäftsbauten, vor allem für solche, die nur eine begrenzte Lebensdauer zu haben brauchen. Ob sich der Bau mit Betonfertigteilen für die Dauer durchsetzen kann, wird davon abhängen, ob er sich preismäßig auch dann hält, wenn der Ziegelstein wieder auf den Markt gebracht wird. Zur Zeit aber gilt es, auch diese Baumethode im Rahmen des Möglichen zu verwenden, sei es, um Wohnbauten zu errichten, sei es, um durch Neubau von Geschäftshäusern mit Geschäftsräumen belegten Wohnraum freizustellen, sei es, um der anlaufenden Industrie Werkstätten zur Verfügung zu stellen."

Wenn man eine solche Auffassung auch auf die eigentlichen Wohnbauten aus Betonfertigteilen ausdehnte, so wären die mühsamen, teuren und umfassenden Forschungen auf dem Gebiete des vorgespannten Betons, des Leichtbetons und nicht zuletzt der Trümmerverwertung mit den oft ingeniösen Konstruktionsarbeiten vergeblich gewesen. O. SCHMIDT hebt mit Recht hervor, daß beim Fertigmontagebau „eine Leistung, die in jeder Beziehung mindestens derjenigen des Massivbaues gleichwertig ist, das A und O seiner Programmstellung sei". Wohl ist es richtig, daß sich die Ziegelbauweise der Pharaonen in Jahrtausenden immer wieder erneuert hat, aus dieser Tatsache aber zu schließen, daß, wenn in den langen Zeitläuften nichts Besseres an ihre Stelle getreten sei, eine Vervollkommnung des Wohnungsbaues überhaupt nicht möglich sei, ist ein Irrtum. Erst in den letzten Jahren, sicherlich auch im Drange der Zeitnöte, ist die Fertigbetonbauweise mit ihren hervorragenden Eigenschaften, wie Leichtigkeit, Wärme- und Schalldämmung, Feuersicherheit, und anderen bereits erörterten Vorzügen in harter Forschungsarbeit herangebildet worden, nicht um einen Ersatz zu bieten, sondern endlich auch im Bauwesen, wie es auf anderen Gebieten schon lange Tatsache geworden ist, etwas Neues, Hochwertigeres an Stelle überalterter Methoden zu setzen. Deshalb ist es aber auch notwendig, alle Lösungen, die keinen Bestand haben, rücksichtslos auszumerzen. Die Wohn- und Geschäftsbauten aus Betonfertigteilen sollen keine Behelfs-, sondern Dauerbauten sein, die dazu ausgewählten Baustoffe berechtigen wegen ihrer Unvergänglichkeit weit mehr als Ziegelstein und Holz zu einer solchen Bezeichnung.

13113. **Allgemeine Einteilung der Wohn- und Geschäftsbauten.** Nach der Tafel XXVII lassen sich die Wohn- und Geschäfts-

---

[1] Berufskundliche Lehr- und Arbeitsblätter, der Bau von Wohnungen und Geschäftsräumen aus Betonfertigteilen. Hamburg: Industrie- und Handelsverlag, G. m. b. H.

Tafel XXVII. *Hausbauweisen.*

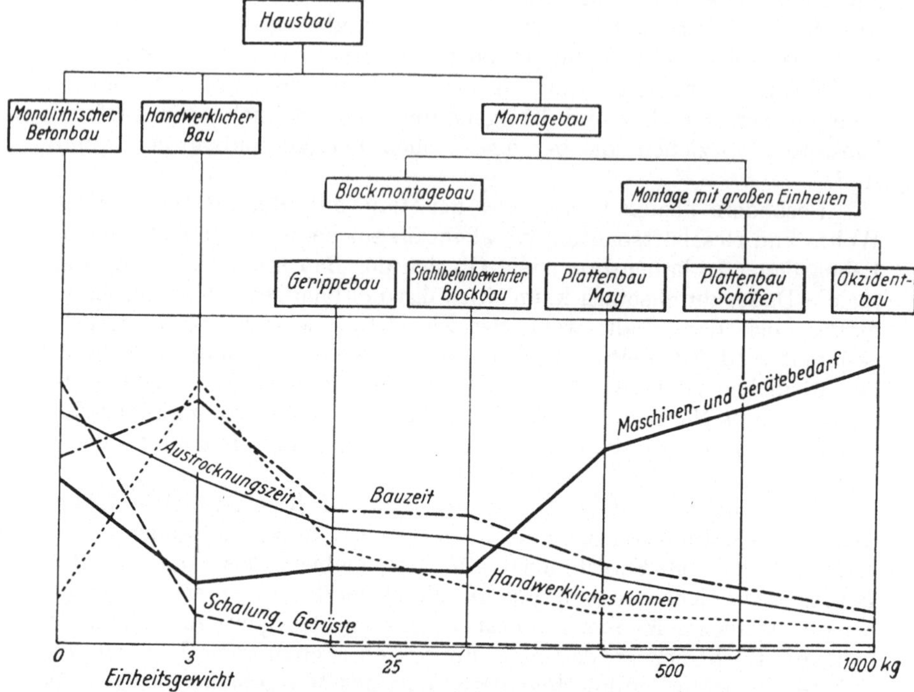

bauten nach ihrer Wandausbildung in drei Hauptgruppen einteilen: den monolithischen Betonbau, den handwerklichen Bau und den *Montagebau.* Aber nur die *Montagebauten* mit ihren *Untergruppen Blockmontagebau* und *Montagebau mit großen Einheiten* sind Fertigbetonbauten im Sinne der früheren Begriffsbestimmung.

Einige besondere Eigenschaften der einzelnen Bauweisen sind mit schematischen Linien gekennzeichnet worden, nämlich die Bau- und Austrocknungszeit, der Bedarf an Schalung und Gerüsten, der Einsatz von Maschinen und Geräten, schließlich die Ansprüche an das handwerkliche Können.

Aus diesen Linien läßt sich schließen, daß der Blockmontagebau dort angebracht ist, wo Hausbauten in geringerer Anzahl ohne großen Maschinenaufwand errichtet werden sollen, während die Montage mit großen Einheiten nur dann gerechtfertigt ist, wenn die für die Aufstellung notwendigen schweren Sondergeräte während der Abwicklung eines Großbauvorhabens abgeschrieben werden können.

Der *Blockmontagebau* und der *Montagebau mit großen Einheiten* sind also die beiden Untergruppen des Montagebaues, die sich aus der Fülle der Fertigbetonbauweisen im Hausbau hervorheben.

1312. Der Blockmontagebau. Der Blockmontagebau ist, wie sein Name sagt, durch die Ausbildung der Wände des Hauses gekennzeichnet, Gründungskörper, Decken und Dach treten in ihrer Bedeutung gegenüber den Wänden zurück und können beliebig gewählt werden.

13121. **Fundamente.** Die zahlreichen Vorteile der Fertigbetonbauweise, besonders hinsichtlich der Vereinfachung der Baustelleneinrichtung, werden nur dann ausgeschöpft, wenn grundsätzlich auch das Fundament bzw. das Kellergeschoß mit Hilfe von fertig montierbaren Baueinheiten hergestellt werden. Im Hausbau wird es kaum durchführbar sein, die Bankette und Kellermauern aus größeren massiven Bauelementen zusammenzusetzen, dagegen bietet der schalungslose Monolithbau (vgl. Abschnitt C, II, b, 1) die Möglichkeit, diese Bauteile zwischen fabrikmäßig hergestellten Betonplatten einzustampfen oder hohle Schalungssteine (Abb. 107) mit Beton auszufüllen, so daß Gerüst- und Schalholz entbehrlich werden und viel Zeit gespart wird.

13122. **Aufgehende Wände.** Die verschiedenen Blockbauweisen unterscheiden sich danach, ob die Betonhohlblöcke als tragende Einheiten oder nur als Füllkörper eines Traggerüstes aus Stahlbetonpfosten, -schwellen und -rähmen angesehen werden oder schließlich tragend und ausfüllend zugleich wirken. Die Blöcke als Bauelemente für die Wände besitzen Abmessungen, die gewichtsmäßig die günstigste Dauerleistung des Arbeiters ergeben, ohne daß von diesem ein besonderes handwerkliches Können verlangt wird. Im Gegensatz zum Ziegelmauerwerk stehen nämlich stets Teileinheiten als Paßstücke zur Verfügung, ein nachträgliches Behauen von Steinen ist also nicht erforderlich. Ohne in den handwerklichen Ziegelbau zurückzufallen, paßt sich der Blockbau ebenso leicht an die gegebenen Grundrißabmessungen an wie dieser, gestattet also die Ausführung aller gewünschten Haustypen.

131221. *Reiner Blockbau.* Der reine Blockbau steht dem Ziegelbau am nächsten, nur besitzen die Bausteine größere Abmessungen. Die Wände nehmen auf ihre ganze Länge die Decken- und Dachlasten auf und übertragen sie auf die Gründungskörper. Die zulässigen Wanddicken in den einzelnen Stockwerken gehen aus den „Grundsätzen für die Ausführung von Mauerwerk aus Leichtbetonsteinen" hervor. Um die konzentrierten Lasten unter den Balkenauflagern gleichmäßiger auf die Hohlsteinwand zu verteilen, wird die obere Hohlblocksteinschicht mit den Hohlräumen nach oben versetzt, worauf die Hohlräume mit Beton ausgefüllt werden. Gleichzeitig zur Verankerung der Decke und zur Lastverteilug kann auch ein an Ort und Stelle im Schutze eines die äußere Schalung bildenden Winkelsteins betonierter Randbalken dienen.

131222. *Skelettbau.* Im Skelettbau sind die Wände aus fachwerk- oder rahmenartigen Tragkonstruktionen gebildet, die durch raumabschließende Blocksteine aus Zementbeton von beliebiger Form ausgefüllt werden. Wenn zuerst das Tragwerk einschließlich des Daches aus Stahlbetonfertigteilen errichtet wird, können die Maurerarbeiten für die Wände sowie die weiteren Ausbauarbeiten im Inneren der Räume im Trockenen unabhängig von der Witterung ausgeführt werden. Allerdings bedarf diese Art der Bauausführung der vollen handwerklichen Kunst des „Betonzimmerers", die Mauersteine sind nur nachträglich ohne festen Zusammenhang eingefügte Füllglieder. Das Fachwerk der Wände bildet zwar ein für sich standfestes Skelett, ist aber nicht organisch mit dem Füllwerk zu einer geschlossenen Einheit verbunden.

Der Vergleich mit dem menschlichen Knochengerüst hinkt insofern, als es ein zusammenhängendes tragfähiges Skelett ohne das Bindemittel der Sehnen und Muskeln in Wirklichkeit gar nicht gibt. Das Skelett, wie wir es aus der Wissenschaft und Kunst kennen, ist aus den einzelnen losen Knochen mit Hilfe von Drahtklammern künstlich zusammengefügt und stellt nur ein „klapperndes Gebein" dar. REULEAUX[1] hat einmal in einer Brückenbesprechung argumentiert: „Wenn zweckmäßig und schön dasselbe wären, wäre ein Skelett schön, wir haben aber Grauen und Widerwillen davor." Sowenig es richtig ist, die Schönheit eines Bauwerks von seiner Zweckmäßigkeit abhängig zu machen, so irreführend ist aber ein ästhetischer Vergleich mit dem menschlichen Skelett, das ohne künstliche Verklammerung nur einen Haufen Knochen bilden würde und ohne die Muskeln niemals zweckmäßig genannt werden kann, während der menschliche Körper zugleich zweckmäßig und schön ist.

Der Skelettbau, wie er im allgemeinen aufgefaßt wird, findet also in der Natur kein Vorbild. Erst ein organischer Zusammenhang zwischen dem Traggerüst und den Füllkörpern ergibt vielmehr eine „zweckmäßige" Baukonstruktion. Werden z. B. fortlaufend mit der Aufmauerung der Wände an den Ecken und in gewissen Abständen innerhalb der Wände hohle Säulensteine aufeinandergesetzt und nach entsprechender Rundstahlbewehrung mit Zementbeton ausgegossen, so wird einmal die Montage des Stahlbetonfachwerks erspart, andererseits eine innigere Verbindung des tragenden Gerüstes mit dem Füllmauerwerk und den Deckenrandbalken herbeigeführt. Es entstehen also rahmenartige Tragwerke, besonders bei aufgelösten Fensterwänden, bei denen die Unterzüge, die Riegel und die Vergußsäulen innerhalb der Wandhohlblöcke die Stiele bilden.

In Abb. 159 ist ein von der Industrie-Montagegesellschaft in Haardt (Rheinpfalz) nach diesen Grundsätzen entworfenes dreigeschossiges

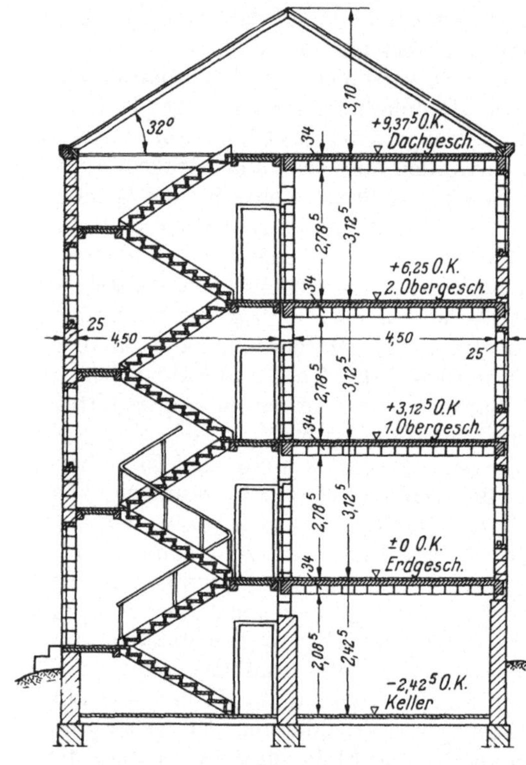

Abb. 159. Querschnitt eines Wohnhauses in Blockmontagebauweise.

---

[1] RUKWIED: Brückenästhetik. Berlin: W. Ernst & Sohn 1933.

Wohnhaus im Querschnitt dargestellt. Abb. 160 zeigt, wie die Vergußsäulen in das Hohlblockmauerwerk einbinden. Alle Blöcke werden
trocken versetzt. Der Verschluß der Stoß- und Lagerfugen erfolgt
durch nachträglichen Ver-
guß, nachdem jedesmal
mehrere Schichten aufein-
andergesetzt sind. Aus der
Abb. 161 geht hervor, wie
die Deckenbalken in eine
Zwischenwand einbinden.
Eine Auswechslung der Balken an den Kaminrohren ist
wegen der Feuerbeständig-
keit nicht erforderlich, die
Abmessungen der Kamine
passen sich an den Balkenabstand an, so daß die Balken neben den Kaminen ihr
Auflager finden. Die Imbeg
hat für sämtliche Tür- und
Fensteröffnungen Zargen
aus Stahlbeton ausgebildet,

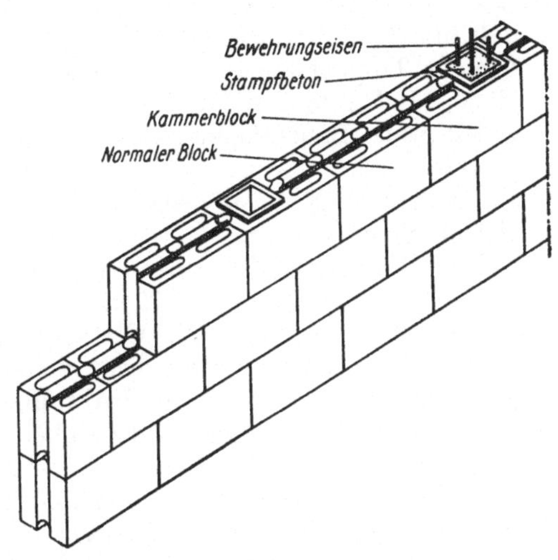

Abb. 160. Wand in Blockmontagebauweise.

die als Lehren für die gegenzusetzenden Wandblöcke dienen und Maßgenauigkeit gewährleisten, so daß Türen und Fenster mit Blendrahmen
fertig angeliefert und ohne Stemmarbeiten oder ähnliche Maßnahmen
angebracht werden kön-
nen.

Im Gegensatz zu
früheren Ausführungen
ist in der Abb. 159 der
Gedanke verwirklicht,
mit der einheitlichen
lichten Raumtiefe von
4,50 m für alle Haupt-
räume auszukommen.
Da die 25 cm dicke Hohl-
blockwand sämtliche
Wohnbauten vom Sied-
lunghaus bis zum drei-
geschossigen Wohnhaus
umfaßt, kann auch die
Wanddicke als fest-
stehend angenommen
werden, so daß sich bei
der feststehenden lich-

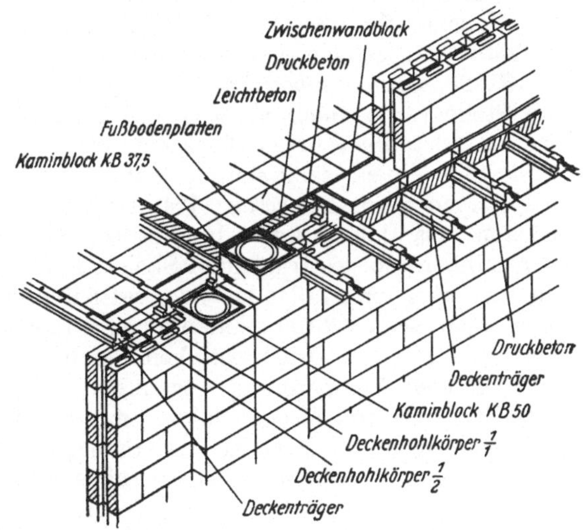

Abb. 161. Einbinden der Decke beim Blockmontagebau.

ten Raumtiefe keine Verschiedenheiten in der Decken- und Dachkonstruktion ergeben.

Die Raumtiefe von 4,50 m reicht aus, um die Treppe mit An- und

Austritt sowie das Zwischenpodest aufzunehmen, ferner um von der Mittelwand aus die Flurbreite abzutrennen und eine genügende Restlänge von 3,25 m zu belassen, die als Längenmaß für die Installationswand zwischen Bad, Abort und Küche ausreicht. Diese Festsetzung der Grundrißmaße bringt folgende Vorteile mit sich:

Gleiche Treppenlängen und gleiche Podestbreiten,
gleiche Balkenlängen für das ganze Haus,
gleich große Baustahlgewebematten für die Druckbetonschicht der Decken,
Fußbodendielung in Regellängen,
gleiche Sparrenlängen,
gleiche Rohrlängen für Installationen.

Die lichte Raumhöhe von 2,75 m entsprechend einer Stockwerkshöhe von Oberkante Fußboden bis Oberkante Fußboden von 3,125 m in sämtlichen Stockwerken ermöglicht stets gleiche Tür- und Fensterzargen, gleichbleibende Steig- und Abflußleitungen in der Installationswand, ferner, in Verbindung mit der einheitlichen Raumtiefe von 4,50 m, gleiche Treppenlängen und Steigungsverhältnisse mit ein und derselben Wange und kombinierten Tritt- und Setzstufen.

Besonders für die Ausführung der Installation ist in dieser Vereinheitlichung die Grundlage für eine Kostenverbilligung und Bauzeitverkürzung gegeben, eine Tatsache, die in Amerika schon seit langem erkannt ist. Der Innenausbau, zu dem auch die Installationsarbeiten gehören, beansprucht einen großen Teil der Bauzeit, wenn alle Einzelteile immer aufs neue angepaßt werden müssen. Liegen aber die Abmessungen der Installationswand ein für allemal fest, so kann der Installationsmeister alle Teile in vielfacher Ausfertigung schon in der Werkstatt paßgerecht vorbereiten.

131223. *Stahlbetonbewehrter Blockbau.* Vom Skelettbau mit an Ort und Stelle vergossenen Stützen und Pfosten ist es nur ein Schritt zu dem stahlbetonbewehrten Blockbau. In ihm wird jeder Hohlblock von mindestens einem senkrechten Kanal durchzogen, der bewehrt und ausgegossen wird. Die ganze Wand ist dann weder ein aus einzelnen Blöcken zusammengefügter Baukörper, noch bildet sie nur einen Füllkörper innerhalb des tragenden Skelettes. Sie ist vielmehr vergleichbar den tragenden und füllenden oder saftleitenden Zellen des Holzes, von zahlreichen senkrechten Versteifungssträngen durchsetzt, die sowohl eine Erhöhung der Druckfestigkeit der im ganzen betrachteten Wand als auch eine Verspannung gegenüber waagrechten Kräften herbeiführen. Wände und Decken bilden, mit den Randbalken als Zwischenglied, einen geschlossenen Kasten mit biegungsfesten Seitenflächen, der auch heftigen Erschütterungen zu widerstehen vermag.

Beim einfachen Blockbau überträgt das Mauerwerk unmittelbar sämtliche Nutzlasten. Im reinen Skelettbau muß nach den baupolizeilichen Vorschriften die räumliche Steifigkeit ohne eine etwaige Ausfachung durch Mauerwerk gewährleistet sein[1]. Das Mauerwerk hat nur

---

[1] WEDLER: Über die Bedeutung und baupolizeiliche Behandlung von tragenden Stahlbetonfertigbauteilen. Bauindustrie 1943, Nr. 7.

sein Eigengewicht von der jeweiligen Stockwerkshöhe zu tragen, das Eigengewicht der Decken und des Daches sowie die Nutzlasten werden allein durch das Traggerüst übertragen. Im Gegensatz hierzu müßte man beim stahlbetonbewehrten Blockbau nach Maßgabe des Verhältnisses zwischen den Elastizitätsziffern des Leichtbetons und des Vergußbetons dem Leichtbeton der Blöcke einen gewissen *Anteil* der Lastübertragung zuweisen können. Wenn z. B. die zulässige Mauerwerksspannung für die Bimsbeton-Einheitshohlblocksteine mit 4 kg/cm² beschränkt ist, so dürfte durch teilweise Stahlbetonbewehrung eine Erhöhung dieser Druckspannung möglich sein, so daß die Verwendung von Hohlblocksteinen auch auf Bauten bis zu fünf Geschossen ausgedehnt werden könnte. Da theoretische Nachweise wegen der Unsicherheit in der Bestimmung der Elastizitätsziffern der verschiedenen Betonarten nicht zuverlässig sind, können nur Großversuche einwandfreie Unterlagen für die baupolizeiliche Zulassung erbringen.

13123. **Zwischendecken (Geschoßdecken).** Von den massiven Zwischendecken scheiden zunächst im Sinne der Programmstellung alle Deckensysteme aus, die außer Beton und Stahlbeton noch Stahlträger und Teile aus gebranntem Ton als Baustoffe enthalten. Die Massivdecken aus Beton werden nach der Tafel XXVIII in drei Hauptgruppen unterteilt, die Decken aus Betonfertigteilen, die Decken aus Fertigbetonbalken mit an Ort und Stelle betonierter Druckplatte und die Monolithdecken. Die letztgenannten Decken bedürfen einer Schalung und einer Unterstützung während der Erhärtung des Betons und gehören deshalb nicht zu den Baukörpern aus Beton- und Stahlbetonfertigteilen. Wie aus der Tafel XXVIII hervorgeht, spinnen sich jedoch zahlreiche Fäden zwischen den einzelnen Hauptgruppen, die auf die nahe Verwandtschaft hinweisen.

Von den 13 Deckensystemen, die sich aus der weiteren Aufgliederung der Hauptgruppen ergeben, heben sich im ganzen 7 Systeme heraus, die der eingangs festgelegten Begriffsbestimmung der Bauten aus Beton- und Stahlbetonfertigteilen entsprechen.

Wegen der Fülle der vorliegenden Beispiele können aber auch von diesen sieben Systemen nachstehend nur jeweils Repräsentanten beschrieben werden, um die Grundlinien dieser Systemgruppen zu kennzeichnen. Für den Leser wird es dann leicht sein, ihm bekannte Deckenarten in diese Gruppen einzuordnen. Mit der Auswahl der beschriebenen Decken soll gegenüber den bekannten gleichartigen Systemen kein Werturteil ausgesprochen werden, bestimmend für die Auswahl war vielmehr nur der Umstand, daß der Verfasser sich in seiner Praxis näher mit ihnen befassen konnte.

131231. *Die Deckensysteme.* Die DIN 4225 (Teil E der Bestimmungen des Deutschen Ausschusses für Stahlbeton) geben in § 16 verschiedene Sonderfestsetzungen für Decken aus Fertigteilen, die nur für Decken gelten, bei denen Balken auf zwei Stützen unmittelbar nebeneinander oder im Mittenabstand von höchstens 125 cm unter Verwendung von Zwischenbauteilen (Füllkörper oder Platten) verlegt werden. Außerdem werden darin die Rippendecken aus Fertigbauteilen behandelt.

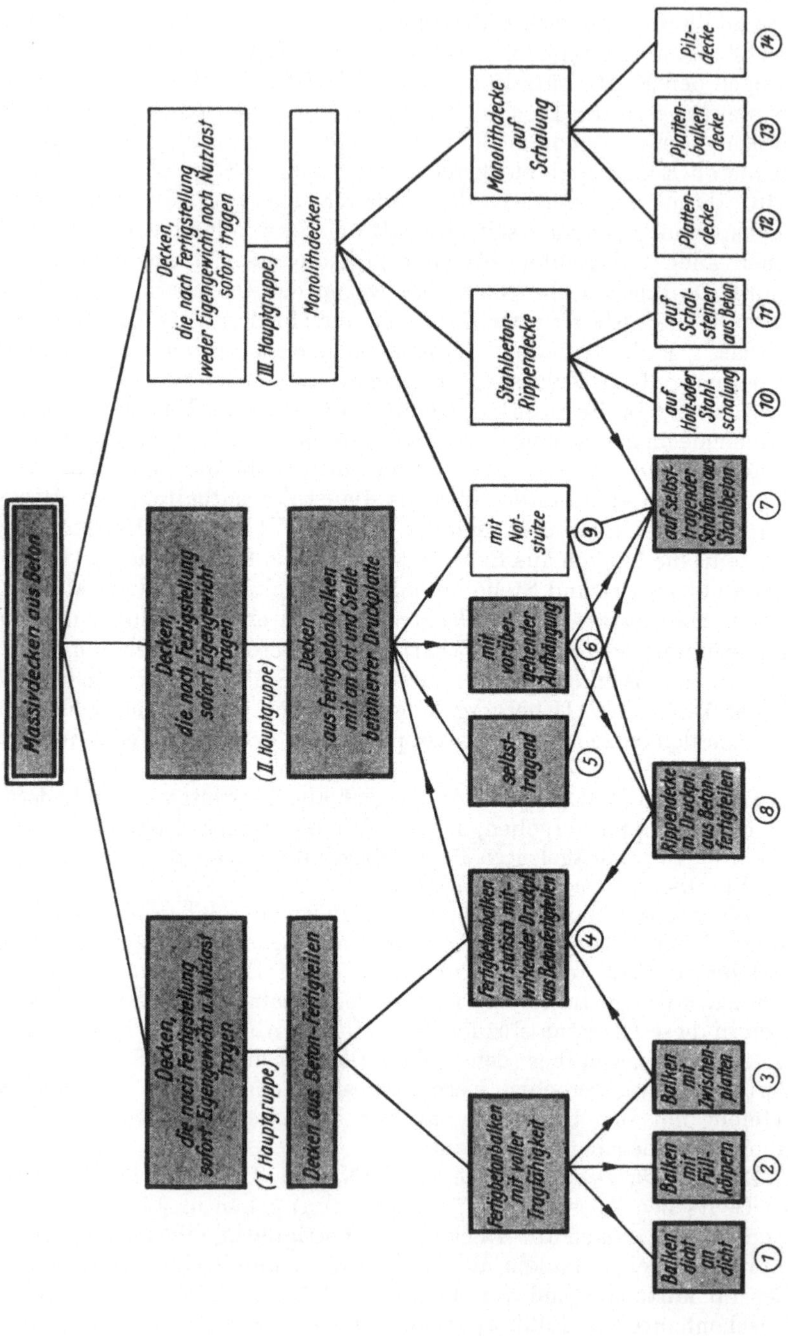

Tafel XXVIII. *Einteilung der Massivdecken aus Beton.*

Wie schon in der früheren Begriffsbestimmung festgelegt, sollten Massivdecken aus Beton- und Stahlbetonfertigteilen vorzugsweise die Bedingung erfüllen, daß sie stets „fertig" sind und ihre Verlegung den Fortgang der weiteren Bauausführung in keiner Weise verzögert.

Entsprechend der früheren Einteilung der Fertigbetonbauten (vgl. S. 3) werden auch bei den Massivdecken aus Fertigteilen zwei Hauptgruppen unterschieden, nämlich die Decken, die sich ausschließlich aus Fertigteilen zusammensetzen und demgemäß nach ihrer Fertigstellung sofort ihr Eigengewicht und die Nutzlast zu tragen vermögen, und die Decken, die aus Fertigbetonbalken mit Zwischenbauteilen bestehen, die ihrerseits als Unterstützung und Schalung für eine an Ort und Stelle betonierte Druckplatte dienen, Decken also, die nach ihrer Fertigstellung zunächst nur ihr Eigengewicht tragen und erst nach Erhärtung der aufbetonierten Druckschicht ihre volle Tragfähigkeit erlangen (Tafel XXVIII).

Die *erste Hauptgruppe* enthält zwei Untergruppen von Decken. In der einen werden Fertigbetonbalken verwendet, die als Tragelement die volle Deckenlast auf die Auflager übertragen, die zweite Untergruppe benutzt Fertigbetonbalken, die zwar bei der Verlegung sofort das Eigengewicht der Decke, aber erst im Zusammenhang mit der ausschließlich aus *Fertigteilen* bestehenden Druckplatte auch die Nutzlast aufnehmen, wozu eine allerdings nur kurze Erhärtungszeit für den Vergußmörtel erforderlich ist.

Die endgültige Aufgliederung ergibt schließlich 4 Deckensysteme der ersten Hauptgruppe, die an Hand von je einem Beispiel beschrieben werden sollen.

① Fertigbetonbalken dicht an dicht verlegt.

Diese Deckenbauweise weist entschiedene Vorteile auf, nämlich eine einfache Verlegung, unmittelbare Schaffung einer ebenen Deckenauf- und -untersicht, bei geeigneter Konstruktion guten Zusammenhalt der Tragelemente im Sinne der Verteilung einer Einzellast auf mehrere Balken und genügend großes Eigengewicht für eine wirksame Schalldämmung. Infolge der dichten Aneinanderreihung der Fertigbetonbalken entfällt auf einen Balken ein verhältnismäßig geringer Lastanteil, so daß seine Bauhöhe im Rahmen der zulässigen Durchbiegung niedrig ausfällt. Je geringer jedoch die Bauhöhe der Decke ist, desto größer wird bei gegebener Nutzlast der Anteil des Tragbetons am Eigengewicht der Decke, desto ungünstiger sind also im Grund genommen ihre statischen Eigenschaften. Der hohe Anteil an Schwerbeton erfordert schließlich eine besonders hohe zusätzliche Wärmedämmung in Form einer aufgebrachten Dämmschicht. Von den für solche Decken in DIN 4225 festgelegten Bestimmungen sei hervorgehoben, daß „zur Sicherung einer ausreichenden Quersteifigkeit und zur Vermeidung von Rissen ein Überbeton aufzubringen ist, der auf 1 m Balkenlänge mit drei rechtwinklig zu den Balken verlaufenden Verteilungsstäben bei Betonstahl I von 7 mm, bei Betonstahl der Gruppen II und III von 6 mm und bei Betonstahl der Gruppe IV von 5 mm Durchmesser oder mit einer größeren Anzahl dünnerer Stäbe von gleichem Gesamtquerschnitt zu bewehren ist. Der Überbeton soll bei Decken, deren Balken sich in der Druckzone auf volle Länge berühren, 3 cm, sonst 5 cm dick sein. Die Überbetonschicht darf nicht als Druckquerschnitt bei der Deckenbemessung berücksichtigt werden". Von einem Überbeton kann bei Decken mit Verkehrslasten $\leq$ 350 kg/cm² bei gewissen in DIN 4225 näher bezeichneten Ausführungen abgesehen werden.

Als Beispiel sei die Rapidbalkendecke (J. Kolb & Co., München) kurz beschrieben. Nach Abb. 162 ist für die Rapidbalken der statisch günstigste, nämlich der I-Querschnitt zugrunde gelegt. Auf diese Weise ergibt sich im Obergurt eine geschlossene Druckplatte sowie eine ebene Untersicht, die ohne besondere Hilfsmaßnahmen (Putzträger) verputzt werden kann. Damit Einzellasten auf mehrere Balken übertragen werden,

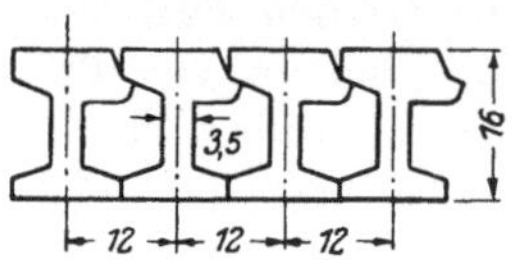
Abb. 162. Rapidbalkendecke.

ist am Obergurt einseitig eine nasenförmige Verbreiterung vorgesehen, die zu gleicher Zeit das Ausfließen des Vergußmörtels verhindert. Die Balkenbreite beträgt einheitlich 12 cm, die Balkenhöhe 16 cm bei einem Balkengewicht von 28 kg/m. Das Gewicht der fertigen Rohdecke ergibt sich somit zu 8 · 28 = rund 225 kg/m². Die Stahlbewehrung wird der jeweiligen Belastung angepaßt, im Obergurt ist als Geflechtträger und Druckbewehrung 1 $\varnothing$ 5, im Untergurt als Zugbewehrung 1 $\varnothing$ 5 bis 1 $\varnothing$ 14 vorgesehen. Beide sind durch Drahtbügel in geringen Abständen miteinander verbunden. Da die Lufthohlräume fast 50% des Deckenquerschnittes ausmachen, ergibt sich unter Voraussetzung einer Auffüllung und eines Holzfußbodens eine genügende Wärmedämmung. Auch die Schallsicherheit ist durch Versuche nachgewiesen; sie ist kaum auf die vorhandenen Hohlräume, sondern hauptsächlich auf die einheitliche Anwendung weniger gleich schwerer Einheiten zurückzuführen. Gerade der letztere Umstand ist ein besonderer Vorzug der Rapidbalkendecke, da er die Stückgewichtsziffer des Baues erhöht und eine einfache Verlegung ohne besondere Fachkenntnisse ermöglicht.

② Fertigbetonbalken mit Deckenfüllkörpern.

Die Freiburger Idealdecke Koch & Cie. (Abb. 163) stellt in statischer und konstruktiver Hinsicht eine „Stahlbeton-Stegbalkendecke aus fertig

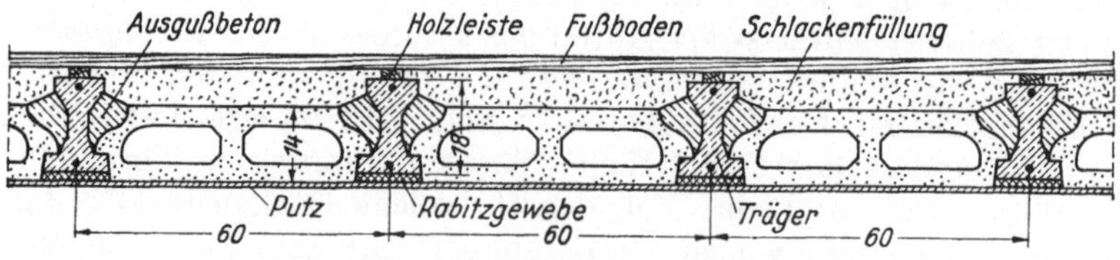

Abb. 163. Freiburger Idealdecke.

verlegbaren Stahlbetonträgern mit statisch unwirksamen Zwischenkörpern" dar. Der Abstand der Deckenbalken ist mit 60 cm festgelegt worden. Die Decke wird mit Trägerhöhen von 18, 20 und 22 cm hergestellt.

Zum Aufbringen der Fußböden werden auf dem Träger bereits in der Fabrik Leisten angebracht. Die Untersicht der Decke kann verputzt werden, gegebenenfalls wird ein Putzträger unmittelbar an die Bimshohlkörper genagelt. Für die verschiedenen Bauhöhen der Träger ergeben sich etwa folgende Beziehungen zwischen Nutzlast und Spannweite:

Bauhöhe cm	Nutzlast kg/m²	Spannweite m
18	500—200	2,50—5,50
20	750—200	2,50—5,50
22	500—200	4,00—6,00

Die Gewichte der Träger und Steine betragen:

Träger		Deckenstein	
Höhe cm	Gewicht kg/m	Höhe cm	Gewicht kg/Stück
18	22,0	14	13,0
20	31,6	18	14,0
22	37,0	22	15,0

③ **Fertigbetonbalken mit Zwischenplatten.**

Die einfache und in statischer Beziehung übersichtliche Deckenform verwendet Stahlbetonplatten, die beiderseitig auf den in einem Mittenabstand von höchstens 125 cm (DIN 4225) verlegten Balken aufgelagert werden. Um die Stahleinlagen der Zwischenplatten zu sparen, hat Gronauer, München, die nachstehend beschriebene Deckenart ausgebildet (Abb. 164).

Die Gronauer-Decke (DRP. 747219 und 752625) besteht aus Stahlbetonfertigbalken mit trapezförmigen Druck- und Zuggurten und *unbewehrten*, konischen Zwischenplatten aus Kies- oder Ziegelsplittbeton. Balken und Platten werden im Rüttelverfahren gefertigt, mit voller Trag-

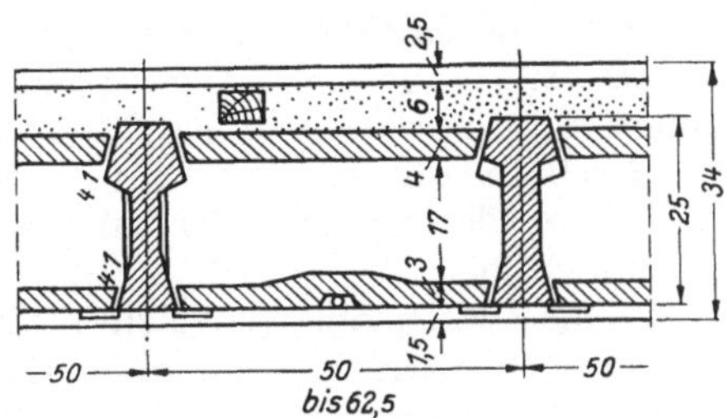

Abb. 164. Gronauer-Decke.

fähigkeit auf den Bau gebracht und dort ohne Überbeton verlegt. Nur die Fugen zwischen den Balken und Platten werden vergossen und die Querrippen zwischen Schalsteinen betoniert. Damit ist eine fast völlig trockene Deckenmontage erzielt, die auch bei Frost erfolgen kann.

In der statischen Berechnung werden zwar die Platten zur Aufnahme des Biegedruckes *nicht* herangezogen, die Balken tragen also *rechnerisch* in der Längsrichtung allein. Wie die bei Prüfungen gemessenen Durchbiegungen zeigen, wirken die Platten jedoch tatsächlich an der Aufnahme des Biegedruckes mit, wodurch eine zusätzliche Sicherheit auf der Druckseite der Balken gegeben ist. In der Querrichtung sind die Platten als scheitrechte Bogen aufzufassen, die sich gewölbeartig zwischen die Balken spannen. Ein Abgleiten der Platten ist wegen des Spielraumes, der für die Auflagerkräfte zwischen der Normalen zur Auflagerfläche und dem äußeren Schenkel des Reibungswinkels zur Verfügung steht, nicht möglich. Die Plattenschübe werden durch die regelmäßig angeordneten Querrippen aufgenommen und ausgeglichen, die alle Balken in Feldmitte verbinden und in die Mauern oder in die umschließenden Randbalken einmünden. Die Querrippe zwingt die benachbarten Balken zu gleich großen Durchbiegungen auch bei Einzelbelastung *eines* Balkens, so daß keine Rissebildung im Deckenputz längs der Balken auftritt.

Als Putzträger dienen die unteren Zwischenplatten aus Sand- oder Leichtbeton, die von unten her auf Drahthaltern verlegt und vergossen werden. Die Rohre der elektrischen Installation werden zweckmäßig oben auf den unteren Platten verlegt. Dort, wo eine Lampe aufgehängt werden soll, wird eine mit Holzdübeln versehene Platte oder ein Querholz eingesetzt. Bei der Ausführung einer Deckenstrahlungsheizung werden deren Rohre an der Unterseite besonderer Zwischenplatten in Längsrillen untergebracht.

Nach Messungen, die von Dr.-Ing. ZELLER an 20 ausgeführten Wohnräumen durchgeführt wurden, ergab sich eine bessere Luftschalldämmung, als allein nach dem Gewicht der Decke zu erwarten war. Die ebenfalls gemessene Trittschalldämmung war besser als bei anderen Massivdecken mit gleichem Gesamtgewicht. Diese Wirkung erklärt sich daraus, daß die Decke aus vielen Einzelteilen zusammengesetzt ist, die zwar statisch einen festen Verband, schalltechnisch aber keine einheitlich wirkende Membrane bilden. Baustoffbedarf für übliche Wohnhausverhältnisse je m² Decke:

Stahl: Betonstahl I: 4 bis 5 kg/m² oder Betonstahl II: 3 bis 4 kg/m².

Beton: für Balken, Querrippen und obere Platten: 75 l/m², für untere Platten (Putzträger): 25 l/m².

Der Betonaufwand je m² für die tragenden Teile (Balken, Querrippe und obere Platten) entspricht also dem einer Stahlbetonplatte von nur 7,5 cm Dicke.

Da die Zwischenplatten nachweislich bei der Aufnahme der Biegungsmomente mitwirken, wenn diese Eigenschaft auch bei der statischen Berechnung nicht berücksichtigt wird, leitet die Gronauer-Decke zu dem Deckensystem ④ über, bei dem die Zwischenplatten als Obergurtdruckplatten mit den Deckenbalken eine statische Einheit bilden.

④ Decken aus Fertigbetonbalken mit statisch mitwirkender Druckplatte aus Betonfertigteilen.

Die von O. Hanke, Erfurt, hergestellte Decke (Abb. 165) setzt sich wie die Gronauer-Decke aus Fertigbetonbalken und Zwischenplatten zusammen. Die letzteren liegen jedoch frei auf den Balken auf und sind deshalb bewehrt. Der Verguß zwischen Balken und Platten genügt zusammen mit einer durchgehenden Querbewehrung, um ein statisches Zusammenarbeiten beider Teile zu gewährleisten. Während die Gronauer-Decke eine reine „Trockenbauweise" darstellt, muß bei der Hanke-Decke das Erhärten des Vergußmörtels abgewartet werden, ehe die Decke ihre volle Tragfähigkeit erlangt. Da es sich jedoch nur um eine geringe Mörtelmenge handelt, deren Erhärtung durch geeignete Mittel beschleunigt werden kann, gehört die Hanke-Decke zum Teil noch zur ersten Hauptgruppe, zum Teil aber auch bereits zur zweiten Hauptgruppe, die die Decken aus Fertigbetonbalken mit an Ort und Stelle betonierter Druckplatte umfaßt.

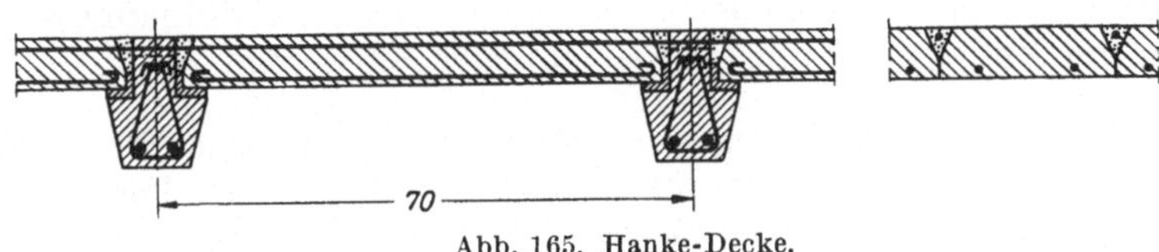

Abb. 165. Hanke-Decke.

Die zweite Hauptgruppe vereinigt drei Untergruppen, nämlich die Decken mit selbsttragenden Balken (5) und die Decken, die eine vorübergehende Verstärkung erfordern, sei es durch eine zeitweise Vergrößerung der Bauhöhe der Deckenbalken (6) oder durch Verringerung der Stützweite mit Hilfe von Notstützen (9). Die letztgenannte Lösung, die jedoch nicht die Deckenkonstruktion an sich, sondern nur ihre Ausführungsweise betrifft, erfüllt nicht mehr die Bedingungen der früheren Begriffsbestimmung.

(5) **Decken aus selbsttragenden Fertigbetonbalken mit an Ort und Stelle betonierter Druckplatte.**

Wenn die Deckenbalken imstande sind, das Eigengewicht der an Ort und Stelle betonierten Druckplatte ohne vorübergehende Zwischenunterstützung zu tragen, so erfüllen sie die Hauptbedingungen der Fertigbetonbauweise, den Baufortgang nicht aufzuhalten und keine Gerüste zu benötigen. Es ist jedoch folgendes zu bedenken. In Verbindung mit der breiten sich von Balken zu Balken spannenden Druckplatte wird die Tragfähigkeit des Einzelbalkens sprungweise ganz beträchtlich erhöht. Wenn also schon der Einzelbalken allein das gesamte Eigengewicht aufzunehmen vermag, ist diese Deckenart nur dann wirtschaftlich, wenn eine entsprechend hohe Nutzlast die plötzliche Steigerung der Tragfähigkeit der Gesamtdecke rechtfertigt. Diesen Nachweis hat die statische Berechnung zu erbringen. Gelingt der Nachweis nicht, so ist eine vorübergehende Aufhängung oder Unterstützung

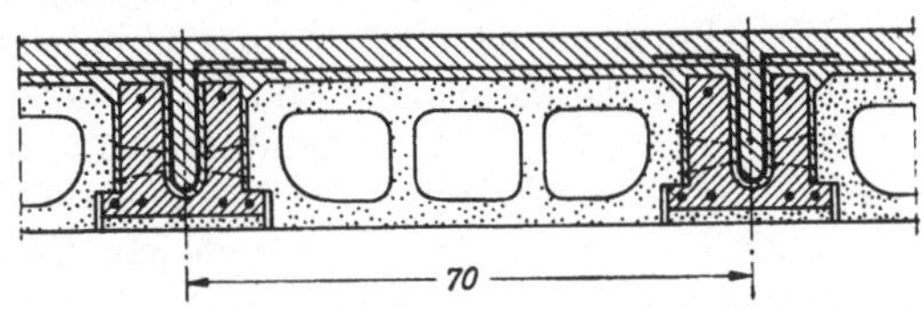

Abb. 166. Hohlkörperdecke des Betonwerks Fallersleben

der Decke bis zur Erhärtung der Druckplatte unerläßlich, wenn die Deckenbalken nicht unnötig schwer werden sollen.

Die schalungslose „Befa"-Hohlkörperdecke (Patentschutz beantragt) des Betonwerks Fallersleben G. m. b. H. (Abb. 166) wird bis zu einer

Spannweite von 5,50 m und im allgemeinen für Nutzlasten bis 350 kg/m² geliefert, durch Bewehrungszulagen ist eine Erhöhung der Nutzlast auf 500 kg/m² möglich. Die Tragbalken nehmen zunächst das Eigengewicht der Deckenhohlkörper und des auf der Baustelle einzubringenden Betons auf. Nach der Erhärtung des Betons bilden Tragbalken, Rippe und Druckplatte einen monolithischen Plattenbalken, der nun auch die volle Nutzlast tragen kann.

Da die Deckenfüllkörper und die Untersicht der Tragbalken aus Holzbeton bestehen, kann der Deckenputz wie bei Stahlbetonrippendecken mit Füllkörpern unmittelbar aufgetragen werden.

(6) bis (8) Decken aus Fertigbetonbalken mit an Ort und Stelle betonierter Druckplatte bei vorübergehender Aufhängung oder Verstärkung der Deckenbalken.

Wir haben unter (5) gesehen, daß sich die Tragfähigkeit des Deckenbalkens nach Erhärtung des Druckplattenbetons sprunghaft steigert und daß, wenn die Wirtschaftlichkeit gewahrt bleiben soll, diese Steigerung von einer entsprechend hohen Nutzlast begleitet sein müßte. Bleibt aber die Nutzlast der Decke in gewöhnlichen Grenzen, so muß die durch den Druckplattenbeton erzielte Erhöhung der Tragfähigkeit mit der hinzukommenden Nutzlast Schritt halten. Da Eigengewicht und Nutzlast feststehen, ist eine solche Angleichung nur dadurch möglich, daß man den Deckenbalken vorübergehend zur Aufnahme einer über sein eigenes Tragvermögen hinausgehenden Last befähigt, so daß also die Stufe zwischen dem vorübergehend verstärkten Träger zu der endgültigen Deckenkonstruktion nicht mehr so groß ist.

Hierfür gibt es zwei Mittel, nämlich eine vorübergehende Verringerung der Spannweite des Deckenbalkens durch Zwischenunterstützung [(9)] oder eine vorübergehende Vergrößerung der Konstruktionshöhe des Balkens [(6)].

Eine behelfsmäßige Unterstützung der Deckenbalken liegt an und für sich nicht im Sinne der Fertigbetonbauweise, und zwar aus folgenden Gründen:

Die Stützenreihe erschwert den Quertransport von Leitern und Gerüsten innerhalb des Raumes; die Stützen können dabei angestoßen und gelockert werden.

Die Fertigstellung des Fußbodenbelages wird aufgehalten.

Ein Hauptvorteil einer kompromißlosen Fertigbetonbauweise liegt nicht nur in der Ersparnis an Einbauholz, sondern vor allem an Vorhalteholz. Durch die Zwischenunterstützung der Decke wird aber eine große Menge Vorhalteholz auf längere Zeit festgelegt. Hinzu kommt noch, daß wegen der wechselnden Stockwerkshöhen zuweilen ein Verschnitt der Hölzer notwendig wird. Besonders belastend für den Holzaufwand dürfte aber folgender Umstand sein: Die unter der jeweils abgesteiften Decke vorhandene bereits fertiggestellte Decke wird durch ihr Eigengewicht, eine gewisse Baustellennutzlast und eine Einzellast, hervorgerufen durch das Eigengewicht der abgesteiften Decke, beansprucht. Das Moment aus der letztgenannten Belastung kommt einer gleichmäßig verteilten Last gleich, die den 1,25fachen Wert des Eigengewichtes der Decke ausmacht. Beträgt z. B. das Eigengewicht der Decke 250 kg/m², die zulässige Nutzlast 350 kg/m², so würde eine zusätzliche Belastung von $1,25 \cdot 250 = 312,5$ kg/m² hinzukommen, also nur $350 - 312,5 = 37,5$ kg/m² für die Baustellenlast frei bleiben, die nicht ausreichen dürfte. Um diesen Mangel zu beheben, müßte man also entweder durch zwei oder mehr Stockwerke durchsteifen oder sprengwerkartige Abstützungen anordnen. In beiden Fällen würde der Verbrauch an Vorhalteholz erheblich zunehmen.

Durch eine vorübergehende Vergrößerung der Deckenbalkenhöhen fallen alle diese Nachteile und Behinderungen fort. Da die entsprechende Vorrichtung unabhängig von der Deckenkonstruktion und den Deckensystemen zu ⑥ bis ⑧ gemeinsam ist, soll sie vorweg beschrieben werden. Die an sie zu stellenden Bedingungen sind folgende: Die Verstärkung ist *unterhalb* der zu stützenden Decke anzubringen, oberhalb der Decke würde sie die Fertigstellung der Decke und des Fußbodens behindern. Die Vorrichtung soll ohne Schwierigkeiten am Deckenbalken befestigt und ebenso schnell wieder entfernt werden können, sie soll leicht und billig sowie einfach aufzubewahren sein.

Diesen Bedingungen entspricht ein unter dem Balken *vor* dem Verlegen befestigtes Hängewerk aus Rundstahlstangen oder Drahtseilen nach Abb. 167. Die Schrägstangen werden in einbetonierte Haken eingehängt und durch einen mit einem Spannschloß versehenen Druckstempel in eine geringe Vorpannung versetzt, die nach Aufbringen der

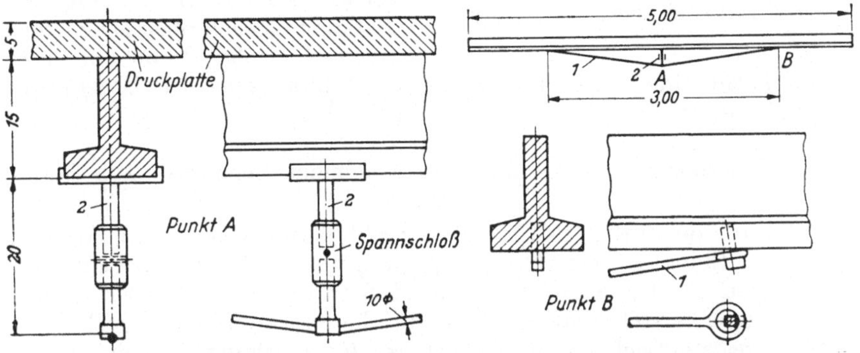

Abb. 167. Hängewerk zur vorübergeehendn Verstärkung von Deckenbalken.

Last nachträgliche Reckungen ohne Spannungszunahme ausschließt. Drahtseile haben den Vorzug, den Spannungszustand äußerlich sichtbar zu machen, so daß übermäßige Vorspannungen, die zu einem Bruch des Deckenbalkens führen könnten, vermieden werden. Die Haken bestehen aus zwei Teilen, einer mit Gewinde versehenen Muffe, die einbetoniert wird, und dem einschraubbaren Haken, der später mit dem Hängewerk entfernt wird. Da das Hängewerk nur die Spitze der Biegungsmomente aufnehmen soll, genügt es, für alle praktisch vorkommenden Balkenlängen ein bestimmtes feststehendes Längenmaß für das Hängewerk zu wählen.

Die Deckensysteme ⑥, ⑦, ⑧ ändern sich nicht in ihrer Konstruktion, wenn sie unter Verwendung von Notstützen oder von Hängewerken zur Ausführung gelangen. Erst im letzteren Falle kommen sie jedoch in den vollen Genuß der in der Begriffsbestimmung dargelegten Vorzüge der Fertigbetonbauweise.

⑥ Decken aus Fertigbetonbalken und Deckenfüllkörpern mit an Ort und Stelle betonierter Druckplatte.

Die Decke nach Abb. 168 besteht aus Stahlsaitenbetonbalken von der charakteristischen T-Form, auf deren Flanschen die Füllkörper aus Leichtbeton aufgelegt werden. Da der Balken keinen Druckflansch besitzt, ist eine senkrechte Einführung der Füllkörper ohne seitliches Einschwenken möglich, der Zwischenraum zwischen Balken und Füllkörper kann also auf ein Kleinstmaß gebracht werden. Eine schubfeste Verbindung zwischen Balken und Druckplatte wird durch Einkerbungen im Druckgurt des Balkens und durch herausstehende Bügeldrähte erreicht. Da die Herstellung der Balken mit nach oben gekehrtem Zuggurt erfolgt, kann auf letzterem leicht eine Holzbetonschicht, die bündig mit der Unterkante der Füllkörper abschließt, aufgebracht werden.

Abb. 168. Decke aus Stahlsaitenbetonbalken.

⑦ Stahlbetonrippendecke mit selbsttragender Schalform aus Stahlbeton.

Wie aus der Tafel XXVIII hervorgeht, kann diese Deckenform in gewissem Sinne zu der III. Hauptgruppe, den Monolithdecken, im besonderen zu den Stahlbetonrippendecken gerechnet werden. Unter den letzteren versteht man nach den Stahlbetonbestimmungen DIN 1045, § 24 aufgelöste Decken „mit höchstens 70 cm lichtem Rippenabstand, die zur Erzielung der ebenen Untersicht statisch unwirksame Hohlsteine oder andere Füllkörpereinlagen enthalten können.“ Die Füllkörper dienen zugleich als Schalung und müssen bis zur Erhärtung des Deckenbetons unterstützt werden. Wird die Untersicht der Rippen besonders eingeschalt, so ergibt sich die Form ⑩ der Stahlbetonrippendecken; bilden jedoch die Füllkörper eine geschlossene Schalung, wie bei der bekannten Remy-Decke, so ist die Form ⑪ gegeben.

Die Form ⑦ gliedert sich in die II. Hauptgruppe ein, wenn nach Abb. 169 die Schalform für die Deckenrippe als selbsttragender Balken ausgebildet wird, auf dem zu gleicher Zeit die Füllkörper als Schalung für die Druckplatte aufruhen. Da die Schalform für die Rippe not-

wendigerweise zwei Stege aufweisen muß, für diese aber eine gewisse
Dicke (2 bis 2,5 cm) nicht unterschritten werden kann, wird der so
hergestellte Schalbalken verhältnismäßig schwer. Durch eine Ausbildung
in Stahlsaitenbeton läßt
sich das niedrigste Gewicht
erreichen.

(8) Rippendecke mit Druckplatte aus Betonfertigteilen
(Zech-Decke).

Mit der Zech-Decke(Her-
steller E.G.Horneber,Nürn-
berg)(Abb.170)schließt sich
gewissermaßen der Ring,
der von der Deckenform (3)
(Gronauer-Decke) der er-
sten Hauptgruppe ausging,
über (4) zu der zweiten
Hauptgruppe mit den For-
men (5) und (6) überleitete,

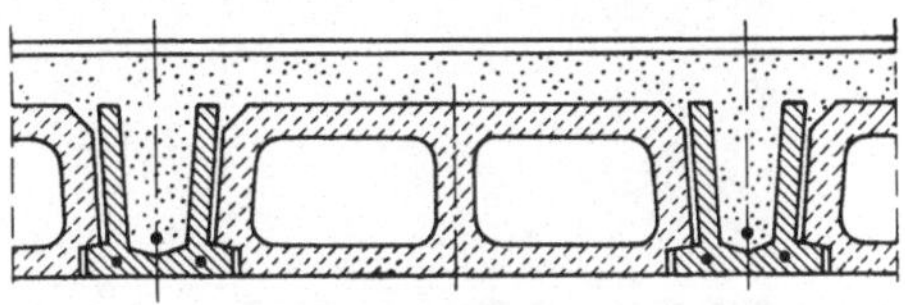

Abb. 169. Deckenbalken als Schalform.

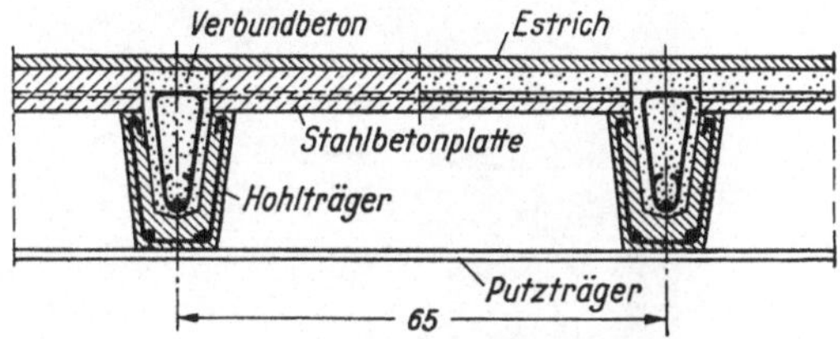

Abb. 170. Zech-Decke.

mit der Form (7) in das Gebiet der Monolithdecken übergriff und nun
wieder zum Ausgangspunkt (4) zurückführt. In der Tat übernimmt die
Zech-Decke aus der I. Hauptgruppe die aus Betonfertigteilen bestehende
Druckplatte, aus der II. Hauptgruppe den selbsttragenden Fertigbetonbalken (mit oder ohne Zwischenunterstützung) und die an Ort und
Stelle betonierten Querrippen, aus der III. Hauptgruppe aber die Ausgestaltung des Tragbalkens als Schalform für die Rippe. Die Querrippen
stellen dabei die Verbindung zwischen den Deckenbalken einerseits und
der fertigen Druckplatte andererseits her. Die an Ort und Stelle ein-
zubringende Betonmenge ist demnach auf das im Sinne schneller Austrocknung geringste Maß beschränkt, ohne daß die ebenso notwendige
innige Verbindung der Fertigteile (Schalform für die Rippe und Druckplatte) in Frage gestellt wird.

Nach Abb. 171 werden in Abständen von etwa 65 cm oben offene
U-förmige Stahlbetonbalken verlegt, auf die Stahlbeton- oder Bimsbetonplatten aufgebracht werden. Die Seitenflächen dieser Platten in
der Richtung senkrecht zu den Trägern sind abgeschrägt. In die so
entstehenden keilförmigen Fugen werden Verteilungseisen gelegt, die
mit ihren Enden in die Hohlräume der Balken eingreifen. Diese Hohlräume und die keilförmigen Fugen zwischen den Platten werden nach
fertiger Montage mit Beton ausgegossen. Der Unterputz wird mittels
Holzleisten befestigt, die in die Stahlbetonbalken eingelassen sind. Die
Hauptvorteile der Decke bestehen in dem verhältnismäßig einfachen
Querschnitt der Balken, in dem geringen Transportgewicht der
Einzelteile sowie in dem geringen Gesamtgewicht der fertigen
Decke. Durch Versuche ist nachgewiesen worden, daß bei sorg-
fältiger Ausführung eine ausreichende Quersteifigkeit der Decke ge-
währleistet ist.

Die Zech-Decke ist weitgehend genormt, die statischen und konstruktiven Angaben werden aus graphischen Tafeln entnommen, von

Abb. 171. Verlegen der Zech-Decke.

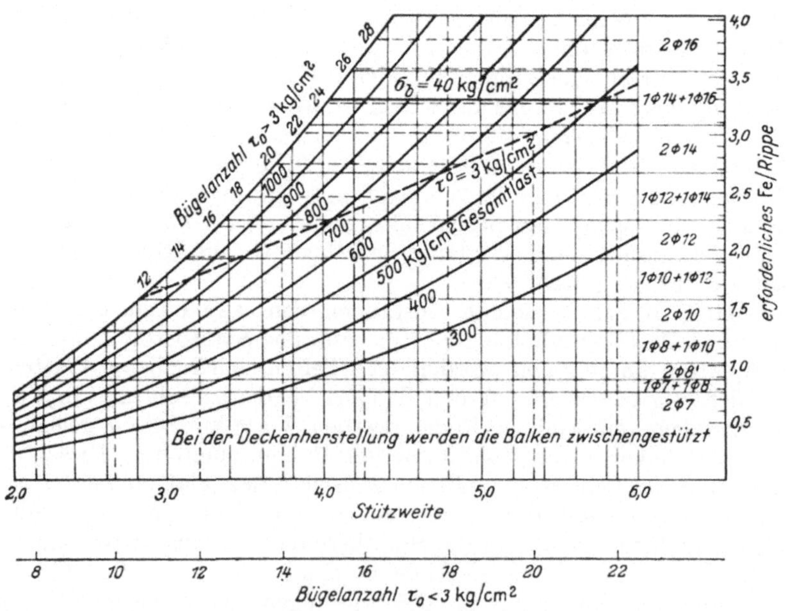

Abb. 172. Bemessungstafel für die Zech-Decke.

denen eine ihrer zweckmäßigen Anordnung wegen in Abb. 172 wiedergegeben ist.

131232. *Notwendige Eigenschaften einer Wohnhausdecke. Allgemeine Beurteilung der Deckensysteme.* Bei den beschriebenen Decken ist durch die getroffene Auswahl eine an die Fertigbetondecken zu stellende Hauptbedingung erfüllt, nämlich die Eigenschaft „*immer fertig*" zu sein, so daß der Fortgang der Bauarbeiten nicht durch Gerüste und Ausschalungsfristen aufgehalten wird.

Die Forderung einer *geringen Baufeuchtigkeit* der Decke läßt sich nicht immer in Einklang mit der Notwendigkeit einer genügenden *Verspannung* der einzelnen Deckenteile bringen. Durch die an Ort und Stelle betonierte Druckschicht wird zweifellos eine monolithische Zusammenfassung der losen Fertigteile erreicht, aber auch der Aufwand an Bauwasser erhöht. Verlegt man die Deckeneinheiten vollständig trocken oder höchstens mit einem Mörtelverguß, so ist der Grad der Baufeuchtigkeit gering, jedoch leidet die Verspannung der Decke. Zweckmäßig sind daher die Deckenarten, die einen vermittelnden Ausgleich bewirken. Bei der Gronauer-Decke ③ wird eine waagerechte Aussteifung durch das keilförmige Eingreifen der Zwischenplatten in die Schrägflächen der Balken im Zusammenwirken mit den nur wenig Frischbeton erfordernden Querverbindungen erreicht. Auch die Zech-Decke ⑧ beschränkt sich auf eine geringe Menge an Baustellenbeton, ohne die Quersteifigkeit der Decke in Frage zu stellen.

Auf die Notwendigkeit, ein möglichst *geringes Deckengewicht*, also auch kleinsten Aufwand an Transportmitteln bei der Zuführung der Rohstoffe zum Betonwerk und bei der Anlieferung der Fertigteile zur Baustelle, mit einer ausreichenden *Schalldämmung* in Einklang zu bringen, wurde schon früher aufmerksam gemacht. Nach DIN 4105 soll der Luftschallschutz mindestens der Dämmung einer 1 Stein dicken Wand, beiderseitig verputzt, mit einer Luftschalldämmungszahl von 48 dezibel entsprechen. Der Norm-Trittschalldurchlaß von Wohnungstrenndecken soll 85 phon nicht überschreiten. Die dazu erforderlichen Schutzmaßnahmen können aus der DIN 4109 ersehen werden. Weitere Angaben finden sich in der unten angeführten Quelle[1].

Nach DIN 4110 ist ein Wärmedurchlaßwiderstand von mindestens $\frac{1}{\varLambda} = 0{,}73 \, \frac{\mathrm{m^2\,h\,°C}}{\mathrm{kcal}}$ vorgeschrieben, was einer Höchstwärmedurchlaßzahl von $\varLambda = 1{,}37 \, \frac{\mathrm{kcal}}{\mathrm{m^2\,h\,°C}}$ bzw. dem Wärmeschutz einer etwa 55 cm dicken Vollziegelwand ohne Putz entspricht. Diese vorgeschriebene Durchlaßzahl ist an sich schon höher als die Durchlaßzahl einer Holzbalkendecke. Trotzdem wird sie von Massivdecken ohne besondere Maßnahmen nur teilweise erreicht. Aus Ersparnisgründen hat man sich bei Decken daher auch schon mit einer Durchlaßzahl von $\varLambda = 2{,}0 \, \frac{\mathrm{kcal}}{\mathrm{m^2\,h\,°C}}$ begnügt, die einer $1^1/_2$ Stein dicken Ziegelwand (Hamburger Format) mit einseitigem Putz, also 36 cm, entspricht. Andernfalls kann durch besondere Dämmschichten eine Verbesserung erzielt werden.

---

[1] ZELLER: Schallschutz bei Decken und Wänden. Fortschritte und Forschungen im Bauwesen, Reihe A, H. 12. Berlin: Otto Elsner.

Die Wärmedurchlaßzahl soll an Hand des Beispieles einer Decke der Gruppe ⑥ berechnet werden. Hierzu rechnen wir die einzelnen Schichten in gleichwertige Vollziegelschichten um[1]. Die notwendigen Vergleichszahlen lassen sich aus den Tafeln zahlreicher Lehrbücher entnehmen, ebenso die Werte für den Wärmeschutz von Luftschichten. Nach Abb. 173 zerlegt man die Decke entsprechend dem Wechsel der

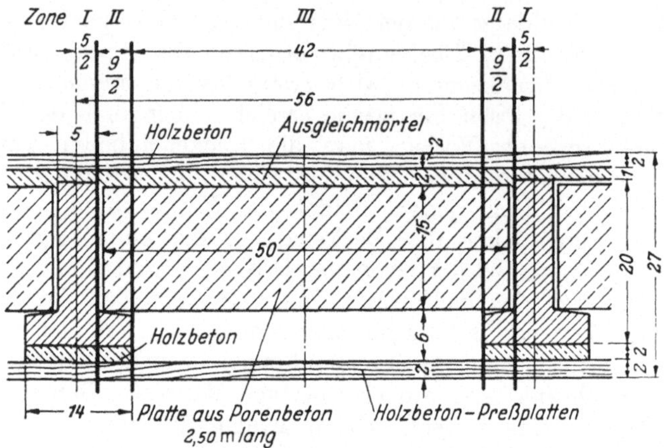

Abb. 173. Zoneneinteilung für die Wärmeberechnung einer Decke.

Baustoffe durch senkrechte Schnitte in einzelne Scheiben und berechnet mit Hilfe der Tafelwerte für jede Scheibe die gleichwertige Vollziegelstärke. Bei der Bildung des Mittelwertes für die Gesamtdecke sind die Reziprokwerte der Vergleichsziegelstärken mit den Grundrißflächen der Einzelscheiben multipliziert zu addieren. Die so erhaltene Summe stellt den Quotienten dar aus der Gesamtgrundrißfläche dividiert durch die mittlere Vergleichsziegelstärke. Für das gewählte Beispiel erhält man so folgende

Berechnung des Wärmeschutzes:

Zone	Streifenbreite cm	Baustoff	Gleichwertige Vollziegeldicke	
			im einzelnen cm	insgesamt cm
I	5	Holzbeton	$6 \times 2{,}1 = 12{,}6$	
		Schwerbeton	$21 \times 0{,}5 = 10{,}5$	23,1
II	9	Holzbeton	$6 \times 2{,}1 = 12{,}6$	
		Schwerbeton	$6 \times 0{,}5 = 3{,}0$	
		Porenbeton	$15 \times 2{,}8 = 42{,}0$	57,6
III	42	Holzbeton	$4 \times 2{,}1 = 8{,}4$	
		Schwerbeton	$2 \times 0{,}5 = 1{,}0$	
		Porenbeton	$15 \times 2{,}8 = 42{,}0$	
		6 cm Luftschicht	14,0	65,4

[1] SITTEL: Winke zum Wärmeschutz für Behelfsunterkünfte. Eberswalde: Rudolf Müller.

Mittelbildung:

$$\frac{5}{23{,}1} + \frac{9}{57{,}6} + \frac{42}{65{,}4} = 0{,}217 + 0{,}157 + 0{,}642 = 1{,}016 \,.$$

Die Gesamtbreite beträgt $5 + 9 + 42 = 56$ cm.

Da $1{,}016 = \dfrac{56}{55}$ ist, so entspricht der Wärmeschutz der Decke dem einer 55 cm dicken Backsteinwand ohne Putz, d. h. genau den Forderungen der DIN 4110.

Nach DIN 4701 ist die Wärmeleitzahl für normalfeuchtes Ziegelmauerwerk von Außenwänden mit $\lambda = 0{,}75 \dfrac{\text{kcal}}{\text{m h}\,^\circ\text{C}}$ festgelegt.

Da die Wärmedurchlaßzahl $\varLambda = \lambda/d$ ist, worin d die Decken- bzw. Wandstärke bedeutet, ergibt sich für die als Beispiel gewählte Decke die Wärmedurchlaßzahl zu

$$\varLambda = \frac{\lambda}{d} = \frac{0{,}75}{0{,}55} = 1{,}37 \, \frac{\text{kcal}}{\text{m}^2\text{h}\,^\circ\text{C}} \,.$$

Der *Feuerschutz* der Decke wird im allgemeinen nach DIN 4102 beurteilt. Die Fertigteildecken sind dabei gewöhnlich in die Rubrik „feuerhemmende Bauweisen" einzureihen.

Für die Herstellung der Deckenbaustoffe soll der *Brennstoff-* und *Energie*verbrauch möglichst gering sein. Diese Forderung ist gleichbedeutend einmal mit einer Herabsetzung der Betonmasse an sich, da dadurch auch der Verbrauch an Kohle und Energie verbrauchendem Zement abnimmt, zweitens mit einem möglichst geringen Zementzusatz zum Beton, drittens mit der Einsparung an Bewehrungsstahl. Man bevorzugt also Bauweisen mit möglichst großem Gehalt an Leichtbeton und mit statischen Eigenschaften, die wenig Stahl erfordern. Bei der Auswahl einer neuzeitlichen Massivdecke ist auch Wert darauf zu legen, daß durch einfache *Herstellung* und *Verlegung* ihrer Einzelteile die Arbeitskräfte eine hohe Leistung erzielen können, wobei auf den Mangel an gelernten *Facharbeitern* Rücksicht zu nehmen ist.

In manchen Ausschreibungen wird schließlich auf die Verwendbarkeit der Decke ohne Fußbodenbelag und ohne Behandlung der Untersicht für eine zunächst *behelfsmäßige Ausführung* Wert gelegt.

131233. *Allgemeine Anordnung der Decken.* Nachdem die Deckenkonstruktionen im einzelnen besprochen und ihre Eigenschaften einander gegenübergestellt wurden, folgen einige Bemerkungen über die allgemeine Anordnung der Decken. Was zunächst die erforderliche *Queraussteifung* der Deckenbalken anbetrifft, so wird diese bei Decken nach ①, wie schon erläutert, durch eine Überbetonschicht sichergestellt. Für Rippendecken aus Fertigteilen schreiben die DIN 4225 in § 16, 3 d vor:

„Bei Deckenstützweiten von mehr als 5 m ist bei Verkehrslasten bis zu 350 kg/m² eine Querrippe von gleichem Querschnitt, jedoch nur halber Bewehrung wie die Tragrippe, anzuordnen. Bei größeren Verkehrslasten richten sich Anzahl und Bewehrung der Querrippen nach Teil A, § 24, 5. Die Bewehrung der Querrippen ist unten, besser unten und oben anzuordnen."

Ist auf diese Weise der Zusammenhalt der Decke in sich gewährleistet, so wird die notwendige *Verspannung und Verankerung* der Decke

mit den aufgehenden Wänden durch an Ort und Stelle betonierte
Randbalken bewirkt. Als äußere Begrenzung und Schalung dieses Baustellenbetons können auf der Außenseite winkelförmige Auflagerblöcke,
im übrigen die angrenzenden Deckenhohlkörper dienen, so daß also
keinerlei Holzschalung nach den Grundsätzen der Hauptgruppe II
(schalungsloser Monolithbau) zur Anwendung kommt (Abb. 174).

In enger Verbindung mit den Überlegungen, die die Verankerung
der Decke betreffen, stehen solche, die sich mit der Anordnung von
Durchlaufbalken auf mehreren Stützen befassen. Bekanntlich sind
Durchlaufbalken sehr empfindlich in bezug auf Stützensenkungen bzw.
eine ungleich hohe Lage der Stützpunkte[1]. Während man bei der Herstellung monolithischer Decken auf die genaue Höhenlage der Auflager

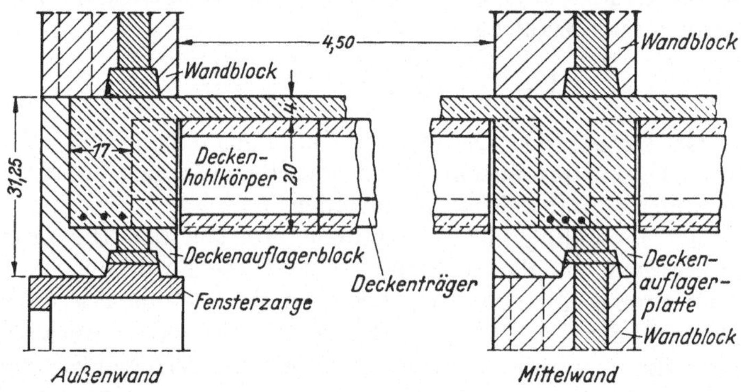

Abb. 174. Einbinden der Massivdecken in die Randbalken unter Verwendung von Beton-
schalkörpern.

keine Rücksicht zu nehmen braucht, ist dies, wie bei Holzbalken und
Stahlträgern, auch bei Fertigbetonbalken unbedingt notwendig, da im
allgemeinen schon geringe Höhenunterschiede beträchtliche Änderungen
der Biegungsmomente mit sich bringen. Um diese Empfindlichkeit
durchlaufender Fertigteile zu umgehen, stellt man die Kontinuität
gewöhnlich erst nachträglich her, indem man die Fertigteile auch über
den Innenstützen stößt. Durch Bewehrungsstäbe, die in die Stoßlücken
herausstehen und dort mit dem Verguß der Stoßlücken einbetoniert
werden, läßt sich wenigstens für die später hinzukommenden Lasten
eine biegesteife Verbindung herstellen. So kann man beispielsweise bei
den Decken mit an Ort und Stelle betonierter Druckplatte die Bewehrung
den tatsächlich auftretenden negativen Momenten über den Mittelstützen genau anpassen. Auch volltragende Deckenbalken aus Stahlbeton lassen sich über den mittleren Auflagerpunkten stoßen, wobei
auch in diesem Fall die Verbindung und die Aufnahme der negativen
Momente durch herausstehende Stahleinlagen bewirkt wird, die nach
der Verlegung vergossen werden.

---

[1] KIEHNE: Das lebende Bild als Anschauungsmittel für den Unterricht in der
Statik. Z. Arch.- u. Ing.-Wesen 1917, H. 6.

Balken aus Stahlsaitenbeton weisen infolge der Vorspannung eine leichte Krümmung nach oben auf, die infolge der Belastung zurückgeht. Man nutzt diesen Umstand bei Durchlaufträgern auf mehreren Stützen insofern aus, als sich bei gleich hoher Lage der Unterstützungsmauern durch das Wiedergeraderichten bei langsam steigender Last zunächst Druckspannungen im ganzen Obergurt des Balkens einstellen. Diese machen oft eine Verstärkung der Bewehrung über den Innenstützen zum Zwecke der Aufnahme der negativen Stützenmomente entbehrlich.

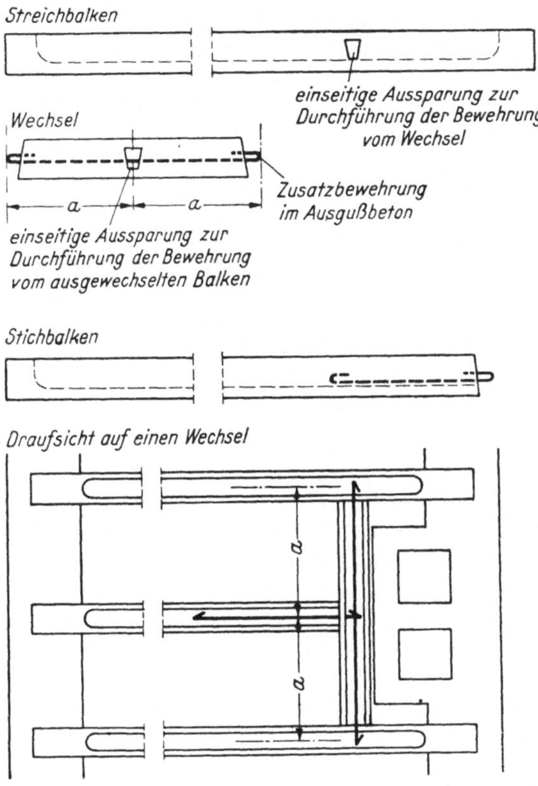

Abb. 175. Auswechselung bei der Zech-Decke DRP.

Genaues Einnivellieren der Auflagerpunkte und entsprechende Berücksichtigung der bereits infolge der Vorspannung vorhandenen Durchbiegungen sind jedoch in diesem Fall erforderlich.

Für die Anbringung von *Wechseln* und *Unterzügen* innerhalb und unterhalb der Decke eignen sich am besten die Stahlbetonrippendecken, denen nach der Tafel die Systeme ⑦ und ⑧ ähneln. Abb. 175 zeigt, wie bei der Zech-Decke Wechsel-, Streich- und Stichbalken ineinandergefügt werden, in Abb. 176 ist die Verbindung eines Unterzuges mit der gleichen Decke dargestellt.

In der Anordnung der Balkenlage ist man bei den Massivdecken nicht den Beschränkungen wie bei den Holzbalkendecken unterworfen.

Wenn für die Balkenlagen der Holzdecken die Einwirkungen des Wechsels
von Nässe und Trockenheit auf die Formveränderung oder das Arbeiten
des Holzes, die Rücksichtnahme auf die Gefahr des Wurmfraßes und
des Hausschwammes und vor allem auch die Brandgefahr bestimmend
sind, so sind bei den Massivdecken allein die Wirtschaftlichkeit und
Zweckmäßigkeit maßgebend. In freistehenden Häusern werden die
Fertigbetonbalken wie die Holzbalken nach der kleineren Spannweite
verlegt. Wegen der zusammenfassenden und lastverteilenden Wirkung
der Randbalken können die bei Holzdecken üblichen Anforderungen an
die Auflagerung und Verankerung wegfallen. Wenn in Schulen, Aus-
stellungsräumen, Ateliers und Werkstätten verlangt wird, daß die

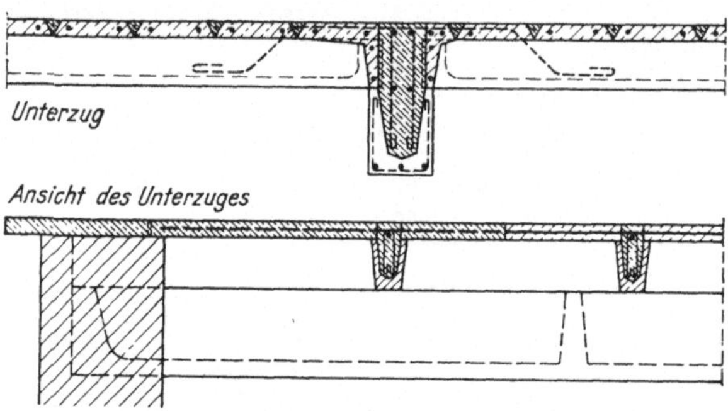

Abb. 176. Auflagerung der Zech-Decke auf einem Unterzug.

Fenster bis unter die Decke reichen, so legt man die Balken gleichlaufend mit den Hauptfensterfronten, um ihre Auflagerung zu erleichtern. Die gleiche Anordnung ist meist auch bei Reihenhäusern angebracht, da ja die Fertigbetonbalken im Gegensatz zu den Holzbalken
auf der Brandmauer ohne besondere Vorkehrungen aufgelegt werden
können (Querwandtyp). Wie schon in der Abb. 161 gezeigt wurde, kann
bei gewissen Deckensystemen eine Auswechslung der Deckenbalken an
Kaminen vermieden werden. Alle diese Vorzüge der massiven Decken
tragen wesentlich dazu bei, die Vereinheitlichung und Normung der
Wohnhäuser zu erleichtern.

13124. Dächer. Nachdem im Abschnitt I die verschiedenen Formen
der Dacheindeckung und der Dachbinder behandelt worden sind, sollen
nunmehr die Zusammensetzung dieser Einzelteile zum Dach und die
allgemeine Anordnung und Aufteilung des Daches an Hand von Beispielen besprochen werden.

131241. *Gestaltung des Grundrisses und Aufrisses.* Wenn man schon
im Holzbau möglichst einfache Gebäudegrundrisse vorzieht, so ist dies
um so mehr für massive Dächer angebracht. Die hölzernen Dachkonstruktionen lassen sich immerhin leicht bearbeiten, wenn auch ver
wickelte Grundrisse einen nicht unerheblichen Mehraufwand an Holz
und Lohn verursachen. Die massiven Einzelteile müssen jedoch in der
Werkstatt vorbereitet und möglichst in Massen hergestellt werden.
Jede Sonderanfertigung beeinflußt die Wirtschaftlichkeit in ungünstigem

Sinne. Auch sollten die Verbindungen der Konstruktionsglieder nach Möglichkeit vereinfacht werden. Als Hausgrundriß wird man daher stets das einfache Rechteck bevorzugen. Wenn Anbauten unvermeidlich sind, sollen auch diese einen rechteckigen Grundriß aufweisen, damit sich möglichst einfache Durchdringungen der Dachflächen ergeben. Die Lage der Schornsteine ist der Dacheinteilung anzupassen, um Auswechslungen zu umgehen.

Im Aufriß wird dem einfachen Satteldach der Vorzug gegeben. Mansardendächer und Dachaufbauten erschweren und verteuern die Verbindung der Fertigteile und erfordern Sonderanfertigungen.

131242. *Dachneigung.* Die Neigung massiver Dächer hängt ab von der Hausbreite, der Form der Dachbinder und der Dacheindeckung. Je größer die Hausbreite ist, desto flacher wird die Dachneigung gewählt, um an Baustoff und Gewicht zu sparen. Bei Steildächern schwankt der Neigungswinkel für reine Sparrendächer zwischen $35°$ und $50°$ für Hausbreiten von 12,50 bis 6,50 m[1].

Die Neigung der *Fachwerkbinder* wird mehr von der Art der *Dacheindeckung* beeinflußt.

Das *flache* Dach wird mit ebenen bewehrten Platten aus Schwer- oder Leichtbeton gedeckt und erhält eine zusätzliche Dichtung aus Dachpappe. Die Neigung solcher Dächer schwankt zwischen $5°$ und $20°$.

Dächer mittlerer Neigung ($20°$ bis $35°$) werden mit großformatigen Stahlbetonplatten (vgl. S. 135 ff.) gedeckt, die keine zusätzliche dichtende Haut erfordern. Eine Mindestneigung von $20°$ verhindert das Eindringen von Schlagregen und Schmelzwasser.

Steildächer lassen grundsätzlich alle Eindeckungsarten zu, z. B. Stahlbetonhohldielen aus Bims- oder Ziegelsplittbeton mit Dachpappe, oder Zementdachsteine auf Latten aus Stahlsaitenbeton. Das Aufbringen und Befestigen der schweren großformatigen Dachplatten bereitet allerdings Schwierigkeiten.

131243. *Allgemeine Anordnung der Dachbinder.* Während das Dach im Holzbau eine weitgehende Aufteilung in die verschiedenen Trageinheiten, nämlich die Dachziegel, Schiefer, die Dachlatten oder die Holzschalung, die Dachsparren, die Pfetten und die Dachstühle erforderlich macht, nimmt man im Massivbau bewußt von den Pfetten als Zwischentragwerk Abstand, da sie der andersgearteten Betonbauweise wesensfremd sind. Mit anderen Worten: Die Dachbinder werden so nahe zusammengerückt, daß die Anordnung von Pfetten nicht erforderlich wird, sondern die massiven Dachplatten oder die Dachlatten ihr Auflager unmittelbar auf den Dachbindern finden. Eine besondere Lösungsmöglichkeit wird von KRAMER[2] für Bremer Verhältnisse zum Wiederaufbau zerstörter Dächer vorgeschlagen. „Das Bremer Haus hat eine verhältnismäßig geringe Frontbreite, die zudem meist noch durch eine

---

[1] WEDLER-HUMMEL: Trümmerverwertung. 2. Aufl. Berlin: W. Ernst & Sohn 1947.

[2] KRAMER: Die Wiederherstellung beschädigter Wohnungen oder Wiederaufbau der Freien Hansestadt Bremen. Schriftenreihe der Bauverwaltung, H. Nr. 1. Bremer Schlüssel: Verlag Hans Kasten 1946.

von vorn nach hinten durchlaufende, gegebenenfalls versetzte Wand unterteilt wird. Führt man diese Wand im Dachgeschoß mit hoch, so hat man die Möglichkeit, nicht zu stark dimensionierte Dachlatten pfettenartig auf Brand- und Trennmauern zu legen und die Dachfläche mit entsprechend gestalteten, mehr oder weniger großen Dachplatten zu schließen." An Stelle der Dachbinder treten also die gemauerten Querwände, deren größerer Abstand die Anordnung von pfettenartigen Traggliedern notwendig macht. Ihr Abstand wird der Tragfähigkeit der Dacheindeckung angepaßt. In den die Dachbinder ersetzenden Zwischenwänden können Türöffnungen eingelassen werden.

Der Abstand der Dachbinder oder der Dachzwischenwände richtet sich nach der Tragfähigkeit der vorgesehenen Zwischenglieder. Abb. 177 zeigt ein von der Deutschen Bau-A.-G., Berlin, erbautes Probehaus, bei dem die Dachbinder oder Sparren einen Abstand von 1,25 m besitzen. Die die Zementdachsteine tragenden Dachlatten bestehen aus Stahlsaitenbeton und werden auf die Sparren aufgenagelt. Zu diesem Zwecke sind die Sparren dreiteilig, nämlich aus zwei durch eine Holzbetonschicht getrennten Stahlsaitenbetondielen, zusammengesetzt. Bei einer Eindeckung mit großformatigen Dachplatten entspricht der Binder- oder Sparrenabstand der Breite dieser Platten. die ja nichts anderes sind wie die zu einer Einheit verbundenen Dachsteine und Dachlatten (Abb. 108).

Abb. 177. Probehaus der Deutschen Bau-A.-G.

Stahlbetonhohldielen lassen einen größeren Abstand der Dachbinder zu. So beträgt z. B. der Binder- oder Sparrenabstand des in Abb. 178 wiedergegebenen Daches für Deckung mit Dachziegeln auf Hohldielen 2 m [1]. Da die Spannweite der Hohldielen noch erheblich gesteigert werden kann, wird der Binderabstand allein von wirtschaftlichen Erwägungen beeinflußt, denn je größer dieser gewählt wird, desto schwerer werden die Dachplatten und desto größer wird die auf den Binder entfallende Belastung. Diese darf aber gewisse Grenzen nicht überschreiten, um den Binder selbst nicht zu unförmig und schwer zu gestalten.

Ersetzt man, wie in Bremen, die Binder durch gemauerte Wände, so kann deren Abstand sowohl durch Stahlbetonhohldielen oder weitgespannte Kassettenplatten als auch durch Pfetten mit großformatigen Platten überbrückt werden. Im letzteren Falle werden die Pfetten gern, wie im Stahlbau, Z-förmig ausgebildet.

13125. Verschiedene Bauteile. 131251. *Treppen.* Wenn die Wände der Wohnhäuser im Sinne der früheren Darlegungen aus Leichtbeton-

---

[1] WEDLER-HUMMEL: Trümmerverwertung. 2. Aufl. Berlin: W. Ernst & Sohn 1947.

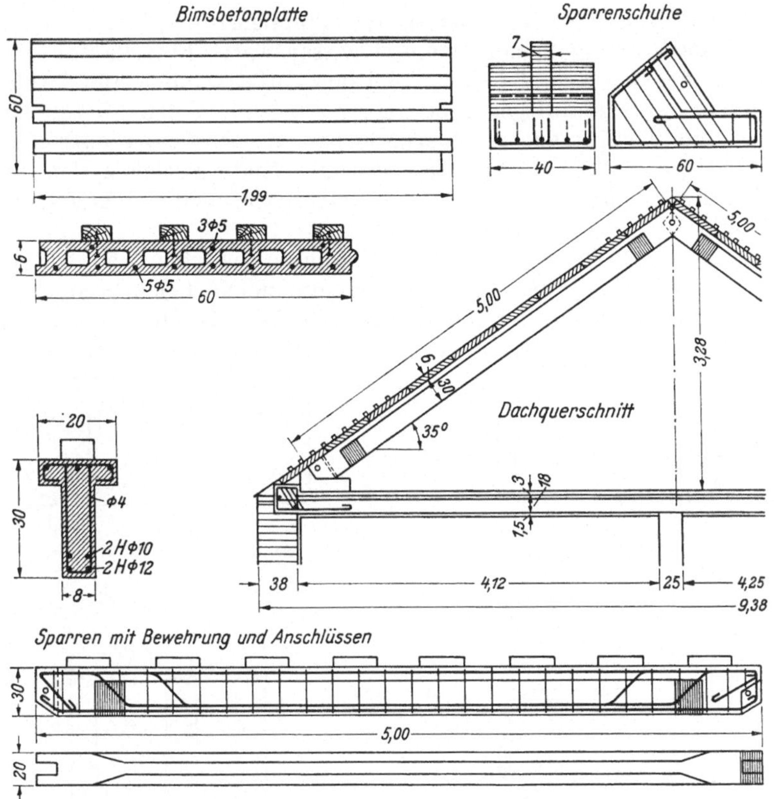

Abb. 178. Sparrendach aus Stahlbetonfertigteilen.

formsteinen oder Hohlblocksteinen errichtet werden, wird man von der Ausführung freitragender Treppen mit einseitig eingespannten Betonfertigstufen absehen, da die Druckfestigkeit solchen Mauerwerks beschränkt ist. Wenn man nicht im Rahmen des Montagebaues mit großen Einheiten (Abschnitt 1313) ganze Treppenläufe mit schweren Krananlagen versetzt, so bleibt als einzige zweckmäßige Lösung eine aus Wangenträgern, Treppenstufen, Podestbalken und -platten zusammengesetzte Fertigbetontreppe übrig (vgl. Abb. 159).

Die *Wangenträger* besitzen nach Abb. 179 winkelförmigen Querschnitt, wobei die Auflagerflächen der Form der Treppenstufen angepaßt sind.

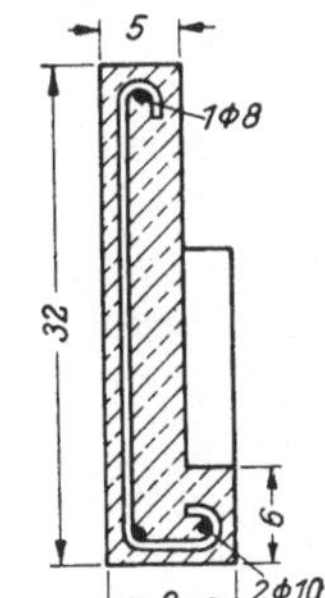

Abb. 179.
Wangenträger
für Treppen.

Der Querschnitt der *Treppenstufen* ist entweder rechteckig, dreieck- oder winkelförmig (Abb. 180). Die statisch günstigste rechteckige Form wird für schwere, viel begangene Treppen in öffentlichen Gebäuden verwendet, die Dreiecksform bietet eine ebene Untersicht des Treppenlaufes, die Winkelform bringt eine Gewichtsverringerung mit sich.

Die Abmessungen der Stufen sind in DIN 489 zusammengestellt.

Über die zweckmäßigste Profilierung der Treppenstufen, ihre Bearbeitung und Farbtönung bringt PROBST[1] wissenswerte Einzelheiten.

131252. *Fenster- und Türstürze.* Bei den Außenwänden aus Leichtbetonsteinen muß darauf geachtet werden, daß durch den Einbau von Fenster- und Türstürzen keine schädlichen Kältebrücken entstehen. Die „Rapid-Stürze" nach Abb. 181 weisen deshalb zwischen den einzelnen I- und L-förmig ausgebildeten Balken wärmedämmende Hohlräume auf.

Nach Abb. 182 können die Zwischenräume zwischen den winkelförmigen tragenden Teilen mit wärmedämmendem Leichtbeton ausgefüllt werden. Es wird hier der umgekehrte Weg beschritten wie bei

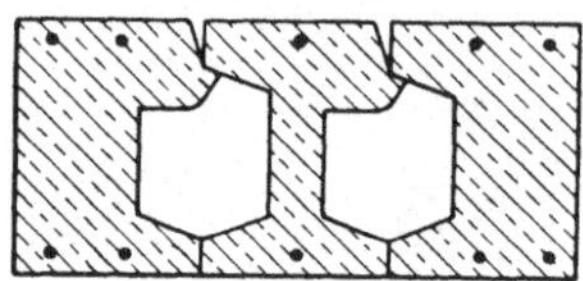
Abb. 181. Fenstersturz aus Rapidbalken.

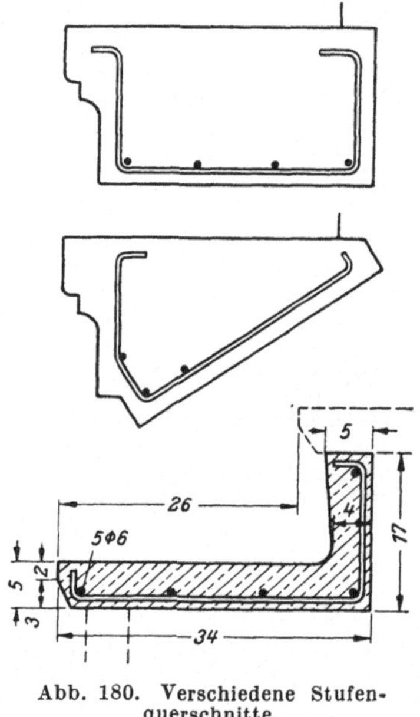
Abb. 180. Verschiedene Stufenquerschnitte.

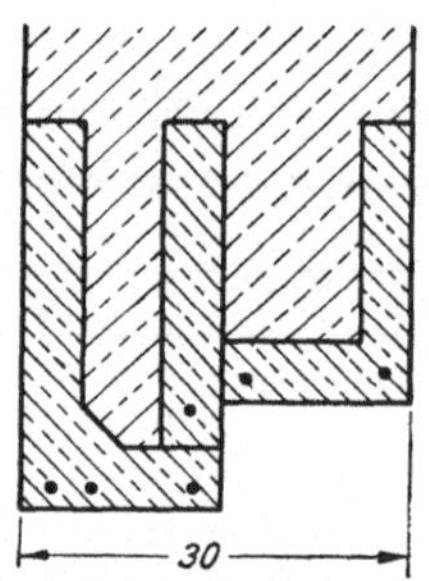
Abb. 182. Fenstersturz aus winkelförmigen Balken.

den Randbalken, welche auf ihre ganze Länge aufliegen. Bei diesen können daher die winkelförmigen Schalsteine nach Abb. 174 aus Leichtbeton gefertigt werden, während der tragende Beton als Füllmasse eingebracht wird. Da hingegen die Stürze sofort belastet werden, bestehen sie aus bewehrtem Schwerbeton, die Füllung jedoch aus Leichtbeton.

Unabhängig von den tragenden Fenster- und Türstürzen ist es mit Rücksicht auf die Maßhaltigkeit vorteilhaft, ganze Stahlbetonrahmen für die Fenster- und Türöffnungen in das Mauerwerk einzubauen. Die zeitraubenden Einfassungsarbeiten für die Fenster und Türen fallen dann fort.

131253. *Kaminsteine.* Seit einigen Jahrzehnten ist der Schofer-Kamin (Abb. 183) bekannt, der aus einzelnen Rohrstücken aufgebaut

---

[1] PROBST: Handbuch der Betonsteinindustrie. Halle a. S.: Karl Marhold 1943.

wird. Das eigentliche Rauchrohr ist mit Lüftungsschächten umgeben. Die wenigen Horizontalfugen sind derart versetzt, daß die innere Fuge wesentlich höher als die Fuge der äußeren Wand liegt. Der Baustoff ist ein Beton aus Zement sowie Ziegelsplitt und -sand, der aus Ziegelbruch gewonnen wird. Die Vorzüge dieser Kaminsteine sind folgende: Die Feuersicherheit wird durch die Anordnung der Lüftungsschächte erzielt,

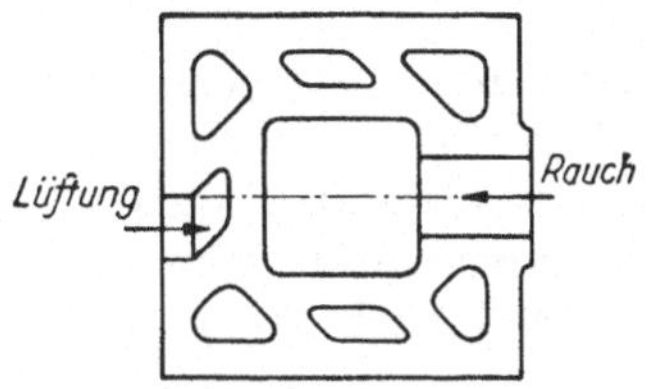

Abb. 183. Schofer-Kaminformsteine.

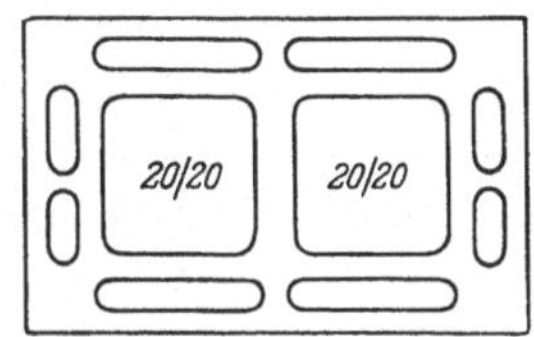

Abb. 184. Freiburger Hohlsteinkamin.

durch die stets kühle Luft streicht, sie erhöht sich durch das Versetzen der waagrechten und das Fehlen senkrechter Fugen. Die zur Isolierung dienende Luftschicht wird gleichzeitig als *Lüftungsschacht* ausgenutzt. Die Glätte der Innenwände und die geringe Fugenzahl verbessern die Zugwirkung. Die *Dichtigkeit* der Rauchröhre wird ebenfalls durch die Größe der Baueinheiten gehoben. Schließlich sind hervorzuheben der *schnelle Aufbau* der Kamine aus solchen Steinen und eine leichte *Reinigung* der Kamine infolge der glatten Innenwände.

Ähnliche Querschnittsformen weisen die Freiburger Hohlsteinkamine (Breisgauer Baustoffwerk Koch & Co.) auf (Abb. 184).

Der Kaminstein der Imbeg, Haardt (Rheinpfalz), besteht aus dem äußeren Kasten und einem inneren Rohr, das zur Verhinderung von Dehnungsspannungen in waagrechtem und senkrechtem Sinne beweglich gelagert ist (Abb. 185). Durch die Falzung des Kaminsteines und der Kaminrohre wird eine einfache Dichtung erzielt.

13126. **Stückgewichtsziffer.** Die Stückgewichtsziffer eines Blockmontagebaues fällt naturgemäß wegen der zahlreichen kleinen Einheiten, denen nur verhältnismäßig wenige

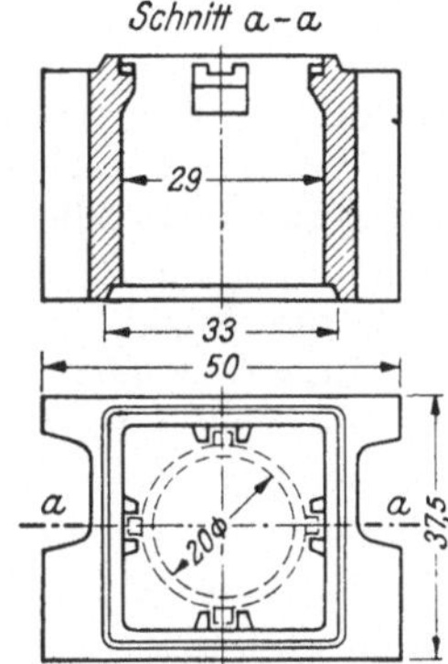

Abb. 185. Kaminstein der Imbeg.

schwere Bauteile gegenüberstehen, recht ungünstig aus. Für das aus 6 Wohnungen bestehende dreigeschossige Wohnhaus ohne Keller beträgt sie z. B. 0,068, wobei die Stückzahl einschließlich der Dachsteine sich auf 11626 beläuft und das Durchschnittsstückgewicht 13 kg beträgt (Abb. 186). Die Stückgewichtsziffer wird durch die schweren Bauteile wie Tür- und Fensterzargen, Treppenwangen und Dachsparren einerseits und die leichten Dachsteine andererseits ungünstig beeinflußt. Von den ersteren könnten notfalls nur die Zargen entbehrt, die Dachsteine durch großformatige Platten ersetzt werden. Die Ziffer stiege dann auf 0,136, das Durchschnittsstückgewicht auf 20 kg, die Stückzahl würde auf 7538 fallen.

Man sieht hieraus, daß der Blockmontagebau in bezug auf eine wirtschaftliche Ausnutzung der Baumaschinen und der menschlichen Arbeitskraft noch nicht das erstrebte Ziel darstellt, wenn er auch für Einzelbauten, bei denen sich der Einsatz schwerer Montagegeräte nicht lohnt, vorläufig noch allein in Betracht kommt.

1313. Der Montagebau mit großen Einheiten.

Der Montagebau mit großen Einheiten wird mit dem Ausdruck „Industrialisierung" oder „Mechanisierung" des Wohnungsbaues gekennzeichnet. Die Industrialisierung will noch mehr als bei der

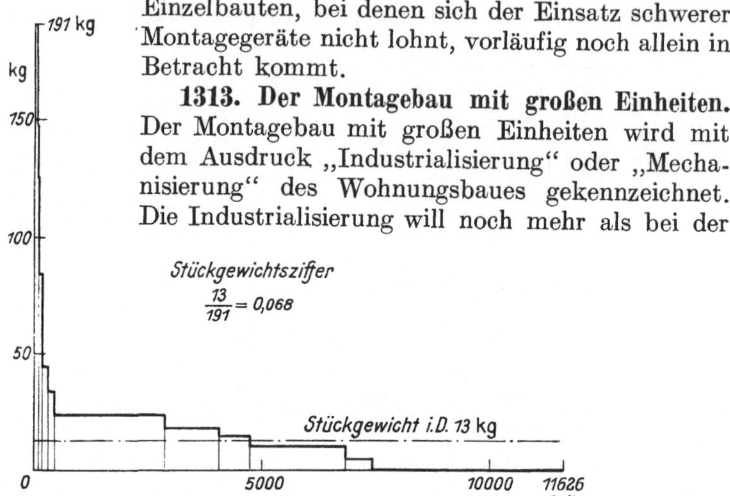

Abb. 186. Stückgewichtslinie für ein dreigeschossiges Wohnhaus aus Betonfertigteilen.

Blockbauweise die handwerksmäßige Fertigung in die Fabrik und in die Werkstatt verlegen, hingegen auf der Baustelle die Baueinheiten nur zusammenstellen, wobei schwere Hebezeuge die menschliche Arbeitskraft weitgehend ersetzen. Um die Leistung dieser Geräte zu erhöhen, muß die Anzahl der Baukörper herabgesetzt, ihre Abmessungen und das Einzelgewicht müssen also vergrößert werden.

Die Entwicklung, die der Wohnungsbau nimmt, führt von dem „*gegossenen Haus*" über den *Ziegelbau* und die *Blockbauweise* zu dem *Montagebau mit großen Einheiten*. Das „gegossene Haus", also der Monolithbau, steht dem letzteren diametral gegenüber. Bei ihm ist die gesamte Bautätigkeit auf die Baustelle verlegt, auf die die Rohstoffe, Schalungen und Gerüste angeliefert werden. Die Baueinheiten sind gewissermaßen die Kieskörner, die mit dem Mörtel des Betons zusammengefügt werden. Der gesamte Maschinen- und Schalungsapparat befindet sich auf der Baustelle, umfangreiche Gerüste sind erforderlich, infolge der Höhe des Bauwerkes sind aber trotzdem Krane und sonstige Hebezeuge nicht zu entbehren. Die Bauwerksfeuchtigkeit ist groß, eine lange Austrocknungszeit erforderlich, die Gefahr der Bildung von Schwindrissen vorhanden.

Beim *Ziegelbau* wird die Formung und das Brennen der Ziegelsteine in die Brennerei verlegt. Da der Mörtel ein Viertel der Mauerwerksmasse beträgt, ist die Austrocknungs- und Bauzeit immer noch lang.

Im *Blockmontagebau* verteilt sich die Bauarbeit etwa zur Hälfte auf die Fabrik und die Baustelle. Der Mörtel- und Bauwasserbedarf sinkt erheblich.

Bei dem *Montagebau mit großen Einheiten* schließlich spielt sich die Hauptarbeit in der Fabrik oder auf dem Werkplatz ab, während auf der Baustelle die Einheiten mittels schwerer Hebezeuge nur zusammengebaut werden. Aber auch innerhalb des Montagebaues mit großen Einheiten vollzieht sich die Entwicklung zu immer größeren Baukörpern, sie kann hier nur andeutungsweise besprochen werden.

Während die Abmessungen der Deckenbauteile oft davon abhängen, daß eine leichte Versetzbarkeit ohne zusätzliche und deshalb unwirtschaftliche Montagebewehrung möglich bleibt, können die Wandbauteile jede Größe bis zur Größe einer ganzen Zimmerwand annehmen. Wenn sie nicht die Größe ganzer Wände einnehmen, so bestehen sie aus waagrechten oder senkrechten Streifen.

13131. **Waagrecht verlegte Platten größerer Länge.** Die Hauswände werden in einzelne waagrechte Streifen zerlegt, wobei die Fenster- und Türöffnungen zum Teil eine größere Längsausdehnung der Platten unterbinden. Eine solche Großplattenbauweise wurde von MAY für die Mechanisierung des Wohnungsbaues in Frankfurt a. M. angewandt[1]. Die normalen Wandplatten waren $3,00 \times 1,10 \times 0,20$ groß, als Zuschlagstoff für den Leichtbeton diente rheinischer Bimskies. Die Wärmedämmung der 20 cm dicken Platten entspricht der einer 46 cm dicken Ziegelwand. Die schweren Platten wurden wie Werksteine versetzt, wobei als vorläufige Unterstützung 4 cm hohe Betonklötze dienten. Der vorher aufgebrachte Bimszementmörtel drückte sich unter dem Gewicht der Platten bis auf die Höhe der Betonklötzchen zusammen. MAY legte besonderen Wert darauf, daß die Zusammensetzung der Platten und des Mörtels die gleiche war, um die Wärmedämmung und die Aufsaugfähigkeit der ganzen Wand durch den Fugenmörtel nicht zu verändern. Nachträglich in den Bimsbeton eingeschlagene Stahlklammern sicherten den Längsverband der einzelnen Wandelemente. Die Decken bestanden aus Visintini-Hohlbalken.

13132. **Senkrecht aufgestellte Platten größerer Länge.** In diesem Fall setzen sich die Hauswände gewöhnlich aus streifenförmigen Platten von Stockwerkshöhe zusammen. KLEINLOGEL[2] erwähnt einen Vorschlag von SCHÄFER, wonach die Wandplatten abwechselnd sogar zwei Stockwerke hoch durchgehen und die Deckenträger entsprechend in der einen oder in der anderen Richtung verlegt sind. Decken und Wände bestehen bei dem System SCHÄFER aus dem gleichen Konstruktionselement (vgl. Abb. 114).

13133. **Großeinheiten von der Größe einer ganzen Zimmerwand.** Da sich mit der Vergrößerung der Fertigbauteile die Hauptarbeit auf den Werkplatz verlagert, während die Aufstellung mit Hilfe von Portalkranen nur wenig Arbeit erfordert, ist eine zweckentsprechende Aufteilung und Einrichtung der Herstellungsstätte von besonderer Wichtigkeit. Die Leistung des Werkplatzes muß mit der Aufstellung Schritt halten, wenn ein wirtschaftlicher Vorteil herausspringen soll.

---

[1] MAY: Bauwelt 1926, H. 45.   [2] KLEINLOGEL: Vgl. Fußnote S. 77.

Bei der Okzidentbauweise[1] wurden für eine Bauausführung in Friedrichsfeld im Jahre 1926 die Großplatten mit Tür- und Fensterrahmen unmittelbar neben den Häusern gestampft und hatten die Höhe eines Stockwerkes. Die Dicke der Außenplatten betrug 15 cm. Die von einem Stahlbetonrahmen eingefaßten Platten setzten sich aus drei Schichten zusammen, einer äußeren aus Kiesbeton, einer inneren aus porigem Beton und einer Zwischenfüllung aus Schlacke. Nach 10 Tagen waren sie genügend erhärtet, um mit dem Portalkran versetzt zu werden. KLEINLOGEL[2] erblickt in dem Umstand, daß bei dieser Art der Bauausführung eine zentralisierte Fabrikation nicht mehr möglich und die Betonarbeit von der Witterung abhängig war, mit Recht einen Nachteil. Da die eingelegte Bewehrung nur für die Montage notwendig wäre, ergäbe sich eine unrationelle Verteuerung.

Die genannte Bauweise erfordert die Einrichtung eines von der Witterung und Jahreszeit unabhängigen Werkplatzes. Er muß an einen Fabrikbetrieb angepaßt sein und ist infolgedessen nur dann wirtschaftlich, wenn es sich um ein Großbauvorhaben handelt. Da aber auch für Großbaustellen eine feste Fertigungshalle mit schweren Kranen zum Anheben und Befördern der großen Werkstücke in keinem Verhältnis zu den eigentlichen Baukosten stehen würde, müssen eben die fertigen Großplatten bis zu ihrer Erhärtung auf dem Herstellungsplatz verbleiben und eine leichte und niedrige Fertigungshalle muß darüber hinwegbewegt werden.

Grundsätzlich muß daran festgehalten werden, daß die Baustelle gewissermaßen die Fortsetzung der Fertigungsstelle bildet, die beide von gleichartigen Kranen bestrichen werden. Da der Lagerplatz der fertigen Stücke eine große Grundfläche erfordert, ist eine wirtschaftliche Ausnutzung des Baugeländes nur dann gegeben, wenn ein Teil der Bauplätze vorerst als Lagerfläche herangezogen und erst zum Schluß mit den letzten Erzeugnissen bebaut wird. Wegen des großen Gewichtes — bis zu 10 t — dient am besten je ein Portalkran zum Anheben und Verladen sowie zum Abladen und Versetzen der Großplatten. Wegen des großen Beförderungsweges würde ein einziger Kran nicht ausreichen; die Platten werden deshalb mit besonderen Fahrzeugen auf einem längs der Häuserreihe im Bereich der Krane verlegten Gleise befördert.

Die Betonierungsarbeiten werden in einer kurzen und niedrigen fahrbaren Halle aus einer mit Holz verkleideten Stahlkonstruktion ausgeführt. Der Verschluß der beiden Hallenöffnungen geschieht mit Segeltuchplanen oder Holztafeln, die mit Hilfe des Kranes versetzt werden. Die Halle wird während der kalten Jahreszeit durch einen Heizwagen erwärmt. Das Rohstofflager befindet sich am Ende der Kranlaufbahn.

Die Großplatten werden der Platzersparnis und der Transportsicherheit halber am besten stehend verladen und befördert. Da bei Wohnhäusern der sog. Ausbau nach Fertigstellung des Rohbaues er-

---

[1] LÖSER: Bauten aus Stahlbetonfertigteilen. Beton- u. Stahlbetonbau 1944, H. 9—14.

[2] KLEINLOGEL: Vgl. Fußnote S. 77.

fahrungsgemäß viel Zeit in Anspruch nimmt, wird neuerdings auch versucht, in die Wandbauteile vorher sämtliche Leitungen für Wasserversorgung, Entwässerung, elektrisches Licht, Heizung und sogar Safes für Wertsachen mit einzubauen. Nach der Montage brauchen dann nur die Verbindungen der Leitungen hergestellt zu werden.

Industrialisierung und Mechanisierung erfordern notwendigerweise eine sorgfältige Planung der Herstellungsstätte, denn wie LÖSER mit Recht hervorhebt, hängt die Länge der Bauzeit in der Regel nicht von der Versetzleistung, sondern vom Arbeitstempo bei der Erzeugung der Fertigteile ab.

132. Wiederherstellung beschädigter und ausgebrannter Häuser.

1321. Allgemeine Gesichtspunkte. In den zerstörten Städten gilt es, möglichst schnell und möglichst billig Wohnraum zu schaffen. Diese Forderung wird durch die Wiederherstellung beschädigter und ausgebrannter Häuser erfüllt, deren Zerstörungsgrad eine solche Maßnahme wirtschaftlich erscheinen läßt.

Nach WEDLER[1] erfordert der Ausbau einer geeigneten Brandruine mit massiven Decken und Dach etwa 25% geringere Rohbaukosten als ein gleichartiger Neubau. Wenn also das Mauerwerk durch den Brand nicht zu sehr gelitten hat, beansprucht die Instandsetzung der Brandruinen weniger Baustoffe, Arbeitskräfte und Transportleistungen als ein Wohnungsneubau. Hinzu kommt, daß Straßen, Kanäle und Versorgungsleitungen vorhanden sind. Wenn aber der Zustand des Mauerwerks die Wiederherstellung zuläßt, so muß schnell gehandelt werden. „Unmengen von Bauschutt, untermischt mit Holzteilen und anderen Stoffen organischer Herkunft, lagern überall. Daß diese Ruinen und Schuttansammlungen einen geeigneten Nährboden für alle möglichen Bauschädlinge darstellen, ist selbstverständlich, und es läßt sich leicht ermessen, wie groß die Gefährdung für ausgebesserte Gebäude oder für Neubauten ist[2]". Neben den pflanzlichen und tierischen Schädlingen greifen auch die durch die Witterung begünstigten chemischen Einflüsse immer mehr um sich, je länger mit der Instandsetzung gezögert wird. In einigen Jahren wird eine Wiederherstellung überhaupt nicht mehr möglich sein.

Die Instandsetzung von Brandruinen besteht in der Wiederherstellung des Daches, dem Einbau eingestürzter Wände und dem Ersatz verbrannter Decken und Treppen. Der Mangel an Holz, die Feuersgefahr, die in den Schuttmassen wuchernden Keime des Hausschwammes und die Notwendigkeit einer soliden Querversteifung der frei stehenden Mauern weisen gebieterisch auf die vorbehaltlose Verwendung von Fertigteilen aus Beton und Stahlbeton besonders für die Decken hin.

Die zu ergreifenden Maßnahmen zur Instandsetzung der Brandruinen richten sich nach dem Umfang der Zerstörung. Es sind hauptsächlich folgende Fälle zu unterscheiden:

---

[1] WEDLER-HUMMEL: Trümmerverwertung. 2. Aufl. Berlin: W. Ernst & Sohn 1947.

[2] GISTL: Einführung in die Biologie des Bauens. Stuttgart: F. Enke 1946.

α) Durch in der Nähe einschlagende Sprengbomben wurde die Dacheindeckung beschädigt, die Wände haben Risse davongetragen. Um die Wohnungen zu schützen, sind die Dachziegel teils umzudecken, teils zu erneuern oder durch Zementdachsteine zu ersetzen. Risse im Mauerwerk sind durch Anker aus Stahlsaitenbeton zu sichern.

β) Dach und Zwischendecken sind verbrannt, sämtliche Außen- und Innenwände sind noch vorhanden. Der Zustand des Mauerwerks wird sorgfältig untersucht, dann wird zuerst das Dach aufgebracht, um das Mauerwerk vor den Einflüssen der Witterung zu schützen. Die Schuttmassen sind meist nicht so erheblich, daß sie nicht durch die Türöffnungen entfernt werden könnten. Zuletzt werden die Massivdecken eingezogen.

γ) Da die Hitzeentwicklung im Innern des brennenden Hauses am größten war, haben oft die Innenwände, besonders die dünneren Querwände, am meisten Schaden gelitten und sind entweder eingestürzt oder in den Fugen derart gelockert, daß sie abgebrochen werden müssen. In diesem Falle häufen sich die Schuttmassen im Inneren des Gebäudes, besonders dann, wenn zur beschleunigten Freilegung der Straßen aus Unverstand noch zusätzlicher Schutt hineinbefördert wurde. Greif- und Löffelbagger können zur Beseitigung der Trümmer nicht eingesetzt werden, sie muß vielmehr von Hand oder unter Zuhilfenahme von Förderbändern vorgenommen werden.

Das Einziehen der Massivdecken in Brandruinen ist eine gefahrvolle Arbeit, manch schwerer Unglücksfall durch Einsturz freier Wände ist bereits zu beklagen. Die Frage, in welcher Reihenfolge die Decken einzuziehen sind, hängt von der Grundrißform des Gebäudes, dem Zustand der Mauern und der Anzahl der Stockwerke ab. Um die Standsicherheit der frei stehenden Mauern möglichst schnell wieder herzustellen, wäre es zweifellos das beste, zuerst die oberste Decke einzuziehen, zumal dann auch im Anschluß daran der Neubau des Daches erleichtert ist. Andererseits ist das Einziehen der obersten Zwischendecke, besonders in hohen Gebäuden, schwierig und gefährlich, wenn die darunterliegenden Decken noch fehlen. Bei den meisten Gebäuden wird daher der umgekehrte Weg eingeschlagen und der Einbau der Decken von unten nach oben vorgenommen werden müssen, wobei die Einsturzgefahr mit dem Fortschreiten der Bauarbeiten immer mehr abnimmt. Auch wird durch die jeweils fertiggestellte Decke ein Arbeitsplanum für die nächsthöhere Decke geschaffen.

δ) Wenn nur noch die Außenwände stehen, ist es je nach der Grundrißform und Höhe des Gebäudes zuweilen vorteilhafter, auch diese abzubrechen oder zu sprengen, da die Beseitigung des Schuttes in Handarbeit vor dem Einbau der Wände und Decken zu viel zusätzliche Arbeit erfordern würde. Nach vollem Abbruch können hingegen Bagger zur Beseitigung der Trümmermassen eingesetzt werden, wodurch diese Arbeit erleichtert und verbilligt wird. Wenn aber schon die Gebäudemauern gänzlich beseitigt werden, so sollte man überlegen, ob es nicht zweckmäßig ist, auch die Kellermauern, die im Verhältnis zum Ganzen keinen großen Wert darstellen, teilweise durch neue zu ersetzen. Es wäre kurzsichtig, der vollen Wiederverwendung dieser Mauern zuliebe unbefriedigende Grundrisse beizubehalten und die künftigen Bewohner dauernd damit zu belasten. Wenn nun einmal nahezu alles zerstört ist, so sollte man auch diese letzte Erinnerung auslöschen und nach neuzeitlichen Gesichtspunkten des Wohnungs- und Städtebaues einen allen Ansprüchen genügenden Neubau errichten.

1322. Sicherung gerissener Mauerwände durch Zuganker aus Stahlsaitenbeton. Gebäude, deren Wände durch Luftdruck und Granateinschläge gerissen sind, können oft durch Einziehen von Mauerankern und Ausbetonieren der Risse gerettet werden. Verankerungen aus Rundstahl haben den Nachteil, daß sie schlaff sind und erst unter Vorspannung gesetzt werden müssen, wenn sie von Anfang an wirksam sein sollen. Wenn die Anker nur eingemauert und nicht einbetoniert werden, unterliegen sie außerdem der Rostgefahr.

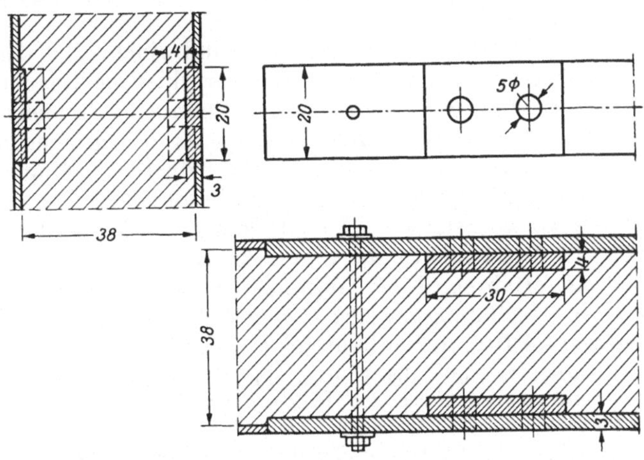

Abb. 187. Mauerwerksanker aus Stahlsaitenbeton.

Im Stahlsaitenbeton ist hingegen ein dem Mauerwerk angepaßtes, also werkstoffgerechtes Mittel gegeben, die gerissenen Mauerteile zug- und druckfest zu vereinigen. Der Beton des Stahlsaitenbetons wird mit 150 kg/cm² vorgespannt. Diese Druckvorspannung muß erst durch äußere Zugkräfte aufgezehrt werden, ehe Zugspannungen im Beton auftreten. Die Stahlsaitenbetonanker besitzen Brettform, damit sie möglichst ohne Stemmarbeiten im Mauerwerk in den Putz eingelassen werden können und unsichtbar bleiben. Nur die an den Brettern angebrachten Stahlbetonknaggen greifen dann in das zu sichernde Mauerwerk ein.

In Abb. 187 ist eine solche Verankerung aus Stahlsaitenbeton dargestellt. Die zweiteiligen Anker haben eine Länge von 4,00 m, der Querschnitt ist 20×3 cm. Auf der dem Mauerwerk zugekehrten Seite sind je 4 Knaggen 30×20×4 cm mit je 2 Betondübeln von 5 cm Durchmesser befestigt.

Der Bauvorgang ist folgender:

Der Putz wird auf die Breite und Länge des Ankers auf beiden Seiten der Mauer abgeschlagen, nötigenfalls wird das Mauerwerk auf 1 bis 2 cm Tiefe ausgestemmt. Sodann wird der Raum für die Knaggen ausgebrochen. Nachdem die Löcher für die stählernen Sicherungsbolzen gebohrt sind, werden von beiden Seiten die Ankerbretter mit Hilfe dieser Sicherungsbolzen befestigt und mit Zementmörtel vergossen. Je nach der Beschaffenheit und Breite des Risses wird dieser ausgestemmt und entweder ausgemauert oder mit Beton ausgegossen. Zum Schluß werden die Ankerbretter beigeputzt. Ist die Mauerdicke so gering, daß man eine vorübergehende volle Schwächung des Mauerwerks nicht hinnehmen kann, so setzt man zuerst die eine Ankerhälfte ein und vergießt sie, wobei die andere Hälfte zunächst durch ein auf den Putz aufgesetztes Holzbrett ersetzt wird. Nach dem Erhärten des Mörtels auf der einen Seite wird das Holzbrett entfernt und nach Ausstemmen des Mauerwerks auf der anderen Seite auch dort der endgültige Stahlsaitenbetonanker eingesetzt.

1323. Einbau von Massivdecken in Brandruinen. Bei dem Einbau von Massivdecken in Brandruinen sind verschiedene Sonderfragen zu berücksichtigen, die beim Neubau von Wohnhäusern nicht auftreten und eine besondere Auswahl unter den früher beschriebenen Deckenarten erforderlich machen. Im Sinne der früheren Definition werden nur die Massivdecken aus Beton- und Stahlbetonfertigteilen besprochen.

Durch die Auswechslung der Holzdecken gegen Massivdecken dürfen die Wände, die Fundamentmauern und der Baugrund keine unzulässige Mehrbelastung erfahren. Nach WEDLER[1] haben Holzbalkendecken in Altbauten ein Rechnungsgewicht von 250 bis 350 kg/m² (Preuß. Bestimmungen von 1910), in Neubauten ein Gewicht von 140 bis 220 kg/m².

„Bei Altbauten bedeutet der Einbau einer Massivdecke also vielfach keine Gewichtsvermehrung gegenüber der Holzbalkendecke, wohl dagegen bei neuzeitlichen Bauten."

Man wird also die leichteren Decken, je nach dem Zustand der vorhandenen Mauern, bevorzugen, wenn auch eine größere Schalldurchlässigkeit infolge des geringeren Gewichtes in Kauf genommen werden muß.

Die Auswahl des Deckensystems wird weiterhin durch die Einbaumöglichkeit bestimmt. Wegen der beengten Raumverhältnisse ist für die Bauarbeiten nicht die gleiche Bewegungsfreiheit vorhanden wie bei Neubauten. Decken aus Großbauteilen scheiden deshalb für den Einbau in Brandruinen aus. Die Deckeneinheiten sollen möglichst leicht und von Hand zu befördern sein.

Schließlich sind alle Deckensysteme zu bevorzugen, die eine genügende Aussteifung und Verankerung der Hauswände gewährleisten. Das sind die Decken mit nachträglich aufbetonierter Druckplatte. Auch die Gronauer-Decke zeichnet sich durch eine gründliche Verspannung infolge der keilförmigen Druckplatte aus.

Eine vielerörterte Frage ist die Anpassung des Balkenabstandes der Massivdecken an den Abstand der in den Brandruinen vorhandenen Balkenlöcher. Beide stimmen in der Regel nicht ohne weiteres überein.

---

[1] WEDLER: Siehe Fußnote S. 213.

Andererseits würde es gefährlich und unzulässig sein, neue Balkenlöcher in das ohnehin geschwächte Mauerwerk einzustemmen.

Es gibt daher nur zwei Lösungen, nämlich die vorhandenen Balkenlöcher zu benutzen und die Füllkörper oder sonstige Zwischenglieder der Decke jeweils nach örtlichen Aufnahmen anzufertigen oder den üblichen Balkenabstand der Massivdecken beizubehalten und als Zwischenglied einen Randbalken einzuschalten, der mit kurzen Kragenden sein Auflager in den Balkenlöchern findet.

Die erstere Lösung widerspricht den Grundsätzen der Fabrikation von Betonfertigteilen, die ihre wirtschaftliche Grundlage in der Massenerzeugung und Vorratslagerung hat. Sonderanfertigungen stören den stetigen Fabrikationsablauf und sollten deshalb vermieden werden. Ausziehbare Schalungen für die Herstellung von Platten und Kappen zwischen den Balken, wie sie der Ruhrsiedlungsverband verwendet, gehören nicht in das Gebiet der Fertigbetonbauweise.

Wirtschaftlich tragbar dürfte daher nur die zweite Lösung des ausgleichenden Randbalkens sein. In Abb. 188 ist dar-

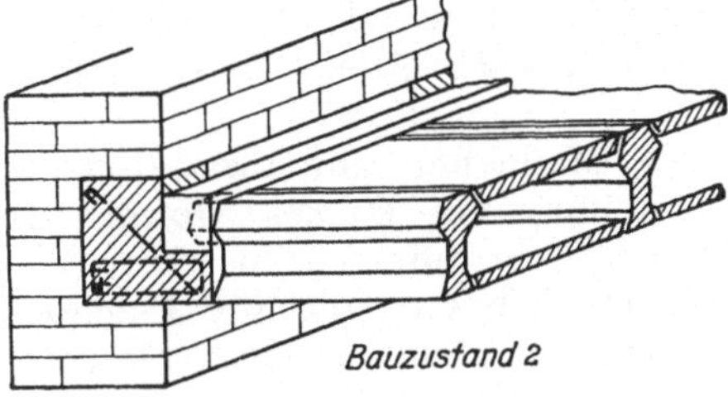

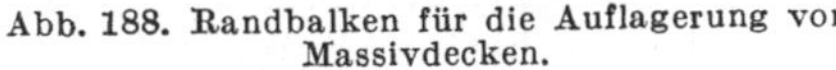

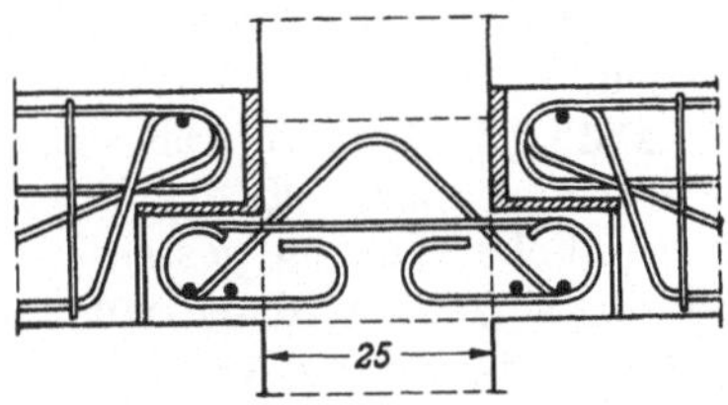

Abb. 188. Randbalken für die Auflagerung von Massivdecken.

Abb. 189. Anordnung von Randbalken an einer Mittelwand.

gestellt, wie z. B. die Balken der Gronauer-Decke in den Randbalken einbinden. Durch das Ausstampfen der alten Balkenlöcher mit fast erdfeuchtem Beton und das Anbetonieren der Auflagerbank an die Mauer, wobei alle Fugen und Löcher ausgefüllt werden, wird bereits eine innige Verbindung der alten Außenmauer mit der neuen Massivdecke erzielt. Aus den Balkenstirnen ragt je ein aufgebogener Bewehrungsstab heraus und greift mit seinem waagrecht angebogenen Haken in den nachträglich herzustellenden Oberteil der Auflagerbank ein. Neben jedem 8. bis 10. Balken bleibt der Oberteil der Auflagerbank zunächst auf ein kurzes Stück offen. Sind alle Decken des Gebäudes verlegt, so bedeuten die für Durchbrüche durch die Außenmauern notwendigen Stemmarbeiten keine Gefahr mehr. Es werden dann Maueranker eingezogen, deren Haken in die Lücken der Auflagerbänke eingreifen und nach deren Ausbetonierung eine gute Verankerung herstellen.

Ist die vorhandene Mittelmauer noch tragfähig, so werden die alten Balkenlöcher gereinigt, nach Abb. 189 bewehrt und zusammen

mit den auf beiden Seiten der Mauer angeordneten Randbalken ausbetoniert.

Sind bei Gebäuden mit größerer Tiefenausdehnung zwei Mittel-
mauern vorhanden, so werden nach Abb. 190 Mittelbalken eingezogen
und deren Enden durch Querbalken miteinander verbunden, auf denen
die Deckenbalken der Massivdecke in ihren Regelabständen aufliegen.
Im Falle der Gronauer-Decke wird der größere Abstand der Mittelbalken durch bewehrte obere und untere Platten überbrückt.

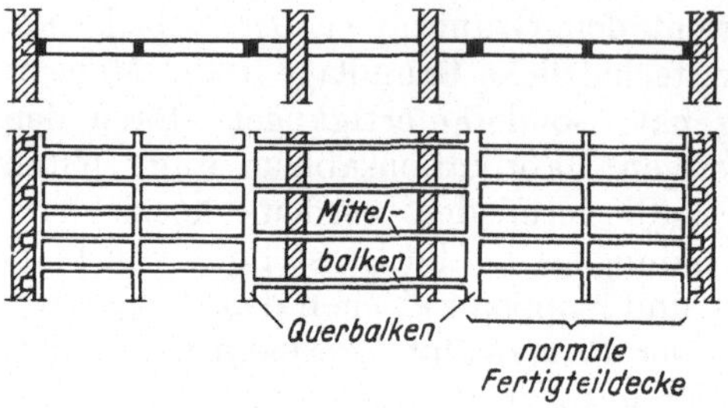

Abb. 190. Auflagerung von Fertigteildecken mit Hilfe von Mittelbalken und Querbalken.

1324. Einbau von Treppen. Für den nachträglichen Einbau massiver Treppen in aus-
gebrannte Häuser gelten sinngemäß die gleichen Grundsätze
wie für die Zwischendecken.
Ausschlaggebend ist die leichte
Einbaumöglichkeit, so daß im
allgemeinen die schweren und
sperrigen Großeinheiten für
ganze Treppenläufe für diesen
Zweck ausscheiden. Es kommen also nur Massivtreppen in Betracht,
die sich aus leichten Bauteilen, den Wangen- und Podestträgern, den
Treppenstufen und Podestplatten, etwa nach Abb. 159, zusammensetzen.

1325. Notdächer. Die dringlichste Maßnahme zur Instandsetzung
von Hausruinen ist die Wiederherstellung des Daches. Obwohl der
begreifliche Wunsch besteht, die Brandgefahr durch ein massives Dach
herabzusetzen, wird es nicht immer möglich sein, die alte Dachform
unter Verwendung von abgebundenen Dachbindern aus Stahlbeton
kunstgerecht wieder aufzurichten. Darum entschließt man sich, wenn
die Zeit zur Vorbereitung eines Betondachstuhls zu kurz ist, doch
immer wieder, getrieben durch die dringende Wohnungsnot, ein hölzernes
Dach aufzubringen. Deutschlands Lage auf dem Holzmarkt ist jedoch
so angespannt, daß es nicht mehr zu verantworten ist, Holz für solche
Zwecke einzuschneiden. Man sollte Holz höchstens noch für Fenster
und Türen und sonstige Inneneinrichtungen verwenden neben dem
sonstigen Bedarf an Grubenholz, Papierholz usw. Eine besondere Ver-
geudung ist es, wenn Holz verwendet wird, das nicht genügend aus-
getrocknet ist und sich dann z. B. in den Dachschalungen wirft, so daß
Undichtigkeiten in der Dachhaut entstehen usf.

Für die Instandsetzung der zerstörten Häuser sollte man daher nach
Möglichkeit *massive Notdächer* wählen, von denen *zwei* Arten zu unterscheiden sind, nämlich:

Eigentliche Notdächer, die als reine Regenschutzdächer behelfsmäßig und abnehmbar ausgebildet sind, keine begehbaren Räume
überdecken und später durch endgültige Dächer ersetzt werden, und

Zeitbedingte raumabschließende Massivnotdächer, d. h. Notdächer,
die in Form und Ausbildung aus der Not der Zeit entstanden sind,

sich den inneren Umrissen des früheren Dachgeschosses anpassen und endgültig bestehen bleiben.

Beiden Notdächern ist der Leitgedanke gemeinsam, keine Zugglieder, sondern nur auf Druck und Biegung beanspruchte Balken aus Stahlbeton oder Stahlsaitenbeton zu benutzen. Diese Balken und Sparren werden in ungefähren Stablängen ohne besondere Kopfausbildung als Massenware angeliefert und als Balken auf zwei Stützen verlegt. Eine solche Auflagerung bedingt gewisse Unterstützungspunkte in Gestalt von Zwischenmauern, Mauerpfeilern und Unterzügen. Die Knoten- und Auflagerpunkte der Balken werden entweder mit Stahlbeton umhüllt oder es werden zunächst Auflagerbalken aus Stahlbeton mit maßgerechten Aussparungen angelegt, in denen die Stahlsaitenbetonträger eingefügt und vergossen werden. Zur Ausführung der genannten Arbeiten kommt man mit wenigen Fachkräften aus, Zimmerleute sind meist entbehrlich. Es genügt eine kleine Anzahl Maurer, die

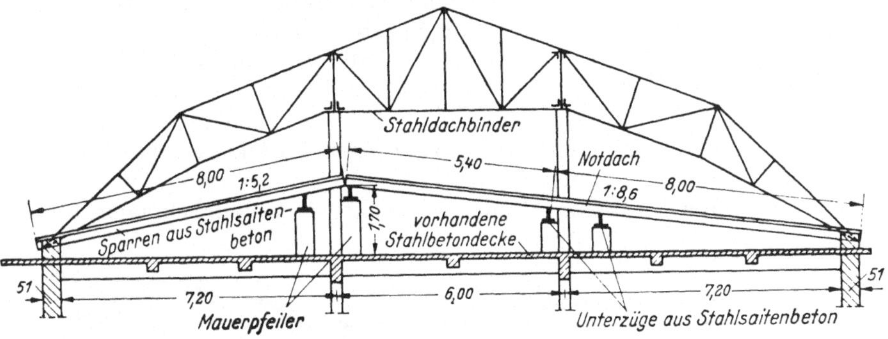

Abb. 191. Notdach auf einem Lichtspielhaus.

die Unterstützungspfeiler und -wände ausführen und die spärlichen Betonarbeiten leisten. Für das Verlegen der Balken und der Abdeckplatten genügen angelernte Hilfskräfte.

13251. **Eigentliche Notdächer.** Notdächer im eigentlichen Sinne werden flach auf der obersten noch erhaltenen Decke aufgelegt. Der darunter befindliche Raum soll möglichst noch bekriechbar sein, damit etwaige Undichtigkeiten festgestellt werden können. Da die obere Wohnhausdecke wärmehaltend wirkt, ist eine zusätzliche Dämmschicht in der Dachhaut nicht erforderlich. An Stelle der Dachpappe kommt man mit einem $1^1/_2$ cm starken Zementestrich mit Dichtungsanstrich aus. Um die spätere Entfernung des Notdaches zu erleichtern, werden die Trägerenden nicht einbetoniert, sondern ummauert.

In Abb. 191 ist die Eindeckung eines Berliner Lichtspielhauses dargestellt. Auf der unversehrt gebliebenen obersten Massivdecke wurden Mauerpfeiler aufgesetzt, die in der Längsrichtung verlegte Stahlsaitenbetonunterzüge tragen. Auf den Unterzügen liegen mit einem Achsabstand von 1,00 m Stahlsaitenbetonsparren auf, die an den Berührungsstellen stumpf gestoßen werden. Über den Traufen wurden die Enden der Sparren eingemauert. Die Dachneigung betrug 1:5,2 bzw. 1:8,6.

13252. **Zeitbedingte raumabschließende Massivnotdächer.**
In Abb. 192 bis 194 sind einige Formen von raumabschließenden Notdächern angegeben. Die ursprüngliche Umrißform des Daches der

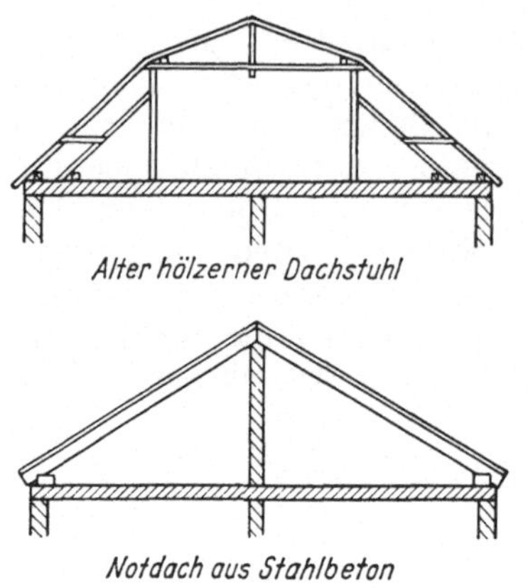

Abb. 192. Beispiel für ein Notdach.

Abb. 192 konnte nicht ganz beibehalten werden, da nur eine mittlere Stützwand vorhanden war. Diese Stützwand wurde mit oder ohne Öffnungen
bis zum Dachfirst hochgeführt. Die
Dachsparren stützten sich auf die beiden Traufen und fanden am anderen
Ende ihr gemeinsames Auflager am
First.

Bei dem Dachstuhl der Abb. 193
sind zwei Zwischenwände vorhanden,
die ebenfalls bis zur Dachfläche hochgemauert wurden und als Auflager für
die Sparren dienten.

Im Falle der Abb. 194 wurden mit
besonderer baupolizeilicher Genehmigung *auch* die Außenmauern bis zur
Traufe aufgebaut und nebst der hochgeführten Mittelmauer mit Sparren
bedeckt. Um das Gesamtbild der Fassade nicht zu stören, wurde die
Außenwand der Straßenfront zurückgerückt, so daß ein schmaler durch

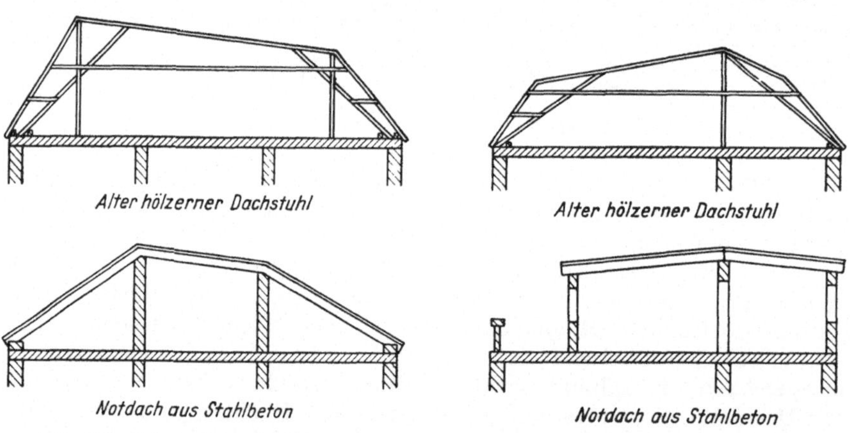

Abb. 193. Beispiel für ein Notdach.   Abb. 194. Beispiel für ein Notdach.

eine Brüstung gesicherter Umgang geschaffen wurde. Voraussetzung
ist, daß die oberste Decke stark genug ist oder verstärkt wird, um die
zusätzlichen Biegungsmomente aufzunehmen.

2. Industriebauten.

Auf keinem Baugebiet ist die Fertigbetonbauweise so bekannt geworden wie im Industriebau. Gerade im Industriebau treten ihre wirtschaftlichen und technischen Vorteile besonders hervor. Die schweren

Tragwerke wie Dachbinder, Kranbahnbalken usf. würden bei monolithischer Ausführung starke Rüstungen und Schalungen in großer Höhe
erfordern. Der frische Beton und der Bewehrungsstahl müssen bei
Betonierung an Ort und Stelle im einzelnen in die Höhe gebracht und
dort unter erschwerten Umständen eingebaut werden. Wegen der oft
großen Gewichte und Spannweiten ist die Einhaltung einer langen
Erhärtungsfrist für den Beton erforderlich, ehe die Schalung aufs neue
zum Einsatz gelangen kann. Große Zeitverluste, die gerade im Industrie-

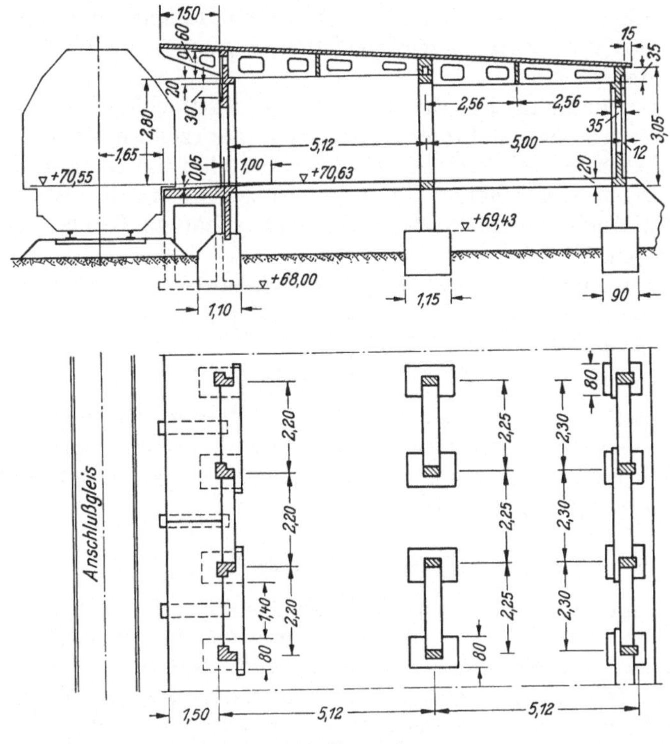

Abb. 195. Lagerschuppen.

bau ins Gewicht fallen, sind die unausbleibliche Folge. Der Holzverbrauch und der Arbeitsaufwand für die Herstellung der Rüstungen und
Schalungen sind beträchtlich, erhebliche Mengen von Nägeln und
sonstigem Kleineisenzeug sind erforderlich. Die Hauptarbeit muß von
gelernten Zimmerleuten geleistet werden. In seinem Vortrage auf einer
Tagung des Deutschen Betonvereins brachte LÖSER[1] eine eindrucksvolle
Gegenüberstellung eines Hallenbaues nach alter Art und eines solchen
mit Stahlbetonfertigteilen. Der eine Bau ist noch nach seiner Betonierung derart von Gerüsten umkleidet, daß er selbst kaum erkennbar ist,
die Baustelle des Hallenbaues aus Fertigteilen wird durch einen verschiebbaren Volltorkran beherrscht, in dessen lichtem Raum die Halle

---

[1] LÖSER: Zit. S. 74.

ohne Gerüste erwächst und „immer fertig" ist. Die einzelnen Tragwerke werden in bequemer Weise zu ebener Erde betoniert, mit ihrer Herstellung wird schon begonnen, während noch die Fundamente ausgeschachtet werden. Auf diese Zeit und Kosten ersparende, alle Spitzen der Belegschaftskurven ausgleichende Phasenverschiebung der Betonierungsarbeiten muß immer wieder hingewiesen werden. Die Seitenschalungen der Werkstücke können kurze Zeit nach dem Betonieren entfernt und wieder verwendet werden. Allerdings ist die Beschaffung eines leistungsfähigen Volltorkranes zum Versetzen der Fertigteile nicht zu umgehen, die sich jedoch bei langgestreckten Hallenbauten lohnt. Das Tragwerk des Volltorkranes wird behelfsmäßig aus einer Holzkonstruktion errichtet.

So liegen denn in der Tat die ersten in Deutschland ausgeführten Industriebauten aus Stahlbetonfertigteilen Jahrzehnte zurück. Schon während des ersten Weltkrieges im Jahre 1917 hat die Grün & Bilfinger A.-G. zahlreiche Lagerhallen für militärische Zwecke im Osten erbaut (Abb. 195). Auch im Auslande finden sich schon in früher Zeit viele Ausführungen, die als Vorbild gedient haben.

Die nachstehend beschriebenen Industriebauten werden nach Flachbauten (Lagerhäusern) und Hallenbauten unterschieden.

21. Flachbauten.

Es handelt sich um niedrige einstöckige Bauten von meist größerer Flächenausdehnung, deren Dach durch zahlreiche Stützen getragen wird, es sind aber auch schon zweistöckige Lagerhäuser ganz aus Stahlbetonfertigteilen ausgeführt worden.

211. Einstöckige Lagerhäuser.

In den meisten Fällen wird von der Möglichkeit einer klaren und übersichtlichen Anordnung, die den Bauten aus Stahlbetonfertigteilen in statischer Hinsicht eigen ist, weitgehend Gebrauch gemacht. Die Wand- und Zwischenstützen werden in Gründungskörpern eingespannt, die entweder an Ort und Stelle betoniert werden oder selbst Fertigteile darstellen und im ganzen in die Ausschachtungen eingesetzt werden, obwohl damit ein Mehraufwand an Fundamentbeton verbunden ist.

In Abb. 196 ist ein derartiger von der Philipp Holzmann A.-G. ausgeführter Flachbau mit einer Grundfläche von 50,0 m Breite und 105,0 m Länge dargestellt. In der Längsrichtung ist der Bau durch zwei Dehnungsfugen in drei Teile von je 35,0 m Länge aufgegliedert, in der Querrichtung besteht er aus fünf Feldern von je 10,0 m Breite.

Die 52 cm hohen Längsunterzüge sind über den je 5,0 m voneinander entfernten Zwischenstützen gekröpft. Die in einem Abstand von 1,667 m verlegten 45 cm hohen Dachsparren sind Gerber-Träger und wechseln in den einzelnen Feldern als Kragsparren und Einhängesparren miteinander ab. Die Ausbildung der Knotenpunkte geht ebenfalls aus Abb. 196 hervor. Die Dacheindeckung besteht aus 6 cm dicken und 50 cm breiten Bimsbetonplatten und aus 2 Dachpapplagen.

Zum Schutze gegen die auftretenden Schwefelsäuredämpfe wurden
die Fertigteile aus Hochofenzement in einem Mischungsverhältnis von
350 kg Zement auf 1 m³ fertigen Beton mit einer Überdeckung der

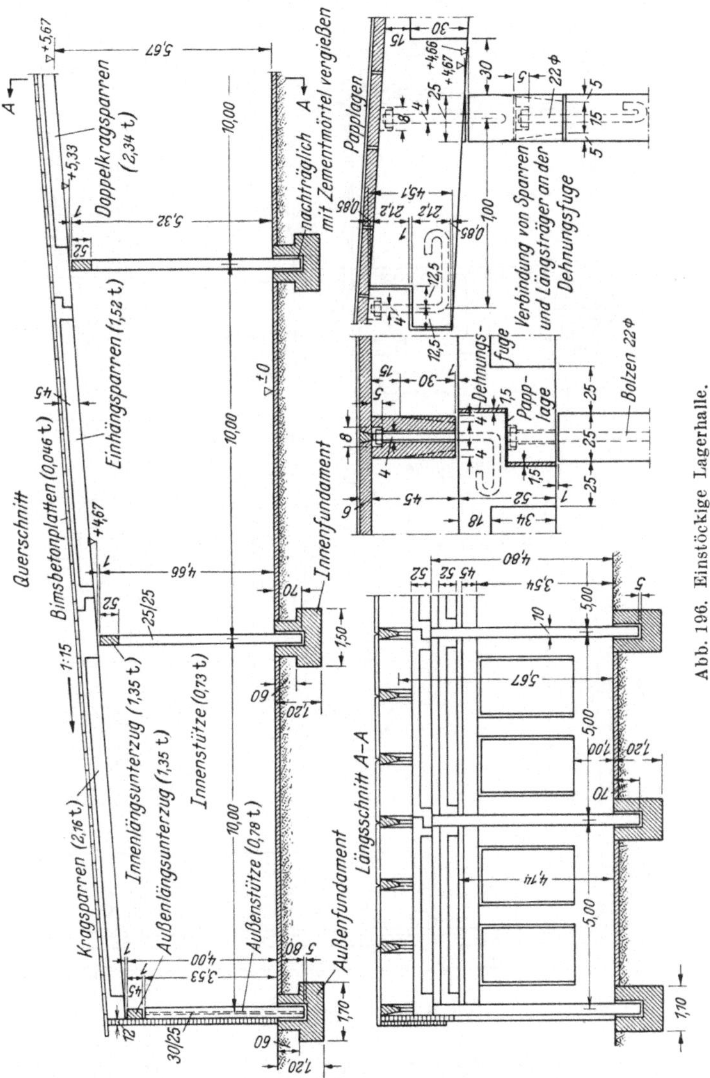

Abb. 196. Einstöckige Lagerhalle.

Stahleinlagen von mindestens 2,5 cm hergestellt. Alle Fugen und Bolzen-
löcher wurden nachträglich mit Zementmörtel vergossen.

Die Einzelgewichte der Stützen betragen etwa 0,75 t, die der Längsunterzüge 1,35 bis 1,39 t, die der Sparren 1,52 und 2,16 bzw. 2,34 t. Die
Stückgewichtsziffer des eigentlichen Skeletts ist also als recht günstig
zu bezeichnen.

Die Abb. 197 zeigt einen im Mannheimer Rheinhafen von der
Grün & Bilfinger A.-G. im Jahre 1921 erbauten Braunkohlenbunker,
der zum Trocknen der Braunkohle vor dem Versand dient. Seine Grundfläche beträgt 100×25 m. Sämtliche Konstruktionsteile, wie Stützen,
Querriegel, Rahmen, Dachbinder und Dachpfetten wurden auf einem

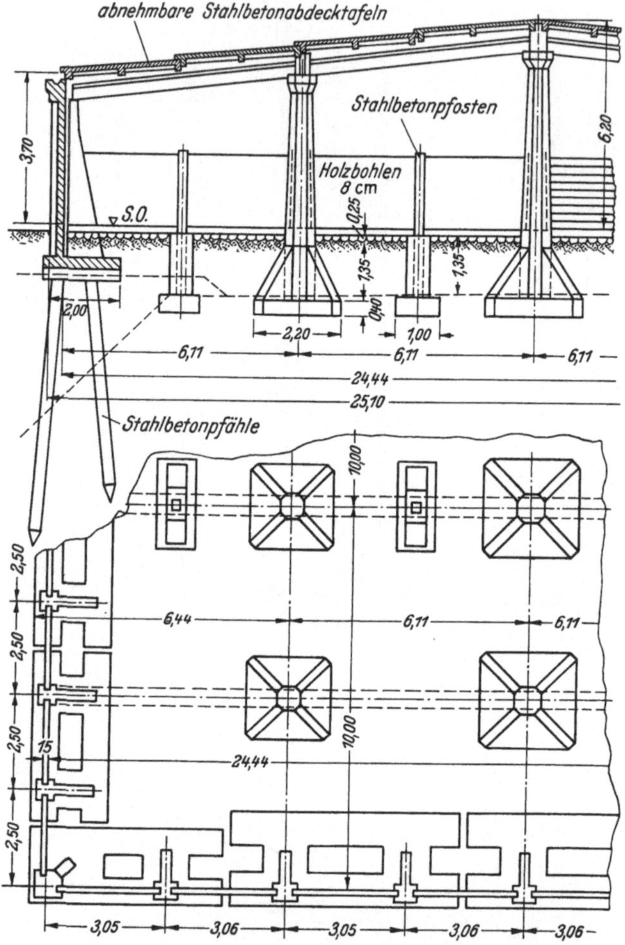

Abb. 197. Braunkohlenbunker.

Werkplatz als Fertigteile hergestellt und zur Verwendungsstelle gefahren. Die Abdecktafeln aus Stahlbeton hatten Abmessungen von
5,0×3,0 m und wurden vor dem Einbringen oder vor dem Herausgreifen
der Braunkohle mittels eines Kranes entfernt.

Die Lagerschuppen der Abb. 195 haben eine Grundfläche von
10×50 m. Im Jahre 1917 wurden 100 Stück solche Schuppen ausgeführt.
Die Einzelteile wurden in der guten Jahreszeit unter freiem Himmel,
bei Frost in geheizten Räumen hergestellt, auf Vollspurwagen bis zu

Entfernungen von 20 km befördert und mit Schwenkkranen versetzt. Jeder Schuppen erforderte für den Zusammenbau nur einige Arbeitsschichten. Eine nähere Beschreibung dieser Schuppen findet sich in „Beton und Eisen" 1925, S.157/158.

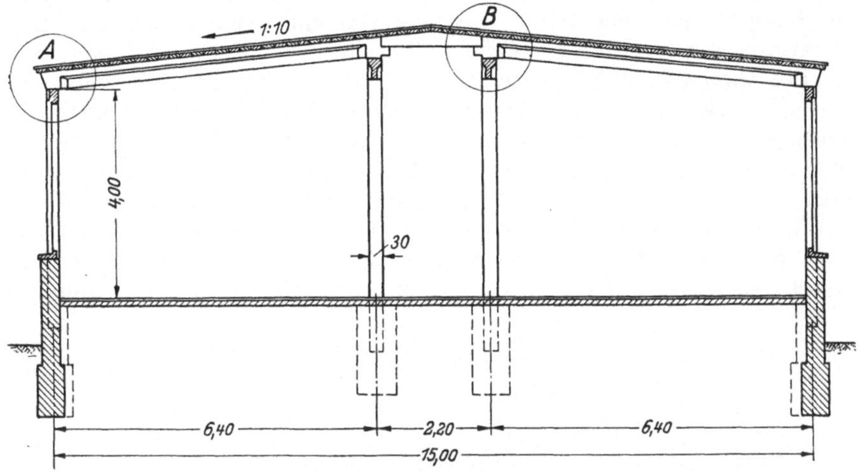

Abb. 198. Lagerschuppen.

Zu den Flachbauten kann auch die von der Philipp Holzmann A.-G. erbaute, in Abb. 198 im Querschnitt dargestellte Halle von 70×15 m Grundfläche gerechnet werden, die eine Teilausführung des später beschriebenen Gesamtbauvorhabens (Abb. 215) darstellt. Von diesen Hallen

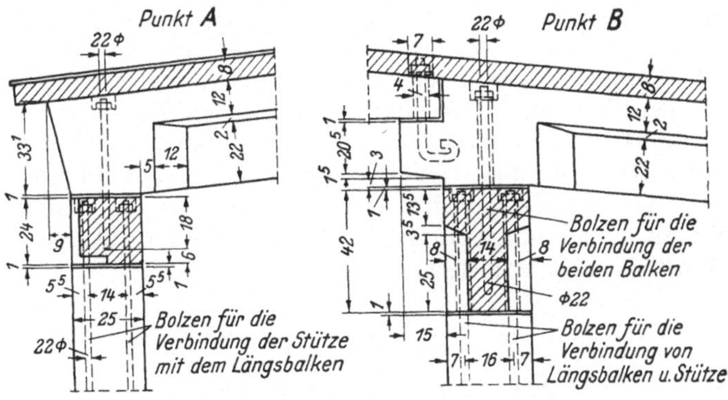

Abb. 199. Einzelheiten zu Abb. 198.

gelangten zwei zur Ausführung. Für die Aufstellung der ersten Halle wurden in etwa 8 Tagen rund 1200 Stunden aufgewendet, ohne die Dachflächen in den Endfeldern. Die zweite gleich große Halle wurde im Leistungslohn aufgestellt. Als Richtsatz wurden 900 Stunden festgesetzt, tatsächlich gebraucht wurden 800 Stunden. Über die Knotenpunktausbildung an den Verbindungsstellen gibt die Abb. 199 Auskunft.

Kiehne, Beton.

15

212. Mehrgeschossige Lagerhäuser.

Abb. 200 zeigt einen von der Dyckerhoff & Widmann K.G. ausgeführten zweigeschossigen Bau, bei dem die Säulen in einem Stück für beide Geschosse versetzt wurden[1]. Die Balken (vgl. Abb. 34) wurden in Aussparungen der Säule eingeschoben und dort vermörtelt. Die Rippenplatten legen sich auf die Balken auf.

Ein zweigeschossiger Bau mit durchgehenden Stützen kann in statischer Beziehung einem eingeschossigen Bau mit eingefügter Zwischendecke gleichgesetzt werden, denn auch bei ihm sind die Stützen in den Gründungskörpern eingespannt, so daß sich die Aufstellung nach dem bei eingeschossigen Bauten geübten Verfahren vollzieht.

Handelt es sich um mehr als zweigeschossige Lagerhäuser, so würden durchgehende Stützen zu lang werden. Man müßte also für die oberen Geschosse ein anderes statisches System wählen, wenn eine Einspannung

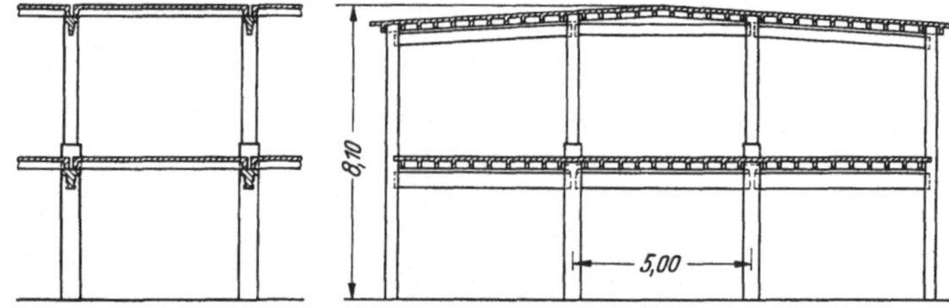

Abb. 200. Zweigeschossiger Industriebau.

in den darunterliegenden Geschoßdecken nur unter Erschwernissen durchzuführen ist. Die Decken wären dann als steife Scheiben zu betrachten, die die waagrechten Kräfte auf die Wände übertragen, wo sie durch Verstrebungen nach unten abgeleitet werden. Eine Einspannung der Stützen in der darunterliegenden Decke wird am einfachsten mit Hilfe herausstehender Bewehrungsstäbe (Abb. 120) erzielt.

Daß der Bau mehrgeschossiger Bauten in der Fertigbetonbauweise noch nicht weitere Fortschritte gemacht hat, ist vor allem auf die Schwierigkeit der Montage zurückzuführen, die hohe Auslegerkrane von großer Tragfähigkeit erfordert.

22. Hallen.

221. Allgemeine Entwicklung.

Die Fertigbetonbauweise hat wohl am meisten beim Bau langgestreckter Hallen und Werkstätten des Industriebaues Anwendung gefunden, gerade bei diesen Gebäudearten wirken sich die Vorteile der Bauweise besonders aus. Das Bild einer solchen Baustelle wird meist durch einen Volltorkran bestimmt, der das Profil der Halle umschließt

---

[1] Rüsch: Gedanken und Beispiele zum Bauen mit Fertigbauteilen aus Stahlbeton. Bautechn. 1944, H. 37/42.

(Abb. 201). In seinem Fahrbereich werden die schweren Fertigteile hergestellt, nach ihrer Erhärtung angehoben, befördert und eingebaut. Je größer das Gewicht der Fertigteile, je kleiner also ihre Anzahl ist, desto schneller geht der Zusammenbau vonstatten. Zur endgültigen Fertigstellung des Baues sind nur noch leichte Wandergerüste erforderlich, die jedoch den Innenausbau des fertiggestellten Teiles der Halle und die Aufstellung der Maschinen nicht behindern. An Hand der Abb. 201 möge man sich vergegenwärtigen, wie sich das Baustellenbild darbieten würde, wenn die Halle nach dem üblichen monolithischen Verfahren errichtet würde. Mit einem Heer gelernter Zimmerleute hätten zunächst die schweren Schalgerüste vorbereitet, abgebunden und aufgestellt werden müssen. Gleichzeitig oder nachträglich würde die Bewehrung zum Teil in großer Höhe eingebaut werden. Der Zugang zur Einbaustelle

Abb. 201. Bau einer Industriehalle.

wäre nur über Leitern, Rampen oder Aufzüge möglich. Sodann würde sich die Frage der Betonförderung erheben, ob Gußbeton oder Pumpbeton hergestellt, ob der Beton mit Aufzugkübeln oder mit Förderwagen und Plattformaufzügen oder mit Transportbändern eingebracht werden soll. Die Frage der Verdichtung des Betons in den engen Säulenschalungen würde auftauchen. Nach Ablauf der langen Erhärtungsfrist würde die Schalung beseitigt werden und die Baustelle einige Zeit ein unerfreuliches Aussehen bieten. Die Schalung müßte gereinigt werden, ehe sie erneut zur Aufstellung gelangen könnte. Je schneller man vorankommen will, desto mehr Schalsätze und damit Holz würde gebraucht.

Wie anders ist der Ablauf des Baues in der Fertigbetonbauweise. Schon ehe der Versetzkran errichtet ist, zu einer Zeit, wo noch die Fundamente ausgeschachtet werden, beginnt bereits die Einschalung der liegend zu betonierenden Fertigteile. Die großen Schalflächen fallen infolgedessen fort, die eine wird durch einen festliegenden Schalboden ersetzt, die andere durch die waagrecht abzugleichende Betonoberfläche gebildet. Nur die wenig hohen Seitenschalungen sind aufzustellen,

15*

können aber meist schon nach einem Tage entfernt und wieder verwendet werden. So liegt eine Anzahl erhärteter Fertigteile schon zum Einbau bereit, sobald der Versetzkran fertiggestellt ist. Die nivellierende Wirkung auf Bauzeit, Beschäftigtenzahl, Baustellenunkosten, die Ersparnis an Vorhalteholz, Maschinen, Geräten und Facharbeitern wird gerade beim Hallenbau besonders offenkundig. Auf diese ins Auge springenden Vorzüge der Fertigbetonbauweise sei immer wieder aufmerksam gemacht.

Bei der Anwendung der Fertigbetonbauweise auf den Industriebau lassen sich *drei Möglichkeiten* unterscheiden:

1. Die Betonfertigteile werden in *ortsfesten* Fabriken hergestellt, zur Baustelle befördert und dort aufgestellt. Die größeren Transportweiten erfordern eine Gewichtsbeschränkung der Einheiten, so daß folgerichtig ihre Anzahl und der Lohnaufwand für die Aufstellung vergrößert wird. Im übrigen kommen aber alle früher aufgezählten Vorzüge der Bauweise voll zur Geltung, leichte Krananlagen in der Fabrik und auf der Baustelle, genaue und sorgfältige Herstellung in den mit allen Einrichtungen versehenen Fabriken, Möglichkeit der äußersten Gewichtsverminderung durch Verwendung hochwertiger Baustoffe, Unabhängigkeit von der Jahreszeit und der Witterung, Seßhaftmachung des Großteils der Arbeiter (Klasse A).

2. Herstellung schwerer Baueinheiten auf der Baustelle und Montage mit Kranen hoher Tragfähigkeit nach Abb. 201. Vorteil: Infolge der geringen Anzahl der Einheiten schnelle Aufstellung. Nachteil: Jede Baustelle erfordert erneut eine vollständige Baustelleneinrichtung, wenn diese auch gegenüber der monolithischen Bauweise einen geringeren Umfang einnimmt. Nach wie vor ergibt sich gegenüber einer ortsfesten Fabrik eine Wanderbelegschaft und eine gewisse Abhängigkeit von Jahreszeit und Witterung, wenn diese auch durch Behelfsmaßnahmen gemildert werden kann. Verhältnismäßig höhere Gewichte ergeben sich auch, weil die Herstellung höchstwertigen Betons auf der Baustelle nicht möglich ist (Klasse B).

3. Es hat den Anschein, als wenn die Entwicklung nach einem Ausgleich dieser Gegensätze sucht, der auf folgende Weise möglich ist: Herstellung leichter oder mittelschwerer, auf jeden Fall noch bequem zu befördernder Baueinheiten in ortsfesten Fabriken, die also nur mit verhältnismäßig leichten Hubgeräten ausgerüstet sind, Transport zur Baustelle, Zusammenbau zu größeren Bauteilen auf der Baustelle, wozu keine Betoniereinrichtungen erforderlich sind und schließlich Montage der auf diese Weise weniger zahlreich gewordenen Stücke mittels schwerer Versetzkrane. Mit einer solchen Kombination würde man in den Genuß *aller* Vorzüge der Fertigbetonbauweise gelangen. Voraussetzung ist die weitere Vervollkommnung der Verbindungsmittel, nämlich der Betondübel und der biegungsfesten Verbindungen (Klasse C).

222. Die verschiedenen Hallensysteme.

Löser[1] gibt eine Zusammenstellung von 9 verschiedenen Querschnittsformen von ein-, zwei- und dreischiffigen Hallen, auch von

---

[1] Löser: Zit. S. 74.

Shedhallen. Abgesehen von den Zweigelenkrahmen haben sie alle das statische System der eingespannten Stützen zur Grundlage.

2221. Einschiffige Hallen. In Abb. 51 wurde bereits eine von der Philipp Holzmann A.-G.[1] gebaute Halle von 23,84 m Breite und 110 m Länge wiedergegeben, bei der jedoch nur die Längswände und Kranstützen in Fertigteilen errichtet wurden. Für das Dach wurde eine Stahlkonstruktion gewählt. Die Ausbildung der Stützen wurde bereits in Abschnitt C, I, a, 221 erläutert. Die Einzelteile wurden in der frostfreien Jahreszeit innerhalb des Kranbereiches hergestellt, so daß der Transport und das Stapeln der Fertigteile vollständig fortfiel und der Kran die Einzelteile unmittelbar von ihrem Herstellungsplatz aufheben und versetzen konnte. Nur die Schalungen waren umzusetzen, die winkelrecht zu den Längswänden der Halle gelegt waren, so daß der Beton mit Hilfe des Versetzkranes in die Schalung eingebracht werden konnte. An die am Kran entlanglaufende Katze war ein Kübel angehängt, aus dem der Beton in die Schalungen floß.

Der Sockel der Längswände ist 1,80 m hoch in Mauerwerk ausgeführt worden. Auf die Abdeckplatten

Abb. 202. Längswand eines Industriebaues.

des Sockels wurden Fenstergewände aus Betonfertigteilen aufgesetzt, die durch oben aufgelegte Querriegel zusammengehalten werden (Abb. 202). Die Formen für die Fenstergewände konnten fast 40 mal und die Böden fast 10 mal verwendet werden. Die Fertigteile wurden 3 bis 4 Tage nach dem Betonieren eingebaut.

Abb. 203 zeigt den Querschnitt von drei Kraftwagenhallen von je 100 m Länge, die von der Löser-Bauunternehmung K.-G., Dresden, ausgeführt wurden. Die Dachbinder bestehen aus Dreigelenkbogen mit Zugband, die Verbindung des Zugbandes mit den gewölbten Fertigteilen wurde im einzelnen in Abb. 145 erläutert. Die Binder haben eine Stützweite von rund 32,0 m und einen Abstand von 6,30 m. Eine Gesamtansicht der Baustelle geht aus der Abb. 204 hervor. Abb. 205 zeigt das Versetzen der 5,25 t schweren Bogenteile. Die Ausführung ist insofern bemerkenswert, als auch die senkrechten Seitenwände als Betonfertigteile von 12,15 t Gewicht versetzt wurden (Abb. 206). Wie aus der Stückgewichtslinie der Abb 207 hervorgeht, sind es aber gerade diese

---

[1] Vgl. Technische Berichte und Mitteilungen der Firma Philipp Holzmann A.-G. Nr. 14, Juni 1944.

Wandteile, die die übrigen gut verteilten Einzelgewichte wesentlich
übersteigen und deshalb die Stückgewichtsziffer auf 0,25 herabdrücken.

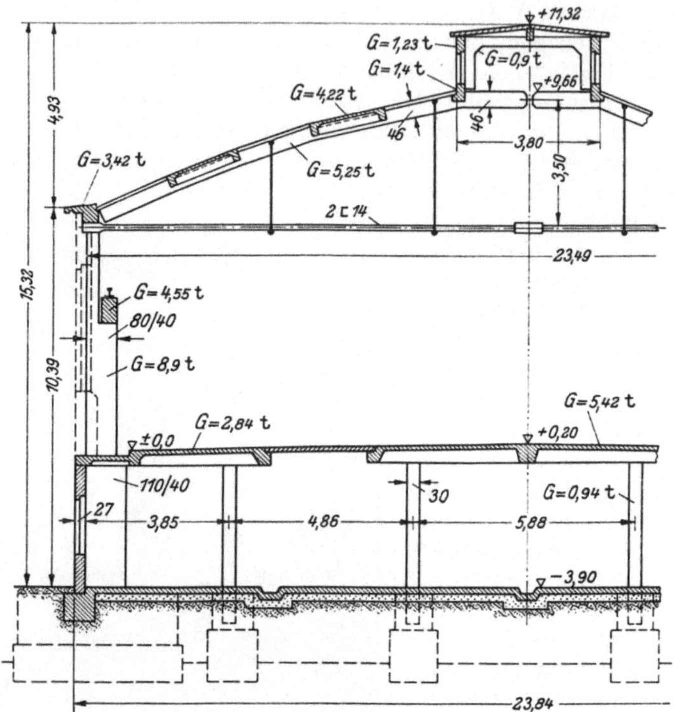

Abb. 203. Kraftwagenhalle mit Bogendachbindern.

Abb. 204. Kraftwagenhalle der Abb. 203 im Bau.

Abb. 208 gestattet einen Blick in den oberen Teil der fertigen Halle, die
zu der Klasse B zu rechnen ist.

Abb. 205. Montage der Bogenrippen für die Halle der Abb. 203.

Abb. 206. Montage der Seitenwand-
teile der Halle nach Abb. 203.

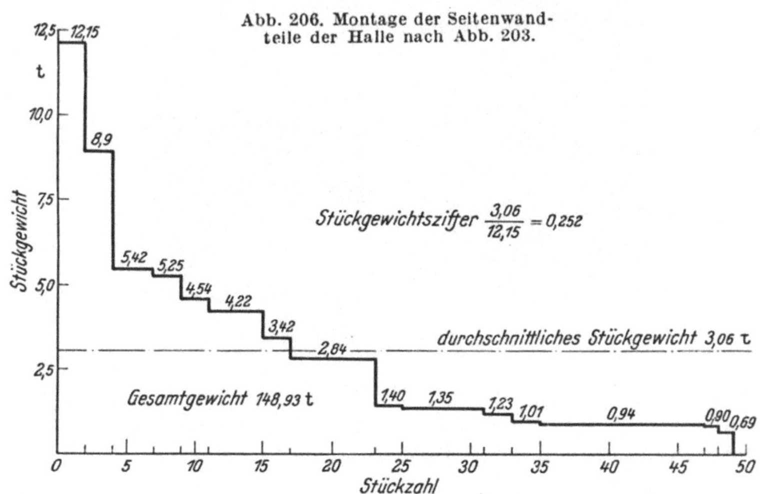

Abb. 207. Stückgewichtslinie der Halle nach Abb. 203.

Die in der Herstellung schwerster Spannbetonträger führende Wayss & Freytag A.-G. hat diese auch zur Überdachung von Industriehallen eingebaut, wobei Montagemasten Verwendung fanden. Die in Abb. 209

Abb. 208. Ansicht der fertigen Kraftwagenhalle nach Abb. 203.

gezeigten Spannbetonträger[1] waren 16 und 21 m weit gespannt und wogen 18 bzw. 25 t je Stück.

Die Preußische Bergwerks- und Hütten-A.-G., Rüdersdorf, (entwerfender Ingenieur Dipl.-Ing. v. HALASZ) hat Baumuster von Industriehallen[2]

Abb. 209. Montage von Spannbetonbindern.

aufgestellt, wobei die Breiten von Außenkante bis Außenkante Stütze 12,5 und 15,0 m, die Traufhöhen 4,25, 6,0 und 8,0 m betragen. Die Bauteile hierzu, also Binder, Dachplatten, Traufbalken, Kranbalken

---

[1] LENK: Spannbetonfertigteile im Brücken- und Hallenbau. Bauindustrie 1943, Nr. 7.
[2] Siehe Fußnote S. 68.

und Windaussteifungen, können vom Lager des Betonwerks bezogen werden.

„Der Binderabstand beträgt durchweg 5 m. Die Hallen wurden statisch als Zweigelenkrahmen ausgebildet. Die auf beiden Seiten fest eingespannten Rahmen kamen wegen zu großer Abhängigkeit von der Güte des Baugrundes und vor allem wegen größerer Empfindlichkeit bei der Aufstellung nicht in Frage. Der

Abb. 210. Aufstellen eines Zweigelenkrahmenbinders.

Dreigelenkrahmen hätte die stahlschluckende Ausbildung eines Scheitelgelenks gefordert und hätte auch sonst zu größerem Stahlverbrauch für die Bewehrung und zu größeren Gewichten geführt. Die Fußgelenke des Zweigelenkrahmens werden dadurch gebildet, daß sich die Stiele in 30 cm tiefen Aussparungen gegen die Gründungskörper spreizen, dabei aber beweglich bleiben, weil die Aussparungen von drei Seiten unvergossen sind.“

Abb. 211. Inneres einer Werkhalle aus Rüdersdorfer Fertigteilen.

Abb. 210 zeigt das Aufstellen von Zweigelenkbindern mittels einfacher Holzmaste. Bei 15 m Stützweite wurden sie aus 5 Teilen mittels der in Abb. 142 beschriebenen Verbindungen auf dem Boden liegend zusammengesetzt. Mit dieser Binderform ist der im Abschnitt 221 aufgestellte Grundsatz verwirklicht, leichtere Teile im Betonwerk zu fertigen und auf der Baustelle zu größeren Einheiten zusammenzufügen, die im ganzen montiert werden (Klasse C). In Abb. 211 wirft man einen Blick ins Innere einer derartigen Werkhalle aus Rüdersdorfer Fertigteilen. Am Rahmenbinder erkennt man zwei biegefeste Verbindungen. Die Dachdeckung besteht aus aufgelegten Kassettenplatten von 1 m Breite und 5 m Länge.

2222. Zweischiffige Hallen. In Abb. 8 wurde bereits an der Innenansicht einer zweischiffigen Halle die gute architektonische Wirkung der Fertigbetonbauweise gezeigt. Es handelt sich um eine Ausführung der Bauabteilung des Ammoniakwerks Merseburg (vgl. auch Abb. 123/124).

Ausgesprochen zur Klasse B zählt die schon in Abb. 149 wiedergegebene, von der Löser-Bauunternehmung K.-G. erbaute zweischiffige

Abb. 212. Zweischiffige Industriehalle.

Halle. Löser[1] betont besonders die Fortschritte, die hinsichtlich der Erhöhung der Einzelgewichte auf 12 t gemacht worden sind, die den Vorteil der Fertigbauweise vergrößern, weil man mit diesem großen Gewicht größere Stützweiten beherrschen und Deckenbauteile mit großer Grundfläche versetzen könne.

„Die Entfernung der Hauptträger wurde auf 6,00 m gesteigert. Während man bisher die Dachhaut aus Bimsdielen zusammensetzte, die alle 2,50 m einen Dachbalken benötigen, wurde hier die Dachhaut in Kassettenplatten aufgelöst, die mit $2,30 \times 5,80 = 13,35$ m² Grundfläche die Achsweite von 6,00 m ohne Zwischenunterstützung überbrücken. Die Kassettenplatten wurden an ihren Stirnseiten falzartig auf die als Gerberträger ausgebildeten Hauptträger aufgelegt."

Wenn man sich einmal dazu entschlossen hat, bei großen Bauvorhaben die Fertigteile an Ort und Stelle zu betonieren, so ist es aus den mehrfach genannten Gründen zweifellos richtig, das Einzelgewicht zu steigern. So wurden bei der vorliegenden Halle, um die Seitensteifigkeit der Kranträger zu erhöhen, an den Mittelsäulen zwei Träger durch eine versteifende Horizontalplatte zu einem einzigen schweren Fertigteil verbunden. An den Außenstützen ist, wie aus Abb. 212

---

[1] Löser: Zit. S. 74.

erkennbar, der Kranträger durch eine Platte mit dem äußeren Sturz
zu einem Stück zusammengefaßt. In einer 8-Stundenschicht konnte
durchschnittlich ein Binderfeld von 6,00×23,70 = 142 m² Grundfläche
versetzt werden. Die bereits in der Abb. 150 erläuterte Stückgewichtsziffer ist demgemäß sehr günstig. Eine weitere Übersicht über die
interessante Baustelle brachte die Abb. 201.

Die von der Deutschen Bau A.-G. in Heidewaldburg erbaute
Fertigungshalle für Stahlsaitenbeton (Abb. 213) geht im Gegensatz
hierzu von dem Gedanken aus, wenigstens für das Tragwerk des Daches
möglichst leichte, gängige Stahlsaitenbetonprofile zu verwenden, und
zwar ohne jede besondere Ausbildung der Kopfenden. Diese Balken sind

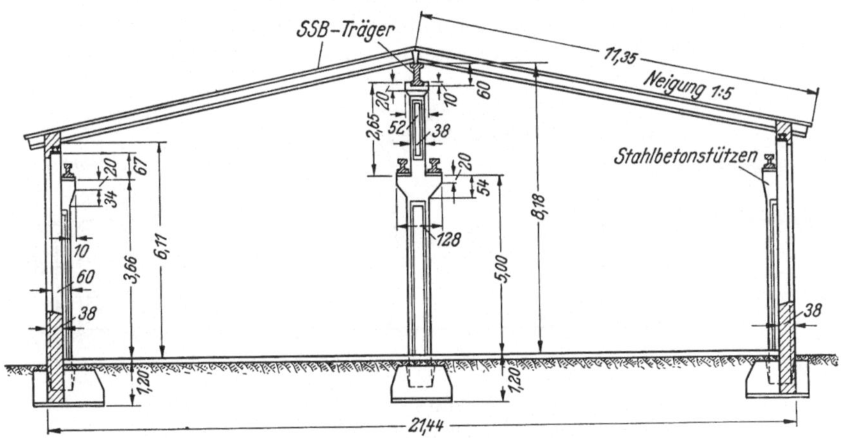

Abb. 213. Werkstatthalle aus Stahlsaitenbetonträgern.

gewissermaßen den Walzprofilen aus Stahl vergleichbar, die auf Bestellung nach Stückliste vom Walzwerk angeliefert werden. In der Tat
hat man es bei den in langen Spannbahnen hergestellten Balken aus
Stahlsaitenbeton in der Hand, die jeweils benötigten Längen erst kurz
vor dem Betonieren durch entsprechendes Verschieben der Trennscheiben und der spiralförmigen Drahtbügel einzustellen; denn Haken
und Aufbiegungen sind ja beim Stahlsaitenbeton entbehrlich.

Die Grundrißfläche der zweischiffigen Halle beträgt 24,44×119,70 m,
der Stützenabstand 5,0 m und der Abstand der Sparren 1,25 m. Die
Sparren sind T-förmig ausgebildet und 34 cm hoch, die Unterzüge über
den Mittelstützen bestehen aus einem 60 cm hohen I-Träger aus Stahlsaitenbeton. Als Dacheindeckung wurden 6 cm dicke Dielen aus
Schlackenbeton verwendet. Die Mittel- und Seitenstützen wurden auf
dem Hallenboden in Stahlbeton ausgeführt und mittels einfacher Stand-
bäume aufgerichtet. Die Seitenwände wurden gemauert, als Tor- und
Fensterstürze dienen wieder Regelträger aus Stahlsaitenbeton, die Halle
stellt somit eine Kombination zwischen den Klassen A und B dar.

2223. Dreischiffige Hallen. Bei der ebenfalls von der Deutschen Bau
A.-G. in Hakenfelde bei Spandau errichteten dreischiffigen Fertigungs-

halle aus Stahlsaitenbeton von 23,40×140,00 m Grundfläche (Abb. 214) ist der Grundsatz, die Konstruktionsglieder des Tragwerks so einfach und leicht wie möglich zu gestalten, noch weiter getrieben. Um trotz der verhältnismäßig großen Stützweiten von 7,60 bis 8,00 m mit den leichten nur 22 cm hohen Stahlsaitenbetonprofilen auszukommen, für die die Schalungen vorhanden waren, wurde der Abstand der Sparren, die zugleich das Haupttragwerk darstellen, auf 62,5 cm herabgemindert. Infolge ihrer geringen Seitensteifigkeit, verursacht durch die große Spannweite, wurden Queraussteifungen aus Stahlbeton erforderlich.

Um jede Sonderanfertigung zu vermeiden, wurde weiterhin auf die Symmetrie des Daches bewußt verzichtet, das Dach über dem Mittelschiff weist demgemäß eine einseitige Neigung auf. Die Unterzüge über den 5,0 m entfernten Mittelstützen bestehen ebenfalls aus laufend hergestellten T-Profilen aus Stahlsaitenbeton von 34 cm Höhe.

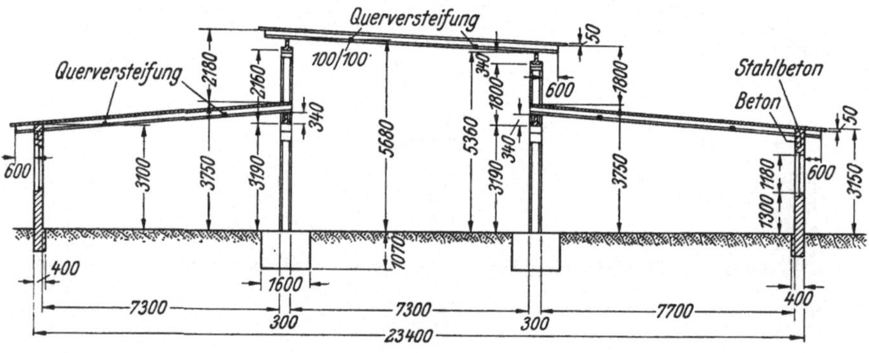

Abb 214. Dreischiffige Fertigungshalle.

Infolge des geringen Gewichtes der Tragteile erhöht sich zwangsläufig ihre Anzahl. Diesem Mangel steht aber der unbestreitbare Vorzug entgegen, daß die Fertigteile aus Stahlsaitenbeton laufend hergestellt und, kaum der Spannwanne entnommen, angeliefert werden können, ferner, daß sie infolge ihres geringen Gewichtes leicht zu verladen, bruchsicher zu befördern und in einfacher Weise zu versetzen sind.

In besonderen Fällen, z. B. wenn es sich wie in Hakenfelde um einen Hallenbau handelt, in dem selbst später Stahlsaitenbeton erzeugt werden soll, kann es angezeigt sein, von der Aufstellungsart der Klasse A auf die Klasse B überzugehen, die die Fertigung der Bauteile an Ort und Stelle vorsieht. So war es in der Tat beabsichtigt, bei der Bauausführung in Hakenfelde zuerst die Spannwannen zu betonieren und in der guten Jahreszeit, nach Einsatz der Maschinen in diesen, die für die Überdachung erforderlichen Tragteile aus Stahlsaitenbeton herzustellen. Die nicht rechtzeitige Anlieferung einiger Geräte verhinderte diese Absicht. Da es sich um einen Erweiterungsbau handelte, konnten die Fertigteile in der in unmittelbarer Nähe befindlichen Versuchsanlage hergestellt werden.

Bei der von der Philipp Holzmann A.-G. errichteten dreischiffigen Halle (Abb. 215) betrug das Höchstgewicht der Fertigteile 2,2 t. Die Halle hat eine Länge von 105 m und eine Breite von 25 m. Das 7 m breite Mittelschiff wird von einem Laternenaufbau gekrönt. Die Dachhaut besteht aus 8 cm dicken Bimsbetondielen von 2,20 m Länge. Diese Dachdielen sind mit den Pfetten mittels Drähten, die aus diesen herausstehen, gut verbunden. Die Fugen zwischen den Hohldielen sind vergossen, so daß die Dachhaut als feste Scheibe angesprochen werden kann, die in der Lage ist, horizontale Kräfte zu übertragen. Von dieser Möglichkeit ist jedoch im vorliegenden Falle kein Gebrauch gemacht worden, vielmehr sind die horizontalen Windkräfte ganz von den in den Fundamenten eingespannten Stützen übernommen worden[1].

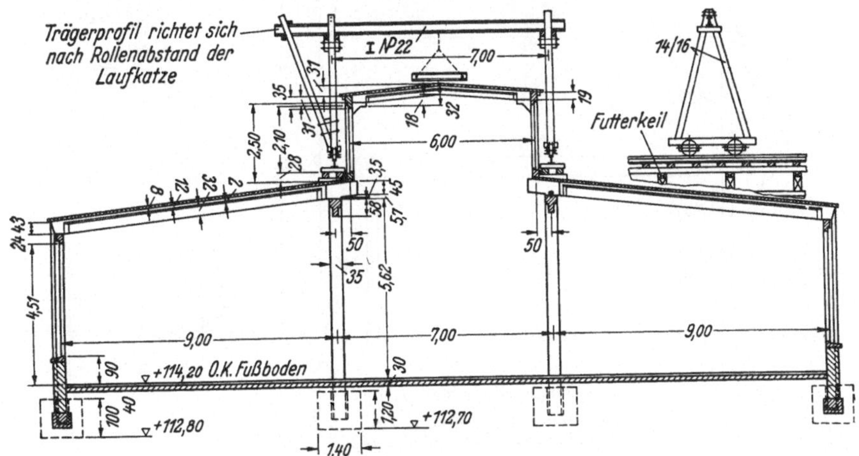

Abb. 215. Dreischiffige Industriehalle mit Laternenaufbau.

„Die in Dachneigung liegenden Dachbalken der Seitenhallen sind innen in einer Entfernung von 2,21 m auf Unterzüge von 6,63 m Stützweite gelagert und ragen mit 35 cm breiten Kragstücken ins Mittelfeld hinein. Der Laternenaufbau entsteht durch Säulen, die in Aussparungen der Kragstücke eingreifen und dort am Fuße gehalten sind. Am Kopf haben die Säulen des Aufbaues große Knaggen, die durch Verschraubung mit den Dachbalken des Aufbaues verbunden sind. Auf diese Weise werden Zweigelenkrahmen gebildet, die die Wind- und Dachlasten des Aufbaues aufnehmen.“

Mit der Herstellung der Einzelteile wie Säulen, Riegel, Balken, Laternenständer usw. wurde im Winter in einer heizbaren 60 m langen und 32,50 m breiten Halle begonnen, bei der als Dachdeckung und als Abschluß an den Seitenwänden Zeltbahnen verwendet waren. Bei mäßiger Kälte genügte dieser Schutz, bei strenger Kälte (unter −18° C) mußte jedoch, zum Teil auch aus anderen Gründen, der Betrieb unterbrochen werden. Der Fußboden in der Halle bestand aus zwei kreuzweise verlegten Balkenlagen in 0,80 und 0,50 m Entfernung und einem Bohlenbelag, auf dem die Kanthölzer zur Aufnahme der Schalungs-

---

[1] Vgl. Fußnote S. 229.

kästen lagen. Zwischen diesen waren die Heizrohre (100 mm Durchmesser) verlegt. Am straßenseitigen Kopf der Halle standen die Betonieranlage und die Heizanlage zur Beheizung der Halle und der Zuschlagstoffe sowie zur Erwärmung des Anmachwassers bis auf $+30°$ C. Der Beton wurde in die parallel zur Querachse der Halle angeordneten Schalungskästen von zwei in der Längsachse der Halle laufenden je 13,8 m langen Schiebebühnen aus eingebracht, die über die Schalungskästen hinweggingen. Beschickt wurden die Schiebebühnen von einem in gleicher Höhe angeordneten 1,60 m hohen Betonfahrgerüst mit 60 cm Spurgleis. Der Übergang vom Fahrgerüst zur Schiebebühne konnte mit

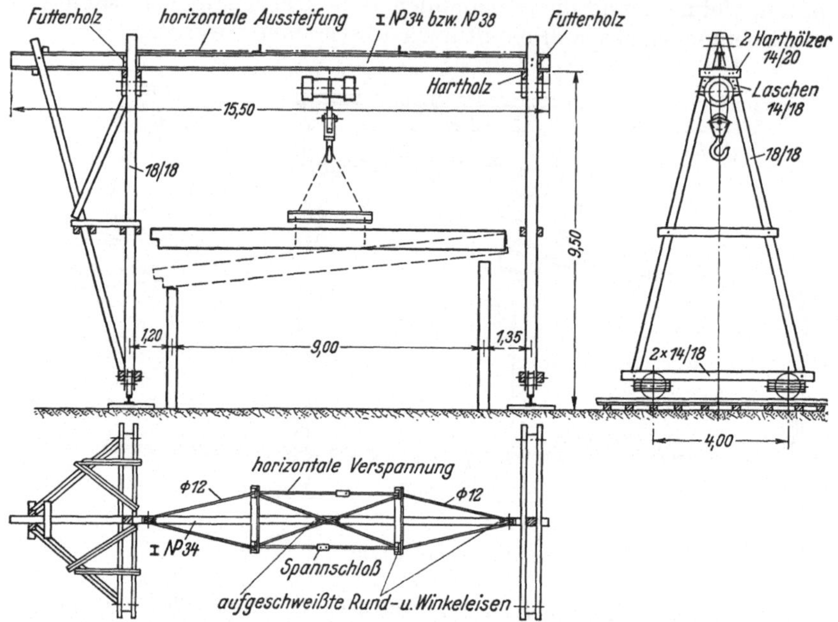

Abb. 216 Bockkran zur Montage der Seitenschiffe der Halle nach Abb. 215.

Kletterdrehscheiben an jeder beliebigen Stelle erfolgen. Die beiden Schiebebühnen konnten durch ein Verbindungsstück von 70 cm Länge miteinander verbunden werden.

Für die Zuschlagstoffe des Betons war eine Siebkurve nahe der Kurve E gewählt worden mit einer Kornzusammensetzung von 32% 0 bis 3 mm, 28% 3 bis 7 mm und 40% 7 bis 30 mm. Als Bindemittel wurden 300 kg hochwertiger Heidelberger Zement für 1 m³ fertigen Beton verwandt. Der Beton wurde mit Innenrüttlern (Frequenz 8000/min., System Siemens) verdichtet. Man gab dem Beton in der Maschine 7% Wasser zu, eine Menge, die ein Ausbreitmaß von 34 cm ergab.

Zur Montage der beiden Seitenschiffe (Abb. 216) dienten zwei selbst hergestellte fahrbare Krane von 11,55 m Spannweite. An dem Katzenträger lief eine Unterflanschlaufkatze mit einem 3-t-Demagzug, der die einzelnen Teile faßte und sie an ihren Bestimmungsplatz brachte. Zunächst wurden die Stützen in die Aussparungen der vorher fertiggestellten Betonfundamente eingesetzt, ausgerichtet, verkeilt und vergossen, dann die Längsbalken und schließlich die Dachbalken verlegt. Auf die Auflagerflächen wurde vor Auflegen der Teile eine Mörtelschicht aufgezogen. Nach dem Ausgießen der Ankerlöcher wurden die Schraubenmuttern angezogen.

Zur Aufstellung des Laternenaufbaues wurden auf den fertigmontierten Seitenschiffen zwei Laufbahnen für einen Kran von 7 m Spannweite verlegt (Abb. 215).

2224. Mehrschiffige Hallen. Als mehrschiffige Hallen können die Sägedachhallen bezeichnet werden, wie sie von E. Züblin & Co. und der Arbeitsgemeinschaft Habermann & Guckes-Tesch ausgeführt wurden. Längs- und Querschnitte sowie Lichtbilder sind von LÖSER[1] wiedergegeben.

3. Landwirtschaftliche Bauten.

31. Wohnhäuser, Ställe, Scheunen.

Wenn auch im allgemeinen der Aufbau ländlicher Gehöfte von dem städtischer Wohnhäuser nicht abweicht, so sind an sie wegen ihrer frei stehenden Lage doch höhere Anforderungen an Isolierfähigkeit und Wetterbeständigkeit zu stellen. „Wenn man für städtische Verhältnisse als Normalwärmeschutz des Umfassungsmauerwerks für bewohnte Räume den Wärmeschutz einer 38 cm dicken Ziegelmauer bezeichnet, so genügt dieser für ländliche Verhältnisse nicht. Die dicken Mauern der alten Bauernhäuser, die in Ziegel bis zu 60 cm stark zu beobachten sind, beweisen das Bedürfnis erhöhten Wärmeschutzes und lehren uns, höhere Anforderungen zu stellen. Für das *ländliche Wohnhaus*, gleichgültig, ob es für sich frei steht oder mit dem Stall unter einem Dach liegt, soll der Wärmeschutz der Außenwände dem einer 51 cm dicken Ziegelmauer mindestens gleichkommen[2]".

Da diese Forderung mit Ziegelmauerwerk nur mit verhältnismäßig hohem Geldaufwand erfüllt werden kann, ist man um so mehr auf die bekannten Leichtbaustoffe wie Bimsbeton, Porenbeton oder Hohlblockmauerwerk aus Schlackenbeton angewiesen.

Für die Stallungen, für deren Beheizung meist nur die Körpereigenwärme des Viehes zur Verfügung steht, ist eine gute Wärmedämmung noch wichtiger. Hinzu kommt die hohe Luftfeuchtigkeit der Ställe, hervorgerufen durch die Atmung der Tiere, durch das Tränk- und Spülwasser, durch Dung und Jauche. Glatte und kalte Wände aus Beton und Steinen würden zu einer starken Schwitzwasser- und Tropfenbildung führen, die ungesund ist. Stallmauern müssen daher aus einem porenhaltigen Baustoff errichtet werden, der einen guten Wärmeschutz liefert und außerdem die Raumfeuchtigkeit aufnimmt und nach außen weiterleitet. Alte feuchte Ställe können warm und trocken gemacht

---

[1] LÖSER: Zit. S. 74.

[2] ALTHAMMER: Wie baut der Landwirt? Sonderdruck 1937 des Verbandes Rheinischer Bimsbaustoffwerke e. V. Neuwied.

werden, wenn die kalten und feuchten Wände und die tropfenden Stalldecken mit Leichtbaustoffen bekleidet werden (Abb. 217).

Auch für *Scheunen* sind porenhaltige Baustoffe für Wände und Dach vorteilhaft, da sie zur Lufterneuerung beitragen und ein Stocken der Vorräte bei nicht vollständig ausgetrocknetem Erntegut weniger befürchten lassen als dichtes Ziegel- oder Bruchsteinmauerwerk. Für die Dacheindeckung sind Stegplatten aus Bimsbeton geeignet.

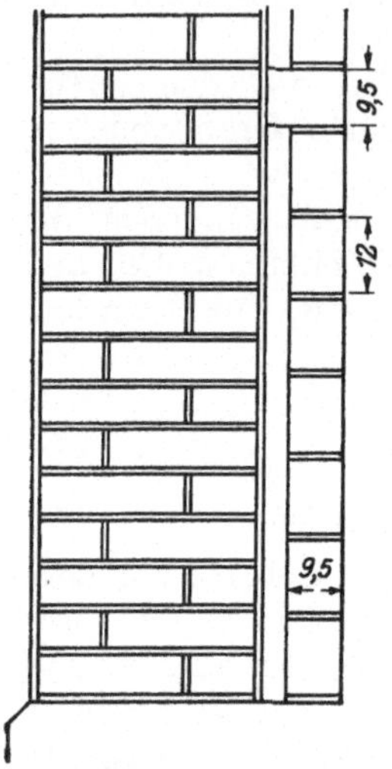

32. Grünfuttersilos.

Grünfuttersilos werden sowohl monolithisch als auch aus Betonfertigteilen gebaut.

„Die Behälter müssen vollkommen wasser-, luft- und gegebenenfalls gasdicht hergestellt werden. Die Umfassungswände müssen den großen Seitendruck aus dem Eigengewicht des Futters und aus dem Druck der Preßvorrichtungen aufnehmen. Diese Drücke können bei sehr saftreichem und naß eingebrachtem Futter so beträchtlich werden, daß sie in ihrer Wirkung dem reinen Wasserdruck gleichkommen. Ferner muß der Baustoff die Fähigkeit haben, die im Behälter sich bildende Wärme (bis zu 60° C) zu halten. Schließlich darf er von den beim Gärungsvorgang auftretenden Säuren nicht angegriffen werden"[1].

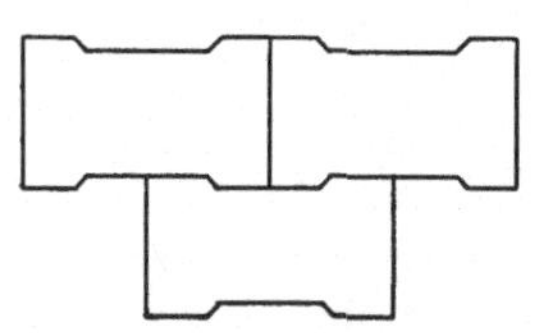
Abb. 217. Isolierung kalter Ziegelwände durch eine vorgemauerte Schwemmsteinschicht.

Der Seitendruck wird am günstigsten durch kreisringförmige Wände aufgenommen, da in ihnen nur Ringzugspannungen erzeugt werden. Der kreisförmige Grundriß ist auch am wirtschaftlichsten, da er bei feststehendem Rauminhalt den geringsten Baustoffaufwand verursacht.

Abgesehen von der monolithischen Bauweise werden die Wandungen dieser zylinderförmigen Futterbehälter entweder aus selbsttragenden Betonformsteinen oder Fertigteilen aufgebaut (Hauptgruppe I) oder aus dünnen doppelwandigen Stahlbetonplatten als Schalung für den eigentlich tragenden Stahlbeton, der in die Zwischenräume eingebracht wird (Hauptgruppe II).

321. Grünfuttersilos aus selbsttragenden Formsteinen.

Die Wandungen des Iflaturmes der Ifla-Industrie für Landwirtschaft A.-G. bestehen aus Stahlbetonplatten von 90 cm Länge, 60 cm Breite und 4,5 cm Dicke, die so ineinandergreifen, daß ein die Ringspannungen aufnehmender inniger Verband entsteht (Abb. 218).

Abb. 218. Grünfuttersilo aus selbsttragenden Betonformsteinen.

„Die Innenflächen werden mit einem säurefesten Anstrich versehen. Bei frei stehenden Anlagen werden die Wände doppelwandig ausgeführt und der Zwischen-

---

[1] Der Grünfuttersilo. Herausgeber Dr. Ing. RIEPERT. Zementverarbeitung 1927, H. 22. Berlin-Charlottenburg: Zementverlag.

raum mit Torfmull, Koksasche oder einem ähnlichen Baustoff ausgefüllt. Der Iflaturm wird in zwei Größen gebaut: Größe I mit 8 m² Grundfläche (Durchmesser mit Isolierungsschicht 3,71 m), Höhe 5,0 m, Inhalt 40 m³.

Größe II mit 12 m² Grundfläche (Durchmesser mit Isolierungsschicht 4,4 m), Höhe 5,0 m, Inhalt 60 m³.

Beide Größen können, um halbe Meter steigend, bis zu 8 m Höhe gebaut werden"[1].

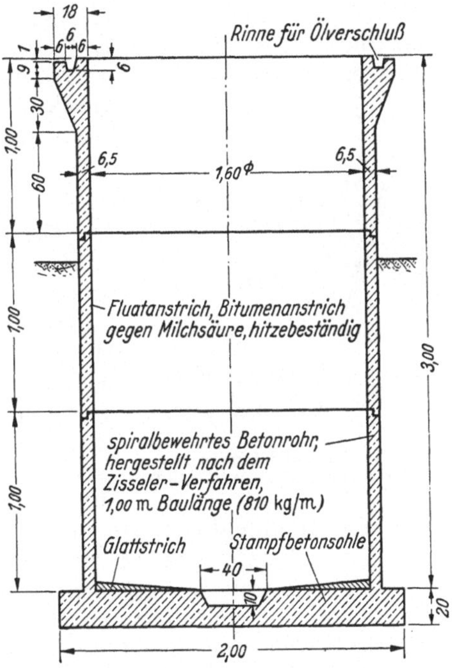

Der „Schwabenturm" des Ingenieurbüros Karl Schempp, Stuttgart, hat denselben Konstruktionsgedanken, nämlich die Herstellung der Wandungen aus segmentförmigen Formsteinen, nur werden die Ringspannungen durch Stahleinlagen aufgenommmen, die in die Lagerfugen eingelegt werden. Der Schwabenturm wird entweder einwandig oder doppelwandig hergestellt. Im ersteren Falle erhält er eine isolierende Umhüllung aus Stroh, Schlacke, Torf oder Koks hinter Holzverschalung oder einen Kalkverputz, im anderen Falle wird eine isolierende Füllung zwischen die Wände gelegt.

Rundsilos von kleinerem Inhalt lassen sich auch aus Zisseler-Rohren (S. 81) ausführen, wobei

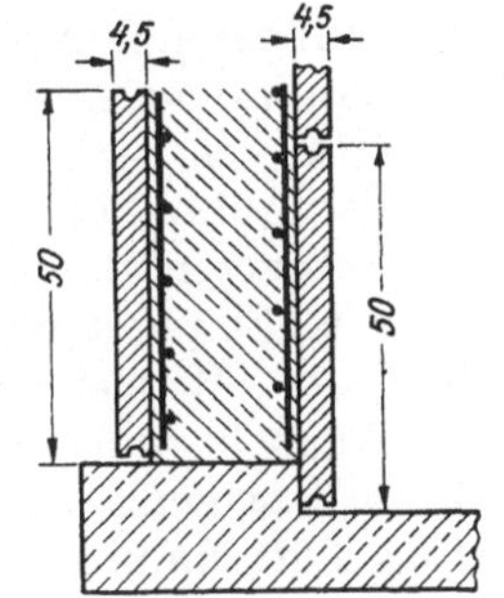

Abb. 219 Grünfuttersilo aus Stahlbetonrohren.

nur einige wenige waagrechte Fugen entstehen. Die in Abb. 219 dargestellte Größe von 6 m³ Inhalt ist für Kuhhalter von 1 bis 2 Stück Vieh geeignet. Wenn man mehrere kleine Behälter errichtet, kann man sich den Futterverhältnissen besser anpassen als bei einem großen Behälter. Der Ölverschluß im oberen Ring soll sich nicht bewährt haben, besser ist Melasse aus den Zuckerfabriken oder Wasser als Dichtungsmasse.

322. Grünfuttersilos aus Schalsteinen.

Die Umfassungswand des „Einheitssilos" Bauweise Schempp, Stuttgart, besteht aus drei Teilen, den als Schalung dienenden äußeren und inneren Rundformsteinen von 49 × 49 cm Fläche und 4,5 cm Dicke und der Zwischenfüllung aus Stahlbeton, die vor allem die statischen Aufgaben, also die Aufnahme der Ringzugspannungen, zu erfüllen

Abb. 220. Grünfuttersilo
aus Schalsteinen.

hat. Außerdem dichtet die Zwischenfüllung sicher gegen Wasser und Luft ab und bietet zugleich eine gute Wärmeisolierung (Abb. 220).

---

[1] Vgl. Fußnote S. 240.

33. Kartoffel-Einsäuerungsbehälter aus Betonformsteinen.

Neben der monolithischen Bauweise aus senkrechten Seitenwänden gibt es auch Behälterformen, bei denen sich die Seitenwände auf die natürliche Böschung des Erdbodens auflagern, so daß keine Stahleinlagen erforderlich sind. In diesem Falle ist es möglich, die Wände nach Abb. 221 aus 12 cm dicken Betonformsteinen 30×30 cm auszubilden[1].

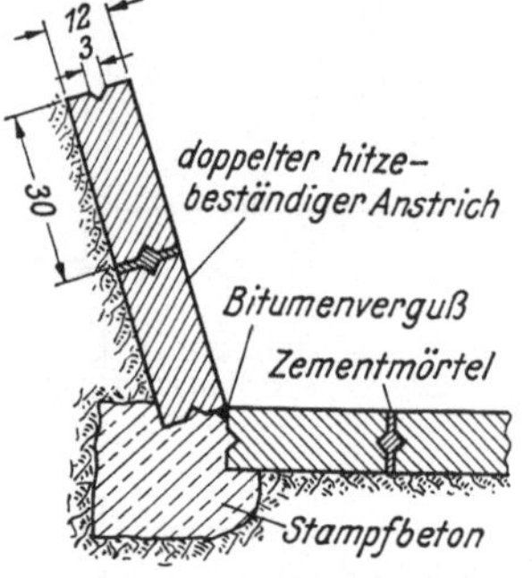

Abb. 221. Kartoffel-Einsäuerungs-
behälter aus Betonformsteinen.

34. Gewächshäuser[2].

Die statisch wenig beanspruchten Gewächshäuser bedingen eine leichte feingliedrige Konstruktion, die zugleich die Größe der Glasflächen möglichst wenig einschränkt. Die entsprechende Formgebung war früher am besten durch Verwendung von Holz oder Stahl als Baustoff zu erreichen. Beide haben jedoch große Nachteile, Holz arbeitet, wirft sich und wird infolgedessen bald undicht, auch verrottet es allmählich. Stahl rostet leicht durch Schwitzwasser und erfordert hohe Unterhaltungskosten.

Stahlbeton ist der gegebene Baustoff für Gewächshäuser, er ist feuersicher, hat eine unbegrenzte Lebensdauer, erfordert keine Unterhaltungskosten und bietet tierischen Schädlingen aller Art keinen Unterschlupf.

Die weitgehend aufgelöste Gliederung des Aufbaues macht jedoch die monolithische Ausführung gänzlich unwirtschaftlich, da der Aufwand an teurer Schalung in keinem Verhältnis zu der geringen Masse an Beton steht.

So sind die Gewächshäuser ein geeignetes Gebiet für die Anwendung der Fertigbetonbauweise. Über die Wärmehaltung von Gewächshäusern führt KLEINLOGEL folgendes aus: „Die Wärmehaltung hängt nur zum allergeringsten Teil von der Eigenschaft des Baustoffes ab, denn etwa 90% der Abkühlung der Innentemperatur geht dadurch vor sich, daß die im Inneren durch Heizung oder Sonnenstrahlung erwärmte Luft sich beim Emporsteigen an den dünnen und kalten Glaswänden niederschlägt, das Wasser von diesen herabtropft und nachher den Kreislauf von neuem beginnt. So scheiden die Sprossen hinsichtlich der Wärmehaltung fast ganz aus, da sie nur mit etwa $^1/_7$ ihrer Oberfläche der kalten Luft unmittelbar ausgesetzt sind, im übrigen aber die warme Innentemperatur mit der Zeit vollständig annehmen."

---

[1] Bautechnisches Merkblatt Nr. 35 der Fachgruppe Zementindustrie.
[2] Die nachstehenden Ausführungen haben das Buch von KLEINLOGEL (Fußnote S. 77) zur Grundlage.

4. Verkehrs- und Versorgungsanlagen.

41. Eindeckung von Bahnhofshallen aus Stahlkonstruktion.

Bei einer Eisenbahnreise durch Deutschland hatte man in den Nachkriegsjahren ausreichende Gelegenheit, verschiedene Zerstörungsgrade von Bahnhofshallen kennenzulernen. Waren als Ursache der Zerstörung Spreng- und Brandbomben zu gleicher Zeit wirksam gewesen, so ist gewöhnlich nicht nur die hölzerne Dacheindeckung verbrannt, sondern auch die Stahlkonstruktion der Hallen vernichtet worden, so daß deren Reste entfernt werden mußten (Hannover). Vielerorts ist jedoch nur die hölzerne Dachhaut abgebrannt. Da sie sich oberhalb der Stahlkonstruktion befand, ist meist die Wärmeentwicklung nicht so groß gewesen, daß das stählerne Tragwerk Schaden gelitten hat (Frankfurt a. M., Mannheim).

Bei der Wiederherstellung der Dächer wäre es sehr wünschenswert, wenn man auf Holz als Eindeckungsmaterial verzichten könnte, um so mehr, als es sich um sehr große Flächen handelt. An seine Stelle kann unter Umständen eine massive Dachhaut aus Leichtbeton- und Stahlbetonfertigteilen treten. Voraussetzung für ihre Anwendung ist, soweit die alte Stahltragkonstruktion noch vorhanden ist, daß ihr Eigengewicht das der früheren Eindeckung nicht wesentlich überschreitet und die Festigkeit des Stahls nicht durch die Brandhitze vermindert worden ist.

Das Eigengewicht der Holzeindeckung beträgt bei einem Abstand der Sparren 12/16 von 80 cm und einer 24 mm dicken Dachschalung, in der Dachebene gemessen, rund 30 kg/m². Es ist zu untersuchen, inwieweit man sich bei Annahme einer massiven Dachhaut diesem Gewicht annähern kann.

411. Eindeckung nach Art der Holzdachdecke.

Die einfachste Lösung würde darin bestehen, die Form und Aufteilung der Holzkonstruktion in entsprechenden Fertigteilen nachzuahmen, da man dann die Möglichkeit hätte, in Fabriken hergestellte gängige Profile und Platten aus Vorräten zu verwenden. Für die Sparren kommt das 16 cm hohe Trägerprofil aus Stahlsaitenbeton I-1 der Reihe 2 (Abb. 23) mit einem Eigengewicht von 19,7 kg/m in Betracht, das die gleiche Tragfähigkeit besitzt wie der Holzsparren 12/16. Da das Gewicht des Holzsparrens nur 11,5 kg/m beträgt, ist die Gewichtsüberschreitung 70%.

Weit schwieriger ist die Anpassung des Gewichts der massiven Dachplatten an das Gewicht der hölzernen Dachschalung von 14,4 kg/m². Der Zweck der Bahnhofshalle besteht darin, den Reiseverkehr gegen die Unbilden der Witterung zu schützen. Die Ausbildung der Überdachung wird also weniger durch eine Rücksichtnahme auf eine gute Wärmedämmung als durch statische und wirtschaftliche Gründe beeinflußt. Der Wärmedämmung ist nur insofern Rechnung zu tragen, als keine

Tropfenbildung eintreten darf, die durch Ruß und Schmutz lästiger sein könnte als ein leichter Regen. Ferner ist wegen der Abgase der Lokomotiven eine genügende Betondeckung der Bewehrungseinlagen vorzusehen.

Wohl ist es möglich, einen Leichtbeton herzustellen, dessen Raumgewicht gleich dem des Holzes ist. Seine zulässige Druckbeanspruchung, die mit höchstens 20 kg/cm² angesetzt werden kann, ist jedoch weit geringer als die des Holzes (100 kg/cm²), so daß eine Dachplatte aus einem solchen Leichtbeton bei gleichem Sparrenabstand mindestens $\sqrt{\frac{100}{20}} = 2{,}24$ mal dicker und damit doch wieder schwerer würde als eine hölzerne Dachschalung. Hinzu kommt, daß die Transportfestigkeit eines derart leichten Betons keinesfalls ausreichend sein würde.

Für auf Massivsparren verlegte Dachplatten käme also nur ein bewehrter Stahlbeton von besonders hoher Druckfestigkeit in Betracht, wie er sich im vorgespannten Stahlsaitenbeton bietet. Eine Tropfwasserbildung müßte durch eine untergelegte dünne Leichtbauplatte verhütet werden. Die Vorspannung würde eine genügende Transportsicherheit gewährleisten.

Es ist wohl möglich, vorgespannte Kassettenplatten entsprechend Abb. 113 mit einer Dicke von nur 10 mm herzustellen. Für die Versteifungsrippen kommen im Durchschnitt 2 mm hinzu. Eine solche Platte würde also 2400 · 0,012 = 29 kg/m² wiegen, demnach immer noch doppelt so schwer sein als die Holzschalung, wobei das Gewicht der Dämmplatte noch nicht eingerechnet ist. Außerdem ist die Betondeckung von nur 5 mm ungenügend. Das durchschnittliche Gesamtgewicht einer derartigen Dachdecke würde betragen:

$$
\begin{aligned}
\text{Sparren} & \ldots \ldots \ldots \ldots \quad 19{,}7 \cdot \frac{1}{0{,}8} = 24{,}5 \text{ kg/m}^2 \\
\text{Dachplatte} & \ldots \ldots \ldots \quad\quad\quad\quad = 29{,}0 \text{ ,,} \\
\text{2,5 cm Leichtbauplatte} & \ldots \quad 0{,}025 \cdot 450 = \underline{11{,}2 \text{ ,,}} \\
& \quad\quad\quad\quad\quad\quad\quad\quad\quad 64{,}7 \text{ kg/m}^2
\end{aligned}
$$

Eine Eindeckung erhalten gebliebener Konstruktionen mit Fertigteilen nach Art der Holzdachdecke scheidet somit wegen zu hohen Gewichtes aus. Es hat sich also auch in diesem Fall erwiesen, daß die Bauten aus Betonfertigteilen nach eigenen Gesichtspunkten zu entwerfen sind und eine vorbehaltlose Nachahmung von Holzkonstruktionen nicht baustoffgerecht und unwirtschaftlich ist.

412. Eindeckung aus Bimsbeton-Steg- oder Kassettenplatten.

Auch für die Eindeckung von Bahnhofshallen greift man zweckmäßigerweise auf die altbewährten Bimsplatten zurück. Gewiß ist auch ihr Gewicht höher als das eines Holzdaches (vgl. Tafel XXV). Alle anderen Bedingungen wie Tropfsicherheit, Betondeckung der Einlagen, Hitzebeständigkeit, Einfachheit der Verlegung und gutes Aussehen sind jedoch erfüllt.

Bei der Beurteilung der Frage, ob und in welchem Umfange eine Verstärkung der Stahlunterkonstruktion oder nur das Einziehen zusätzlicher Pfetten notwendig wird, hängt von den besonderen Abmessungen des vorliegenden Bauwerks ab. Es kann sehr wohl der Fall eintreten, daß das Eigengewicht der Dachhaut gegenüber dem Eigengewicht der Konstruktion selbst sowie der Wind- und Schneelast so weit zurücktritt, daß auf eine Verstärkung verzichtet werden kann. In dieser Hinsicht spielt auch das Baujahr der Unterkonstruktion eine Rolle, da die älteren Bauwerke mit einem größeren Sicherheitsgrad berechnet sind, als heute üblich ist. Die zusätzliche Belastung könnte also durch die Herabsetzung der Sicherheitszahl ausgeglichen werden.

Die Befestigung der Remy-Bimsbetonplatten auf Stahlpfetten geht aus Abb. 222 hervor. Die Zugeinlagen sämtlicher Platten werden am Auflager durch eine Drahtverknüpfung miteinander sowie durch einen Halter mit der Unterkonstruktion verbunden. Es wird dadurch den am Auflager auftretenden negativen Momenten Rechnung getragen. Nach dem Vergießen der Fugen und Verknüpfungsstellen entsteht eine zusammenhängende Dachfläche.

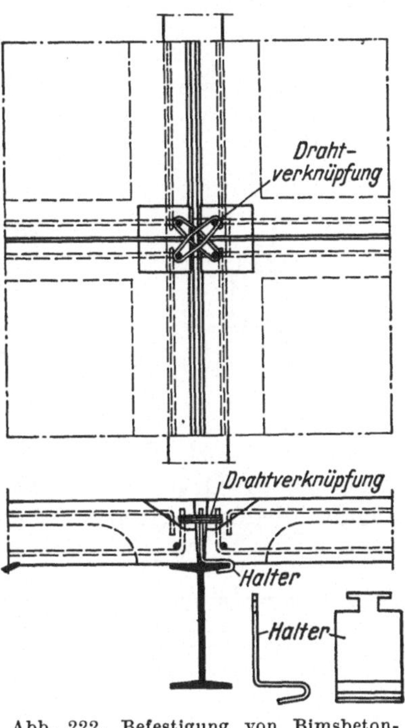

Abb. 222. Befestigung von Bimsbetonplatten auf Stahlpfetten.

42. Bahnsteigüberdachungen.

Wie bei der später in Abschnitt 7 behandelten Ausführung von Brücken unter Verwendung von Stahlbetonfertigteilen wird der Entwurf von Bahnsteigüberdachungen oft durch die Rücksichtnahme auf den Eisenbahnverkehr bestimmt. Die Aufstellung von Rüstungen und Schalungen, die Erhärtungszeit, das Entfernen der Schalungen würde den Betrieb und den Verkehr außerordentlich stören. Wenn hingegen die ein- oder zweistieligen Rahmen, die Pfetten und Platten als Stahlbetonfertigteile angeliefert werden, tritt während der Montage der Überdachung nur eine kurze Betriebsstörung ein, die Baustelle bleibt stets sauber und übersichtlich. Mit der Verlegung der letzten Dachplatte ist der Rohbau fertig und abgeschlossen. Das Aufbringen der dichtenden Dachhaut erfolgt für den Personenverkehr vollständig unsichtbar. KLEINLOGEL führt in seinem Buch[1] eine solche Bahnsteigüberdachung an.

---

[1] KLEINLOGEL: Fertigkonstruktionen. Berlin, Wilhelm Ernst & Sohn, 1929.

43. Laderampen und Bahnsteigkanten.

Wenn Laderampen und Bahnsteigkanten, wie es heute meistens der Fall sein wird, während des Eisenbahnbetriebes eingebaut werden müssen, so werden sie ebenfalls zweckmäßig aus Stahlbetonfertigteilen

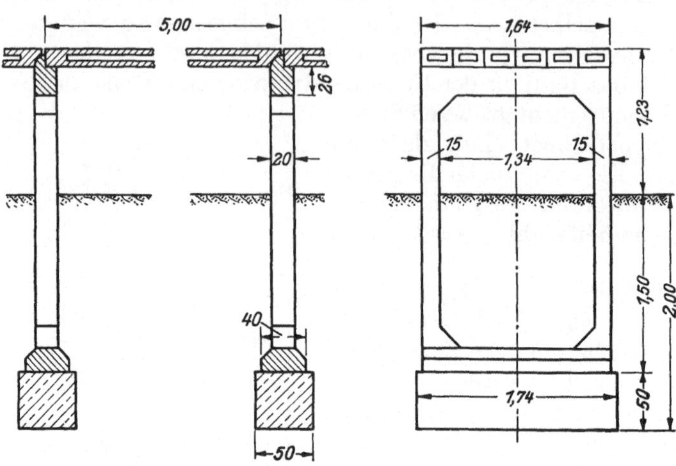

Abb. 223. Laderampe.

zusammengesetzt. KLEINLOGEL[1] beschreibt eine von der Dyckerhoff & Widmann K.-G. im Jahre 1907 auf dem Rangierbahnhof in Karlsruhe aus Stahlbetonfertigteilen aufgestellte Verladebühne. Die Bühne besteht aus 2,5 m hohen und 5 m voneinander entfernten Steifrahmen mit darübergelegten 22 cm hohen Siegwart-Hohlbalken. Die Länge der Rampe beträgt 235 m, die Nutzlast 600 kg/m² (Abb. 223).

„Nach Aushub von 16 Baugruben und dem Einbringen des Fundamentbetons für 16 Rahmen wurden die Rahmen, die stehend auf einem Eisenbahnwagen verladen waren, mit Hilfe eines fahrbaren Kranes an einem Tage versetzt."

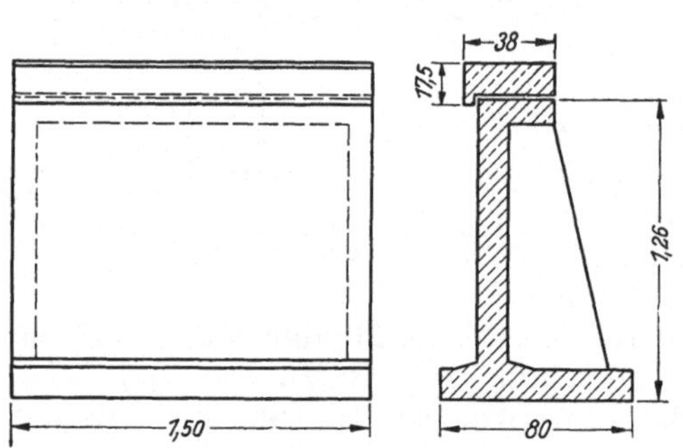

Abb. 224. Bahnsteigkante.

Abb. 224 zeigt eine vom Betonwerk Carstanjen & Cie., Duisburg, hergestellte Bahnsteigkante aus 1,50 m langen Teilen.

44. Gerüste für Umspannwerke.

Von dem Stahlsaitenbetonwerk Heidewaldburg der Deutschen Bau A.-G. wurden für die Ostpreußenwerke umfangreiche Lieferungen an

---

[1] KLEINLOGEL: Zit. S. 245.

Werkteilen für die mannigfachen Leitungsgerüste ausgeführt (Abb. 225). Die Stahlsaitenbetonfertigteile zeichnen sich durch große Leichtigkeit und Elastizität aus, so daß ein Transport auf größere Entfernung ohne Bruchgefahr möglich ist. Die Verbindung der einzelnen Teile erfolgte in einfacher Weise durch Stahlbolzen.

5. Grund- und Wasserbau.

Die Gründungen des *Wasserbaues* sind wohl das Baugebiet, bei dem am frühesten Betonfertigteile zur Anwendung kamen. Gerade im Wasserbau offenbart sich am meisten der Vorteil, die Betoneinheiten an einer günstigeren Stelle ausführen zu können als am Einbauorte selbst, wo tiefes Wasser und Wellengang nicht nur die Herstellung des Bauwerks erschweren und verteuern, sondern auch der noch nicht genügend erhärtete Beton vorzeitig den chemischen Zerstörungen des Meerwassers ausgesetzt werden würde.

Abb. 225. Gerüste aus Stahlsaitenbeton für ein Umspannwerk.

Aber auch im *Grundbau* bedient man sich aus den gleichen Gründen vielfach der Betonfertigteile.

51. Gründungsplatten (Bergbausenkungsgebiet).

Die im Abschnitt C, I, a, 3 beschriebenen schlaffen Bewehrungsstäbe aus vorgespanntem Stahlsaitenbeton erfüllen dort die an Stahlbetonfertigteile zu stellenden Bedingungen, wo für die Betonierungsarbeiten keine Schalung und Rüstung erforderlich ist, der Baufortgang also durch Ausschalungsfristen nicht aufgehalten wird. Diese Voraussetzung ist bei den durchgehenden Gründungsplatten aus Beton gegeben, die wegen der meist erheblichen Biegemomente eine genügend große Dicke aufweisen, um die starke Bewehrung aufzunehmen, die bei der Ausführung in Stahlsaitenbeton besonders große Abmessungen annimmt. Die Stahlersparnis, die schlaffe Bewehrungen aus Stahlsaitenbeton mit sich bringen, fällt bei solchen Gründungsplatten ins Gewicht.

Durchgehende Platten finden hauptsächlich im Bergbausenkungsgebiet und in den von Erdbeben heimgesuchten Gegenden zur Gründung von Wohnhäusern und industriellen Gebäuden Verwendung, um die schädlichen Wirkungen ungleichmäßiger Setzungen auszuschalten. Mit vorgespannten Betonstücken bewehrte Gründungsplatten stellen nun nicht eigentlich eine Verbundkonstruktion im alten Sinne dar, in ihnen sind vielmehr die Bestandteile des an sich amorphen Betons nach bestimmten Regeln ausgerichtet, die regellose Betonmasse hat eine Strukturveränderung erfahren, wobei Teile des Betons schon vor ihrer Inanspruchnahme durch äußere Kräfte eine innere Spannung in sich tragen. Durch die Verbindung von vorgespanntem und nicht vorgespanntem Beton erhält die Platte nunmehr ein Gefüge, das sie befähigt, Beanspruchungen auf Biegung aufzunehmen.

Wie schon früher erläutert, erhalten die Bewehrungsstäbe zwecks einfacher Herstellung vorzugsweise einen rechteckigen Querschnitt, der, hochkant gestellt, ein genügend großes Widerstandsmoment besitzt, um die zufälligen Lasten während der Bauarbeiten, z. B. das Körpergewicht der Betonarbeiter oder die Fördergeräte für den frischen Beton zu tragen, flach gelegt aber sich etwa vorhandenen Krümmungen der Plattensohle anzuschmiegen vermag.

An Stelle der Gründungsplatten gleichbleibender Dicke habe ich[1] für das Bergbausenkungsgebiet Platten mit gekrümmter Sohle vorgeschlagen. Nach MAUTNER[2] sind die beiden unter Ziffer 511 und 512 beschriebenen Fälle zu unterscheiden.

511. Das Bauwerk liegt in der Mitte des Senkungsgebietes.

Unter der Annahme einer ebenen Sohle würde die Mitte der Platte nach Abb. 226 hohl zu liegen kommen, während der Rand den ganzen Druck zu übertragen hätte. Die ursprüngliche Spannungsfigur a) würde sich im Bergbausenkungsgebiet in eine Figur b) ändern.

Setzt man jedoch eine kugelförmige Sohle voraus (Abb. 227), so ergibt sich vor der Senkung eine Spannungsfigur a), nach der Senkung eine Figur b). Im Senkungsgebiet ist eine gekrümmte Platte vorteilhafter, weil sie sich dem Gelände nach der Senkung besser anschmiegt, so daß die freitragende Länge der Platte geringer wird.

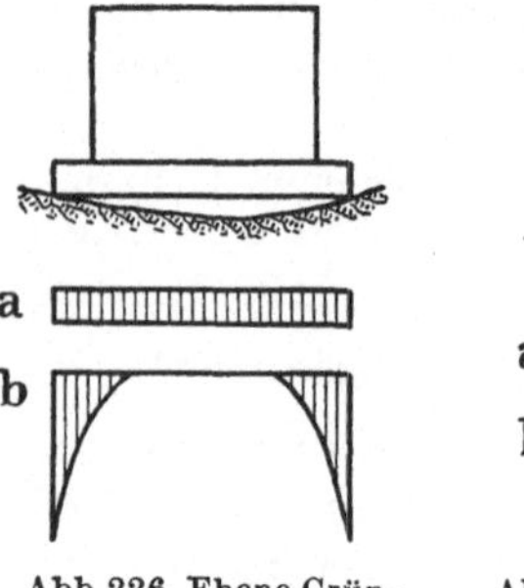

Abb. 226. Ebene Gründungsplatte im Bergbausenkungsgebiet.

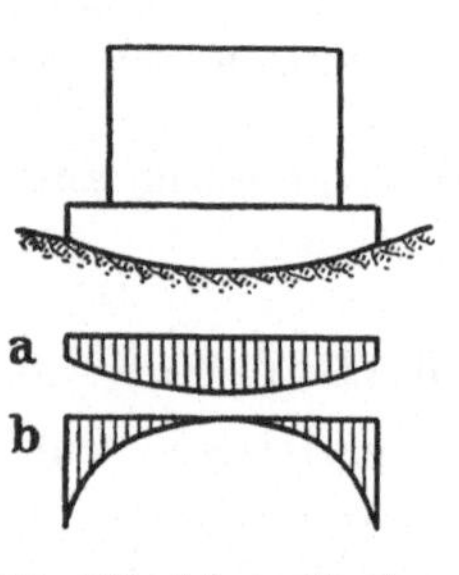

Abb. 227. Schalenförmige Gründungsplatte im Bergbausenkungsgebiet.

512. Das Bauwerk liegt am Rande oder auf dem Rande des Senkungsgebietes.

Der ungünstigere Fall liegt vor, wenn ein Teil des Gebäudes außerhalb, ein Teil jedoch innerhalb des Senkungsgebietes liegt. Nehmen wir zunächst nach Abb. 228 eine Platte mit ebener Sohle an, so wird beim Eintritt der Senkung ein Teil der Platte frei zu liegen kommen, während der übrige Teil den gesamten Druck aufnehmen soll. Wie weit die Platte überkragt, hängt davon ab, welche Randspannung das Erdreich aufzunehmen vermag. Ist bei der Berechnung der Plattengröße die Bodenbeanspruchung bereits hoch angenommen, so wird schon bei einer

[1] KIEHNE: Bauingeineur 1922, H. 2.
[2] MAUTNER: Bauingenieur 1920, H. 5.

geringen Auskragung die zulässige Bodenpressung überschritten, das Gebäude also kippen. Zu seiner Wiederaufrichtung muß später der gesenkte Teil unter großer Schwierigkeit unterfangen werden, wodurch eine ungleichmäßige Unterstützung der Platte und in dieser erhebliche Biegungsspannungen hervorgerufen werden.

Kommt nach Abb. 229 ein Bauwerk mit kugelförmiger Sohle auf die Grenze des Senkungsgebietes zu stehen, so wird sich nach der Senkung das Gebäude so weit wälzen, bis das Gleichgewicht zwischen Bodendruck und Belastung wiederhergestellt ist. Günstig wirkt dabei der Umstand, daß die in der Mitte ohnehin stark konzentrierte Belastung nur um ein weniges überschritten zu werden braucht, um diese Bewegung auszulösen. Um das Gebäude wieder aufzurichten, ist das Fundament auf der Außenseite der Senkung so weit zu untergraben,

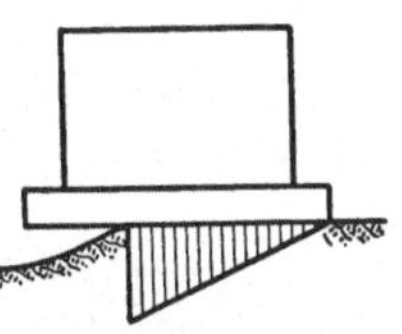

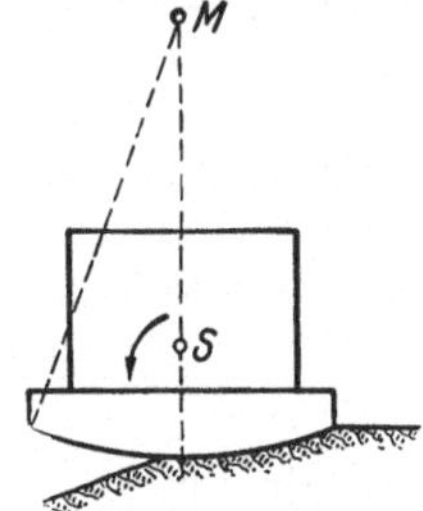

Abb. 228. Ebene Gründungsplatte an der Grenze einer Bergbausenkung.

Abb. 229. Schalenförmige Gründungsplatte an der Grenze einer Bergbausenkung.

bis dieselbe Wirkung auf der Gegenseite eintritt und sich das Gebäude von selbst wieder geradestellt. Eine nachträgliche Hinterfüllung auf der Seite der Senkung wird in den meisten Fällen nicht nötig sein, da sich das Fundament von selbst infolge des konzentrierten Druckes in der Mitte so weit senken wird, daß ein ausreichend stabiler Gleichgewichtszustand eintreten wird.

Im Bergbausenkungsgebiet wendet man also zweckmäßig eine nach einer Kugel, einem Ellipsoid oder einer ähnlichen Fläche gekrümmte Sohle an. Dabei ist das Gebäude in sich mit der Sohle zu verankern und zu versteifen.

Die Bewehrung einer solchen schalenförmigen Gründungsplatte wird man etwa wie folgt anordnen: Die unteren Bewehrungsstäbe folgen in flacher Lage der Krümmung der Plattensohle, ihre Länge paßt sich dem Momentenverlauf an. Die obere Bewehrung dient zugleich als Zubringerüstung für den Beton und ruht auf dreibeinigen Böcken mit den gleichen Stabprofilen, die zum Teil als Schrägstäbe die schiefen Hauptzugspannungen aufnehmen. Sämtliche Schrägstäbe werden in einfachster Weise durch dünne Stahldorne mit den waagrechten Bewehrungsstäben verbunden. Die Bewehrungsstäbe sind also zum Teil Hilfsabstützungen während der Bauausführung. Auch für wasserdichte Kellersohlen mit hohem Unterdruck werden schlaffe Bewehrungen aus Stahlsaitenbeton zwecks Stahlersparnis vorteilhaft angewandt.

52. Stütz- und Futtermauern.

Stütz- und Futtermauern, auch Flügelmauern werden dort errichtet, wo für die freie Entwicklung von Erdböschungen kein Platz vorhanden ist, sie „unterschneiden" die Böschungen. Um dem waagrecht oder schräg wirkenden Erddruck Widerstand zu leisten, müssen die Stütz-

mauern entweder selbst ein genügend großes Eigengewicht besitzen
(Schwergewichtsmauern) oder einen Erdkörper so umschließen, daß
dessen Gewicht zur Erzeugung eines Gegengewichtes gegen den Erddruck herangezogen wird (Winkelstützmauern).

An Stelle einer monolithischen Betonmauer kann die Stützmauer
aus Schwerbetonsteinen oder -blöcken in Mörtel gemauert oder auch
als Trockenmauerwerk ausgeführt werden. Dem letzteren wird oft der
Vorzug gegeben, wenn das sich hinter der Mauer ansammelnde Wasser
abgeleitet oder die Ansammlung überhaupt verhindert werden soll.

Den Übergang von den Schwergewichtsmauern zu den Winkelstützmauern bilden die von den nordamerikanischen Eisenbahngesellschaften
eingeführten „cribbing walls", wie sie KLEINLOGEL[1] beschrieben hat.
Sie setzen sich aus 1,20 bis 3,60 m langen I-förmigen Stahlbetoneinheiten
zusammen, die nach Abb. 230 als Läufer und Binder quer zueinander

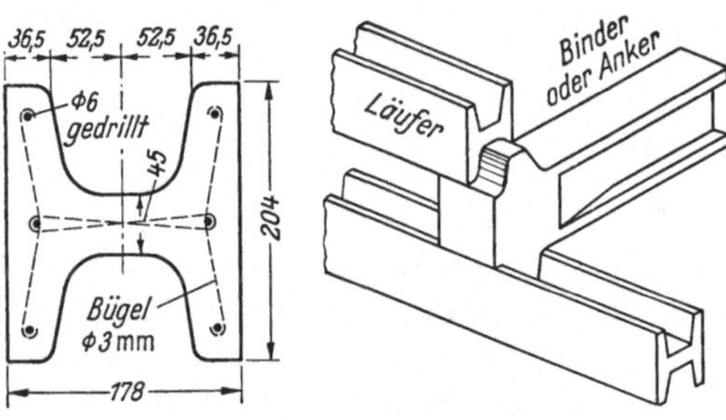

Abb. 230. Cribbing walls.

verlegt und durch hammer-
kopfartige Vorsprünge miteinander verklammert wer-
den. Diese Stahlbetonfertigteile durchsetzen in einem
bestimmt umgrenzten Um-
fange den amorphen Erd-
körper und geben ihm, etwa
einem Kristallgitter ver-
gleichbar, ein regelmäßiges
Gefüge, das ihn befähigt,
als einheitlicher und selb-
ständiger Körper zu wirken. Man könnte mit gleichem Recht von einer
„Bewehrung" des Erdkörpers sprechen, der auf diese Weise zu einem
Verbundkörper wird. Das Raumgewicht dieses Verbundkörpers ist um
etwa 0,1 t/m³ größer als das des Erdreiches selbst. Die Erde überwiegt
jedenfalls bei weitem den Gehalt an Stahlbeton, so daß die Kennzeichnung als Trockenmauerwerk mit weiten Fugen weniger Berechtigung hat.
Die Weite dieser waagrechten Fugen steht jedoch in einer gewissen Beziehung zu den Abmessungen der Bindereinheiten, da die Bildung einer
kurzen Erdböschung zwischen ihnen möglich sein muß. Die freie Erdböschung wird gewissermaßen in viele kleine übereinanderliegende Bö-
schungsanteile zerlegt.

Wie auch die Auffassung sei, der Aufwand von etwa 0,13 m³ Stahlbeton für 1 m³ Erdreich, also das „Bewehrungsverhältnis" ist äußerst
gering, so daß eine Wirtschaftlichkeit der Bauweise wahrscheinlich ist,
sie hätte wohl auch sonst nicht eine so große Verbreitung in Nordamerika
gefunden.

Auch Winkelstützmauern lassen sich aus Stahlbetonfertigteilen zusammenstellen. Bei kleinerer Erdhöhe bis zu etwa 1,0 m genügen einfache Winkelformen, die in Stücken von 0,50 m Breite nebeneinander
versetzt werden, wobei die Fugen durch Betonplatten oder -steine gegen

---

[1] KLEINLOGEL: Zit. S. 245.

das Durchrieseln des Erdreiches gesichert werden. Bei größeren Abmessungen muß zur Gewichtsersparnis die Winkelstützmauer aufgelöst, d. h. mit Versteifungsrippen versehen werden.

In Abb. 231 ist eine derartige Winkelstützmauer dargestellt, wie sie von der Grün & Bilfinger A.-G. als Teil einer Kaimauer im Hafen von Lobito (Portug.-Angola) auf einem besonderen Werkplatz hergestellt, über eine Entfernung von 350 m mit Plattwagen beigefahren und mit einem portalkranartigen Gerüst versetzt wurde. Das Gewicht dieser Fertigteile betrug rund 30 t. Wenn die Tragfähigkeit der Versetzgeräte

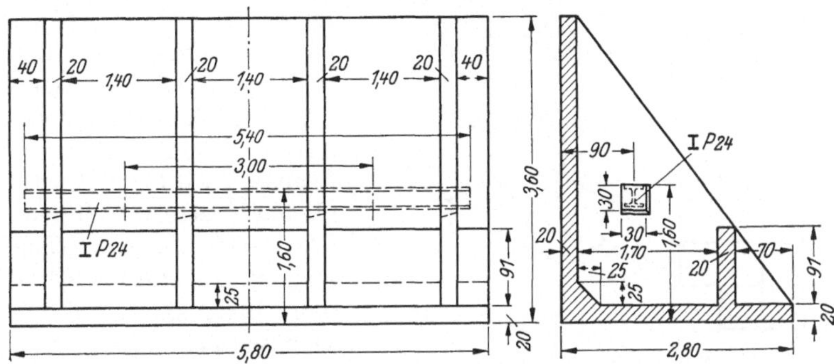

Abb. 231. Winkelstützmauer mit Versteifungsrippen.

nicht mehr ausreicht, müssen die zu schwer gewordenen Abschnitte der Winkelstützmauer in einzelne Teile zerlegt werden, nämlich einen Dreiecksrahmen sowie Stahlbetonplatten als waagrechte und senkrechte Bekleidung.

53. Böschungsbefestigungen, Großpflaster.

Im Fluß- und Seebau werden Buhnen, Leit- und Deckwerke durch eine Abpflasterung gegen den Angriff der Strömung und der Wellen geschützt. Das Pflaster wird meist mit offenen Fugen verlegt, um der befestigten Böschung eine gewisse Schluckfähigkeit für die auflaufenden Wellen zu verleihen und um etwaige Unterwaschungen sofort erkennen und ausbessern zu können. Die Unterlage des Pflasters soll filterartig aus Steinschlag oder aus Buschwerk hergestellt werden, damit der darunter befindliche Boden nicht durch die Pflasterfugen ausgespült wird. Für Pflaster aus Natursteinen werden die sechseckigen Basaltsäulen von etwa 30 bis 40 cm Höhe bevorzugt. Das unregelmäßige Natursteinpflaster verlangt handwerkliches Können und kann nur von gelernten Pflasterern ausgeführt werden.

Künstliche Pflastersteine aus Beton hingegen lassen sich sehr gleichmäßig und maßgerecht herstellen und von ungelernten Arbeitern versetzen.

Es fragt sich nun, welche Form diese Pflastersteine aus Beton zweckmäßig erhalten. Eine ebene Fläche läßt sich nur auf drei Arten mit einem Netz regelmäßiger Vielecke belegen, es sind dies das gleich-

seitige Dreieck, das Quadrat und das regelmäßige Sechseck (Abb. 232).
Für die Auswahl spielt nach dem vorher Gesagten die Anzahl der Fugen
im Verhältnis zur Oberfläche des Pflastersteines keine Rolle, wichtig ist
vielmehr die Art und Weise, wie der einzelne Pflasterstein von den
Nachbarsteinen gehalten und eingeklemmt wird. Das gleichseitige Dreieck, das schon wegen seiner spitzen Ecken ausscheidet, wird nur von drei
Nachbarsteinen umgrenzt.
Werden Pflastersteine von
quadratischem Querschnitt
schachbrettartig verlegt, so
besitzt ein Stein 4 Nachbarsteine. Werden sie hingegen
im Verband versetzt, so erhöht
sich diese Zahl auf 2 volle und
4 halbe Nachbarsteine. Beim
Sechseck wird die Höchstzahl
ebenfalls erreicht, indem ein
Pflasterstein von 6 Nachbarsteinen eingefaßt wird. Diese
den Basaltsäulen ähnlichen
sechsseitigen Betonprismen,
die sog. Wabensteine, werden
deshalb auch allgemein be-

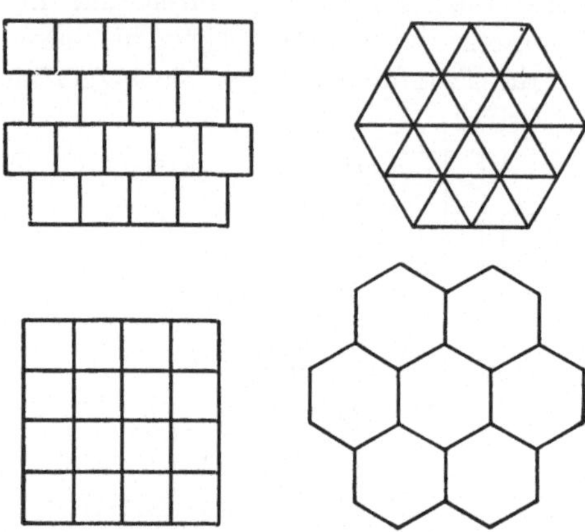

Abb. 232. Verschiedene Formen von Böschungs-
pflaster aus Betonsteinen.

vorzugt. Der ein- oder umbeschriebene Kreisdurchmesser soll etwa
gleich ihrer Höhe sein[1].

Die Wabensteine werden in großen Flächen hergestellt, wobei drei-
strahlige Sternformen aus Stahlblech die Schalung bilden, die bald nach
dem Anziehen des Betons gezogen werden. Für den Boden der Schleuse
in Amfreville (Frankreich) wurde die Herstellung solcher Wabensteine
gleich an Ort und Stelle vorgenommen.

54. Hafendämme aus Betonblöcken.

Die Hafendämme werden entweder aus Steinen oder Blöcken geschüttet oder aus größeren Blockeinheiten im Verband zusammengesetzt,
oder es greift eine gemischte Bauweise Platz. Bei diesen Bauwerken
haben Beton- und Stahlbetonfertigteile bis zu den größten Abmessungen
eine vielseitige Anwendung gefunden.

541. Das Blockgewicht in Abhängigkeit vom Raumgewicht des Betons.

Ein in einem Flußlauf oder im Meere versenkter Steinblock unterliegt nach Abb. 233 drei verschiedenen Kräften, die ihn umzukanten
oder zu verschieben trachten, dem statischen Überdruck D des an-
gestauten Wassers, dem durch die Strömung oder den Wellenschlag
verursachten Druck und Sog P und der an seiner Oberfläche wirkenden
Flüssigkeitsreibung S. Der Gesamtdruck P' greift mit einem Hebelarm e

---

[1] Betonkalender 1944, II., S. 391.

an. Dann ist im Grenzfalle das Umsturzmoment gleich dem Standsicherheitsmoment:

$$P' \cdot e = G \cdot d \,,$$

$$\frac{P'}{G} = \frac{d}{e} = \varkappa \,,$$

$$P' = \varkappa \cdot G \,. \tag{1}$$

Die Standsicherheit ist also um so größer, je höher das Blockgewicht G ist.

Auch in bezug auf die Sicherheit gegen Gleiten läßt sich ähnliches nachweisen. Der Grenzzustand des Gleitbeginns tritt ein, wenn der gesamte Horizontaldruck P' gleich dem Reibungswiderstand R ist.

Bei einem einzelnen im Wasser liegenden Block spielt der Druck und Sog P infolge der Geschwindigkeit v des vorbeiströmenden Wassers die Hauptrolle, während die Kräfte D und S als klein neben P vernachlässigt werden können. Wir setzen daher

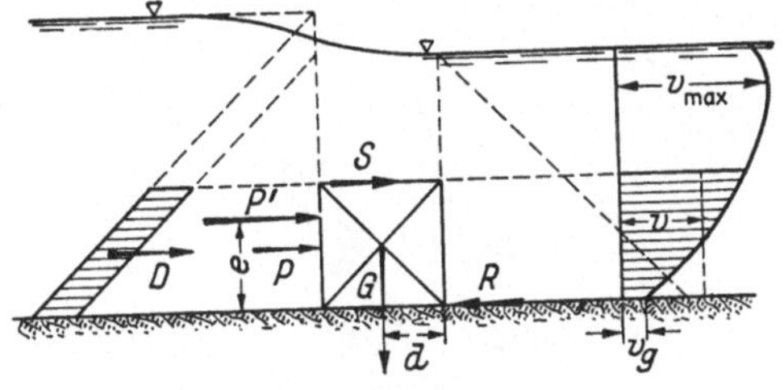

Abb. 233. Kräfte, die auf einen im fließenden Wasser liegenden Block wirken.

$$P' = P = R = \mu \cdot G \,. \tag{2}$$

Bezeichnet man mit F die von der Strömung des Wassers getroffene Querschnittsfläche des Blockes, mit γ das Raumgewicht des Blockes, und nimmt man ferner das Raumgewicht des Wassers mit 1 an, so beträgt der Druck an der Vorderseite und der Sog an der Rückseite je

$$\Psi \cdot F \cdot \frac{v^2}{2g} \,.$$

Der Faktor Ψ ist hierbei ein von der Form des Blockes abhängiger Beiwert. Es ist also

$$P' = P = 2 \cdot \Psi \cdot F \cdot \frac{v^2}{2g} = \Psi \cdot F \cdot \frac{v^2}{g} \,.$$

Setzt man für die weiteren Betrachtungen einen würfelförmigen Block mit Kantenlänge a voraus, so ist

$$P' = P = \Psi \cdot a^2 \cdot \frac{v^2}{g} \tag{3}$$

und das Gewicht des eingetauchten Blockes

$$G = a^3 \, (\gamma - 1) \,. \tag{4}$$

Durch Elimination von P und G aus den Gleichungen (2), (3) und (4) erhält man als Kantenlänge des Würfels, wenn der Grenzzustand des Gleitens erreicht ist

$$a = \frac{\Psi \cdot v^2}{g \cdot \mu \cdot (\gamma - 1)} \,. \tag{5}$$

Es sollen nun zwei verschiedene Stoffe mit den Raumgewichten γ_1 und γ_2 miteinander verglichen werden, dann wird, bei gleicher Form, gleichem Reibungswert und gleicher Wassergeschwindigkeit

$$\frac{a_1}{a_2} = \frac{\gamma_2 - 1}{\gamma_1 - 1}. \tag{6}$$

Die linearen Abmessungen der Würfel verhalten sich also umgekehrt wie die Raumgewichte unter Wasser.

Für die Rauminhalte der Würfel wird:

$$\frac{V_1}{V_2} = \frac{a_1^3}{a_2^3} = \frac{(\gamma_2 - 1)^3}{(\gamma_1 - 1)^3}. \tag{7}$$

Vergleicht man z. B. Granit mit dem Raumgewicht $\gamma_1 = 3{,}0$ und Sandstein mit dem Raumgewicht $\gamma_2 = 2{,}0$ miteinander, so ergibt sich das Verhältnis der Rauminhalte zu

$$\frac{a_1^3}{a_2^3} = \frac{(2 - 1)^3}{(3 - 1)^3} = \frac{1}{8}.$$

Ein Block aus Sandstein muß also 8 mal so groß sein wie ein solcher aus Granit, damit er nicht weggeschwemmt wird. Für das Verhältnis der Gewichte ergibt sich:

$$\frac{G_1}{G_2} = \frac{V_1 \cdot \gamma_1}{V_2 \cdot \gamma_2} = \frac{(\gamma_2 - 1)^3 \cdot \gamma_1}{(\gamma_1 - 1)^3 \cdot \gamma_2}$$

$$= \frac{1}{8} \cdot \frac{3}{2} = \frac{3}{16} = \text{rd. } \frac{1}{5}.$$

Der Sandsteinblock muß also 5 mal schwerer sein als der Granitblock, wenn er dem Wellenstoß in gleicher Weise standhalten soll.

Hieraus folgt, daß im Wasserbau Baustoffe von möglichst großem Raumgewicht zu wählen sind.

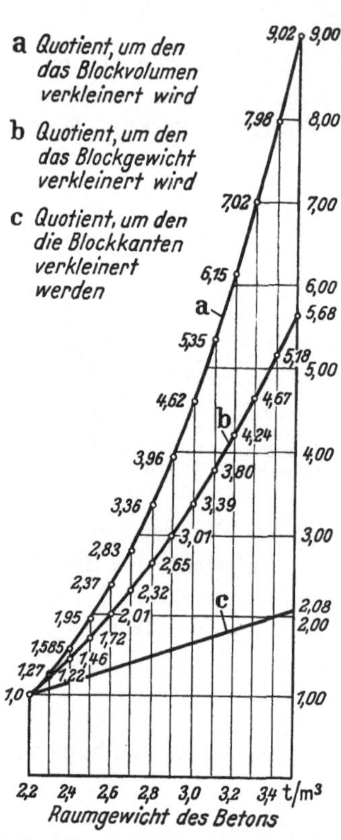

Abb. 234. Blöcke, die bei gleichen Verhältnissen zu gleiten beginnen.

In Abb. 234 sind Schwerbetonarten von verschiedenem Raumgewicht einem Regelbeton von 2,2 t/m³ Raumgewicht gegenübergestellt. Aus den vorstehenden Überlegungen ergibt sich, daß man mit kleineren Blöcken von hohem Raumgewicht die gleiche Wirkung wie mit größeren Blöcken von niedrigerem Raumgewicht erreichen kann. Durch Anwendung von Schwergewichtsbeton wird zwar im allgemeinen keine Baustoffersparnis erzielt, da der gegebene Raum mit Blöcken irgendwelcher Form ausgefüllt werden muß, die Anfertigung und Verlegung kleinerer Einheiten ist aber leichter, und die Sicherheit gegen die Gewalt der Wassermassen größer.

Ein Zahlenbeispiel möge dies erläutern:

Einem würfelförmigen Betonblock (2,2 t/m³) von 1,0 m Kantenlänge ist ein solcher mit einem Raumgewicht 3,0 t/m³ von $\frac{1,2}{2,0} \cdot 1,0 = 0,60$ m Kantenlänge gleichwertig. Der erste Block wiegt 2,2 t, der zweite $0,6^3 \cdot 3,0 = 0,65$ t. Würde man die kleineren Würfel dicht an dicht ohne jeden Hohlraum aneinanderpacken, so wären 4,65 Würfel nötig, um 1 m³ auszufüllen. Während der größere Würfel $1,0 \cdot 2,2 = 2,2$ t wiegt, wiegen die 4,65 Würfel zusammen $4,65 \cdot 0,65 = 3,0$ t. Nun ist bei der Schüttung kleinerer Blöcke mit einer erheblich größeren Auflockerung zu rechnen, die sicherlich $\frac{3,0}{2,2} - 1,0 = 36\%$ betragen dürfte. Man kann daher annehmen, daß das Gesamtgewicht der kleineren Blöcke gleich dem der größeren Blöcke ist, dagegen ist das zu versetzende *Einzel*gewicht der kleineren Blöcke $\frac{2,2}{0,65} = 3,4$ mal geringer als das der größeren Blöcke.

Auf S. 20 ff. ist ausgeführt worden, daß der Schwergewichtsbeton für Schüttblöcke entweder aus besonders schweren Zuschlagstoffen oder aus gewöhnlichen Zuschlagstoffen mit besonders abgestimmter Kornabstufung bereitet wird. Der letztere Weg ist bei der Hafenmole von Cannes (Abb. 235) gewählt worden, wo den Betonblöcken grobe Stücke aus Granit zugesetzt wurden.

Abb. 235. Hafenmole in Cannes.

542. Geböschte Hafendämme aus Stein- und Blockschüttungen.

Wasserbauliche Erörterungen allgemeiner Art sollen hier keinen Platz finden, da sie in anderen Lehrbüchern nachgeschlagen werden können. Behandelt werden soll nur die eigentliche Verwendung von Betonfertigteilen in Form von schweren Blöcken. Die Innenböschungen der Molen und Wellenbrecher haben meist den natürlichen Böschungswinkel 1:1, während die Außenböschung, wenigstens im oberen Teil, je nach dem Seegang flacher gehalten ist. Im Innern des Dammes werden die leichteren Schüttsteine angeordnet, nach außen, besonders in dem den Wellen ausgesetzten oberen Teil nimmt die Größe zu. Abb. 235 zeigte bereits den Wellenbrecher im Mittelmeerhafen von Cannes im Bilde. Die chilenische Tochtergesellschaft der Philipp Holzmann A.-G. hat beim Ausbau des Hafens von Iquique (Chile) den 846 m langen Wellenbrecher zum Teil als Blockschüttung nach Abb. 236

ausgeführt[1]. Die Aufbaublöcke im Gewicht von 65 t und die Böschungsblöcke im Gewicht von 40 t wurden mit einem Titankran

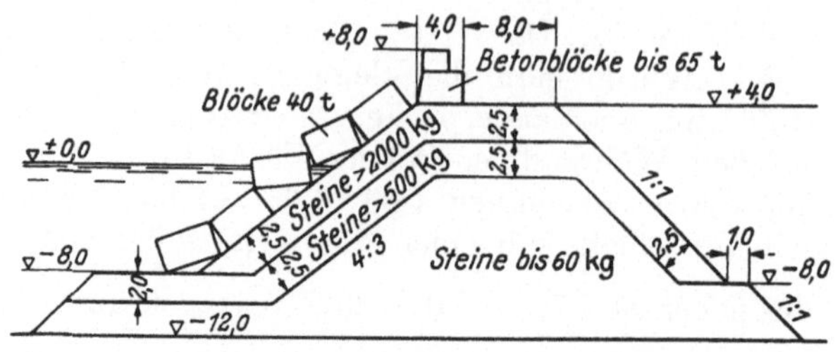

Abb. 236. Querschnitt des geböschten Wellenbrechers von Iquique.

auf drei Lagen von Schüttsteinen aus Diorit versetzt, deren Gewicht in der untersten Lage bis 60 kg, darüber bis 500 kg und in der obersten Lage bis 2000 kg betrug.

543. Massive Hafendämme aus aufgesetzten Blöcken.

Die älteren Bauweisen bestehen aus künstlichen Blöcken, die mit leichter Verzahnung übereinander getürmt sind, wie dies die Agha-Mole (Abb. 237) und die später teilweise eingestürzte Mustafa-Mole (Abb. 238) in

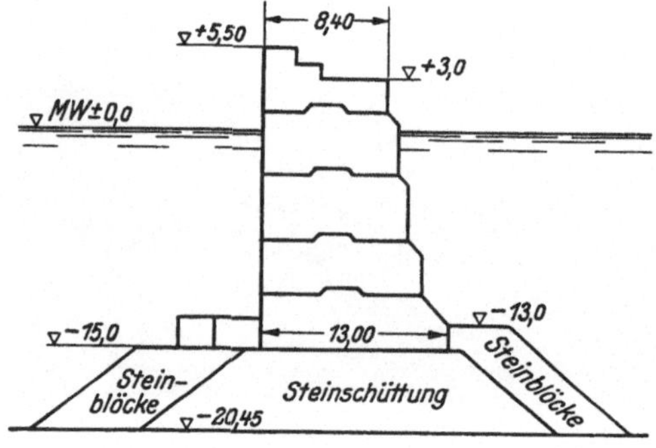

Abb. 237. Querschnitt der Agha-Mole (Algier.)

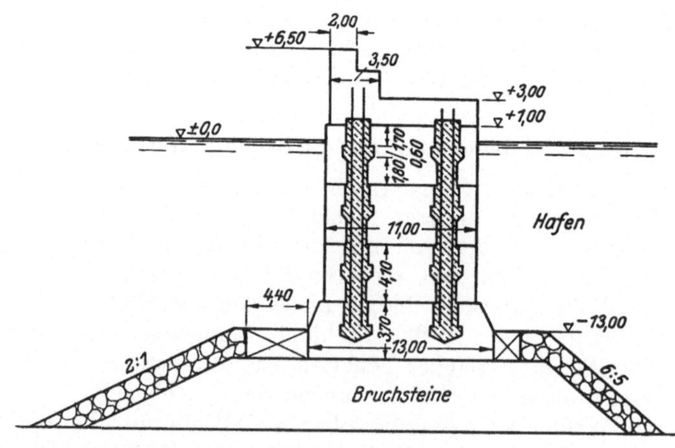

Abb. 238. Querschnitt der Mustafa-Mole (Algier).

---

[1] RITTER: Der Ausbau des Hafens von Iquique (Chile) Werft, Reederei, Hafen 1936, H. 20.

Algier zeigen. Die Verankerung wird bei diesen Bauwerken durch ausbetonierte senkrechte Löcher verstärkt[1].

Bei Kolonialbauten (Afrika) muß an Beton gespart werden, da der dazu erforderliche Zement aus Europa eingeführt werden muß. Die Blöcke wurden deshalb z. B. für den Hafen Assab als Hohlblöcke oder in I-Form hergestellt, wobei die Hohl- und Zwischenräume mit Schütt-

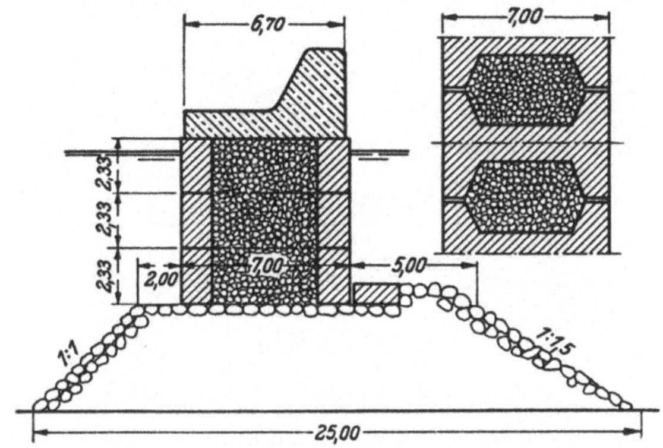

Abb. 239. Massiver Hafendamm in Assab.

steinen oder Magerbeton ausgefüllt wurden (Abb. 239). Bei dem Wellenbrecher von Assab wogen die einzelnen Blöcke etwa 180 t, volle Blöcke hätten über 300 t gewogen.

544. Gemischte Bauweise.

Der Baustoffaufwand ist bei Steinschüttungen wegen der breiten Böschungen größer als bei Molen mit senkrechten Wänden, dagegen sind die letzteren wegen der stärkeren Wellenangriffe mehr gefährdet. Eine gemischte Bauweise, bei der der untere Teil des Dammes aus einer Steinschüttung, der obere aus einer Blockmauer besteht, ist daher zuweilen wirtschaftlicher.

Der Wellenbrecher von Iquique (Abb. 236) wurde in seiner Fortsetzung im unteren Teile aus einer Steinschüttung, im oberen Teile als senkrechte Blockmauer ausgeführt, wobei die Blöcke in schräg gestellten Pfeilern übereinander versetzt wurden. Ein Querschnitt des Wellenbrechers mit schrägen Betonblöcken ist in Abb. 240 wiedergegeben.

Folgende Einzelheiten und Zahlenangaben seien dem Bericht von RITTER[2] entnommen:

Das Mischungsverhältnis des Betons betrug bei den Blöcken des Wellenbrechers 170 kg Zement auf 425 l Sand von 0 bis 3 mm Korngröße und 940 l Schotter in einer Korngröße von 3 bis 60 mm. Aus Sparsamkeitsgründen und zur Erhöhung des Raumgewichts wurden dem Beton der Blöcke etwa 11% Füllsteine in Größen bis zu etwa 30 kg Gewicht beigefügt. Bei einem spezifischen

---

[1] Die Angaben wurden der Arbeit von EDGAR SCHULTZE: Hafenbau in Afrika, Beiträge zur Kolonialforschung entnommen. Berlin: Dietrich Reimer.

[2] RITTER: Zit. S. 256.

Gewicht des Gesteins von 2,8 t/m³ ergab sich dabei ein Raumgewicht des Betons von 2,6 t/m³. Da in Iquique Mangel an Süßwasser herrscht, wurde für die Zubereitung des Betons Seewasser zugelassen. Die Betonblöcke wurden in Stahlschalungen hergestellt, nach 8 Tagen konnten die Formen entfernt und nach weiteren 20 Tagen die Blöcke gestapelt werden. Erst nach Ablauf von mindestens 60 Tagen nach Herstellen eines Blockes durfte er versetzt werden.

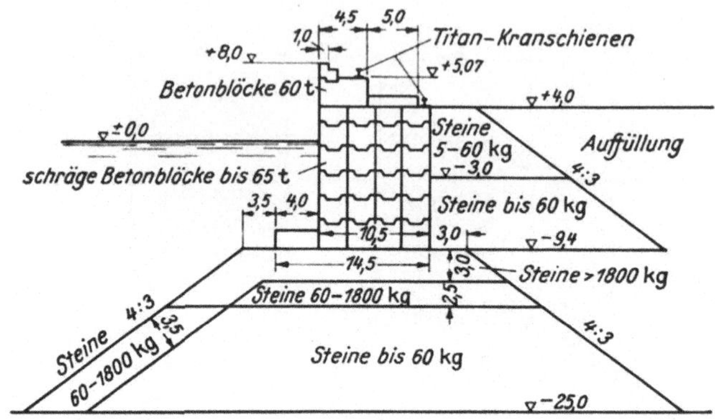

Abb. 240.   Querschnitt des Wellenbrechers Iquique in gemischter Bauweise.

Aus diesen Forderungen ergab sich die Grundfläche des Blockwerkplatzes mit einer Länge von 280 m und einer Breite von 35 m (Abb. 241). „Von dieser Fläche diente ein 9,00 m breiter Streifen zum Betonieren und ein ebenso breiter Streifen zum Stapeln der Blöcke. Zwischen dem Betonierungsplatz und dem Zement-

Abb. 241. Blockwerkplatz in Iquique.

schuppen lagen drei an verschiedenen Stellen durch Weichen miteinander verbundene Feldbahngleise mit 600 mm Spur für die Anfuhr der Betonbaustoffe. Zwischen Betonierungs- und Stapelplatz war das Verladegleis für die Blöcke angeordnet und außerhalb des Stapelplatzes noch ein Durchfahrtsgleis. Über dem Betonierungsplatz liefen auf die ganze Länge zwei Betoniergerüste mit je einer Mischmaschine von 1 m³ Trommelinhalt, die durch Aufzug beschickt wurde. Den ganzen Blockwerkplatz überspannte der Torkran (Abb. 242), der zum Versetzen und Aufladen der Betonblöcke diente. Bei einer Spannweite von 27 m hatte dieser Kran eine Tragfähigkeit von 65 t.

Zum Bau des Wellenbrechers diente ein elektrisch betriebener Titankran (MAN), der bei 20 m Ausladung eine Tragkraft von 65 t und bei 28 m Ausladung

Abb. 242. Torkran auf dem Werkplatz in Iquique.

eine solche von 45 t besaß (Abb. 243). Die größte Hubhöhe betrug 24,50 m, d. h. von −12,00 m bis +12,50 m. Der Titankran lief auf zwei Schienen, die, wie aus Abb. 240 ersichtlich, so angeordnet waren, daß der Ausgleichbeton auf dem Wellenbrecher, der erst 3 Monate nach Versetzen der Blöcke aufgebracht werden

Abb. 243. Titankran beim Versetzen von 65 t schweren Blöcken.

durfte, das Zurückfahren des Kranes nicht hinderte. Mit dem Versetzen der Blöcke durfte erst begonnen werden, nachdem die Steinschüttung 6 Monate alt war, um ein genügendes Setzen dieser Schüttung zu gewährleisten."

55. Ufermauern und Bohlwerke.

551. Ufermauern.

Wie für die Hafendämme ist in den Häfen Afrikas, besonders am Mittelmeer, auch für die Kaimauern die Blockbauweise verbreitet, da

für ihren Aufbau nur ein Kran zum Versetzen nötig ist, während die
Blöcke selbst auf einem abseits gelegenen Werkplatz betoniert werden.

„Die Bauwerke bestehen aus mehreren treppenartig übereinandergesetzten
Blöcken, deren Gewicht meist von der Tragfähigkeit des Kranes abhängt und
bis 400 t betragen kann. Die Blöcke werden auf eine Steinschüttung gesetzt, um
den Druck auf eine größere Fläche des darunterliegenden Baugrundes zu verteilen
und damit die unvermeidlichen Setzungen zu verringern. Fast in allen Fällen
ist es üblich, zur Ersparnis an Mauerquerschnitt die Bauwerke mit Schüttsteinen etwa unter der Neigung 1:1 zu hinterfüllen und damit den Erddruck herabzusetzen.“

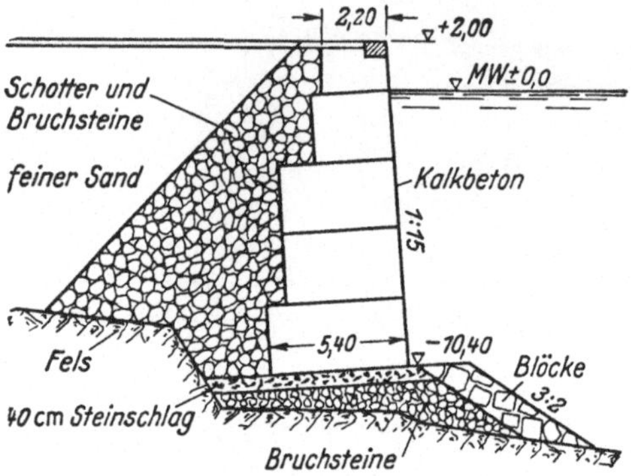

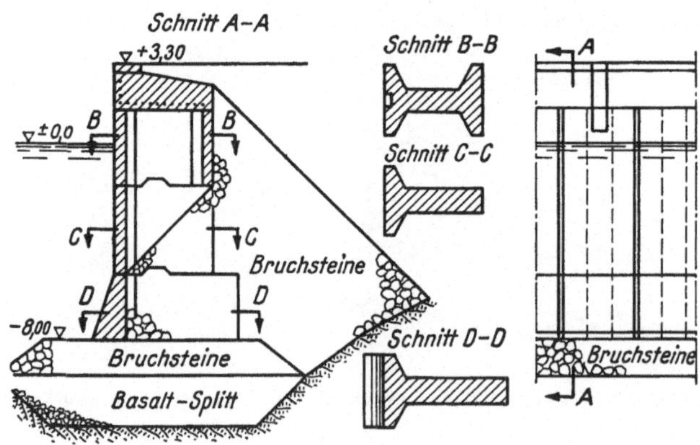

Abb. 244. Kaimauer in Oran.

Abb. 244 stellt eine in den Jahren 1923 bis 1924 erbaute massive Kaimauer in Oran dar.

Zur Verminderung der Blockgewichte und der Belastung des Untergrundes bildete RAVIER die Blöcke mit T- und I-förmigem Grundriß aus. Die untersten Blöcke erhielten T-Form, die obersten I-Form. Auf diese Weise wurde
der Mauerquerschnitt mit der Steinschüttung durchsetzt, deren Reibung
an den senkrechten Flächen der Blöcke genügte, um ein Zusammenwirken beider zur Aufnahme der waagrechten Kräfte hervorzurufen.

Abb. 245. Kaimauer in Djibouti.

Hinzu kam das volle senkrechte Eigengewicht auf die Rippen der
T-Blöcke. Der unterhalb des I-förmigen Blockes sich bildende freie
Raum wirkte günstig für den Verlauf der Stützlinie. Die Ravier-Bau-
weise ähnelt dem Grundgedanken der cribbing walls, den auf S. 250
beschriebenen amerikanischen Stützmauern.

Abb. 245 zeigt eine Kaimauer aus Ravier-Blöcken in Djibouti[1]. Die verschiedenen Blöcke, die nicht bewehrt sind, haben alle etwa das gleiche Gewicht von 45 t, so daß die Tragfähigkeit des Kranes gleichmäßig ausgenutzt werden konnte.

552. Bohlwerke.

Abb. 246 zeigt ein Hafenbohlwerk, das für das Stahlsaitenbetonwerk der Deutschen Bau A.-G. in Heidewaldburg bei Königsberg entworfen wurde und kurz vor der Ausführung stand. Sämtliche Teile des 100 m

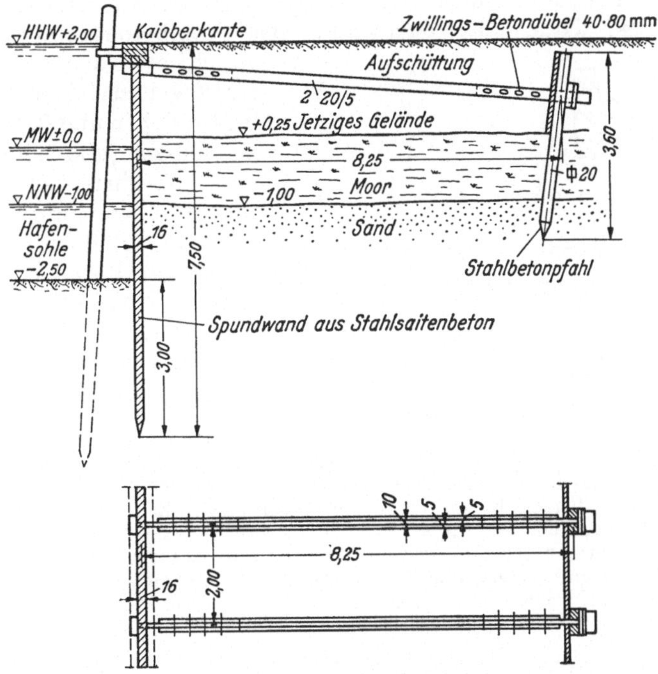

Abb. 246. Hafenbohlwerk aus Stahlsaitenbetonfertigteilen.

langen Bohlwerks mit Ausnahme des Holmes waren aus fabrikmäßig hergestellten Fertigteilen aus Stahlsaitenbeton vorgesehen. Um die Ungenauigkeiten beim Rammen der Spundbohlen auszugleichen, sollte der Holm später aufbetoniert werden.

Der am Südufer des Frischen Haffs geplante Hafen sollte der Löschung von Kies und Zement und der Verladung der Fertigerzeugnisse dienen. Vor der Rammung der Spundwand war beabsichtigt, den anstehenden Moorboden durch eine Sandauffüllung zu ersetzen. Die Tiefe des Hafens war mit 2,50 m unter MW. angenommen, die Dicke der Spundbohlen betrug 16 cm. Als Verankerung sollten je zwei 5 cm dicke Bohlen aus vorgespanntem Stahlsaitenbeton von 20 cm Breite dienen,

<hr>

[1] Vgl. Bauingenieur 1935, H. 39/40.

die durch Betondübel von elliptischem Querschnitt mit den hammer-
kopfförmigen ausgebildeten Anschlußstücken zu verbinden waren. Die
Dübellöcher waren länglich vorgesehen, damit den Ankern vor dem
Einsetzen der Dübel durch Flaschenzüge die erforderliche Vorspannung
gegeben werden konnte. Die Rückhalteplatten aus Stahlsaitenbeton-
platten sollten sich gegen eingerammte Stahlsaitenbetonpfähle legen.
Der Betoninhalt für 1 lfd. m des Hafenbohlwerks betrug etwa 2 m³, der
Stahlbedarf 150 kg.

Eine verankerte Ufermauer aus Stahlbetonfertigteilen wurde bereits
in den Jahren 1912 und 1913 in Tanga (Ostafrika) durch die Grün &
Bilfinger A.-G. ausgeführt und von KLEINLOGEL[1] wiedergegeben. Der
in Abb. 247 dargestellte Querschnitt der Stahlbetonspundwand entspricht etwa den nach Abb. 87
entwickelten Grundsätzen. Die
0,70 m hohen und 0,215 m dik-
ken Ankerstäbe sind durch
stark bewehrte Gelenkbolzen
aus Stahlbeton mit den zwischen je 2 Pfählen eingescho-
benen gabelförmigen Anker-
balken einerseits und der
rückwärtigen Ankerplatte andererseits verbunden.

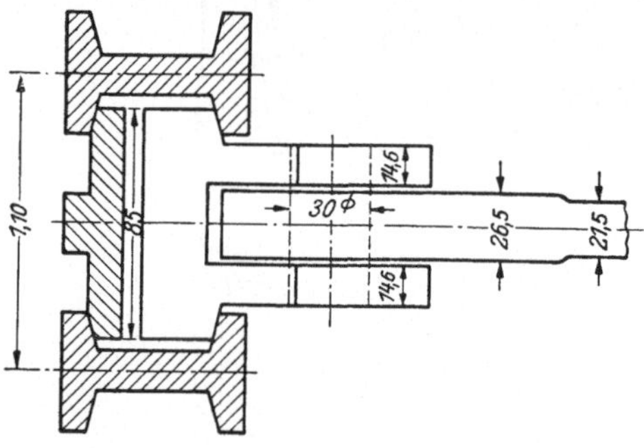

Abb. 247. Hafenbohlwerk in Tanga (Ostafrika).

„Der Leitgedanke bei der Aufstellung des Entwurfes war der,
daß, soweit möglich, alle einzelnen
Konstruktionsteile in Deutschland hergestellt werden können und somit auf der
Baustelle nur noch zusammengesetzt zu werden brauchen. Diese Ausführungsweise war mit Rücksicht auf die sehr beschränkte Zahl verfügbarer weißer
Arbeitskräfte geboten, da nur so für die Güte der einzelnen Konstruktionsteile
eine sichere Gewähr geleistet werden konnte, und bot außerdem den Vorteil,
daß die Ausführung an Ort und Stelle rasch vor sich gehen konnte. Die einzelnen
Teile mußten infolgedessen so ausgebildet werden, daß durch den Seetransport
kein ernstlicher Schaden zu befürchten war"[1].

56. Senkkästen.

Als Senkkästen sollen allgemein solche Stahlbetonfertigeinheiten von
größeren Abmessungen bezeichnet werden, die auf Werften oder Kai-
anlagen hergestellt, zu der Baustelle befördert oder auch dort selbst
hergestellt und in freier Luft oder unter Druckluft abgesenkt werden,
um in ihrer endgültigen Lage als Gründungskörper für Bauwerke zu
dienen. Die Konstruktion und die Handhabung der Senkkästen sind in
den einschlägigen Fachbüchern eingehend behandelt worden, so daß hier
nur die Gesichtspunkte hervorzuheben sind, die unmittelbar auf die
Eigenschaft des Senkkastens als Stahlbetonfertigteil Bezug haben, nämlich in der Hauptsache die Art der *Fortbewegung*, und zwar in waagrechter Richtung vom Herstellungsort zur Baustelle und in senkrechter
Richtung für die Absenkung auf den tragfähigen Baugrund.

---

[1] KLEINLOGEL: Zit. S. 245.

Die nachstehenden Ausführungen unterscheiden also die verschiedenen Arten der Senkkästen nach der Art ihrer Beförderung vom Herstellungs- zum endgültigen Einbauort.

561. Beförderung mittels schwimmender oder sonstiger Hebezeuge.

Diese Beförderungsart kommt in Betracht, wenn das Gewicht der Einheiten der Tragfähigkeit der vorhandenen Hebezeuge angepaßt

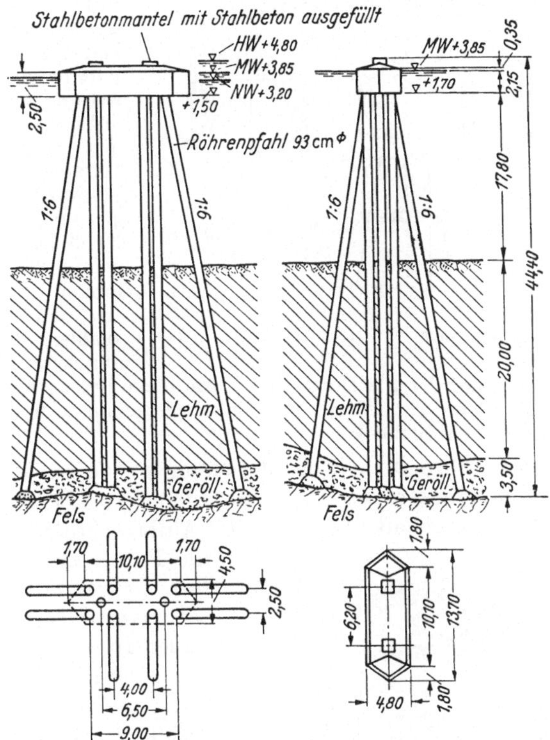

Abb. 248. Gründung der Pfeiler für die Lidingöbrücke bei Stockholm.

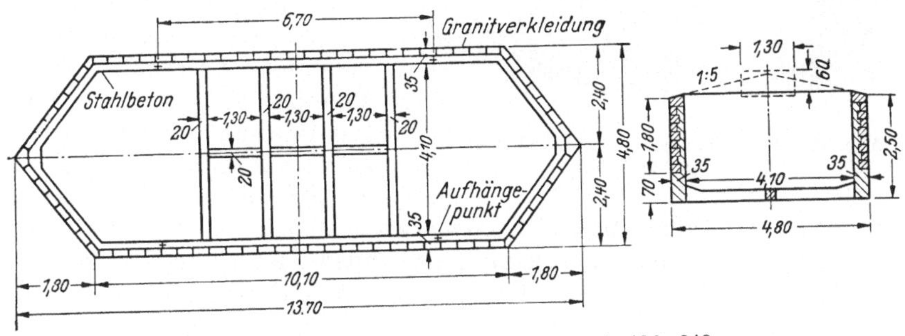

Abb. 249. Pfeilermantel der Gründung nach Abb. 248.

werden kann und ihre Form die Aufhängung z. B. an schwimmenden Transportmitteln gestattet.

„Die Pfeilerköpfe der von der Grün & Bilfinger A.-G. ausgeführten Gründung der *Lidingöbrücke bei Stockholm* (Abb. 248) wurden nicht im ganzen an Ort und Stelle fertiggestellt. Es wurden vielmehr am Ufer auf Bühnen, die in das Wasser hinausgebaut waren, Mäntel aus Stahlbeton mit Granitverkleidung an der Außenseite und mit Querstreifen im unteren Teil hergestellt (Abb. 249). Zur Beförderung der Mäntel der Pfeilerköpfe vom Bauplatz zur Brückenbaustelle und zum Ablassen auf die Gründungspfähle dienten zwei stählerne Schuten (Abb. 250). Auf ihnen waren hölzerne Gerüste errichtet, die durch hölzerne Fachwerkträger miteinander verbunden waren und senkrecht über der Mitte der Schuten die eisernen Spindelträger unterstützten. Die 60 bis 100 t schweren Pfeilermäntel hingen an 4 Spindeln, die von Hand bedient wurden. Sie wurden auf hölzernen Plattformen, die von Tauchern an den Stahlbetonhohlpfählen befestigt waren, abgesetzt. Dann wurde im

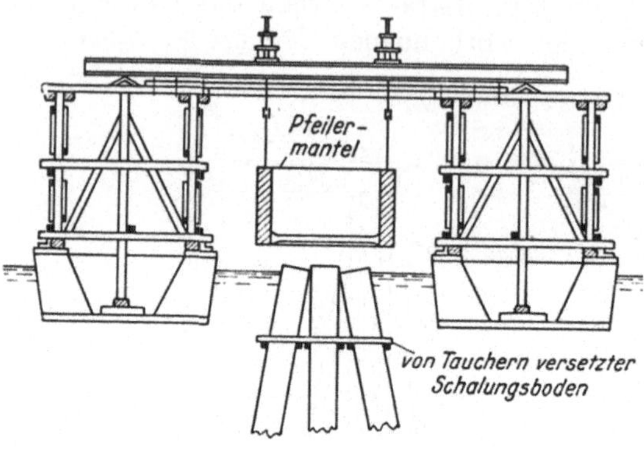

Abb. 250. Beförderung eines Pfeilermantels der Abb. 249.

Innern des Pfeilers auf der Plattform eine 50 cm dicke Betonschicht unter Wasser hergestellt, nach deren Erhärtung der Pfeiler leergepumpt und mit Stahlbeton ausgefülllt wurde"[1]. (Abb. 251.)

Bei der Lidingöbrücke wurde die beschriebene Lösung erforderlich, da die über dem Wasserspiegel für den Pfeiler zur Verfügung stehende Bauhöhe nicht ausgereicht hätte, um die Auflagerkräfte der Brücke auf die Pfähle zu übertragen, letztere in genügender Weise zusammenzufassen und miteinander zu verbinden.

Die bis zu 40 m langen Gründungspfähle einer Zuführungsbrücke zu den Schwimmdocks der Deutschen Werke Kiel A.-G. wurden in ähnlicher Weise durch Pfeilerköpfe aus Stahlbeton vereinigt[2]. Hier hätte wohl die Bauhöhe genügt, um die Pfeilerköpfe ganz über Wasser auszuführen. Man zog es aber auch in Kiel vor, die Unterkante des

Abb. 251. Pfeilermantel der Abb. 249 nach dem Leerpumpen

Betons etwa 1,0 m unter den Niederwasserspiegel zu verlegen, um die aus Peiner Kastenspundbohlen bestehenden Pfähle aus der Zone der wechselnden Wasserstände zu bringen und auf diese Weise vor dem

---

[1] SCHAPER: Bau der Lidingöbrücke bei Stockholm, S. 8 u. 21.   Berlin: W. Ernst & Sohn 1925.
[2] Ausführung Bauunternehmung H. Butzer, Dortmund, nach dem Entwurf des Verfassers.

Rosten zu schützen. In Kiel wurden die Stahlbetonmäntel der Pfeilerköpfe als Taucherglocke ausgebildet und mittels eines 150 t-Schwimmkranes über die behelfsmäßig zusammengebündelten Pfähle gestülpt

Abb. 252. Beförderung einer Taucherglocke aus Stahlbeton mittels Schwimmkran.

(Abb. 2). Nach dem Aufsetzen einer kombinierten Material- und Per-
sonenschleuse wurde Druckluft eingelassen, die das Wasser bis zur
Unterkante der Taucherglocke hinausdrückte. Sodann schloß man den
Boden der Taucherglocke durch einen Holzboden ab und verlegte die
Bewehrungsstäbe im Innern der
Glocke. Holz und Stahlstäbe
waren vor dem Versetzen der
Glocke an deren Innenwänden
an Haken aufgehängt, da das
Einbringen durch die Druckluft-
schleuse wegen des beschränkten
Raumes unmöglich gewesen wäre.
Zum Schluß wurde der Druckluftbeton eingebracht. Abb. 252 zeigt
die Beförderung des 120 t schweren Mantels für den Pfeilerkopf
mittels des 150 t-Schwimmkranes.

In Abb. 253 ist das Versen-
ken eines Stahlbetonhohlkörpers
zur Herstellung einer Lande-
brücke im Hafen von Suez im
Bilde wiedergegeben (Ph. Holzmann A.-G.).

Abb. 253. Versetzen eines Stahlbetonhohlkörpers mittels Bockkran in Suez.

Aber nicht nur für reine Gründungszwecke ist die Verwendung an
Land hergestellter Hohlkörper und ihre Beförderung durch Schwimmkrane angezeigt, sondern auch dort, wo es sich darum handelt, einen
nach außen gegen die Strömung abgeschlossenen ruhigen und un-

gestörten Wasserraum zu schaffen. So wurde z. B. im Jadebusen ein solcher etwa 10 m hoher Hohlkörper mit Boden, der zur Aufnahme eines selbstschreibenden Pegels diente, mittels des 250 t-Schwimmkranes der Werft abgesetzt.

Ältere im Boden befindliche Bauwerke können unter Umständen nachträglich zu Betonfertigteilen werden, wenn ihre Verlegung notwendig wird. Bei der Verlegung eines zweiten neuen Durchfahrgleises zu den Trockendocks einer Kieler Werft stellte es sich heraus, daß die am Kopfe des Docks eingebauten, elektrisch angetriebenen Spills im Wege waren. Die Spills waren in einem Schacht aus Stampfbeton eingebaut, der einen äußeren Durchmesser von 4,80 m, eine Wanddicke von 60 cm, eine Betonsohle von 90 cm Dicke und eine Gesamttiefe von 3,40 m hatte. Das Gewicht betrug 88 t. Das Bauwerk wurde in der vorher freigelegten Baugrube innerhalb $2^1/_2$ Stunden mit Hilfe des 150 t-Schwimmkranes um 1,85 m verschoben[1].

562. Beförderung als Schwimmkörper.

Die bis 44 m langen Gründungspfähle der Lidingöbrücke (Abb. 248) bestanden aus Stahlbetonrohren von 93 cm äußerem Durchmesser und einer Wanddicke von 8,5 cm. Diese oben und unten offenen Röhrenpfähle mit einem Gewicht bis zu 24 t wurden zwar mit einem 10 t-Bär gerammt, sanken aber meist schon durch ihr Eigengewicht durch den weichen Lehm ein. Da der Boden aus dem Innern des Rohres durch Spülen entfernt werden mußte, kann man die Gründungsform als Übergang vom Rammpfahl zum offenen Senkkasten bezeichnen. Wegen der großen Beanspruchungen der Pfähle beim Aufrichten und Rammen erhielt der Beton einen Zementzusatz von 450 kg auf 1 m³ fertigen Beton.

„Die Röhrenpfähle wurden schwimmend zu ihrer Verwendungsstelle gebracht. Um sie schwimmend zu machen, wurden die beiden offenen Enden durch Holzdeckel, die mit Gummileisten beschlagen waren, wasserdicht verschlossen. Für das Zuwasserlassen der Rohre war der Betonierplatz als Querhelling mit Längsschienen in Abständen von 8 und 10 m ausgebaut"[2].

Durch Einlassen von Wasser wurden die Pfähle unter der Ramme vorsichtig aufgerichtet und zum Schluß durch Wasserüberdruck der untere Verschlußdeckel gelöst und entfernt.

Sehr gebräuchlich ist die schwimmende Beförderung von Hohlkörpern mit Boden und von Druckluftsenkkästen. Diese Schwimmkästen werden entweder auf Hellingen oder in Trocken- oder Schwimmdocks erbaut und dann vom Stapel gelassen oder ausgeschwommen. Steht ein flacher Sandstrand in Meeresbuchten zur Verfügung, so kann man wie bei einem Bauvorhaben in Kiel vorgehen, wo die Senkkästen wenig oberhalb des Meeresspiegels und in der Nähe der Wasserlinie betoniert wurden. Anschließend baggerte man mittels Schwimmbaggers eine Rinne

---

[1] KIEHNE: Versetzen eines Bauwerkes mittels Schwimmkranes. Bauingenieur 1923, H. 21.

[2] Vgl. Fußnote 1 S. 264.

im Strand aus, in die der Senkkasten allmählich hineinglitt, bis er zum Schwimmen kam.

Abb. 3 zeigte bereits das Ausschwimmen der Druckluftsenkkästen für die Seitenmauer der Seineschleuse bei Amfreville sous les Monts aus einem behelfsmäßigen Trockendock (im Bild rechts unter dem Portalkran) zur Einbaustelle (in der Mitte des Bildes). Um Zeit zu gewinnen, wurden die Druckluftschleusen, je 2 Stück für einen Senkkasten, schon während der Erhärtungszeit aufgesetzt. Die Senkkästen hatten eine Grundfläche von $20{,}0 \times 10{,}0$ m und eine Höhe von 7 m, ihr Gewicht betrug etwa 1000 t. Die Wände des Senkkastens waren absichtlich verhältnismäßig dick gehalten, um an Bewehrung zu sparen. Die Folge davon war ein großer Tiefgang, der es wegen der beschränkten Wassertiefe im Dock und auf dem Beförderungswege nicht erlaubte, die Arbeitskammer mit Wasser zu füllen, wie es zur Schwimmstabilität erwünscht gewesen wäre. Man war sogar von Zeit zu Zeit gezwungen, die Kammer vollständig mit Druckluft zu füllen, wodurch zwar der Tiefgang des Kastens verringert wurde, gleichzeitig aber auch seine Stabilität so stark abnahm, daß die pendelnde Schwimmebene dauernd durch Aufbringen von Ballast wieder ausgerichtet werden mußte. Man sollte sich stets durch ganzes oder teilweises Füllen der Arbeitskammer mit Wasser möglichst weit vom indifferenten Gleichgewicht entfernen.

Sowohl für den Transport als besonders auch für die Absenkung muß der Senkkasten durch einen Diagonalverband in der waagrechten oberen Ebene gegen Verdrehungsbeanspruchungen gesichert werden (vgl. Abb. 3 und 260).

Außerordentliche Größe besaßen die Senkkästen, die zur Herstellung einer Hellinganlage für die Deutschen Werke in Kiel von der Wayss & Freytag A.-G. gebaut, eingeschwommen und abgesenkt wurden[1].

„Für die Herstellung der Senkkasten stand ein Trockendock, das eine Schwimmtiefe bis zu 10,50 m zuließ, zur Verfügung. Durch die Zweiteilung des Bauwerks der Höhe nach in Fundament- und Aufsatzsenkkasten erhielten die Senkkasten solche Abmessungen, daß sie im Dock auf ihre volle Höhe betoniert werden konnten, womit die sonst an der Absenkungsstelle üblichen Aufhöhungsarbeiten entfielen."

Der größte Aufsatzsenkkasten besaß eine Grundfläche von 1285 m² und ein Gewicht von 7931 t.

Bemerkenswert wegen der Schwierigkeiten, die beim Einschwimmen und Absenken zu überwinden waren, sind die Senkkästen, die für die Gründung der beiden Strompfeiler der Donaubrücke Linz ebenfalls von der Wayss & Freytag A.-G. hergestellt wurden[2].

„Es handelt sich hier um die Gründung auf einer labilen Flußsohle, die bei der großen Schleppkraft des Donauwassers und der eingeengten Baustelle große Anforderungen an die Gründungstechnik stellte. Die Senkkasten wurden 3,5 km

---

[1] Jörger & Riedisser: Druckluftgründungen in großen Wassertiefen. Bautechn. 1949, H. 4.

[2] Wayss & Freytag A.-G.: Rückblick auf 75 Jahre Firmengeschichte. Beton- und Stahlbetonbau 1950, H. 6.

stromab der Baustelle gebaut, mit Spindeln zu Wasser gelassen, mit sehr kleiner
Tauchtiefe eingeschwommen und dann an Ankern hängend auf die sich durch
Kolkbildung dauernd ändernde Flußsohle abgesetzt."

Die Druckluftsenkkästen für die Gründung der Pfeiler der Rheinbrücke zwischen Düsseldorf und Neuß wurden auf einer Aufschleppe
auf einem Wagen ruhend gebaut, der mit Hilfe von Winden auf Schienen
zu Wasser gelassen wurde (Abb. 254). Auf der linken Seite ist ein aus

Abb. 254. Druckluftsenkkasten für die Rheinbrücke Düsseldorf-Neuß auf der Ablaufbahn.

Holz hergestellter, bugförmiger Vorbau zu sehen, der das Schleppen auf
dem Rhein erleichtern sollte (Abb. 255). Die Senkkästen hatten eine
Grundfläche von $38,90 \times 11,80$ m, eine Höhe von $7,50$ m und wurden
von der Ph. Holzmann A.-G. hergestellt.

Für die Gründung der neuen Hafenmole von Ponta Delgada auf den
Azoren wurden von derselben Firma große Stahlbetonkästen verwendet,

Abb. 255. Druckluftsenkkasten der Abb. 254 bei der Beförderung auf dem Rhein.

die auf einer Helling gebaut, im freien Ablauf zu Wasser gelassen und
schwimmend nach der Einbaustelle gebracht wurden, wo man sie auf
eine Steinschüttung absetzte und mit Beton ausfüllte[1]. Die Stahlbetonkästen der Mole erhielten je nach der Wassertiefe verschiedene
Größen. Anschließend an den bereits bestehenden Bauwerksteil wurden
6 Kästen mit $5,73 \times 8,75$ m Grundfläche und $3,90$ m Höhe eingebaut.

---

[1] RITTER: Bau einer Mole im Hafen von Ponta Delgada, Azoren. Beton u.
Eisen 1939, H. 15.

Dann folgen 7 Kästen mit einer Breite von 6,60 m, einer Länge von 8,75 m und einer Höhe von 4,00 bis 9,00 m. Den vordersten Teil der Mole und den Molenkopf bilden 4 Kästen, die 10,55 m breit, 17,15 bis 22,75 m lang und 11,00 bis 16,00 m hoch sind. Für die Herstellung der Stahlbetonkästen ist ein Mischungsverhältnis von 350 kg Zement: 0,40 m³ Sand:0,80 m³ Schotter vorgeschrieben, und für 'die Bewehrung ergab die statische Berechnung je nach Kastengröße 45 bis 70 kg Stahl je m³ Beton, bei einer zulässigen Beanspruchung des Stahlbetons von 40/1200 kg/cm². Nach dem Absetzen der Kästen auf der Steinschüttung wurden sie mit einer Betonmasse ausgefüllt, die sich aus 80% Beton mit 150 kg Zement auf 1,20 m³ Zuschlagstoffe und 20% Füllsteinen zusammensetzte. Die Zwischenräume zwischen den Kästen in einer Weite von 25 bis 45 cm wurden mit Sackbeton zum großen Teile durch Taucher geschlossen. Zum Schutze der Mole gegen den Wellenschlag wurden an der Außenseite 80 t schwere Betonblöcke im Ausmaß von 5,00 × 2,80 × 2,50 m versenkt. Die Blöcke bestehen aus 80% Beton mit 300 kg Zement auf 1,20 m³ Zuschlagstoffe und 20% Füllsteinen mit 5 bis 150 kg Gewicht.

Abb. 256. Herstellung der Stahlbetonschwimmkasten für die Hafenmole in Ponta Delgada.

Die Blöcke wurden auf einer vorhandenen Kaianlage betoniert und mit einem 100 t-Schwimmkran abgehoben, befördert und eingebaut, der Beton der Blöcke mußte nach Vorschrift vor seinem Einbau mindestens 60 Tage alt sein. Aus der Abb. 256 ist ein Stahlbetonschwimmkasten auf der Helling vor dem Stapellauf sowie der Herstellungsplatz der 80 t-Blöcke zu ersehen.

Eine internationale Berühmtheit hat die von der Grün & Bilfinger A.-G. erdachte Gründung der Straßen- und Eisenbahnbrücke über den Kleinen Belt in Dänemark erlangt.

„Das neue Gründungsverfahren machte sich die vollständige Wasserdichtigkeit des Belttons zunutze und sieht für die Gründung sog. Röhrenschürzensenkkästen vor, deren Arbeitsraum von einem Kranz dicht aneinander schließender Röhren umgeben ist (Abb. 257). Der Röhrenschürzensenkkasten wird auf den Grund versenkt und durch Abbohren und Ausspülen des *Belttons* unter den Röhren, und zwar durch die Röhren hindurch, so weit in den Grund abgesenkt, bis die

Senkkastendecke auf dem Meeresgrund aufsitzt. Der wasserdichte Abschluß zwischen Beltton und Röhren ermöglicht es nun, nach dem Ausbetonieren der Röhren den Meeresboden im Arbeitsraum des Senkkastens bei gewöhnlichem Luftdruck auszuheben und dann den Hohlraum mit Beton zu füllen"[1].

Die Unterkante der Röhrenschürze war den Unebenheiten des Meeresbodens angepaßt worden. Jeder Senkkasten wurde deshalb mit der Röhrenschürze nach oben auf der Helling aufgelegt und nach dem Stapellauf im Wasser durch Einbringen von Ballast um 180° gedreht. Er wurde zunächst in weniger tiefem Wasser abgesetzt und weiter aufbetoniert, dann wieder zum Schwimmen gebracht und an einer tieferen Stelle erneut abgesetzt und hochbetoniert. Dieser Vorgang wurde im ganzen dreimal wiederholt, bis der Senkkasten mit seinem allmählich hochgeführten Aufbau an der endgültigen Einbaustelle abgesenkt werden konnte. Beim Stapellauf wog der Senkkasten rund 6400 t bei einer durchschnittlichen Gesamthöhe von 19 m. Abb. 4 zeigte den Stapellauf eines der 4 Senkkästen.

Abb. 257. Röhrenschürzensenkkasten für die Gründung der Brücke über den Kleinen Belt.

563. Absenkung von einem Gerüst oder einer Inselschüttung aus.

Auch alle Senkkästen, die senkrecht über der Einbaustelle betoniert und abgesenkt werden, stellen Stahlbetonfertigeinheiten dar, die nach der Herstellung und Erhärtung — allerdings nur im senkrechten oder schrägen Sinne — fortbewegt werden. Ein besonders lehrreiches Beispiel ist die auf Stahlbetonbrunnen gegründete Ufermauer, die die Grün & Bilfinger A.-G. im Hafen von Lobito (Portugiesisch-Angola) ausgeführt hat[2] (Abb. 258). Diese Brunnen bestehen aus einem unteren Teil (180 t) und einem oberen Teil (108 t), die auf einem über der Baustelle gerammten Gerüst betoniert und nacheinander auf einem gebaggerten Planum abgesetzt und dann als einheitliche Brunnen abgesenkt wurden.

„Ein stählernes Portalgerüst von 6 m Spur und 100 t Tragfähigkeit, in Längsrichtung auf den fertigen Stahlbetongewölben fahrbar, mit beiderseitigen Ausladungen diente zum Anheben und Absetzen der schweren vorderen Stahlbetonbalken und der 5,85 m langen Stücke der Winkelstützmauer. Während die Stahlbetonbalken an Ort und Stelle auf einem stählernen, absenkbaren Hilfsgerüst betoniert wurden, wurden die einzelnen 5,85 m langen Teile der 3,60 m hohen Winkelstützmauer (Abb. 231) serienmäßig auf einem besonderen Werkplatz her-

---

[1] Bauingenieur 1933, H. 35/36.
[2] Bauingenieur 1935, H. 45/46.

gestellt, auf Spezialwagen beigefahren und auf die von Tauchern abgeglichene Planie der Steinschüttung unter Wasser abgesetzt."

Abb. 259 zeigt die rückwärtige Verankerung der Brunnen im ersten Bauabschnitt.

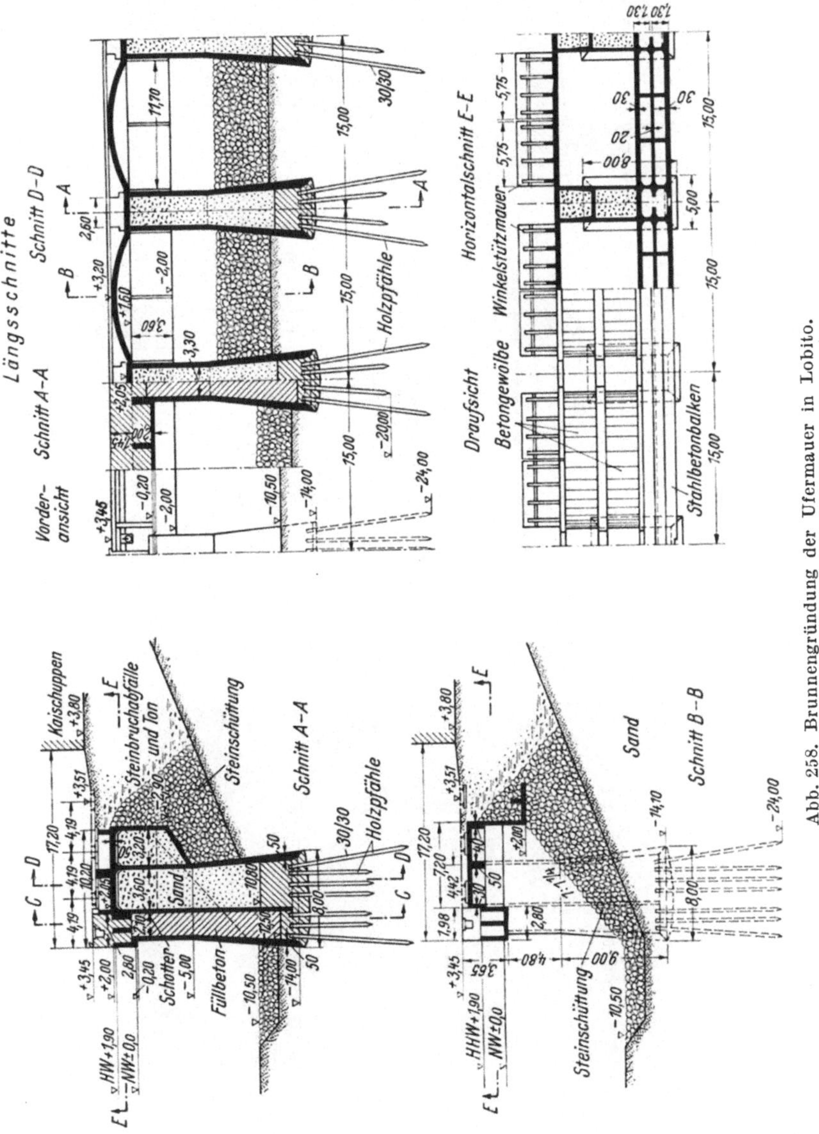

Abb. 258. Brunnengründung der Ufermauer in Lobito.

Auch ungewöhnliche Abmessungen eines Senkkastens schließen eine nachträgliche Beförderung in waagrechter Richtung aus. Der Kasten muß dann auf einer künstlichen Insel oder, wenn es die Verhältnisse gestatten, im natürlichen Gelände errichtet und im senkrechten Sinne

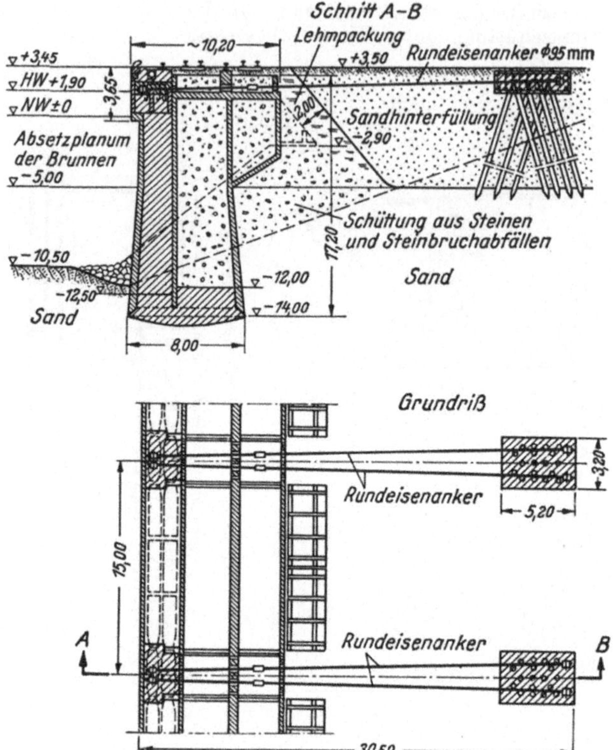

Abb. 259. Ufermauer in Lobito Rückwärtige Verankerung der Brunnen im 1. Bauabschnitt

Abb. 260. Queraussteifung des Druckluftsenkkastens von Amfreville.

in seine endgültige Lage abgesenkt werden. Abb. 5 zeigt den Druckluftsenkkasten aus Stahlbeton, aus dem das Oberhaupt der Seineschleuse
von Amfreville[1] gebildet wurde. Dieser Bauwerksteil wurde in zwei

---

[1] Ausführung: Arbeitsgemeinschaft Butzer — Sager & Woerner — Dyckerhoff
& Widmann.

Abschnitten abgesenkt, der erste Abschnitt erstreckte sich von der Schneide bis zum Drempel der Schleuse, der zweite Abschnitt vom Drempel bis zur Oberkante des Schleusenhauptes. Der Senkkasten hatte eine Grundfläche von 36,00×15,00 m, die Gesamthöhe des Oberhauptkörpers betrug 18,60 m. Zur Boden- und Betonförderung waren 3 Druck-

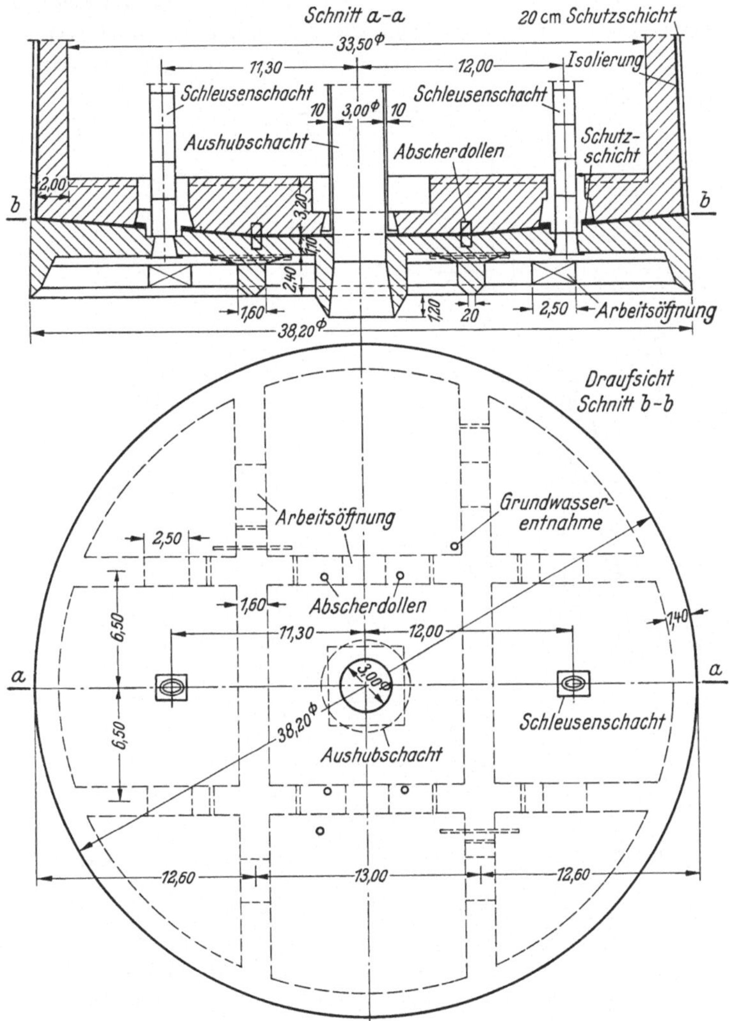

Abb. 261. Kreisförmiger Druckluftsenkkasten von 38,20 m Durchmesser.

luftschleusen eingesetzt, die gleichzeitig in Betrieb waren. Das Gesamtgewicht, das während des zweiten Absenkungsabschnittes in Bewegung war, betrug (an freier Luft) 11600 t. Auch bei diesem Senkkasten wurde für eine sorgfältige Queraussteifung in der waagrechten Ebene gesorgt (Abb. 260).

In Abb. 261 ist einer der größten Druckluftsenkkästen dargestellt,

die je in Stahlbeton ausgeführt wurden. Es handelt sich um ein von der
Grün & Bilfinger A.-G. für das Großkraftwerk Mannheim ausgeführtes
Bauwerk mit einem kreisförmigen Grundriß von 38,20 m Durchmesser,
also einer Grundfläche von 1146 m². Neben den Abmessungen des
Kastens ist auch der Absenkvorgang bemerkenswert. Das Absenken auf
rund 16 m unter Wasser erfolgte unter Verwendung von zwei üblichen
Druckluftschleusen und eines neuartigen der Firma patentierten Aushub-
schachtes, der in der Mitte der Grundrißfläche angeordnet war und einen

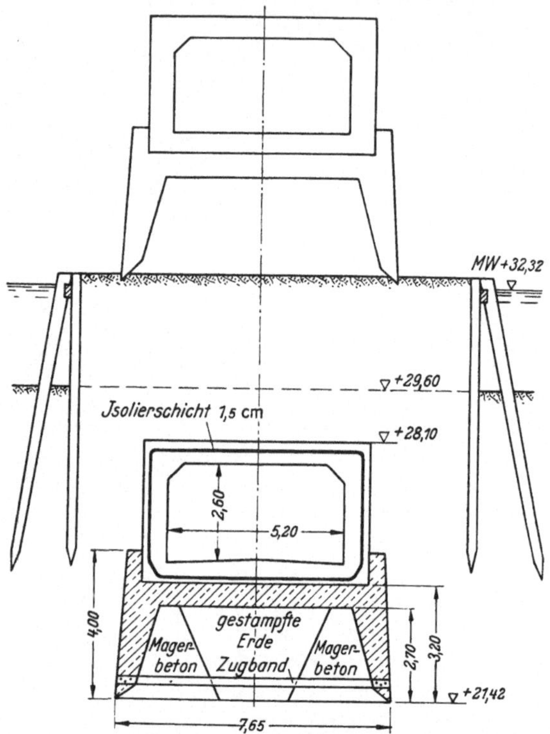

Abb. 262. Herstellung des Fußgängertunnels unter der Spree in Berlin-Friedrichshagen.

Durchmesser von 3 m besaß. Der Schacht gestattete, einen erheblichen
Teil des Aushubes an freier Luft mit Greifbaggern zutage zu fördern
und für diesen Teil das sonst übliche Ausschleusen zu vermeiden.

Weniger wegen der Größe ihrer Grundfläche von je 405 m² als durch
ihre langgestreckte Form von 52,9 m Länge und 7,65 m Breite sind die
beiden Senkkästen für die Gründung des Fußgängertunnels unter der
Spree in Berlin-Friedrichshagen[1] bemerkenswert (Ausführung Grün &
Bilfinger A.-G.). Bei ihrer Absenkung um 11,70 m ergaben die Beobachtungen eine Durchbiegung des Senkkastens von höchstens 1 cm.
Die beiden Senkkästen wurden nacheinander auf einer zwischen Spund-

<hr>

[1] LA BAUME: Der Bau des Fußgängertunnels unter der Spree in Berlin-
Friedrichshagen. Bautechn. 1928, H. 1, 3, 5.

wänden ausgeführten Inselschüttung betoniert und abgesenkt (Abb. 262). Der dritte Bauabschnitt umfaßt die Vereinigung der beiden Tunnelhälften in der Flußmitte. Die eigentliche Tunnelröhre wurde zur besseren Dichtung getrennt von dem Senkkasten über diesem angeordnet, denn „die anerkannt vorzügliche und infolge ihrer Elastizität für den Absenkungsvorgang besonders gut geeignete Asphaltpappendichtung läßt sich unter Druckluft nicht herstellen, da die Luft die Asphaltklebemasse wie mit feinen Nadelstichen durchlöchert".

PAPROTH[1] macht einen bemerkenswerten Vorschlag für die Ausführung von im Boden eingespannten Uferwänden mit Druckluftgründung. Uferwände sind bereits aus eingerammten oder eingespülten Stahlbetonspundbohlen gebaut worden.

„Der Stahlbetonspundbohle ist aber eine Grenze gezogen, weil sie bei hohen Uferwänden infolge der großen aufzunehmenden Biegungsmomente mit solchen

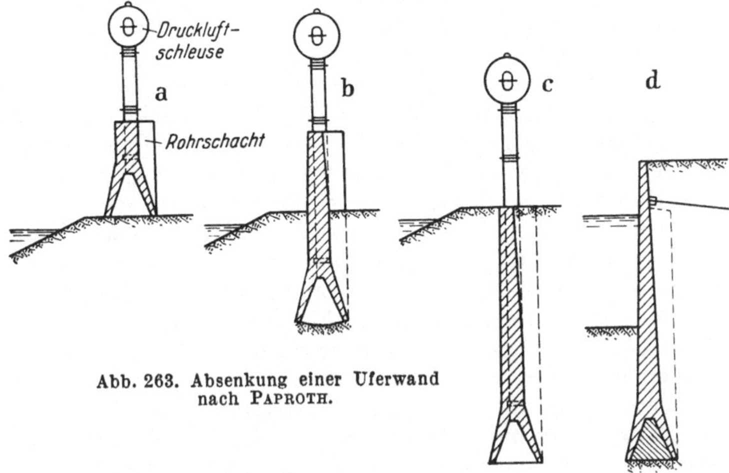

Abb. 263. Absenkung einer Uferwand nach PAPROTH.

Wanddicken hergestellt werden muß, daß sie sich nicht mehr hantieren und einrammen läßt. Für hohe Uferwände kommen hierbei Wanddicken von 0,50 bis 2,00 m in Frage."

PAPROTH will in einem solchen Falle die vielen einzelnen Stahlbetonfertigteile, die die Spundbohlen darstellen, durch einen einzigen an Ort und Stelle über den Erdboden betonierten Fertigteil in Form eines Druckluftsenkkastens von 20 bis 50 m Länge ersetzen. An Stelle der schweren Spundbohlen, die ohnehin auf der Baustelle betoniert, nach dem Erhärten unter die Ramme gebracht und eingerammt oder eingespült werden müßten, wobei Ungenauigkeiten und Beschädigungen der Bohle unterlaufen können, tritt der Senkkasten, der unten mit einem Arbeitsraum versehen und nach dem Verfahren der Druckluftgründung mit Sicherheit und Genauigkeit abgesenkt wird (Abb. 263). Während bei der Rammung Hindernisse durch Findlinge und altes Pfahlwerk in Kauf genommen werden müssen und die Beschaffenheit des Baugrundes

---

[1] PAPROTH: Die Druckluftgründung als Wegbereiter des Beton- und Eisenbetonbaues sowie als Mittel zum Stahleinsparen. Zement 1937, H. 27.

nur aus dem Verhalten der Rammbohle beurteilt werden kann, ist in der Druckluftkammer jedes Hindernis sofort erkennbar und zu beseitigen, auch kann der Baugrund genauestens untersucht, gegebenenfalls eine Probebelastung vorgenommen werden. Ist die biegungsfeste Wand niedergebracht, so kann sie wie eine Rammwand behandelt, beispielsweise verankert werden.

57. Zusammenfassung für den Grund- und Wasserbau.

Die Ausdehnung des Begriffes der Stahlbetonfertigteile auf große und größte Baueinheiten hat ihre volle Berechtigung. Denn mit ihrer Herstellung an günstiger gelegenen Plätzen und ihrer späteren Beförderung zum Einbauort lassen sich beachtliche Vorteile herbeiführen. Eine fabrikmäßige Massenfertigung zwischen vielfach wieder verwendbaren stählernen Schalungen ist für die schwereren Versenkblöcke der Hafendämme noch möglich. Nehmen die Einheiten größere Abmessungen an, wie beispielsweise bei den Senkkasten, so steigt naturgemäß der Schalungs- und Arbeitsaufwand, da diese Körper schon den Charakter eines Bauwerks an sich haben und demgemäß auch nur in beschränkter Anzahl zur Ausführung gelangen. Demgegenüber braucht man sich aber nur zu vergegenwärtigen, wie sich die beschriebenen Bauausführungen ohne die Verwendung von Fertigeinheiten gestalten würden. Die Sicherung der Hafendämme durch schwere Betonblöcke wäre ohne das Prinzip der Fertigkonstruktionen überhaupt nicht möglich, zumal die Blöcke ein gewisses Alter besitzen müssen, ehe sie mit dem Meerwasser in Berührung kommen dürfen. Die Vorzüge der Senkkastengründung sind zusammengefaßt folgende: Die Senkkasten besitzen bei rechtzeitiger Herstellung ein genügendes Alter, um sie gegen die chemischen Einflüsse angreifender Wässer zu schützen. Der während der Absenkung ausgeführte Beton der Aufbauten kann nötigenfalls durch fertige Verkleidungsplatten geschützt werden (vgl. S. 142 ff.). Die Ausführung der Senkkasten an freier Luft erfolgt unter günstigsten Bedingungen. Im anderen Falle wären Spundwandrammungen, Aussteifungen der Baugruben, Wasserhaltungen u. ä. erforderlich. Bei der Druckluftgründung kann man sich jederzeit trockenen Fußes von der Beschaffenheit und Tragfähigkeit des Baugrundes überzeugen.

6. Bergbau und Tunnelbau.

Nach der von RIEPERT, SCHLÜTER und STEGMANN für den technisch-wirtschaftlichen Sachverständigenausschuß des Reichskohlenrates bearbeiteten Schrift[1] lassen sich die Anforderungen des Bergbaues an den Grubenausbau (Schächte, Füllörter, Querschläge, Richt-, Gesteins- und Flözstrecken) wie folgt zusammenfassen:

„Ausreichende Festigkeit gegenüber den verschiedenen Gebirgsverhältnissen (Druck und Quillen), dabei aber

geringe Wandstärken, um für den Ausbau möglichst geringe Mengen Berge ausschießen zu müssen;

---

[1] RIEPERT, SCHLÜTER u. STEGMANN: Neuzeitliche Betonbauweisen im Bergbau. Berlin-Charlottenburg: Zementverlag G. m. b. H. 1926.

möglichst dichter Anschluß an den Gebirgsstoß entweder unmittelbar oder unter Zuhilfenahme einer Zwischenschicht zwischen Gebirgsstoß und Ausbau, um die Wirkung des Gebirgsdruckes zu verringern;

Wasserdichtigkeit, um entweder den Gebirgsstoß gegen die Einwirkungen der Luftfeuchtigkeit zu schützen (Strecken), oder aber um die Feuchtigkeit des Gebirges von den Grubenräumen abzuhalten (Schächte).

Widerstandsfähigkeit gegen den Angriff von Wasser, Grubenluft und Brand.

Schnelligkeit in der Herstellung und Billigkeit in der Unterhaltung zur Erzielung der größten Wirtschaftlichkeit;

Anpassung der Ausführung an ungünstige Arbeitsverhältnisse in engen Grubenräumen;

möglichste Glätte der Oberfläche, einmal um die Wetterführung zu erleichtern und die Ansammlung von Kohlenstaub zu verringern, dann aber um zu verhindern, daß der bei Explosionen unter Tage entstehende starke Luftstoß den Streckenausbau einreißt und ein Zubruchgehen der Strecke veranlaßt, wie es erfahrungsgemäß gerade auf der Wettersohle von unheilvoller Wirkung ist;

einfache und schnelle Beseitigung bzw. Ausbesserung etwa eingetretener Mängel und Schäden, eine möglichst große Verformungsfähigkeit, d. h. die Fähigkeit, ohne Zerstörungserscheinungen große Formänderungen ertragen zu können; der starre Ausbau geht über in einen nachgiebigen."

Wie diese Forderungen durch Anwendung von fabrikmäßig hergestellten Formstücken aus Beton oder Stahlbeton erfüllt werden können, geht aus den nachstehenden Ausführungen hervor.

61. Schachtausbau.

Bei ungleichmäßigem Gebirgsdruck können im Schachtausbau sowohl an der Innen- als auch an der Außenseite Zugspannungen auftreten, er unterliegt ferner Scher- und Drehspannungen, endlich entstehen auch lotrechte Kräfte, die den Ausbau zu verlängern oder zu verkürzen trachten. Ein Schachtausbau setzt sich nun aus der eigentlichen Auskleidung und dem Füllbeton zusammen, der den Raum zwischen der Schachtauskleidung und dem Gebirgsstoß ausfüllt. Sind die äußeren Kräfte schon während der Ausführung wirksam, so müssen sie zunächst von der Schalung allein aufgenommen werden, wobei die frische Betonhinterfüllung vorerst nur als nichttragendes Zwischenglied den Gebirgsdruck auf den Schalkörper überträgt. Nachdem jedoch der Füllbeton erhärtet ist, bildet die Betonschalung mit ihm zusammen einen einheitlichen Stahlbetonmantel.

Bei mittleren Gebirgsdrücken und nicht zu starkem Wasserandrang können für die Auskleidung Betonformsteine verschiedener Gestalt benutzt werden. Je nachdem diese Fertigteile mehr als reine Schalung für den tragenden Füllbeton oder als Haupttragelemente wirksam sind, rechnet diese Fertigbetonkonstruktion zur II. oder I. Hauptgruppe im Sinne der Einteilung nach Abschnitt A, I.

Schon im Jahre 1911 wandte die Firma Friedrich Vollrath in Wesel a. Rh. bogenförmige Stahlbetonplatten an, die hinreichend stark sind, in Verbindung mit dem dahinterliegenden Stahlbeton die Schwebebühne zu tragen und den durch Sprengschüsse hochgeschleuderten Gesteinsmassen Widerstand zu leisten. Nach Abb. 264 ragen aus den etwa 8 cm dicken Platten Bügel aus Rundstahl von 7 mm Durchmesser hervor, die bis zur Verwendung umgebogen auf der Rückseite liegen. Die Platten, deren Größe sich nach dem Schachtdurchmesser richtet, werden in einzelnen Ringen im Verband auf dem Mauerfuß versetzt. Die Bügel werden sodann mit der ringförmigen Bewehrung des Füllbetons verknüpft, der im Mischungsverhältnis 1:4 eingebracht wird. Die Betonplatten sind in den Lager- und Stoßfugen mit Nut und Feder versehen, die das Austreten des Betons verhindern. Betoniert wird in Absätzen von 4 bis 5 m, die hohlkegelförmigen Mauerfüße werden meist aus Ziegelsteinen hergestellt (Abb. 265). In wasserreichem Gebirge werden mit Asphalt getränkte Filzstreifen in die Nuten

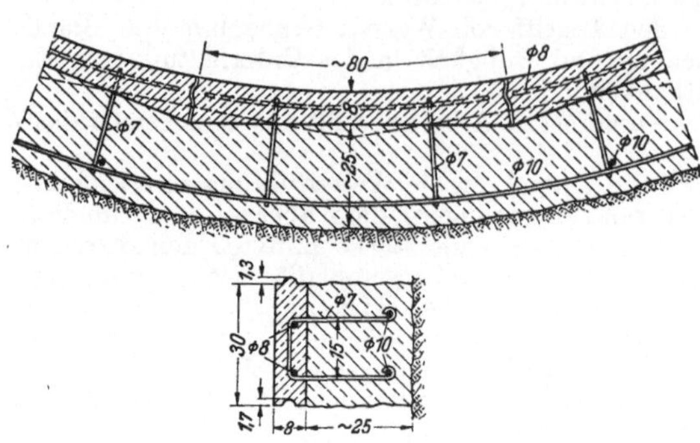

Abb. 264. Schachtauskleidung aus Stahlbetonplatten.

eingelegt. In Abb. 265 ist der Querschnitt einer Schachtwand aus Stahlbeton gezeigt, der zwischen einer inneren und äußeren Plattenverkleidung eingebracht wird.

Da die Platten trocken versetzt werden und der Füllbeton von Tage aus mittels Kübeln oder Rohren zur Mauerbühne geführt und dort verarbeitet wird, ergibt sich eine kurze Herstellungszeit. Die Schachtmauer im Innern des Schachtes ist immer fertig und besitzt eine glatte Innenfläche mit wenig Fugen, wodurch die Wetterführung verbessert wird.

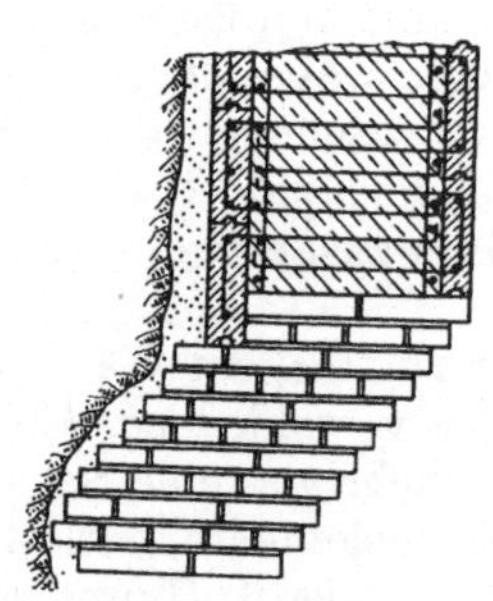

Abb. 265. Mauerfuß einer Schachtauskleidung mit Fertigplatten.

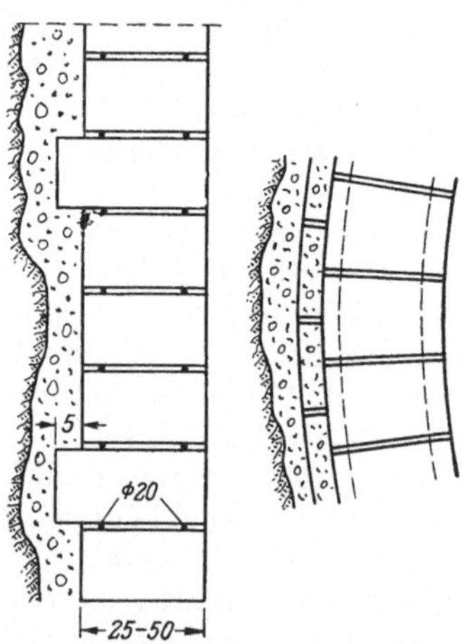

Abb. 266. Schachtausbau aus Vollbetonsteinen nach Schlüter.

Schlüter, Dortmund, wandte 25 bis 50 cm starke Betonsteine für die Schachtauskleidung an, in deren waagrechten Fugen Rundstahleinlagen von 20 mm Durchmesser verlegt wurden. In jeder dritten bis fünften Lage springen die Steine um etwa 5 cm nach innen vor, um den Ausbau zum „Hängen" zu bringen (Abb. 266).

Bei dem System NEUBAUER sind die Formsteine T-förmig ausgebildet und liegen als solche am Gebirgsstock an, so daß der Gebirgsdruck un-

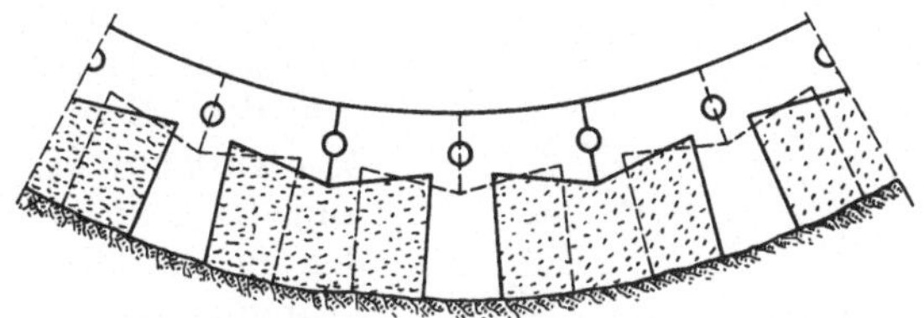

Abb. 267. Schachtausbau nach NEUBAUER.

mittelbar auf die Schachtauskleidung übertragen wird (Abb. 267). An weiteren Systemen sind die von BREIL, NAST und WOLLE zu nennen.

62. Ausbau von Stollen, Querschlägen, Strecken, Füllörtern[1].

621. Allgemeine Gesichtspunkte des Formsteinausbaues.

Da die auftretenden Gebirgsdrücke nach Größe und Richtung unberechenbar sind, muß der Baustoff nicht nur „eine hohe Druck- und Zugfestigkeit besitzen, sondern auch imstande sein, sich jeder Änderung des Kräftespieles derart anzupassen, daß er stärkere Formänderungen aushalten kann, ohne zu brechen[2]". Das Mittel hierzu sind nachgiebige Einlagen in den Quetschfugen zwischen den Betonformsteinen, wozu gewöhnlich Holz verwendet wird.

Der Ausbau mit Betonsteinen hat ausreichende Festigkeit gegenüber den veränderlichen Gebirgsdrücken, erforderlich sind nur geringe Wanddicken, so daß die auszuschießende Menge des Gebirges so gering wie möglich gehalten werden kann. Da die Formsteine vor dem Einbau genügend lange erhärtet sind, haben sie gegenüber dem monolithischen Ausbau eine größere Widerstandsfähigkeit gegen den Angriff feucht-warmer oder trockener Grubenluft, gegen Brand und angreifende Grubenwässer. Überhaupt erfüllen sie alle in der Einleitung des Abschnittes 6 aufgezählten Forderungen an einen wirksamen Grubenausbau, von denen hervorgehoben sein mögen die Glätte ihrer Oberfläche, die leichte Durchführbarkeit von Ausbesserungen, Schnelligkeit der Herstellung und billige Unterhaltung. Behinderungen, die bei etwa eintretenden Einstürzen entstehen könnten, sind leicht zu beseitigen, da keine sperrigen Teile wie beim monolithischen Stahlbeton zur Verwendung kommen. Bei Aufgabe der Strecke ist sogar eine Wiedergewinnung der Formsteine möglich, da sie durch keinen Mörtel miteinander verbunden sind.

---

[1] Die nachstehenden Ausführungen sind mit gütiger Erlaubnis einer handschriftlichen Abhandlung entnommen, die mir Herr Dr.-Ing. e. h. FRANZ SCHLÜTER wenige Monate vor seinem Tode zur Verfügung stellte.

[2] BAUMSTARK: Neuere Ausführungen in Eisenbeton für Kohlenförderung und -verarbeitung. Bauingenieur 1924, H. 17.

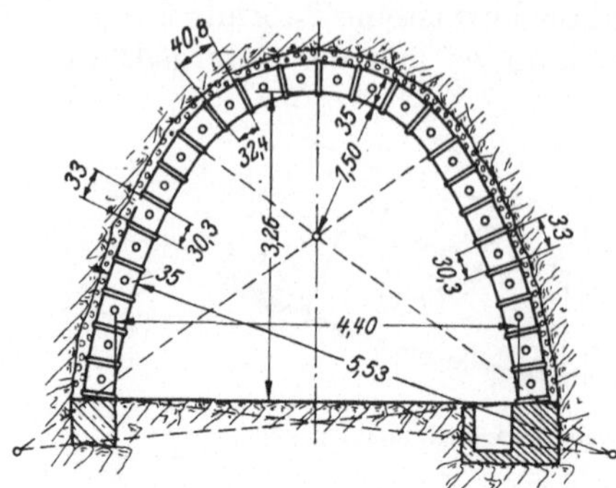

Abb. 268. Offener Streckenausbau mit Betonformsteinen (Vielsteinausbau).

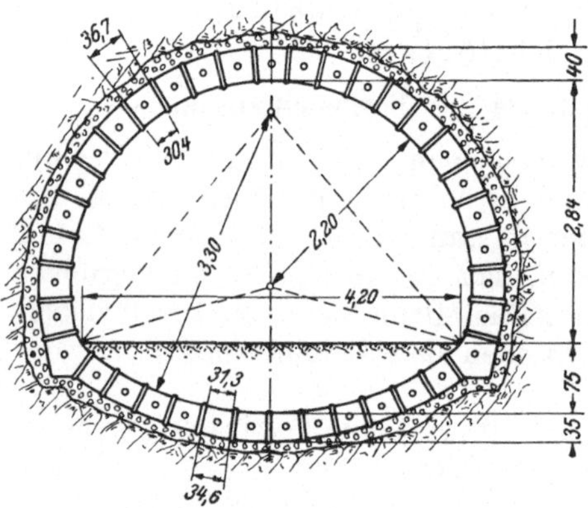

Abb. 269. Geschlossener Streckenausbau mit Betonformsteinen.

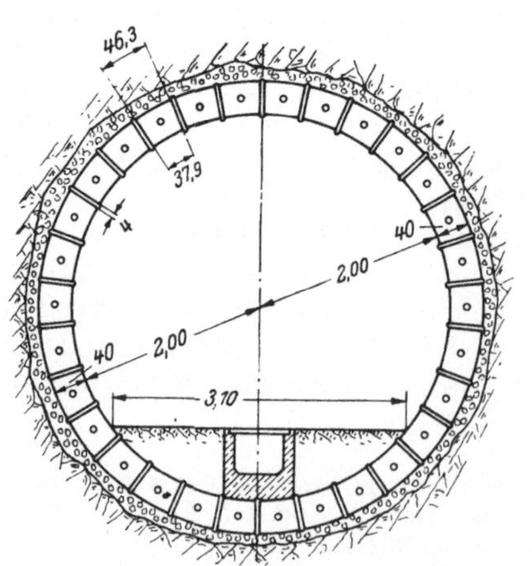

Abb. 270. Kreisförmiges Streckenprofil.

622. Querschnittsformen der Stollen.

Es werden *offene* und *geschlossene* Querschnitte unterschieden. Beim *offenen Ausbau* wird nur der Gebirgsstoß und das Hangende ausgekleidet, die Gewölbeform folgt der Stützlinie der vermutlich auftretenden Kräfte (Abb. 268).

„Ist das Liegende zur Aufnahme der in waagrechter Richtung auftretenden Stützdrücke nicht imstande, so wird der *geschlossene Ausbau* gewählt (Abb. 269). Die Sohlenauskleidung verhindert nicht nur eine Verschiebung der Fußgelenke, sondern auch ein Aufquellen des Gebirges zwischen diesen beiden Punkten. Bei großem Gebirgsdruck ist es dann zweckmäßig, Tunnel- und Sohlenauskleidung von vornherein zu dem für die Aufnahme der Kräfte günstigsten kreisförmigen Profil zu vereinigen (Abb. 270)[1]."

623. Gestaltung der Formsteine.

Der Vielsteinausbau hat für gewöhnliche Streckenausbauten den Vorteil, daß seine in handlichen Abmessungen gehaltenen einzelnen Teile ordnungs- und sachgemäß über Tage hergestellt, nachbehandelt und gelagert werden können. Die Beförderung der Steine zur Einbaustelle in der Grube ist unter Benutzung der üblichen auf der Zeche vorhandenen Förderwagen möglich. Es treten also nicht die Schwierigkeiten auf, die sich gelegentlich bei der Beförderung von größeren Bogeneinheiten, z. B. beim Dreigelenkausbau, gezeigt haben.

---

[1] Vgl. Fußnote S. 276.

Die Untertagebauten im Bergbau sind im wesentlichen drei Belastungsarten ausgesetzt, der *gleichmäßig verteilten*, der *einseitigen* und der *örtlichen* Belastung. In den beiden ersten Fällen übernimmt jeder nach der Stützlinie geformte Tragring die unmittelbar auf ihn einwirkende Gebirgsbelastung. Anders liegen die Verhältnisse bei örtlicher Belastung, deren Grenzfall die punktförmige Belastung darstellt. Unter einer genügend großen Punktlast, die auf einen einzelnen Tragring wirkt, wird dieser zu Bruch gehen, deshalb geht das Bestreben dahin, durch eine entsprechende Formung der Betonsteine die Punktlast auf möglichst viele benachbarte Tragringe zu verteilen. Voraussetzung hierfür ist, daß die Längsfugen, in die die bereits erwähnten Quetschhölzer eingelegt werden, durchgehen. Der Firma Franz Schlüter, Dortmund, sind verschiedene Betonsteinformen für den Vielsteinausbau durch DRP. geschützt, von denen der Doppelkeilkranz (DRP. 757664) mit Erfolg angewendet wurde (Abb. 271). Nach einer weiteren Erfindung dieser Firma (DRP. 756781) sind in jedem Ring die den gleichen Enden des Ausbaues zugewandten Stirnflächen der Steine abwechselnd steigend oder fallend geneigt (Abb. 272). Die Punktlast P möge auf den Stein *1* einwirken. Der Tragring, zu dem der Stein *1* gehört, wird durch die Gewölbewirkung in Spannung gebracht und verformt. Die Kraft wird dadurch auf die im gleichen Ring liegenden Steine *2* übertragen, die durch Keilwirkung die Kraft auf die Steine *3* der Nachbarringe übertragen.

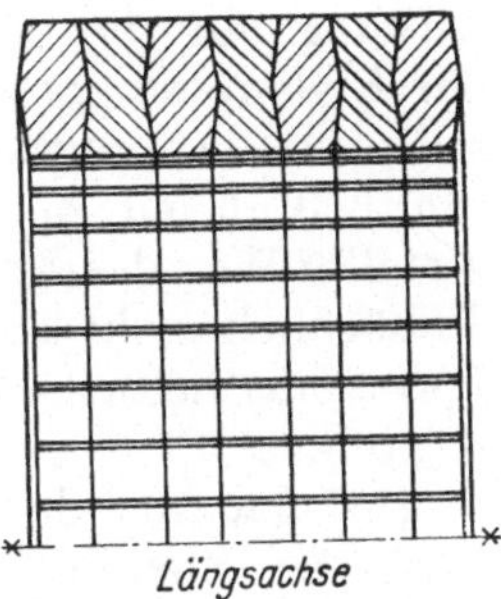

Abb. 271. Streckenausbau mit Doppelkeilsteinen.

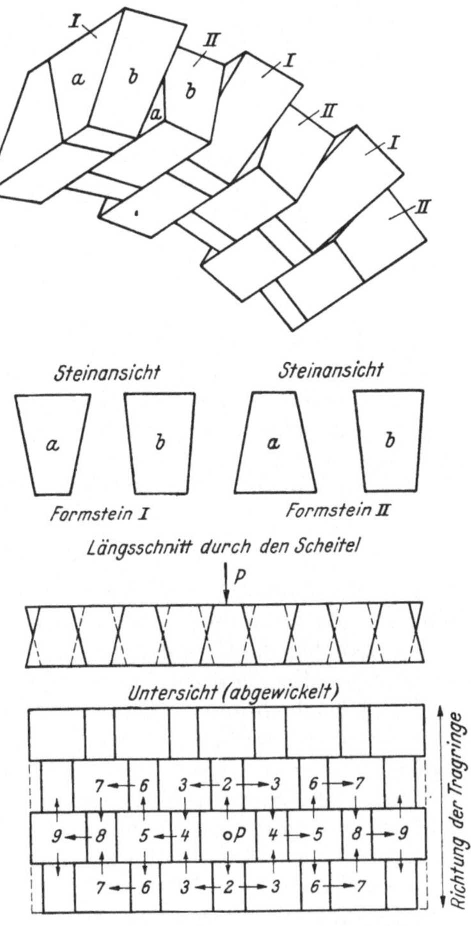

Abb. 272. Streckenausbau mit Sondersteinen.

Diese wiederum leiten die Kraft durch Gewölbewirkung auf die zum gleichen Tragring gehörenden Steine *4* über, diese wieder durch Keilwirkung auf die Steine *5* usw. Auf diese Weise wird abwechselnd durch Gewölbe- und Keilwirkung die Kraft P auf viele Tragringe verteilt, und die Tragringe, zu denen die einzelnen Steine gehören, werden sämtlich an der Aufnahme der Last P beteiligt. Der in Abb. 272 dargestellte Weg des Kraftflusses ist nur ein Beispiel unter vielen anderen. Tatsächlich sucht sich das Gewölbe nach dem Gesetz von der kleinsten Formänderungsarbeit selbst den günstigsten Weg zur Weiterleitung der Kraft aus.

Bei den Ausführungsformen nach Abb. 271 und 272 sind *zwei* verschiedene Steinformen erforderlich. Wenn die Steine jedoch nach

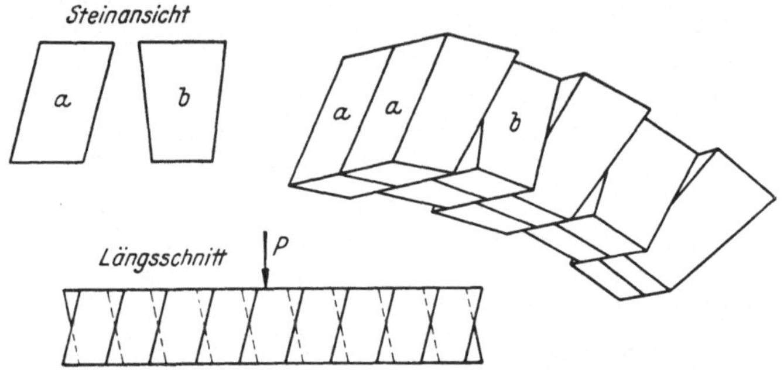

Abb. 273. Streckenausbau mit Sondersteinen.

Abb. 273 ausgebildet werden, genügt eine einzige Steinform. Eine Einzellast verteilt sich nach dem gleichen Gesetz wie in Abb. 272.

Die Formsteine besitzen solche Abmessungen, daß sie im allgemeinen von zwei Arbeitern versetzt werden können. Zu diesem Zwecke sind in den Steinen die aus den Abb. 268 bis 270 ersichtlichen Löcher vorgesehen, durch die starke Stahlstangen gesteckt werden.

624. Ausbildung der Fugen.

Die Unterteilung des Vielsteinausbaues mit Quetschfugen gibt dem Stollenprofil eine große Biegsamkeit und Nachgiebigkeit. Der Streckenausbau kann den auftretenden Gebirgsdrücken folgen und sich verformen, ohne daß die Betonsteine selbst überbeansprucht werden.

Diese Quetschfugen werden meist aus Holz hergestellt. Einzelheiten über die zweckmäßige Anordnung der Hölzer nach dem Achenbach-Ausbau sind von HAARMANN[1] angegeben. Nach SCHLÜTER werden die Kräfte in der Achsrichtung besser verteilt, wenn die Quetschhölzer nicht in Steinbreite von etwa 25 cm, sondern in 8 bis 12 Steinbreiten, also mit 2 bis 3 m Länge eingebaut werden.

Anstatt mit Quetschhölzern können die Fugen auch mit Leichtbeton oder Leichtmörtel oder auch mit Platten aus nachgiebiger Kunststeinmasse ausgefüllt werden. Bindemittel und Zuschlagstoffe des Mörtels

---

[1] HAARMANN: Erfahrungen im Streckenausbau der Zeche Minister Achenbach. Glückauf 1940, Nr. 35.

müssen wasserbeständig sein. Das Bindemittel soll ein größeres Erhärtungsvermögen besitzen, der Zuschlagstoff dagegen weich sein. In dem Mörtel oder den Platten muß eine Zusammenpressung an den Steinkanten möglich sein, ohne daß die Kanten der Betonsteine selbst zerdrückt oder abgeschert werden. Während bei Quetschhölzern der Zusammenhang in Richtung der Fugen auf die Reibung beschränkt ist, ergibt der Mörtel eine gewisse Haft- und Schubfestigkeit in der Fuge. Gegenüber den Quetschhölzern hat der Leichtmörtel außerdem den Vorzug der Holzersparnis und der Beständigkeit gegen Verfaulen, Verrotten und gegen Feuer.

Das Innere eines Streckenausbaues mit Betonformsteinen und Quetschfugen ist aus Abb. 274 zu ersehen.

Während der monolithische Stahlbeton zwar durch die Stahleinlagen eine gewisse Elastizität erhält, der Beton als Grundstoff aber gefügelos und amorph bleibt, so daß

Abb. 274. Streckenausbau in Vielsteinbauweise.

bei örtlicher Überbelastung der Zusammenhalt unwiederbringlich zerstört wird, verleiht die Verwendung der Betonformsteine mit Quetschfugen dem Bauwerk eine Struktur, die sich den veränderlichen Kräften anpaßt. Die Stampfrichtung des Betons in den Steinen entspricht der Hauptkraftrichtung, die Form und Verbindung der Steine sichern die Kraftübertragung im Sinne einer einheitlichen Zusammenfassung und Verklammerung, die elastischen Fugen ermöglichen ein Nachgeben und Ausweichen des Ausbaues, ohne daß eine gewaltsame Trennung der Einheiten eintritt.

63. Tunnelbau.

Auch im Tunnelbau haben Stahlbetonfertigteile vorteilhafte Anwendung gefunden. Die Abb. 275 bis 277 zeigen verschiedene Bauzustände einer von der Ph. Holzmann A.-G. ausgeführten Teilstrecke des Gleisbergtunnels[1]. Die Widerlager wurden an Ort und Stelle durchgehend betoniert, während für die Firstverkleidung die Form eines Dreigelenkbogens gewählt wurde, dessen beide Schenkel aus Stahlbetonfertigteilen bestanden. Diese Fertigteile wurden in einem Werkschuppen in Stahlschalung hergestellt. Die Schalenhälften eines Gewölberinges von 65 cm Breite hatten eine abgewickelte Länge von 4,20 m.

---

[1] HILDEBRAND: Die Tunnelbauten der neuen Vollspurbahn Heidenau-Altenberg. Organ f. d. Fortschritte des Eisenbahnwesens 1939, H. 8/9.

Abb. 275. Gleisbergtunnel. Aufrichten der Fertigteile.

Abb. 276. Gleisbergtunnel. Spreizen der Versetz-
vorrichtung.

Abb. 277. Gleisbergtunnel. Fertigteile eingebaut.

Der Einbau der Stahl-
betonringe ging in folgender
Weise vor sich:

„Es wurden immer die beiden
zu einem Ring gehörenden Halb-
schalen zusammen so auf einen
Wagen gelegt, daß dazwischen
ein sattelförmiges Versetzgerüst
eingelegt werden konnte, das aus
zwei zusammenklappbaren stählernen Fachwerkbacken bestand,
die an ihren Enden unter der
Scheitelfuge der beiden Stahlbetonschalen scharnierartig miteinander verbunden waren. Eine
Doppelschale wog einschließlich
des Versetzgerüstes rund 4,5 t.
An der Einbaustelle wurde nun
mit Hilfe eines in ein starkes
Holzgerüst eingebauten Elektro-
zuges das zwischen den beiden
Schalen liegende und mit diesem
befestigte Sattelgerüst oberhalb
des Schwerpunktes der Schalung
erfaßt und allmählich in die senkrechte Stellung aufgerichtet, bis
die Last über dem Förderwagen
schwebte. In der Schwebelage
wurde das Sattelgerüst mit den
darauf ruhenden Stahlbetonschalen unter Verwendung einer
besonderen in das Sattelgerüst
eingebauten Vorrichtung ausein-
andergespreizt, so weit, wie es
der Abstand der beiden Tunnel-
widerlager gestattete, und dann
hochgezogen, bis die Schalenauf-
standsenden etwas über den Auf-
standsflächen der Widerlager
lagen. Nunmehr wurden die Schalen mit ihrem Gerüst vollends
ausgespreizt und auf die Widerlager abgesetzt. Jetzt wurde das
Sattelgerüst von den Schalen gelöst, abgesenkt, zusammenge-
klappt und nebst Spreizvorrich-
tung auf dem Förderwagen wieder
nach dem Werkplatz gefahren.“

64. Ausführung von Stollen im Tagebau.

Wenn Stollen aus Fertig-
teilen in offener Baugrube
mit geringer Deckung aus-
geführt werden, so können
die Einheiten ein geringes

Gewicht erhalten. In Abb 278 ist ein Stollen der Deutschen Bau A.-G. in Heidewaldburg bei Königsberg dargestellt, dessen Einzelteile aus dünnen Stahlsaitenbetonplatten bestehen.

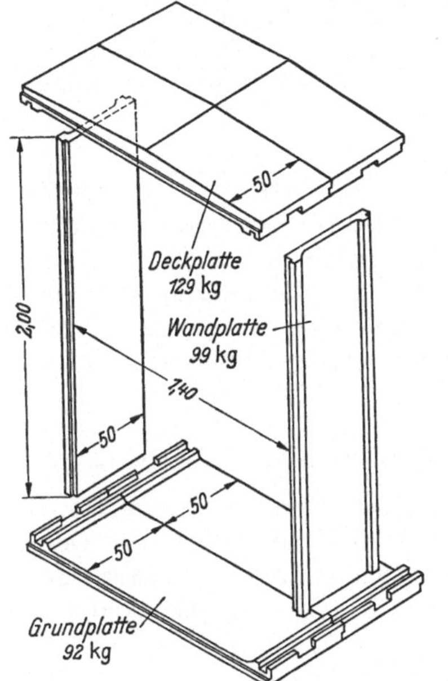

Abb. 278. Stollen aus Stahlsaitenbetonplatten.

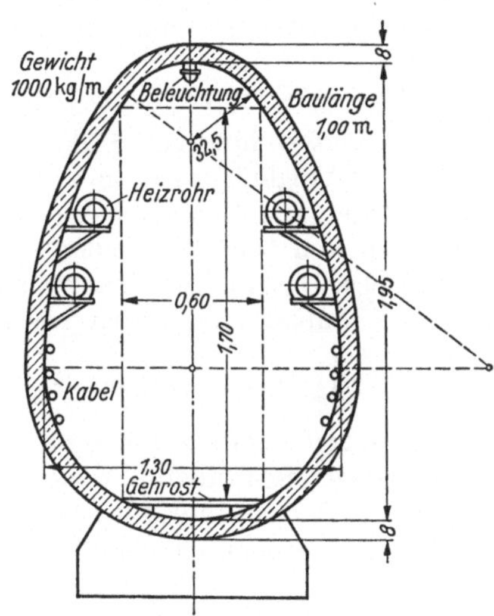

Abb. 279. Fernheizkanal.

Für Fernheizkanäle finden zuweilen spiralbewehrte Stahlbetonrohre nach Abb. 279 Anwendung. Die begehbaren und beleuchteten Kanäle nehmen neben den Heizrohren auch elektrische Kabel auf.

7. Brückenbau.

Eine Brücke ermöglicht die unabhängige Kreuzung zweier Verkehrswege, sie setzt sich aus den Gründungskörpern für die Widerlager und Zwischenpfeiler, den Widerlagern und Pfeilern selbst und dem eigentlichen Spannwerk zusammen. Unter gewöhnlichen Verhältnissen vollzieht sich der Bau einer massiven Brücke in der Reihenfolge: Erdaushub, Gründungskörper, Widerlager und Pfeiler, Lehrgerüst, Einschalen, Bewehren, Betonieren des Spannwerks, Erhärtungszeit, Ausrüsten und Abbau des Lehrgerüstes, Probebelastung. Bei Holz- und Stahlbrücken wird die Bauzeit insofern abgekürzt, als der Holzabbund bzw. bei Stahlkonstruktionen die Werkstattarbeit mit den Erd- und Betonarbeiten gleichgeschaltet werden kann. Diese Gleichzeitigkeit der Herstellung von Widerlagern und Spannwerk läßt sich auch bei der Fertigbetonbauweise durchführen und bringt daher eine wesentliche Verkürzung der Bauzeit gegenüber dem Monolithbau mit sich. Hinzu kommt, daß das vorher längst erhärtete Spannwerk sofort nach dem Einbau voll beansprucht werden kann.

Da die Gründung und die massiven Widerlager an anderer Stelle behandelt sind, kann ich mich hier auf den Bauteil, der im eigentlichen Sinne überbrückend wirkt, beschränken, nämlich das *Spannwerk*. Wenn es sich um kleine oder mittlere Spannweiten handelt, kann das Spannwerk in seiner ganzen Ausdehnung als Stahlbetonfertigteil hergestellt werden, bei weitgespannten Brücken werden zur Erleichterung der Montage nur Teile des Spannwerks auf dem Werkplatz vorher betoniert und nach der Erhärtung zusammengebaut.

71. Die Fertigteile reichen über die ganze Feldweite.

Die Verwendung von Stahlbetonfertigteilen für das Spannwerk einer Brücke ermöglicht nicht nur die Gleichzeitigkeit der Ausführung von Widerlager und Spannwerk, sondern auch die Offenhaltung des einen oder anderen oder der beiden sich kreuzenden Verkehrswege während des Baues. Die Rücksichtnahme auf den Verkehr ist bestimmend für die Art des Einbaues eines Spannwerks.

711. Beide Verkehrswege sind noch nicht vorhanden.

Abb. 280 zeigt die im Jahre 1938 von der Wayss & Freytag A.-G. ausgeführte Spannbetonbrücke über die Reichsautobahn bei Oelde i.Westf., die das erste mit Spannbetonträgern errichtete Bauwerk darstellt[1]. Die Brücke hat eine Stützweite von 33,0 m und eine Lichtweite

Abb. 280. Spannbetonbrücke bei Oelde i. Westfalen.

von 31,10 m. Die 4 Träger sind — bis Unterkante Fahrbahnplatte — an den Auflagern 1,46 m, in Brückenmitte 1,60 m hoch. Es ergibt sich somit das bemerkenswerte Verhältnis $\dfrac{h}{l} = \dfrac{1}{20,6}$. Die Fahrbahnplatte ist aus gewöhnlichem Stahlbeton hergestellt und durch die herausstehenden Bügelenden mit den Spannbetonträgern verbunden. Der Trägerquerschnitt geht aus Abb. 46 hervor. Die etwa 30 t schweren Träger wurden — und zwar je in etwa 1 Woche — seitlich von dem Brückenbauplatz auf einem schmalen Gerüst hergestellt und danach seitlich verschoben. Die hierbei mögliche gleichzeitige Herstellung der Träger und der Widerlager ergab eine wesentliche Verkürzung der Bauzeit.

Wenn im vorliegenden Falle die Brückenträger auf einem Gerüst betoniert wurden, so waren offenbar rein wirtschaftliche Gesichtspunkte

---

[1] Technische Blätter der Wayss & Freytag A.-G. 1939.

maßgebend. In Anbetracht der geringen Höhe des Gerüstes wäre eine Herstellung zu ebener Erde und späteres Heben der schweren Träger oder auch eine Längsbewegung von einem auf der Brückenrampe gelegenen Werkplatz aus teurer geworden. Auch bei der Oelder Brücke erwies es sich, wie wichtig eine sorgfältige Ausarbeitung nicht nur des Entwurfes selbst, sondern auch des Ausführungsplanes ist.

In Abb. 281 ist eine Verladebrücke für schwerste Belastung im Bilde dargestellt, deren 5 m lange Hauptträger aus Stahlsaitenbeton mittels eines Schwimmkranes auf die monolithisch hergestellten Betonpfeiler verlegt wurden. Der Querschnitt dieser Träger, die besonders hohe Querkräfte aufzunehmen hatten, geht aus den Abb. 31 und 32 hervor.

Abb. 281. Anlegebrücke aus schweren Stahlsaitenbetonbalken.

712. Forderung eines unbehinderten Verkehrs unter der Brücke während des Baues.

Der Verkehr unter der Brücke betrifft nicht nur den Personen- und Wagenverkehr, sondern auch den Durchfluß von Wasserläufen. Wenn dieser Verkehr während des Baues unbehindert durch Lehrgerüste und sonstige Baumaßnahmen bleiben soll, so wird das Tragwerk der Brücke, das durch die Hauptbrückenträger dargestellt wird, gleichzeitig mit dem Bau der Widerlager und Pfeiler auf dem Werkplatz als Fertigteil betoniert und nach seiner Erhärtung im ganzen montiert.

KLEINLOGEL[1] beschreibt das Versetzen von 16 m weit gespannten Betonbogenstreifen in Nordamerika mittels eines Auslegerkranes. Die einzelnen Gewölbelamellen wurden dicht an dicht verlegt, wobei sich die Kämpfer gegen die vorher betonierten Widerlager stemmten. Die ganze Arbeit wurde in 9 Stunden unter voller Aufrechterhaltung des Eisenbahnverkehrs durchgeführt.

Daß selbst sehr schwere und lange Brückenträger über eine größere Entfernung nach der Einbaustelle befördert werden können, zeigen die Abb. 282 und 283*.

„Die 43 m langen Träger aus Spannbeton mit einem Gewicht von je 90 t für die Neißebrücke bei Löwen wurden an ihren Enden durch Anheben mit hydraulischen Pressen auf je einen Wagen abgestützt und zunächst senkrecht zu ihrer Längsachse verfahren. Dann fuhren die Wagen auf Schiebebühnen, mit denen sie 200 m weit in Längsrichtung der Träger befördert wurden. Der letzte Teil des Förderweges war ein schmales Gerüst über den Fluß. Als die Träger auf ihm in Höhe ihrer späteren Lage angekommen waren, erfolgte wieder ein Quertransport.

---

[1] KLEINLOGEL: Zit. S. 245.   * LENK: Bauindustrie 1943, Nr. 7.

Hierzu verließen die Wagen ihre Schiebebühnen und fuhren zur Einbaustelle. Die Förderkraft wurde von einer elektrisch angetriebenen Winde mit Seilzug auf die Träger übertragen. Der Transport dieser Träger ist wegen ihrer geringen Seitensteifigkeit eine neuartige Aufgabe gewesen, da es galt, die Stabilität während des Transportes zu beurteilen."

Abb. 282. Transport von 90 t schweren Spannbetonträgern.

Ein anderes Beispiel für den Transport schwerster Träger ist das 1949 von der Wayss & Freytag A.-G. in Arbeitsgemeinschaft mit der Firma H. Bolender, Hersfeld, wiederhergestellte Kreuzungsbauwerk Kirchheim für die Kreuzung zweier Autobahnstrecken. Der Verkehr mußte wenigstens auf einer Fahrbahn der tiefer gelegenen Strecke aufrecht erhalten werden. Die Spannbetonträger des Überbaues wurden auf der anderen Fahrbahn hergestellt und von einem auf derselben Fahrbahn stehenden Schwenkmast unmittelbar vom Herstellstand aus an ihren endgültigen Bestimmungsort gebracht (Abb. 284).

Abb. 283. Neißebrücke bei Löwen. Längstransport der Spannbetonträger.

Abb. 284. Montage eines 33 t schweren Spannbetonträgers.

Der Standmast des Versetzgerätes besaß eine Höhe von 38 m, die Spannbetonträger waren bis zu 26 m lang bei einem Gewicht von 33 t.

Die Abb. 285 zeigt eine Untersicht unter die 6 Hauptträger des Überbaues für eine Fahrbahn. Man erkennt die untere Bewehrung der Querträger, die durch entsprechende Aussparungen in den Hauptträgern durchgesteckt wurde. Die Querträger selbst und die Fahrbahnplatte wurden an Ort und Stelle betoniert.

Auch bei den Rohrbrücken der chemischen Industrie, die zur Unterstützung der oberirdisch geführten Rohrleitungen dienen, handelt es sich darum, den Werksverkehr unter der Brücke möglichst wenig zu behindern. Da oft große Wegstrecken, besonders bei Fernleitungen, zurückzulegen sind, ist es Brauch geworden, solche Rohrbrücken zu normen,

Abb. 285. Kreuzungsbauwerk Kirchheim. Untersicht unter die fertig verlegten Hauptträger.

Stützen und Spannwerke gleichartig und mit wirtschaftlich günstigen Spannweiten auszubilden. Der Stahlverbrauch stählerner Rohrbrücken beträgt 650 kg/m und kann bei Verwendung von Stahlbeton auf 150 bis 200 kg/m gesenkt werden[1].

Vergleichsrechnungen führen zur wirtschaftlichsten Stützenentfernung, die im allgemeinen dann gegeben ist, wenn die Kosten einer Stütze einschließlich ihrer Gründung gleich denen des Spannwerks sind. Oft ist jedoch Rücksicht auf die Freihaltung des Platzes unter der Brücke zu nehmen, dann wird man die Mehrkosten einer größeren Stützweite des Spannwerkes in Kauf nehmen. Die Stützen werden zur Gewichtsersparnis weitgehend aufgelöst, als Tragwerk dienen Bogen mit und ohne Zugband, Vollwandträger, Fachwerkträger und rohrförmige Stahlbetonschalen.

Die in der Abb. 286 dargestellten Brückenbogen von 50 m Spannweite wurden an Ort und Stelle eingeschalt und betoniert, die Pfosten, Quer- und Längsträger aber als Fertigteile auf einem besonderen Platz betoniert und zum Einbau an die einzelnen Brücken gefahren. Dort konnten sie auf die Bogen aufgesetzt werden, während noch die Lehrgerüste darunter standen.

---

[1] Vgl. Fußnote S. 68.

Kiehne, Beton. 19

Aus der Abb. 287 ist die Verbindung der Fertigteile mit den Brückenbogen zu ersehen. Die Bewehrungsstäbe greifen vom Bogen und der Stütze aus ineinander über. Die Verbindungsstelle wird später verschalt

Abb. 286. Bogenförmige Rohrbrücke von 50 m Spannweite.

und ausbetoniert (vgl. Abb. 120). Die Grün & Bilfinger A.-G. hat nach diesem System etwa 2400 lfd. m ausgeführt[1].

In den Abb. 288 bis 293 ist eine von der Wayss & Freytag A.-G. 1944 in Heydebreck/OS. erbaute Rohrbrücke gezeigt, bei der sämtliche Teile

Abb. 287. Rohrbrücke der Abb. 286 vor Vergießen der Stoßstellen.

— auch die Hauptspannwerke — aus Fertigteilen bestanden. Die portalförmigen Stützrahmen wurden am Boden liegend im unmittelbaren Bereich des Bauwerks betoniert (Abb. 288). Nach dem Erhärten wurden

---

[1] Vgl. auch Wedler: Stahlbetonrohrbrücken für die chemische Industrie und ihre Vereinheitlichung. Bautechn. 1944, H. 29/32.

sie von einem Portalkran angehoben und auf Hilfsgerüsten bis zum Erhärten des Schlußlückenbetons abgesetzt (Abb. 289). Diese Hilfsgerüste enthielten am oberen Ende Spindeln zur Feineinstellung der Stützrahmen und zur späteren Entlastung der Hilfsgerüste. Auch diese Gerüstböcke wurden vom Portalkran als Ganzes angehoben und zur Wiederverwendung oftmals umgesetzt. Die Hauptträger bestanden aus vollwandigen Spannbetonträgern, die zentral in größerer Entfernung vom Bauwerk zusammen mit den Fertigteilen der Aufbauten angefertigt und von dort mit Drehschemelwagen zur Einbaustelle herangefahren wurden (Abb. 290). Die Stapelung dieser Träger und ihre Hochförderung erfolgte mit Hilfe von 2 Portalkranen. Dieselben Krane besorgten auch die Montage der geschlossenen und offenen Rohrbefestigungsrahmen (Abb. 291)

Abb. 288. Herstellung der Stützjoche einer Rohrbrücke.

Abb. 289. Montage der Stützjoche von Abb. 288.

Abb. 290. Spannbetonträger einer Rohrbrücke.

sowie der aussteifenden Längsriegel und Diagonalen (Abb. 292). Die Verbindung sämtlicher Teile untereinander erfolgte mit Hilfe von an Ort

19*

Abb. 291. Montage der Rohrrahmen einer Rohrbrücke.

Abb. 292. Montage 'der Aussteifungsriegel einer
Rohrbrücke.

Abb. 293. Fertiggestellte Rohrbrücke
in Heydebreck/OS.

betonierten Schlußlücken, in die entsprechende Anschlußstäbe hineinragten. Abb. 293 zeigt einen fertiggestellten Rohrbrückenabschnitt. Die Verwendung von vollwandigen, unter den Rohrrahmen angeordneten Hauptträgern war in diesem Falle angebracht, da auf Verlangen des Bauherren die Hauptträger in der Seitenansicht die Lichträume zwischen den Rohrbefestigungsrahmen nicht einengen durften. Außerdem mußten die Rohrrahmen in dem anormal geringen Abstand von 2,50 m angeordnet werden.

Auch die Preußag Rüdersdorf (entwerfender Ingenieur v. Halasz) hat bogenförmige Rohrbrücken aus hochwertigen Stahlbetonfertigteilen entworfen und ausgeführt[1]. (Abb. 294).

„Das Tragwerk besteht aus Bogen, die, weil sie auf Druck beansprucht sind, geringe Abmessungen und Gewichte aufweisen und außerdem aus mehreren Teilen biegefest zusammengesetzt werden. Die Bogen werden zuerst aufgestellt, wobei nur ein leichtes Hilfsgerüst erforderlich ist. Das Bogenzugband ist gleichzeitig Brückenlängsträger. Da es vorgespannt ist, werden auch hier die Vorteile des hochwertigen Betons voll ausgenützt.

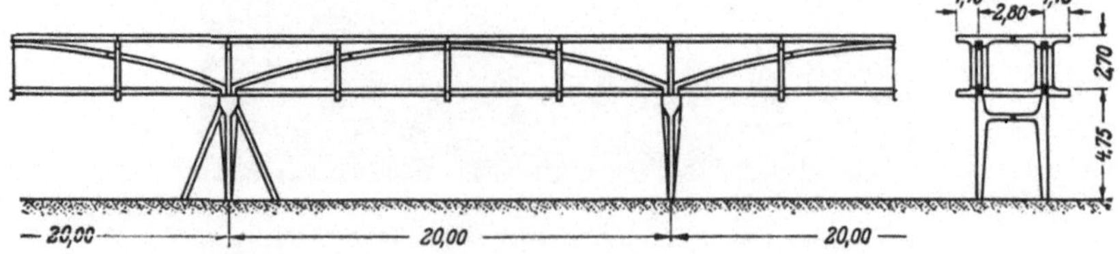

Abb. 294. Gewölbte Rohrbrücke aus hochwertigen Fertigteilen.

---

[1] Vgl. Fußnote S. 68.

Nachdem die Bogen gestellt sind, können alle anderen Bauteile, wie die Obergurte, Querträger usw., ohne jedes Hilfsgerüst angehängt werden. Bei Beförderung der Fertigteile vom Betonwerk zur Baustelle hat man es nur mit geraden oder leicht bogenförmigen, leichten und nicht zu langen Stücken zu tun. Der Arbeitsaufwand auf der Baustelle ist bei dieser Bauart gering. Damit ist ein wesentlicher Fortschritt erreicht, denn die bisher bekannt gewordenen Bauarten forderten noch immer viel Baustellenarbeit.“

Am meisten sind Fachwerkträger als Tragwerk herangezogen worden. Die Dyckerhoff & Widmann K.-G. hat vorgespannte Fachwerkträger von 20 m Spannweite als Fertigbauteile in einem Stück in Heizformen gefertigt und aufgestellt[1]. Da es sich um Brückenstränge von mehreren Kilometern Länge handelte, eigneten sich diese Fachwerkträger besonders zur Reihenherstellung.

Scheunert[2] schlägt nach Abb. 295 als Tragwerk für Rohrbrücken Kreiszylinderschalen aus Stahlbeton (Rohre) vor, die als einfache Balken

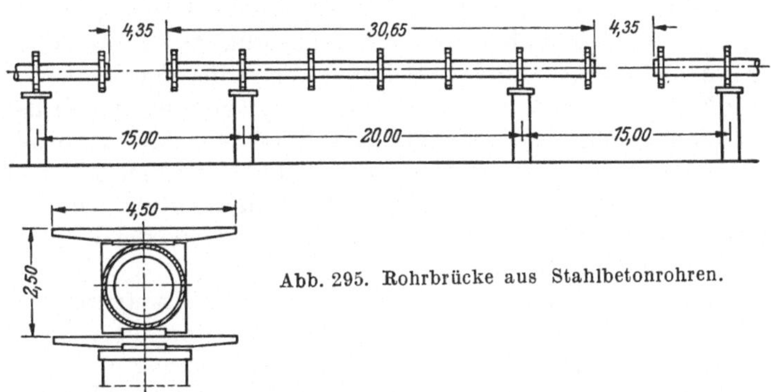

Abb. 295. Rohrbrücke aus Stahlbetonrohren.

mit überkragenden Enden wirken. Die Rohrleitungen werden an einbetonierten Ankerschienen mittels Ankerschrauben an der Ober- und Unterseite der Querträger befestigt, die durch Lastringe innerhalb der Schalen auf diese abgestützt sind. In dieser Fertigbeton-Schalenbauweise werden je nach Nutzlast 3 Klassen unterschieden:

$$\text{Klasse I} \quad . \ . \ . \quad p < 1,0 \ \text{t/m},$$
$$\text{Klasse II} \quad . \ . \ . \quad p = 1,0 - 2,4 \ \text{t/m},$$
$$\text{Klasse III} \quad . \ . \quad p = 2,4 - 3,6 \ \text{t/m}.$$

Die Stützenabstände von 20 m und 15 m entsprechen den bisher bei Stahlbrücken üblichen Abständen.

Das Innere der Schalen ist begehbar und zur Aufnahme elektrischer Leitungen geeignet Scheunert faßt zusammen:

„Die Brückenkonstruktion muß den verschiedenen Belastungen mit einem Mindestverbrauch an Baustoffen anzupassen sein und darf den Zugang zu den Rohrleitungen und den Verkehr in den Straßen unter der Brücke nicht beeinträchtigen. Das architektonische Bild der Gesamtanlage verlangt, daß sie möglichst wenig in Erscheinung tritt.“

---

[1] Vgl. Fußnote 2 S. 139.
[2] Scheunert: VDI-Z. Bd. 88, Nr. 31/32 vom 5. VIII. 1944, S. 429—431.

713. Unbehinderter Verkehr auf der Brücke.

Der Straßen- oder Eisenbahnverkehr auf einer Brücke muß zuweilen aufrechterhalten werden, wenn es sich um eine Auswechslung des Spannwerks zwecks Verstärkung oder den nachträglichen Durchbruch beispielsweise einer Straße unter einer Eisenbahn handelt. Die zahlreichen Möglichkeiten für die Ausführung eines solchen Durchbruches während des Betriebes habe ich in einer Abhandlung[1] ausführlich beschrieben. Damals war die Technik der Stahlbetonfertigteile noch nicht eingeführt, da die Voraussetzungen für die Güte der Baustoffe nicht gegeben waren. Heute würde man wohl die dort näher beschriebene Unterführung der Windscheidstraße unter dem Stadtbahnhof Charlottenburg zwecks Stahlersparnis mit Hilfe von Stahlbetonfertigteilen ausgeführt haben.

Es sind drei Möglichkeiten für den Einbau eines Brückenspannwerks unter im Betriebe befindlichen Eisenbahngleisen gegeben:

1. Einbau der Fahrbahn unter Auswechslung gegen die Hilfsträger.
2. Einbau der Fahrbahn im Schutze der Hilfsträger.
3. Einbau der Fahrbahn unter Wiederverwendung der Hilfsträger.

Am üblichsten ist die erste Einbauart, die Auswechselung erfolgt entweder waagrecht quer zur Brückenachse durch seitliches Verschieben oder mit Hilfe von Kranen oder waagrecht in Richtung der Brückenachse oder aber in senkrechter Richtung. Die Bauhöhe der Unterführung wird nicht größer als beim Einbau im Freien.

Bei der zweiten Einbauart wird der von den Hilfsträgern eingenommene Raum nach schließlicher Entfernung mit Beton ausgefüllt. Da die Träger meist hoch sind, folgt daraus eine hohe Belastung und eine starke Beschränkung der verfügbaren Bauhöhe für die endgültige Brückentafel. Die Bauweise ist daher nur für Brücken aus Beton mit und ohne Bewehrung und Gewölbe zweckmäßig, deren Fahrbahn ihres hohen Gewichtes wegen nicht verschoben werden kann und deshalb an Ort und Stelle hergestellt werden muß.

Das Vorhalten, Verwenden und Beseitigen der schweren Hilfsträger ist teuer. Da diese Aufwendungen dem Bauwerk nur mittelbar nutzen, scheinen alle Bauweisen, die die Hilfsträger als endgültigen Bestandteil ausnutzen, billiger zu werden. Bei der Unterführung der Windscheidstraße unter dem Bahnhof Charlottenburg[2] wurden die Hilfsträger, in deren Schutze die Mauern und Stützenfüße hergestellt waren, auf den Unterzügen über den Stützen nebeneinander in bestimmten Abständen aufgereiht, verbolzt und während des Betriebes in einzelnen Abschnitten ausgestampft.

Wenn der Bau in den Jahren 1913 bis 1914 mit technischem und wirtschaftlichem Erfolg durchgeführt werden konnte, so wäre dies in der heutigen Zeit nicht mehr denkbar. Ob der Anschluß des während des Eisenbahnbetriebes eingestampften Betons an die Stahlträger der

---

[1] KIEHNE: Durchbrüche für Straßen unter Eisenbahnen während des Betriebes. Organ für die Fortschritte des Eisenbahnwesens 1917, H. 3ff.
[2] Dtsch. Bauztg. 1914, Nr. 69/70.

Fahrbahnplatte wirklich überall gelungen ist, läßt sich erst in späterer Zeit feststellen. Die Gefahr des Rostens besteht immer. Der gewaltige Stahlverbrauch ließe sich heute nicht mehr rechtfertigen. Gewiß ist es vorteilhaft, die Hilfsträger im Bau selbst wieder zu verwenden, es ist jedoch zu bedenken, daß an sich nur *ein* Satz Hilfsträger für die nacheinander auszuführenden Brückentafeln notwendig gewesen wäre, der weiterhin als Gerät des Unternehmers nicht verloren, sondern beliebig oft auch bei anderen Bauvorhaben wieder zu benutzen ist.

Die heutige Zeit fordert Ausnutzung aller betrieblichen Möglichkeiten, also größte Stahleinsparung, gleichzeitige Ausführung der Widerlager und Stützen und der einbaufertigen Brückentafeln. Für ein Brückenspannwerk aus Stahlbetonfertigteilen scheidet daher die Lösung 3) aus, die Ausführung nach 2) ist ein reiner Monolithbau. In Betracht kommt also nur die erste Lösung, nämlich der Einbau der aus Stahlbetonfertigteilen bestehenden Fahrbahn unter Auswechslung gegen die mehrfach wieder zu verwendenden stählernen Hilfsträger, sei es durch Benutzung von Kranen oder durch seitliches Verschieben.

Als Brückentafeln sind früher Visintini-Träger mit Vorteil angewendet worden[1], die sich für den Einbau während des Betriebes gut eignen würden. Des geringen Gewichtes wegen sind auch vorgespannte Brückenträger ins Auge zu fassen, die allerdings, um jegliche Betonierungsarbeit unter dem Eisenbahnbetrieb zu vermeiden, schon vorher paarweise durch eine bewehrte Platte zu verbinden wären.

72. Die Länge der Fertigteile ist kleiner als die Feldweite.

Aus den verschiedensten Gründen ist es oft zweckmäßig, auch Einzelteile größerer Spannwerke aus Stahlbetonfertigteilen herzustellen und beim Einbau miteinander zu verbinden. Ein Beispiel dafür wurde schon unter dem Abschnitt „Rohrbrücken" angeführt (Abb. 294). Die Anwendung von Fertigteilen liegt auch hier in den mehr oder weniger hervortretenden günstigen Eigenschaften begründet, beispielsweise in der besseren Anpassung der Stampfrichtung und damit des Betongefüges an die Anforderungen des Bauwerks, in der Ersparnis an Rüstung und Schalung, in der Vermeidung von unregelmäßigen Arbeitsfugen u. ä. In allen Fällen ist es wiederum die Gleichzeitigkeit der Arbeitsvorgänge, die ausschlaggebenden Einfluß auf die Wahl der Fertigbetonbauweise hat.

721. Anpassung der Stampfrichtung des Betons an die Anforderungen des Bauwerks.

Um den Einfluß der Setzungen des Lehrgerüstes gewölbter Brücken auf die Gewölbespannungen auszuschalten, wird das Gewölbe in gleichmäßig über die Spannweite verteilten Lamellen betoniert, die zwischen sich weite Fugen offen lassen, welche nachher mit erdfeuchtem Mörtel ausgestampft werden. Bei flachen Gewölben liegt zwangsläufig die

---

[1] Vgl. Fußnote S. 245.

Stampfrichtung senkrecht zur Bogenleibung, erwünscht ist es jedoch aus Festigkeitsgründen, daß der Beton in Richtung der Gewölbestützlinie verdichtet wird. Auch besteht die Gefahr, obwohl der Betonierungsraum durch die Abschalungen beschränkt ist, daß gleichlaufend zur Gewölbelinie Arbeitsfugen entstehen.

Verwendet man künstliche Betonquader, so können diese auf dem Werkplatz nicht nur sorgfältiger und gleichmäßiger hergestellt werden, die Stampfrichtung läßt sich auch dem Kräfteverlauf besser anpassen. Außerdem kann vor dem Einbau ein Großteil des Schwindprozesses ablaufen, wodurch auch das Kriechen unter der später aufgebrachten Beanspruchung geringer wird.

Schon bei dem Wettbewerb für die Bismarckbrücke in Saarbrücken[1] hatte die Firma R. Grastorf G. m. b. H., Hannover, als Baustoff für das große Stampfbetongewölbe von 51 m Spannweite im voraus gestampfte und erhärtete Betonquader vorgeschlagen. Mit Rücksicht auf die beabsichtigte sorgfältige Herstellung der Quader und der Wölbarbeit konnte eine größte Druckspannung von 54 kg/cm² zugelassen werden. Auch für die Sichtfläche der Brücke waren Betonquader, jedoch mit werksteinmäßiger Bearbeitung, vorgesehen. Dasselbe Verfahren ist in der Zwischenzeit bei manch anderer Brücke angewandt worden.

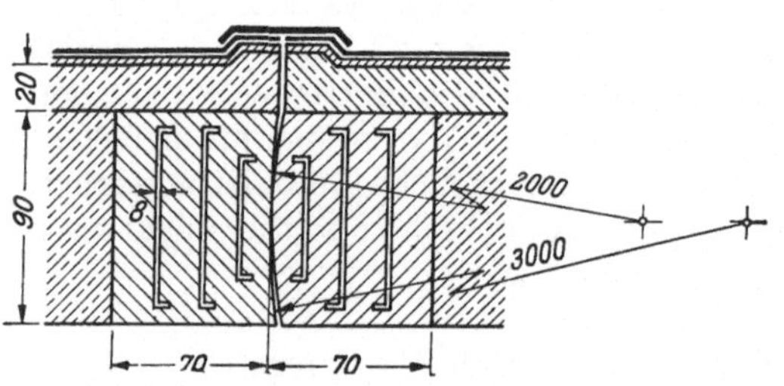

Abb. 296. Wälzgelenke aus Stahlbeton.

So diente die Verwendung von Stahlbetonfertigteilen bei den 120 m weit gespannten Bogen der Brücke über den Lot bei Castel-Moron[2] ähnlichen Zwecken. Der Bogen wurde in zwei Abschnitten ausgeführt, der Kernquerschnitt aus 6 m langen vorbereiteten Werkstücken zusammengesetzt und unter Vorspannung gebracht. Die Errichtung des Bogens in zwei getrennten Abschnitten hatte u. a. den Vorteil, daß erhebliche Ersparnisse am Lehrgerüst entstanden. Die äußeren Bogenschalen wurden an Ort und Stelle unter Verwendung von Spiralen betoniert.

Was von den Gewölbequadern gesagt wurde, gilt im besonderen Maße für Wälzgelenke aus Beton mit gekrümmten Berührungsflächen, die nach den Formeln von HERTZ berechnet werden[3] (Abb. 296). Die quergerichteten Zugspannungen werden durch Stahleinlagen aufgenommen.

722. Ersparnis an Rüstung und Schalung.

Setzt sich das Spannwerk nur aus zwei Teilen zusammen, so lassen sich diese vollständig ohne Hilfsunterstützung montieren, wenn es sich um Teile eines Gewölbes handelt. Ein solches Verfahren zur Herstellung

[1] Der Brückenbau 1913, H. 10, S. 158.
[2] Beton u. Eisen Bd. 34 (1935) S. 313; Bauingenieur 1938, H. 1/2.
[3] DIN 1075, § 17, 2; MÖRSCH: Betonkalender II, 1944, S. 306.

von Gewölben wurde von der Wayss & Freytag A.-G. und BURKHARDT[1] im einzelnen durchentwickelt und ausführlich beschrieben. Die Bogenhälften werden nach diesem Verfahren zunächst mit Hilfe von provisorischen Gelenken versetzt. Sie besitzen zur Gewichtsersparnis U-förmigen Querschnitt und werden in gewissen Abständen voneinander angeordnet. Nach Überbrückung der Zwischenräume am unteren Rand

Abb. 297. Bogenfertigteile mit U-förmigem Querschnitt.

mit Fertigteilplatten kann der aufgelöste Gewölbequerschnitt durch einen entsprechenden Füllbeton zu einem massiven Gewölbe ergänzt werden. Vorher werden die provisorischen Gelenke durch einen Gelenklückenbeton, der endgültige Gelenke enthält oder eine feste Einspannung herstellt, entbehrlich und zur Wiederverwendung herausgenommen.

Nach dem geschilderten Verfahren wurden von der Wayss & Freytag A.-G. verschiedene Brücken wieder aufgebaut, darunter in den Jahren

Abb. 298. Lahnbrücke Diez. Montage des ersten Bogenrippenpaares.

1948/49 die Lahnbrücke Diez. Die Abb. 297 zeigt die zum Einbau bereitliegenden Bogenfertigteile, Abb. 298 die Montage des ersten Bogenrippenpaares und Abb. 299 den Bauzustand nach dem Versetzen sämtlicher Bogenrippen der Flußöffnung. Die Flußöffnung hatte eine Lichtweite von 37 m, die Fertigteile wogen rund 14 t. Auch die beiden Landöffnungen mit einer Lichtweite von 22,5 m wurden nach demselben Verfahren eingewölbt.

---

[1] KAISER u. BURKHARDT: Bautechn. 1948, H. 6.

Für zahlreiche Einzelteile weitgespannter Brücken, Fahrbahnträger, Queraussteifungen, Fußwegauskragungen, Hängestangen und Brüstungen würden die Schalungen und Rüstungen einen unverhältnismäßig hohen Kostenaufwand verursachen, wenn man sie an Ort und Stelle betonieren wollte. Auch würde es Schwierigkeiten bereiten, die erforderliche Betongüte zu erzeugen. Bei einer Herstellung dieser Einheiten auf

Abb. 299. Lahnbrücke Diez. Bauzustand nach beendigter Montage sämtlicher Bogenrippen.

einem ebenen Werkplatz hingegen sind alle Vorbedingungen für eine einwandfreie Fertigung gegeben.

So wurden die in Abb. 36 sichtbaren Querträger der bereits erwähnten Straßenbrücke über die Seine bei St. Pierre du Vauvray als Stahlbetonfertigteile versetzt. Dasselbe gilt von den Brüstungen, die ebenfalls auf dem Bild zu erkennen sind. Ferner sei auf die für die Verbreiterung der Fußwege der Brücke von Pont de l'Arche benutzte schalungslose Bauweise verwiesen (Abschnitt C, II, b, 2).

723. Vermeidung von Arbeitsfugen.

Zur Erzielung einer materialgerechten Oberfläche des Betons trägt der Umstand bei, daß der Beton in der Fabrik oder auf dem Werkplatz viel gleichmäßiger und sorgfältiger verarbeitet und nachbehandelt werden kann als auf der Baustelle. Da die Formen in der Fabrik stets liegend mit Beton ausgestampft werden, ergeben sich keine Arbeitsfugen, so daß eine gleichmäßige Ansichtsfläche gewährleistet ist.

Bei dem Neubau der Brücke von Pont de l'Arche[1] war deshalb ursprünglich ins Auge gefaßt worden, die zwischen Bogen und Fahrbahn vorhandenen Gewölbezwickel mit großflächigen, fertig vorbereiteten Stahlbetonplatten durch Krane einzusetzen und dann werksteinmäßig zu bearbeiten. Man war sich klar darüber, daß ein einheitliches Brückenbild nur dann entstehen würde, wenn man die Bogenzwickel vollwandig ausfüllte. Der reine Betoncharakter der Brücke wäre auf diese Weise gewahrt worden. Da der verwendete Zement eine Betonfärbung ergab,

---

[1] Bauingenieur 1938, H. 1/2.

die den benachbarten aus gelblichem Kalkstein erbauten Gewölben ent-
sprach, war ein einheitliches Gesamtbild der Brücke zu erwarten.

Von der Verwendung von Stahlbetonfertigteilen wurde schließlich
doch abgesehen und der Beton der Zwickelmauern an Ort und Stelle
hergestellt. Um die unvermeidlichen Arbeitsfugen in geeigneter Weise
zu verdecken, wurden an der Schalung in gleichmäßigen Abständen
waagrechte Dreiecksleisten angebracht, an denen der Beton vor Beendigung der Tagesarbeit sauber abgezogen wurde. Die durch die ein-
springenden Fugen hervorgerufene Schattenwirkung machte die waagrechten Arbeitsfugen unsichtbar. Der Aufwand an Holz und Arbeitslohn
war nicht gering und letzten Endes nur dadurch zu vertreten, daß im
ganzen 8 Dreieckszwickel von gleicher Gestalt auszufüllen waren.

b) Schalungslose Monolithbetonbauten
(II. Hauptgruppe).

Die schalungslosen Monolithbetonbauten, deren Grundgedanke in
Abb. 6 dargestellt ist, gehören mit Fug und Recht zu den Bauten aus
Beton- und Stahlbetonfertigteilen. Der einzige Umstand, der sie von
den eigentlichen Fertigteilbauten unterscheidet, ist die Notwendigkeit,
auch auf der Baustelle noch in größerer Menge Beton herzustellen und
zu verarbeiten. Was aber eine Betonbaustelle teuer und unübersichtlich
macht, ist nicht die Betonbereitung aus Zuschlagstoffen, Zement und
Wasser, sondern die Schalung mit ihren Gerüsten, mögen sie aus Holz
oder Stahl bestehen. Durch die Vorbereitung, die Aufstellung, die ab-
zuwartende Erhärtungszeit, das Ausschalen und Wiedereinschalen entstehen Unkosten und Zeitverluste (vgl. S. 13). Demgegenüber tritt der
Aufwand für die eigentliche Betonherstellung an Bedeutung zurück.

Bei den schalungslosen Monolithbauten, die in der Hauptsache bei
Massenbetonarbeiten vorkommen, wird nun gerade die Betonschalung
als der Teil der Arbeiten, der sonst die meiste Sorge macht, in die Fabrik
oder auf einen fabrikmäßig eingerichteten Werkplatz verlegt. Die aus
Fertigteilen bestehende Betonschalung nebst Gerüsten wird auf die Baustelle angeliefert und dort aufgestellt, ohne daß gelernte Zimmerleute
dazu erforderlich sind. Holz wird nur in ganz geringem Maße für vorübergehende Abstützungen gebraucht. Die Hauptbetonmasse aber, die
als Fertigteile anzufertigen und zu befördern unwirtschaftlich wäre,
wird wie üblich in Form der Grundstoffe (Kies, Sand und Zement) angeliefert, da ihre Beförderung und Handhabung als Schüttgut die
wenigsten Kosten verursacht. Wasser steht ohnehin auf der Baustelle
zur Verfügung. Da die Betonschalung schon an sich standfest und tragfähig ist, wird der Fortgang der Bauarbeiten durch das Einbringen des
Füllbetons in keiner Weise behindert oder verzögert. Der Gesamtbau
wird aus seinen Einzelteilen in ununterbrochener Folge ausgeführt, wie
wenn es sich um einen eigentlichen Fertigteilbau handelte, auch er ist
in jedem Bauzustand „fertig" und abgeschlossen. Auf diese Weise ziehen
auch Massenbetonbauten aus der Fertigbetonbauweise Nutzen.

Die Grundidee der schalungslosen Monolithbetonbauten hat bereits, teils bewußt, teils unbewußt, vereinzelt praktische Anwendung gefunden. Die Ausführungsbeispiele sind jedoch über das technische Schrifttum verstreut, so daß es angebracht erscheint, sie herauszusuchen und zusammenzufassen, sie mit neuen Vorschlägen zu ergänzen und in ein Gesamtsystem einzugliedern. Denn die schalungslosen Monolithbauten verdienen, wie die eigentlichen Fertigbetonbauten, wegen ihrer Verwandtschaft mit diesen und wegen ihrer wirtschaftlichen Vorteile weit mehr verwirklicht zu werden, als es bisher der Fall war.

Die schalungslosen Monolithbetonbauten werden in solche Bauten eingeteilt, bei denen der oben erläuterte Baugedanke die Grundlage des Entwurfes darstellt und vorbehaltlos durchgeführt wird, und solche Bauwerke, bei denen die Bauweise als Verbindungs- und Übergangsabschnitt zwischen eigentlichen Konstruktionen aus Stahlbetonfertigteilen dient.

Die verschiedenen Baueinheiten, aus denen sich die Betonschalungen zusammensetzen, sind in den Abschnitten C, I, b, 12 und 22 im einzelnen besprochen worden.

1. Reine schalungslose Monolithbauten.

11. Fournierbeton („System No Wood").

Über das von dem Holländer DIRK VAN DER VELDE erfundene, für Kellerwände im Wohnungsbau angewendete schalungslose Bauverfahren berichtet HENNIG[1]: „Das holländische Betonbauverfahren beschäftigt sich sowohl mit Betonfundierungen als auch aufgehenden Wänden. In entsprechenden Abständen voneinander werden zwei parallele Reihen Pfosten aus Beton aufgestellt und je zwei einander gegenüberstehende und durch Anker miteinander verbundene Pfosten mittels Schrauben an einer Dreieckstütze befestigt, dessen auf dem Boden aufliegende Arme sich gegen den Außenumfang eines flach auf den Baugrund gelegten, zweckmäßig verstellbaren Rahmens abstützen. Die Pfosten sind mit über ihre Länge verlaufenden Nuten versehen, und in diese Nuten je zweier benachbarter und in einer Reihe liegender Pfosten werden von oben her Platten aus Beton eingeschoben und dann der Zwischenraum zwischen den beiden Plattenreihen mit frischem Beton ausgefüllt (Abb. 300). Die Pfosten und Platten der einen Reihe werden mit den ihnen gegenüberliegenden Pfosten und Platten der anderen Reihe durch Anker verbunden. Die Pfosten stehen so weit nach innen in den Zwischenraum zwischen den Plattenreihen vor, daß sie auf drei Seiten von der Betonfüllung umfaßt werden und dadurch nach dem Hartwerden der Füllung mit Sicherheit eine feste Verbindung zwischen Pfosten, Platten und Betonfüllung erreicht wird." Die Abmessungen der Platten sind 65×45×2 cm.

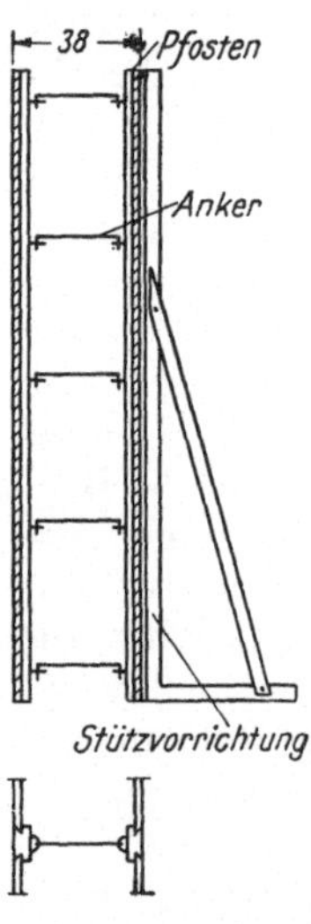

Abb. 300. Fournierbeton.

---

[1] HENNIG: Fournierbeton. Bauindustrie 1943, H. 14/15.

Von den bekannten Vorteilen der schalungslosen Monolithbauten werden besonders hervorgehoben die Holzersparnis, die Einsparung an Arbeitskräften und Bauzeit, die saubere gleichmäßige Oberfläche (daher der Name Fournierbeton). Versuche beim Staatl. Materialprüfungsamt in Berlin-Dahlem haben ergeben, daß die mit dem Fournierbetonverfahren gebauten Mauern eine hohe Druckfestigkeit besitzen und daß die Platten selbst bei hohem Druck nicht abspringen.

12. Weitere schalungslose Bauweisen im Wohnungsbau.

„Mit schwach bewehrten Betontafeln in ganzer Geschoßhöhe bis 50 cm Breite und etwa 3 bis 4 cm Dicke arbeitet die Bauweise „Probst"-Oberau; die Tafeln werden aufrecht stehend in genutetem Betonfundament vermörtelt eingesetzt und an eingestampften Ständern (unbehauene Rundhölzer) mit Draht befestigt, auf letzteren werden innen Leichtbautafeln aufgenagelt. Der verbleibende Hohlraum wird mit Leichtbeton ausgegossen (tauglich für eingeschossige, schnell zu erstellende Bauten[1])."

Bei der „Oho"-Bauweise sind die Platten $60 \times 40 \times 3$ cm. Als Versteifung dienen Rahmenstiele mit einer Tiefe gleich der vorgesehenen Wanddicke und mit 3 bis 6 cm Querschnittsbreite. Die Bauweise „Nocke" sieht Schal- und Deckenplatten aus Hart- oder Leichtbeton vor, die durch Queranker aus Rundstahl und Längsanker aus Draht verbunden sind.

Bauart „Kriegel" nimmt Rahmensteine ohne Boden, die durch Stege verbunden sind, in Abmessungen bis 70 cm Länge, 30 bis 40 cm Breite und 25 cm Höhe (Gewicht 45 bis 49 kg). Vgl. auch Abb. 107.

13. Schacht- und Stollenbau.

In den Abschnitten C, II, a, 61 und 62 wurde schon erläutert, daß auch die Auskleidungen von Bergwerksschächten und -stollen mit Betonformsteinen in gewissem Sinne zu den schalungslosen Monolithbauten gehören.

14. Schornsteinbau[2].

Die Standfestigkeit gemauerter Ziegelsteinschornsteine hängt von ihrem Gewicht und der Größe ihrer Grundfläche ab. Je höher der Schornstein ist, desto größer werden die Wanddicke und in gewissem Maß auch die durch den Temperaturunterschied zwischen Innen- und Außenflächen hervorgerufenen Spannungen.

Schornsteine aus Stahlbeton sind als im Gründungskörper eingespannte biegungsfeste Bauwerke anzusehen, deren Abmessungen also nicht aus den Bedingungen der Kippsicherheit um die Fundamentoberkante hergeleitet werden. Der hochwertige Stahlbeton gestattet geringe Wanddicken, die nicht nur das Gewicht des Schornsteines, sondern auch die auftretenden Wärmespannungen verringern.

Da es wirtschaftlich unmöglich ist, hohe Schornsteine aus Stahlbeton in hergebrachter Weise einzuschalen und zu betonieren, hat sowohl

---

[1] Probst: Handbuch der Betonsteinindustrie S. 490. Halle: Carl Marhold 1943.

[2] Die nachstehenden Ausführungen folgen dem Heft 16 der Zementverarbeitung: „Eisenbetonschornsteine". Herausgegeben von Dr.-Ing. Riepert. Berlin: Zementverlag 1934.

die Gleitschalungsbauweise (siehe Abschnitt c) als auch die schalungslose Monolithbauweise Bedeutung gewonnen.

Bei letzterer tritt die Ersparnis an Schalung und Rüstung in den Vordergrund.

„Allerdings ist die Anzahl der Handgriffe, die zur Ausführung des Bauwerks erforderlich sind, größer als bei den monolithischen Schornsteinen. Alle Systeme legen Wert auf eine handliche Größe der Formsteine, eine Anpassung der Steine an die konische Form des Schornsteines, ohne zu viel Arten von Formen benutzen zu müssen, und eine bequeme und fachgemäße Einbettung der Stahlbewehrung."

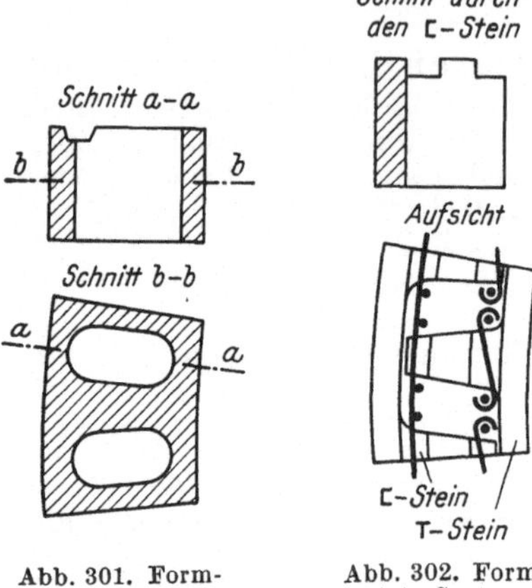

Abb. 301. Formstein für Schornsteine.

Abb. 302. Formstein System Lupescu.

141. Formsteine der Wayss & Freytag A.-G.

Die geschlossenen Formsteine nehmen die ganze Wanddicke des Schornsteines ein und besitzen nach Abb. 301 je zwei Hohlräume. „Die Steine werden so aufgemauert, daß die senkrechten Fugen versetzt sind, die Hohlräume jedoch übereinander zu liegen kommen, um die senkrechte Bewehrung durchführen zu können."

Ein nach diesem System ausgeführter Schornstein von 110 m Höhe hat in 5 m Höhe einen äußeren Durchmesser von 7,30 m und einen inneren lichten Durchmesser von 5,96 m, am Kopf einen Durchmesser von 4,80 m bzw. 4,26 m. Die Wanddicke ohne Futtermauerwerk verringert sich von 40 cm auf 20 cm. Bei einem anderen Schornstein von 100 m Höhe betrug die Wanddicke unten 45 cm, oben 20 cm bei einem oberen lichten Durchmesser von 3,0 m.

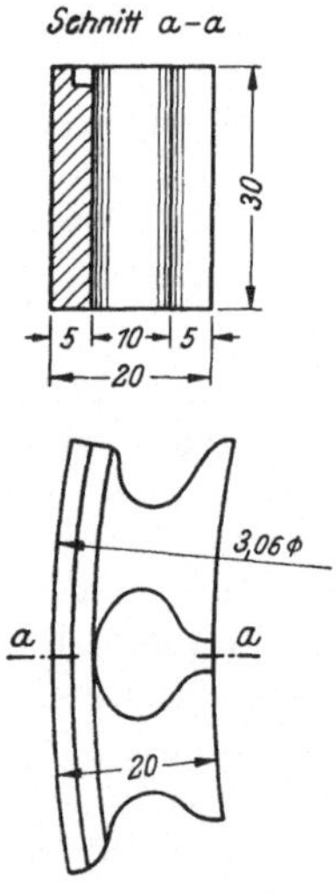

Nach dem Patent „Lupescu" werden zur Einschalung der Innen- und Außenflächen getrennte Formsteine verwendet, so daß das Einbringen und Verknüpfen der Bewehrungseinlagen sowie die Ausfüllung der Hohlräume mit Beton erleichtert ist. Nach Abb. 302 wechseln T- und U-förmige Betonsteine in der Weise miteinander ab, daß die senkrechten Fugen versetzt sind.

142. Formsteine der Dyckerhoff & Widmann K.G. nach dem Houzer-Patent.

Abb. 303. Formsteine System Houzer.

Nach der Abb. 303 handelt es sich wie bei Abb. 301 um Hohlsteine, die die ganze Wanddicke des Schornsteines einnehmen. „Die Höhe der Steine beträgt 30 cm. Man hat die Erfahrung gemacht, daß sich Steine von dieser Höhe noch bequem verarbeiten lassen. Man erreicht den wirtschaftlichen Vorteil eines schnelleren Aufmauerns gegenüber 25 cm hohen Steinen. Allerdings vergrößert sich dadurch die Entfernung der Ringbewehrung, die dann eben entsprechend stärker zu wählen ist. Die Besteigung eines Schornsteines mit Steigeisen von 30 cm Abstand ermüdet weniger als bei einem Abstand von 25 cm."

143. Weitere Verbundbauweisen.

Als weitere Verbundbauweisen haben die Systeme „Nast" und „Weber" Anwendung gefunden. Beim System Nast werden für die Längsbewehrung statt Rundstahleinlagen solche aus Flachstahl verwendet, die in den Stößen verschraubt werden. Die Schornsteine nach der Bauart Weber haben einen achteckigen Grundriß mit abgerundeten Ecken, so daß man mit Steinen von ein und demselben Krümmungshalbmesser auskommt.

15. Schalungslose Großbetonbauten am Meere.

Die Hervorhebung des Meeresufers bedeutet keine Einschränkung, sondern im Gegenteil eine Verallgemeinerung; denn alle baulichen Maßnahmen, die in Anbetracht der schädlichen Einflüsse des Meerwassers getroffen werden, sind bei den Wasserbauten am Süßwasser des Binnenlandes um so wirksamer.

Wie aus Abb. 6 hervorgeht, sollen statt der bisher üblichen außerhalb des Bauwerks aufgestellten festen oder verschiebbaren Schalgerüste aus Stahl oder Holz solche aus Stahlbetonfertigteilen *innerhalb* des Bauwerks errichtet und einbetoniert werden. An Stelle der wiederverwendbaren Schaltafeln aus Holz oder Stahlblech tritt eine am Bauwerk verbleibende Verkleidung aus Stahlbetonplatten.

Im folgenden wird zunächst aus den bautechnischen Forderungen die besondere Form und der zweckmäßigste Baustoff für die Verkleidung des Bauwerks und für die Gerüste zu deren Befestigung abgeleitet. Sodann wird der Entwurf einer Hafenkaje beschrieben, schließlich werden die Vor- und Nachteile der Bauweise gegenüber anderen abgewogen.

151. Ableitung der Bedingungen für die Verkleidung und die Gerüste.

1511. Verkleidung. Die ältesten Docks und Kaimauern in Wilhelmshaven wurden aus Hartbrandsteinen in vollfugigem Portlandzementmörtel gemauert. Dieses Ziegelmauerwerk hat sich bisher im Meerwasser gut bewährt[1]. Das günstige Verhalten überrascht nicht. Die Hartbrandsteine selbst sind unempfindlich gegen die Einflüsse des Meerwassers. Die Fugen bilden zwar die schwachen Stellen in der Maueroberfläche, die Einwirkung des Meerwassers erstreckt sich jedoch in den Lagerfugen nur auf eine verhältnismäßig geringe Tiefe und der labyrinthartige Verlauf der übrigen Fugen erschwert das Eindringen des Meerwassers. Im Gegensatz hierzu kann eine bloße Verkleidung aus Klinkern dahinterliegenden Beton auf die Dauer nicht schützen.

---

[1] SCHNEIDER: Baustoffangriffe in Wilhelmshaven. Jahrb. Hafenbautechn. Ges. 1937.

Die 3. Hafeneinfahrt in Wilhelmshaven[1] und die großen Trockendocks in Kiel[2] wurden aus Traßkalkbeton unter der Taucherglocke ausgeführt. Vor die Ansichtsflächen der Mauer wurde in freier Luft eine
$^1/_2$ Stein starke Verblendung gemauert und der Zwischenraum zwischen
dem Kernbeton und der Verblendung mit Beton ausgefüllt. Das Meerwasser drang durch die wenig tiefen Fugen und zersetzte den dahinter
befindlichen Traßkalkbeton un-
ter Bildung von Gips. Die durch
den Gips hervorgerufenen Treib-
erscheinungen drückten die Verblendung nach außen ab, wobei
Risse auftraten, durch die das
schädliche Meerwasser einen noch
leichteren Zutritt hatte (Abb. 304).

Abb. 304. Zerstörung des Verblendmauerwerks
eines Trockendocks.

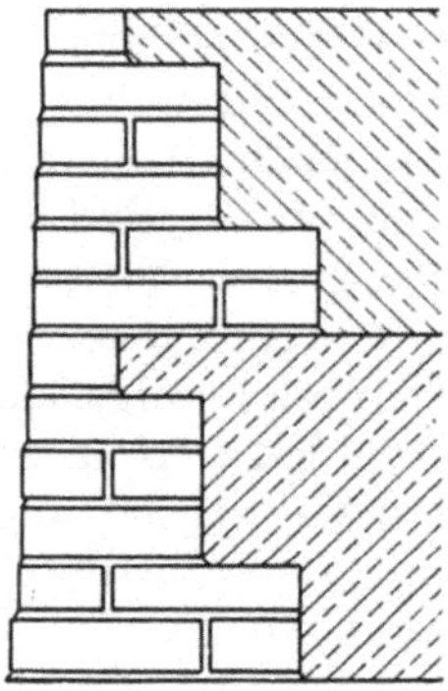

Abb. 305. Verblendmauerwerk für eine
Ufermauer.

Eine innigere Verbindung zwischen Verblendmauerwerk und Kernbeton erzielt man, wenn das erstere zuerst ausgeführt und der Beton
hinterfüllt wird. Nach Abb. 305 werden 0,50 bis 1,00 m hohe Brüstungen gemauert, die so bemessen sind, daß sie dem Druck des
frisch eingebrachten Betons widerstehen. Nach dem Hinterfüllen des
Betons und dessen Abbinden wird die nächste Mauerzone hergestellt[3].
Nachteil: Lange Bauzeit, zahlreiche durchgehende waagrechte Arbeitsfugen.

Bei den Schleusen von Amfreville in Frankreich[4] wurde die Verblendung in einer Höhe von 4,50 m mit senkrechten Verzahnungen

<hr>

[1] GERDES: Die Seeschleusen der 3. Hafeneinfahrt in Wilhelmshaven und ihre
gründliche Instandsetzung in den Jahren 1934 bis 1937. Jahrb. Hafenbautechn. Ges.
1937.

[2] KIEHNE: Instandsetzung und Verlängerung des Trockendocks IV der
Deutschen Werke Kiel A.-G. Vortrag auf der 32. Hauptvers. des Deutschen Beton-
vereins 1929. Bauingenieur 1929, S. 318; Zement 1929, S. 781.

[3] KIEHNE: Neubau einer Ufermauer auf der Werft Kiel der Deutschen Werke
A.-G. Bauingenieur 1928, S. 933.

[4] KIEHNE: Über Materialechtheit im Betonbau. Zement 1934, Nr. 9/10.

aufgemauert und unter rückwärtiger Verankerung in voller Höhe mit Beton hinterfüllt. Arbeitsfugen bildeten sich also nicht (Abb. 306).

Am Meere hat man mit der Einwirkung des Meerwassers und von Ebbe und Flut zu rechnen. Die Mörtelfugen im Verblendmauerwerk sind immer wenig widerstandsfähige Stellen in der Oberfläche des Bauwerks. Der Mörtel wird nie so dicht ausfallen wie gut verarbeiteter Beton. Besonders die feinen Fugen zwischen dem Fugenmörtel und den Verblendsteinen, also die Fugen 2. Ordnung, lassen das Meerwasser beim Steigen der Flut eindringen und bei fallendem Wasser wieder austreten, wobei eine ständige Auslaugung des Mörtels stattfindet. Je größer nun die Fugenzahl ist, desto anfälliger ist die Verblendung gegen die schädlichen Einwirkungen des Meerwassers. Bei einem Verblendmauerwerk im Blockverband entfallen auf 1 qm Mauerfläche 0,204 qm Fugenfläche, davon 0,156 qm oder 76,5% auf die waagrechten Fugen. Die Gesamtlänge der Fugen 2. Ordnung beträgt 34,0 m/qm.

Abb. 306. Verblendmauerwerk einer Flußschiffahrtsschleuse.

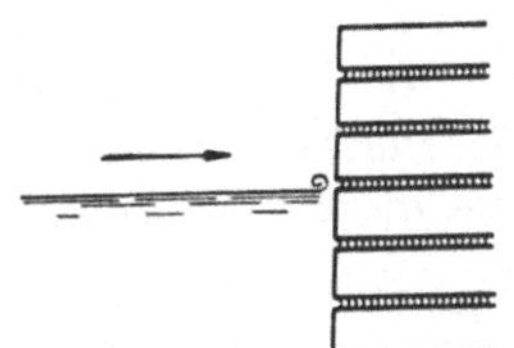

Abb. 307. Aushöhlung waagrechter Fugen durch die steigende Flut.

Bei dem später beschriebenen Entwurf einer Hafenkaje sind Verblendplatten aus Stahlsaitenbeton von 4,60 m Höhe und 1,24 m Breite vorgesehen (Abb. 308). Hierbei macht die Fugenfläche nur 1% der Maueroberfläche aus, und die Gesamtlänge der Fugen 2. Ordnung beträgt rund 2,0 m/qm. Das ist der 17. Teil der Fugenlänge bei einer Verblendung aus Mauersteinen im Reichsformat.

Folgerung: Eine Verblendung soll möglichst wenig Fugen aufweisen und deshalb aus großflächigen Einheiten bestehen.

Bei steigender Flut wirken die einzelnen Flutschichten wie Messerschneiden[1] und höhlen die Mauerwerksfugen aus, wobei besonders die waagrechten Fugen betroffen werden (Abb. 307).

Folgerung: Eine Verblendung soll nur wenige oder möglichst überhaupt keine waagrechten Fugen besitzen. Wenn waagrechte Fugen nicht vermieden werden können, sind sie unterhalb des niedrigsten Wasserstandes

---

[1] Arnold: Vorlesungen über Wasserbau. Hannover 1907.

anzuordnen. Die Verblendungseinheiten sollen also möglichst hoch gewählt werden.

Wenn ein Bauwerksblock auf fester Grundlage, z. B. auf dem erhärteten Gründungsblock betoniert wird, so geht der neu aufgebrachte aufgehende Beton in der waagrechten Arbeitsfuge eine feste Verbindung mit dem darunter befindlichen Beton ein. Da das Schwinden im Gründungsbeton zu einem großen Teil abgeklungen ist, der junge Beton des aufgehenden Blockes aber noch stark schwindet, treten im oberen Block senkrechte Schwindrisse auf. Bei den Schleusenbauten in Amfreville (Frankreich) und den Hafen- und Dockbauten an der Nord- und Ostsee wurde von mir übereinstimmend ein durchschnittlicher Abstand der Schwindrisse von etwa 5 m festgestellt.

Ähnliche Spaltrisse entstehen durch die feste Verbindung von Beton in den Arbeitsfugen oder von Beton mit der Gründungssohle, wenn die Teile zum Zeitpunkt der festen Verbindung stark abweichende Temperaturen haben, sich also in entsprechend verschiedenen Ausdehnungszuständen befinden[1].

Folgerung: Will man verhindern, daß die im Füllbeton auftretenden Schwind- und Temperaturrisse sich auch auf die Mauerverblendung erstrecken, so wird man die Breitenabmessung der Verkleidungsplatten beschränken.

Die Breite der Verblendungsplatten sei zu 1,25 m angenommen. Setzt man üblicherweise das Schwinden einer Temperaturabnahme von 15 °C gleich, so beträgt das Schwindmaß auf 1,25 m Länge
$$\varDelta b = 15 \times 10^{-5} \times 1250 \approx 0{,}20 \text{ mm}.$$

Ist die Platte innig mit dem Füllbeton verbunden, schwindet sie ebenso wie dieser, und ist sie imstande, die durch das Schwinden ent-

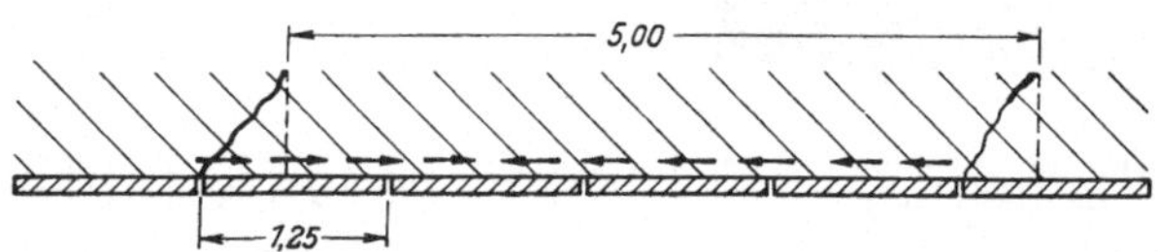

Abb. 308. Vermeidung äußerlich sichtbarer Schwindrisse durch zugfeste Verblendplatten.

stehenden Zugspannungen aufzunehmen, so besteht die Wahrscheinlichkeit, daß die im Füllbeton im Abstand von 5,00 m sich bildenden Schwindrisse an eine Stelle gelenkt werden, wo zwei Verblendplatten aneinanderstoßen. An dieser Stelle aber können Vorkehrungen getroffen werden, die den Schwindriß unschädlich machen (Abb. 308). Die Zugspannung berechnet sich zu
$$\sigma_z = \frac{\varDelta b \cdot E}{b} = \frac{0{,}2 \cdot 210\,000}{1250} = 33{,}6 \text{ kg/cm}^2.$$

Folgerung: Im allgemeinen besitzt ein Beton B 600, aus dem man die Verblendung herstellen wird, eine Zugfestigkeit von 60 kg/cm², so daß die Zugspannung von 33,6 kg/cm² aufgenommen werden könnte. Will man

---

[1] HAMPE: Temperaturschäden im Beton. Berlin: W. Ernst & Sohn 1942.

jedoch sichergehen, so wird man die Zugbeanspruchung des Betons mit 25 kg/cm² begrenzen, indem man dem Beton in waagrechter Richtung eine Druckvorspannung von etwa 10 kg/cm² erteilt. Man wird ihn also z. B. in Stahlsaitenbeton ausführen. Der Querschnitt der Platte betrage auf 1 m Höhe

$$F_b = 15 \cdot 100 = 1500 \text{ cm}^2.$$

Dann muß die durch Vorspannung im Beton erzeugte Druckkraft

$$D = 1500 \cdot 10 = 15\,000 \text{ kg}$$

betragen. Als Stahleinlagen werden Stahlsaiten mit

$$\sigma_{e_{zul}} = \sigma_{e\,v} = 12\,000 \text{ kg/cm}^2$$

verwendet.

Der erforderliche Querschnitt ist[1]:

$$F_e = F_b \frac{\dfrac{\sigma_{b\,v}}{\sigma_{e\,v}}}{1 - n \dfrac{\sigma_{b\,v}}{\sigma_{e\,v}}} = 1500 \cdot \frac{\dfrac{10}{12\,000}}{1 - 10 \cdot \dfrac{10}{12\,000}} = 1{,}36 \text{ cm}^2.$$

Gewählt werden 28 Durchmesser 2,5 mm mit $F_{e\,\text{vorh}} = 1{,}37$ cm². Bei dieser Berechnung sind die Biegezugspannungen, die der Verkleidungsbeton an der dem Füllbeton abgewandten Seite durch den Schalungsdruck des Betons erhält, unberücksichtigt geblieben. Damit die in einigen senkrechten Fugen zwischen den Verblendungsplatten sich bildenden Schwindrisse unschädlich bleiben, werden in den senkrechten Fugenflächen der Platten dreieckförmige Nuten ausgespart, die mit Zementmörtel oder Bitumen ausgegossen werden, sobald das Schwinden des Füllbetons im wesentlichen beendet ist.

Für die Meerwasserbeständigkeit des Betons hat GRÜN[2] folgende Bedingungen aufgestellt:

1. Kieselsäurereicher Zement.
2. Traßzusatz zur Erhöhung der Dichtigkeit.
3. Dichte Mischung.
4. Stahlüberdeckung mindestens 50 mm.
5. Plastische Beschaffenheit des Betons.
6. Keine Arbeitspausen, also keine Arbeitsfugen.
7. Genügend lange Erhärtung an der Luft vor dem Meerwasserzutritt, um den freien Kalk an der Oberfläche in kohlensauren Kalk überzuführen.
8. Schutz vor mechanischen Beschädigungen.

Folgerung: Die Bedingungen 1 bis 5 lassen sich ohne weiteres erfüllen. Da die Platten liegend hergestellt werden, ergeben sich keine Arbeitsfugen (6). Die im Füllbeton entstehenden waagrechten Arbeitsfugen sind unschädlich, wenn sie nicht mit den waagrechten Fugen zwischen den Verblendplatten zusammenfallen.

Besonders wichtig ist die Bedingung zu 7. Bei Großwasserbauten vergeht oft ein Jahr, ehe der Erdaushub und die Rammarbeiten beendet sind und die Betonarbeiten beginnen. Wenn die Verblendplatten sofort nach

---

[1] HOYER: Der Stahlsaitenbeton. 2. Aufl. Bd. I, S. 38. Otto Elsner 1939.
[2] GRÜN: Der Beton, S. 131. Berlin: Springer 1926; Zement 1927, Nr. 49.

dem Bauauftrag angefertigt werden, haben sie genügend Zeit zum Erhärten[1].
Ein Fluatanstrich ist außerdem zu empfehlen. Mechanische Beschädigungen (8) werden durch geeignete Baumaßnahmen wie Fender und Reibhölzer vermieden.

1512. Gerüste zur Befestigung der Verblendtafeln. Die Verblendung kann als wasserdicht und undurchlässig angenommen werden; waagrechte Arbeitsfugen im Füllbeton haben also keine schädigende Wirkung.

Folgerung: Die Gerüste brauchen nicht für den vollen Schalungsdruck berechnet zu werden. Es ist auch nicht erforderlich, Tag und Nacht zu betonieren. Die notwendige Tagesleistung der Betonieranlage wird der Blockgröße angepaßt, die sich aus dem als zweckmäßig erachteten Abstand der waagrechten Arbeitsfugen ergibt.

Während die Längswände mittels der Schalgerüste gegeneinander verankert werden können, bereitet die Ausbildung und Verankerung eines Gerüstes für die Querwände unüberwindliche Schwierigkeiten, da jede Querwand gewissermaßen für sich allein steht und infolge der großen Entfernung nicht mit der gegenüberliegenden Querwand verankert werden kann. Auch die Durchdringung der Fachwerke der Längs- und Quergerüste wäre kaum möglich.

Folgerung: Die Querwand wird als waagrechtes Gewölbe ausgebildet, dessen Horizontalschub durch die Anker des Stützgerüstes für die Längswände und dessen waagrechte Auflagerkräfte durch die Längsschaltafeln des Nachbarblockes aufgenommen werden.

152. Entwurf für eine Hafenkaje.

1521. Beschreibung des Entwurfes. Die Abmessungen des in Abb. 309 dargestellten Mauerquerschnittes sind nicht berechnet worden, der letztere dient nur als Lehrbeispiel für die Ausbildung der Schalungsgerüste und Verblendplatten.

Das *Schalungsgerüst* wird als Strebenfachwerk ausgebildet. Druck- und Zugglieder bestehen entweder beide aus Stahlsaitenbeton-Fertigteilen und werden durch Betondübel miteinander verbunden, oder es werden nur die Druckglieder aus Stahlbetonfertigteilen, die Zugglieder aber als Rundstahlstangen ausgeführt. Der Abstand der Gerüstböcke ist zu 1,25 m angenommen worden.

Auf der Sohle des Gründungsblockes werden zwei Längsrippen aufbetoniert, deren Höhe genau eingewogen ist. Auf diesen Rippen werden die Gerüste paarweise aufgestellt und im Gründungsbeton durch Anker

---

[1] Der chemische Vorgang ist bekanntlich

$$Ca(OH)_2 + CO_2 = CaCO_3 + H_2O\,.$$

Je dichter die Betonoberfläche ist, desto langsamer dringt die Kohlensäure der Luft ein. Man kann im allgemeinen nach einigen Monaten mit einer Wirkungstiefe von 5 mm rechnen. Eine augenblickliche Umwandlung des im Zement enthaltenen Kalkhydrates in kohlensauren Kalk erreicht man durch Anstrich mit einer wässerigen Lösung von Ammoniumkarbonat (Hirschhornsalz), wobei Ammoniak in gasförmigem Zustand frei wird. Die Wirkung reicht so tief, wie die Flüssigkeit in den Beton eindringen kann $(NH_4)_2CO_3 + Ca(OH)_2 = CaCO_3 + 2\,NH_4OH$. Bei einer Großanwendung dieses Mittels ist die Kostenfrage zu berücksichtigen.

und Betontraversen verankert. Als vorläufiger Längsverband dienen Holzbalken so lange, bis die Verblendplatten diese Aufgabe übernehmen.

Die *Verblendplatten* bestehen aus vorgespanntem Stahlsaitenbeton und sind 15 cm dick, ihre Breite beträgt 1,25 m, ihre Höhe 4,60 m.

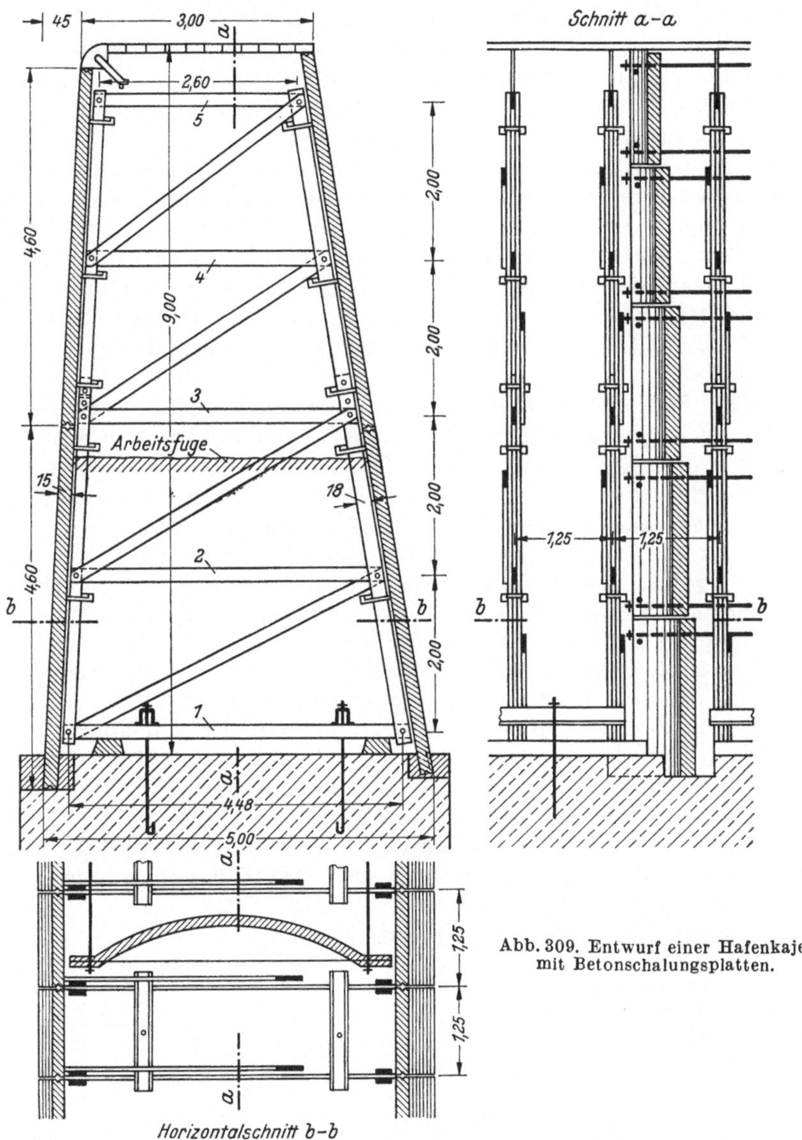

Abb. 309. Entwurf einer Hafenkaje mit Betonschalungsplatten.

Jede Platte hat also ein Gewicht von rund 3 t. Die Platten werden in liegender Schalung mit der Außenfläche nach unten hergestellt (vgl. Abschnitt C, I, b, 222). An ihrer Innenfläche werden Anschlußeisen mit Haken oder Ösen vorgesehen. Mittels eingeschobener Querlaschen bzw.

mit Hilfe von Bolzen können die Platten dann am Schalgerüst verankert werden.

Sowohl die waagrechten als auch die senkrechten Fugenflächen der Verblendplatten sind mit dreieckförmigen Nuten versehen. Die waagrechten Nuten werden beim Versetzen der Platten vermörtelt, die senkrechten Nuten werden ausgegossen, sobald die Schwinderscheinungen im Füllbeton in der Hauptsache abgeklungen sind. Der untere Teil der untersten Platte bindet in den Gründungsbeton ein, so daß etwa eindringendes Wasser einen labyrinthartigen Weg nehmen muß und zugleich der untere Zuganker entlastet wird.

Die etwa in halber Höhe des Blockes angeordnete Arbeitsfuge teilt den etwa 800 m³ Füllbeton enthaltenden Block in zwei gleiche Hälften von je 400 m³, die in 10 Stunden bewältigt werden können. Die Arbeitsfuge fällt nicht mit den waagrechten Fugen zwischen zwei Verblendtafeln zusammen. Zur Befestigung von Haltekreuzen, Festmacheringen, Steigeleitern usw. sind Sonderplatten vorgesehen. Der gewölbeförmige Abschluß der Blöcke an der Dehnungsfuge geht ebenfalls aus Abb. 309 hervor.

1522. Statische Berechnung. Hauptgrundlage für die statische Berechnung ist eine zutreffende Annahme für den auftretenden Schalungsdruck des flüssigen Betons. KURT MAUTHNER berichtet über Messungen des Wanddruckes von Pumpbeton[1]. Demnach dürfen folgende Schlüsse für flüssigen und weichen Beton gezogen werden.

Wenn ein Schalungskasten ohne Unterbrechung mit Beton gefüllt wird, so verhält sich das frische Mischgut wie eine reine Flüssigkeit. Den Seitendruck p in der Tiefe h (in m) unter dem Spiegel des Mischgutes darf man zu $p = 2\,h$ (in t/m²) schätzen.

Erst nach Beendigung der Förderung gewinnt das Mischgut innere Reibung, die eine Minderung des Seitendruckes zur Folge hat. Man darf annehmen, daß der Seitendruck geradlinig mit der Zeit abnimmt und daß nach 8 bis 12 Stunden Ruhezeit der Seitendruck auf 0 gefallen ist.

Setzt man die Betonierung nach 8 bis 12 Stunden fort, so tritt im ersten Absatz keine Erhöhung des Seitendruckes ein.

Wird in Abschnitten betoniert mit Pausen, die wesentlich kürzer als 8 bis 12 Stunden sind, so kann man den Seitendruck einer Säule beispielsweise wie folgt annehmen:

Druck am Säulenfuß bei raschem Schütten auf 2,30 m
$2 \times 2,30$ . . . . = 4,600 t/m²
Druckminderung am Ende einer 3 stündigen Arbeitspause $3/8 \times 4,600$ . . . . = 1,725 t/m²

Verbleibender Druck am Säulenfuß am Ende der Pause   2,875 t/m²

Im zweiten Arbeitsgang werden weitere 1,45 m geschüttet
Druckanstieg während des 2. Arbeitsganges $2 \times 1,45$ . . = 2,900 t/m²

Druck am Säulenfuß am Schluß des 2. Arbeitsganges   5,775 t/m²

Das vorstehende Verfahren ist durch Versuchsmessungen bis zu etwa 4 m Schütthöhe gedeckt.

---

[1] Betonkalender 1944, II, S. 16.

Beim normalen Schalungsbau wird sich die Belastungsfläche bestenfalls nach Abb. 310 links ausbilden, da die ganze Höhe ohne Unterbrechung in 20 Stunden ausgeführt werden muß, um Arbeitsfugen zu vermeiden. Hierbei ist angenommen, daß nach 10 stündigem Betonieren der unterste Beton so weit erhärtet ist, daß er keinen Seitenschub mehr ausüben kann, auch wenn neuer frischer Beton als Auflast hinzukommt.

Bei der Verblendtafelbauweise hingegen nimmt die Druckfläche die Gestalt von Abb. 310 rechts an. Im Beispiel der Abb. 309 würden jedoch auch die Anker 1 und 3 eine noch geringere Zugkraft aufzunehmen haben als sich aus Abb. 310 rechts ergibt. Für den zweiten Betonierabschnitt erhielte z. B. der Anker 3 so gut wie keine Zugkraft, da die Gurte im Füllbeton fest einbetoniert sind; der Anker 1 wird durch die Verankerung der Platten im Fundament entlastet. Die größte Zugkraft hätten die Anker 2 und 4 auszuhalten. Für den Anker 2 ergibt sich z. B. überschläglich folgende Zugkraft:

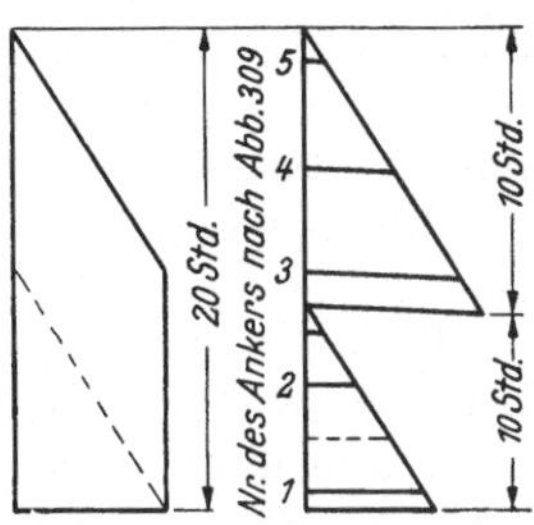

Abb. 310. Druck frischen Betons auf die Schalung.

$$1{,}25 \cdot 2{,}00 \cdot \frac{1{,}00 + 5{,}00}{2} = 7{,}5 \text{ t} .$$

153. Gegenüberstellung der Bauweisen mit und ohne Holz- oder Stahlschalung.

Beide Bauweisen sollen in technischer, baubetrieblicher und wirtschaftlicher Beziehung gegeneinander abgewogen werden.

1531. Technische Beurteilung. Ich habe zwar die neue Bauweise als schalungslos bezeichnet. Diese Kennzeichnung betrifft jedoch nur den Baukörper selbst. Für die Herstellung der Einzelteile ist stets eine Schalungsform erforderlich, die allerdings vielfach wieder verwendet werden kann, da sie wenig der Abnutzung unterliegt.

Die häufig verwendete *Stahlschalung* setzt sich aus zwei Teilen zusammen, dem Schalgerüst und den stählernen Schalungstafeln. Das Schalgerüst ist wohl meist für den besonderen Zweck des vorliegenden Bauwerks zugeschnitten und ist in der Bauzeit abzuschreiben, da die Umbauarbeiten für ein anderes Bauvorhaben teurer sind als eine Neubeschaffung. Die Schaltafeln hingegen können auch anderweitig eingesetzt werden. Ihre Lagerung, Erhaltung und Instandsetzung verursachen jedoch Kosten. Die Schalungsgerüste sind für den vollen Schalungsdruck zu berechnen, da waagrechte Arbeitsfugen im Beton unzulässig sind.

Bei der schalungslosen Bauweise werden die schweren Verblendplatten auf der Baustelle, die Fertigteile für die Gerüste dagegen in ortsfesten Betonwerken hergestellt. In beiden Fällen sind die Schalformen so ausgebildet, daß sie eine vielfache Wiederverwendung zulassen. Auch bei der Verblendtafelherstellung auf der Baustelle kann man von einem fliegenden fabrikähnlichen Betrieb sprechen, so daß eine sorgfältige Behandlung und Reinigung der liegenden und leicht zugänglichen Schalung gewährleistet ist. Die Schalgerüste werden nur für einen durch die Lage der Arbeitsfugen begrenzten Teil des Schalungsdruckes berechnet und sind deshalb leichter als bei der Schalungsbauweise.

Ein Nachteil der Stahlschalung wird es immer sein, daß an der Oberfläche des Betons Wasser- und Luftblasen auftreten, auch sind Nesterbildungen trotz sorgfältigen Stocherns nicht zu vermeiden. Bei der schalungslosen Bauweise fällt die Oberfläche stets gleichmäßig und dicht aus, da die Verblendtafeln liegend hergestellt werden und sorgfältig abgezogen und nachbehandelt werden können. Gerade die Nachbehandlung großer senkrechter Oberflächen bereitet in Anbetracht der oft erheblichen Wärmeentwicklung in den Baublöcken Schwierigkeiten und Kosten.

Daß Schwindrisse in den Verblendtafeln so gut wie ausgeschlossen sind, wurde schon früher ausgeführt. Die bogenförmige Ausbildung der Tren nungsfugen zwischen zwei Baublöcken kann wegen der Verlängerung des Sickerweges nur von Vorteil sein.

Mit den beiderseitigen Verblendtafeln ist eine Forderung erfüllt, die AGATZ[1] an die Oberflächen stellt, indem er sagt: „Es erscheine keinesfalls als vertretbar, den Beton gegen die von allen Seiten herantretenden schädlichen Einflüsse des Bodens nur nach einer Seite hin zu schützen.“

Die Plattenschalung ist keine zusätzliche Schalung, sondern kann als tragende Konstruktion zum Betonblock hinzugerechnet werden. Da der Füllbeton mit weniger Zement angemacht wird als bei der Schalungsbauweise, ist das Schwinden und die Wärmeentwicklung und damit die Gefahr von Schwind- und Temperaturrissen geringer.

„Die Temperaturunterschiede, die zu Schalenrissen im Beton führen, entstehen durch den Abfluß der Abbindewärme nach den Außenflächen. Eine Ermäßigung der Temperaturunterschiede kann daher anstatt durch Wärmeentziehung aus dem Betonkern auch umgekehrt durch Verminderung des natürlichen Wärmeabflusses durch die Außenflächen erreicht werden“[2].

„Da Stahlschalung in der heute üblichen Ausführung den Beton überhaupt nicht gegen die unmittelbaren Einwirkungen der Lufttemperaturen schützt, ist sie sowohl hinsichtlich der Verhütung von Schalenrissen wie auch von Frostschäden ungeeignet. Bei der Verwendung von Holzschalung ist der Beton zwar zunächst gut gegen einen stärkeren Wärmeabfluß geschützt. Dieser Vorteil wird jedoch durch das übliche Ausschalen etwa am vierten bis sechsten Tage, also gerade in der Zeit, in der im Betonkern die Höchsttemperaturen erreicht werden, in das Gegenteil verkehrt.“

Die Betonschalung wirkt in dieser Hinsicht genau so, wie wenn keine Schalung vorhanden wäre, verhindert also den Wärmeabfluß nicht. Durch die Aufteilung der Oberfläche in zahlreiche vorgespannte Einzelflächen wird jedoch das Fortschreiten der im Füllbeton etwa entstehenden Schalenrisse bis an die Außenfläche hintangehalten.

1532. Baubetriebliche Beurteilung. Ein Baubetrieb ist am wirtschaftlichsten aufgezogen, wenn in ihm die Zahl der beschäftigten Arbeiter auf die gesamte Dauer der Bauzeit möglichst wenig Schwankungen unterworfen ist. Spitzen in den Belegschaftskurven sind daher zu

---

[1] AGATZ: Der Kampf des Ingenieurs gegen Erde und Wasser im Grundbau, S. 257. Berlin: Springer 1936.
[2] Vgl. Fußnote S. 306.

vermeiden, da sie eine Erhöhung der Unkosten verursachen; denn die Unterkünfte sind für die Höchstzahl der Arbeiter bereitzustellen, ihr ist auch die Anzahl der Angestellten anzupassen. Auch der Geräteeinsatz hängt von der größten Belegschaftsstärke ab.

Die Belegschaftskurve einer Betongroßbaustelle verläuft in der Regel nach Abb. 311a. Die Arbeiterzahl steigt von Baubeginn an langsam an, ist während der Hauptarbeiten ziemlichen Schwankungen mit ausgesprochenen Spitzen unterworfen und fällt nach Beendigung der Betonarbeiten allmählich ab, wobei am Schluß die Ausschal-, Isolier-, Hinterfüllungs- und Aufräumungsarbeiten zu leisten sind.

Wenn jedoch ein Teil der Betonarbeiten schon während der Erd- und Rammarbeiten abgeschlossen werden kann, so erhöht sich am Anfang

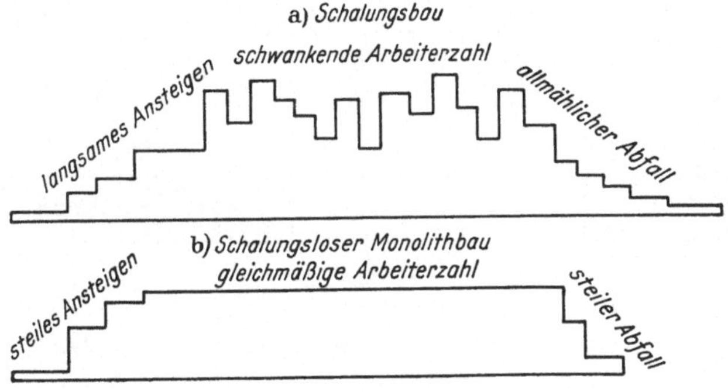

Abb. 311. Belegschaftskurve einer Großbaustelle.

der Bauzeit die Arbeiterzahl zugunsten der späteren Zeit der Hauptbetonarbeiten. Die Ein- und Ausschalarbeiten werden gewissermaßen vorverlegt, da später keine eigentlichen Schalarbeiten zu leisten sind, sondern die Fertigteile nur „gerichtet" werden. Während auf Großbaustellen nach der alten Bauweise die gesamte Belegschaft an den „Betoniertagen" stoßweise zusammengefaßt wird, wobei zuweilen noch von anderen Unternehmern Arbeitskräfte ausgeliehen werden, wickeln sich die Betonierarbeiten beim schalungslosen Monolithbau gleichmäßig und stetig ab. Die Belegschaftskurve steigt nach Abb. 311b bei Baubeginn steil an und fällt gegen das Bauende ebenso steil ab. Ausschalarbeiten sind überhaupt nicht erforderlich; die Isolier- und Hinterfüllungsarbeiten werden schon während der Betonarbeiten aufgenommen. Die Aufräumungsarbeiten sind weniger umfangreich als bei der Schalungsbauweise.

Der Hauptvorteil der schalungslosen Bauweise ist jedoch die *Verkürzung der Bauzeit*, die in folgendem bewiesen wird.

Bei der üblichen Bauweise werden die Baublöcke im allgemeinen in der Reihenfolge 1—3—5, 2—4—6 betoniert. Wenn man z. B. die Blöcke 1 und 3 gleichzeitig einschalt und unmittelbar hintereinander betoniert, so braucht man zwischen den Blöcken 1, 2 und 3 das Ausschalen der Querwände nur einmal abzuwarten. Betoniert man hingegen in der

Reihenfolge 1—2—3, so kann Block 2 erst betoniert werden, wenn die Querwand des Blockes 1 ausgeschalt ist, Block 3 erst nach dem Ausschalen der Querwand des Blockes 2. Zeitverluste sind also unvermeidlich.

Nun würde aber eine Betonierfolge 1—2—3—4—5—6 ohne Zweifel einen betrieblichen Vorteil bieten, da die Betoniereinrichtungen nicht sprungweise zu folgen haben, sondern z. B. bei Verwendung der Betonpumpe laufend vorgestreckt werden können.

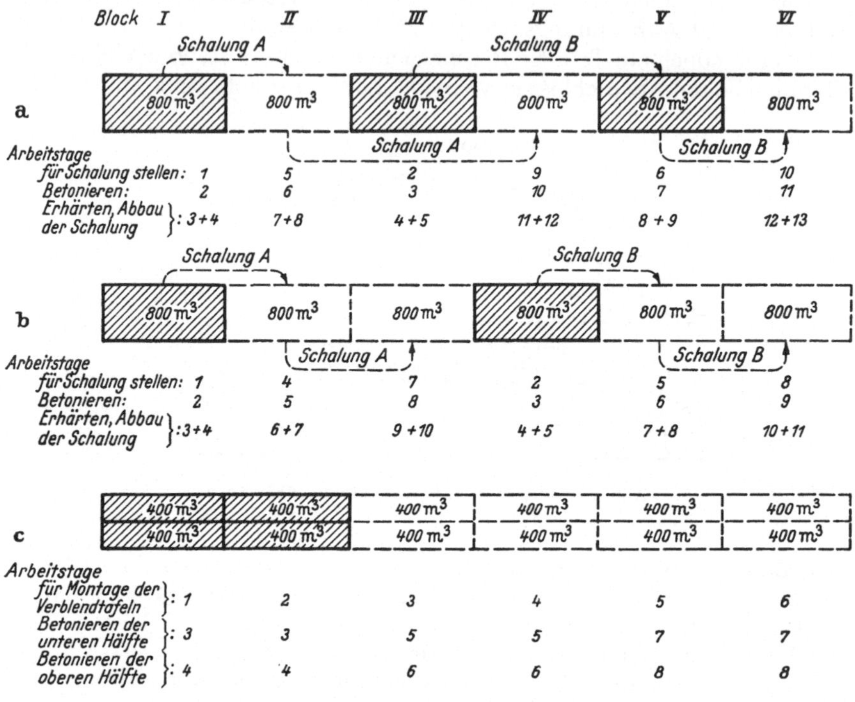

Abb. 312. Betonierungsfolge beim Bau einer Hafenmauer.

Die schalungslose Bauweise vereinigt diesen betrieblichen Vorteil mit einer erheblichen Zeitersparnis in sich. Da auch die Querwände eine „verlorene Schalung“ besitzen, kann gleichzeitig von beiden Seiten an den benachbarten Blöcken betoniert werden, oder die beiden Blöcke werden unmittelbar hintereinander in Angriff genommen. Die Betonarbeiten folgen laufend den „Einschalungsarbeiten“.

Bei den weiteren Vergleichen wird angenommen, daß in beiden Fällen doppelte Betonierschichten eingesetzt werden. Bei der *Schalungsbauweise* sind nach Abb. 312a zwei *Schalungssätze* vorgesehen. Nach Aufstellen der Schalung am ersten bzw. zweiten Tage wird am zweiten Tag Block I, am dritten Tag Block III in Doppelschichten betoniert. Nach einer Wartezeit von zwei Tagen für Erhärten des Betons und Verschieben der Schalung wandert die Schalung des Blockes I nach Block II, der am sechsten Tag in Doppelschicht betoniert wird. Die Schalung des Blockes III wird nach Block V versetzt, der eigentlich schon am sechsten Tag hätte betoniert werden können. Da an diesem Tag aber Block II betoniert wird, muß für Block V der siebente Tag angesetzt werden. Nach einer Wartezeit von weiteren zwei Tagen wird Block IV am zehnten Tag in Doppelschicht betoniert usf. Für das Betonieren von 6 Mauerblöcken werden so 13 Doppelschichten benötigt, wenn auch das Ausschalen des zuletzt betonierten Blockes VI noch mit einbezogen wird. Von diesen 13 Doppelschichten sind 6 Doppelschichten Betoniertage, die übrigen 7 Doppelschichten sind mit dem Versetzen der Schalung und mit Wartezeit ausgefüllt.

Mit 2 Schalungssätzen kann auch nach Abb. 312b gearbeitet werden. Der erste Schalungssatz wird an Block I angesetzt und rückt über Block II bis Block III vor, der zweite Schalungssatz beginnt bei Block IV und wandert über Block V nach Block VI. Bei dieser Bauweise wird man ohne 2 Betoniereinrichtungen kaum auskommen können; sie bietet jedoch gegenüber Abb. 312a einen gewissen Zeitgewinn, da in 11 Doppelschichten 6 Blöcke geschalt und betoniert werden. 6 Doppelschichten sind für das Betonieren, 5 Doppelschichten für das Versetzen der Schalung nebst Wartezeit erforderlich.

Bei der schalungslosen Bauweise ist eine Arbeitergruppe entsprechend Abb. 312c laufend damit beschäftigt, die Schalgerüste aufzustellen und daran die Verblendplatten zu befestigen. In der Tagschicht des zweiten Tages wird die untere Hälfte des Blockes I, in der Nachtschicht die untere Hälfte des Blockes II betoniert. Die dritte Doppelschicht ist mit dem Betonieren der oberen Hälfte der Blöcke I und II ausgefüllt. Die weitere Betonierfolge geht aus Abb. 312c hervor. Die ersten 6 Blöcke werden bei gleichem Geräteeinsatz in ununterbrochener Folge in 8 Doppelschichten geschalt und betoniert. *Diese stetige Fließarbeit bei gleichbleibender Arbeiterzahl ist eine kennzeichnende Wesensart der schalungslosen Bauweise*, die den Nutzen der Zeitersparnis zwangsläufig nach sich zieht. Die Schalarbeit ist nicht an die Betonierarbeiten und an die Erhärtung des Betons gebunden, sondern schreitet unabhängig von den Betonarbeiten voran.

Der Zeitaufwand für die verschiedenen Baubetriebsarten ergibt sich nach der folgenden Tafel XXIX:

Tafel XXIX.

Abb.	Zeitaufwand für 6 Blöcke	Doppelschichten für 1 Block	Betoniertage
312a	13 Doppelschichten	2,2	2, 3, 6, 7, 10, 11
312b	11 Doppelschichten	1,8	2, 3, 5, 6, 8, 9
312c	8 Doppelschichten	1,3	3, 4, 5, 6, 7, 8

Der Zeitgewinn bei der schalungslosen Bauweise ist also ganz erheblich. Daß Ersatzbetonmischer bei dem ununterbrochenen Betriebe besonders wichtig sind, sei betont. Es wird notwendig sein, Instandsetzungstage einzuschalten, die wiederum dazu benutzt werden können, die „Einschalarbeiten" voranzutreiben.

1533. Wirtschaftliche Beurteilung. Ein zahlenmäßig genauer Vergleich der beiden Bauweisen in wirtschaftlicher Beziehung läßt sich nur an Hand von Kostenermittlungen und Arbeitsplänen ziehen, denen baureife Entwürfe zugrunde liegen. Hier soll nur auf die wichtigsten Punkte hingewiesen werden.

Da die äußeren Schalungsgerüste wegfallen, vermindert sich der Erdaushub für die Baugrube.

Der Füllbeton braucht bei der schalungslosen Bauweise nicht den gleichen Zementgehalt aufzuweisen wie beim Schalungsbau. Dichter und meerwasserbeständiger Beton erfordert einen Zementgehalt von 300 kg auf 1 m³ fertigen Beton. Der Nachteil des größeren Schwindens muß in Kauf genommen werden. Bei der schalungslosen Bauweise wird man mit 200 bis 250 kg auf 1 m³ fertigen Beton für den Füllbeton auskommen; dementsprechend ist das Schwinden und die Wärmeentwicklung geringer. Der Zementgehalt der Gerüste und Verkleidungsplatten beträgt 450 bis 500 kg auf 1 m³ fertigen Beton.

In dem Beispiel der Hafenkaje beträgt die Gesamtbetonmenge oberhalb des Gründungsblockes auf eine Länge von 1000 m:

$$V = \frac{3,0 + 5,0}{2} \cdot 9,0 \cdot 1000 = 36\,000 \text{ m}^3.$$

Davon entfallen bei der schalungslosen Bauweise

auf die Verkleidungsplatten . . . längs 2760 m³

quer $\underline{+\,240}$ m³ = 3000 m³   8,3 %

auf die Gerüste . . . .   800 m³   2,2 %

auf den Füllbeton . . . . 32 200 m³   89,5 %

36 000 m³ 100,0 %

Die erforderliche Zementmenge ist bei der Schalungsbauweise:

$$36\,000 \text{ m}^3 \cdot 0{,}300 \text{ t/m}^3 = 10\,800 \text{ t},$$

bei der schalungslosen Bauweise:

$$3\,800 \text{ m}^3 \cdot 0{,}475 \text{ t/m}^3 = 1805 \text{ t}$$
$$\underline{+32\,200 \text{ m}^3 \cdot 0{,}225 \text{ t/m}^3 = 7245 \text{ t}}$$

insgesamt $36\,000 \text{ m}^3 \cdot 0{,}251 \text{ t/m}^3 = 9050 \text{ t}$

Die Zementersparnis beträgt somit 1750 t oder 16,2 %.

Mit der schalungslosen Bauweise ist eine erhebliche Verkürzung der Bauzeit und damit eine Verminderung der Unkosten verbunden.

Nachteilig ist der große Platzbedarf zur Lagerung der Fertigteile. Es ist jedoch zu beachten, daß eine genügend lange Ablagerungszeit der Verkleidungsplatten eine Vorbedingung für die Meerwasserbeständigkeit ist, daß also eine Güteverbesserung gegenüber der Schalungsbauweise vorliegt. Da die Baustelle immer eine große Längenausdehnung besitzt, wenn die schalungslose Bauweise überhaupt einen Sinn haben soll, so wird man die Lagerplätze entlang der Baustelle anlegen und dadurch bequeme Beförderungsmöglichkeiten schaffen.

Bezüglich der Wiederverwendung der Einzelschalungen ist folgendes zu bemerken: Für eine 1000 m lange Ufermauer, bestehend aus 40 Blökken von je 25 m Länge, sind bei der Schalungsbauweise 2 vollständige Schalungssätze erforderlich, die also 20mal wieder verwendet werden. Die Gerüste sind dann mangels weiteren Einsatzes aufgebraucht und müssen für andere Bauvorhaben umgebaut oder verschrottet werden.

Bei der schalungslosen Bauweise sind für die Längswände insgesamt $40 \cdot 2 \cdot 2 \frac{25}{1,25} = 3200$ Platten zu fertigen; die Schalungsplatten der Querwände gelten als Sonderanfertigung.

Nehmen wir an, daß 3 Monate *vor* den Hauptbetonarbeiten mit der Herstellung der Platten begonnen wird und noch 3 weitere Monate während der Betonarbeiten dafür aufgewendet werden, so müssen täglich $\frac{3200}{6 \cdot 25} = 21$ Platten hergestellt werden, entsprechend einer täglichen Betonleistung von $21 \cdot 1,24 \cdot 4,60 \cdot 0,15 = 18\,\mathrm{m}^3$. Da die Platten nach 24 Stunden ausgeschalt werden, wären $2 \cdot 21 = 42$ Formen bereitzustellen, die $\frac{3200}{42} = 76$mal wieder verwendet werden.

Die Fertigteile für die Gerüste werden in ortsfesten Betonwerken als gängige Ware hergestellt, wo dauerhafte Schalformen zur Verfügung stehen.

Die Grenze der Wirtschaftlichkeit der Bauweise ist dann gegeben, wenn der gesamte Betonquerschnitt im Verhältnis zu dem Aufwand für Verkleidungsplatten und Gerüste zu klein ist. Die in dem oben beschriebenen Anwendungsbeispiel festgestellte Verhältniszahl von 10:1 dürfte bereits die Grenze nach unten sein. Grundbedingung muß es auch sein, daß die Stützgerüste und Verblendplatten in vielfacher Wiederholung stets die gleiche Form und Größe aufweisen, damit eine fabrikmäßige Herstellung in den gleichen Schalformen möglich ist. Das Bauvorhaben muß auch ausgedehnt genug sein, denn ebensowenig wie sich die Beschaffung einer stählernen Wanderschalung für eine geringe Länge des Bauwerks lohnt, wird die Anlage eines fliegenden Betonwerks zur Herstellung einer kleinen Anzahl von Verkleidungsplatten wirtschaftlich sein.

Wenn aber das Bauvorhaben diese Grundbedingungen erfüllt, so kann behauptet werden, daß die schalungslose Monolithbauweise für Großbetonbauten in betontechnischer, baubetrieblicher und wirtschaftlicher Beziehung erhebliche Vorteile bietet.

16. Großformatige Verkleidungsplatten aus Stahlbeton zur Instandsetzung von Seeschleusen.

Der Beton der Seitenmauern der III. Hafeneinfahrt in Wilhelmshaven[1] war durch den chemischen Einfluß des Meerwassers besonders im Bereiche des wechselnden Wasserspiegels zerstört worden. Örtliche Ausbesserungsarbeiten durch Ausstemmen des schadhaften Betons und Ersatz durch neuen Beton führten zu keinem dauernden Erfolge. Es

---

[1] GERDES: Zit. S. 304.

wurde deshalb im Jahre 1933 ein Vorschlag von mir in Erwägung gezogen, die Ansichtsfläche der Mauern nach gründlicher Beseitigung des zerfallenen Betons mit großformatigen Platten aus meerwasserbeständigem Beton von etwa 25 m² Oberfläche zu verkleiden und nach gehöriger Verankerung in der vorhandenen Mauer mit gutem Beton zu hinterfüllen. Das Gewicht der 20 cm dicken Platten hätte 12 t betragen.

Die großen Abmessungen wurden gewählt, um die Anzahl der Fugen soweit wie möglich einzuschränken. Da eine gründliche Untersuchung des Mauerbetons mittels Kernbohrungen ergab, daß die Zerstörungen doch tiefer gingen, als man ursprünglich angenommen hatte, wurde das Projekt fallen gelassen. Die Schleusenmauern und die Torkammern wurden auf die ganze Tiefe durch eine Stahlspundwand aus Peiner Kastenprofilen eingefaßt.

17. Untergrundbahntunnel.

Die schalungslose Monolithbauweise kann unter Umständen für Untergrundbahntunnel von wirtschaftlichem Vorteil sein, wenn nach

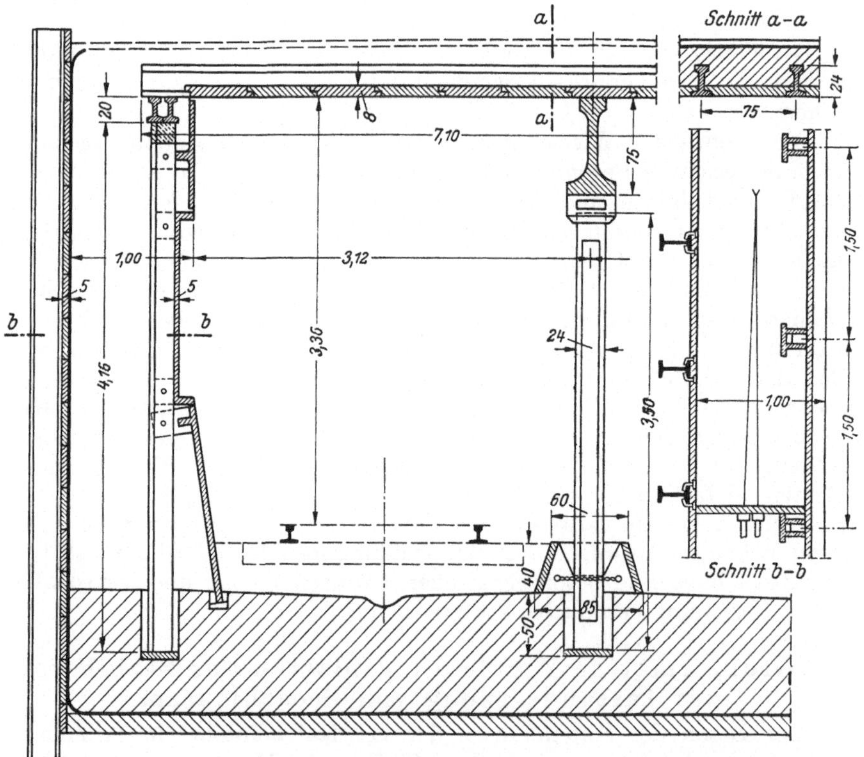

Abb. 313. Ausführung eines Untergrundbahntunnels mit Betonschalung.

Aufstellung der Betonschalung (Abb. 313) mit der Verlegung der Gleise und der verschiedenen Leitungen begonnen werden kann, als wäre der

Tunnel bereits endgültig fertiggestellt und betoniert. Die Betonarbeiten können jederzeit nachgeholt werden, wenn eine genügend lange Bahnstrecke vorbereitet ist, und zwar ohne jede Unterbrechung durch Ausschalfristen und ohne Rücksichtnahme auf die angeordneten Dehnungsfugen, die vorher angelegt und beklebt werden. Waagrechte Arbeitsfugen ergeben keine Beeinträchtigung, da sie durch die Schalplatten gedeckt werden. Das Innere des Tunnels wird durch keinerlei Gerüste versperrt, die Baustelle ist „immer fertig".

Wenn der Stoffverbrauch und der produktive Arbeitslohn für die Ausführung und Aufstellung der Fertigteile etwas höher ausfallen sollten, so ist doch die durch den Zeitgewinn bedingte Herabsetzung der allgemeinen Unkosten von Bedeutung. Bei der Beurteilung des Stoffverbrauches ist zu berücksichtigen, daß die Betonmassen der Fertigteile und Schalplatten im Gesamtbeton enthalten sind, so daß nur die *Mehr*kosten in Ansatz zu bringen sind. Zu beachten ist schließlich die hochwertigere Beschaffenheit der Betonaußenflächen.

Es wird zugegeben, daß der ununterbrochene Fließbetrieb beim Betonieren durch die Notwendigkeit der Grundwasserabsenkung und der Absteifung der Baugrube aus wirtschaftlichen Gründen auf eine bestimmte Höchstlänge der in Angriff genommenen U-Bahnstrecke beschränkt ist und unter Umständen nicht voll zur Geltung kommt. Auf jeden Fall verdient die schalungslose Monolithbauweise auch beim Bau von Unterpflasterbahnen in Erwägung gezogen zu werden.

18. Verschiedene Bauausführungen.

Auf die Möglichkeit, Betonmauern von großen Abmessungen mit Schalungskörpern ohne rückwärtige Verankerung herzustellen, wurde schon bei Abb. 105, nämlich bei der Behandlung des Hochspeicherbeckens von Herdecke i. Westf. hingewiesen.

Die Schalsteine System Hannewald (Abb. 106) wurden u. a. bei einer Straßenüberführung der Autobahn Nürnberg-Würzburg für den Bau der Fundamente, Flügelmauern und Widerlager angewendet (Abb. 314).

Bei der Herstellung der Gründungskörper treten die Vorteile des schalungslosen Monolithbaues besonders in Erscheinung. Nach Aufmauerung der Schalsteinwand wird diese mit Erdreich hinterfüllt

Abb. 314. Herstellung eines Widerlagers mit Schalsteinen.

(Abb. 315) und anschließend der Beton eingebracht. Ein etwaiger Isolieranstrich kann vorher aufgebracht werden.

Im Abschnitt C, I, b, 223 wurde die Herstellung von Fußwegauskragungen kurz erwähnt. Bei der Verbreiterung der Brücke von Pont de l'Arche[1] wurden Gerüste und Hängeschalungen gänzlich vermieden. Nach Abbruch der Brüstungen und Gesimse und Aushub der Hinterfüllung wurden stahlbewehrte Gegengewichte aus Beton her-

Abb. 315. Herstellung eines Gründungskörpers mit Schalsteinen.

gestellt. Aus diesen Gegengewichten kragten aus Winkeleisen zusammengesetzteKonsolträger aus, die an ihren äußeren Enden durch ein durchlaufendes U-Eisen miteinander verbunden wurden. Alsdann verlegte man 6 cm dicke fabrikmäßig hergestellte Stahlbetondielen von 1,76 m Länge und 25 cm Breite in Mörtel (Abb. 316), so daß sie sich zwischen der Stirnwand der Brücke und den U-Eisen frei spannten. Die Dielen waren so bemessen, daß sie die Auflast des frischen Betons aufnehmen konnten. Um die Schalplatten innig mit dem eigentlichen Stahlbeton zu verbinden, hatte man Rundstahlhaken einbetoniert und die betonseitige Fläche rauh gehalten. Nach dem Ausbeto-

Abb. 316. Herstellung einer Gehwegauskragung mit Betonschalplatten.

nieren bildeten die Gegengewichte, die Stahlkonstruktion der Kragarme, die Stahlbetondielen und der Stahlbeton der Auskragungen einen einheitlichen Verbundkörper.

2. Schalungsloser Monolithbetonbau als Übergang zwischen Konstruktionen aus Stahlbetonfertigteilen.

Der schalungslose Monolithbetonbau (Hauptgruppe II) umfaßt nicht nur ganze Bauwerke, sondern wird auch als Zwischenglied oder Ver-

---

[1] Vgl. Fußnote S. 108.

bindungs- oder Übergangsabschnitt zwischen Konstruktionen aus Stahl-betonfertigteilen (Hauptgruppe I) herangezogen. Gerade durch solche Lösungen wird sein Anwendungsbereich im Bauwesen wesentlich er-weitert und eine kompromißlose Durchführung des Gedankens der Fertigbetonbauweise ermög-licht. In den nachstehenden kurz gefaßten Darstellungen finden sich teilweise schon frü-her behandelte Einzelheiten. Die Fertigbetonteile sind im Schnitt schwarz, der Füll-beton gestrichelt dargestellt.

21. Hausbau (Abb. 317).

Ausführung der Keller-wände aus Fournierbeton nach Hauptgruppe II. Aufbau des Hauses selbst in der Haupt-sache nach Hauptgruppe I mit eingestreuten Teilen nach Hauptgruppe II, so die scha-lungslosen Rippendecken und die Schalsteine zur Abgrenzung der Randbalken der Decken.

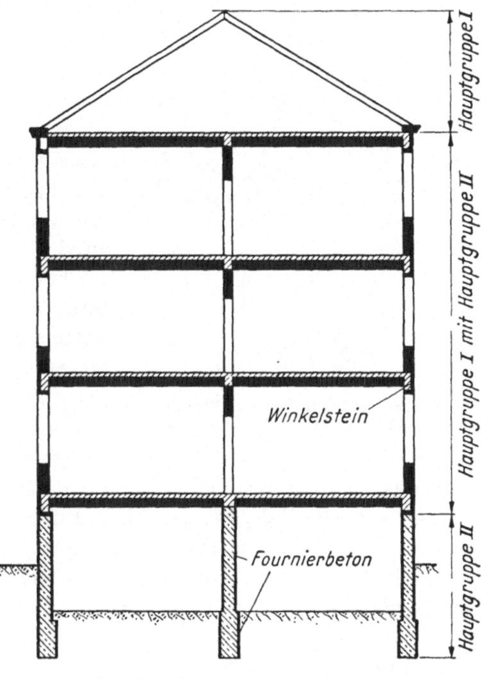

Abb. 317. Vereinigung der verschiedenen Bauweisen bei einem Wohnhaus.

22. Hafenbohlwerk.

Rammung der Stahlbeton-spundbohlen, Einbau der aus Fertigteilen bestehenden Ver-ankerung nach Hauptgruppe I. Schalungslose Betonierung des Holmes, um Ungenauigkeiten der Rammung auszugleichen.

23. Hafenmole (Abb. 318).

Die Wände der Mole bestehen aus zwei Rei-hen gegeneinander verankerter Stahlbetonspund-wände (Kressner)[1], die als Fertigteile nach Hauptgruppe I gerammt worden sind. Nach Hauptgruppe II werden die Spundwände als Schalung für den zwischen ihnen einzubringen-den Beton herangezogen.

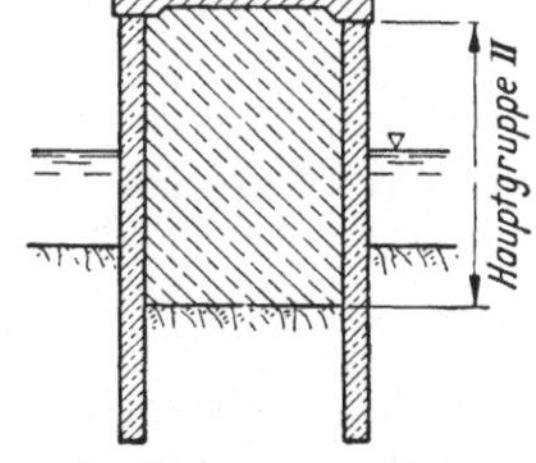

Abb. 318. Vereinigung der verschiedenen Bauweisen bei einer Hafenmole.

24. Ufermauer auf Pfahlrost (Abb. 319).

Rammung von Stahlbetonpfählen nach Hauptgruppe I. Rammung einer Stahlbeton-spundwand, die zum Teil nach Hauptgruppe II als Schalung für die Gründungsplatte dient, in die die Pfahlköpfe einbetoniert werden.

---

[1] Betonkalender 1944, II. Berlin: W. Ernst & Sohn.

Rückseitige Einschalung der Gründungsplatte durch Schalungssteine nach Abb. 106 bzw. 314. Aufbau der eigentlichen Ufermauer zwischen Schaltafeln nach Hauptgruppe II.

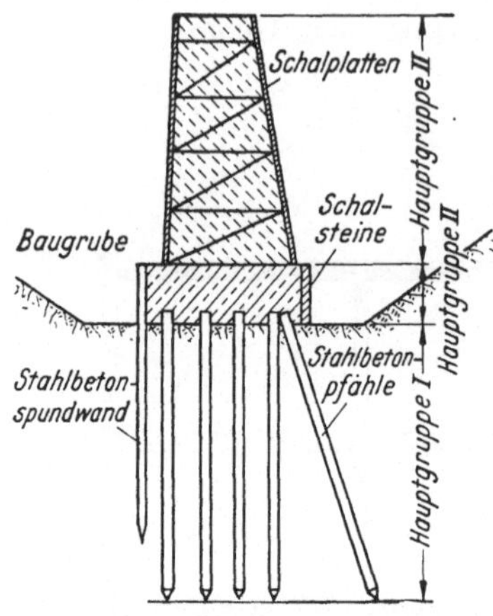

Abb. 319. Vereinigung der verschiedenen Bauweisen bei einer Ufermauer.

25. Druckluftsenkkasten
(Abb. 320).

Der auf der Helling oder im Trocken- oder Schwimmdock betonierte Druckluftsenkkasten stellt nach seiner Erhärtung einen Stahlbetonfertigteil nach Hauptgruppe I dar, der schwimmend an die Baustelle gebracht und abgesetzt wird.

Gleichlaufend mit dem Druckluftaushub und der Absenkung wird die Stahlbetonschalung für die Übermauerung angesetzt und hochgeführt (Hauptgruppe II). Die Betonschalung schützt den noch nicht genügend erhärteten Beton vor den Einwirkungen des Wassers und des Erdbodens. Diese Schutzmaßnahmen sind besonders im Meerwasser erforderlich. Ist die Absenkung des Kastens beendet, so dient er zuletzt mit seinem Aufbau im ganzen als begrenzende Schalung für den Druckluftbeton zur Ausfüllung der Arbeitskammer oder für den Magerbeton des Aufbaues (Hauptgruppe II).

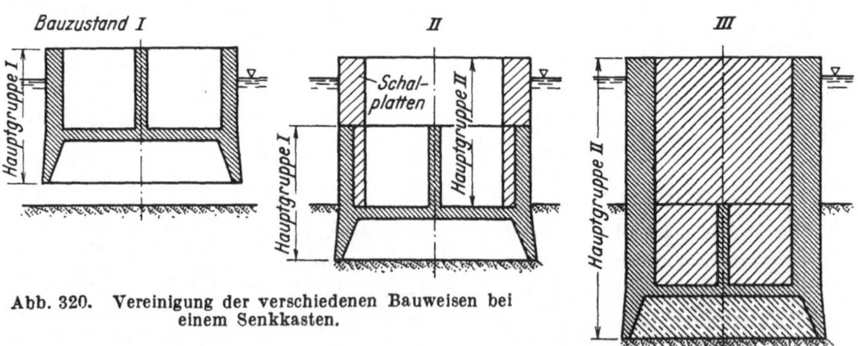

Abb. 320. Vereinigung der verschiedenen Bauweisen bei einem Senkkasten.

Diese Beispiele, die sich noch beliebig vermehren ließen, zeigen, daß es bei der Entwurfsbearbeitung gewisser größerer Bauvorhaben nur vorausschauender Überlegung bedarf, um jegliche Schalungsarbeit auf der Baustelle auszuschalten, um monolithisch und doch schalungslos zu bauen. Die schalungslosen Monolithbauten sind den Konstruktionen aus Betonfertigteilen in bezug auf Güte der Baustoffe und der Ausführung sowie auf Verkürzung der Bauzeit und Wirtschaftlichkeit gleichzustellen.

c) Gleitschalungsbauten.

Die Gleitschalungsbauten, die nach Abschnitt A, I, c eine Zwischenstellung zwischen den Bauten aus Betonfertigteilen und den reinen monolithischen Betonbauten einnehmen, sind Bauwerke von größerer Höhenausdehnung, die entweder mit einer in senkrechtem Sinne versetzbaren Schalung oder mit einer kontinuierlich nach oben gleitenden Schalung ausgeführt werden.

1. Versetzbare Schalungen.

Wie schon früher ausgeführt, wäre es zwecklos, für die genannten Bauwerke großer Höhe einen Versuch zu machen, die Fertigbetonbauweise nach einer der beiden Hauptgruppen einzuführen, wenn die Anwendung der Gleitbauweise wirtschaftlicher ist. Sind beide, Fertigbeton- und Gleitbauweise, gleichwertig, so hat man die Wahl zwischen beiden.

Beim Bau von hohen Schornsteinen sind beide Bauweisen gebräuchlich. Die Fertigbetonbauweise kommt nach Hauptgruppe II als schalungsloser Monolithbau in Betracht (Abschnitt C, II, b, 14). Schornsteine werden aber auch in der Gleitschalungsbauweise, sei es mit versetzbarer Schalung, sei es mit kontinuierlich gleitender Schalung gebaut.

Das amerikanische System Heine-Olisa (Lizenz in Deutschland bei Fr. Ohle & Lovisa, Kiel) hat sich im In- und Ausland bei der Ausführung von Schornsteinen bis 140 m Höhe bewährt.

Eine äußere etwa 2,50 m hohe Schalungstrommel, in Segmente aufgeteilt und aus dünnem Stahlblech bestehend, und zwei Innentrommeln von gleicher Beschaffenheit, aber halber Höhe, bilden einen Schalungssatz, der mit geeigneten Vorrichtungen an den jeweils fertiggestellten Betonkörper angepaßt wird. Die Außentrommel ist an einem im Innern des Schornsteins befestigten Gerüst aufgehängt und wird nach beendeter Betonierung im ganzen durch einen Derrick gehoben, während die Innentrommeln zwecks Hebung zerlegt werden. Die Betonierung des halben Abschnittes erfolgt nach Hochsetzen der unteren Hälfte der Innenform und

Abb. 321. Monolithischer Schornstein mit versetzbarer Schalung.

die Fertigstellung des ganzen Abschnittes nach Hebung des zweiten Teiles der Innenform. Diese Arbeit wiederholt sich jeden Tag, so daß der Schornstein jedesmal um 2,50 m wächst[1]. Abb. 321 zeigt den Bau des 110 m hohen Schornsteins für das Kraftwerk der Stadt Kiel mit 4,00 m oberem lichten Durchmesser, der in 80 Arbeitstagen durchgeführt wurde.

2. Eigentliche Gleitschalungen.

Die bei Bauwerken mit lotrechten Wänden von veränderlichem Querschnitt angewendeten versetzbaren Schalungen müssen von dem erhärteten Beton in einzelnen Flächenstücken entfernt und an der nächsthöheren Stelle der Wand neu angesetzt werden. Es findet also eine Aus- und Einschalung statt, das eine geringe Unterbrechung der Betonierungsarbeiten zur Folge hat.

Hat das Bauwerk lotrechte Wände von gleichbleibendem Querschnitt, so kann die absatzweise Betonierung in eine kontinuierliche umgewandelt werden, indem man eine kragenförmig gestaltete 1,20 bis 1,50 m hohe Schalform mit einer inneren Arbeitsbühne gleichmäßig nach oben gleiten läßt. Die Höhe des Schalungskragens muß gleich dem stündlichen Arbeitsfortschritt mal der Erhärtungszeit sein. Beträgt die letztere z. B. 7,5 Stunden, so könnte bei einer 1,50 m hohen Schalform der stündliche Arbeitsfortschritt zu $\frac{1,50}{7,50} = 0,20$ m angenommen werden. Nach 7,5 Stunden würde demnach der erhärtete Beton unten aus der Schalung heraustreten, er ist dann genügend druckfest, um das Gewicht des weiterhin aufgebrachten frischen Betons zu tragen, außerdem macht die Erhärtung nach der Entschalung an der Luft schnellere Fortschritte. Waagrechte Betonierfugen entstehen nicht. Die verschiedenen Systeme von Gleitschalungen unterscheiden sich in der Hauptsache durch die Vorrichtungen, an denen Schalform und Arbeitsbühne in die Höhe klettern. Ein besonderer Vorzug des Gleitbauverfahrens liegt in dem Umstand, daß die Oberfläche des Betons durch das ständige Gleiten der Schalung noch während seiner Erhärtung glatt gescheuert, daher sehr gleichmäßig und dicht wird und keines nachträglichen Putzes bedarf. (Vgl. BÖHM, Zur Gleitbauweise, Beton u. Eisen Bd. 35, S. 12; Bd. 36, H. 14.) In Abb. 7 ist ein von Max Giese, Kiel, ausgeführter Speicher in Husum dargestellt, der eine Grundrißfläche von $18,22 \times 32,57$ m und eine Höhe von Oberkante Kellerdecke bis Traufe von 19,40 m aufweist. Der Gleitfortschritt betrug etwa 80 cm in der 10-Stundenschicht.

Das Gleitbauverfahren eignet sich gleichermaßen für runde Silos, Leucht-, Aussichts-, Wasser- und Kühltürme sowie für zylindrische Schornsteine. Auch sind bereits Schächte im Gestein im Gleitbauverfahren mit Beton ausgekleidet worden[2].

---

[1] OHLE, FR.: Der monolithische Eisenbetonschornstein System Heine-Olisa. Dtsch. Techn. Wochenblatt Nr. 621/624. Kiel: Wardin 1932.

[2] Bautechnische Mitteilungen des Deutschen Betonvereins e. V. Nov.-Dez., 1938.

D. Lage, Anordnung und Ausrüstung der Fabriken zur Herstellung von Beton- und Stahlbetonfertigteilen.

Sinn und Zweck der Fabriken zur Herstellung von Beton- und Stahlbetonfertigteilen ist es, im Sinne der früheren Ausführungen, ihre Erzeugnisse in zweckentsprechender genormter Form, aus bestem Material, unter Ausnutzung der Baustoffestigkeiten mit möglichst geringem Gewicht, in sorgfältiger Verarbeitung und in Massen billig herzustellen.

Bevor man an die Errichtung eines solchen Betonwerks herangeht, ist die Frage zu entscheiden, ob es nur für ein bestimmtes Bauvorhaben in dessen unmittelbarer Nähe erstehen (fliegende Fabrik) oder als ortsfeste Fabrik zur dauernden Versorgung eines umgrenzten Liefergebietes dienen soll.

In letzterem Falle ist zuerst die zweckmäßige Lage der ortsfesten Fabrik in bezug auf Rohstoff- und Absatzgebiet zu bestimmen. Ist der Ort des Werkes festgelegt, so muß an die Aufschließung des gewählten Geländes herangegangen werden, die in der Berechnung des Platzbedarfes, der Aufteilung der Flächen nach Rohstofflager, Fertigungshallen, Lagerplätzen und der Untersuchung der Transport- und Anschlußmöglichkeiten besteht. Schließlich handelt es sich um die Ausrüstung der Fabriken mit den erforderlichen Maschinen und Geräten.

Das Stoffgebiet ist so umfangreich und vielgestaltig, daß, wie im Abschnitt B (Baustoffe), eine Beschränkung auf allgemeine Gesichtspunkte auferlegt ist und nur einige Besonderheiten herausgehoben werden können. Zweck dieses Buches ist es, die Beton- und Stahlbetonfertigteile als *Glieder und Teile der Baukonstruktion* zu betrachten, in bezug auf die Herstellungsstätte werden diese jedoch zur *Ware*. Die Betonwaren und ihre Herstellung sind aber in zahlreichen Lehrbüchern, Broschüren und Zeitschriften ausführlich behandelt worden.

I. Vergleich zwischen ortsfesten und fliegenden Fabriken.

Auf den Unterschied beider Einrichtungen ist bei der Behandlung der einzelnen Bauten bereits so oft eingegangen worden, daß hier nur eine kurze vergleichende Zusammenfassung am Platze ist.

Die *ortsfeste* Fabrik ist ein Unternehmen, das nicht nur eine bestimmte Baustelle, sondern ein durch die Beförderungsverhältnisse mehr oder weniger beschränktes Gebiet mit Fertigteilen dauernd beliefert.

Die *fliegende* Fabrik hingegen versorgt vorübergehend nur ein besonderes Großbauvorhaben, wobei es von der Größenordnung dieser Baustelle abhängt, ob die Werkstücke im Freien in nächster Nähe des Einbauortes oder in einem besonders errichteten gedeckten Werksbetrieb mit der notwendigen maschinellen Ausrüstung hergestellt werden.

Die letzteren Anlagen sind entweder auf das Bauvorhaben abzuschreiben oder werden, wenn sie später betrieblich verwertet werden können, von der Bauherrschaft übernommen.

Das Bestreben der Leitung einer *ortsfesten* Fabrik wird darauf ausgehen, ihr Absatzgebiet durch Ausnutzung aller Möglichkeiten zur Gewichtsverminderung der Fertigteile ständig zu erweitern. Für gewisse vorgespannte Werkteile, die das Gewicht gleichwertiger Erzeugnisse aus Holz oder Stahl nur wenig überschreiten, kommt sogar ein Export in Betracht. Der Gedanke einer geeigneten Dübelverbindung muß weiter verfolgt werden, damit auf der Baustelle die von der ortsfesten Fabrik angelieferten Fertigteile zu größeren Einheiten zusammengefügt werden können.

Die Tendenz der *fliegenden* Fabrik ist hingegen eine möglichste Herabsetzung der Stückzahl der Fertigteile und demzufolge eine Gewichtserhöhung der Baueinheiten, um die Aufbauarbeit zu beschleunigen, die im wesentlichen durch die *Anzahl* der zu versetzenden Werkstücke beeinflußt wird.

Der Aufgabenkreis der *ortsfesten* Fabik macht sich alle im Abschnitt A, II, c beschriebenen Vorteile der Fertigung zunutze, von denen besonders die Seßhaftmachung der Belegschaft hervorzuheben ist.

Die *fliegende* Fabrik wird immer einem Baustellenbetrieb ähneln und meist auf eine betriebsfremde Belegschaft angewiesen sein.

Während die *ortsfeste* Fabrik mit langen Transportwegen rechnen muß, fallen diese Rücksichten für die *fliegende* Fabrik fort.

Da die fliegenden Fabriken im allgemeinen keine Besonderheiten bieten, werden in den nachstehenden Ausführungen nur die ortsfesten Fabriken besprochen.

II. Bestimmung der Lage von neuen ortsfesten Fabriken.

Je nach den für die Herstellung der Erzeugnisse benötigten Rohstoffen sind für die Bestimmung der Lage von neuen ortsfesten Fabriken wirtschaftliche Überlegungen anzustellen.

a) Stahlbeton und Stahlsaitenbeton.

Die Lage des Grundstückes ist in ihrem Verhältnis zu den Rohstoffen, zum Verbraucher, zum Verkehr und zum Arbeiterwohngebiet zu beurteilen.

Am wichtigsten ist die Transportlage des Werks in bezug auf die Rohstoffe und das Absatzgebiet. Die Rohstoffe Kies, Sand und Zement, müssen an das Werk herangeführt, die Fertigerzeugnisse dem Absatzgebiet zugeleitet werden. Die Fabrikanlage, bei der die Summe der Beförderungskosten der Rohstoffe und Fertigerzeugnisse ein Kleinstwert ist, hat die günstigste Lage. Die nachstehenden Betrachtungen sind auf ein Stahlsaitenbetonwerk abgestimmt.

1. Welche Gewichte sind zu befördern?

Bei der Betrachtung der Rohstoffe sollen die Stahlsaiten ausgeschaltet werden, da diese sowieso nur an bestimmten Orten Deutschlands hergestellt werden und nur einen geringen Gewichtsanteil besitzen, so daß sie für die Auswahl des Platzes für ein Stahlsaitenbetonwerk nicht bestimmend sind. Für 1 m³ hergestellten Stahlsaitenbeton sind zu befördern:

Abtransport: Stahlsaitenbetonerzeugnisse

Zement	500 kg
Wasser (chemisch gebunden) . .	180 kg
Kies	860 kg
Sand	860 kg
	2400 kg abzüglich 3% Bruch: 2328 kg

Dabei ist angenommen, daß der Bruch auf dem Werke verbleibt.

Antransport: Rohstoffe

Zement	500 kg	zuzüglich 3% Verlust	515 kg
Kies	860 kg	„ 5% „	903 kg
Sand	860 kg	„ 5% „	903 kg
			2321 kg

Die an- und abzubefördernden Gewichte sind also gleich.

2. Frachtsätze.

Da das Fertigerzeugnis im allgemeinen vom Werkplatz ohne Umleitung unmittelbar zur Baustelle befördert wird, tritt die Bedeutung des Schienentransportes gegenüber der Straße und für stärksten Mengenversand unter Umständen auch gegenüber dem Wasserwege zurück.

Bei dem Werk Heidewaldburg bei Königsberg, das 5 km von der nächsten Bahnstation entfernt lag, ergaben sich folgende Transportkosten:

Für 1 lfd. m Stahlsaitenbetonträger (30 kg/lfd. m).

Ab Werk Heidewaldburg	Anfuhr und Einladen	Fracht	Ausladen und Anfuhr zur Verwendungsstelle	Zusammen
	Pf/lfd. m	Pf/lfd. m	Pf/lfd. m	Pf/lfd. m
Frei Abladestelle Elbing				
Güterfernverkehr . . .	—	16,2	—	16,2
Reichsbahn.	12,5	16,2	12,5	41,2
Güternahverkehr . . .	—	24,5	—	24,5
Schiff	12,5	12,8 + 2 · 1,2	12,5	40,2
Frei Abladestelle Insterburg				
Güterfernverkehr . . .	—	15,6	—	15,6
Reichsbahn.	12,5	15,6	12,5	40,6
Güternahverkehr . . .	—	30,0	—	30,0
Schiff	12,5	16,5 + 2 · 1,2	12,5	43,9
Frei Abladestelle Neukuhren				
Güterfernverkehr . . .	—	10,2	—	10,2
Reichsbahn.	12,5	10,5	12,5	35,5
Güternahverkehr . . .	—	20,0	—	20,0

Demnach war die Anfuhr in diesem Fall einschließlich Be- und Entladen im Güterfernverkehr um mehr als die Hälfte billiger als mit der Reichsbahn, die ihrerseits auf ungefähr gleicher Preisstufe mit der Schiffsverfrachtung stand.

Das Ergebnis solcher Vergleiche ist natürlich sehr stark von den örtlichen Gegebenheiten abhängig (z. B. ob Gleisanschluß vorhanden ist oder nicht). Außerdem hängt es sehr von der augenblicklichen Tarifpolitik ab.

Es ist jedoch noch hervorzuheben, daß bei Vermeidung des Umladens, also bei Benutzung des Lastkraftwagens aus eigenem Bestande oder auf der Grundlage eines besonderen Vertrages mit bestimmten Fuhrunternehmungen eine größere Gewähr für einwandfreie Ablieferung des Fertigerzeugnisses gegeben ist.

3. Ist ein Stahlsaitenbetonwerk absatz- oder rohstoffgebunden?

In Wettbewerb treten: das Absatzgebiet, — die Kieslagerstätte, — das Zementwerk.

Wenn diese 3 Orte ausgewählt sind, dann ergibt sich nach der Trassierungslehre folgende Aufgabe (Abb. 322).

Es sind 3 Punkte A, B, C gegeben, man soll einen Punkt D so bestimmen, daß $S = p \cdot AD + q \cdot BD + r \cdot CD$ ein Minimum wird.

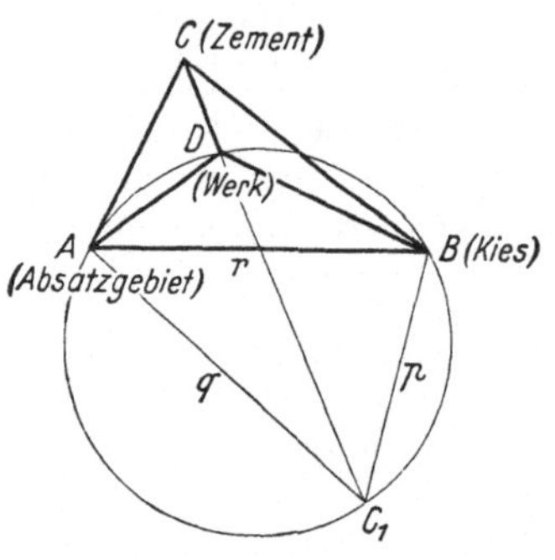

Abb. 322. Günstigste Lage eines Betonwerks zwischen Lieferwerken und Absatzgebiet.

Hierin bedeuten AD, BD, CD die Entfernungen in km, p, q, r die jeweiligen Transportkosten für 1 tkm mal dem zu befördernden Gewicht. Die zeichnerische Lösung ist nach LAUNHARDT folgende[1]:

Man errichte über AB auf der zu C entgegengesetzten Seite ein Dreieck ABC_1, dessen Seiten sich verhalten wie $p:q:r$, und beschreibe um dieses Dreieck den umschriebenen Kreis, dann schneidet die Gerade CC_1 diesen Kreis in dem gesuchten Punkt D.

Da in jedem Dreieck die Summe zweier Seiten größer ist als die dritte Seite, so folgt hieraus, daß die Aufgabe nur einen Sinn hat, wenn die drei Größen

$$q + r - p, \quad r + p - q \quad \text{und} \quad p + q - r \quad \textit{positiv sind.}$$

Wenn man dieses Verfahren auf praktische Beispiele anwendet, so wird sich meist zeigen, daß die Aufgabe unlösbar ist, da eine dieser Größen negativ ausfällt. Dieses Ergebnis ist auf den geringen Einfluß des Zementes auf die Transportlage des Werks zurückzuführen.

Man wird daher auch den *Zement* bei der Untersuchung ganz ausschalten und die verkehrsgünstigste Lage des Werks zwischen dem *Absatzgebiet* und der *Kiesgewinnungsstätte* ermitteln. Wir wollen uns

---

[1] KIEPERT: Differentialrechnung 10. Aufl., S. 323. Hannover: Helwing 1905.

dabei auf den Fall beschränken, daß Absatzgebiet, Betonwerk und Kiesgrube auf einer geraden Linie liegen.

Es sei angenommen, daß für $1 \mathrm{m}^3$ Stahlsaitenbeton von B nach C 1,8 t Kies und Sand, von C nach A 2,3 t Fertigerzeugnisse zu befördern sind. Die Entfernung von A nach B betrage 100 km, dann sind 3 Fälle möglich:

1. Die Transportkosten für Kies und Fertigwaren bezogen auf 1 tkm seien gleich, nämlich gleich a, dann ergibt sich für die Gesamttransportkosten, wenn die Entfernung vom Betonwerk C zum Absatzgebiet A mit x bezeichnet wird:

$$S = 2{,}3\,a \cdot x + 1{,}8\,a\,(100 - x) = 0{,}5\,a\,x + 180\,a\,.$$

Die Gesamttransportkosten sind naturgemäß am niedrigsten, wenn $x = 0$, d. h. wenn das Werk in der *Nähe des Absatzgebietes liegt*. Die Voraussetzungen gleicher Transportkosten sind besonders dann gegeben, wenn sowohl der Kiessand als auch die Fertigerzeugnisse im Lastkraftwagen befördert werden.

2. Die Transportkosten des Kieses für 1 tkm seien um so viel höher, als das zu befördernde Gewicht des Kieses niedriger ist als das Gewicht der Fertigerzeugnisse, nämlich $\dfrac{2{,}3}{1{,}8}\,a = 1{,}28\,a$. Dann betragen die Gesamttransportkosten

$$S = 2{,}3\,a \cdot x + 1{,}8 \cdot 1{,}28\,a\,(100 - x) = 230\,a\,.$$

Die Transportkosten sind in diesem Fall konstant, also unabhängig von x. Die Lage des Werkes kann dann *beliebig zwischen Absatzgebiet und Kiesgrube* gewählt werden.

3. Die Transportkosten des Kieses seien doppelt so groß wie die der Fertigerzeugnisse. Dann betragen die Gesamttransportkosten

$$S = 2{,}3\,a \cdot x + 1{,}8 \cdot 2\,a\,(100 - x) = 360\,a - 1{,}3\,a\,x\,.$$

Hier ergibt sich das Kostenminimum für $x = 100$, d. h. wenn das Betonwerk bei der Kiesgrube liegt.

Dieser Fall war in dem Zahlenbeispiel von Heidewaldburg gegeben, wo der Nachweis erbracht wurde, daß der Güterfernverkehr um mehr als die Hälfte billiger war als die Reichsbahn. Muß also in solchem Fall der Antransport des Kieses durch die Bahn erfolgen oder sind die Antransportkosten des Kieses aus irgendwelchen anderen Gründen doppelt so hoch als die Abtransportkosten der Fertigwaren, so wird man das Werk mehr in die *Nähe des Kiesgewinnungsplatzes legen*.

Das Transportproblem wird also durch die beiden Pole Verbrauchergebiet und Kiesgewinnungsstätte im wesentlichen beeinflußt. Je nach der Höhe der Beförderungskosten für Fertigwaren und Kies übt der eine oder andere Pol eine größere Anziehungskraft auf das zu errichtende Betonwerk aus.

b) Bimsbeton.

Beim Stahlbeton konnte sich die Frage erheben, ob die Lage der Fabriken rohstoff- oder absatzgebunden ist, da Kiesvorkommen mit wenigen Ausnahmen allerorts anzutreffen sind.

Der Rohstoff des Bimsbetons hingegen wird nur in wenigen Bezirken Deutschlands, besonders im rheinischen Bimsgebiet gefunden. Da die Erzeugnisse im Verhältnis zu anderen Betonsorten sehr leicht sind, ist der Radius des Absatzgebietes, der das natürliche Vorkommen des Bimssteins zum Mittelpunkt hat, sehr groß, zumal der Rhein als Wasserweg für billige Massentransporte zur Verfügung steht. Die Bimsbaustoffindustrie des Mittelrheingebietes hat sich deshalb linksrheinisch zwischen Koblenz und Andernach und auf der gegenüberliegenden Rheinseite im Neuwieder Becken im Verlaufe von 100 Jahren stark entwickelt. Die Betriebe bestehen dort teils in der Form einer landwirtschaftlichen Nebenbeschäftigung (Bimsbauern), teils als bestens ausgerüstete Werke. Vor dem Kriege waren in etwa 350 Betrieben über 7000 Arbeiter beschäftigt.

c) Gasbeton.

Gasbeton kommt für solche Gegenden in Betracht, wo Bimsbeton oder anderer Leichtbeton nicht in Wettbewerb tritt. Die Lage der Gasbetonfabriken ist an das Vorhandensein folgender Baustoffe und Einrichtungen gebunden:

1. Zementwerke, in deren Kugelmühlen Quarzsand, gegebenenfalls gemischt mit den Zementklinkern, auf Zementmahlfeinheit gemahlen wird, z. B. als Mischzement.

2. Reiner Quarzsand.

3. Dampfhärtungsanlagen; am besten eignet sich der Ausbau der wegen Unwirtschaftlichkeit stillgelegten Kalksandsteinfabriken mit ihren Härtekesseln.

d) Trümmerschuttbeton.

Die fabrikmäßige Herstellung von Trümmerschuttbeton zergliedert sich in die Gewinnung, Aufbereitung und Verwertung der Trümmer. Je nach dem Zerstörungsgrad der Städte und je nach der Verteilung der Trümmerfelder über das Stadtgebiet können die Schuttmassen in fliegenden behelfsmäßigen Anlagen in unmittelbarer Nähe des Anfallplatzes oder in ortsfesten Aufbereitungswerken am Stadtrande aufbereitet und zu Betonfertigteilen verarbeitet werden.

Die erstere Lösung ist angebracht, wenn es sich um einzelne Hausruinen oder Zerstörungszentren handelt. Eine Abfuhr des Schuttes nach einem Sammel- und Verarbeitungsplatz würde in diesem Falle wegen der Transportkosten unwirtschaftlich sein. Man zieht es deshalb vor, ihn gleich an Ort und Stelle in geeignete Bauelemente für den Wiederaufbau umzuwandeln, so daß die Aufräumung der Brandruinen und die Wiederherstellung oder der Neubau Hand in Hand gehen. Die Zerstörungsherde werden allmählich, von Straße zu Straße fortschreitend, beseitigt und Zug um Zug mit Neubauten ausgefüllt.

Wenn sich die Trümmergebiete jedoch auf ganze Stadtteile ausdehnen, so würde eine im Zentrum des Gebietes errichtete Aufbereitungsanlage zwar unnötige Transporte vermeiden, dafür erhebt sich aber das

Problem der Kopplung oder Synchronisierung der Abbruch- und Aufräumungsarbeiten mit den Aufbauarbeiten. Wenn diese Abstimmung nicht gelingt, wird die Ersparnis an Transportkosten durch eine Verzögerung des Aufbaues erkauft. BLAUM-JORDAN führen in ihrer Schrift[1] aus, daß in Frankfurt a. M.

„der an sich richtige Gedanke, die Aufbereitungsanlage mitten in die Stadt zu setzen, um Transportwege zu sparen, schließlich verworfen werden mußte, weil damit zu hohe Kosten für die Vorbereitung des Baugeländes verbunden gewesen wären. Selbst die Häuserfundamente, Keller usw. hätten entfernt und die dort lagernden Trümmer zwei-, ja dreimal umgesetzt werden müssen. Man soll die heutige schwierige Lage nicht als Dauerzustand ansehen und bedenken, daß die Aufbereitungsanlage inmitten der Stadt viele Jahre in Betrieb bleibt und dann schließlich in einer wieder bebauten und bewohnten Gegend kein Schmuckstück, sondern eher eine Quelle des Ärgernisses sein würde, so daß nach vielleicht und hoffentlich einigen Jahren niemand mehr Verständnis aufbringen würde für die nur zur Zeit maßgebenden Gründe, eine solche Anlage in die Stadt selbst zu verpflanzen. Wir wollen danach trachten, unserer Bevölkerung, vor allem auch unserer heranwachsenden Jugend, möglichst bald wieder unzerstörte Straßenzüge und Plätze zu zeigen und sie dadurch von dem niederdrückenden Bild der Trümmermassen an allen Orten zu befreien".

Alle sperrigen Teile, wie Säulen, Holzteile, gesprengte Stahlbetonblöcke werden auf jeden Fall an Ort und Stelle aussortiert. Für die Behandlung der übrigbleibenden teils grobstückigen, teils feinkörnigen Trümmermassen gibt es nach der genannten Schrift drei Wege:

1. Ungenutzte Abfuhr der gesamten Massen auf eine Halde oder in eine Bodensenke.

2. Abtrennung des grobstückigen Anteils und seine Verarbeitung zu Betonzuschlagstoffen und Betonwaren und die Abfuhr nur des Feinschuttes zur Halde.

3. Die Aufbereitung und Verarbeitung der Gesamtmasse der Trümmer zu neuen Baustoffen mit Hilfe des Lurgi-Sinter-Verfahrens.

In Frankfurt a. M. hat man sich für den dritten Weg entschieden und hat zunächst den Bau von 1 Anlage am Stadtrande durchgeführt. Der Trümmerschutt wird auf Gleisen von 60 cm Spur, die sich den gegebenen Verhältnissen am besten anpassen und leicht umlegen lassen, oder mit Lastkraftwagen zu den verschiedenen Sammel- und Umladeplätzen verfahren, wo er in Wagenzüge von 90 cm Spur verkippt wird. Die 90 cm Spurgleise führen durch Hauptstraßen zu der Aufbereitungsanlage. Der Gedanke, auch die Straßenbahngleise für die Abfuhr heranzuziehen, mußte wegen des in der Zwischenzeit ständig stärker gewordenen Straßenbahnverkehrs wieder fallen gelassen werden. In Karlsruhe liegen die Abfuhrverhältnisse wegen des eigenartigen Aufbaues der Stadt besonders günstig. Die Hauptstraßen der Stadt führen sternförmig zum Schloßplatz und bilden die Zufuhrwege zu der dort angelegten Umladestelle von 60 cm auf 90 cm Spur.

Von einer großzügigen Lösung der Transportfrage hängt der Erfolg des Unternehmens im wesentlichen ab. Es ist der Einsatz einer ausreichenden Anzahl von Baggern und Ladegeräten, Lokomotiven, Kippwagen, Lastkraftwagen usw. erforderlich.

---

[1] BLAUM-JORDAN: Wiederaufbau zerstörter Städte. Frankfurt a. M.: H. Cobet.

Im Interesse der Einsparung von Beförderungskosten ist es nun gewiß wichtig, der Aufbereitungsanlage eine Fertigungsstätte für Beton- und Stahlbetonfertigteile anzugliedern. Da gewaltige Trümmermassen aufzubereiten sind, ist es jedoch fraglich, ob eine einzige Betonfabrik mit der Erzeugung des Trümmersplitts Schritt halten kann. WEDLER-HUMMEL[1] geben den Entwurf einer Trümmeraufbereitungs- und Weiterverarbeitungsanlage der Dyckerhoff & Widmann K.-G. für Berlin wieder. Die aufbereiteten Trümmerstoffe werden entweder dem angeschlossenen Betonwerk zugeführt oder auf Lager genommen und auf dem Wasserwege anderen Unternehmern zugeführt. Aus diesem Grunde sind am Ufer des Kanals umfangreiche Lagerplätze für vier Körnungen zur Schiffsverladung angeordnet. Die Herstellung der Fertigteile wird also überwiegend zahlreichen größeren oder kleineren Betonwerken überlassen, die von den Großaufbereitungsanlagen auf Bestellung mit Betonzuschlagstoffen beliefert werden. Eine solche Handhabung ändert an den bisherigen Gepflogenheiten dieser Werke nichts, sondern erweitert nur ihren Arbeitsbereich. Die Aufbereitungsanlagen ersetzen zum Teil die Kiesbaggereien, die bisher die Betonwerke mit Zuschlagstoffen versorgten. Im Hinblick auf die ungeheuren Mengen an Trümmerschutt sollte die Neubildung von Herstellungsstätten für Betonfertigteile mit allen Mitteln unterstützt werden, und zwar nicht allein im Interesse der Trümmerverwertung, sondern überhaupt zur Förderung der Fertigbetonbauweise. Ein selbständiges Betonwerk ist freizügiger und kann sich neben der Verwertung der Trümmer auch mit der Herstellung von hochwertigen Fertigteilen aus Schwerbeton befassen und gelegentlich auch andere Baustoffe wie Kesselschlacke, Holzabfälle usw. verarbeiten. Voraussetzung für den erfolgreichen Wiederaufbau ist und bleibt eine straffe Lenkung der Erzeugung der Fertigteile, die sich nach Art und Menge dem Bedarf anzugleichen hat, der wieder von dem Fortgang der Enttrümmerung abhängig ist.

III. Aufschließung des Geländes für die Fabrik.

a) Allgemeines.

Ist die allgemeine Ortslage des geplanten Werks gefunden, so ist ein passendes Gelände, gegebenenfalls mit vorhandenen Baulichkeiten, auszusuchen.

Die Größe des Grundstückes muß ausreichend sein, um das Rohstofflager, die Fertigungshallen, die Lagerplätze für die Fertigteile und alle Nebenanlagen unterzubringen und eine spätere Erweiterung der Werksanlagen zu gestatten. In abgelegenen Gegenden kommt ein Siedlungsgelände für die Belegschaft hinzu.

Die Form des Grundstücks muß dem Fertigungsgang angepaßt sein, der meist eine langgestreckte Flächenausdehnung verlangt. Ein günstiger Anschluß des Grundstückes an die vorhandenen öffentlichen *Verkehrswege* ist eine Hauptbedingung. Alle früheren Betrachtungen haben ge-

---

[1] Vgl. Fußnote S. 213.

zeigt, daß die weitere Entwicklung der Fertigbetonbauweise ein *Transportproblem* ist. Das Betonwerk ist die zentrale Fertigungsstätte, der die Rohstoffmassen zugeleitet werden und aus der die fertigen Werkstücke hervorgehen. Die Wirtschaftlichkeit eines Werks hängt also nicht nur von einer zweckmäßigen Fertigungsweise, sondern ebenso von

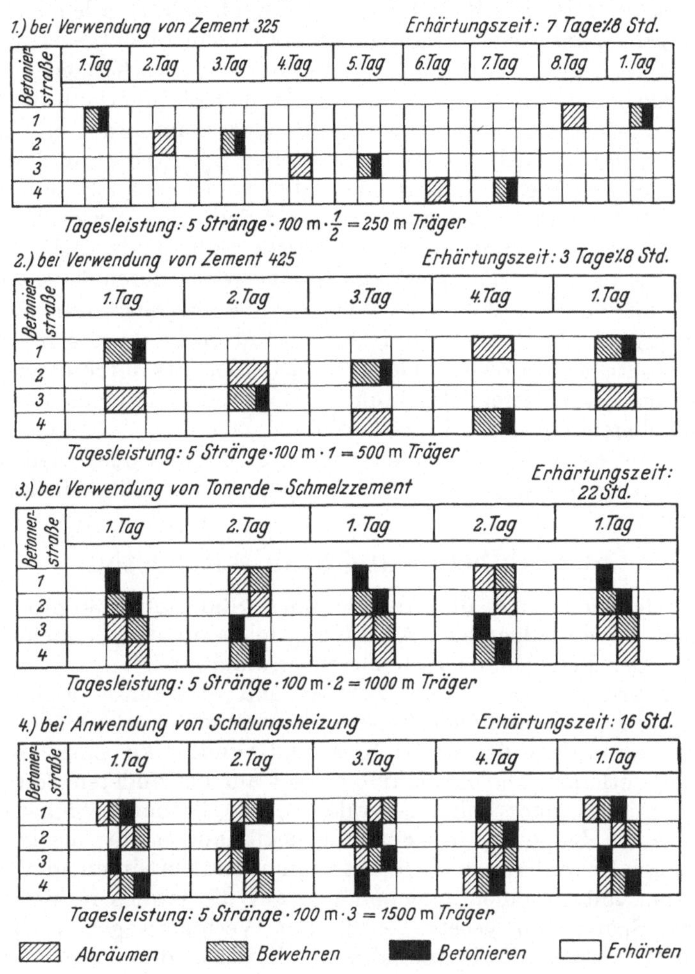

Abb. 323. Betriebsplan eines Stahlsaitenbetonwerks.

der Lage des Werks zum Verkehrsnetz, von geeigneten Ladeeinrichtungen sowie von den Transportmitteln innerhalb des Werks ab.

Ein Betonwerk soll einen *Fließbetrieb* darstellen, wo an einem Ende die Rohstoffe angeliefert werden, in zwangsläufigem Fluß ohne rückläufige Bewegung und ohne Wegkreuzungen die Fertigungseinrichtungen durchlaufen und am anderen Ende, in Fertigbetonerzeugnisse umgewandelt, das Werk verlassen. Eine gute Verbindung mit dem öffentlichen Straßennetz ist selbstverständlich, wird doch ein großer Teil der

Erzeugnisse, besonders in der Nähe zerstörter Städte, auf Lastkraftwagen abgeholt. Für größere Werke ist außerdem Eisenbahn- oder Wasseranschluß eine Notwendigkeit.

Zweckmäßig dürfte es immer sein, wenn der Eisenbahnanschluß an einem Kopfende des Werkes winkelrecht zu dessen Längsrichtung vorbeiführt, damit dort das Rohstofflager untergebracht werden kann, das den Ausgangspunkt der Fertigung darstellt. Wenn am entgegengesetzten Ende, nämlich am Vorratslager, ein zweites Gleis vorhanden ist, so ist ein durchgehender Fließbetrieb möglich. Da jedoch innerhalb des Werks oft eine von starren Schienenlagen unabhängige Beförderung mit Elektrokarren bevorzugt wird, mit denen man ohne Spitzkehren und Weichen alle Winkel des Werks bestreichen kann, so ist es auch kein Fehler, wenn Entlade- und Verladegleis auf *einer* Seite des Werks liegen. Bei Wasseranschluß ist ohnehin nur an einem Ende Lademöglichkeit gegeben, es sei denn, daß das Werk auf der einen Seite durch die Eisenbahn, auf der anderen Seite durch die Wasserstraße aufgeschlossen wird.

Von großer Wichtigkeit sind ausreichend große *Lagerplätze* für die Fertigbetonteile. Die Zwischenlagerung ist einerseits durch die gegebene Erhärtungsfrist, andererseits durch die Notwendigkeit eines Ausgleiches zwischen Fertigung und Absatz bedingt.

An Hand eines *Betriebsplanes* (vgl. Abb. 323 und 328) wird die von der Erhärtungszeit des Betons abhängige Leistungsfähigkeit des Werks bestimmt.

b) Stahlbeton und Stahlsaitenbeton.

Im folgenden wird die Anlage eines Stahlsaitenbetonwerks beschrieben, dessen allgemeine Anordnung auch für die Herstellung von Schwer- oder Leichtbetonerzeugnissen anwendbar ist.

Die Rohstoffe Kies, Sand, Zement und Stahlsaiten kommen auf einem quer zu einer Schmalseite des Grundstücks verlaufenden Eisenbahngleis an und werden in die Kies- und Sandbunker oder die Lagerschuppen entladen. Die Entnahme erfolgt auf der anderen Seite dieser Anlagen mittels eines Schmalspurgleises. Die Betonmischmaschine ist an dem einen Kopfende der Fertigungshalle aufgestellt, die in drei je 100 m lange Spannbahnen eingeteilt ist, und entleert in einen Verteilerwagen, der mittels einer Schiebebühne auf die jeweils in Betrieb befindliche Spannbahn gesetzt wird. Der Verteilerwagen breitet den frischen Beton über die Spannbahn aus, in der er durch einen Straßenfertiger (Abb. 331) verdichtet wird.

Die Spannmaschine (Abb. 335) und der Drahthaspel befinden sich auf der anderen Schmalseite der Halle. Auch die Spannmaschine wird auf einer Schiebebühne quer zu den Spannbahnen verfahren und spannt nacheinander die verschiedenen Drahtbündel. Über den Spannbahnen laufen leichte Krane, die die erhärteten Stahlsaitenbetonbalken aus der Schalung heben und auf Elektrokarren laden, die sie auf die Lagerplätze befördern. Das Vorratslager ist von zahlreichen betonierten Förderwegen durchzogen, damit die Elektrokarren leicht an jeden Platz gelangen können. Die Fertigteile werden von fahrbaren Portalkranen abgeladen, deren Tragfähigkeit dem größten Stückgewicht angepaßt ist. Sie überspannen zugleich die einzelnen langgestreckten Flächenstreifen, auf denen die Balken gestapelt sind, sowie die Ladestraßen. Die Stahlsaitenbetonerzeugnisse werden dann entweder unmittelbar auf Lastkraftwagen oder auf Elektrokarren verladen, die sie einem fahrbaren Volltorkran zuführen, der das Verladegleis der Eisenbahn überspannt. So vollzieht sich die Umwandlung der Rohstoffe in die hochwertigen Stahlsaitenbetonbalken in einem stetigen, ununterbrochenen Kreislauf vom Entladegleis für die Rohstoffe bis zu dem an gleicher Stelle vorbeiführenden Verladegleis für die fertigen Erzeugnisse.

Dem Betriebsplan der Abb. 323, aus dem sich die Leistungsfähigkeit des Stahlsaitenbetonwerks ergibt, liegen 4 fünfstrangige Betonierstraßen von 100 m Länge zugrunde. Man erkennt aus ihm, wie wichtig ein schnell erhärtender Zement oder eine Schalungsheizung für die tägliche Leistung des Werks ist. Beträgt die Tagesleistung bei Verwendung von Zement 325 nur 250 m Träger, so steigert sie sich bei Zement 425 auf das Doppelte, nämlich 500 m Träger, bei Verwendung von Tonerde-Schmelzzement bereits auf das Vierfache mit 1000 m Träger und erreicht schließlich bei Anwendung einer Schalungsheizung sogar den sechsfachen Betrag, nämlich 1500 m Träger.

c) Leichtbeton.

In Abb. 324 ist die schematische Einteilung einer Fabrik zur Herstellung von Leichtbetonvoll- und -hohlblocksteinen, Deckenfüllkörpern

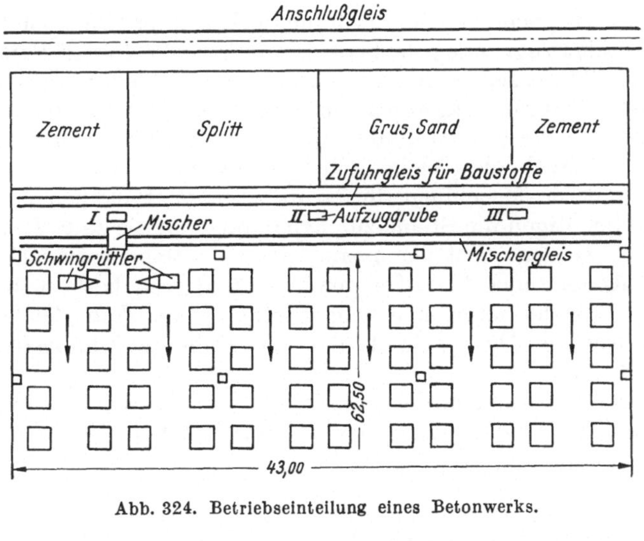

Abb. 324. Betriebseinteilung eines Betonwerks.

u. dgl. wiedergegeben, bei der der in Abb. 329 gezeigte Schwingrüttler Verwendung findet. Die Betriebsgrundlagen dieses Werks sollen berechnet werden.

1. Leistung der Steinfabrik.

Auf Grund praktischer Erfahrungen fertigt ein Schwingrüttler 60 Vollsteine $10,4 \times 12 \times 25$ cm in einer Taktzeit von 4 bis 5 Minuten oder im Durchschnitt $\frac{60}{4,5} \cdot 60 = 800$ Steine/Stunde, im 8 stündigen Arbeitstag also $8 \cdot 800 = 6400$ Steine. Zwei Rüttler ergeben demnach eine Leistung von $2 \cdot 6400 = 12\,800$ Steine/Tag oder $25 \cdot 12\,800 = 320\,000$ Steine/Monat.

2. Erforderliche Leistung des Betonmischers.

1 Stein hat $2,5 \cdot 1,2 \cdot 1,04 = 3,1$ l, 60 Steine $60 \cdot 3,1 = 180$ l Inhalt. 12 800 Steine stellen einen Betoninhalt von $12\,800 \cdot 3,1 = 40\,000$ l dar, entsprechend einer losen Masse von $1,25 \cdot 40\,000 = 50\,000$ l $= 50$ m³. Die erforderliche stündliche Leistung des Mischers beträgt demnach $\frac{50}{8} = 6,25$ m³/Std.

Da mit einer Maschine stündlich 800 Steine hergestellt werden, eine Fertigung aber 60 Steine enthält, ergeben sich $\frac{800}{60} = 13,3$ Mischungen/Std. Die Mischzeit von $\frac{60}{13,3} = 4,5$ Minuten ist reichlich bemessen. Der Trommelinhalt des Mischers berechnet sich zu $\frac{6250}{13,3} = 470$ l. Gewählt wird ein Trommelinhalt von 500 l für jeden der beiden Betonmischer.

3. Berechnung des Platzbedarfes.
31. In der Querrichtung der Halle.

Als Erhärtungszeit für die Formlinge bis zu ihrer Transportfähigkeit sind 48 Stunden zugrunde gelegt worden, in einer heizbaren Fabrik kann sie zu jeder Jahreszeit aufrechterhalten werden. Jeder wirtschaftliche Fabrikbetrieb hat nun eine kontinuierliche Fertigung zur Voraussetzung, da nur eine solche ein Minimum an Arbeitskräften erfordert. Jedem Arbeiter ist täglich die gleiche Arbeit zugewiesen. Weder der Mischer noch alle anderen Maschinen dürfen unbeschäftigt bleiben.

2 Tage benötigen die Steine zur Erhärtung, ehe sie zum Vorratslager abbefördert werden. Erst wenn eine Gruppe Steine verladen und der von ihr eingenommene Platz frei geworden und gesäubert ist, wobei der dritte Tag hingeht, kann eine neue Fertigung auf dem gleichen Platz abgesetzt werden. Daraus folgt, daß die Halle in 3 Längsfelder einzuteilen ist.

Die Querabmessungen der Fabrikhalle ergeben sich wie folgt: Eingesetzt sind 2 Schwingrüttler, jeder leistet täglich 6400 Steine oder $\frac{6400}{60} = $ rund 100 Steingruppen, die sich auf je zwei Längsreihen verteilen. Eine Gruppe Steine hat eine Länge von $10 \cdot 17 = 170$ cm oder mit dem Abstand von der Nachbargruppe 2,00 m. Die Fahrbahn des Schwingrüttlers wird zu 2,50 m Breite angenommen. Dann ergibt sich nach Abb. 324 unter Berücksichtigung der Säulenstellung eine Gesamtbreite der Fertigungshalle von $12 \cdot 2,00 + 6 \cdot 2,50 + 4 \cdot 1,00 = 43,00$ m.

32. In der Längsrichtung der Halle.

Da jeder Schwingrüttler täglich 100 Steingruppen in 2 Längsreihen absetzt, muß die Länge der Halle für $\frac{100}{2} = 50$ Steingruppen ausreichen. Der Platzbedarf einer Steingruppe ist $6 \cdot 15 = 90$ cm oder mit dem Abstand von der Nachbargruppe 1,25 m. Die Halle muß also mindestens $50 \cdot 1,25 = 62,50$ m lang sein.

4. Lagerplatz.

Die erhärteten Steine werden in der Längsrichtung der Halle nach den im Freien befindlichen Lagerplätzen befördert, die im allgemeinen eine Monatserzeugung aufnehmen sollen. Alle 3 Tage wird die gesamte Hallenfläche geräumt. Im Monat wäre also eine $\frac{25}{3} = 8$ mal so große Menge verglichen mit den in der Halle lagernden Steinen unterzubringen. Da die Steine hoch und mit geringeren Zwischenräumen gestapelt werden, genügt als Lagerplatz die Größe der Hallenfläche.

d) Bimsbeton.

Im Bimsgebiet hat neben den Handschlagmaschinen die vollautomatische Stampfmaschine weite Verbreitung gefunden. Das Mörtelgut

Abb. 325. Herstellung von Bimsbetonhohlblocksteinen.

wird in einer zentralen über dem eigentlichen Fabrikationsraum angeordneten Mischanlage zubereitet und dem Vollautomaten zugeführt.

„Die frischen Formlinge (Zementschwemmsteine) gleiten auf ihren Unterlagsbrettern über eine Seilförderbahn erschütterungsfrei in die Fabrikationshallen, in denen sie für die erste Abbindezeit gestapelt werden. Bereits nach etwa 4 bis 6 Tagen sind die frischen Zementformlinge so weit erhärtet und kantenfest geworden, daß sie von den Brettern abgenommen und aus den Fabrikationshallen ins Freie gebracht werden können, wo sie zur Nacherhärtung neuerdings, nunmehr ohne Unterlagsbretter, zur Ausreifung gestapelt werden. Nach etwa 4wöchiger Lagerzeit sind die Steine versandreif"[1].

Nach denselben Grundsätzen, nur mit anderem Mischungsverhältnis, werden Hohlblocksteine, Deckenfüllkörper u. dgl. hergestellt

Abb. 326. Herstellung von Bimsbetondeckenhohlkörpern.

(Abb. 325 und 326). Die automatischen Stampfmaschinen stellen in 8stündigem Arbeitsgang 20000 bzw. 40000 Schwemmsteine oder 2400 bis 3000 Stück Hohlblocksteine oder Deckenhohlkörper her. Aus den Gegebenheiten, nämlich der täglichen Maschinenleistung und den Erhärtungszeiten, bestimmt sich die Größe der Lagerplätze und die Anzahl der benötigten Unterlagsbretter.

e) Gasbeton.

In Abb. 327 ist der schematische Grundriß einer Betriebsanlage zur Herstellung von Porenbeton für eine Tagesleistung von 40 m³ Porenbeton bei zweischichtigem Betrieb aufgezeichnet. Den Kern der Anlage bilden die beiden Kesselgruppen A und B mit je zwei 16,00 m langen Härtekesseln, die abwechselnd beschickt werden. Vor den Öffnungen der

---

[1] ALTHAMMER: Eine urzeitliche Katastrophe, die Grundlage einer neuzeitlichen Industrie.

Härtekessel befindet sich der Raum, in dem die Wagengruppen zur Aufnahme der „gärenden" Mörtelmischung aufgestellt sind. In den Wagen treibt die Mischung auf und wird mit Hilfe von Stahldrähten in die gewünschte Form geschnitten.

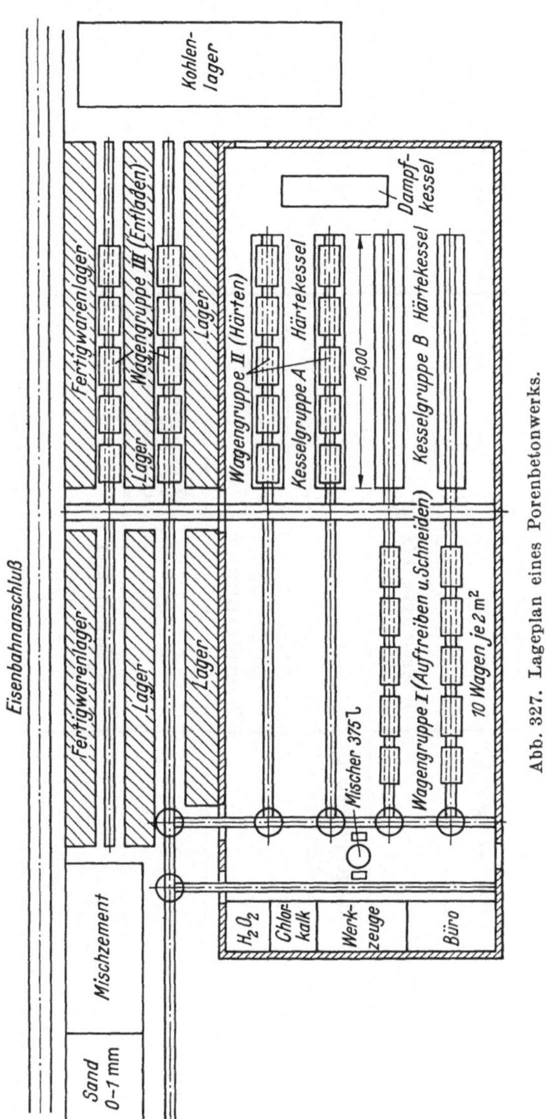

Abb. 327. Lageplan eines Porenbetonwerks.

Für eine Leistung von 20 m³ Porenbeton in einer 10-Stundenschicht ergibt sich die erforderliche stündliche Leistung des Mischers zu 20 m³/10 Std. = 2,0 m³/Std. Bei einer Gesamtdauer für eine Mischung von 10 Minuten folgt daraus ein Trommelinhalt des Mischers von

	1. Tag		2. Tag		3. Tag	
	1. Schicht	2. Schicht	1. Schicht	2. Schicht	1. Schicht	2. Schicht
Betonieren, Auftreiben, Schneiden	*Wagengruppe I*		*Wagengruppe I*			
		Wagengruppe II			*Wagengruppe II*	
			Wagengruppe III			*Wagengruppe III*
Härten im Härtekessel		Wagengruppe I (Kesselgruppe A)			Wagengruppe I (Kesselgruppe B)	
			Wagengruppe II (Kesselgruppe B)			Wagengruppe II (Kesselgruppe A)
				Wagengruppe III (Kesselgruppe A)		
Härtekessel entleeren, auf Lager fahren, entladen			Wagengruppe I (Kesselgruppe A)			Wagengruppe I (Kesselgruppe B)
				Wagengruppe II (Kesselgruppe B)		
					Wagengruppe III (Kesselgruppe A)	

Abb. 328. Betriebsplan für das Porenbetonwerk nach Abb. 327.

$$\frac{2\ \mathrm{m^3/Std.}}{6\ \mathrm{Mischungen/Std.}} = 375\ \mathrm{l/Mischung.}$$ Wenn ein Wagen 2 m³ aufnimmt, so berechnet sich aus dem Betriebsplan (Abb. 328) der Bedarf an Förderwagen zu $3 \cdot 10 = 30$ Wagen. Die Anordnung der Lagerplätze für die fertigen Erzeugnisse geht aus Abb. 327 hervor. Da die Porenbetonteile sofort versandreif sind, genügt ein verhältnismäßig kleiner Lagerplatz.

f) Trümmeraufbereitung.

Die Trümmerverwertung gleicht der Herstellung von Betonfertigteilen aus den üblichen Zuschlagstoffen. Der Aufbau der Anlage zur Aufbereitung der Trümmer gruppiert sich um die Steinbrecher. Bevor die Trümmer in die Steinbrecher gelangen, müssen sie durch Aussortieren (Ausklauben) für die Beschickung geeignet gemacht werden. Hinter dem Steinbrecher erfolgt die übliche Klassierung in die verschiedenen Korngrößen mittels Sortiertrommel oder Rüttelsieben.

Es ist zweckmäßig, den losen Sandmörtel, der bis zu 20% des Trümmerschuttes ausmacht, durch ein Vorsiebgerät mit 3 mm Lochdurchmesser abzutrennen. Dieser Sandmörtel enthält außer Kalkstaub auch Ziegelmehl und Ziegelsand und ist als Mörtelzuschlag reinem Sand vorzuziehen. Bei einer angenommenen Tagesleistung eines Gerätesatzes von 500 t Schutt fallen rund 100 t Mörtelsand an. Er kann außer im Mörtel auch zur Regelung der Sieblinien bei der Betonherstellung verwendet werden. Das Vorsieben hat weiter den Vorteil, daß der Brechsand 0 bis 3 mm dadurch nur wenig Feinsand enthält und so für besondere Arbeiten wertvoller wird.

Der auf diese Weise gereinigte Ziegelschutt wird so aufbereitet, daß die geforderten Sorten in einem Arbeitsgang restlos in den für den Wohnungsbau wichtigsten Sorten 0 bis 3, 3 bis 7, 7 bis 15 und 15 bis 30 mm anfallen.

In bezug auf Kornanfall, Kornzusammensetzung, Kornform und Durchsatzvermögen sowie Aufnahmefähigkeit haben Schlagbrecher als Vorbrecher mit dem Kegelbrecher als Nachbrecher die günstigste Zusammenstellung ergeben. Sie leisten bis zu 100% mehr als andere Brecher gleicher Maulweite. Geringe Änderungen der Spaltweiten, zumal beim Kegelbrecher, bewirken eine weitgehende Änderung der Kornzusammensetzung der mittleren Körnungen. Dadurch ist es vielfach möglich, die Kornzusammensetzung, z. B. für Haufwerkbeton, so auszubringen, daß keine oder nur *eine* Absiebung nötig ist.

Aus diesen Erkenntnissen ergibt sich im allgemeinen folgende maschinelle Einrichtung für die Vorbehandlung des regellos stückigen und mit Fremdkörpern aller Art durchsetzten Trümmerschuttes einschließlich des Feinstmülls:

1. Beschickereinrichtung, bestehend aus dem Aufnehmetrichter und einem Rost von 350 mm Spaltweite. Trümmer, die nicht durch den Rost fallen, müssen von Hand zerkleinert werden. Das in den Auffangtrichter gestürzte Gut wird durch einen Schubwagenspeiser so entnommen, daß es in gleichmäßigem Strom der weiteren Verarbeitung zugeführt wird. Dadurch wird die volle Leistung der Brecher gesichert. Ein übliches Förderband bringt das Gut zu dem

2. Vorsiebgerät. Hier erfolgt die schon beschriebene Abtrennung des Mörtelsandes 0 bis 3 mm. Ein vorgeschalteter Bandtrommelmagnet hält die eisernen Bestandteile zurück und läßt sie in die angeordnete Tasche fallen. Der soweit gereinigte Schutt rutscht vom Sieb auf das

3. Klaubeband zum Auslesen von Fremdkörpern, Textilien, Papier, Holz und Metallteilen. Das nun endgültig gereinigte Brechgut gelangt über ein weiteres Förderband zum

4. Schlagbrecher. Dieser Vorbrecher hat eine Maulweite von 800×450 mm. Die größten Steinbrocken können Abmessungen von 350 bis 500 mm haben, ohne daß durch diese sperrigen Stücke Brückenbildung am Brechmaul und damit ein Leerlauf entsteht. Das gebrochene Gut wird von einem Förderband zur Siebanlage gebracht. Die Korngrößen 0 bis 7 mm und 7 bis 30 mm werden abgesiebt. Der gröbere Überlauf wird in den

5. Kegelbrecher geleitet und dort restlos auf die Korngrößen 0 bis 30 mm zerkleinert. Dieses aufbereitete Gut wird über ein Förderband erneut der Siebanlage zugeführt und dort in die beiden Sorten getrennt. Aus technischen Gründen wird dabei auf die Absiebung von 0 bis 3 und über 30 verzichtet. Sie kann nach Bedarf durch besondere Siebanlagen leicht durchgeführt werden.

Der Anfall der verschiedenen Körnungen wird nun in einer für die Entnahme und Verladung geeigneten Weise gelagert.

IV. Ausrüstung der Fabriken.

Neben einer zweckmäßigen Anordnung der Gesamtanlage ist die Ausrüstung der Fabriken mit den besten arbeitsparenden Maschinen und Geräten von größter wirtschaftlicher Bedeutung. Es sind erhebliche Mengen Baustoffe, die tagtäglich das Betonwerk durchwandern, gemischt, in Formen gebracht und verarbeitet werden. Wenn schon eine neuzeitlich eingerichtete Baustelle auf die billigere Maschinenarbeit angewiesen ist, so verlangt ein Fabrikbetrieb noch mehr die Mechanisierung des Arbeitsablaufes, damit auf gelernte Bauarbeiter weitgehend verzichtet werden kann. Mittels der menschlichen Arbeitskraft soll der Fabrikationsprozeß nur gesteuert werden, die eigentliche Kraftleistung wird durch die Maschine vollbracht. So trägt der Fabrikbetrieb dazu bei, das erstrebte Ziel einer allmählichen Höherentwicklung und Vergeistigung der menschlichen Arbeit zu erreichen. Der Mensch quält sich nicht ab, sondern greift nur lenkend ein. Dabei besteht in einem Betonwerk nicht die Gefahr, daß, wie es in mechanischen Werkstätten zuweilen der Fall ist, die immerwährende Wiederholung der gleichen Arbeit ermüdet und erschlafft, im Gegenteil, die Arbeit des Betonwerks ist vielgestaltig und bleibt immer interessant. Einem strebsamen Geist gelingt es, neue Fertigungsgedanken zu verwirklichen, deren Belohnung anspornend wirkt.

Mit der Herstellung der Betonfertigteile ist der Baustelle bereits ein bedeutender Anteil der Gesamtarbeit abgenommen. Wenn nun auch die Baustelle selbst in genügendem Umfange mit Montagegeräten ausgerüstet wird, so kann gesagt werden, daß alles zur Mechanisierung der Bauarbeiten getan ist.

Die für die Ausrüstung der Fabriken erforderlichen Maschinen und Geräte sind zu vielseitig, als daß es möglich wäre, sie alle in dem gegebenen Rahmen aufzuzählen. Es soll deshalb nur ein allgemeiner Überblick gegeben werden.

a) Betonmischanlage.

Das Herz der Betonfabrik ist die Betonmischanlage. Freifallmischer eignen sich nicht, wenn feinkörnige Zuschlagstoffe verarbeitet werden, da der sich bildende Zementmörtel an den Trommelwandungen haften bleibt und dort eine immer dicker werdende Kruste bildet. Zwangsmischer hingegen gewährleisten die für hochwertige Fertigteile erforderliche innige Mischung. Es werden Rühr- und Knetmischer unterschieden. Die Mischmaschinen sind in DIN 459 genormt. Wie PROBST[1] besonders betont, nimmt zwar der „Kraftbedarf je m³ mit steigender Leistung scheinbar etwas ab, trotzdem wird man nicht eine zu große Mischmaschine anschaffen, die die durchschnittliche Menge wesentlich überschreitet, weil man sonst in Versuchung kommt, auf mehrere Stunden im voraus Mischgut zu schaffen und dies bis zur Verarbeitung zu lange liegen zu lassen.“

b) Vorrichtungen und Geräte zur Formung und Verarbeitung des Betons.

1. Werkstoff der Schalung.

Die Schalungen für Betonfertigteile müssen der erforderlichen Maßgenauigkeit Rechnung tragen, deren Grad von der Zweckbestimmung und den Abmessungen der Teile abhängt.

Hölzerne Schalungen werden für die Herstellung einfacher Blocksteine, vor allem solcher ohne Hohlräume, angewendet, auch für einfache Platten sind Holzformen geeignet. Kiefernholz wird bevorzugt, da es härter und dauerhafter als Fichtenholz ist. Sein hoher Gehalt an Harz macht das Kiefernholz weniger wassersaugend. Um eine öftere Wiederverwendung der Schalbretter zu gestatten, werden diese dicker als auf der Baustelle (4 bis 5 cm) gewählt. Die Schalungsflächen sollen nach jeder Benutzung zur Vermeidung des Quellens frisch geölt werden. PROBST empfiehlt, das Holz vorher etwas anzuwärmen, da dann das Öl tiefer eindringt.

Der Hauptstoff für die Schalung in den Betonwerken ist der *Stahl*. Bei gleichbleibender Temperatur können die Abmessungen auf das genaueste eingehalten werden. Wegen der Beanspruchung durch das Rütteln und wegen der Rostgefahr sollte die Dicke der Stahlbleche nicht

---

[1] Vgl. Fußnote S. 22.

zu gering gewählt werden (mindestens 3 mm). Die Stahlformen sollen möglichst aus einem zusammenhängenden Blech durch Abkantung hergestellt werden, um das Austreten von Anmachwasser und die Bildung von Nestern zu vermeiden. Die Stahlschalungen sind stets sorgfältig zu reinigen und zu ölen.

Zuweilen werden auch Formen aus *Beton und Stahlbeton* bevorzugt. Ihr hohes Gewicht ist jedoch ein Nachteil. Die Schalkörper aus Beton werden ihrerseits in Stahlschalungen hergestellt, damit sie eine glatte Oberfläche erhalten. Um ein Anhaften des frischen Betons an den Betonschalungen auszuschließen, werden diese eingeölt oder mit Schellack gestrichen oder auch mit einer Lehmbrühe eingeschlämmt. Wegen ihres hohen Gewichtes kommen Betonschalungen nur dann zur Anwendung, wenn sie an Ort und Stelle verbleiben und der Rüttler darüber hinwegbewegt wird.

2. Verarbeitungsarten.

Die älteste Verarbeitungsart ist das *Stampfen* des Betons von Hand oder mit Hilfe von Maschinen. Die dadurch bedingte erdfeuchte Mischung des Betons gestattet ein sofortiges Ausschalen der Seitenflächen der fertigen Werkstücke, wodurch die Schalform alsbald zur Aufnahme weiteren Betons bereit ist.

Weniger gebräuchlich ist das *Gießen* des Betons, das zwar keine weitere Verdichtungsarbeit erfordert, aber den Nachteil hat, daß der Beton nur langsam erstarrt und deshalb eine große Anzahl von Schalformen notwendig werden.

Für kleinere Fertigteile, z. B. Dachsteine, kommen u. a. *Wasserdruckpressen* zur Anwendung, die eine halbnasse Konsistenz des Betons verlangen. Ungünstig ist der Umstand, daß die im Beton enthaltene Luft unter dem Druck des luftdicht abschließenden Preßstempels nicht entweichen kann.

Die meiste Verbreitung hat das *Rüttelverfahren* gefunden, daß bei geringstem Wasserzusatz eine größtmögliche Verdichtung des Betons ergibt. Alle bekannten Systeme, die Außenrüttlung (Schalungsrüttlung), die Innenrüttlung (Tauchrüttlung), die Oberflächenrüttlung und die Schwingungsrüttlung kommen bei der Fertigteilherstellung zur Anwendung. Über die Einzelheiten geben zahlreiche Sonderschriften Auskunft.

3. Art der Fertigung.

Schalung und Verarbeitung stehen in enger Wechselbeziehung zueinander. Grundsätzlich ist zu unterscheiden, ob der Formling noch vor seiner Erhärtung fortbewegt oder an der Fertigungsstelle so lange liegen bleibt, bis er transportfähig ist.

Im ersteren Falle ist die Schalung entweder mit der Fertigungsmaschine fest verbunden oder sie wird gelöst und seitlich abgenommen. Der Formling wird auf Unterlagsbrettern zum Stapelplatz getragen, wo er bis zu seiner Erhärtung liegenbleibt. Zu dieser Fertigungsart zählen Handschlagmaschinen, vollautomatische Stampfmaschinen und

Rütteltische, die eine Länge bis zu 10 m besitzen. Im zweiten Falle bleibt der Formling bis zur Erhärtung liegen; die Schalung wird entweder vor oder nach der Erhärtung entfernt.

Bei der erstgenannten Untergruppe handelt es sich um Einzelschalkörper. Die Schwingbeton-Steinformmaschine (W. Schauffele, Stuttgart-Cannstatt) besteht aus einem leichten Laufkran und der aus einem wabenartigen Leichtmetallgußkörper zusammengesetzten Steinform, die an ihrem Kopfende einen elektromagnetischen Vibrator der AEG, an der Gegenseite ein Ausgleichgewicht trägt (Abb. 329). Wäh-

Abb. 329. Schwingschalung für Leichtbetonvollsteine.

Abb 330. Spannbahn für Kassettenplatten aus Stahlsaitenbeton mit wärmedämmender Heraklithplatte.

rend des Rüttelvorgangs wird die Steinform hochgezogen und von dem Formling gelöst. In etwas verbesserter Form wird diese Maschine zur Zeit als „AEG-Schwingverdichter" auf den Markt gebracht.

Für die Herstellung von Balken aus Stahlsaitenbeton ist eine Stahlschalung entwickelt worden, die nach genügender Erhärtung des Betons

Abb. 331. Straßenfertiger zur Herstellung von Stahlsaitenbetonbalken.

und nach Entspannung der Drahteinlagen seitlich mit Hilfe von Scharnieren abgeklappt wird. Nach dem Herausheben der Balken wird die Schalung wieder zusammengelegt und kann erneut gefüllt werden.

Zur Anfertigung großflächiger Dachplatten von $2,5 \times 5,0$ m Grundfläche hat die Dyckerhoff & Widmann K.-G. die Formen als Betonmatrizen ausgebildet, die mit Heizschlangen versehen sind. Die erhärteten Platten werden mit Hilfe des Wasserdrucks einer normalen Wasserleitung von der Matrize gleichmäßig frei gemacht und dann mit Kranen endgültig abgehoben.

Zu der zweiten Untergruppe gehören vorwiegend Sammelschalungen, in die der Beton eingebracht und mittels eines über sie hinweggeführten Gerätes eingerüttelt wird.

Abb. 332. Sammelschalung für die Fertigung nach Abb. 331.

In Abb. 330 ist eine 100 m lange Spannbahn zur Herstellung weitgespannter, 5 m langer Dachplatten aus Stahlsaitenbeton im Bilde gezeigt (vgl. auch Abb. 113). Die Platten werden mit einem Oberflächenrüttelgerät verdichtet.

Die Josef Vögele A.-G., Mannheim, bedient sich des Straßenfertigers, um zahlreiche Stränge von T-förmigen Stahlsaitenbetonträgern gleichzeitig zu verdichten. Nach der Entspannung der Drähte werden die Träger aus der feststehenden Schalung herausgehoben, so daß diese nach Reinigung zur Aufnahme einer neuen Fertigung bereit ist (Abb. 331). Abb. 332 zeigt eine solche Sammelschalung für T-förmige Stahlsaitenbetonbalken, in die die Spanndrähte und Bügel eingebracht sind, vor der Ausfüllung mit Beton. Die Bahn ist 50 m lang, die Stahlsaitenbetonträger erhalten eine Höhe von 34 cm.

c) Bewehrung.

Die Herstellung der Bewehrungskörbe für Fertigteile aus Stahlbeton entspricht im allgemeinen der üblichen Handhabung auf den Baustellen, nur wird man sie noch mehr fabrikmäßig aufziehen. Da die Anfertigung verhältnismäßig viel Platz beansprucht, drängt man die Fabrikation möglichst zusammen und vermeidet dadurch unnötige, kraftverbrauchende Wege.

Die Bewehrungsarbeiten bestehen in dem Ablängen der Rundeisen, dem Biegen der Bewehrung und dem Flechten der Körbe. Zum Ablängen dienen von Hand oder elektrisch betriebene Draht- und Rundeisenscheren. Die Stahleinlagen der Fertigbetonteile sind meist so dünn, daß sie einzeln oder in Bündeln von Hand auf Biegetischen nach Schablone gebogen werden. Für dickere Rundeisen dienen elektrisch betriebene Biegemaschinen. Die gebogenen Einlagen wandern zu den Flechtgestellen. Da die Bewehrungskörbe viel Platz einnehmen, können große Vorräte nicht angesammelt werden. Die Bewehrungsarbeiten müssen daher mit den Betonarbeiten Schritt halten.

Besondere Einrichtungen erfordert die Bewehrung der Fertigteile aus Stahlsaitenbeton. Längs den Spannbahnen sind Ablängetische angeordnet, über denen eine endlose GALLsche Kette läuft. Die Kette zieht die

Abb. 333. Trennscheibenpaar als Stirnschalung von Stahlsaitenbetonträgern.

von einem Kronenhaspel abrollenden Drähte auf dem Tisch entlang, an dessen Ende sich die Drahtschere befindet. Ist die für einen Balken nötige Anzahl der Drähte abgelängt, so werden sie in die Trennscheiben (Abb. 333) eingefädelt. Schließlich werden die Drahtenden wellenförmig gebogen, geordnet und in Halteklammern eingelegt. Die fertig vorbereiteten Drahtbündel werden dann in die Klemmplatten (Abb. 334)

eingespannt. Mit den Klemmplatten ist am einen Ende der Bahn eine
1 m lange Spannspindel verbunden, die an die Spannmaschine an-

Abb. 334. Endwiderlager einer Spannbahn mit Klemmplatten.

Abb. 335. Spannvorrichtung einer 100 m langen Spannbahn.

geschlossen ist und die Drahtbündel in die vorgeschriebene Zugspannung
versetzt (Abb. 335).

d) Laboratorium.

Beton- und Stahlbetonfertigteile sind hochwertige Erzeugnisse. Eine
sorgfältige und dauernde Überwachung der Herstellung in den Betonwerken ist daher unumgänglich. Zwar stehen im allgemeinen die staat-
lichen Prüfungsanstalten für schwierigere Untersuchungen zur Verfügung;
die laufende Kontrolle muß aber der Zeitersparnis halber im Werke vor-

genommen werden. Jedes Werk muß deshalb ein gut ausgestattetes Laboratorium für die Betonüberwachung besitzen.

HUMMEL bringt in seinem Beton-ABC eine ausführliche Übersicht über die dazu erforderlichen Geräte und Hilfsmittel.

Schlußbemerkung zu den Bauten aus Beton- und Stahlbetonfertigteilen.

Wenn in den vorstehenden Ausführungen versucht wurde, das gesamte Bauwesen mit dem Gedanken der Fertigbetonbauweise zu erfüllen, wenn sogar Baumethoden in den Kreis der Betrachtungen gezogen wurden, die, wie z. B. das Gleitbauverfahren, der Fertigbetonbauweise fernzustehen scheinen, so sollten damit gleichzeitig die Grenzen gezogen werden, die sich einer weiteren Ausbreitung auf wesensfremde Gebiete entgegenstellen. So große Vorteile die Bauweise in vielen Fällen praktisch und wirtschaftlich bietet, so sollte man doch vor ihrer Anwendung gewissenhaft prüfen, ob sie für das in Frage kommende Bauvorhaben auch wirklich mit Erfolg durchführbar ist. Welche Gesichtspunkte bei dieser Entscheidung maßgebend sind, ist an zahlreichen Beispielen erläutert worden.

Wenn jedoch technische und wirtschaftliche Überlegungen endgültig den Nachweis erbracht haben, daß die Fertigbetonbauweise den Vorzug verdient, so sind zunächst alle Voraussetzungen zu schaffen, die zu einer erfolgreichen Bauausführung unentbehrlich sind:

Sorgfältige und rechtzeitige Entwurfsbearbeitung unter Berücksichtigung der besonderen Verhältnisse der Fertigbetonbauweise, Feststellung, ob das Bauvorhaben ein genügend großes Volumen hat, Ermittlung des Höchstgewichtes der Fertigteile im Hinblick auf die vorhandenen Montagegeräte, möglichste Heraufsetzung des durchschnittlichen Stückgewichtes, Prüfung der Frage, ob eine fliegende Fertigungsstätte zu errichten, oder ob die Fertigteile von ortsfesten Fabriken zu beziehen sind, gute Ausrüstung der Fabriken mit Fertigungsmaschinen, Schalungen und Prüfgeräten, Beschaffung bester Rohstoffe, Ansiedlung und Seßhaftmachung der Arbeiterschaft.

Wenn diese Bedingungen im Sinne der Fertigbetonbauweise erfüllt werden können, sollte man sich ohne Zögern zu ihrer Anwendung entschließen, um sich ihre mannigfachen Vorteile nutzbar zu machen.

Sachverzeichnis.